国家精品课程教材
国家级一流本科课程教材
国家级教学成果奖配套教材
普通高等教育“十一五”国家级规划教材

Metallic Materials

金属材料学

第3版

袁志钟　戴起勋　主编
程晓农　审

化学工业出版社
·北京·

本书是材料类本科专业相关课程的教材，特别是金属材料工程专业必修专业课程的教材。

本书系统地介绍了金属材料的发展历程以及金属零部件全寿命过程，在此基础上进一步介绍了钢铁材料的合金化原理，包括合金元素对相图的影响、合金元素在各类相变过程中的作用、合金元素对材料强化和韧化的影响、合金钢工艺性能特点、环境协调性金属材料设计概念等内容。围绕材料成分-制备/加工-结构-性能的材料科学与工程四面体主线，介绍了各类机械制造结构钢、工模具钢、特殊性能钢、铸铁等常用钢铁材料和铝、铜、钛、镁等有色金属合金典型材料。另外，根据材料的发展，介绍了一些比较成熟的新型金属材料，如金属功能材料、金属基复合材料、金属间化合物结构材料等。在内容上尽可能地凸现材料科学中的辩证分析思维和强韧矛盾的演化，突出材料科学与工程四面体的核心方法论。该教材具有综合性、应用性和新颖性的特点。

本书既可以作为材料类专业本科教材，也可以供研究生和材料科学与工程技术人员参考。

图书在版编目（CIP）数据

金属材料学/袁志钟，戴起勋主编．—3版．—北京：化学工业出版社，2018.9（2024.1重印）

普通高等教育“十一五”国家级规划教材　国家级教学成果奖配套教材　中国石油和化学工业优秀教材一等奖　江苏省精品教材

ISBN 978-7-122-33181-6

Ⅰ.①金…　Ⅱ.①袁…②戴…　Ⅲ.①金属材料-高等学校-教材　Ⅳ.①TG14

中国版本图书馆CIP数据核字（2018）第236137号

责任编辑：王　婧　杨　菁　　　装帧设计：王晓宇
责任校对：宋　玮

出版发行：化学工业出版社（北京市东城区青年湖南街13号　邮政编码100011）
印　　装：大厂聚鑫印刷有限责任公司
880mm×1230mm　1/16　印张$18^1/_2$　字数500千字　　2024年1月北京第3版第6次印刷

购书咨询：010-64518888　　　售后服务：010-64518899
网　　址：http://www.cip.com.cn
凡购买本书，如有缺损质量问题，本社销售中心负责调换。

定　　价：59.00元　

Preface

第3版前言

本书第1版自2005年出版以来，受到了广大读者的欢迎和好评，越来越多的高校使用了该教材和相匹配的PPT课件。该教材为普通高等教育“十一五”国家级规划教材，并于2007年获江苏省精品教材奖，第2版教材是江苏省金属材料工程品牌专业二期建设的重要内容之一，也是第4批国家级特色专业建设点江苏大学金属材料工程专业的建设任务之一，相应的课程于2006年被评为江苏省一类精品课程。依托国家级特色专业“金属材料工程”和江苏省品牌专业建设项目，在我国高等工程教育与国际全面接轨、传统工科专业全面向“新工科”转型的背景下，“深度产教融合的材料类‘工程素质链’人才培养模式创新与实践”于2017年获得江苏省高等教育教学成果特等奖，并于2018年获得高等教育国家级教学成果奖二等奖，本教材是列入教学成果奖的主讲教材之一。

本书的写作工作，具有阶段性的成长特质。第1版主要完成了章节框架及主体内容；第2版主要完成了课程内涵的凝炼和MSE（Materials Science and Engineering）素质教育以及辩证法思想的总结。但是在编者长期使用教材和授课过程中，仍然遇到了很多问题：首先，最突出的是学习者面对金属材料学这样一个内容庞杂的系统，往往“只见树木、不见森林”；其次，书中强调内容知识，但对于学习者能力的培养缺乏足够引导。因此，编者在充分总结与讨论的基础上，首先在教学实践中，增加了金属材料学与其他课程的联系以及金属材料全寿命过程的内容，将金属材料学与其他学科与课程相联系，并且让读者对金属材料有一个宏观的认识，从而有利于认识《金属材料学》在金属材料使用全寿命过程中的作用及局限；其次，通过材料科学与工程四面体（性能、制备/加工、成分、结构的相互联系）的核心方法论，将众多课程内容进行提炼，利于读者在分析方法上得到提高，从而提升微观结构分析、选材、工艺制定的能力。

经过近5年的教学实践，证明以上的两点改进取得了很好的效果，也奠定了本次修订的基础。编者的教学实践与编写工作得到了众多支持。2017年《金属材料学》在中国大学MOOC平台（扫描二维码进入在线课程）上线并获得江苏省在线开放课程立项，该教材的第3版修订工作于2016年获得江苏省重点教材立项建设，也是江苏省高校品牌专业建设工程一期项

《金属材料学》
在线课程

PPT 课件

目金属材料工程专业（PPZY2015B127）的重点工作之一。

第 3 版编写工作由袁志钟副教授、戴起勋教授共同完成。主要工作包括以下方面：首先，绪论部分增加金属材料全寿命的内容；其次，对原有章节的部分内容进行了修订；再次，部分章节增加了一些内容，并引入多媒体内容；最后，更新了全部 PPT 课件（扫码使用或下载），结合多媒体，实现线上线下混合式教学，方便教师和学生的学习。

在书籍编写过程中，郭顺博士和侯秀丽博士分别修订、完善了钛合金和镁合金的章节，在此特别表示感谢。

编者恳请同行和读者批评指正和提出意见，以使教材质量不断提高。

袁志钟　戴起勋

2018 年 6 月

Preface

第2版前言

自然科学的专业知识蕴涵着自然科学哲学理论与内在规律。材料科学与工程是体现自然界奥秘的很有“思想”的一门学科，既遵循自然界的一般规律，也有自己的特殊内涵，科学研究的主要特征是辩证与创新。“MSE”（Materials Science & Engineering）很早就成为一个被人们认可的缩写，许多材料科学家呼吁要实施 MSE 素质教育。在材料类各专业人才培养教学体系中提炼和融入 MSE 内涵、思想和方法无疑是非常重要的，其目的是培养学生材料研究创新思维的主动意识，材料研究创新活动的科学方法，材料研究创新成果的分析能力。

金属材料学课程具有综合性、应用性和辩证性的特点。在合金化基本理论的基础上，系统论述金属材料零部件的“服役－成分－工艺－组织－性能－环境”间的有机关系，这是课程的主线。材料的发展，如在结构钢、工模具钢、不锈钢、热强钢、构件钢等钢类中，都充满了矛盾对立统一和转化的辩证关系。以辩证法原理提炼课程内涵及创新教学应在专业主干课程教学过程中得到体现和实施。在课程教学中，结合课程内容，描述金属材料性能演化过程的矛盾规律，总结合金元素作用的辩证规律，凸显材料组织结构演化的量变与质变规律，归纳材料科学与工程中矛盾的共性与个性。创新的教学理念、教学思路和教学方法对培养学生深入理解学科专业的内涵，培养学生具有辨析能力和启迪创新思维起到了很好的教学效果。

本书第 1 版自 2005 年出版以来，受到广大使用者和读者的欢迎和好评，越来越多的高校使用该教材和相匹配的 PPT 课件。该教材为普通高等教育“十一五”国家级规划教材，并于 2007 年获江苏省精品教材奖，相应的课程也于 2006 年被评为江苏省一类精品课程。

全书第 2 版修订工作由主编戴起勋教授负责。戴起勋教授编写修订了绪论、第 1 章、第 3 章～第 6 章，新编了附录 A 和附录 B，更新或修改了全书各章小结和习题；李冬升博士新编了第 7 章和参与修订了第 5 章及第 6 章；李忠华副教授编写修订了第 2 章及第 8 章；邵红红教授编写修订了第 9 章～第 12 章；王树奇教授编写修订了第 13 章～第 15 章；全书由戴起勋教授修改定稿。第 2 版修订的主要工作有：对大部分章节的内容有所补充和删减；考虑到课程容量，删除了部分章节的内容；对部分章节内容进行了调整，如考虑到超高强度结构钢的应用和性能的特殊性，单列一章，重新编写；尽量规范了专业名词术语；更新了耐热钢、不锈钢等有关国家标准；对各章小结进行了修改，特别是以图或表的形式补充了各章内容的框架和要点；为方便教与学，增加了附录 A 课程总结提要和附录 B 课堂讨论题。

该教材的第 2 版修订出版是江苏省金属材料工程品牌专业二期建设的重要内容之一，也是第四批国家级特色专业建设点江苏大学金属材料工程专业的建设任务之一。

编者恳请同行和读者批评指正和提出意见，以使教材质量不断提高。

戴起勋

2011 年 8 月

Preface

第1版前言

金属材料是所有材料中使用量较大的材料，其理论和体系相对比较完整。从20世纪80年代以来，比较成熟并广泛应用的新型金属材料已有了很大的发展，如金属基复合材料、新型功能金属材料、微合金非调质钢等，即使是传统材料也有了较大的发展。另外由于资源和环境的严峻问题，也提出了适应环境设计的简单合金与通用合金等新概念。国家在1998年调整了专业目录，对材料类专业的内涵有了新的叙述。近几年来，尽管专业要求有了很大的变化，但还缺少相应的配套教材。

金属材料学是金属材料工程等材料类专业的核心课程。该课程在专业知识结构中占有很重要的位置，是学生走上工作岗位使用知识最多最直接的课程。该课程具有综合性、应用性和经验性的特点。综合性是指内容涉及知识面比较广，涉及所有以前学过的专业知识；应用性是指课程的内容是生产或科研中正在广泛使用的材料和技术；经验性是指某些内容是长期的经验总结，在实际应用中可变性还比较大。

本教材编写者在金属材料学课程教学中已有近20年的经验。在教学过程中不断地整改内容和凝练思路，形成了一定的体系和特点，更加注重于培养学生分析问题和解决问题的能力，侧重于培养学生的创新思维。编写该书的基础：在借鉴原教材的基础上，补充新的内容；结合多年的教学经验和讲稿，调整书的体系和框架。编写思路：抓住材料“服役条件－成分－工艺－组织－性能－环境”的主线，围绕合金化基本理论，尽可能地凸显材料科学发展中的“思想”，使教材内容具有综合性、应用性和新颖性的特点。该教材更适合于工程机械应用型金属材料工程等材料类专业使用。

本书内容包括钢铁材料、有色金属合金和新型金属材料三大部分。以合金化原理为核心，着重阐明了材料成分与处理工艺的特点，强调了材料组织与性能及应用之间的关系，力图使学生掌握各类材料成分设计和制定工艺的依据。对各类新材料的发展也作了一定介绍。为使学生更好地理解和掌握课程内容及重点，领会材料发展的主线、核心和“思想”，培养学生分析问题和解决问题的能力，各章最后都精写了小结，并安排了一定量的思考题。

本书是江苏省金属材料工程品牌专业建设的重要内容之一，也是江苏大学重点精品课程建设所组织编写的教材。本书第1章、第3～6章和绪论由戴起勋教授编写，第2章、第7章由李忠华副教授编写，第8～11章由邵红红教授编写，第12～15章由王树奇教授编写，全书由戴起勋教授统稿，程晓农教授主审。本书在编写过程中参考了许多文献资料，主要文献列于书后，在此谨向所有参考文献的作者诚致谢意。吴晶等老师提供了有关的金相组织图片，化学工业出版社对本书的出版付出了辛勤的劳动，在此一并表示衷心感谢。

该教材不但是材料类本科专业学生的教材，而且也可以作为研究生和从事材料工作技术人员的参考书。限于作者水平，书中难免有疏漏之处，恳请同行和读者批评指正，以利于今后的补充、修改和完善。

编　者

2005年4月

Contents

目 录

第一篇 钢铁材料

第二篇 有色金属合金

第三篇 新型金属材料

绪论——金属材料的过去、现在和将来

0.1 金属材料发展简史

冶金史，也就是材料史，实际上主要是金属材料发展史。金属材料的发展几乎是与人类的文明史相互并进的。在柯恩（Robert W. Cahn）主编的 *Physical Metallurgy* 书中，比较详细地叙述了金属材料发展的历史。金属材料发展史简单地可分为以下四个阶段。

0.1.1 第一阶段——原始金属材料的生产

公元前 4300 年，人类就能使用天然的金、铜，并有一些锻打、热加工等形式的工艺，以后又出现了铅、锌的熔炼。人们最早使用的是陨铁，它是从篝火中发现的，铁的熔炼大约在公元前 2800 年。最早生产钢的年代难以确定，最初的钢是由熟铁渗碳得到的。在 16 世纪前，我国冶金一直居于世界领先地位，使用自然铜的时间也比西方早。在公元前 2000 年的商、周时期，就已经是青铜器的兴盛时代，编钟就是当时辉煌成就之一。春秋时期，我国已经掌握了生铁铸造法，并在农业上广泛应用。在东汉时期，人们又发明了反复锻打钢的方法，也就是最原始的形变热处理工艺。淬火技术已有较大的发展，“浴以五牲之溺，淬以五牲之脂”，实际上就相当于现代的水淬、油淬。世界古代兵器最著名的有：中国的宝剑、印度及中东的大马士革刀和日本的武士剑。

0.1.2 第二阶段——金属材料学科的基础

铁对人类文明做出了巨大的贡献：如 1788 年诞生第一座铁桥，1818 年第一艘铁船下水，1825 年第一条铁路运行。人类对铁的研究与发展构成了金属材料科学的基础。

19 世纪，冶金学家和晶体学家的工作对金属材料发展做出了重要的贡献。这一阶段主要是奠定了金属材料学科的基础，如金属学、金相学、相变和合金钢等。

在 19 世纪，晶体学发展很快。例如：1803 年，道尔顿（John Dalton）提出了原子学说，阿伏伽德罗（Amedeo Avogadro）提出了分子论；1830 年赫塞尔（Johann F. C. Hessel）提出了 32 种晶体类型；1839 年普及了晶体米勒（Miller）指数；重要的是在 1891 年俄国、德国、英国等国家的科学家分别独立地创立了点阵结构理论。

1864 年，索比（Henry Clifto Sorby）第一个对金属进行制片、抛光、腐蚀和照相，诞生了第一张金相组织照片，虽然放大倍数仅 9 倍，但意义重大。索比还是金相显微镜的发明人，所以称索比为金相之父。1827 年，卡尔斯腾（Karsten）从钢中分离出了 Fe_3C，一直到 1888 年阿贝尔（Abel）才证明了这是 Fe_3C。俄国契尔诺夫（D. Chernov）在 1861 年提出了钢的临界转变温度的概念，为钢的相变及热处理工艺研究迈出了第一步。19 世纪末，马氏体研究已成为时髦的课题，钢的硬化理论得到了深入研究。在有关合金相组成的发展中，相当重要的里程碑是吉布斯（Josiah Willard Gibbs）推导得到了相律，为相图研究打下了基础。奥斯登（Chandler Roberts-Austen）等研究了奥氏体的固溶体特性，以后罗泽博姆（Bakhuis Roozeboom）总结了他人的结果，建立了 Fe-Fe_3C 系的平衡图。对金属学发展有突出贡献的人，分别以他们的名字来命名钢的组织。例如，以英国金属学家奥斯汀（W. C. Roberts-Austen）命名奥氏体（Austenite）；为纪念美国科学家贝恩（E. C. Bain）命名了贝氏体（Bainite）；英国科学家 Sorby 发明了金属显微镜，命名索氏体（Sorbite）；以德国金属组织学的奠基人马丁（A. Martens），命名马氏体（Martensite）；托氏体（Troostite）是以法国化学家特罗斯特（Louis Joseph Troost）命名的，因为他支持了同素异构理论的创始人——法国金属学家奥斯蒙德（F. Osmond）；莱氏体（Ledeburite）是为了纪念德国学者 Ledebur。

这一时期研究开发了许多合金钢，开启了合金钢的新纪元。如 1820 年贝尔蒂尔（P. Berthier）成功研制了铁 - 铬合金；1856 年，被称为合金钢之父的穆谢特（R. Mushet）发明高碳工具钢、含钨工具钢等。1882 年，哈德菲尔德（R. A. Hadfield）成功开发出高锰钢和硅钢。1898 年，美国工程师泰勒（F. W. Taylor）和怀特（M. White）发明了 18-4-1 高速钢。1923 年，德国科学家斯库罗特（Karl Schröter）用粉末冶金的方法制造了钨钢（硬质合金）。

0.1.3　第三阶段——微观组织理论的大发展

这一时期的主要成就是合金相图，X 射线发明及应用，位错理论的建立。

在 1900～1940 年期间，许多国家的大学已经设置了冶金系，工业上也开始了大量的生产与研究。塔曼（Tammann）导出了合金相组成的一般规律，发现了合金相本质，得到了大量的合金相图。1912 年劳厄（M. Von Laue）发现了 X 射线，布拉格（William Henry Bragg）加以发展。利用 X 射线证实了 α-Fe、δ-Fe 是体心立方结构，γ-Fe 是面心立方结构。同时，相似点阵类型、原子尺寸、电化学因素对固溶度的影响也得到了很好的发展，其中休姆 • 罗瑟里（W. Hume-Rothery）的工作最为出色。韦弗（F. Wever）在 1931 年发现扩大和缩小 γ 区的元素，不久拉维斯（F. Laves）在金属间化合物的研究方面也有了很大的进展。

对微观组织的研究，打破了晶体是完整性的传统观念。许多研究者提出了晶体中存在的各种缺陷、空位。1934 年，俄国波拉尼（M. Polanyi）、匈牙利奥罗万（E. Orowan）和英国泰勒（G. I. Taylor）各自独立地提出了位错理论，用以解释钢的塑性变形。关于钢的冷热加工、应力应变及组织变化也进行大量的研究。马氏体转变的晶体学研究也取得了一定的进展。布里耐尔（J. A. Brinell）于 1900 年发明了硬度计，即现在的布氏硬度计。格里菲斯（Griffith）提出了应力集中会导致产生微裂纹的说法，成为以后断裂理论的基石。这个时期，出现了许多新的合金钢，不锈钢就是其中的一大类，如在 1904 年，古莱特（Leon Guillet）率先开发出不锈钢，斯特劳斯（Benno Strauss）、莫尔（Eduard Maurer）以及布莱尔利（Harry Brearly）分别在 1910 年和 1912 年对不锈钢的发展做出了贡献。

0.1.4　第四阶段——微观理论的深入研究

科学技术的发展很大程度上依赖于新科学仪器的不断发明和性能的不断提高，特别是材料学科。1938 年发明了电子显微镜，从 1940 年开始到现在，金属学得到了飞跃的发展。许多专家进行了原子扩散的研究，做了许多有色金属方面的试验。这时就提出了扩散驱动力不是浓度梯度，其本质是化学位梯度。大量钢的奥氏体等温转变曲线得到了测定，特别是哈里曼（Heinrich Hanemann）和斯科拉德（Angelica Schrader）用不同速度冷却的试样对先共析组成物的形貌进行了研究及分类。贝氏体、马氏体转变理论研究日益深入，已明确知道马氏体是许多无扩散相变的代表，它是通过一种复杂的切变过程而形成的。科恩（Morris Cohen）等研究者的许多论文报道了马氏体相变的稳定化、爆发现象、相变临界点、回火过程变化等研究成果。由于电子显微镜的发明，使人们不仅看到钢中第二相沉淀析出的情况，而且还看到位错的滑移行为，发现了不全位错、层错、位错墙、亚结构等现象。因此，位错理论得到了完善的发展。金属学中许多典型的照片就是在这个时期研究中拍摄的。科垂尔（A. H. Cottrell）于1948年提出了碳或其他原子停留在位错上，能把位错钉扎住，这就是所谓的科氏气团。借助于电子显微镜，许多金属学理论方面的问题都得到了更深入的研究。

由于粒子光学的发展，除了显微镜向多功能方向发展外，现在又发明了一些新的仪器，如电子探针分析器、场离子发射显微镜和场电子发射显微镜、扫描透射电镜（STEM，scanning transmission electron microscope）、扫描隧道显微镜（STM，scanning tunneling microscope）、原子力显微镜（AFM，atomic force microscope）等。这些仪器的检测提供了大量金属表面和界面的微观结构信息，导致了金属表面和界面科学的产生。

0.2 现代金属材料

20世纪50年代初在美国产生了材料科学的新名词、新理念，它们源于冶金学，通过物理学等学科的交叉融合，形成了材料科学与工程（materials science & engineering，简称MSE）学科。Cahn在著作 *The Coming of Materials Science*[1] 中介绍了MSE的产生、发展及其影响，而金属材料是其中历史悠久、比较系统的材料类别。

长期以来，金属材料一直是最重要的结构材料和功能材料。我国新材料“十三五”发展规划明确指出，国家将实施新材料重大工程项目，对高强轻型合金材料、高性能钢铁材料、功能膜材料、新型动力电池材料、碳纤维复合材料、稀土功能材料等六类新材料进行重点支持。可以预期，新型金属材料的发展和应用将成为21世纪金属材料工业的重要特征之一。主要是开发为适应特殊条件下的金属材料，如超高强韧性钢，耐低温、耐磨等特殊性能合金钢，先进不锈钢，高温合金钢，低合金高强钢；还有铸造稀土镁合金，高性能稀土永磁材料，稀土磁致伸缩材料，形状记忆合金及制品，高性能钛合金，各种金属基复合材料等。这些将是我国未来发展的重点。下面列举几类简要介绍。

（1）先进结构材料 先进结构材料的研究与开发是永恒的主题。结构材料一般数量大，资源与能源消耗高，污染严重，对可持续发展有决定性作用。高性能结构材料是指高比强度、高比刚度、耐高温、耐腐蚀、耐磨损等性能的结构材料。结构材料性能的提高，无疑会减缓上述压力，因性能的提高、使用寿命的延长，可减少材料的用量。高比强度、高比刚度对提高力学性能十分重要；耐磨、耐蚀、抗疲劳、抗老化是延长使用寿命的关键，因此，在材料的发展中必须给予高度重视。由于复合材料具有的优势，它已经广泛地应用于社会的各个方面。如铝基复合材料制造各种车轮、门窗框、墙体、门窗内装饰件和生活设施等。

金属在结构材料中仍然占有主要位置。提高金属材料产品的质量，改善其使用性能和延长使用寿命，是实现节约能源和资源，减少环境污染的主要途径。我国虽然是钢铁生产大国，但仍然有27%的钢材产品的质量和性能不能满足需要；8%的高性能钢材还不能生产，要靠进口；并且材料生产能耗高、污染严重，所以传统工业的技术改造任务也是很艰巨的。

提高传统金属材料性能的重要途径之一是使材料的组织更细小、更均匀一些，材料更纯洁一些。细化晶粒从现有的亚毫米级到亚微米级时，钢的强度会得到显著提高。问题的关键是制备的工艺方法和途径。发达国家都非常重视传统钢铁材料的研究开发，日本在1997年就设立了一个大型研究项目，目标是开发强度相当于现有钢铁材料两倍的新材料品种，用于道路、桥梁、高层建筑等基础设施的更新换代。我国也启动了“新一代钢铁材料重大基础研究”项目，课题研究的阶段结果表明，通过细化组织等途径，可使碳钢和低合金钢的强度提高1倍，分别由200MPa、400MPa提高到400MPa和800MPa。

美国麻省理工学院弗莱明斯（Merton C. Flemings）等提出的金属半固态加工技术，被认为是

[1] Cahn R W. 走进材料科学. 杨柯等译. 北京：化学工业出版社，2008.

21 世纪最有前途的材料制备加工技术之一，该方向的研究一直是最活跃的研究领域之一。开展金属半固态加工技术的研究对显著改善和提高材料的质量、缩短工艺流程、降低成本、合理利用资源等都具有重要意义，并且可以产生许多新的交叉学科创新成果。目前铝-镁合金半固态成形技术已经比较成熟，其产品主要应用在轿车和某些泵体等小型零件上。

美国“9·11”事件后，暴露了建筑用钢结构抗高温软化能力很差的一大致命弱点，引起了大家的注意。我国目前已经开发了高强热轧耐火耐候钢，该类钢材既具有低屈强比、良好的焊接性等特点，又具有耐火性、耐候性等功能特点，在 600℃高温时的屈服强度不低于室温中屈服强度的 2/3，保证大楼在烈火中长时间经受考验。

（2）高温合金材料 对动力机械和运载机械来说，工作温度越高，比强度和比刚度越高，则效率也越高。从国际上发动机的发展趋势看，涡轮温度和推重比都在逐步提高，要求材料及冷却技术要不断改进。研究表明，飞机及航空发动机性能的改进，其 2/3 和 1/2 是要靠材料性能的提高。对飞行速度更高的卫星和飞船来说，能减重 1kg 就能带来极高的效益。汽车节油有 37% 靠材料的轻量化，40% 靠发动机的改进，而绝热发动机（不需要冷却）主要靠材料性能的提高。所以，高温材料的研究与开发是当务之急。

从高温材料来看，碳复合材料可达到 2500℃，但抗氧化能力太差，只能用于火箭、导弹；现有的金属基复合材料虽然有比较好的综合性能，由于成本高，目前也只限于宇航，只有颗粒或短纤维增强的金属基复合材料有可能大量推广于民用。钛及钛铝中间化合物密度小、工作温度高（600～1000℃），在空间机械应用前景广阔。新型的高温金属间化合物结构材料（如 Nb-Si、Mo-Si 等）在 1100～1400℃具有满足先进高温结构材料使用要求的潜力，是极具竞争力的新一代高温结构材料，将脱颖而出。

（3）新型工具钢 除了改善传统材料外，对于新型工具钢的开发也日益关注。许多研究已取得了很大的成果，促进了工具钢的发展。利用气体雾化制粉后采取热等静压（HIP，hot isostatic pressing）的粉末冶金工艺可以生产出韧度和耐磨性都很好的合金工具钢。例如，日本神户钢铁公司开发的粉末工具钢 KAD181，基本成分为 Fe-18Cr-2Mo-1V-2.2C[1]，经 HIP 后不用锻造，具有很好的性能，在模具、辊子、刀具等方面应用很广泛。美国开发的坩埚粉末冶金法（CPM，crucible powder metallurgy）大为改善了 4 种冷作工具钢的韧度和耐磨性，提高了使用寿命。CRMT440V 的基本成分为 Fe-17Cr-0.4Mo-5.5V，其耐腐蚀性与不锈钢 T-440C 差不多，但耐磨性是 T-440C 的几倍，制成的造球机刮刀的实际使用寿命是 T-440C 的 20 倍。

经济合金化是高速钢的一个发展方向，在不降低性能的前提下尽可能降低钢中的 W 含量。涂层高速钢是高速工具发展的一个重要方面，近年来已经开发成功利用离子渗入法在高速钢工具表面涂覆 TiC、TiN、Ti（C，N）等涂层高速钢，发挥了极其优越的性能。利用化学气相沉积（CVD，chemical vapor deposition）、物理气相沉积（PVD，physical vapor deposition）等先进方法生产的 TiC、TiN、Ti（C，N）和 Al_2O_3 等硬质化合物涂层工具材料，以及利用超高压合成法生产的金刚石烧结体和立方晶氮化硼（c-BN）烧结体作为工具材料的应用，在新型工具材料的开发上具有重要的意义。这些研究改善和提高了工具钢的性能，提高了使用寿命，从而带来了很大的效益。

（4）金属功能材料 金属功能材料是利用它的声、光、电、热、磁等物理或化学性能的特殊材料。按其性能特征可分为光学材料、磁性材料、超导材料、声学材料、生物医用材料、储氢材料、电性材料、智能材料等。现代科学技术的迅速发展，使得适应各类高技术的各种新型功能材料如雨后春笋，不断涌现。目前，开发的大部分新材料都属于功能材料。例如我国在新型稀土永磁材料、巨磁电阻材料、形状记忆合金等许多领域都取得了具有自主知识产权的成果，为相应的高技术产业的发展提供了技术支撑。

---

[1] 如无特殊说明，本书中各成分含量均指质量分数。

0.3 金属材料的可持续发展与趋势

传统的经济发展模式造成世界资源短缺和环境污染。2004年在北京召开了“国际新材料与加工、应用博览会暨研讨会”，会议主题是“循环型社会的材料产业——材料产业的可持续发展”。这不仅是最新成果的展示，更是对人们观念与思维的洗礼。国家自然科学基金会在金属材料学科发展战略研究报告中指出：传统金属材料量大面广，发展重点在于节约资源、降低能耗、综合利用、注意回收；高技术新材料方面的发展，注意开发新品种、提高性能，以满足不同需求；对我国富有元素要重视进一步开发，在国际上占有重要地位。传统材料所积累的知识是发展新材料的基础，新材料在学科前沿的发展又丰富和拓展了金属材料学科的基础。

材料的生产和利用必须最大限度地降低资源和环境的压力。目前我国资源的主要矛盾表现在资源供给不能满足国民经济发展的需要。2020年可以保证需求的矿产仅为9种，特别是Fe、Mn、Cr、Cu、Al等矿产将长期短缺。另一方面，现有的资源利用率不高，资源浪费严重。矿产资源的开发总回收率只有30%～50%，比发达国家平均低20%左右。每万元国民收入的能耗为20.5t标准煤，是发达国家的10倍。“高投入、低效率、高污染”的问题，在我国资源的开发和利用中严重存在。从资源和环境的角度分析，在材料的采矿、提取、制备、生产加工、使用和废弃的过程中，一方面，它推动着社会经济发展和人类文明进步；另一方面，又消耗着大量的资源和能源，并排放出大量的废气、废水和废渣，污染着人类生存的环境。人口膨胀、资源短缺和环境恶化是当今人类社会面临的三大问题。这些问题的积累加剧了人类与自然的矛盾，并且已经对社会经济的持续发展和人类自身的生存构成了新的威胁和障碍。目前，材料产业在降低资源和环境压力方面的潜力还是很大的。

无废物的材料生产对资源利用和环境保护具有重大的意义。最典型的是微生物冶金，已经在许多国家进行了工业性生产。现已发现：某些细菌喜欢Au，落叶松能聚集Nb，玉米能聚集Au，甜菜和烟草可聚集Li，软体动物能生产Cu，龙虾能聚集Co等。美国利用微生物冶金方法生产的Cu占总产量的10%，日本人工培植海鞘以提取V。海水是一种液态矿，海水中含有的合金元素量超过100亿吨。现在已可从海水中提取Mg、U等元素，全世界生产的Mg大约有20%来自海水，美国靠这种Mg已满足需求量的80%。

科学发展，形成绿色生态材料体系。全世界都非常重视资源和环境问题。例如，德国政府规定，各种材料均应实行最大限度的回收利用。我国的材料产业应将生态环境意识贯穿于产品和生产工艺的设计之中，提高材料利用率、降低材料在生产和使用过程中的环境负担，并且要研究其评价体系。用全生命周期思想考虑材料设计与生产是必然趋势。代替含稀缺合金元素的新型合金材料和不含毒害元素的材料，以及废弃物无害资源化转化技术等，是当前充分利用再生资源需解决的科技问题。要研究开发与人民生活、工作密切相关的绿色材料及环境友好材料，在设计中应首选环境兼容性好的材料。合金发展的主流方向是少合金化与通用合金。从材料的环境影响角度考虑，材料的强韧化应强调在保持金属材料性能指标基本不变的前提下，尽量采用地球储量丰富或对生态环境影响小的元素作为合金化组元；同时，尽量降低金属材料中强韧化元素的含量或减少合金元素的种类；另外，尽量采用同类元素作为强韧化复合合金化的第二组元，如Fe-Fe复合材料、F-M（铁素体-马氏体）双相钢等。即在设计材料时，不仅要考虑材料的使用性能，而且要充分考虑材料对环境的影响和资源的负担。所以，现在世界各国都在研究通用型合金钢、简单合金钢和节约型合金钢。在很多情况下，对现有合金钢的成分设计和使用的合理性可重新进行审查。根据科学发展观，我国正在探索循环经济可持续发展的道路，材料的全过程要逐步形成资源—材料—环境良性循环的产业。

材料品种的发展要符合现代经济发展和国防的需求。从日本开发“超级钢”开始，正在发展“高洁净、均匀化、超细晶”的新一代钢铁材料。如高层建筑具有 R_{eL}≥500MPa 的钢材，R_{eL}≥980MPa 的大跨度重载桥梁用钢，使用寿命在 5500m 以上的石油开采钻井用钢，电力工业上使用的高抗水（沙）蚀钢，地下和海洋设施用的耐蚀低合金钢和我国微合金结构钢等。有专家建议目前我国主要有三类钢材产品值得关注：第一类是能参与国际市场竞争的产品，其特点是高质量、高附加值、高技术难度、高使用要求的钢材，重点品种有轿车用面板、不锈钢光亮板、桥梁用板、耐候钢板、海洋与石油用板等；第二类是满足国内市场需求为主的产品，重点品种有普通机械用板、客货汽车用板、农业及运输机械用板、锅炉和容器板等民用板等；第三类是代替落后的叠轧薄板和窄带钢的产品。重点品种有小五金及家电用板带、金属家具用板带、一般民用板材等。

钛合金被称为“空间金属”以及“未来的钢铁”。钛合金的比强度是最高的，在高温和低温下都能保持高的强度，而且其耐蚀性也是无可匹敌的。Ti 在地球中的含量也不少，约为 0.6%，目前不能广泛使用的原因是提炼工艺复杂，比较困难。钛合金将是 21 世纪为人类作重要贡献的金属材料之一。高温结构钛合金将向不断提高使用温度的方向发展，TiAl 和 Ti_3Al 金属间化合物大有取代镍基高温合金的趋势。

有色金属资源面临着不可持续发展的严重问题，主要是资源破坏严重和资源综合利用率很低，而且浪费惊人；产品结构也很不合理，精深加工技术落后，高档产品缺乏；创新成果少，高新技术成果产业化程度不高。开发高性能结构有色金属材料及其先进工艺方法是主流。例如，将高性能 Al-Li 合金、Al-Sc 合金以及快速凝固铝合金的强度和耐热性推向更高。

金属功能材料是现代工业高技术发展的重要物质基础和支撑材料，将向着更加精细、微型和高功能化的方向发展。稀土功能材料的多功能和高功能化特性，使其在电子和信息产业发挥着重要作用，而且是有待于开发的宝库。

0.4 金属零部件全寿命过程图

除了少量用于开展研究之外，绝大多数的金属材料将会被制成金属零部件，用在各个应用领域。那么金属零部件从最开始的选矿，一直到破坏失效，经过哪些流程？各个流程对应哪些专业？《金属材料学》这本书主要关注过程中的哪些方面呢？

为了回答这些问题，我们可以参考示意图 0.1（金属零部件全寿命的总体示意，对于具体的零部件，该图的过程未必完全符合实际情况）。

在这幅图中，首先呈现的是金属零部件的全寿命过程图，从采矿（元素）开始，这些矿石送

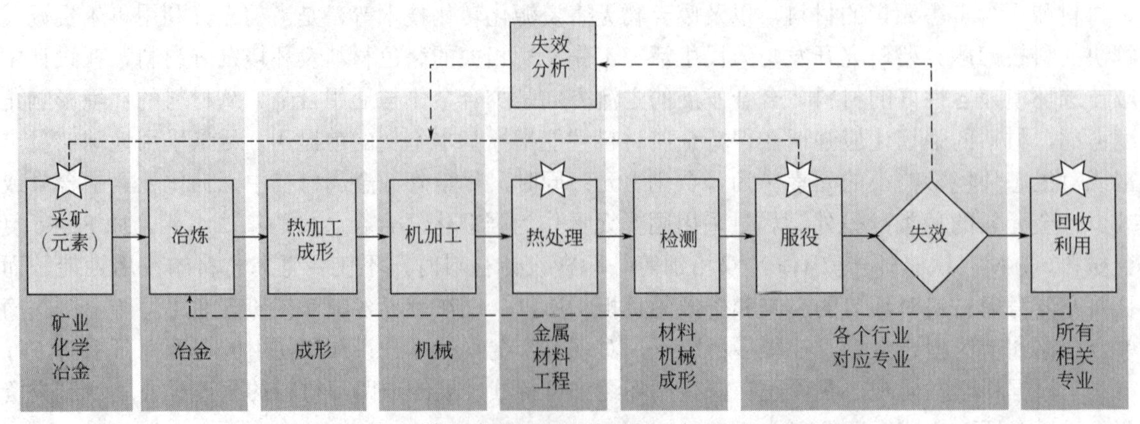

图 0.1　金属零部件全寿命过程图及对应的各个专业（示意图）

到钢铁厂进行冶炼；冶炼之后制成各种各样的原料，送到各个工厂进行铸、锻、焊、切割等热加工；这些加工后的原料送到机加工车间开始车、铣、刨、磨等机加工，形成一定形状的零部件；之后把这些零部件送到热处理车间进行热处理，零部件制造完成；而后对零部件进行检测，合格产品送到各个应用领域开始服役；直到失效的时候，这些被破坏的零部件会进行失效分析，进而将完善从采矿到服役的全部知识内容；这些失效的零部件同时会被回收并进入冶炼环节，重新开始零部件的制造、服役、回收过程。

从图0.1中可以看出，一个零部件的全寿命过程是非常长的，涉及的科学与工程的知识非常多。例如，在采矿（元素）阶段，主要对应矿业、化学、冶金等专业；在冶炼阶段，主要对应冶金专业；在热加工成形阶段，主要对应成形及控制工程专业；在机加工阶段，主要对应机械专业；在热处理及失效分析阶段，主要对应金属材料工程专业；在检测阶段，则对应材料、机械、成形等相关专业；在服役及失效阶段，涉及各个应用金属零部件的行业所对应的专业；在回收利用阶段，涉及各个相关专业。因此，如果要研究清楚一个金属零部件，需要的知识很多而且需要跨很多专业。

从这幅图中，我们可以知道，任何一个流程都不可能作为金属零部件的绝对主导因素；同时，上游的流程必将会对下游流程产生影响，有些影响可以通过下游流程的额外工作得以消除，有些影响则无法通过后续流程补救，因此只能报废或重新来过。

本书受篇幅限制，主要涉及图0.1中带星号的部分。采矿（元素）内容其中的一小部分对应的就是合金化原理，热处理部分对应书中所有金属材料的热处理介绍，服役部分对应书中以应用进行分类的各种金属材料的讲解，回收利用部分则主要对应本书的0.3一节。

0.5 金属材料学在金属材料工程知识体系中的作用

对于金属材料工程专业的学生而言，金属材料学的内容在这个专业中的作用如图0.2所示。在图的底部是该专业的第一门基础课——材料科学基础，在其基础之上，开始本专业系列专业课程的学习，包括金属组织控制原理（亦称热处理原理）、组织控制工艺（亦称金属材料强韧化、热处理工艺）、材料力学性能以及材料物理性能等，同时会学习成形、加工、焊接等其他专业课程；完成这些课程学习之后，就来到了该专业的最后一门必修课程——金属材料学。这门课程虽

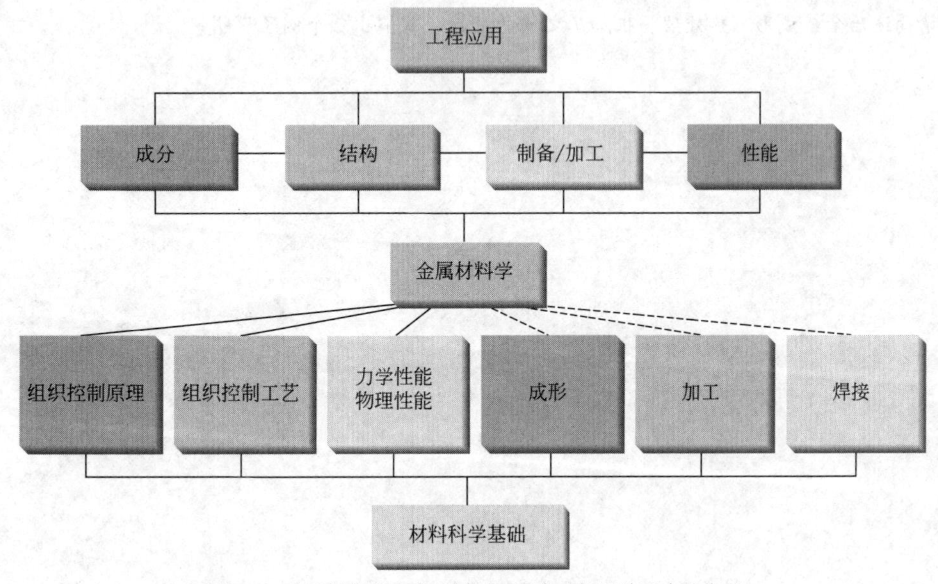

图0.2 金属材料学在金属材料工程专业知识体系中的作用

然重点放在合金化原理上（偏重于材料科学与工程四要素的“成分”），但是在内容中会涉及之前学到的所有专业课。所以该课程实际上是将前面学过的专业课内容进行了联系和综合。而且，该课程是直接面向工程应用的，所以金属材料学是将之前专业课程内容具体应用。金属材料学的内容对于金属材料工程专业而言，至关重要。

对于其他材料或机械专业的学生或者是从事金属材料相关行业的研究、工程人员，也可以从这本书中获得金属材料相关的知识，学习解决材料问题的思路、思维和思想。

在图 0.2 中，金属材料学的内容涉及材料科学工程四要素。在分析具体问题时，要将四要素联系起来，变成材料科学与工程四面体（简称 MSE 四面体）。MSE 四面体的方法，是材料科学与工程的核心方法论，可以帮助深入理解金属材料学的内涵，快速、准确找到各种金属问题的答案。关于材料科学与工程四面体的相关知识，请参考以下资料。

材料科学与工程
四要素

材料科学与工程
四面体

材料科学与工程
四面体的意义

材料科学与工程
核心方法论

思考题

0-1　1958 年世界工业博览会在比利时召开。博览会大楼，是由 9 个巨大的金属球组成，球直径为 18m，8 个球位于立方体角，1 个球在中心。这象征什么？表达什么意义？

0-2　为纪念世界第一位宇航员加加林，在莫斯科列宁大街上建造了 40ft（12.192m）高的雕像，雕像材料是钛合金。为什么用钛合金制作？有什么寓意？

0-3　金子从古到今都作为世界上的流通货币，为什么？

0-4　铜是人类最早认识和使用的金属，原因是什么？

0-5　1983 年在上海召开的第 4 届国际材料及热处理大会的会标是小炉匠锤打的图案，代表什么意义？为什么古代著名的刀剑都要经过反复锻打？

0-6　材料产业可持续发展的主要含义是什么？为什么要提出构筑循环型材料产业的发展方向？

0-7　试述金属材料在人类文明和国民经济发展中的地位和作用。

0-8　请简述冶金、成形、热处理、机加工之间的关系，试举出 2 个例子说明。

第一篇

钢铁材料

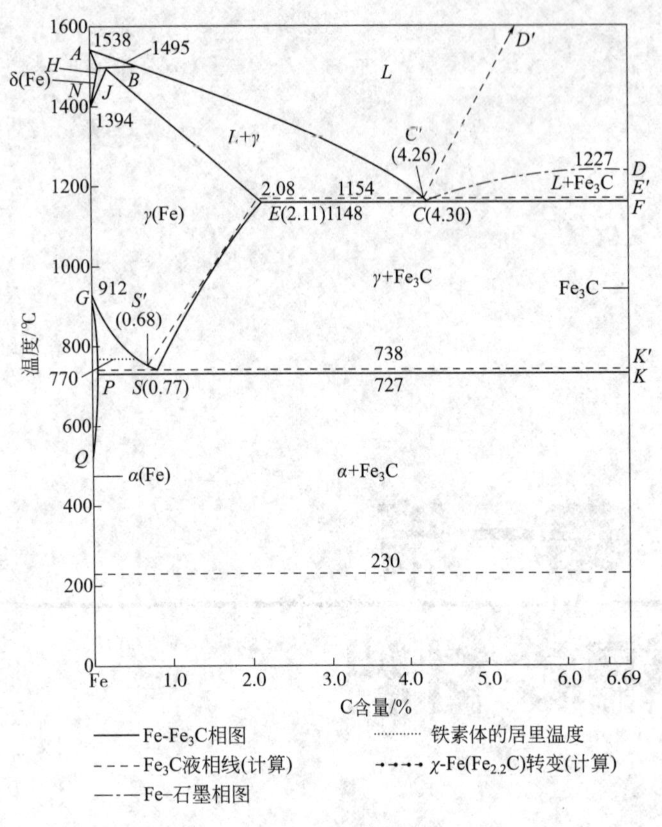

Fe-C 双重相图

在本篇开始之前，首先要讨论一下纯铁。纯铁具有银白色金属光泽，质软，延展性良好，导电和导热良好，密度 7.86g/cm^3，熔点 1538℃，沸点 2750℃。纯铁的突出特性是具有较高的磁导率，因此该类材料主要用作电工材料。

纯铁与其他元素合金化之后，就变成了钢铁材料。古代的合金化大多是被动的，因为没有很好的冶炼技术和设备，而现代工业对纯铁的合金化绝大多数是有意识的，其目的只有一个：改变纯铁的性能以适用于不同的服役条件，进而应用于不同的领域。

因此，为获得所要求的组织结构、力学性能、物理性能、化学性能或工艺性能而特别在钢铁中加入某些元素，称为合金化。

首先要提到的合金化元素就是 C。Fe 和 C 在二元体系知识系统里最著名的就是 Fe-C 相图，如图所示。在 Fe-C 二元合金的基础上，添加少量其他合金元素，只会对这个 Fe-C 相图产生不同程度的影响，因此这幅图是本篇的学习基础，会在后续章节中反复出现，必须牢固掌握。

本篇其他章节内容主要涉及工程结构钢、机器零件用钢、工模具钢、不锈钢、耐热钢、超高强度结构钢、铸铁等钢铁材料，我们可以从材料科学与工程四要素的角度来做一个简单的比较，见下表，这个表格可以帮助大家从宏观角度把握各种大类金属材料的特点。

主要钢铁材料的四要素简要分析

类别	主要成分	（微观）结构	制备 / 加工（热处理）	主要性能
工程结构钢	低 C、低 Me	P、F 等为主，以 $B_{下}$、M′为辅，用强 K 辅助强化	常用退火、正火等；钢厂的来料状态直接使用	抗静载、耐候、易焊接
机器零件用钢	低、中、高 C 都有，Me	各种回火组织、$B_{下}$等为主，K 为辅	热处理工艺复杂，常见热处理工艺及表面改性工艺都会用到	韧性好、疲劳寿命高、耐磨、抗冲击等（根据具体的零件服役条件设计性能特点）
工模具钢	大部分钢为高 C，大部分钢为高 Me（以高熔点、强 K 形成元素为主）	S′、M′、$B_{下}$等为主，常见大量 K，强 K 为主	热处理工艺复杂，特别针对导热性差、A_R 较多而开展的各种热处理工艺；常用析出强化	抗冲击、耐磨损、硬度高、红硬性好等
不锈钢	低 C 为主、高 Me（以 Cr 为主）	以 A、A+F 或 M′为主	常规热处理工艺，少用表面改性工艺	耐腐蚀为主，硬度等为辅
耐热钢	含 C 量范围宽、高 Me（以 Ni、Co 等为主），抗氧化 Me（Cr、Si、Al 为主）	基体以 A 为主，超高温服役材料以柱状晶或单晶为主；时效产物以强 K 和金属间化合物为主	A 钢以固溶＋时效为主；其余根据微观组织制定热处理工艺；回火温度高于服役温度	耐高温、抗氧化、抗蠕变等
超高强度结构钢	中低碳、中等或高 Me（多元），杂质、缺陷控制极其严格	各种回火组织，常见强 K	淬火＋回火（时效）（二次析出强化）	超高强度
铸铁	大于 2%C、部分铸铁 Me 较高（Si 很重要）	石墨＋常规微观结构	完成石墨化之后，剩余热处理工艺与机器零件用钢相似	减振、耐磨、铸造成形性能好

注：Me—合金元素；K—碳化物；P—珠光体；F—铁素体；$B_{下}$—下贝氏体；S′—回火索氏体；M′—回火马氏体；A—奥氏体；A_R—残留奥氏体。

1 钢的合金化概论

合金元素不仅可改变相稳定性和组织演化过程，而且还可能产生新相，从而改变材料原有的组织和性能。这些元素在原子结构、原子尺寸及晶体点阵上的差异，是产生这些变化的根源。合金化理论是金属材料成分设计和工艺过程控制的重要原则，是材料成分-工艺-组织-性能-应用之间有机关系的根本源头，也是充分发掘材料潜力和开发新材料的基本依据，这也就构成了本章的主要内容。

1.1 合金元素和铁的作用

1.1.1 钢中的元素

（1）杂质元素 钢铁由矿石经过冶炼而成，难免会含有一些杂质元素。一般有三种情况：

① 常存杂质 由钢铁冶炼过程所引入的杂质，例如在熔炼的脱氧过程中由脱氧剂所带入的Mn、Si、Al等元素。它们作为杂质元素时，含量[1]普遍为：0.3%～0.7%Mn；0.2%～0.4%Si；0.01%～0.02%Al；0.01%～0.05%P；0.01%～0.04%S。

② 隐存杂质 钢中极其微量的O、H、N，在钢中有一定的溶解度，难以测量。

③ 偶存杂质 这与炼钢过程中所使用的矿石和废钢有关，如Cu、Sn、Pb、Ni、Cr等。

杂质元素的存在，一般是有害的，往往会影响钢的性能，所以在冶金质量中都规定了其最高允许量。最典型的杂质元素是S、P、H。S容易和Fe结合形成熔点为989℃的FeS相，会使钢在热加工过程中（高于989℃）产生热脆性；P和Fe结合形成硬脆的Fe_3P相，使铁素体得以强化后，韧-脆转变温度上升，使钢在冷变形加工过程中产生冷脆性；H也可能留在钢中，形成所谓的白点，可导致钢的氢脆。

很多常见的杂质元素，在特定的应用场合，反而具有了某些优势。比如，在易切削钢中，S是非常重要的合金元素；在耐候钢中，P是主要起作用的合金元素。所以，合金元素是杂质还是有利元素，要根据具体情况进行具体分析。

（2）合金元素 在许多情况下，碳素钢的性能不能满足要求。为了提高钢的性能，必须在钢中加入合金元素，以改变其工艺性能和力学或物理性能。为合金化目的加入其含量有一定范围的元素称为合金元素（Me），相应的钢就称为合金钢。根据需要，加入的合金元素量可多可少：多的可达到20%～30%，如Cr；一般加入量为1%～2%，如Mn；少的是微量，如0.005%B。习惯上，对于总合金含量，有大致分类方法：

① 合金元素总量＜5%的钢，称为低合金钢；

② 合金元素总量在5%～10%之间的钢称为中合金钢；

[1] 如无特殊说明，本书中各成分含量均指质量分数。

③ 合金元素总量＞10% 的钢称为高合金钢。

目前钢铁中常用的合金元素有十几个，主要有 Si、Mn、Cr、Ni、W、Mo、V、Ti、Nb、Al、Cu、B 等。不同国家常用的合金元素与各自的资源有关。

1.1.2 铁基二元相图

纯铁具有同素异构转变，纯铁的 α-Fe ⇌ γ-Fe 和 γ-Fe ⇌ δ-Fe 转变是在恒定温度下进行的，其相变温度 A_3、A_4 分别为 912℃和 1394℃。

当加入 C 元素后，就可以用 Fe-Fe_3C 相图来描述，变得比较复杂了。其主要特点是：相变是在某一温度范围中进行；临界相变点随 C 含量而变；出现了新的相变和产物，如共析转变，由单相 γ 相形成了 α+Fe_3C；在平衡状态下可以有两相同时存在，如 α 和 γ 相。其他合金元素的作用只是在 Fe-Fe_3C 相图的基础上产生。合金元素对铁的多型性转变的影响分为扩大 γ 相区、封闭 γ 相区和缩小 γ 相区几类。

（1）扩大 γ 相区 合金元素使 A_3 温度下降，A_4 温度升高，γ 稳定存在相区扩大。它包括两种情况：

① 与 γ-Fe 无限互溶 这类元素有镍（Ni）、锰（Mn）、钴（Co），其作用是开启 γ 相区，当合金元素量足够大时，钢在室温时为奥氏体组织，如图 1.1（a）所示。

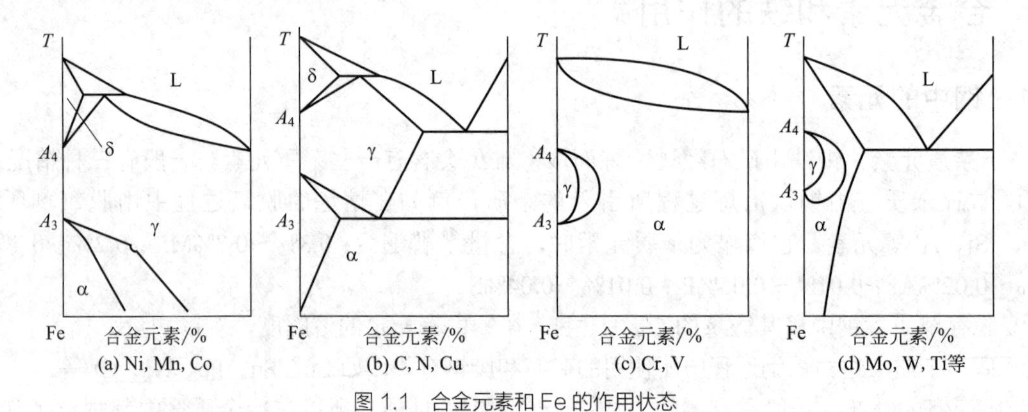

图 1.1 合金元素和 Fe 的作用状态

② 与 γ-Fe 有限溶解 这类元素是碳（C）、氮（N）、铜（Cu），其作用是扩展 γ 相区。它们虽然使 γ 相区扩大，但与 γ-Fe 有限溶解，C、N 与 Fe 形成间隙固溶体，Cu 与 Fe 形成置换固溶体，这类相图如图 1.1（b）所示。

（2）封闭 γ 相区 合金元素使 A_3 温度升高，A_4 温度下降，γ 稳定存在相区缩小。实际上也就是使 α 稳定存在相区扩大。它也有两种情况：

① 与 α-Fe 无限互溶 合金元素的加入使 A_3 温度升高，A_4 温度下降，并在一定浓度处汇合，γ 相区被完全封闭。这类元素有铬（Cr）、钒（V），当合金元素量足够大时，钢在高温时仍为铁素体组织，如图 1.1（c）所示。

② 与 α-Fe 有限溶解 属于这类的元素有钼（Mo）、钨（W）、钛（Ti）等。γ 相区被封闭，在相图上形成 γ 团，如图 1.1（d）所示。

（3）缩小 γ 相区 这类元素与封闭 γ 相区元素相似，但由于出现了金属间化合物，破坏了 γ 圈。属于这类的元素有硼（B）、铌（Nb）、锆（Zr）等。

在 γ-Fe 中有较大溶解度并稳定 γ 固溶体的元素称为奥氏体形成元素，在 α-Fe 中有较大溶解度并稳定 α 固溶体的元素称为铁素体形成元素。

除 C、N 等少量元素外，大部分合金元素与铁形成置换固溶体，它们扩大或缩小 γ 相区的作用与该元素在周期表中的位置有关，与它们的点阵结构、电子因素和原子大小有关。有利于扩大γ相区的合金元素，其本身具有面心立方点阵或在其多型性转变中有一种面心立方点阵，与铁的电负性相近，与铁的原子尺寸相近。合金元素和铁的不同作用可以从热力学来讨论。采用Zener和Andrew的方法，设C_α和C_γ分别为在温度T时某合金元素在α相和γ相中的平衡浓度。在平衡状态下可得到：

$$\frac{C_\alpha}{C_\gamma}=\beta\cdot\exp\left(\frac{\Delta H}{RT}\right)$$

式中，ΔH是热焓变化，是单位溶质原子溶于γ相中所吸收的热和溶于α相中所吸收的热之间的差值，即$\Delta H=H_\gamma-H_\alpha$。$\beta$为常数，置换固溶体$\beta=1$，间隙固溶体$\beta=3$。

对于铁素体形成元素，$H_\alpha<H_\gamma$，所以$\Delta H>0$；

对于奥氏体形成元素，$H_\alpha>H_\gamma$，所以$\Delta H<0$。

由此可得到两种形式基本不同的平衡相图，如图1.2所示。二者呈镜面对称，这取决于ΔH的值。图中相平衡边界可由热力学方程来描述。当$\Delta H<0$时，则$C_\gamma>C_\alpha$，γ相区是开启的；若$\Delta H>0$，则$C_\gamma<C_\alpha$，出现了γ相圈。

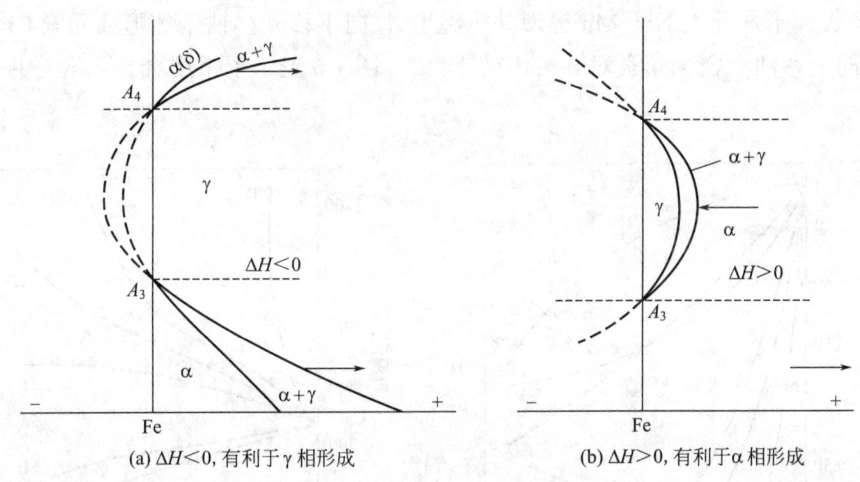

(a) $\Delta H<0$, 有利于γ相形成　　(b) $\Delta H>0$, 有利于α相形成

图1.2　两种基本类型相图

1.1.3　合金元素对Fe-Fe_3C相图的影响

1.1.3.1　合金元素对*S*、*E*点的影响

图1.3和图1.4是典型元素Cr和Mn对γ相区的影响。从图中可看出，合金元素增多时相界移动的情况。总结合金元素对Fe-Fe_3C相图中*S*、*E*点的影响，可得到如下的规律：

凡是扩大γ相区的元素均使*S*、*E*点向左下方移动，如Mn、Ni等；

凡是封闭γ相区的元素均使*S*、*E*点向左上方移动，如Cr、Si、Mo等。

*S*点左移，意味着共析C量减小。例如，钢中含12%Cr时，共析C量小于0.4%。所以，含0.4%C、13%Cr的40Cr13不锈钢就属于过共析钢。图1.5示意地表示了常用合金元素对共析C量的影响程度。由此可知，判断合金钢的平衡组织属于亚共析、共析还是过共析，要根据Fe-C-M三元系和多元系相图来分析。

*E*点左移，意味着出现莱氏体的C含量减小。在Fe-C相图中，*E*点是钢和铁的分界线，在碳钢中是不存在莱氏体组织的。但是当加入了大量的合金元素时，尽管C含量只有1%左右，钢中却已经出现了莱氏体组织。例如，W18Cr4V高速钢中C含量只有0.8%，但已属于莱氏体钢。

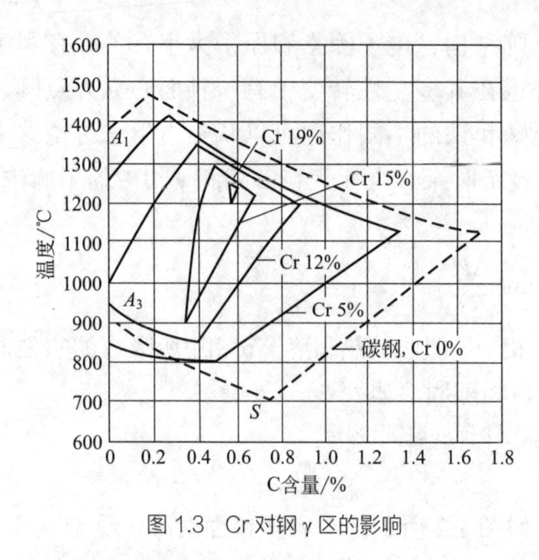

图 1.3　Cr 对钢 γ 区的影响

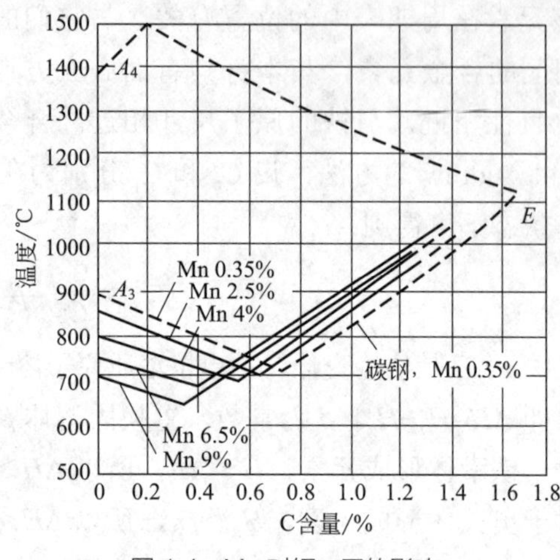

图 1.4　Mn 对钢 γ 区的影响

1.1.3.2　合金元素对临界点的影响

合金元素对碳钢的重要影响是改变临界点的温度和 C 含量，使合金钢和铸铁的热处理制度不同于碳钢。奥氏体形成元素 Ni、Mn 等使共析温度 A_1 向下移动；铁素体形成元素 Cr、Si 等则使共析温度 A_1 向上移动。合金元素对 A_3 的影响同 A_1。图 1.6 表示了常用合金元素对共析温度的影响程度。

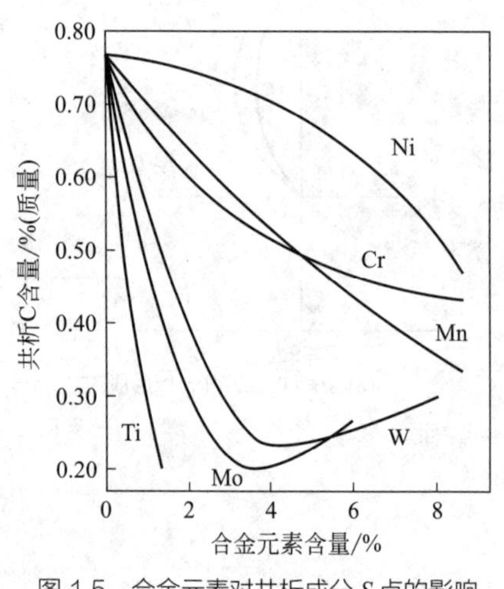

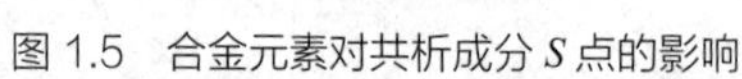

图 1.5　合金元素对共析成分 S 点的影响

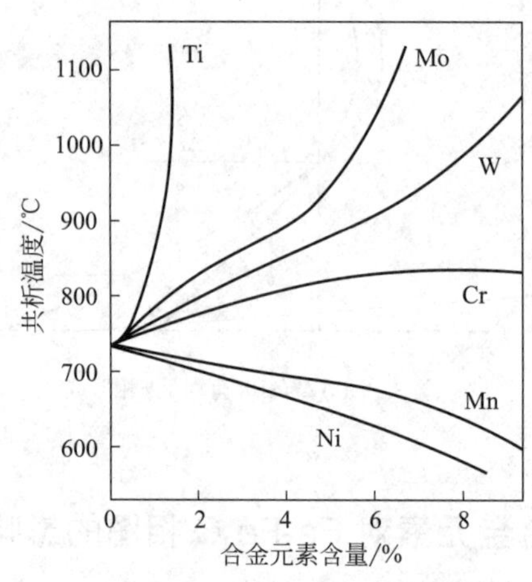

图 1.6　合金元素对共析温度 A_1 的影响

值得强调的是，以上合金元素的作用是以合金元素固溶于 γ 相或 α 相中为前提的。

1.2　合金钢中的相组成

1.2.1　置换固溶体

铁基置换固溶体的形成规律遵循 Hume-Rothery 所总结的一般经验规律。决定组元（溶质）在置换固溶体（溶剂）中的溶解量的关键因素，是两者的三个关键参数的差异程度，即

① 点阵结构；

② 原子尺寸；

③ 电子结构。

一般情况下铁有两种同素异构的晶体，即 α-Fe 和 γ-Fe。如果从 Fe-C 相图来看，合金元素在

α-Fe和γ-Fe中的固溶情况是相差很大的。表1.1是常用合金元素在铁固溶体中的溶解情况。表1.2是合金元素关于点阵结构、原子尺寸和电子结构的基本情况。

表1.1 常用合金元素在铁中的溶解度

元素	溶解度/%		元素	溶解度/%	
	α-Fe	γ-Fe		α-Fe	γ-Fe
Ni	10	无限	Mo	约4（室温）	约3
Mn	约3	无限	W	4.5（700℃）	3.2
Co	76	无限	Al	36	1.1
C	0.02	2.06	Si	18.5	约2
N	0.095	2.8	Ti	2.5（600℃）	0.68
Cu	1（700℃）	8.5	Nb	1.8	2.0
Cr	无限	12.8	Zr	约0.3	0.7
V	无限	约1.4	B	约0.008	0.018～0.026

表1.2 常用第四周期合金元素的点阵结构、原子尺寸因素和电子结构

合金元素	Ti	V	Cr	Mn	Fe	Co	Ni	Cu
点阵结构	*bcc*	*bcc*	*bcc*	*bcc/fcc*	*bcc/fcc*	*fcc/hcp*	*fcc*	*fcc*
电子结构	2	3	5	5	6	7	8	10
原子半径/nm	0.145	0.136	0.128	0.131	0.127	0.126	0.124	0.128
ΔR/%	14.2	7.1	0.8	3.1		0.8	2.4	0.8

注：原子半径是配位数12的值；ΔR是合金元素和Fe的原子半径相对差值；电子结构是3d层电子数。

根据表1.1和表1.2可知：Ni、Mn、Co与γ-Fe的点阵结构、原子尺寸和电子结构相似，形成无限固溶体；而Cr、V与α-Fe点阵结构、原子尺寸和电子结构相似，形成无限固溶体。如果溶剂与溶质的点阵结构不同，则不能形成无限固溶体。对无限固溶体来说，符合溶剂与溶质的点阵结构相同的第一个条件是必需的，但不是充分的。并不是所有点阵结构相同的元素，都能形成无限固溶体。如Cu和γ-Fe虽然点阵结构相同、原子半径相近，但是电子因素差别大，所以也只能是有限固溶。原子半径对溶解度的影响是比较大的，一般规律为：

① $\Delta R \leqslant \pm 8\%$，可形成无限固溶体；

② $8\% < \Delta R \leqslant \pm 15\%$，形成有限固溶体；

③ $\Delta R > \pm 15\%$，溶解度极小。

如Zr的ΔR为26%，所以溶解度≤1%。

1.2.2 间隙固溶体

Fe的间隙固溶体是较小原子尺寸的元素存在于Fe晶体的间隙位置所组成的固溶体。Fe基间隙固溶体的形成有以下几个特点。

间隙固溶体总是有限固溶体，其溶解度取决于溶剂金属的晶体结构和间隙元素的原子尺寸。间隙固溶体的有限溶解度决定了它保持了溶剂的点阵结构，而间隙原子仅仅占据了溶剂点阵的八面体或四面体间隙，而且总是有部分间隙没有被填满。对Fe的*bcc*、*fcc*和*hcp*晶体结构，其八面体间隙能容纳的最大球半径分别为$0.154r_M$、$0.41r_M$、$0.412r_M$，四面体间隙能容纳的最大球半径分别为$0.291r_M$、$0.22r_M$、$0.222r_M$。

间隙原子在固溶体中总是优先占据有利的位置。对α-Fe是八面体间隙，对γ-Fe是四面体或八

面体间隙。C、N 原子进入 Fe 的晶体中必然会引起晶格畸变。比较 C、N 原子尺寸和 Fe 晶体中存在的间隙大小，就十分清楚。C、N 原子半径分别为 0.077nm 和 0.071nm，因此 C、N 原子在 α-Fe 中并不占据比较大的四面体间隙，而是位于八面体间隙中更为合适。这是因为原子进入间隙位置后使相邻两个 Fe 原子移动引起的畸变比较小。对四面体间隙来说，有 4 个相邻 Fe 原子，移动 4 个相邻 Fe 原子则产生更高的应变能，所以四面体间隙对于 C、N 原子来说，并不是最有利的位置。

间隙原子的溶解度随溶质原子的尺寸的减小而增大。显然，N 元素的溶解度要比 C 元素大。因为 γ-Fe 的晶体间隙大于 α-Fe 晶体，所以 C、N 原子在 γ-Fe 中的溶解度显著地高于 α-Fe。

1.2.3　碳（氮）化物及其形成规律

1.2.3.1　钢中常见的碳化物

碳化物是钢中的重要组成相之一。碳化物类型、大小、形状和分布对材料的性能有极其重要的影响。碳化物在钢中的稳定性取决于金属元素与 C 亲和力的大小，即主要取决于其 d 层电子数，d 层电子越少，则金属元素与 C 的结合强度越大，在钢中的稳定性也越大。应该指出，碳化物在钢中的稳定性并不是单纯由 d 层电子数来决定的，生成碳化物时的热效应也会影响碳化物的稳定性。一般来说，碳化物的生成热越大，所生成的碳化物也越稳定。

碳化物具有高硬度、脆性的特点。从高硬度看，碳化物具有共价键；但是碳化物具有正的电阻温度系数，说明碳化物具有金属的特性，保持着金属键，所以一般认为碳化物具有混合键，且金属键占优势。根据合金元素和 C 的作用可分为碳化物形成元素和非碳化物形成元素两大类。

按照碳化物形成能力由强到弱排列，常用的碳化物形成元素有：Ti、Zr、Nb、V；Mo、W、Cr；Mn、Fe 等。它们都是过渡族元素。过渡族金属元素可依其与 C 的结合强度的大小分类：

① Ti、Zr、Nb、V 是强碳化物形成元素；

② W、Mo、Cr 是中等强度碳化物形成元素；

③ Mn 和 Fe 属于弱碳化物形成元素。

不同合金元素和 C 形成的碳化物类型不同，钢中常见的碳化物主要有如下几种。

M_3C 型：如 Fe_3C、Mn_3C，通常也称为渗碳体。正交点阵结构，单位晶胞中有 12 个 Fe（Mn）原子、4 个 C 原子。

M_7C_3 型：如 Cr_7C_3。复杂六方点阵结构，单位晶胞中有 56 个金属元素（M）原子、24 个 C 原子。可以形成复合碳化物，即（Cr, Fe, Mo…）$_7C_3$。

$M_{23}C_6$ 型：如 $Cr_{23}C_6$，常出现在 Cr 含量较高的钢中。复杂立方点阵结构，单位晶胞中有 92 个 M 原子、24 个 C 原子。一般情况下，单元的碳化物比较少，部分 Cr 原子可由 Mn、Fe 等原子替代而形成复合碳化物。

M_2C 型：如 Mo_2C、W_2C。密排六方点阵结构，单位晶胞中有 6 个 M 原子，3 个 C 原子。

MC 型：如 VC、TiC、NbC，简单面心点阵结构；而 MoC、WC 是简单六方点阵结构。一般情况下往往有空位，所以其一般式为 MC_x，$x\leqslant 1$，例 V_4C_3，$x=0.75$。

M_6C 型：如 Fe_3W_3C、Fe_3Mo_3C、Fe_4W_2C 等，它不是金属型的碳化物。M_6C 型具有复杂立方点阵结构，单位晶胞中有 96 个 M 原子、16 个 C 原子。这类碳化物常在含 W、Mo 合金元素的合金钢中出现，其一般式为（W, Mo, Fe）$_6C$。

根据以上碳化物结构类型可分为两大类型：简单点阵结构和复杂点阵结构。属于简单点阵结构的有 M_2C 型、MC 型，其特点是硬度较高、熔点较高、稳定性较好。复杂点阵结构的有 $M_{23}C_6$ 型、M_7C_3 型、M_3C 型，相对于简单点阵结构的碳化物来说，其特点是硬度较低、熔点较低、稳定性较差。值得指出的是 M_6C 型碳化物，M_6C 型碳化物是复杂点阵结构，但是从性能上接近简单点阵结构，稳定性要比 $M_{23}C_6$ 型、M_7C_3 型好。钢中常见碳化物的结构与性能见表 1.3。

表 1.3　钢中常见碳化物的结构与性能

碳化物	原子半径比 r_C/r_M	点阵类型	单位晶胞原子数	熔点 /℃	溶解温度 /℃	显微硬度（50g）	含有此类碳化物的钢种
Fe_3C	0.61	正交晶系	12M+4C	1650	≥A_{C1}	900～1050HV	碳钢
$(Fe,M)_3C$		正交晶系	12M+4C		≥A_{C1}		低合金钢
Cr_7C_3	0.60	复杂六方	56M+24C	1665	≥950	2100	少数高合金钢
$Cr_{23}C_6$	0.60	复杂立方	92M+24C	1550（分解）	≥950	1650	不锈钢等
Fe_3W_3C		复杂立方	96M+16C		1150～1300	1200～1300HV	高合金工具钢，如高速钢、Cr12MoV、3Cr2W8V 等
Fe_3Mo_3C		复杂立方	96M+16C				
Mo_2C	0.56	密排六方	6M+3C	2700	回火时析出，大于650℃转变为 M_6C 型	1600	
W_2C	0.55	密排六方	6M+3C	2750		3000	
MoC	0.56	简单六方	1M+1C	2700	高温回火时析出		含 W 或 Mo 的钢可能存在
WC	0.55	简单六方	1M+1C	2600（分解）		1730	
VC	0.57	面心立方	4M+4C	2830	≥1100	2100	V 含量>0.3%的钢
TiC	0.53	面心立方	4M+4C	3200	在钢的一般加热过程中几乎不溶解	3200	几乎所有含 Ti、Nb、Zr 的钢
NbC	0.53	面心立方	4M+4C	3500		2055	
ZrC	0.48	面心立方	4M+4C	3550		2700	

1.2.3.2　碳化物形成的一般规律

不同合金元素和 C 可形成不同的碳化物类型，钢中不同合金元素在相变演化过程中的行为表现也有很大的差别，一般规律如下。

（1）碳化物类型的形成　形成什么样的碳化物与合金元素的原子半径有关。C 原子半径和常用合金元素原子半径的比值 r_C/r_M 见表 1.3。其碳化物类型的形成规律如下。

当 r_C/r_M>0.59 时，形成复杂点阵结构。Cr、Mn、Fe 是属于这一类的元素，它们形成 Cr_7C_3、$Cr_{23}C_6$、Fe_3C、Mn_3C 等形式的碳化物；

当 r_C/r_M<0.59 时，形成简单点阵结构，又称为间隙相。金属原子一般形成具有配位数 12 的六方晶系或立方晶系，C 原子在金属原子所形成的晶体点阵中没有固定的位置，它们填充于晶体点阵的间隙中。属于这类型的元素有 Mo、W、V、Ti、Nb、Zr 等，它们形成的碳化物有：VC、TiC、NbC 等 MC 型，Mo_2C、W_2C 等 M_2C 型。

当合金元素量比较少时，溶解于其他碳化物，形成复合碳化物，即多元合金碳化物。如 Mo、W、Cr 含量少时，形成合金渗碳体（Fe, M)$_3$C；量多时就形成了自己的特殊碳化物 $M_{23}C_6$ 型、M_2C 型等。Mn 只能形成（Fe, M)$_3$C 或 Mn_3C。除 Mn 元素外，在钢中随着合金元素含量的增加，都能形成特殊碳化物。

（2）相似者相溶　碳化物也和固溶体一样，有些碳化物之间是可以互相溶解的，且分两种情况：完全互溶和部分溶解。如果形成碳化物的元素在晶体结构、原子尺寸和电子因素都相似，则两者的碳化物可以完全互溶，否则就是有限溶解。例如 Fe_3C 和 Mn_3C 可以完全互溶形成复合碳化物（Fe, Mn)$_3$C；TiC 和 VC 也无限溶解。

一般碳化物都能溶解一些其他合金元素，构成复合碳化物，但都有一定的溶解度。如在渗碳体 Fe_3C 中，可溶入一定量的 Cr、Mo、V 等元素，其最大溶解度（摩尔分数）为：＜20%Cr，＜2%W，＜0.5%V。MC 型碳化物不溶入 Fe 原子，但可溶入一定量的 Mo、W，如 VC 中可溶入

85%～90% 的 W 原子。在 W_2C 中 Cr 可置换 75% 的 W 原子。在 $M_{23}C_6$ 中可溶解 25% 的 Fe 原子，还可溶解 Mo、W、V 等原子。另外，碳化物中的 C 原子也可被其他间隙原子如 N 原子所置换，在 MC 型碳化物中，常常形成 M（C、N、O）型复合碳化物。

在绝大多数情况下，溶入较强的碳化物形成元素，可使碳化物的稳定性提高。反之，溶入较弱的碳化物形成元素，使碳化物稳定性下降。较弱的碳化物形成元素的存在，虽然没有溶入碳化物中，也会降低强碳化物在钢中的稳定性。如在含 Mn-V 的钢中，由于较多 Mn 元素的存在，使 VC 碳化物的溶解温度从 1100℃降低至 900℃。

（3）**强碳化物形成元素优先与 C 结合形成碳化物** 强碳化物形成元素总是优先与 C 结合形成碳化物，随着钢中 C 含量的增加，依次形成碳化物。例如，含 W、Cr 合金元素的钢在平衡态下，随 C 含量的增加，依次形成 M_6C、$Cr_{23}C_6$、Cr_7C_3、Fe_3C。如果 C 含量有限，则较弱的碳化物形成元素将溶入固溶体中，而不形成碳化物。如含 Cr、V 的低碳钢中，Cr 元素大部分在基体固溶体中。

（4）**N_M/N_C 比值决定了碳化物类型** N_M 和 N_C 是固溶体中合金元素和 C 原子数，它们的比值决定了形成的碳化物类型。一般，一种元素都能有几种碳化物的形式。在平衡态时，当达到一定量时，除 Mn 元素外都能形成自己的特殊碳化物。如在含 Cr 钢中，随着 N_M/N_C 的提高，形成碳化物的先后顺序为：

$$M_3C \rightarrow M_7C_3 \rightarrow M_{23}C_6$$

在回火时，随着基体中 N_M/N_C 比值的升高，析出的碳化物中的 N_M/N_C 比值也提高。例如在 W 钢回火时，随基体中 N_M/N_C 比值的升高，碳化物析出顺序为：

$$Fe_{21}W_2C_6 \rightarrow WC \rightarrow Fe_4W_2C \rightarrow W_2C$$

（5）**碳化物稳定性愈好，溶解愈难，析出愈难，聚集长大也愈难** 稳定性好的碳化物在钢加热时，溶解较难，要在比较高的温度下才能溶解；在回火过程中，总是稳定性比较差的碳化物先析出，稳定性好的碳化物在后面才析出；稳定性好的碳化物即使析出了，也不太容易长大。例如，MC 型碳化物一般在加热温度 1000℃以上才逐步溶解，回火时，直到 500～700℃才析出，并且不容易长大，在钢中起了二次硬化的作用。

1.2.3.3 氮化物及其形成规律

氮化物的基本性能特点是：高硬度、脆性、高熔点。氮化物的形成规律和碳化物相似，但一般都形成间隙相。根据过渡族金属与氮的结合强度分类：

① Ti、Zr、Nb、V 为强氮化物形成元素；

② W、Mo 是中强氮化物形成元素；

③ Cr、Mn、Fe 属于弱氮化物形成元素。

间隙化合物愈稳定，它们在钢中的溶解度愈小。钢中氮化物的硬度和熔点见表 1.4。

表 1.4 钢中氮化物的硬度和熔点

氮化物	TiN	ZrN	NbN	VN	WN	Mo_2N	CrN	Cr_2N	AlN
r_N/r_M	0.50	0.43	0.49	0.52	0.51	0.52	0.56	0.56	
HV/（kg/mm^2）	1994	1988	1396	1520		630	1093	1571	1230
熔点 /℃	2950	2980	2300	2360	800（分解）		1500	1650	2400

过渡族金属的碳化物和氮化物中，金属原子和 C、N 原子相互作用排列成密排或稍有畸变的密排结构，形成由金属原子亚点阵和 C、N 原子亚点阵组成的间隙结构。这些金属亚点阵与形成它们的金属点阵不同，但仍属于典型的面心立方、体心立方、密排六方或复杂结构。若金属亚点阵间隙足够大，可容纳非金属 C、N 原子时，就形成简单密排结构。所以，过渡族金属原子的原

子半径 r_M 和非金属 C、N 原子半径 r_N 的比值（r_N/r_M）决定了形成简单密排还是复杂结构。一般来讲，氮化物和碳化物之间也可互相溶解，形成碳氮化合物。如含 N 的不锈钢中，N 原子可置换 $(Cr, Fe)_{23}C_6$ 中的部分 C 原子，形成 $(Cr, Fe)_{23}(C, N)$ 的碳氮化合物；在微合金钢中可形成 Ti(C, N)、V（C, N）和 Nb（C, N）复合碳氮化合物。

此外，冶炼中用铝脱氧的钢存在 Al 的氮化物 AlN。Al 是非过渡族金属，故 AlN 不属于间隙相。它具有 ZnS 结构的密排六方点阵，N 原子并不处于 Al 原子之间的间隙位置。

氮化物中属于 NaCl 型简单立方点阵结构的有 TiN、NbN、VN、CrN 等，属于密排六方点阵结构的有 WN、Nb_2N、MoN 等。氮化物中的 N 含量也在一定的范围内变化，即存在原子缺位现象。

1.2.4 金属间化合物

钢中合金元素之间和合金元素与铁之间相互作用，可以形成各种金属间化合物。因为金属间化合物各组元之间保持着金属键的结合，所以金属间化合物仍然保持着金属的特点。合金钢中比较重要的金属间化合物有 σ 相、AB_2 相（拉弗斯相）、AB_3 相（有序相）和 A_6B_7 相（μ 相或 ε 相）等。

在高铬不锈钢、铬镍及铬锰奥氏体不锈钢、高合金耐热钢及耐热合金中，都会出现 σ 相。σ 相具有较复杂的点阵结构，具有高硬度。伴随着 σ 相的析出，材料的塑性和韧性显著下降，脆性增加。

AB_2 相（如 Fe_2Mo、Fe_2W、Fe_2Nb 等）是尺寸因素起主导作用的化合物，两组元原子直径之比为 $d_A : d_B$=1.2∶1。元素周期表中任何两族的金属元素，只要符合两组元原子直径之比 $d_A : d_B$ 的规律，都可以形成 AB_2 相。在含 W、Mo、Nb 和 Ti 合金元素的耐热钢中都发现了 AB_2 相。不管其基体类型如何，AB_2 相是现代耐热钢中的一种强化相。

属于 AB_3 相的有 Ni_3Al、Ni_3Ti、Fe_3Al 等，是一种有序固溶体相。由于这些组元之间的电化学性的差别还达不到形成稳定化合物的条件，所以它们是介于无序固溶体与化合物之间的过渡状态。其中一部分与无序固溶体相近，如 Fe_3Al、Ni_3Fe，当温度升高超过临界温度时，有序的 AB_3 相就可转变为无序固溶体。另一部分与化合物相近，如 Ni_3Al、Ni_3Ti，其有序状态可一直保持到熔点。

A_6B_7 相有 Fe_7W_6、Fe_7Mo_6 等。当钢中加入多种合金元素时，还可生成更复杂的金属间化合物。在一些不锈钢、耐热钢和耐热合金中，常常利用金属间化合物的析出所产生的沉淀硬化现象来强化合金。在有些情况下，金属间化合物的沉淀析出会产生脆性等不良影响。

当能形成金属间化合物的元素是属于碳化物形成元素时，在钢中存在 C 的条件下，一般先形成碳化物，只有当合金元素含量超过生成碳化物所需的量后，才能生成金属间化合物。关于金属间化合物，详见第 15 章。

1.3 合金元素在钢中的分布及偏聚

1.3.1 合金元素在钢中的分布

由于各种合金元素和 Fe 及 C 有不同的作用规律，所以它们的作用所反映的特性也是不同的。非碳化物形成元素一般只以原子态存在于钢的奥氏体或铁素体基体中，在碳化物中的溶解量极少，如 Si、Al、Ni、Cu 等。碳化物形成元素可存在于基体中，也可在碳化物中，其存在形式和相对量取决于工艺处理状态。合金元素在钢中的存在状态主要有以下几种形式：

① 溶于固溶体（奥氏体、铁素体），有间隙固溶和置换固溶两类；

② 形成各种碳化物或氮化物；

③ 存在于金属间化合物中，常在高合金钢中出现；

④ 各类夹杂物（如氧化物、硫化物等）；

⑤ 自由态，极少数元素，如铅（Pb）在超过其微量溶解度后，以自由态存在。

合金元素在钢中的分布是不均匀的，合金元素在钢中的分布还受到热处理工艺条件的直接影响。例如，加热温度和时间影响了合金元素的溶解程度，冷却速度则影响了固溶体中合金元素的析出程度。下面简单介绍不同热处理状态下合金元素的分布规律。

（1）退火态 非碳化物形成元素绝大多数固溶于基体中，而碳化物形成元素视C和本身量多少而定。优先形成碳化物，余量溶入基体。

（2）正火态 与退火态没有本质区别。有些高合金钢的淬透性特别好，经过正火处理后可形成大量的马氏体或贝氏体组织，那么合金元素的分布与淬火状态下的分布相类似。

（3）淬火态 合金元素的分布与淬火工艺有关。溶入奥氏体的元素淬火后存在于马氏体、贝氏体或残留奥氏体（A_R）中；未溶者仍在碳化物中。对于工具钢，常用不完全淬火，淬火后有一些未溶的碳化物，这些碳化物中往往含有相对较强的碳化物形成元素，如Ti、V等。而稳定性相对比较差的碳化物将先溶解，所以淬火后存在于马氏体等组织中。

（4）回火态 低温回火，置换式合金元素基本上不发生重新分布；当回火温度＞400℃，置换式合金元素开始重新分布。非碳化物形成元素仍然留在基体中，碳化物形成元素逐步进入析出的碳化物中，其程度决定于回火温度和时间。

1.3.2 合金元素的偏聚

1.3.2.1 合金元素的偏聚现象

钢中存在有许多的晶体缺陷，如晶界、亚晶界、相界、位错、空位等。这些缺陷附近的原子排列规则受到一定的影响，也就是发生了一定程度的畸变。与完整晶体相比，这些缺陷区域具有比较高的能量。合金元素溶入基体后，与这些缺陷产生相互作用。相互作用的现象是使这些合金元素发生偏聚或内吸附。偏聚或吸附的结果往往是使偏聚元素在缺陷处的浓度大于基体中的平均浓度。这种现象称为内吸附或偏聚现象。Zr、Ti、P、B、Sn、C、N、RE等元素都能产生吸附现象。除了晶界吸附外，在位错处也会产生偏聚。如：溶质原子在刃型位错处的吸附，形成Cottrell气团；溶质原子在层错附近的吸附，形成铃木气团；溶质原子在螺型位错处的吸附，形成Snoek气团。

偏聚现象对钢的组织和性能产生了较大影响，如晶界扩散、晶界断裂、晶界腐蚀、相变形核等都与此有关。例如：

① 合金钢的回火脆性是因为P、Sn等杂质元素在晶界上的吸附造成的；

② 硼钢中的B原子在奥氏体晶界上吸附，大大提高了钢的淬透性；

③ C原子等某些元素在晶体界面上或缺陷处的偏聚，产生了浓度起伏，有利于相变形核优先发生，即非均匀形核；

④ 板条马氏体中，大部分C原子并不是真正在固溶体中，而是偏聚在位错中，所以，材料的强韧性好。

1.3.2.2 合金元素的偏聚机理

从晶体结构上来说，缺陷处原子排列疏松、不规则，溶质原子容易存在；从体系能量角度上分析，溶质原子在缺陷处的偏聚，使系统自由能降低，符合自然界最小自由能原理。合金元素偏聚的热力学理论是：该过程是自发进行的，其驱动力是溶质原子在缺陷和晶内处的畸变能之差。

1.3.2.3 影响因素

溶质原子发生偏聚，在缺陷处溶质浓度可用下式来表示：

$$C=C_0\exp\left(\frac{E}{RT}\right)$$

式中，E 为缺陷与溶质的结合能，即溶质原子在晶内和缺陷处引起的畸变能之差，随温度的升高而降低，J/mol；C_0 为溶质原子在钢中的平均浓度；C 为溶质原子在缺陷处的浓度。Cottrell 导出的位错处偏聚 C 原子的浓度关系式与此式相似。

不同溶质原子的 E 值是不同的。溶质原子与基体原子半径差越大，所引起的 E 值也越大，则溶质原子在缺陷处的偏聚也越显著，即使在较高温度下也有可能产生偏聚现象。而两者相差较小时，只有在比较低的温度下才能有明显的偏聚现象。影响吸附的主要因素有温度、时间、缺陷类型、其他元素等，下面分别详述。

（1）**温度**　随着温度的下降，C/C_0 增大，内吸附强烈。偏聚是一个扩散过程，溶质原子只有在能够扩散的温度范围内才能产生偏聚。例如：H 原子扩散激活能很小，在 0℃左右扩散就比较显著，能吸附于位错，形成气团；C、N 原子在室温左右即可产生偏聚；而 Mo、Nb、V 等高熔点溶质原子在 500℃以上才有比较明显的内吸附现象发生。

（2）**时间**　吸附时原子需要时间来扩散，所以可控制时间因素来控制吸附。如果控制时间使偏聚扩散来不及进行，就可抑制偏聚现象的发生。如钢的高温回火脆性，在 400～500℃慢冷，产生脆性；而再重新加热到 650℃以上，快冷可消除。

（3）**缺陷本身**　缺陷越混乱，畸变能差越高，吸附也越强烈。显然，不同缺陷的吸附效应是不同的，所以溶质原子在晶界、相界、位错等不同地方的吸附程度是不同的。

（4）**其他元素**　其他元素对偏聚元素的作用主要有间接作用和直接作用两类。不同元素的吸附作用是不同的，也有优先吸附的问题。所以有些元素的存在往往会影响偏聚元素的吸附过程，这就是其他元素起了一个间接的作用。如：在含 B 的钢中，B 原子优先在晶界吸附，降低了 C 原子在晶界上的吸附趋势，导致了晶界处珠光体形核率的下降，在宏观上就提高了钢的淬透性。直接作用是指其他元素的存在改变了吸附元素的扩散系数 D，影响了吸附过程。例如，Mn、Mo 对 P 的扩散有不同影响，Mn 提高 P 原子的扩散系数 D_P，使 P 扩散加快，促进了钢的回火脆性；Mo 则完全相反，是消除或减轻回火脆性的有效元素。

（5）**点阵类型**　基体的点阵类型对置换式溶质原子的内吸附并没有什么影响，但对间隙原子有影响。间隙原子在体心立方结构中产生的畸变能要比在面心立方结构和密排立方结构中大，所以间隙原子在体心立方结构中将产生强烈的吸附。如 C、N 原子在铁素体中的吸附比在奥氏体中更显著。

一般来说，钢中合金元素的分布不均匀是绝对的，均匀是相对的。

1.4　合金钢中的相变

1.4.1　合金钢的加热奥氏体化

合金钢加热时的转变包括奥氏体相的形成，碳化物的溶解，铁素体的转变，奥氏体相中合金元素的均匀化，溶质元素的晶界平衡偏聚，奥氏体晶粒长大。

1.4.1.1　碳（氮）化物在奥氏体中的溶解规律

碳（氮）化物的溶解影响到热处理工艺的制订，也决定了钢在热处理后的组织与性能。图 1.7 是各种碳化物和氮化物在奥氏体中的溶解度与加热温度的关系。

① 碳（氮）化物的稳定性越好，在钢中的溶解度越小。Cr、Mo、V 的碳化物具有较大的溶解度，Ti、Nb、Zr 等强碳化物形成元素的碳化物有比较小的溶解度。

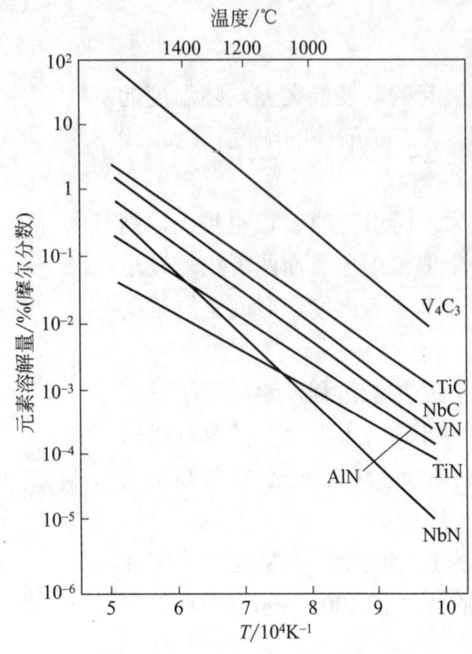

图 1.7 碳（氮）化物在奥氏体中的溶解度与加热温度的关系

② 随着温度的下降，各种碳化物的溶解度都会降低。当钢中合金元素量比较多时，在高温形成了高饱和度的奥氏体，在冷却过程中有比较大的析出趋势。如果冷却速度相对较慢，则在冷却时会发生碳化物的析出。

③ 奥氏体中存在比较弱的碳化物形成元素，则会降低奥氏体中的碳活度 a_C，从而促进了稳定性较好的碳化物的溶解。例如，钢中含有较多的 Mn 和一定量的 V，由于 Mn 元素的存在，使 VC 的溶解温度从 1100℃降低至 900℃。而非碳化物形成元素提高了奥氏体中的碳活度 a_C，它起到阻碍碳化物溶解的作用。

④ 碳化物稳定性相对较差的碳化物在加热奥氏体化过程中先溶解，稳定性相对较好的碳化物后溶解。一般情况下，Mn、Cr 的碳化物先溶解，Ti、V 的碳化物后溶解。如 MC 型碳化物的溶解温度一般要大于 1100～1150℃，而 M_7C_3、$M_{23}C_6$ 型碳化物的溶解温度相对较低。

必须强调指出的是，这些碳化物形成元素的有些影响仅发生在下列情况，即它们处于奥氏体固溶体中，而不是存在于碳化物等其他相中。

1.4.1.2 合金元素对奥氏体形成的影响

在一般的加热速度下，高于 A_{C1} 温度，奥氏体是通过碳化物溶解及 α→γ 扩散多型性转变形成的。奥氏体量的增长依赖于碳化物的溶解、C 和 Fe 原子的扩散。合金元素对碳化物的稳定性及碳在奥氏体中扩散的影响，直接控制着奥氏体的形成速度。

强碳化物形成元素组成的稳定碳化物，如 TiC、NbC、VC 等只有在高温下才溶于奥氏体。另外，碳化物形成元素可提高碳在奥氏体中的扩散激活能，对奥氏体形成有一定阻碍作用。非碳化物形成元素 Ni 和 Co 可降低 C 的扩散激活能，对奥氏体形成有一定的加速作用。

当奥氏体转变刚完成时，奥氏体中的各元素成分是不均匀的。所以，一般情况下钢的奥氏体化过程还有一个合金元素和 C 的均匀化过程，不但需要 C 原子的扩散，还需要合金元素的扩散均匀。由于合金元素的扩散相对较慢，因此合金钢的淬火加热过程可以提高淬火温度或延长保温时间来达到成分均匀化，这是提高合金钢淬透性的有效方法。

1.4.1.3 合金元素对奥氏体晶粒长大的影响

控制奥氏体的晶粒度对改善合金钢的强韧性至关重要。钢中奥氏体晶粒长大的驱动力是系统界面能的降低。奥氏体晶粒长大问题，也就是钢的过热敏感性。理论上，晶界呈 120° 的面夹角是最稳定的。钢在加热奥氏体化刚结束时，晶粒形态是不稳定的，系统的能量比较高。为了降低系统的能量，晶粒会长大，这是个自发过程。晶界移动是依靠晶界原子的扩散，凡能影响这两者的因素，都会改变晶粒长大的进程，主要的因素有界面能、晶界处 Fe 的自扩散、第二相质点等。晶粒长大的理论有机械阻碍论、界面能理论、Fe 的自扩散理论等。不同情况下奥氏体晶粒长大的主要原因是不同的。因此，合金元素的作用也是比较复杂的，其作用的机理也是不同的。下面作简要归纳。

① Ti、Nb、V 等强碳化物形成元素阻止奥氏体晶粒长大的作用显著，W、Mo 元素的作用中等。如果有未溶碳化物存在，这些元素起了机械阻碍奥氏体晶粒长大的作用；如果没有碳化物存在，则溶解在奥氏体中的这些元素降低了 Fe 的自扩散系数 D_{Fe}。因为这些元素提高了原子间结合力，同时也使界面表面张力增大。这些综合作用阻止了奥氏体晶粒的长大。

② C、N、B、P 等元素促进奥氏体晶粒长大。C 和 P 在奥氏体晶界产生偏聚，降低了晶界 Fe 原

子的自扩散激活能。若钢中C含量为1.06%，可使γ-Fe自扩散激活能由288kJ/mol降为138kJ/mol。但实验数据还没有区别晶界和晶内的扩散，实际上晶界处Fe原子的扩散激活能更低。C在奥氏体晶界偏聚使之富集，则更使晶界Fe原子间的结合力降低，从而促进奥氏体晶粒长大。

③ Mn在低碳钢中有细化晶粒的作用，而在中碳以上的钢中可促进晶粒长大。这是因为在低碳钢中Mn细化了珠光体，而在中高碳钢中，Mn加强了C促进奥氏体晶粒长大的作用。

④ Al、Si量少时，如果以化合物形式存在，则阻止奥氏体晶粒长大；含量较大时，存在于α固溶体中，可能使钢在高温时也为α相，则促进高温α晶粒长大。

⑤ 非碳化物形成元素Ni、Co、Cu对奥氏体晶粒长大的影响不大。

1.4.2 过冷合金奥氏体的分解

1.4.2.1 过冷合金奥氏体的稳定性

不同合金成分的奥氏体等温转变曲线（原名称为C曲线）形状是不同的。按照不同的影响，可分为以下3类。

第一类：非碳化物形成元素Ni、Si和弱碳化物形成元素Mn，大致保持碳钢的奥氏体等温转变曲线形状，只是使奥氏体等温转变曲线向右作不同程度的移动；

第二类：非碳化物形成元素Co，不改变奥氏体等温转变曲线形状，但使奥氏体等温转变曲线左移；

第三类：碳化物形成元素不仅使奥氏体等温转变曲线右移，并且改变了奥氏体等温转变曲线形状。

合金元素的不同作用，使奥氏体等温转变曲线出现了不同形状，大致有5种（如图1.8）。

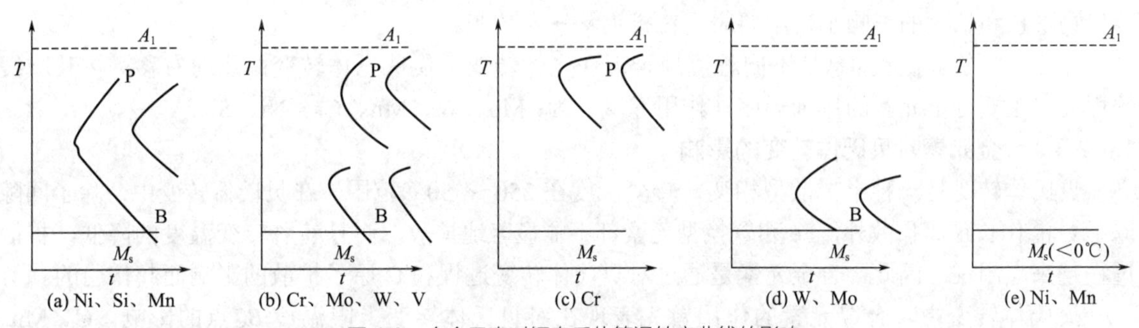

图1.8 合金元素对钢奥氏体等温转变曲线的影响

① 只有一个过冷合金奥氏体最不稳定的鼻子区，如Ni、Si、Mn，如图1.8（a）；

② 出现两个过冷合金奥氏体区最不稳定的鼻子区，这类元素有Cr、Mo、W、V等，如GCr15、42CrMo是典型例子，如图1.8（b）；

③ 只有珠光体转变区，如Cr元素，不锈钢20Cr13是一个典型，如图1.8（c）；

④ 只有贝氏体转变区，这类元素有W、Mo等元素，如钢34CrNi3Mo，如图1.8（d）；

⑤ 无珠光体、贝氏体转变区，这类元素有Ni、Mn，如不锈钢12Cr18Ni9，如图1.8（e）。

过冷合金奥氏体的稳定性实际上有两个意义：孕育期（incubation period）和相变速度，即奥氏体等温转变曲线中恒温下开始转变前的时间和转变开始与终了的水平距离（时间）。一般生产中主要关心的是孕育期。孕育期的物理本质是新相形核的难易程度，相变速度主要涉及新相晶粒的长大。

1.4.2.2 合金元素对珠光体转变的影响

合金元素对过冷奥氏体转变热力学的影响，首先表现在对临界点A_1的影响。奥氏体形成元素降低温度A_1，使转变温度降低，过冷度减小，转变的驱动力减小。铁素体形成元素升高温度

A_1，使转变的过冷度增大。

合金元素对过冷奥氏体转变动力学的影响集中表现在恒温转变曲线上。不同类型的合金元素对珠光体转变和贝氏体转变有不同的作用，除考虑合金元素与铁的相互作用外，还要考虑合金元素与C的作用和晶界偏聚。

珠光体转变过程包括孕育期、碳化物形核长大和相形核长大几个步骤。在孕育期内进行着合金元素和C的重新分配，以保证新相形核所必须的浓度起伏和能量起伏，在此基础上发生碳化物和α相的形核长大过程。

在碳钢中发生珠光体转变时，仅生成渗碳体，只需要C原子的扩散和重新分布。在含碳化物形成元素的钢中，发生珠光体转变碳化物形核时，可直接生成特殊碳化物或合金渗碳体。该过程不仅需要C的扩散和重新分布，而且还需要碳化物形成元素在奥氏体中的扩散和重新分布。实验数据表明，间隙原子C在奥氏体中的扩散激活能远小于V、W、Cr、Mn等置换原子的扩散激活能，所以碳化物形成元素扩散是珠光体转变时碳化物形核的控制因素。

珠光体转变生成的渗碳体中不含Si或Al，即在渗碳体形核和长大区域，Si和Al必须扩散开去才能有利于渗碳体形核和长大，这就是Si和Al提高过冷奥氏体稳定性的原因之一，也可以说明Si和Al在高碳钢中推迟珠光体转变的作用大于在低碳钢中的作用。

在珠光体转变温度范围内，各元素所起作用的机制是不同的。强碳化物形成元素主要通过推迟珠光体转变时碳化物的形核和长大来增加过冷奥氏体的稳定性。中强碳化物形成元素W、Mo、Cr除了推迟珠光体转变时碳化物形核、长大外，还增大固溶体原子间结合力、Fe的自扩散激活能，从而减慢γ→α转变。Mn推迟了珠光体转变时富锰渗碳体（Fe, Mn)$_3$C的形核和长大，同时Mn又是扩大γ相区的元素，起稳定奥氏体并强烈推迟γ→α转变的作用；Ni对珠光体转变中碳化物形核和长大的影响小，主要表现在推迟γ→α转变。

除Co外的合金元素总是不同程度地推迟珠光体转变，使珠光体转变曲线向右移。按其减缓的程度，主要合金元素的排列顺序（作用递减）为：Mo、W、Mn、Cr、Ni、Si、V。

1.4.2.3 合金元素对贝氏体转变的影响

贝氏体转变是一种半扩散型相变，转变温度在250～550℃范围。在贝氏体转变中，除了间隙原子C能作长距离扩散外，Fe和置换型元素都不能显著地扩散，而且随着转变温度的降低，扩散过程越来越困难。因此，合金元素是通过对贝氏体转变过程和C原子扩散的影响而起作用的。

贝氏体转变中，合金元素的作用首先表现在对贝氏体转变上限温度B_S点的影响。C、Mn、Ni、Cr、V等元素都降低B_S点，使得在贝氏体和珠光体转变温度之间出现过冷奥氏体的中温稳定区，形成两个转变的奥氏体等温转变曲线。

合金元素改变贝氏体转变动力学过程，增长转变孕育期，减慢长大速度。C、Si、Mn、Ni、Cr的作用较强，W、Mo、V的作用较小。

奥氏体形成元素Ni和Mn降低B_S点。使贝氏体转变的驱动力减小，孕育期增长，转变速度减慢。Cr是碳化物形成元素，也是稳定奥氏体的元素，它与Mn的作用相似，使B_S点下降，并使C的扩散减慢，有效地减慢贝氏体转变。

影响的顺序为：Mn、Cr、Ni、Si，而W、Mo、V等元素的影响很小。由以上分析可知，设计和生产上如需要获得贝氏体组织，应选用含Mo、W元素的钢种。

1.4.2.4 合金元素对马氏体转变的影响

马氏体转变是无扩散型转变，形核和长大速度极快，合金元素对马氏体转变动力学影响小。合金元素的作用表现在对马氏体转变临界温度M_S的影响，并影响钢中残留奥氏体（A_R）量及马氏体的精细微观结构。

绝大多数合金元素都降低M_S点，其作用按递减顺序排列为：(C)、Mn、Ni、Cr、Mo、W、

Si。只有 Co 和 Al 相反，它们升高 M_S 点。钢中含 1% 合金元素对 M_S 点的影响见表 1.5。

表 1.5　合金元素对钢的 M_S 温度的影响

合金元素	C	Mn	Si	Cr	Ni	W	Mo	Co
每 1% 的元素使 M_S 下降的值/℃	474	33	11	17	17	11	21	稍增高

图 1.9 示意了奥氏体和马氏体自由能随温度的变化。各种合金元素对 M_S 位置的影响是不同的。合金元素改变了奥氏体和马氏体自由能的相对变化，从而改变了 T_0 的位置，也影响了 M_S 点。当 G_A（A_1 线）下降时，$T_0 \rightarrow T_0^1$，这类元素有 Mn、Cr、Ni；当 G_M 提高，又降低 G_A 时，即 M_1 和 A_1 线，则 $T_0 \rightarrow T_0^3$，C 就是属于这类元素；当只提高 G_A（A_2 线），效果为 $T_0 \rightarrow T_0^2$，Al、Co 就起了这样的作用。除了 Al、Co 外，所有加入的合金元素都会使 M_S 下降。根据大量试验数据，经过回归分析得到了一些 M_S 的计算式，一般都适用于一定的合金元素及其量的范围。

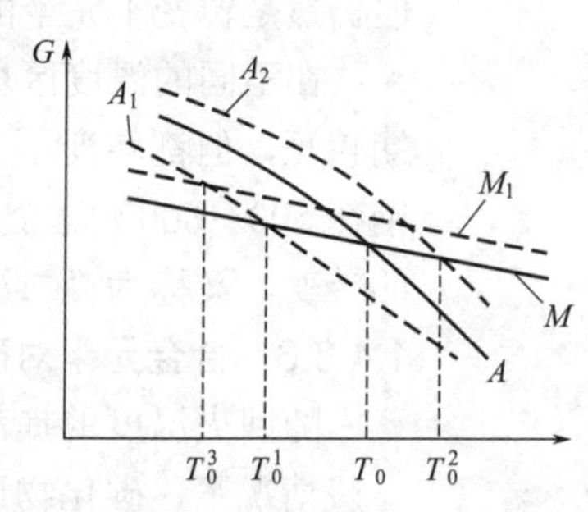

图 1.9　奥氏体和马氏体自由能的相对变化

随钢中合金元素的增加，M_S 和 M_f 点继续下降，室温下将保留更多的 A_R。为了要在室温或以下温度获得稳定的单相奥氏体组织，必须加入大量奥氏体形成元素。除了在高温时得到单一奥氏体相外，还要使 M_S 点远低于室温或以下温度。合金化措施通常是加入 Ni、Mn、Cr、C、N 等元素。

合金元素还影响马氏体的亚结构。无论是降低 M_S 点的合金元素（如 Mn、Cr、Ni、Mo），还是提高 M_S 点的合金元素（如 Co），都增加了形成孪晶马氏体的倾向。

1.4.3　合金钢的回火转变

1.4.3.1　合金元素对马氏体分解的影响

低温回火时，C 和合金元素的扩散比较困难，合金元素的影响不大。中温以上，合金元素的扩散能力增强，对马氏体分解产生不同程度的影响。

（1）Ni、Mn 的影响很小

（2）碳化物形成元素阻止马氏体分解　其程度与它们和 C 的亲和力大小有关，这些合金元素降低碳活度 a_C，阻止了渗碳体的析出长大。

（3）Si 比较特殊　＜300℃时强烈延缓马氏体分解。一方面，因为 Si 与 Fe 的结合力大于 Fe 与 C 的结合力，提高了 C 的活度 a_C，所以，降低了 ε-Fe_xC 的形核、长大；另外一方面，Si 能溶于 ε-Fe_xC，但不溶于 Fe_3C，要完成 ε-Fe_xC 到 Fe_3C 的转变，Si 需要从 ε-Fe_xC 中扩散出去，所以 Si 推迟了 ε-$Fe_xC \rightarrow Fe_3C$ 的转变，起到延缓马氏体分解的作用。如含 2%Si 能使马氏体分解温度从 260℃提高到 350℃以上。

（4）合金钢回火时马氏体中 C 含量变化规律　如图 1.10 所示，由图可知：

① 渗碳体形成开始温度与合金化无关；

② 含非碳化物形成元素（Si 除外）的合金钢（曲线 2）和碳钢（曲线 1）规律相同；

③ 在相同回火温度 T_t 下，合金钢马氏体中 C 含量要比碳钢的高，如图中的 $C_3 > C_{1,2}$；

④ 在不同合金中，马氏体中析出特殊碳化物的温度 T_K 是不同的，曲线 3 的下降幅度也是不同的。

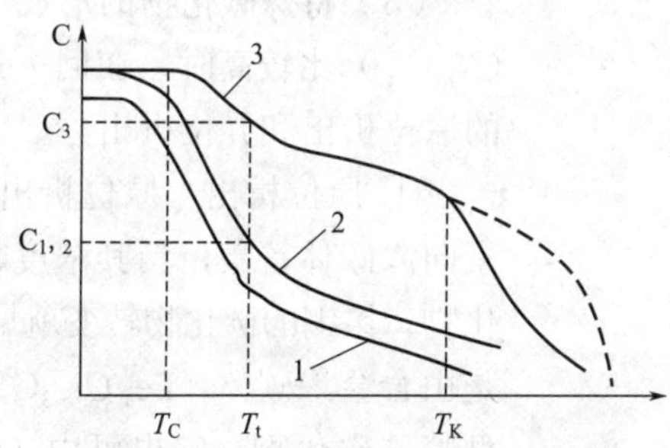

图 1.10　回火时马氏体中 C 含量的变化

1—碳钢；2—合金钢；
3—有强碳化物析出的合金钢

1.4.3.2　合金元素对残留奥氏体转变的影响

对碳钢和低合金钢，当回火温度达到200℃以上时，会发生A_R的分解。一般认为，A_R在M_S点以上温度分解时，其转变特点基本遵循过冷奥氏体恒温转变的规律，即A_R分解时的奥氏体等温转变曲线与过冷奥氏体分解的奥氏体等温转变曲线相似。只是A_R中具有比较大的内应力和缺陷，处于更为不稳定的状态，所以A_R较容易发生分解，其奥氏体等温转变曲线较为靠左移些，但仍然是转变不完全的。

在不同的温度区域产生不同的A_R转变。无论在珠光体或是贝氏体转变区间，A_R转变的孕育期较短，但都转变不完全。含碳化物形成元素的高合金钢中同样存在A_R的中温稳定区。高合金钢在500～600℃这个温度范围回火后，如果在加热过程中不分解，则在冷却时发生A_R向马氏体的转变，又称为“二次淬火”。

1.4.3.3　合金元素对碳化物析出的影响

随回火温度的提高，合金元素将发生明显的扩散，在碳化物和α-铁素体之间进行重新分配。一般情况下，碳化物形成元素将向碳化物中富集形成合金渗碳体，而非碳化物形成元素将离开渗碳体。其组织变化程度取决于合金元素和C的扩散程度。各元素明显开始扩散的温度见表1.6。

表1.6　合金元素在回火时发生明显扩散的温度

合金元素	Si	Mn	Cr	Mo	W	V
开始扩散的温度/℃	＞300	＞350	＞400～500	＞500	＞500～550	

在整个碳化物析出与转变过程中，主要变化如下。

（1）碳化物聚集长大　碳钢中马氏体在低温回火时分解析出的ε-Fe_xC，一般在260℃以上开始溶解，并析出Fe_3C。Si较强烈地推迟这一转变，Cr也有较弱的延缓作用。渗碳体M_3C型聚集长大温度为350～400℃；其他类型碳化物的长大温度一般为450～600℃。Si和强碳化物形成元素有很好的阻碍作用。

（2）碳化物成分变化和类型转变　强碳化物形成元素不断取代Fe原子，当达到一定量时碳化物类型发生转变，生成更稳定的碳化物。碳化物类型转变顺序为（不是所有的合金钢都有如下转变的）：

碳化物转变　ε-Fe_xC　→　Fe_3C　→　M_3C　→　亚稳特殊K　→　特殊K

温度T/℃　＜150　150～400　400～500　＞500

钢中能否形成特殊碳化物，首先取决于合金元素的性质、N_M/N_C比值；其次是回火温度和时间。如：Cr含量超过渗碳体M_3C型中最大固溶度20%（摩尔分数）时，M_3C型会转变为复合特殊碳化物$(Cr, Fe)_7C_3$。

（3）特殊碳化物的形成　在含强碳化物形成元素比较多的钢中，特别是这些元素与C的比例（N_M/N_C）比较高时，在回火过程中将析出特殊碳化物。析出特殊碳化物主要有两种途径，即所谓的原位析出和异位析出。

① 原位析出　原位析出是指在回火过程中合金渗碳体原位转变成特殊碳化物。碳化物形成元素向渗碳体富集，当其浓度超过在合金渗碳体中的溶解度时，合金渗碳体就在原位转变成特殊碳化物。铬钢的碳化物转变就属于这种类型。中铬钢淬火和回火出现$(Cr, Fe)_7C_3$型特殊碳化物，它是由合金渗碳体$(Fe, Cr)_3C$因Cr的富集而在原位转变而成。高铬钢中回火时可出现$(Cr, Fe)_{23}C_6$型特殊碳化物，它也可由$(Cr, Fe)_7C_3$原位转变而来。由于原来合金渗碳体颗粒较粗大，原位转变成的$(Cr, Fe)_{23}C_6$或$(Cr, Fe)_7C_3$也具有较粗大的尺寸。

② 异位析出　异位析出是指直接由α相中析出特殊碳化物。在含强碳化物形成元素的钢中，回火时碳化物转变的另一种机制是直接从过饱和α相中析出特殊碳化物，同时也往往伴有Fe_3C

的溶解，属于这一类的元素有 V、Nb、Ti 等。如含 0.3%C、2.1%V 的钢在淬火和回火时，低于 500℃时，V 仍固溶于马氏体，强烈阻碍了马氏体的分解，只有 40% 的 C 原子以渗碳体析出，大部分 C 仍保留在马氏体基体中；当高于 500℃时，能直接从马氏体基体 α 相中析出 VC。VC 形核的有利位置是位错。VC 的形状呈细片状，约 1nm 厚，与基体保持共格。VC 不断析出，同时 Fe_3C 逐渐溶解，直到 700℃，VC 全部析出，Fe_3C 全部溶解。

含 W 和 Mo 的钢中，转变过程为：既有特殊碳化物从 α 相中直接析出，又有合金元素向 Fe_3C 中富集，并在原位转变成特殊碳化物。回火温度高于 500℃时，W 和 Mo 向 M_3C 中富集，在原位转变成 MC 型碳化物，并且也直接从 α 相基体中析出 M_2C 型碳化物。在含 4%～6%W 和 Mo 的钢中，特殊碳化物析出顺序为：$M_3C \rightarrow M_2C \rightarrow M_6C$。在低 W 和 Mo 的钢中，渗碳体和特殊碳化物共存。M_2C 型碳化物优先析出于位错并和基体保持共格。在长时间回火后，M_2C 型碳化物转变成 MC 型特殊碳化物。

直接从 α 相中析出的特殊碳化物如 VC、MoC、W_2C 等与基体形成共格，不易聚集长大，有强的二次硬化效应。不同碳化物所引起的二次硬化效果有所不同。

马氏体分解后的 α 相有很高的位错密度。在碳钢中 α 相高于 400℃就开始回复过程，500℃以上开始再结晶过程。Ni 对碳钢中 α 相的再结晶没有影响，Si 和 Mn 稍提高再结晶温度，Co、Mo、W、V 等元素都显著提高 α 相的再结晶温度。Co 主要是增加固溶体的原子间结合力，阻碍扩散过程，2%Co 可使 α 相的再结晶温度提高到 630℃。W、Mo、Cr 通过增加固溶体中原子间结合力和特殊碳化物钉扎位错的作用提高再结晶温度。1%～2% 的 W、Mo、Cr 可将再结晶温度提高到 650℃左右。V 主要通过 VC 钉扎位错起作用，在 0.1%C、0.5%V 的钢中，α 相的再结晶在 600℃需保温 50h 才开始，在 700℃回火需 20h 才能完成。几种合金元素综合作用对提高 α 相的再结晶温度更有效，可大大减缓高温回火软化进程。

1.4.3.4 合金钢的回火脆性

钢淬火后需进行回火，目的是降低脆性，提高韧度，稳定组织。但是钢在回火过程中，其韧度并不是单调地上升的，而是在 200～350℃和 450～650℃出现了两个低谷。也就是说，在这两个温度范围内回火，冲击吸收能量（原名称为冲击吸收功）不但没有升高，反而显著下降。这一现象称为钢的回火脆性。分别称为第一类回火脆性和第二类回火脆性。

（1）第一类回火脆性 第一类回火脆性又称为不可逆回火脆性，顾名思义，其特征是不可逆的。如将已经出现回火脆性的钢，再加热到更高的温度回火，可以将脆性消除。如果再在脆性温度范围内回火将不再产生这种脆性；脆性的产生与回火后冷却速度无关；脆性的表现特征为晶界脆断。

第一类回火脆性产生的原因，一般认为：钢在 200～350℃回火时，Fe_3C 薄膜在原奥氏体晶界上或马氏体板条间形成，削弱了晶界强度；P、S、Bi 等杂质元素容易发生内吸附现象，偏聚于晶界，也降低了晶界的结合强度。

合金元素对该类回火脆性有一定的影响。一般认为：Mn、Cr、Ni 元素促进脆性；Mo、Ti、V、Al 可改善脆性；Si 元素可有效地推迟脆性温度区。

（2）第二类回火脆性 第二类回火脆性又称可逆回火脆性。在第一次世界大战时，德国发现 Cr-Ni 钢做的大炮变脆而报废，称为“克鲁伯病”，引起了全世界的重视，后来发现其他钢中也有这类脆性现象，命名为回火脆性。脆性的表现特征也是晶界脆断。

第二类回火脆性特征：钢发生脆性后，可以在合适的工艺条件下重新处理消除脆性，但如果在回火后采用缓冷的方法，仍然可以再次发生脆性，所以第二类回火脆性是可逆的；脆性是在回火后慢冷产生的，因此，可以通过回火后快冷抑制脆性的产生。

对于第二类回火脆性产生的原因，一般认为：钢在 450～650℃回火时，杂质元素 Sb、S、As

等偏聚于晶界；或N、P、O等杂质元素偏聚于晶界，形成网状或片状化合物，降低晶界强度。高于回火脆性温度，杂质元素扩散离开了晶界，或化合物分解了；快冷抑制杂质元素的扩散。

合金元素对第二类回火脆性有很大的影响。一般认为：P、Sn、B、S、As、Bi等杂质元素是引起回火脆性的根源，称为脆化剂；Mn、Ni、Cr、Si等元素促进了钢的回火脆性，这些元素与杂质元素共同存在时才会产生回火脆性现象，它们促进了杂质元素的偏聚，所以是偏聚的促进剂；Cr本身不偏聚，但促进了其他元素偏聚，因此可称为助偏剂；Mo、W、Ti等元素有效地抑制了其他元素偏聚，是清除剂。稀土元素（RE，rare earth）也能抑制回火脆性。

虽然合金钢有回火脆性的现象，但只要采取一定的方法是可以减轻或消除的。合金钢可以在较高温度下回火，取得更好的塑韧性。与碳钢相比，如得到相同强度，合金钢的塑韧性则更好；如得到相同的塑韧性，则强度更高。

综上所述，与碳素钢相比，一般情况下合金钢具有晶粒细化、淬透性高、回火稳定性好三大优点，缺点是回火脆性倾向较大。

1.5　合金元素对钢强韧化的影响

1.5.1　钢强化的形式及其机理

金属塑性变形不是原子面间的整体滑移，而是靠位错运动来进行的。因此，金属屈服强度决定于位错在晶体中运动所受的阻力，阻力越大，材料的强度也就越高。阻止位错运动可有不同的途径，不同的途径具有不同的强化机理。但不管是什么途径，强化的本质是各种途径增大了位错滑移的阻力，在宏观上提高了钢的塑性变形抗力，即提高了强度。强化机理从本质上说有四种：固溶强化、位错强化、细晶强化和第二相强化。实际上钢的强化是以上几种强化机制的综合结果。

1.5.1.1　固溶强化

合金元素的固溶强化效果一般可表示为：

$$\Delta R_S=K_iC_i^n$$

式中，ΔR_S为固溶强化增量；K_i为系数；C为固溶量；i表示某元素；n为指数，对于C、N等间隙原子，n=0.33～2.0；对于Mo、Si、Mn等置换式原子：n=0.5～1.0。

固溶强化机理：原子固溶于钢的基体中，一般都会使晶格发生畸变，从而在基体中产生了弹性应力场，弹性应力场与位错的交互作用将增加位错运动的阻力。各元素对铁素体强度和塑性的影响如图1.11所示。

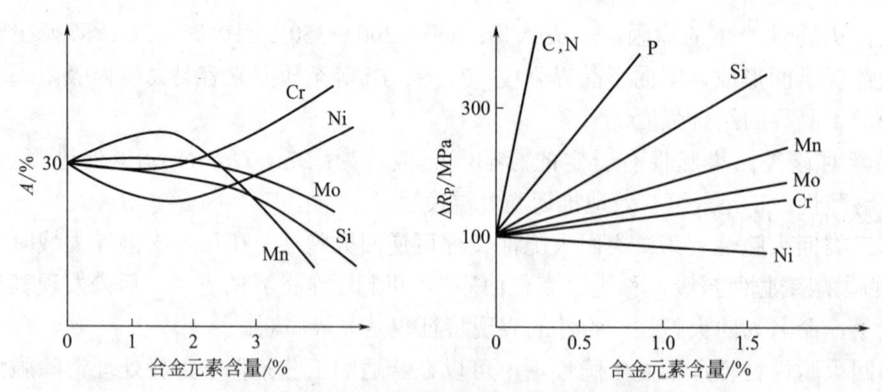

图1.11　合金元素对低碳铁素体强度和塑性的影响

从图1.11可知：Si、Mn的固溶强化效应大，但Si>1.1%、Mn>1.8%时，钢的塑韧性将有较大的下降。C、N固溶强化效应最大。多元复合时，其作用可认为是可叠加的，所以其一般式为：

$$\Delta R_S=\sum_{i=1}^{n} K_i C_i^{n_i}$$

固溶强化还会带来其他性能的变化：降低断后伸长率 A 和冲击吸收能量 K，降低材料的加工性，提高钢的韧-脆转变温度 T_K。

1.5.1.2 位错强化

位错运动要与晶体中其他位错发生交互作用，还必须克服这些位错所产生的阻力。显然，位错引起的强化量 ΔR_D 与位错密度 ρ 有直接的关系，一般可表示为：

$$\Delta R_D=K_D\rho^{1/2}$$

式中，K_D 为系数。位错强化机理：随着位错密度的增大，增加了位错产生交割、缠结的概率，所以有效地阻止了位错运动，从而提高了钢的强度。对体心立方结构晶体，位错强化效果较好。但是在强化的同时，同样也降低了断后伸长率 A，提高了韧-脆转变温度 T_K。

1.5.1.3 细晶强化

对多晶体来说，位错运动要克服晶界的阻力，晶粒越小，阻力越大。用细化晶粒的途径来提高强度，称为细晶强化。细化晶粒提高钢的强度，最著名的是 Hall-Petch 公式：

$$\Delta R_G=K_G d^{-1/2}$$

式中，d 为晶粒直径；ΔR_G 是强化增量；K_G 为系数。钢中的晶粒越细，晶界、亚晶界越多，越可有效阻止位错的运动，并产生位错塞积强化。细晶强化既提高了钢的强度，又提高了塑性和韧度，这是其他强化机制所没有的，所以是最理想的强化方法。

值得提醒的是，细晶强化不适用于高温服役场合，因为在高温下，晶界成了弱化因素。

1.5.1.4 第二相强化

钢中的微粒第二相对位错运动有很好的钉扎作用，位错通过第二相要消耗能量，这就起到了强化效果。根据位错的作用过程，主要有切割机制和绕过机制。在钢中主要是绕过机制。根据第二相形成过程，可分为两种情况：回火时第二相弥散沉淀析出强化，淬火时残留第二相强化（指的是在淬火加热过程中没有完全溶解的第二相或者是经过球化退火之后形成的碳化物等）。

对于钢中的微粒第二相，位错运动绕过机制的强化表达式为：

$$\Delta R_{PH}=K_{PH}\lambda^{-1}$$

式中，ΔR_{PH} 为第二相沉淀析出强化增量；K_{PH} 为系数；λ 是粒子间距。由此可见，钢的屈服强度随质点间距的减小而增大。质点数量越多、越细、越弥散，质点间距 λ 就越小，材料的屈服强度就越高。

钢的宏观强度是各种微观强化机制的综合贡献，所以钢的强度可表示为：

$$R_{eL}=R_0+\Delta R_S+\Delta R_D+\Delta R_G+\Delta R_{PH}$$

对结构钢的强度，贡献最大的是细晶强化和沉淀强化。置换固溶对强度贡献不大。要正确理解：合金钢与碳钢的强度性差异，主要不在于合金元素本身的强化作用，而在于合金元素对钢相变过程的影响，并且合金元素的良好作用，只有在进行合适的热处理条件下才能得到充分发挥。

1.5.2 合金钢强化的有效性

1.5.2.1 强化的有效性

合金钢淬火回火时，有两个相反的因素影响着强度：一方面是由于马氏体分解产生弱化，另一方面是特殊碳化物的弥散沉淀析出导致强化。钢在回火后的强化有效性取决于强化和弱化的综合结果。

图 1.12 示意了以碳化物形成元素为合金化的马氏体回火时强化和弱化两个矛盾因素的相对关系。从图中可知，如果回火温度从 T_1 提高到 T_2，弥散强化所产生的强度提高为 $|+\Delta R_{PH}|$（曲线 2）

大于固溶体的弱化 $|-\Delta R_S|$（曲线 1），那么钢强度的总变化将会存在强度上升的峰值（曲线 3）。容易理解，当回火温度从 T_1 提高到 T_2，如果弥散强化量小于固溶体的弱化量，即 $|+\Delta R_{PH}|<|-\Delta R_S|$，则强度的变化曲线不会出现峰值，只是回火过程的强度弱化比较缓慢，如图中虚线所示。

1.5.2.2 合金元素对强化有效性的影响

对于某相组成的弥散质点，其强化和弱化的作用与形成弥散相的合金元素含量有很大的关系，所以强化有效性取决于形成弥散相的合金元素量。图 1.13 是 V 含量对 40 钢淬火回火后强度的影响。含 0.25%V 时，VC 弥散沉淀所产生的强度增量 $|+\Delta R_{PH}|$ 与马氏体分解产生的弱化 $|-\Delta R_S|$ 相当，所以在 500～600℃回火后观察到相应的曲线差不多是水平线。当 V 含量继续增加，$|+\Delta R_{PH}|>|-\Delta R_S|$，出现了二次硬化的峰值。为保证钢回火时强化大于弱化，各种元素有一个临界值，即最小浓度。这最小浓度取决于 C 含量和形成碳化物的类型。例如：在含 0.1%～0.15% C 的钢中，能有强化峰值的合金元素最小含量为：0.1%～0.2%V，0.08%～0.12%Nb，2.5%～3.0%Cr。但对于含 0.4% C 的钢，最少的 V 含量为 0.35%。

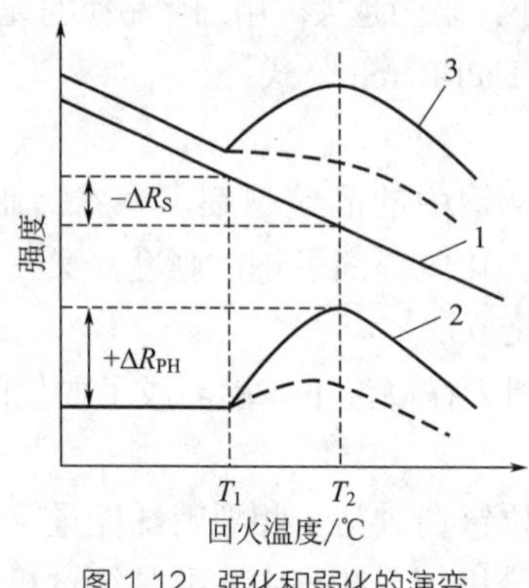

图 1.12 强化和弱化的演变

1—M 分解；2—弥散析出；3—综合效应

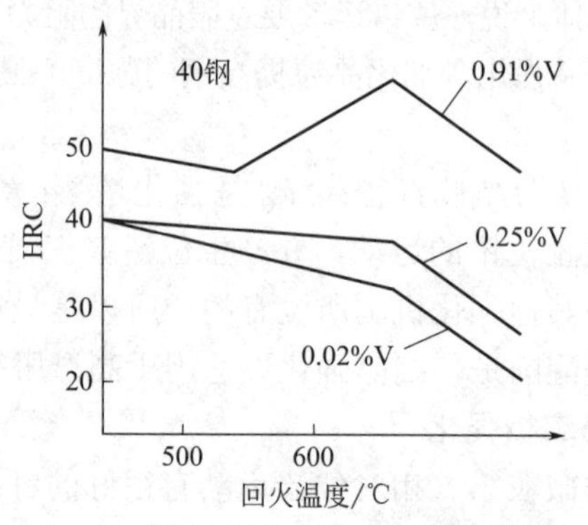

图 1.13 V 含量对 40 钢回火硬度的作用

1.5.3 合金元素对钢韧度的影响

1.5.3.1 影响韧度的因素

（1）导致强化的组织因素 一般情况下，随着钢强度的提高，塑性和韧度将会降低，该矛盾称为韧性的强度转变。除了细化组织强化外，其他强化途径都会程度不同地降低塑性和韧度。各强化机制在淬回火工艺过程中的变化如图 1.14 所示。当然，要准确地定量表示各强化机制对强度的贡献是比较困难的。从图 1.15 可知：除细化晶粒外，其他强化都提高韧-脆转变温度 T_K（图中是每提高强度 15.4MPa 对 T_K 的影响）；危害最大的是间隙固溶强化，所以间隙固溶强化不是最好

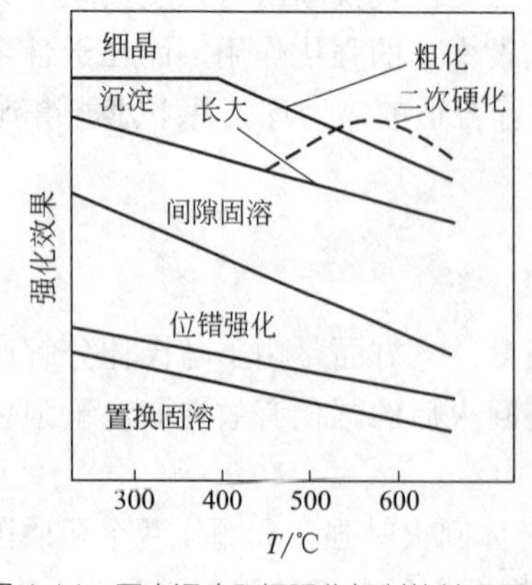

图 1.14 回火温度和钢强化机制的关系示意

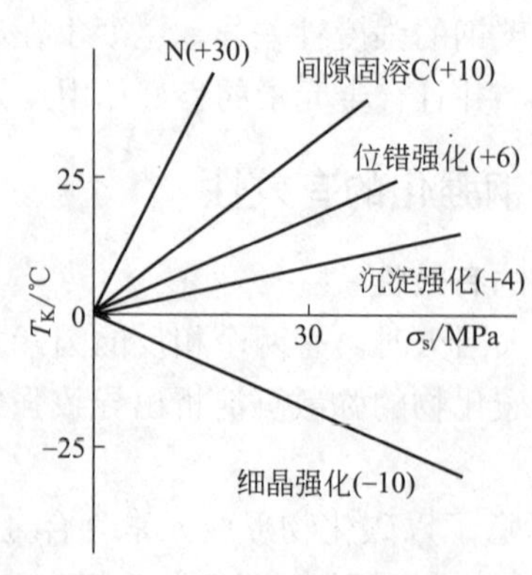

图 1.15 组织因素对 T_K 的影响

的强韧途径；弥散沉淀强化降低塑性和韧度较小，而对强化贡献较大，所以是一个有效而实用的强化途径。

（2）**置换固溶元素** Ni提高钢基体的韧度；Mn在少量时也有效果；其他常用元素都降低韧度，图1.16为合金元素对铁素体冲击吸收能量的影响。

（3）**晶粒度** 由图1.17可知：细化晶粒提高了钢强度，又大大降低了韧-脆转变温度T_K。每提高强度15MPa，T_K降低11℃。细化晶粒可使变形均匀，阻止微裂纹的形成和扩展。

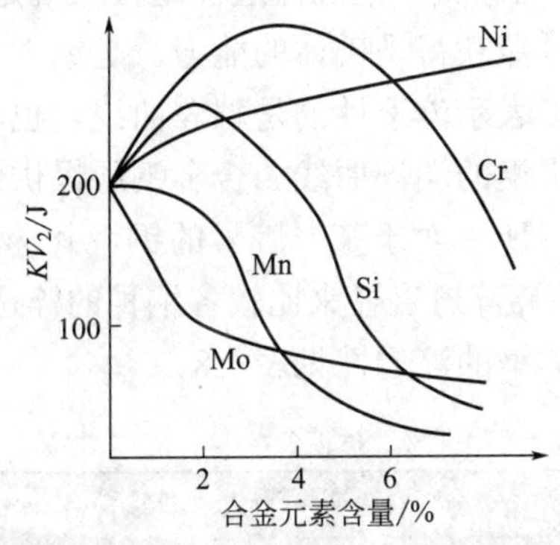

图1.16 合金元素对铁素体冲击吸收能量的影响

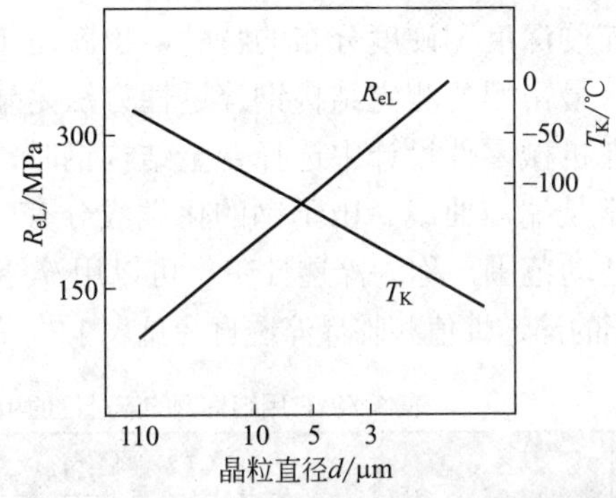

图1.17 晶粒大小对强度与韧－脆转变温度的影响

（4）**碳化物或其他脆性相** 碳化物或脆性相可自身开裂或与基体脱开，有可能成为裂纹核心，所以降低了韧度。粗大的碳化物有害无益，显著降低韧度。因此，钢中的碳化物尽可能地要小、匀、圆和适量，这是处理工艺的努力方向。

（5）**杂质** 杂质往往是形变断裂过程中孔洞的形成核心，所以提高钢的冶金质量也是有效的途径。

1.5.3.2 提高钢韧度的合金化途径

根据以上分析，除了细化晶粒强化外，固溶强化、位错强化和第二相强化的途径都会不同程度地降低材料的塑性与韧度，并使韧-脆转变温度T_K提高。因此，合理地解决强度和韧度的矛盾、协调强度和韧度的匹配，寻求既具有高强度又有高韧度的材料是重要的研究任务。虽然目前对韧度有良好贡献的组织因素还没有定量的描述，但定性地了解提高韧度的途径是可能的，也是必要的。从合金化角度提高或改善韧度的途径主要有如下几方面。

（1）**细化奥氏体晶粒** 从而就细化了铁素体晶粒与组织，起作用比较大的主要有强碳化物形成元素Ti、Nb、V、W、Mo等以及Al元素。

（2）**提高钢的回火稳定性** 提高了回火稳定性，也就可以在相同强度水平下，提高回火温度，从而提高材料的韧度，所以提高回火稳定性的合金元素都可不同程度地起到这个作用，如强碳化物形成元素。

（3）**改善基体韧度** 在钢中，基体的韧度是整个材料韧度的关键，是一个主要因素。Ni元素能有效地改善或提高钢基体的韧度。

（4）**细化碳化物** 粗大的碳化物或其他化合物对钢的韧度是非常不利的，往往成为变形过程中裂纹核心的起源。所以希望钢中的碳化物在大小、分布、形状和数量的特征参数上为小、匀、圆和适量。如钢中含有适量的Cr、V，就可改善碳化物的存在状况。

（5）**降低或消除钢的回火脆性** 在合金化方面主要起作用的是W、Mo元素。

（6）**在保证强度水平下，适当降低C含量**

（7）**提高冶金质量** 钢中杂质是非常有害的，所以提高冶金质量也是很好的一个途径。

（8）**通过合金化形成一定量的A_R** 利用稳定的A_R来提高材料的韧度。

1.6 合金元素对钢工艺性的影响

1.6.1 钢的热处理工艺性

1.6.1.1 淬透性

（1）基本概念 淬透性对机械制造结构钢有十分重要的意义。钢的淬透性是指在规定条件下，决定钢材淬硬深度和硬度分布的特性，也就是钢在淬火时能获得马氏体的能力，是钢本身固有的一个属性。最常用的测定结构钢淬透性方法是端淬试验，表示淬透性的是端淬曲线，也称为淬透性曲线。在机械零件设计中选择合金结构钢时，广泛应用钢的端淬曲线。合金钢厂提供的淬透性资料，通常是端淬曲线。由于钢的化学成分有一定范围，所以对于某一牌号的钢，其淬透性曲线也有一个波动范围，称为淬透性带。可以用淬透性值、临界淬透直径来比较各钢种的淬透性大小。常用结构钢的淬透性值和临界淬透直径见表 1.7。常用工模具钢的淬透性见表 1.8。

表 1.7 常用结构钢的淬透性值和临界淬透直径（M50%，体积分数）

钢号	淬透性值 $J\frac{HRC}{d}$	水淬临界淬透直径 /mm		油淬临界淬透直径 /mm	
		根据淬透性曲线求得或试验值	按合金元素上、下限计算	根据淬透性曲线求得或试验值	按合金元素上、下限计算
40Mn2	$J\frac{41}{7\sim42}$	30～60	20～42	20～30	8.5～23
20Cr		12～32	11.5～41	15～23	4～22
40Cr	$J\frac{41}{6\sim11}$	25～60	24～67.5	15～40	11～42
20CrMo	$J\frac{35}{3\sim6}$	15～40	18.5～83	10～25	8～53
42CrMo	$J\frac{42}{18}$	50～100	46～145	30～60	26.5～107
20CrV	$J\frac{35}{4\sim10}$	25～40	19～48	10～25	8～28
30CrMnSi	$J\frac{37}{21}$	60～80	50～120	40～60	29～85
20CrMnTi	$J\frac{35}{6\sim15}$	30～55	25～50.5	15～40	12～30
37CrNi3			80.5～153	约 200	51～114
40CrNiMo		≥100	53.5～153	60～100	32～114
18Cr2Ni4W	$J\frac{40}{90}$		48～140	75～200	28～102
60Si2Mn			55～107	≤25	33.5～73
50CrV			45～91.5	≤45	25～59.5

表 1.8 常用工模具钢的淬透性

钢号	油淬临界直径或淬硬深度 /mm	钢号	油淬临界直径或淬硬深度 /mm
Cr2	20～25/40～50	Cr12	≤200
GCr15	20～25/30～35	Cr12MoV	200～300
9SiCr	<40～50	Cr6WV	≤80
9Mn2V	≤30	5Cr06NiMo	约 300
CrWMn	≤60	5Cr08MnMo	
9CrWMn	40～50	3Cr2W8V	约 100

有效淬硬深度一般是从淬硬的工件表面测量至规定硬度值处的垂直距离。测定结构钢的淬硬层深度通常是以体积分数50%淬火马氏体区的硬度作为基准。在相同情况下，钢的淬硬层深度愈大，钢的淬透性愈好。钢的淬透性大小主要取决于化学成分、奥氏体化条件等因素，与工件大小、冷却条件等外部因素无关。而淬硬层深度不但与淬透性直接相关，还受冷却条件和工件尺寸大小等因素的影响。

根据不同奥氏体等温转变曲线，淬透性可分为：马氏体淬透性（50%M+50%P，体积分数），贝氏体淬透性（50%B+50%M，体积分数），无铁素体淬透性（主要为B），如图1.18所示。

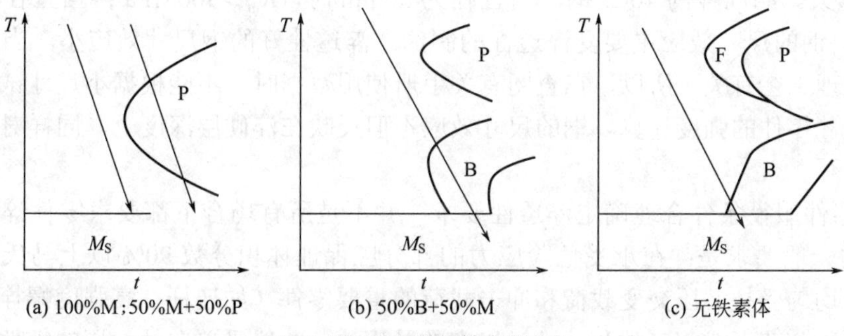

图1.18 不同淬透性意义示意

在结构钢中，提高马氏体淬透性作用显著的元素从大到小排列：（B）、Mn、Mo、Cr、Si、Ni等。合金元素的复合作用大，不是简单的加和，原因较复杂。表1.9表示了3种合金结构钢的珠光体转变孕育期。

表1.9 3种合金结构钢的珠光体转变孕育期

钢号	合金元素含量/%	P转变孕育期/s
35Cr	Cr+Ni=1.34	12
35CrMo	Cr+Mo=1.38	35
40CrNiMo	Cr+Mo+Ni=3.25	500

要获得贝氏体组织，就涉及贝氏体淬透性。在理论上可分析，使珠光体转变大为右移，而对贝氏体转变影响不大，就能基本达到要求。根据理论和实践，得到贝氏体型低合金钢，合金化基本元素是0.5%Mo+微量B。其原因是：加入Mo元素，能有效地使珠光体转变大为右移，但Mo不能完全抑制先共析铁素体的析出。例如，在0.40%C的钢中，加入Mo元素分别为0.14%Mo、0.35%Mo、0.60%Mo，在600℃析出体积分数5%F的孕育期分别为1∶2∶4，而珠光体开始转变时间为1∶3∶36；而B元素是偏聚倾向较大的元素，能偏聚于晶界，降低了C原子在晶界上的偏聚浓度，所以B有效地抑制了先共析铁素体的析出，两者综合作用的结果，提高了钢的贝氏体淬透性。

必须强调指出的是：合金元素对淬透性的作用，前提是合金元素溶于奥氏体。若含碳化物形成元素钢中有未溶碳化物，则降低了奥氏体中C及合金元素的有效浓度，同时未溶碳化物作为相变非自发形核核心，对钢的淬透性起了相反的作用。

对淬透性要求不高的合金结构钢，才采用单一合金元素的合金化方案，如40Cr和45Mn2，要求较高淬透性的钢均采用多种合金元素复合合金化方法。多种合金元素对珠光体转变的作用不是简单的加和关系，而是相互补充，相互加强。最有效的方法是将强弱不同的碳化物形成元素和非碳化物形成元素有效地组合起来，如Cr-Ni-Mo-V系和Si-Mn-Mo-V系合金。

只要淬火成马氏体，碳素结构钢和合金结构钢均有相近的综合力学性能。碳素结构钢的主要弱点是淬透性低，不能用于截面较大或形状较复杂的零件，因而合金结构钢广泛应用于机械制造工业。

钢的淬透性是选择结构钢材料和制定热处理工艺的主要依据之一。钢的淬透性好，一方面可以使工件得到均匀而良好的力学性能，满足技术要求；另一方面，在淬火时，可选用比较缓和的冷却介质，以减小工件的变形与开裂倾向。

（2）设计中应注意的问题

① 钢的尺寸效应　钢的尺寸效应又称为质量效应，是指由于零件截面大小不同而造成淬硬层深度的不同，使热处理后的性能发生明显差别的现象。尺寸效应越大，热处理后表面与心部的性能就相差越大。如同样的40Cr钢，当直径为30mm时，R_m≥900MPa；当直径为240mm时，R_m≥650MPa。钢的尺寸效应主要受淬透性的制约。淬透性好的钢尺寸效应小。当然，钢的尺寸效应还与热处理工艺有关。所以，在查阅有关手册使用数据时，不能根据小尺寸试样测定的性能指标用于大尺寸零件的强度计算。钢的尺寸效应不但反映在淬硬层深度上，同样对淬火件表面硬度也有影响。

② 根据零件服役条件合理确定淬透性要求　并不是所有场合下都要求零件淬透的。对重要零件淬透性的一般要求是：在承受危险应力的部分应保证体积分数90%以上马氏体的组织。具体来说，单向均匀受拉、压交变载荷和冲击载荷的重要零件（如连杆、高强度螺栓、拉杆等）要求淬火后保证心部获得90%（体积分数）以上的马氏体；一般受单向拉、压的零件要求淬透，即心部获得50%（体积分数）的马氏体。承受扭转或弯曲的零件（如轴类），因为在扭转或弯曲时应力是由表面至心部逐渐减小的，则只需淬透到截面半径的（1/2～1/4）R深，可根据载荷大小进行调整。重要的螺栓类零件主要承受拉应力，但受预应力的作用，表面应力较大，心部应力较小，所以心部马氏体量可少些。如需要调质处理的汽车连杆螺栓，淬火时要求离表面1/2R处保证90%（体积分数）以上的马氏体，心部有70%（体积分数）左右马氏体即可。轻载零件对淬透性要求还可降低。弹簧工作时承受交变应力和振动，不能有永久变形，因此弹簧材料应有稳定的高屈强比，如淬透性不好，心部出现游离铁素体，屈强比就降低，所以弹簧一般都要求淬透。对滚动轴承，小轴承可淬透，但受到冲击载荷大的大轴承，则不宜淬透。

③ 合理安排工艺，保证淬透性　当零件尺寸较大，又受到淬透性的限制，只有表层能淬硬时，可采用先粗加工后调质、调质后再精加工，这样就可避免将性能好的调质层加工掉。截面差别比较大的零件，如大直径台阶轴，在调质处理时，从钢材淬透性出发，也应先粗车成形，然后调质，这样可使小截面有较深的淬硬层。由于碳素钢淬透性低，尺寸效应大，有时在设计大型零件时用正火比调质更为经济，且效果相似。例如设计尺寸为ϕ100mm的45钢调质件，

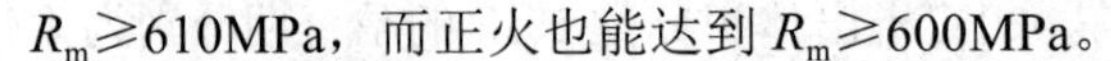

R_m≥610MPa，而正火也能达到R_m≥600MPa。

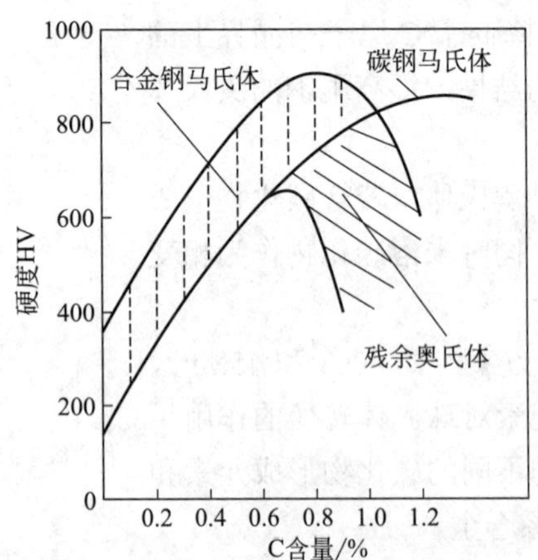

图1.19　合金元素对马氏体硬度的影响（单独加入Mn、Ni、Mo、Cr）

1.6.1.2　淬硬性

淬硬性是指在理想的淬火条件下，以超过临界冷却速度所形成的马氏体组织能够达到的最高硬度，也称可硬性。淬硬性主要与钢的C含量有关，C含量越高，淬火后硬度也越高。其他合金元素的影响比较小。C含量达到0.6%时，淬火钢的硬度接近最大值。C含量继续增加，虽然马氏体硬度会有所提高，但由于A_R增加，碳素钢的硬度提高不多，合金钢的硬度反而会下降，如图1.19所示。

亚共析钢经淬火后能得到的实际硬度可估算：HRC=30+50(C)(%)。淬火钢的实际硬度是由马氏体中的C含量及淬火组织（马氏体或贝氏体）的数量来决定的。图1.19是不同马氏体量情况下钢的硬度和C含量之间的关系，可用于钢的淬火硬度和C含量之间的相互估算。淬硬性和淬透性是两个不同的概念，淬硬性高的钢淬透性不一定好，而淬硬

性低的钢也可能具有高的淬透性。

1.6.1.3 变形开裂倾向

淬火内应力是指在淬火过程中由于工件不同部位的温度差异及组织转变不同时所引起的应力。淬火后残留在工件内部的应力大小和分布对工件的质量有很大影响。当淬火内应力高于材料的屈服强度时，将导致工件的尺寸变化和形状畸变；当淬火内应力超过材料的抗拉强度时，将在工件上出现裂纹，甚至开裂。淬火内应力分热应力、组织应力和附加应力，三者的综合作用控制着工件的变形和开裂倾向。工件的变形开裂倾向受钢的化学成分、工件尺寸与形状结构、热处理工艺条件等因素的影响。在零件设计、选择材料和制定热处理工艺时应该注意如下问题。

① 不同成分的钢，淬火变形倾向有很大的不同。由于合金钢淬透性较碳素钢高，可采用比较缓和的淬火介质，以减小变形。还可以通过改变热处理工艺调节马氏体的比容和 A_R 数量，控制淬火变形。

② 零件淬火前的机械加工、锻造、焊接等工序也能造成较大的残余应力，如预先不进行消除应力处理，就会增大淬火变形。设计零件结构时，要考虑结构的热处理变形开裂倾向，要尽量避免尖角和厚薄断面的突然变化，并尽可能注意结构的对称性。在进行热处理时也应注意零件的结构形状对淬火变形开裂的影响。

③ 钢的淬透性与热处理变形的关系：当心部未淬透时，变形趋于长度缩短，内外径尺寸缩小；当全部淬透时则长度伸长，内外径尺寸胀大。

④ 在完全淬透的工件表面容易产生裂纹。随钢的C含量提高，形成裂纹的倾向增大。低碳钢塑性大，屈强比低，在热应力作用下淬火变形倾向大。随着C含量提高，组织应力作用增强，拉应力峰值移向表面层，所以高碳钢在过热情况下容易产生裂纹。

对普通钢而言，一般都存在一个淬裂的危险尺寸。在水中淬火时，钢的临界直径 D_I 正是淬裂的危险尺寸，其危险尺寸在8～12mm。油淬时的淬裂危险尺寸为25～39mm。图1.20表示了各种钢在900℃油淬后，淬裂倾向与 D_I、C含量的关系。所以，要求心部淬透的零件，应尽可能避免设计危险截面尺寸。

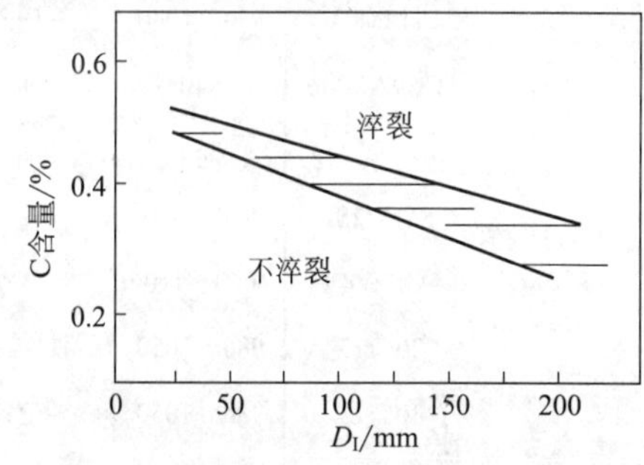

图1.20 淬裂倾向与 D_I 及C含量的关系

⑤ 工件表面有氧化脱碳层时，容易在表面产生淬火龟裂。因此淬火前应把前道工序造成的脱碳层切去，在热处理过程中也应尽可能避免工件的氧化脱碳。

⑥ 采用分级淬火、等温淬火或双液淬火可降低应力，减小变形开裂倾向。采用调质、球化退火等预先热处理也可减小零件的变形。

⑦ 加热温度和加热速度对零件变形也有影响，所以对尺寸较大或形状较复杂的零件或导热性较差的材料，宜采用预热或阶梯加热的方法。从减小淬火变形角度考虑，应尽可能选用淬火下限温度。

⑧ 淬火后应注意及时回火，特别是冷处理后的零件和大截面的零件在淬火后更应立即进行回火。

1.6.1.4 过热敏感性和氧化脱碳倾向

过热敏感性是指钢淬火加热时，对奥氏体晶粒急剧长大的敏感性。不同的钢具有不同的过热敏感性，含锰钢过热敏感性较大，如40Mn2、50Mn2、35SiMn和65Mn等。

在各种热加工工序的加热或保温过程中，由于周围氧化气氛的作用，使钢材表面的碳全部或部分丧失掉，这种现象称为脱碳。氧化是材料中的金属元素在加热过程中与氧化性气氛发生作用，形成金属氧化物的一种现象。金属的氧化过程往往伴随着表层的脱碳。在高温下加热，在氧化性气氛中脱碳、氧化是同时进行的。在还原性气氛中主要导致脱碳。脱碳会降低钢的硬度、耐磨性和疲劳强度，所以脱碳对工具、轴承、弹簧等零件是极其有害的。

含硅钢氧化、脱碳倾向较大，如 9SiCr、38CrSi、42SiMn、60Si2Mn、30CrMnSi 等。

1.6.1.5 回火稳定性

合金钢比碳钢的回火稳定性好，所以要达到同样的回火硬度，合金钢的回火温度可比碳钢高，回火时间也可以长些。合金钢回火后内应力比碳钢小，塑韧性也高。如要求塑韧性相同，合金钢的强度要比碳钢高。显然，要求内应力消除比较完全，强度要求又比较高的零件，在设计时应选用回火稳定性较好的材料。常用钢回火后硬度与回火温度的关系见表 1.10。

表 1.10 部分常用钢回火硬度和回火温度的关系

钢号	淬火工艺		淬火硬度/HRC	回火后硬度（HRC）与对应的回火温度[2]/℃						
	温度/℃	冷却介质[1]		30～35	35～40	40～45	45～50	50～55	55～60	＞60
40Cr	840	油	＞50	510	470	420	340	200	＞160	
30CrMnSi	890	油	＞45	530	500	430	340	180		
50CrV	860	油	＞50	560	500	450	380	280	180	
42CrMo	840	油	＞50	580	500	400	300		180	
40CrNiMo	860	油	＞50	580	540	480	420	320		
GCr15	840	油	＞60	580	530	480	420	380	270	＜180
9Mn2V	800	油	＞60			500	400	320	250	＜180
9SiCr	850	油	＞60	620	580	520	450	380	300	200
CrWMn	850	油	＞60	600	540	480	420	350	280	170
Cr12MoV	950～1040	油硝盐	＞58	740	670	620	570	530	380	＜180
5Cr08MnMo	840	油	＞50	580	520	470	380	250	＜200	
5Cr06NiMo	850	油	＞50	640	550	450	380	280	＜200	
5CrW2Si	860～890	油	＞55	570	480	420	360	＜300		
3Cr2W8V	1050～1100	水	＞55		700	630	540	＜200		
20Cr13	980～1050	油空冷	＞55	560	520	450	＜400			
30Cr13	980～1050	油空冷	＞55	600	570	540	＜500			
40Cr13	980～1050	油空冷	＞55	610	580	550	500	＜400		
95Cr18	1040～1070	油	＞55				580	530	220	＜150
42Cr9Si2	950～1070	油	＞55		670	600	540	480	420	＜300

① 冷却介质水是指 5%～10% NaCl 水溶液。

② 回火温度根据硬度要求的中值偏上而定。

1.6.1.6 回火脆性和白点敏感性

工业用钢一般都有可能产生回火脆性，但由于合金元素的作用，不同的钢具有不同的回火脆性温度范围。常用钢材产生回火脆性的温度范围见表 1.11。因为回火脆性是使钢在服役条件下发生脆性断裂的隐患，所以在设计中应注意：

① 尽可能避免在形成低温回火脆性温度范围内回火，或采用等温淬火、快速回火等方法减弱其脆性倾向；

② 尽可能避免在形成高温回火脆性温度范围内回火，如不可避免，一方面要减少回火脆性温度下停留的时间，另一方面在回火后必须快速冷却；

③ 大型工件回火后的快速冷却效果不大，或因工件形状复杂不允许回火后快速冷却时，可以选用含 Mo 的合金钢制造；

表 1.11 常用钢材产生回火脆性的温度范围 单位: ℃

钢号	第 1 类回火脆性	第 2 类回火脆性	钢号	第 1 类回火脆性	第 2 类回火脆性
30Mn2	250～350	500～550	38CrMoAlA	300～450	无脆性
20MnV	300～360		42Cr9Si2		450～600
25Mn2V	250～350	510～610	50CrVA	200～300	
35SiMn		500～650	4CrW2Si	250～350	
20Mn2B	250～350		5CrW2Si	300～400	
45Mn2B		450～550	6CrW2Si	300～450	
15MnVB	250～350		4SiCrV		>600
40MnVB	200～350	500～600	3Cr2W8V		550～650
40Cr	300～370	450～650	9SiCr	210～250	
38CrSi	250～350	450～550	CrWMn	250～300	
35CrMo	250～400	无明显脆性	9Mn2V	190～230	
20CrMnMo	250～350		GCr15	200～240	
30CrMnTi		400～450	12Cr13	520～560	
30CrMnSi	250～380	460～650	20Cr13	450～560	600～750
20CrNi3A	250～350	450～550	30Cr13	350～550	600～750
37CrNi3	300～400	480～550	14Cr17Ni2	400～580	
12Cr2Ni4A	250～350		Cr12MoV	325～375	
40CrNiMo	300～400	一般无脆性	Cr6WV	250～350	

④ 选用细晶粒钢或冶金质量好的高纯净钢，或经细化晶粒的预备热处理，可减少偏聚在原奥氏体晶界的杂质，从而降低钢的回火脆性。

白点敏感性表示锻、轧等钢件产生氢致裂纹的敏感程度。钢中H含量高是产生白点的必要条件，而内应力的存在是形成白点的充分条件。白点是由于钢H含量过高，在其锻、轧后快冷时形成的微裂纹。一般聚集在大型锻、轧件的心部，在沿锻、轧方向的断口上呈白色亮点。有白点的零件在工作时容易产生脆性断裂，发生重大事故。所以大锻件技术要求规定，一经发现白点，锻件必须报废。

一般情况下，在奥氏体、铁素体钢中不会出现白点，C 含量小于 0.3% 的碳钢也不易产生白点。在 C 含量大于 0.3% 的 Ni-Cr、Ni-Cr-Mo、Ni-Cr-W 马氏体钢中白点敏感性最大，在含 Ni、Cr、Si、Mn 等元素的钢中也会出现白点。形成白点的温度范围一般在 300℃以下至室温。各类钢的白点敏感性不但与化学成分有关，还与钢的冶炼方法、钢材尺寸等因素相关。钢材尺寸越大，白点形成的可能性就越大。一般钢材直径或厚度小于 40mm 时，白点较少见。防止白点的最根本办法是降低钢中的 H 含量。常用热处理方法有去氢退火等。

白点敏感性比较高的钢有 40CrNi、5Cr06NiMo、20Cr2Ni4A、5Cr08MnMo、14Cr17Ni2、37CrNi3A 等；白点敏感性中等的钢有 40Cr、42SiMn、GCr15SiMn 等。

1.6.2 钢的成型加工性

1.6.2.1 冷成型性

冷成型性包括：深冲、拉延、弯曲等。其主要的参数是应变硬化指数 n、塑性应变的各向异性 $\bar{\gamma}$、均匀伸长率 ε_u 和断裂总应变量 ε_f。这些参数高，冷成型性好。

冷作硬化率是在冷变形过程中，材料变硬变脆程度的表征参数。冷作硬化率高，材料的冷成型性差。合金元素溶入基体，点阵产生不同程度的畸变，使冷作硬化率提高，钢的延展性下降。

其中P、Si、C等元素提高冷作硬化率作用比较大，所以需要冷成型的材料应严格控制P、N含量，尽可能地降低Si、C等含量。

1.6.2.2 热压力加工性

热压力加工有锻造、轧制、拉拔等。合金元素溶入钢的基体后提高了热变形抗力，也就是降低了材料的热压力加工性能，如Mo、W、Cr、V等元素影响较大。如果C和合金元素量较多时，形成了共晶碳化物，则热压力加工性更差。因此，高速钢等高合金钢的热压力加工难度是比较大的。

1.6.2.3 切削加工性

切削加工性衡量指标有刀具寿命、表面光洁度、切削阻力、断屑形状等。不同情况侧重点不同，如粗加工主要考虑速度；精加工主要考虑表面光洁度。

对于不同C含量的碳钢，一般认为，硬度在170～230HBW，切削性能最好，过硬、过软都不好。对钢的组织来说，珠光体和铁素体各占体积分数50%为最佳。不同C含量的碳钢要得到较好的切削性，其预处理是不同的：

① C含量在0.1%以下，宜淬火；② C含量在0.1%～0.5%，常采用正火；③ C含量在0.5%～0.8%，退火是常用工艺；④ C含量在0.8%以上，宜进行球化退火。

对切削性有害的夹杂物：Al_2O_3、SiO_2、氮化物、复杂氧化物和硅酸盐等，硬度高，对切削不利。对切削有益的夹杂物：往往是易切削钢的设计依据。

如MnS，塑性好，有润滑作用，沿压延方向排列成条状或纺锤形，破坏了金属的整体性，就像钢中存在着许多的缺口，降低了切削阻力，并且容易断屑，提高了切削性。S是目前广泛使用的易切削添加剂。但需要有足够的Mn和S结合形成MnS。硒、碲化合物也是有利于切削的化合物，所以Se、Te元素也是易切削添加剂，它们可以形成MnTe、MnSe。Pb在钢中的溶解度极小，常以自由态存在于钢中，也像许多缺口一样，降低切削阻力，易断屑、有润滑作用，但是Pb有毒，密度大、偏析大。

1.7 微量元素在钢中的作用

1.7.1 微量元素的作用

常见的微量元素主要有：O、N、S、P、Se、As、Zr和RE等。根据它们的作用可分为：

① 常用微合金化元素，如B、N、V、Ti、Zr、Nb、RE等；

② 改善切削加工性元素，如S、Se、Bi、Pb、Ca等；

③ 能净化、变质、控制夹杂物形态的元素，如Ti、Zr、RE、Ca等；

④ 有害元素，如P、S、As、Sn、Pb等。微量元素在钢中虽然含量极少，但对钢的质量和性能有很大的影响。为改善切削加工性而有意加入的易切削微量元素，就成为专门的易切削钢。下面简单介绍微量元素的有益效应和有害作用。

1.7.1.1 微量元素的有益效应

微量元素在钢铁冶炼过程中的有益效应主要有净化、变质、控制夹杂物形态。

（1）净化作用 P和RE对O、N有很大的亲和力，并能形成密度小易上浮的难熔化合物。所以它们有脱氧、去氮、降氢的作用，能减少非金属夹杂物，改善夹杂类型及分布。另外，B、Zr、Ce、Mg和RE加入钢中，与低熔点的As、Sb、Sn、Pb、Bi等杂质元素作用，能形成高熔点的金属间化合物，从而可消除由这些杂质元素所引起的钢的脆性，改善钢的冶金质量，保证钢的热塑性和高温强度。

（2）变质作用 P和RE在钢冶炼时，能改变钢的凝固过程和铸态组织。它们与钢液反应形成微细质点，而成为凝固过程中的非自发形核核心，降低了形核功，增大了形核率。P和RE在钢中都是表面活性元素，容易吸附在固态晶核表面，阻碍了晶体生长所需的原子供应，从而降低了晶体长大率。所以，在钢冶炼时加入这些元素，可细化铸态组织，减少枝晶偏析和区域偏析，改善钢化学成分的均匀性。另外，RE可增大钢的流动性，提高钢锭的致密度。

(3)改变夹杂物性质或形态 夹杂物的形态和分布对钢的性能有很大的影响。夹杂物最理想的形态是呈球状，最不好的是共晶杆状。以夹杂物MnS为例，MnS有球状、枝晶间共晶形态和不规则角状三种形态。要得到球状MnS，可控制O含量在0.02%以上，能保证得到双相夹杂物MnS-MnO。由于MnO比较硬，能防止MnS被拉长。若钢中不加Mn，则S有可能形成FeS等其他化合物。FeS分布在晶界，熔点又比较低，是非常有害的夹杂物，使钢产生热脆性。S和Mn的结合力比S和Fe的结合力强，所以钢中有Mn能优先形成MnS。因此钢中常有较多的Mn，以消除杂质元素S的影响。对于完全脱氧钢，用Al脱氧，MnS为角状，但用Zr微量加入后，形成(Mn, Zr)S，可改善MnS的塑性。

1.7.1.2 微量元素的有害作用

P、S、As、Sn、Pb等有害元素的存在并不是有意加入的，而是在炼钢时由原料带入的，常规分析还比较难以测定。这些元素主要表现是偏析、吸附在晶体缺陷及晶界处，从而影响了钢的性能，如塑韧性、热塑性、蠕变强度、焊接性和耐蚀性等。例如，S、P元素分别会导致钢的热脆和冷脆；As、Sb、P等元素容易在晶界偏聚，导致合金钢的第二类高温回火脆性，以及高温蠕变时的晶界脆断。

1.7.2 微合金钢中的合金元素

微合金钢是新发展的工程结构用钢，通常包括微合金高强度钢、微合金双相钢和微合金非调质机械结构钢。微合金钢中合金元素可分为两类：一类是影响钢相变的合金元素，如Mn、Mo、Cr、Ni等；另一类是形成碳（氮）化物的微合金元素，如V、Ti、Nb等。

Mn、Mo、Cr、Ni等合金元素，在微合金钢中起降低钢相变温度、细化组织等作用，并且对相变过程或相变后析出的碳（氮）化物也起了细化作用。例如，Mo和Nb的共同加入，引起相变中出现针状铁素体组织；为改善钢的耐大气腐蚀而加入Cu，并可部分地起析出强化的作用；加入Ni改变了基体组织的亚结构，从而提高钢的韧度。在非调质机械结构钢（也可简称为非调质钢）中，降低C含量，增加Mn或Cr含量，也有利于钢韧度的提高。当Mn含量从0.85%增至1.15%～1.3%时，则在同一强度水平下非调质钢的冲击吸收能量提高30J，即可达到经调质处理碳钢的冲击吸收能量水平，如图1.21。

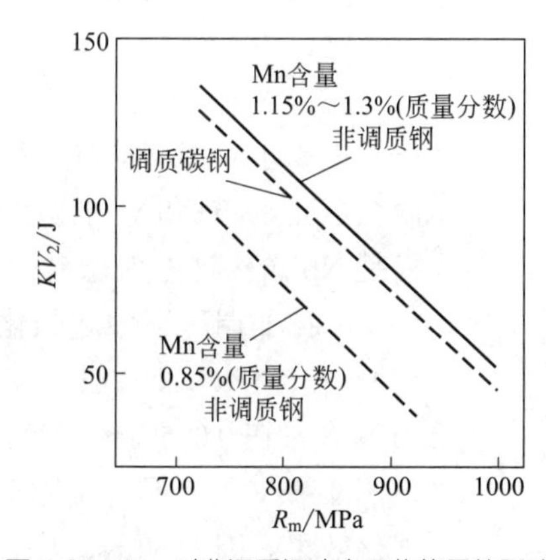

图1.21 Mn对非调质钢冲击吸收能量的影响

非调质钢具有良好的强度和韧度的配合。主要是通过V、Ti、Nb等元素的碳（氮）化物沉淀析出、细化晶粒、细化珠光体组织及其数量的控制等方面来提高钢强度的。V、Ti、Nb等元素的变化对非调质钢屈服强度有显著的影响，如图1.22所示。

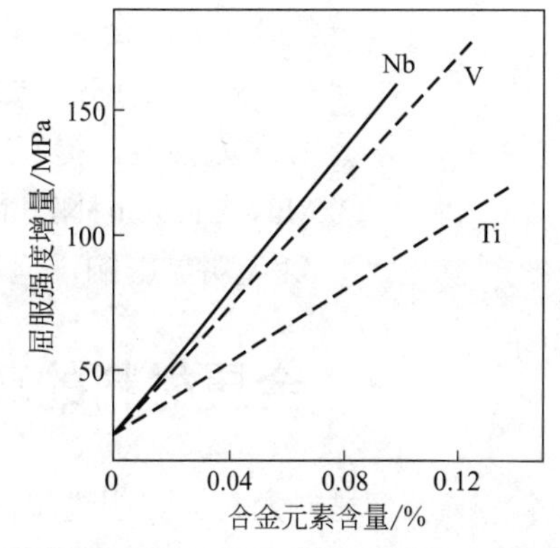

图1.22 V、Nb、Ti对非调质钢屈服强度的影响

V、Ti、Nb等微合金元素，其含量大致在0.01%～0.20%，可根据钢性能和工艺要求而定。这些元素都是强碳（氮）化物形成元素，所以在高温下优先形成稳定的碳（氮）化物，见表1.12。每种元素的作用都和析出温度有关，而析出温度又受到各种化合物平衡

表 1.12　微合金钢中各种碳（氮）化物及其形成温度

化合物	碳化物			氮化物			
	VC	NbC	TiC	VN	NbN	AlN	TiN
开始形成温度 /℃	719	1137	1140	1088	1272	1104	1527

条件下的形成温度以及相变温度、轧制温度的制约。

微合金双相钢中合金元素及热处理工艺都能明显地影响双相钢的组织形态，特别是 V、Ti、Nb 等微合金元素对铁素体形态、精细结构和沉淀相的形态影响显著。

V、Ti、Nb 在钢中形成碳化物或氮化物，是微合金化常用的主要元素。在微合金高强度钢中，VN 在缓冷条件下从奥氏体中析出，VC 在相变过程中或相变后形成，从表 1.12 可知，两者形成温度是不同的。因此钒能起到阻止晶粒长大的作用，而且也对沉淀强化做出了有效的贡献。Ti 的化合物主要在高温下形成，在钢相变过程中或相变后的析出量非常少。所以，Ti 的主要作用是细化奥氏体晶粒。Nb 的碳化物也在奥氏体中形成，阻止了高温形变奥氏体再结晶。在随后的相变过程将析出 Nb 的碳（氮）化物，产生沉淀强化。

在非调质钢的常规锻造加热温度下，V 基本上都溶解于奥氏体中，一般情况在 1100℃则完全溶解。然后在冷却过程中不断地析出，大部分 V 的碳化物是以相间沉淀的形式在铁素体中析出。V 的强化效果要比 Ti、Nb 大。以热锻空冷态的 45V 非调质钢和热轧态的 45 钢比较，V 含量每增加 0.1%，钢的屈服强度升高约 190MPa。当然，这是沉淀强化、细晶强化等综合效果。Ti 在非调质钢中完全固溶温度在 1255～1280℃，Ti 能很好地阻止形变奥氏体再结晶，可细化组织。Ti 和 V 复合加入可显著改善钢的韧度。Nb 的完全固溶温度为 1325～1360℃，所以需热锻的非调质钢通常不宜单独用 Nb 微合金化。当 Nb 和 V 复合加入时，则既可提高钢的强度，又能改善韧度。

在含 V 微合金双相钢中，V 能消除铁素体间隙固溶、细化晶粒，从而形成了高延性的铁素体，提高了双相钢的时效稳定性。所以，一般微合金双相钢要得到良好的性能，V 是必须加入的微合金元素。Ti 和 V 的作用相似，但在双相钢中一般不单独用钛微合金化。Nb 的作用也和 V 相似，只是 Nb 碳化物更为稳定。

N 在非调质钢中起强化作用，当钢中 N 含量从 0.005% 增加到 0.03% 时，钢的屈服强度升高 100～150MPa。N 一般与 V、Al 等其他元素复合加入，能获得明显的强化效果。在 0.1%V-N 钢中，当 N 含量在 0.005%～0.03% 时，V 的完全溶解温度为 970～1130℃，说明在常规的锻造加热温度下，N 和 V 元素是完全固溶于奥氏体中。所以，在随后的冷却过程中沉淀析出，具有明显的弥散强化效果。因为 NbN、TiN 溶解温度都高于常规的锻造加热温度，所以 N 和 Nb 或 Ti 的复合加入，其强化效果不是很明显。

一般情况下，合金元素对非调质钢强度和韧度的影响为：

① C、N、V、Nb、P 元素提高强度，降低韧度；

② Ti 降低强度，提高韧度；

③ Mn、Cr、Cu+Ni、Mo 提高强度，同时又改善韧度；

④ Al 无明显影响，但形成的 AlN 可细化晶粒，改善韧度。

1.8　金属材料的环境协调性设计

材料为人类文明进步做出了突出的贡献，但材料的制备、生产、使用和废弃全过程又是资源、能源的最大消耗者和污染环境的主要责任者之一。现在全世界提出了构筑循环型材料产业、促进循环经济发展的口号。以前针对不同的用途开发不同的材料，使材料的种类一直在增加。目前在世界上已经正式公布的金属材料及其合金的种类大约有3000多种，仅常用钢就有几百种。这些材料的合金元素类型及其含量是各不相同的。这样，就使材料的废弃物再生循环很困难。这是因为以前设计材料时，基本上不考虑材料的环境性，仅追求材料品种的多元化和用途的专门化。

可再生循环设计已成为钢铁材料设计的一个重要原则。目前钢铁材料再生循环面临两大难题：分选困难和再生冶炼时成分控制困难，根据冶炼过程可将各种元素分成四类：

① 能完全去除的元素，如Si、Al、V、Zr等；

② 不能完全去除的元素，如Cr、Mn、S、P等；

③ 全部残存的元素，如Cu、Ni、Sn、Mo、W等；

④ 与蒸气压无关的元素，如Zn、Pb、Cd等。

如果从生态环境材料的合金化原则出发，传统的思路和方法应该更新。从材料的可持续发展考虑，我们应该发展少品种、泛用途、多目的的标准合金系列。所以就出现了通用合金和简单合金的概念。

1.8.1 通用合金与简单合金

1.8.1.1 通用合金

通用合金，又称为泛用性合金。这种通用合金能满足对材料要求的通用性能，如耐热性、耐腐蚀性和高强度等。合金在具体用途中的性能要求则可以通过不同的热处理等方法来实现。目前，由有限数量的元素组成，且可通过改变成分配比在大范围内改变性能的合金系主要有以下几种。

（1）Fe-Cr-Ni、Fe-Cr-Mn钢 通过改变Fe、Cr、Ni（Mn）的相对含量，可以生产出从铁素体钢到不锈钢的一系列钢种，其组织结构和性能也可以在很大范围内变化。目前各种Fe-Cr-Ni、Fe-Cr-Mn钢应用很多，研究开发也有很大进展。

（2）Ti合金 改变Ti、Al、V的相对含量，可使合金的组织与性能发生很大的变化。钛合金由于其优良的性能，将是21世纪大力发展和使用的材料。钛合金依合金元素的种类和加入量的不同，可以分别得到α钛合金、α+β钛合金和β钛合金。其中α钛合金具有良好的耐热性和焊接性，α+β钛合金具有良好的综合力学性能和塑性加工性，β钛合金则具有高强度和优良的冷成型性，并且可以通过成分设计来预测合金的组织与性能。有可能通过调整成分配比开发出性能更加优异、附加值更高的再生材料。

（3）Cr-Mo钢 高温蠕变强度主要和铁素体基体中的置换固溶元素Cr、Mo的固溶量成正比，与C的固溶量成反比。而碳化物的沉淀强化作用与置换元素的固溶强化作用相比，对材料的整个断裂寿命影响很小。所以这种合金成分设计方法既保证了耐热钢的持久蠕变强度，又减小了合金生产过程中的环境负荷。

（4）超级通用合金 环境材料学特别关注对组成变化不太敏感的合金材料，一般希望是固溶体合金。通过对相图的重新认识发现，固溶强化与合金组元浓度之间的变化关系比较平缓和连续。所以在再生循环过程中，混入杂质和成分变动等因素对合金性能的影响比较小，当合金废弃后易实现再生循环。而相变强化的合金则受成分变化的影响大，再生循环后比较难以保证材料性能的稳定性。目前正在研究固溶合金种类和含量对合金中短程有序度的影响，热处理参数、冷却速度以及与加工的关系，从而希望实现对其结构与性能的有效控制。

1.8.1.2 简单合金

组元组成简单的合金系就叫做简单合金。简单合金在成分设计上有几个特点：合金组元简单，再生循环过程中容易分选；原则上不加入目前还不能用精炼方法除去的元素；尽量不使用环境协调性不好的合金元素。在这种设计思想下，研究开发合金时应遵循两个原则：

① 在维持合金高性能的前提下，尽量减少合金组元数；

② 获得合金高性能时，以控制显微组织作为加入合金元素的替代方法。

这种设计合金的思路叫省合金化设计或最小合金化法。简单合金的主要用途是代替大量消费的金属结构件材料。

不含对人体及生态环境有害的元素，不含枯竭性元素的低合金钢 Fe-C-Si-Mn 就是目前重点开发的一种普通的简单合金。在 Fe-C-Si-Mn 系钢中，利用 Si 和 Mn 作为主要的合金元素，这两种元素在地球上的储量相当大，并且容易提取。钢的主要成分为：0.10%～0.16%C，0.40%～1.0%Si，1.2%～1.6%Mn，其余为 Fe。日本开发了合金元素总质量分数＜2.5% 的 SCIFER 钢（Fe-0.15C-0.8Si-1.5Mn，Fe-0.10C-1.0Si-1.2Mn），可通过形变强化来提高强度，日本神户钢铁公司已经将其商品化。该钢可以通过各种热处理制度来获得不同的组织结构，如铁素体 + 珠光体、铁素体 + 贝氏体、贝氏体 + 马氏体、贝氏体、马氏体等，从而可得到不同强度、塑性配比的性能，以满足各种要求和用途。通过形变热处理，其典型的显微组织为严重形变的铁素体基体加上其间均匀分布的细纤维状马氏体，强度可以达到 500MPa。该强度指标高于普通的低合金超高强度钢，例如 35Si2Mn2MoV 钢（合金元素总质量分数约 6%）或 40CrNiMo 钢（合金元素总质量分数约 5%）。为了评价材料的力学性能和环境负荷之间的平衡关系，对 Fe-C-Si-Mn 系钢提出了一个环境评价指数：

$$X=R_0A/W_{CO_2}$$

式中，R_0 为抗拉强度，MPa；A 为伸长率，%；W_{CO_2} 为寿命周期中的 CO_2 排放量，kg/kg；X 是钢的环境协调性设计的依据之一，是环境负荷和性能指标结合起来的一种综合评价指标。Fe-C-Si-Mn 系钢的环境负荷要低于其他工业用钢。

Fe-C-Si-Mn 系钢是一个有前途的环境材料系列。在汽车薄板和冲压件上已得到广泛应用。

另外，与此相关的是计算机辅助设计与控制钢材生产技术。定量地确定显微组织、轧制工艺与钢材性能之间的关系，将用户需求、材料设计与制备以及实时测控集成于一个系统，就产生了智能化的现代材料工程。热轧钢材在生产中仍然占有重要地位，随着钢材组织控制技术的进步，由化学成分、冷却工艺、预测微观组织及其比例，并推断其力学性能的技术日趋完善。使所生产的材料既具有良好的力学性能，又有好的再生循环性。

1.8.2　环境协调性合金的成分设计

材料的环境协调性评价（materials life cycle assessment，MLCA），即将 LCA 的基本概念、原则和方法应用到对材料寿命周期的评价中去。而一般产品的环境协调性评价通常称为 PLCA（products LCA）。材料和环境有着密切的关系，共同组成了一个大系统。材料与环境联系的基本途径有三条：资源、能源和废弃物。MLCA 概念提出后迅速得到了国际材料科学界的认同。评价材料的优劣时要根据这一背景，建立新的评价体系，补充新的评价内容。其研究范围不断扩大，从传统的包装材料、容器等产品领域转向各种金属、高分子、无机非金属和生物材料，从传统上侧重于结构材料的评价转向对功能材料的评价。

世界上与材料相关的环境污染占到了很大的比例，所以充分研究材料与环境之间的关系，进而改进材料的设计、控制材料的生产过程，对保护环境有着重要的意义。实际上，几乎所有产品的寿命周期都包含了材料生产的阶段。材料环境协调性评价和环境材料的研究代表着材料科学研究的一个新思路和新方向。从事材料研究和生产人员应该在传统的材料成分、结构、性能、工艺和成本的考虑中加入对材料环境影响的考虑，尽量不断地降低材料造成的环境负担。

环境协调性合金的成分设计原则之一是尽量不使用环境协调性不好的合金元素。所谓环境协调性不好的元素是指地球中即将枯竭性元素和对生态环境特别是对人体有比较大的毒害作用的元素。合金元素中对人体毒害作用比较大的元素有Cr、As、Pb、Ni、Hg等，见表1.13。含有这些元素的材料废弃后，会造成空气、少量土壤的污染，直接危害人体或通过生物链对人体造成毒害。因此，在材料设计过程中就要考虑到材料对生态环境的影响，其中无铅钎焊合金的研究开发就是典型的例子。

表1.13　某些金属元素对人体的毒害作用系数

金属	空气中	水中	土壤中	金属	空气中	水中	土壤中
As	4700	1.4	0.043	Pb	160	0.79	0.025
Cd	580	2.9	7.0	Mn	120		
Cr^{6+}	47000	4100	130	Zn	0.033	0.0029	0.0070
Co	24	2.0	0.065	Hg	120	4.7	0.15
Cu	0.24	0.020	0.0052	Mo	3.3	0.29	0.70
Fe	0.042	0.0036		Ni	470	0.057	0.014

环境协调性材料设计并非完全脱离了原来的材料设计技术，而是在原来材料设计技术中引入可持续发展的概念，更多地考虑生态环境的保护和资源的循环再生利用。所以，环境协调性设计是一个相对的概念，这与生态环境材料概念的相对性完全是一致的。

在一般环境条件下，常见金属材料的环境性见表1.14。这个环境性指标就是金属材料的环境负荷，它是一个无量纲的数。表中还列出了各种材料的性能环境负荷比值。在表1.14中，$(R_m/\rho)/ELV$为材料的强度环境负荷比，可用它来评价在单位环境负荷时，结构材料比强度的相对大小；$(R_e^2/E)/ELV$为材料的弹性功环境负荷比，可用它来对弹性材料进行环境负荷弹性的综合评价；ε/ELV为材料的腐蚀性与环境负荷之比，利用它可以评价在单位环境负荷条件下材料的耐蚀性大小；λ/ELV为材料的电阻环境负荷比，可评价材料的导电性或电阻性。环境负荷是一个资源、能源、三废的综合数据。材料的功能或性能与其环境性或环境负荷之比是从环境保护角度评价材料性能优劣的一个很有用的判据。

表1.14　常见金属材料的环境负荷及其性能环境负荷比

金属材料	Fe	Al	Ti	Zn	Cr	Ni	Cu	Mn
环境负荷（ELV）	1.33	9.04	15.48	18.19	16.73	19.41	24.00	5.04
比强度（R_m/ρ）	4.19	4.08	9.98	1.69	4.17	5.61	2.46	6.78
弹性比功（R_e^2/E）	6.68	1.25	0.25	0.39	0.47	2.91	0.18	1.29
标准电位（ε）	−0.409	−1.66	−1.63	−0.763	−0.74	−0.23	0.34	−1.029
电阻率（λ）	9.8	2.61	39	5.45	12.9	6.2	1.58	143.5
(R_m/ρ) ELV	3.15	0.45	0.64	0.093	0.25	0.29	0.10	1.34
$(R_e^2/E)/ELV$	5.02	0.14	0.02	0.02	0.03	0.15	0.008	0.26
ε/ELV	−0.31	−0.18	−0.11	−0.04	−0.04	−0.01	0.01	−0.20
λ/ELV	7.37	0.29	2.52	0.30	0.77	0.32	0.07	28.48

注：R_m—kgf/mm²（9.8MPa）；ρ—g/cm³；E—kgf/mm²（9.8MPa）；ε—V；λ—$10^{-8}\Omega\cdot m$；R_e—10^{-3}kgf/mm²（9.8×10^{-3}MPa）。

金属材料各种表面技术的环境影响差别也是比较大的。在实施表面技术处理技术中涉及表面处理过程中的能源消耗、资源消耗和废弃物排放。寻找具有相对比较低的影响环境的表面处理技术就是要确定哪些表面技术的环境负荷较低。对不同表面处理工艺尽量选择相同类型的材料，甚至是相同牌号的材料。不同的表面处理工艺具有不同的环境负荷值。从保护环境的角度优化工艺时，工艺的环境负荷应该最小或相对比较小。从总体趋势上说，对环境影响从弱到强排列为电子束表面处理→电火花表面处理→激光表面处理→加热处理→气体表面渗碳处理→火焰表面处理→离子化学热处理。

所以，同样的材料在不同表面处理过程中具有不同的环境影响。同时从表中也可知道，在相同工艺、相同参数、相同设备和相同生产效率时，不同的材料也有不同的环境影响负荷值。这些都说明了在材料处理设计时，要尽可能地考虑工艺的环境影响因素。这也是我们从环境意识角度研究材料的表面处理技术和优化这些工艺技术的基础所在。当然，单从某一指标去判断工艺的取舍是不妥的，要根据多指标进行综合评价或优化。

1.9 合金钢的分类与编号

1.9.1 钢的分类

钢的种类比较多，为了方便管理、选用和比较，根据钢某些特性，从不同角度出发，可以将钢分成若干具有共同特点的类别。我们不妨采用“应用 + 材料科学四要素”，共 5 个方面来对金属材料进行分类。有的金属材料的分类不是特别严格，可同时归属于两种以上的分类。

（1）按“应用”分类

① 工程结构用钢：这类钢应用量较大，在建筑、车辆、造船、桥梁、石油、化工、电站、国防等国民经济行业都广泛使用这类钢制备工程构件。这类钢有普通碳素结构钢、低合金高强度结构钢。

② 机器零件用钢：主要制造各种机器零件，包括轴类零件、弹簧、齿轮、轴承等。

③ 工模具用钢：又可分为刃具钢、冷变形模具钢、热变形模具钢、量具钢等。

④ 其他行业用钢。比如电工钢、铁轨钢、履带钢、生物医用金属材料、太空合金等。

（2）按照材料科学与工程四要素的“成分”分类 例如，低碳钢、中碳钢、高碳钢；高锰钢、钨钢、硅钢；微合金钢，中合金钢，高合金钢；简单合金；铝合金、铜合金、镁合金、钛合金等；也可按照冶金质量分为优质钢、高级优质钢和特级优质钢。它们的主要区别在于钢中所含有害杂质 S、P 元素的多少。如规定不同质量合金结构钢的 S、P 含量为：优质钢，S≤0.035%，P≤0.035%；高级优质钢，S≤0.030%，P≤0.030%。在牌号尾部加符号“A”表示，如 30CrMnSiA；特级优质钢，S≤0.020%，P≤0.025%，在牌号尾部加符号“E”表示。

（3）按照材料科学与工程四要素的“结构”分类

① 根据平衡态或退火态组织，有亚共析钢、共析钢、过共析钢和莱氏体钢。

② 按正火态组织，可有珠光体钢、贝氏体钢、马氏体钢和奥氏体钢。

③ 根据室温时的组织，有铁素体钢、马氏体钢、奥氏体钢和双相钢；对于铸铁系列还有奥贝球铁、球墨铸铁、蠕墨铸铁等；还包括金属玻璃、金属基复合材料、金属间化合物材料、单晶金属、柱状晶金属等。

（4）按照材料科学与工程四要素的“制备 / 加工”分类 例如渗碳钢（20CrMnTi 等）、渗氮钢（38CrMoAl 等）、调质钢、时效钢、非调质合金钢、铸铁、热轧钢、冷扎钢、沸腾钢、镇静钢、QPT 钢等。

（5）按照材料科学与工程四要素的“性能”分类 例如易切削钢、耐热钢、不锈钢、超高强度钢、因瓦钢、形状记忆合金、耐冲击钢、低淬透性钢、耐磨钢、磁性合金、电热合金、储氢合金、减振合金、耐候钢、抗氧化钢等。

1.9.2 合金钢的编号方法

1.9.2.1 国标编号方法

（1）**GB 标准钢号表示方法及说明** 关于我国钢铁牌号表示方法，根据钢铁产品牌号表示方法 GB/T 221—2008 的规定，采用汉语拼音、化学元素符号和阿拉伯数字相结合的原则；产品名称、用途、特性和工艺方法等，一般用汉语拼音的缩写字母表示；质量等级符号采用 A、B、C、D、E 等字母表示；牌号中主要化学元素含量采用阿拉伯数字表示。不锈钢和耐热钢牌号表示方法按 GB/T 20878—2007 执行。常用各类钢号的表示方法见表 1.15。

GB/T 221—2008

表 1.15 常用各类合金钢钢号的表示方法

钢类	钢号举例	表示方法及说明
合金结构钢	40Cr 20CrMnTi 18Cr2Ni4W 38CrMoAlA 40CrNiMo 60Si2Mn 50CrVA	C 的平均质量分数一般用万分之几表示，列于钢号开头。主要合金元素（除个别微合金元素外）一般以百分之几表示，当平均质量分数 <1.5% 时，一般只标出元素符号，但在特殊情况下为避免混淆，在元素符号后面可标数字“1”；当平均质量分数≥1.5%、≥2.5%、≥3.5%…时，在元素符号后面相应地表示 2、3、4… 钢中的 V、Ti、B、RE 等微合金元素，虽然含量很低，仍在钢号中标明。如 20MnVB 钢中，含 0.07%～0.12%V，0.001%～0.005%B
低合金结构钢和耐候钢	Q345A Q500C 16Mn 14MnVTiRE 09CuP 12MnCuCr	在 GB/T 1591—2008 中称为低合金高强度结构钢，其钢号按国际标准采用屈服强度命名。钢号冠以“Q”，和碳素结构钢相统一。后面的数字表示屈服强度，分为八个强度等级。在强度等级中又有 5 个或 3 个质量等级。对于专业用低合金钢，在标准未修订前，仍用旧钢号加后缀。如汽车大梁的专用钢种为“16MnL”；压力容器专用钢种为“Q345R”；用于桥梁的专用钢种为“16Mnq”，在新标准中为 Q345q
非调质机械结构钢	F35V F45V F35MnV	又称为微合金非调质钢，在 GB/T 15712—2008 中规定其名称为非调质机械结构钢。钢号冠以“F”表示非调质钢，字母后面的表示方法与合金结构钢相同
滚动轴承钢	GCr15 GCr15SiMn G20CrMo （G）95Cr18	现行标准分为四类，其钢号表示方法各不相同。高碳铬轴承钢，钢号冠以“G”，C 含量不标出，Cr 的平均质量分数以千分之几表示。渗碳轴承钢表示方法基本上和合金结构钢相同，但也冠以“G”。高碳铬不锈轴承钢和高温轴承钢，钢号不冠以“G”，其他与不锈钢、耐热钢表示方法相同
合金工具钢和高速钢	9SiCr 5CrW2Si Cr12MoV 9Mn2V 5Cr06NiMo 3Cr2W8V W18Cr4V W6Mo5Cr4V2	平均 C 含量≥1.0% 时，不标出；<1.0% 时，以千分之几表示，例如 CrWMn，9Mn2V。合金元素表示方法基本上与合金结构钢相同。但是对低铬合金工具钢，其 Cr 含量以千分之几表示，并在表示含量的数字前加“0”，以便与其他一般元素含量按百分之几表示的方法区别开，如 Cr06 塑料模具钢钢号冠以“SM”，其他表示方法与合金工具钢及优质碳素钢相同，如 SM3Cr2Mo 和 SM45 高速钢一般不标出 C 含量，合金元素平均含量以百分之几表示
不锈钢和耐热钢	30Cr13 06Cr19Ni10 022Cr19Ni10 21Cr12MoV 42Cr9Si2	一般当钢中平均 C 含量≥0.04%，取两位小数表示（以万分之几计）；≤0.030%，取 3 位小数表示（以十万分之几计）。其他合金元素表示法仍按 GB/T 221—2008 标准的规定，以百分之几表示，微量元素 Ti、Nb、V 等仍按合金结构钢中微合金元素的表示方法标出

（2）**GB 标准 ISC 表示方法简介** ISC（Iron and Steel Code）全称为“钢铁及合金牌号统一数字代号体系”。现有的牌号表示方法存在不少缺点，如体系繁杂、混乱，多数牌号表示冗长，不便于操作和现代化管理。为了适应现代化管理的需要，在参考了许多国家的数字牌号系统后，于 1998 年正式以国家标准发布了《钢铁及合金牌号统一数字代号体系》（GB/T 17616—1998），简称为“ISC”。

GB/T 17616—2013

标准规定，凡列入国家标准和行业标准的钢铁及合金产品应同时列入产品牌号和统一数字代号，相互对照，并列使用，共同有效。如今该标准已被 GB/T 17616—2013 取代。

统一数字代号采用单个大写拉丁字母为前缀，后面为 5 位阿拉伯数字。第 1 位数字代表各类型钢铁产品的分类，第 2、3、4、5 位数字代表不同分类内的编组和同一编组内区别不同牌号的顺序号。对任何产品都规定统一的固定位数，对每一个统一数字代号，只能适用于一个产品牌号。有关钢铁及合金类型与统一数字代号可查阅国家标准，这里不再介绍。

1.9.2.2　其他国家钢铁编号方法

在工业界，经常会见到一些不在我们国标体系的牌号，这是因为这些牌号源于其他国家的牌号体系。比如，日本有 JIS 编号系统，德国有 DIN 编号系统，法国有 NF 编号系统，美国有 AISI 和 SAE 等编号系统，英国有 BS 和 EN 编号系统，意大利有 UNI 编号系统，比利时有 NBN 编号系统，瑞典有 SS 编号系统，国际标准组织还有 ISO 编号系统。

绝大多数的牌号，都可以查到该种金属材料的成分信息，并且可以找到该种材料相对应的其他国家编号系统里面的材料，对应牌号的材料成分也是比较接近的。

在工业中，对一种材料使用何种牌号并没有强制的要求。一种材料的常用牌号，往往跟该牌号对应的这种材料由哪国大量生产、在工业界使用是否比较广泛有关。比如 H13 材料，业界常用这个美国牌号，因为这种材料在西方工业用得很多，因此 H13 这个牌号就成为主流。

本章小结

金属材料学核心是合金化基本原理，这是材料强韧化矛盾的主要因素。要真正理解“合金元素的作用，主要不在于本身的固溶强化，而在于对合金材料相变过程的影响，而良好的作用只有在合适的处理条件下才能得到体现。”主要从强化机理和相变过程两个方面来考虑。掌握合金元素的作用及其在加工处理过程中的演化机理，才能更好地理解各类钢的设计与发展，才能更好地开发新工艺、新材料。如何充分发掘现有材料的性能，关键就在于热处理等处理工艺的设计和控制。就其本质来说，最佳的处理工艺是在合金化基础上合理安排合金元素的存在形式和分布，充分发挥合金元素的作用，从而也充分发掘了材料的潜力。

钢中合金元素的主要存在形式是形成碳化物等化合物和固溶于基体中，在热处理过程中两者是互相转化的，合金元素的行为严格遵循其自然规律。合金元素不论是在第二相中还是在基体中均会对钢的相变过程（或组织演化）和最终的微观结构、组织性能起很大的作用。因此合金化基本原理是合金化设计和热处理工艺设计的基础，是材料工作者所必须掌握的知识。

合金元素能对某些方面起积极的作用，但许多情况下还有不希望产生的副作用，因此材料的合金化设计都存在着不可避免的矛盾。合金化基本原则是多元适量、复合加入。合金元素有共性的问题，但也有不同的个性。不同元素的复合，其作用是不同的，一般都不是简单的线性关系。元素之间的交互作用是很复杂的，有时某些元素的加入还影响了其他元素的存在形式。

钢中主要合金元素的综合作用简要归纳如下。

[Cr]　由于 Cr 降低相变驱动力 $\Delta G_{\gamma \to \alpha}$，也阻止了相变时碳化物的形核长大，所以可提高钢的淬透性。Cr、Ni 等复合作用大，如调质钢 40Cr、40CrNi、40CrNiMo；Cr 是碳化物形成元素，回火时阻止 M_3C 型长大，提高回火稳定性。如 40Cr 与 40 钢相比，回火到相同硬度时，回火温度可提高 30～40℃；Cr 的碳化物较稳定，不易长大，所以能细化晶粒，改善碳化物均匀性，如 GCr15; Cr 促进杂质原子偏聚，增大回火脆性倾向，如 40CrNi；Cr 能形成 Cr_2O_3，提高 FeO 出现的温度，因此提高钢抗氧化性。Cr 增强固溶体中原子间结合力，从而提高热强性。如耐热钢中，Mo-Cr-V 合金元素的复合作用；Cr 提高固溶体电极电位，符合 n/8 Tammann 定律，是不锈钢耐蚀性的主要元素；Cr 提高 A_1 温度，使碳化物稳定，钢的淬火温度也应提高。如 GCr15 钢的淬火温

度约 840℃，而 T10 约 780℃；Cr 缩小 γ 相区，铁素体形成元素，Cr 含量多时可形成铁素体钢，如 10Cr17; Cr 降低钢的 M_S，从而增加了钢的 A_R，如 GCr15 比 T10 钢的 A_R 多，分别为 8% 左右和 3% 左右。

［**Mn**］ Mn 强化铁素体，特别在低合金普通结构钢中固溶强化效果较好; Mn 降低 $\Delta G_{\gamma\rightarrow\alpha}$，使奥氏体等温转变曲线右移，提高钢的淬透性; Mn 是奥氏体形成元素，降低钢的 A_1 温度，促进晶粒长大，提高钢的过热敏感性; Mn 促进有害元素在晶界上的偏聚，增大钢回火脆性的倾向; Mn 强烈地降低钢的 M_S 温度，因此增加了淬火钢中的 A_R；Mn 扩大 γ 区的作用较大，与 γ-Fe 无限固溶，所以钢中 Mn 含量大时，在室温下可获得奥氏体。Mn 与 S 易形成 MnS，所以能减轻或消除钢的热脆性。Mn 与 O 容易形成 MnO，因此是较好的脱氧剂。

［**Mo、W**］ Mo 元素大大推迟珠光体转变，对贝氏体转变影响则较小，所以 Mo 能有效提高钢的淬透性，是贝氏体钢的主要合金元素; Mo 有效地抑制钢中有害元素的偏聚，是消除或减轻钢第二类回火脆性的有效元素; Mo 是较强碳化物形成元素，降低钢中碳活度，且其碳化物稳定不易长大，所以能细化晶粒，大为提高钢的回火稳定性; Mo 元素提高固溶体原子间结合力，所以提高钢的热强性，如珠光体热强钢往往都采用了 Cr-Mo-V 系的合金化; Mo 能形成 MoO_3 和含 Mo 氧化物，致密而稳定，所以提高不锈钢在非氧化性酸中的耐蚀性，有效防止点蚀，如 06Cr17Ni12Mo2Ti。

W 对钢的淬透性、回火稳定性、力学性能及热强性的影响与 Mo 相似，但按质量分数计，其作用比 Mo 弱。W 是较强碳（氮）化物的形成元素，W 的碳化物和氮化物硬而耐磨。W 在提高高速钢和基体钢的红硬性、耐磨性方面起了主要的作用。

［**Ni**］ Ni 是奥氏体形成元素，扩大 γ 区，降低 A_1 温度，稳定奥氏体组织。Ni 含量大时，可使钢在室温时为奥氏体组织，如 18-8 奥氏体不锈钢; Ni 降低钢中位错运动阻力，使应力松弛，所以能提高钢基体的韧度，如 40CrNi、40CrNiMo 钢和马氏体时效钢的韧度较高。Ni 降低相变驱动力 $\Delta G_{\gamma\rightarrow\alpha}$，使奥氏体等温转变曲线右移，Cr-Ni 复合效果更好，提高钢的淬透性，如 12CrNi3、40CrNi。Ni 降低 M_S，增大淬火钢中的 A_R; Ni 促进钢中有害元素的偏聚，所以增大钢的回火脆性，如 40CrNi 回火脆性大。

［**Si**］ Si 是铁素体形成元素，有较强的固溶强化效果，所以可提高钢的强度，如 60Si2Mn 等弹簧钢。但含 Si 钢的可切削性相对较差; Si 阻止碳化物形核长大，使奥氏体等温转变曲线右移，高 C 时作用较大，所以也提高了钢淬透性; Si 抑制 ε-K 形核长大及转变，能提高钢的低温回火稳定性，如 30CrMnSi、9SiCr；Si 提高 A_1 温度，含 Si 钢往往要相应地提高淬火温度，如 9SiCr，A_{C1} 温度为 770℃；Si 可形成致密的氧化物，提高抗氧化性，如高温抗氧化钢 80Cr20Si2Ni，排气阀用钢 42Cr9Si2; Si 是非碳化物形成元素，增大钢中碳活度，所以含 Si 钢的脱 C 倾向和石墨化倾向较大，如 9SiCr、60Si2Mn 等。

［**V、Nb、Ti**］ V 是强碳化物形成元素，形成的 VC 质点稳定性好，弥散分布，所以能有效地提高钢的热强性，如耐热钢中常以 Cr-Mo-V. 复合合金化; VC 质点溶解温度较高，能有效阻止晶界移动，从而细化晶粒效果好，因此含 V 钢的过热倾向较小，如 40Mn2V、50CrV；由于 VC 质点性质，所以对提高钢的热硬性、耐磨性贡献大，如高速钢中均含有 V 元素; 但 VC 质点硬度高，在磨削加工过程中易产生磨削裂纹，所以含 V 钢的磨削性比较差，如 9Mn2V。Nb、Ti 的作用类似于 V，但是各种作用程度不同。

图 1.23 概述了钢的合金化基本原理和成分与工艺设计思路。

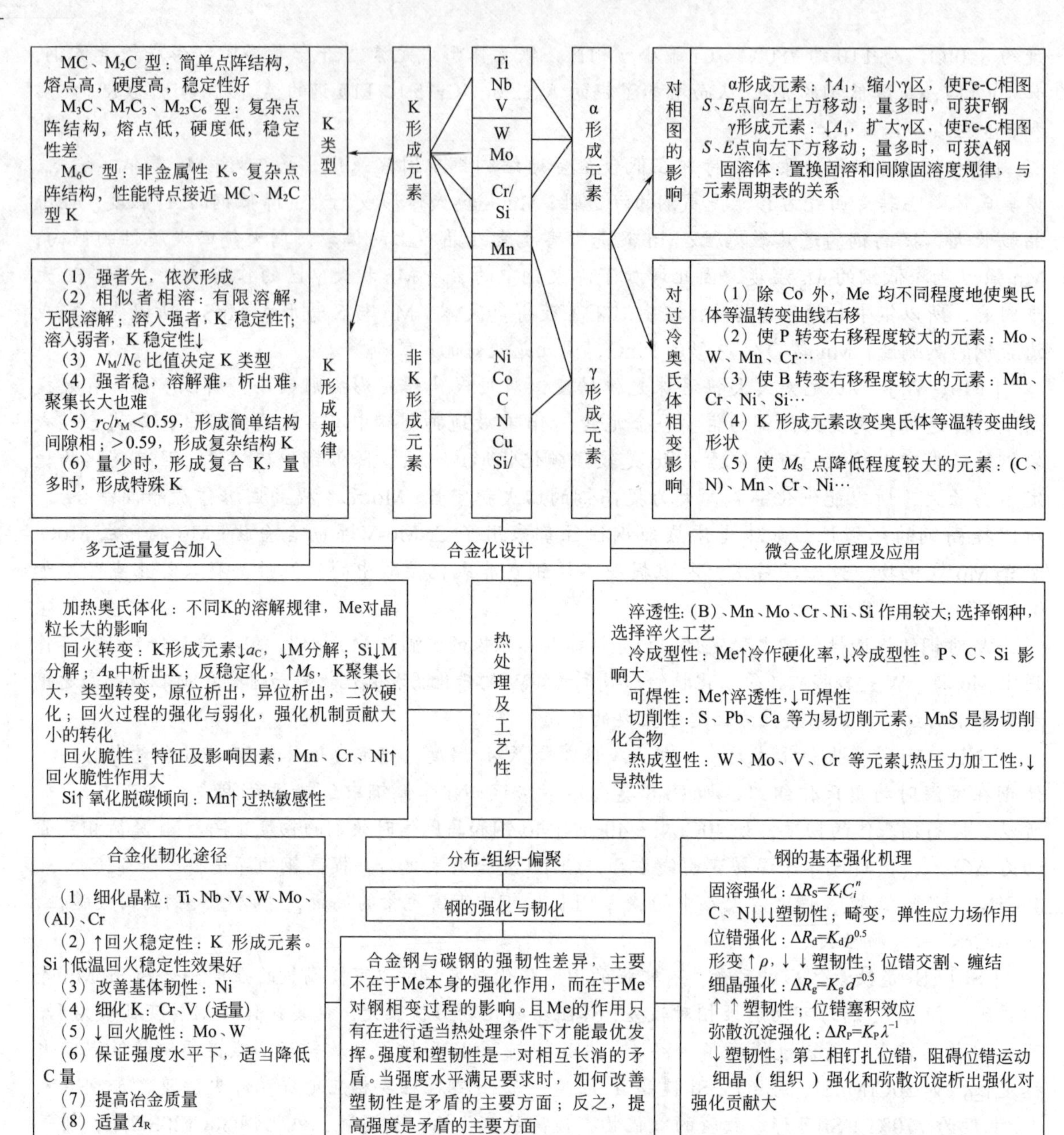

图 1.23 钢合金化原理和设计思路

本章重要词汇

杂质元素	合金元素	奥氏体形成元素	铁素体形成元素
置换固溶体	间隙固溶体	碳化物（氮化物）	碳化物形成元素
合金元素偏聚	加热奥氏体化	过冷奥氏体分解	（碳化物）原位析出
（碳化物）异位析出	第一类回火脆性	第二类回火脆性	固溶强化
位错强化	细晶强化	第二相强化	淬透性
淬硬性	变形开裂倾向	过热敏感性	氧化脱碳倾向
回火稳定性	成型加工性	微量合金元素	金属材料环境协调性
通用合金	简单合金	MLCA	ISC

思考题

1-1 为什么说钢中的S、P杂质元素在一般情况下总是有害的？并举例说出两个常见杂质元素的作用。

1-2 钢中的碳化物按点阵结构分为哪两大类？各有什么特点？

1-3 简述合金钢中碳化物形成规律。

1-4 合金元素对$Fe-Fe_3C$相图的S、E点有什么影响？这种影响意味着什么？

1-5 试述钢在退火态、淬火态及淬火-回火态下，不同合金元素的分布状况。

1-6 有哪些合金元素强烈阻止奥氏体晶粒的长大？阻止奥氏体晶粒长大有什么好处？

1-7 哪些合金元素能显著提高钢的淬透性？提高钢淬透性有何作用？

1-8 能明显提高回火稳定性的合金元素有哪些？提高钢的回火稳定性有什么作用？

1-9 第一类回火脆性和第二类回火脆性是在什么条件下产生的？如何减轻或消除？

1-10 就合金元素对铁素体力学性能、碳化物形成倾向、奥氏体晶粒长大倾向、淬透性、回火稳定性和回火脆性等几个方面总结下列元素的作用：Si、Mn、Cr、Mo、W、V、Ni。

1-11 根据合金元素在钢中的作用，从淬透性、回火稳定性、奥氏体晶粒长大倾向、韧性和回火脆性等方面比较下列钢号的性能：40Cr、40CrNi、40CrMn、40CrNiMo。

1-12 为什么W、Mo、V等元素对珠光体转变阻止作用大，而对贝氏体转变影响不大？

1-13 为什么钢的合金化基本原则是“复合加入”？试举两例说明合金元素复合作用的机理。

1-14 合金元素V在某些情况下能起到降低淬透性的作用，为什么？而对于40Mn2和42Mn2V，后者的淬透性稍大，为什么？

1-15 怎样理解“合金钢与碳钢的强度性能差异，主要不在于合金元素本身的强化作用，而在于合金元素对钢相变过程的影响。并且合金元素的良好作用，只有在进行适当的热处理条件下才能表现出来”？

1-16 合金元素提高钢的韧度主要有哪些途径？

1-17 40Cr、40CrNi、40CrNiMo钢，其油淬临界淬透直径D_C分别为25～30mm、40～60mm、60～100mm。试解释淬透性成倍增大的现象。

1-18 钢的强化机制有哪些？为什么一般钢的强化工艺都采用淬火-回火？

1-19 试解释40Cr13已属于过共析钢，而Cr12钢中已经出现共晶组织，属于莱氏体钢。

1-20 试解释含Mn稍高的钢易过热；而含Si的钢淬火加热温度应稍高，且冷作硬化率较高，不利于冷变形加工。

1-21 什么叫钢的内吸附现象？其机理和主要影响因素是什么？

1-22 试述钢中置换固溶体和间隙固溶体形成的规律。

1-23 在相同成分的粗晶粒和细晶粒钢中，偏聚元素的偏聚程度有什么不同？

1-24 试述金属材料的环境协调性设计的思路。

1-25 什么叫简单合金、通用合金？试述其合金化设计思想及其意义。

1-26 与碳素钢相比，一般情况下合金钢有哪些主要优缺点？

1-27 试综述C对碳素钢性能的影响。

2 工程结构钢

工程结构钢是指专门用来制造工程结构件的一大类钢种。它广泛应用于国防、化工、石油、电站、车辆、造船等领域，如用于制造船体、建筑钢结构件、油井或矿井架、高压容器、输送管道、桥梁等。在钢总产量中，工程结构钢占 90% 左右。

工程结构钢包括碳素结构钢（也称非合金钢）和低合金高强度结构钢。根据国家标准 GB/T 700—2006，碳素结构钢分为 Q195、Q215、Q235、Q275 四个等级。低合金高强度结构钢是指在 C 含量低于 0.25% 的普通碳素钢的基础上，通过添加一种或多种少量合金元素，使钢的强度明显高于碳素钢的一类工程结构用钢，统称低合金高强度结构钢。这里的“低合金”和“高强度”是相对于含量较高的合金钢和普通碳素钢而言的。低合金高强度结构钢的最低屈服强度为 345MPa，明显高于相同 C 含量的碳素钢。目前，对低合金高强度结构钢下一个严格的且被一致认可的定义尚有困难。美国把这种钢称为高强度低合金钢（HSLA，high strength low alloy）。

低合金高强度结构钢有许多分类方法，根据国家标准 GB/T 1591—2018，按屈服强度可分为 Q355、Q390、Q420、Q460、Q500、Q550、Q620、Q690 八个等级的钢种；按用途可分为结构钢、耐腐蚀钢、低温用钢、耐磨钢、钢筋钢、钢轨钢及其他专业用钢等；国内外学术界比较重视按钢的显微组织进行分类，它容易把钢的组织与力学性能、化学成分、生产工艺等有机联系起来。按显微组织可分为：铁素体-珠光体、微珠光体钢、针状铁素体钢；低碳回火马氏体钢、低碳贝氏体钢和双相钢。

2.1 工程结构钢的基本要求

一般用途的普通低合金高强度钢，大多用于制作工程结构件。根据工程结构件的服役条件，工程结构钢以工艺性能为主、力学性能为辅，主要性能要求如下。

（1）足够的强度与韧度 在工程结构件中采用低合金高强度钢的主要目的是为了能承受较大的载荷和减轻整个金属结构件。例如目前我国大量使用的钢筋的屈服强度为 335MPa，若把它的屈服强度提高到 400MPa，则可节省钢筋用量 14%。因此首先要求钢材有尽可能高的屈服强度。

由于工程结构件一般在 −50～100℃范围内使用，因此还要求工程结构钢具有较高的低温韧度。第二次世界大战期间，美国建造了 4000 多艘运输船，投入使用后，近 20% 的船发生了断裂事故，事后调查和分析发现是钢材低温韧度不足造成的。低温韧度的指标常采用韧-脆转变温度 $FATT_{50}$（℃）来衡量。例如，我国军用船舰的最低工作温度定为 −30℃。对管线用元钢，韧-脆转变温度要求越来越低，已经从 20 世纪 60 年代 0℃以下要求有良好的韧度发展到 80 年代 −45℃以下要求有良好的韧度，并有进一步下降的趋势。

其他力学性能方面，例如桥梁、船舶等，它们会受到风力或海浪冲击等引起的交变载荷。因此，某些工程结构钢还要求有较高的疲劳强度。

（2）良好的焊接性和成型工艺性 焊接是构成金属结构的常用方法。金属结构要求焊缝与母材有牢固的结合，强度不低于母材，焊缝的热影响区有较高的韧度，没有焊接裂纹，即要求有良好的焊接性。另外，工程结构件成型时，常需要剧烈的变形，如剪切、冲孔、热弯、深冲等。因此还要求有良好的冷热加工性和成型性等工艺性能。

（3）良好的耐腐蚀性 这里主要指在各类大气候条件下的抗腐蚀能力，常被称作耐候性。金属结构使用普通低合金高强度结构钢后，由于减少了金属结构中材料的厚度，所以必须相应地提高钢的耐腐蚀性，以防止由于大气腐蚀而引起的构件截面的减少而使金属结构件过早失效。

另外，根据使用情况还可以提出其他特殊要求。同时这类钢用量大，必须考虑到生产成本不能比碳钢高出太多。总之，低合金高强度结构钢既要有高的强度、良好的塑韧性等综合力学性能、良好的焊接性和成型性等工艺性能，同时又要有低的成本。

2.2 低合金高强度结构钢的合金化

目前工业上广泛使用的低合金高强度结构钢大多是在热轧态或正火态供应的。这类钢的主要合金化成分为C、Si、Mn、Nb、V、Ti、Al等元素，具有铁素体-珠光体显微组织的低碳低合金钢。合金元素通过固溶强化、析出弥散强化、细化晶粒强化和增加珠光体含量这四种强化机制提高这类钢的强度。

2.2.1 合金元素对低合金高强度钢力学性能的影响

固溶强化可以提高钢的强度，但是会损害韧度。图2.1是各种合金元素对铁素体-珠光体低合金高强度钢固溶强化效果的影响。从图可见，C既能产生大的固溶强化效果，又能提高珠光体的含量，因此它有很好的强化效果，同时具有低的成本。在工程结构钢发展的初期，通过提高C含量来提高钢的强度受到青睐，当时的C含量高达0.3%，屈服强度可达300～350MPa。随着C含量的提高，由于增加了珠光体的含量，使得钢的韧-脆转变温度显著提高，图2.2表示了韧-脆转变温度与C含量的关系。从图可见，C含量0.1%的钢材韧-脆转变温度在−50℃左右，而C含量0.3%的钢材韧-脆转变温度则达到50℃左右。C含量增加又使钢的焊接、成型困难，特别是对于焊接工艺为主要加工方法的钢结构，容易引起结构件发生严重的变形和开裂。因此从强化和塑韧性及工艺性考虑，一般均应限制C含量在0.2%以下。

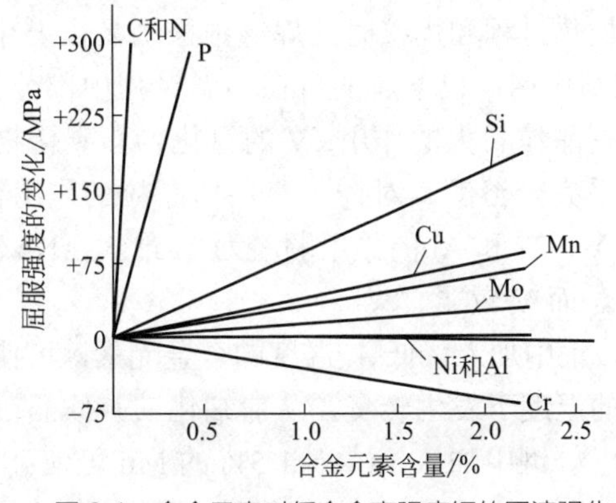

图2.1 合金元素对低合金高强度钢的固溶强化

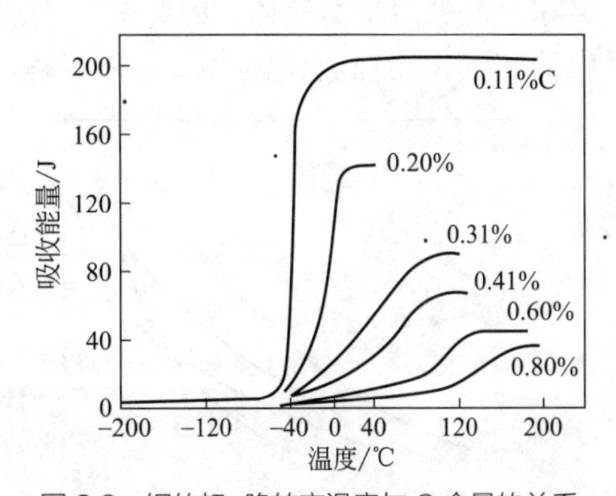

图2.2 钢的韧-脆转变温度与C含量的关系

Mn、Si是低合金高强度钢中最常用且较经济的元素。图2.3示出了铁素体-珠光体低合金高强度钢的各种强化机制，成分对屈服强度和韧-脆转变温度的影响（向量值表明屈服强度 R_{eL} 每增加15MPa时，韧-脆转变温度的变化量/℃）。图中表明，加入Mn有固溶强化作用，但是由于Mn

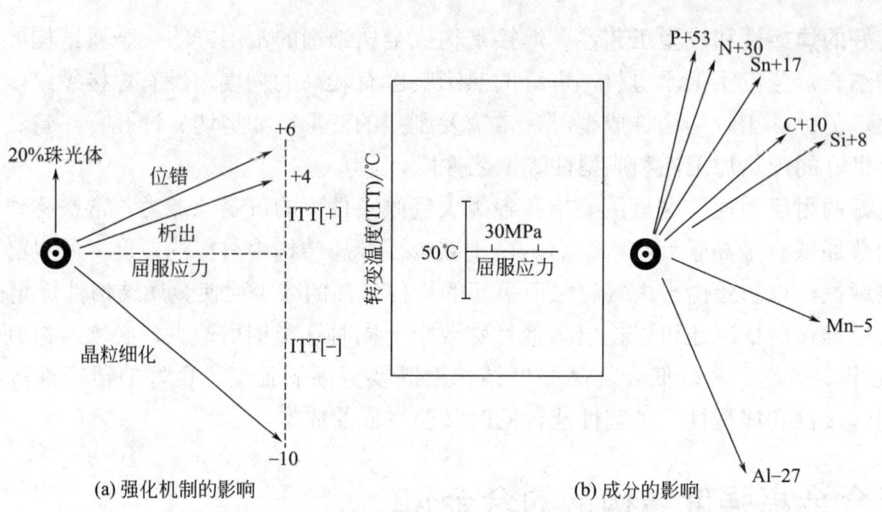

(a) 强化机制的影响　　(b) 成分的影响

图 2.3　铁素体-珠光体钢的各种强化机制和成分对屈服强度和韧-脆转变温度的影响

能降低 A_3 温度，使奥氏体在更低的温度下转变为铁素体而有轻微细化铁素体晶粒的作用。所以 R_{eL} 值每提高 15MPa，可使韧-脆转变温度下降 5℃。Si 有固溶强化作用，但由于不能细化铁素体晶粒，R_{eL} 每提高 15MPa 使韧-脆转变温度提高 8℃。

所以，低合金高强度钢的基本成分应考虑低碳，稍高的 Mn 含量，并适当用硅强化。

细化晶粒是提高钢强度和韧度的一个重要方法。从图 2.3 可见，采用细化晶粒的方法，R_{eL} 每提高 15MPa，可使韧-脆转变温度下降 10℃。从粗晶粒到很细的晶粒时，钢强度可从 154MPa 提高到 386MPa，而韧-脆转变温度则从 0℃以上下降到 −150℃左右。细化晶粒是既能使钢强化又能改善韧度的唯一方法。

细化晶粒的途径有多种，其中重要的是用铝脱氧和合金化。用铝脱氧既能细化晶粒，又可生成细小的 AlN 质点，铝脱氧钢的 R_{eL} 每提高 15MPa，可使韧-脆转变温度下降 27℃。因此低合金高强度结构钢中常用铝进行脱氧。

由于 Nb、V、Ti 的微合金化可生成弥散的碳化物、氮化物和碳氮化合物，它们能钉扎晶界，加热时能阻止奥氏体晶粒的长大，冷却转变后可得到细小的铁素体和珠光体，所以在低合金高强度钢中，常利用 Nb、V、Ti 合金化来细化晶粒。图 2.4 表示了 Nb、V、Ti 和 Al 对钢加热时奥氏体晶粒长大倾向的影响。曲线上阴影斜线区为各种钢的奥氏体晶粒粗化温度范围，低于此温度范围，这些弥散相对晶界有足够的钉扎力阻止奥氏体晶粒长大。Ti 的氮化物是在钢水凝固阶段形成的，实际上很少溶于奥氏体，因此能在钢的热加工加热过程和焊接时的焊缝中控制晶粒尺寸；Nb 的氮化物和碳化物在奥氏体内部分未溶解，可起抑制作用，已溶解的可在高温过程中部分析出，也可起抑制晶粒长大的作用；V 的氮化物和碳化物在奥氏体内几乎完全溶解，对控制奥氏体晶粒的作用很小。因此 Nb、V、Ti 和 Al 的作用顺序为 Ti 最大，Nb 次之，Al 又次之，而 V 较弱。

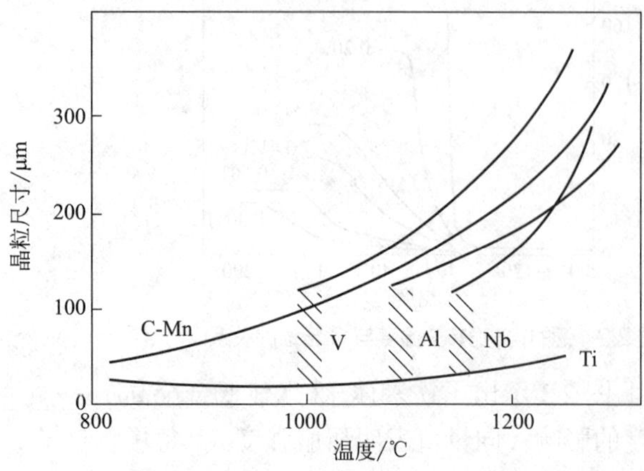

图 2.4　微合金元素加热时奥氏体晶粒长大倾向的影响

另外，钢中加入降低 A_3 温度的合金元素，可使奥氏体在更低的温度下发生转变，从而细化铁素体晶粒和珠光体组织。如钢中加入 1.0%～1.5% 的 Mn 可使 A_3 降低约 50℃，Ni 与 Mn 一样，也可使转变温度降低，从而细化钢的组织，提高钢的强度和韧度。

除了通过铝脱氧和 Nb、V、Ti 微合金化细化晶粒外，如配合采用热机械轧制（thermo mechanical control process,

TMCP，也称热机械控制工艺）生产这类钢，使最终变形在某一温度内进行，从而可以获得仅仅依靠热处理不能获得的特定性能，可进一步细化铁素体的晶粒度和减少珠光体的片层间距，大大提高钢的塑性和机械强度。关于这方面的内容将在后面介绍。

Nb、V、Ti 微合金化除了可生成弥散的碳化物、氮化物和碳氮化合物细化晶粒外，又由于这些细小的化合物在相间弥散分布，从而可产生析出强化。氮化物最稳定，一般在奥氏体中沉淀，对奥氏体高温形变、再结晶和晶粒长大起抑制作用。碳化物和碳氮化合物稳定性稍差，一般在奥氏体转变过程中产生相间沉淀和从过饱和铁素体中析出，产生析出强化。析出强化的强度增量取决于析出物数量和粒子尺寸，也取决于共格质点和铁原子之间晶格常数的差别。微合金钢中主要的沉淀析出强化相是 VC、NbC 和 TiC，其粒子尺寸在 2～10nm 范围，具有较大的沉淀强化效应。在≤0.14%C 的范围内，析出强化产生的屈服强度增量，Nb＞Ti＞V。和 V 相比，要达到相同的弥散强化效果，用 1/2 的 Nb 就可以了。钢中每加入 0.01%Nb 和 Ti，可使屈服强度增高 30～50MPa；每增加 0.1%V，可使屈服强度增高 150～200MPa。

当钢中含有一定量 C 和 N 时，钢中微量 Ti 以 TiN 出现。钢中微量 Nb 既可以在高温变形时析出 NbN 和 Nb 的晶界偏聚细化奥氏体晶粒，又可以在随后发生相间沉淀和从过饱和铁素体析出 Nb（C, N）产生沉淀强化。V 主要是在相变时发生相间沉淀和从过饱和铁素体析出中析出 VC，产生沉淀强化。

因此，Nb、V、Ti 元素既可产生细化晶粒强化，又可产生析出强化。

2.2.2 合金元素对焊接性和耐大气腐蚀性的影响

焊接是构成金属结构件的常用方法。因此要求工程结构钢有优良的焊接性。所谓优良的焊接性是指：焊接工艺简单；焊缝与母材结合牢固，强度不低于母材；焊缝的热影响区保持足够的强度与韧性，没有裂纹及各种缺陷。由于焊接时热影响区 HAZ（heat affected zone）被加热至 A_3 线以上，在焊接后急冷时容易发生局部淬火形成马氏体组织，从而产生很大的焊接应力。故钢材的 C 含量越高，焊缝处的硬化与脆化倾向越显著，在焊接应力的作用下越容易产生裂纹。为了防止焊接裂纹的产生，钢的 C 含量应尽可能降低。另外，提高钢材淬透性的合金元素种类及其数量也应适当控制，如 Cr、Mn、Mo、Ni 等。对于低合金高强度钢中常用的微合金元素，如 Nb、V、Ti，它们对焊接性的影响是不同的。普遍认为，所有用 Nb 处理的钢，其热影响区韧性都比较差。用 V 进行微合金化广泛用于生产正火钢板及大部分型钢，V 在这种钢中，即使含量提高到 0.10%，也不会导致热影响区明显脆化。用 Ti 处理的钢，在大热输入焊接的热影响区中，能够达到极佳的热影响区韧性。通常用焊接碳当量 CEV（carbon equivalent）和焊接裂纹敏感性指数 P_{cm} 来评价高强度低合金钢的焊接性：

$$CEV=C+Mn/6+(Cr+Mo+V)/5+(Ni+Cu)/15$$

$$P_{cm}=C+Si/30+Mn/20+Cu/20+Ni/60+Cr/20+Mo/15+V/10+5B$$

工程结构件大多在大气或海洋环境中服役，在潮湿的大气中会因电化学产生腐蚀，所以要求结构件有抗大气腐蚀的能力。钢中加入少量的 Cu、P、Cr、Mo、Al 等元素时，可以提高低合金高强度钢的耐大气腐蚀性，其中 Cu、P 是最有效的元素。

少量 Cu 可以非常有效地提高钢抗大气腐蚀的能力。低合金钢中 Cu 含量从 0.025% 开始即可提高耐大气腐蚀性，至 0.25% 为止。加入更多的 Cu 并不能继续提高钢的耐腐蚀性。钢中 Cu 会沉积在钢的表面，它具有正电位，成了钢表面的附加阴极，促使钢在很小的阳极电流下达到钝化状态。除了提高耐腐蚀性以外，也能产生沉淀强化作用。P 也有提高钢抗大气腐蚀的能力，另外还有固溶强化作用。在要求耐大气或海洋腐蚀的钢中，P 含量一般为 0.05%～0.15%。提高 P 含量，冷脆和时效倾向增加。为减少这种倾向，应用 Al 脱氧以得到细晶粒钢。

少量的 Cr、Ni 能促进钢的钝化，减少电化学腐蚀，因此可以提高钢的耐大气腐蚀。微量的稀土金属也有较好的效果。钢中同时加入这几种提高耐蚀性的少量和微量元素，则提高钢耐蚀性的效果更佳，尤其是钢中同时含 Cu、Cr、Ni 和 P。例如我国的耐候钢 Q295NH 含 0.25%～0.55%Cu，0.40%～0.80%Cr，≤0.65%Ni，高耐候钢 Q295GNH 含 0.07%～0.12%P，0.25%～0.45%Cu，0.30%～0.65%Cr，0.25%～0.50%Ni。

2.3　常用低合金高强度结构钢

GB/T 1591—2018

在《低合金高强度钢》GB/T 1591—2018 中，根据质量要求，可以分为 B、C、D、E 和 F。与旧标准（GB/T 1591—2008）相比，新标准以交货状态代替使用领域来对材料的成分及力学性能进行测量。交货状态包括热轧、正火、正火轧制和热机械轧制等。该类钢的牌号表示为 Q+ 屈服强度值 + 交货状态代号 + 质量等级。例如 Q355ND，表示钢的屈服强度的最小上屈服强度数值为 355MPa，交货状态是正火或正火轧制态，质量等级为 D。

低合金高强度结构钢的热机械轧制产品的简要化学成分见表 2.1。Q355M、Q390M 具有较好的综

表 2.1　低合金高强度结构钢的热机械轧制钢号与简要化学成分（GB/T 1591—2018）

牌号		化学成分 /%										
钢级	质量等级	C	Si	Mn	P①	S①	Nb	V	Ti②	N	其他	Al③
		不大于										不小于
Q355M	B	0.14③	0.50	1.60	0.035	0.035	0.01～0.05	0.01～0.10	0.006～0.05	0.015	Cr0.30；Ni0.50；Cu0.40；Mo0.10	0.015
	C				0.030	0.030						
	D				0.030	0.025						
	E				0.025	0.020						
	F				0.020	0.010						
Q390M	B	0.15③	0.55	1.70	0.035	0.035	0.01～0.05	0.01～0.12	0.006～0.05	0.015	Cr0.30；Ni0.50；Cu0.40；Mo0.10	0.015
	C				0.030	0.030						
	D				0.030	0.025						
	E				0.025	0.020						
Q420M	B	0.16③	0.50	1.70	0.035	0.035	0.01～0.05	0.01～0.12	0.006～0.05	0.015	Cr0.30；Ni0.80；Cu0.40；Mo0.20	0.015
	C				0.030	0.030						
	D				0.030	0.025				0.025		
	E				0.025	0.020						
Q460M	C	0.16③	0.60	1.70	0.030	0.030	0.01～0.05	0.01～0.12	0.006～0.05	0.015	Cr0.30；Ni0.80；Cu0.40；Mo0.20	0.015
	D				0.030	0.025				0.025		
	E				0.025	0.020						
Q500M	C	0.18	0.60	1.80	0.030	0.030	0.01～0.11	0.01～0.12	0.006～0.05	0.015	Cr0.60；Ni0.80；Cu0.55；Mo0.20；B0.004	0.015
	D				0.030	0.025				0.025		
	E				0.025	0.020						
Q550M	C	0.18	0.60	2.00	0.030	0.030	0.01～0.11	0.01～0.12	0.006～0.05	0.015	Cr0.80；Ni0.80；Cu080；Mo0.30；B0.004	0.015
	D				0.030	0.025				0.025		
	E				0.025	0.020						

续表

牌号		化学成分/%										
钢级	质量等级	C	Si	Mn	P①	S①	Nb	V	Ti②	N	其他	Al③
		不大于										不小于
Q620M	C	0.18	0.60	2.00	0.030	0.030	0.01～0.11	0.01～0.12	0.006～0.05	0.015	Cr1.00；Ni0.80；Cu0.80；Mo0.30；B0.004	0.015
	D				0.030	0.025				0.025		
	E				0.025	0.020						
Q690M	C	0.18	0.60	2.60	0.030	0.030	0.01～0.11	0.01～0.12	0.006～0.05	0.015	Cr1.00；Ni0.80；Cu0.80；Mo0.30；B0.004	0.015
	D				0.030	0.025				0.025		
	E				0.025	0.020						

① 对于型材和棒材，P 和 S 含量可以提高 0.005%。

② 最高到 0.20%。

③ 对于型材和棒材，最大 C 含量可以提高 0.02%。

注：钢中应至少含有 Al、Nb、V、Ti 等细化晶粒元素中的一种，单独或组合加入时，应保证其中至少一种合金元素含量不小于表中规定含量的下限。

表 2.2　低合金高强度结构钢（热机械轧制）的拉伸性能（GB/T 1591—2018）

牌号		上屈服强度 R_{eH}/MPa 不小于①						抗拉强度 R_m/MPa					断后伸长率 A/% 不小于
		公称厚度或直径/mm											
钢级	质量等级	≤16	>16～40	>40～63	>63～80	>80～100	>100～120	≤40	>40～63	>63～80	>80～100	>100～120②	
Q355M	B、C、D、E、F	355	354	335	325	325	320	470～630	450～610	440～600	440～600	430～590	22
Q390M	B、C、D、E	390	380	360	340	340	335	490～650	480～640	470～630	460～620	450～610	20
Q420M	B、C、D、E	420	400	390	380	370	365	520～680	500～660	480～640	470～630	460～620	19
Q460M	C、D、E	460	440	430	410	400	385	540～720	530～710	510～690	500～680	490～660	17
Q500M	C、D、E	500	490	480	460	450	—	610～770	600～760	590～750	540～730	—	17
Q550M	C、D、E	550	540	530	510	500	—	670～830	620～810	600～790	590～780	—	16
Q620M	C、D、E	620	610	600	580	—	—	710～880	690～880	670～860	—	—	15
Q690M	C、D、E	690	680	670	650	—	—	770～940	750～920	730～900	—	—	14

① 当屈服不明显时，可测量 $R_{p0.2}$ 代替上屈服强度。

② 对于型钢和棒材，厚度或直径不大于 150mm。

合力学性能、焊接性和冷、热加工性，B、C、D 级具有良好的低温韧度，用量较大，常用于船舶、锅炉、容器、桥梁等承受较高载荷的焊接件。随着材料技术的发展，工程结构钢标准也在不断地修订，新旧标准的变化可查阅有关手册等资料。表 2.2 是热机械轧制的低合金高强度结构钢的拉伸性能表。

2.4 微珠光体低合金高强度钢

随着石油、天然气的大量开发，需要大量输送石油、天然气的管线。作为油气管线用钢，要有很好的焊接性、低温韧度和强度等综合性能。并且随着输送油气距离越来越长，压力越来越大，对管线用钢的质量要求也越来越高。油气管线用钢已由20世纪60年代的铁素体-珠光体钢发展为现代的显微组织中具有大量的铁素体和较少量可见珠光体的微珠光体低合金高强度钢。

2.4.1 强化机理

在铁素体-珠光体钢中，珠光体含量是影响钢强度（但不影响屈服强度）的主要因素之一。珠光体含量每增加10%（体积分数），将使韧-脆转变温度升高22℃。要增加珠光体含量，必须提高钢中C含量，这将大大损害钢的焊接性和低温冲击韧度。因此，要提高油气管线用钢的强度不能依靠提高钢的C含量增加珠光体含量的方法，反而为了满足焊接性和韧度的要求，需要将钢的C含量进一步降低（含量在0.1%以下），即采用微（少）珠光体钢。但是，降低C含量将会降低钢的强度。因此，为保证钢的强度，就必须采用其他不损害或少损害焊接性和韧度的强化措施。从前面分析可知，在细晶强化中，屈服强度每提高15MPa，韧-脆转变温度降低10℃；在析出强化中，屈服强度每提高15MPa，韧-脆转变温度提高4℃。因此，细晶强化既能强化又能降低韧-脆转变温度，而析出强化虽使钢的韧-脆转变温度升高，但远低于间隙固溶强化，所以微珠光体钢可通过析出强化和晶粒细化来提高钢的综合性能。

采用的方法是Nb、V、Ti微合金化和热机械控制工艺（TMCP），即控制轧制（CR，controlled rolling）和加速冷却控制（ACC，accelerated cooling control）以及它们的组合。这在金属组织控制原理的课程中已有介绍，这里不再重复。

2.4.2 微合金元素的作用

在控制轧制和控制冷却钢中，Nb、V、Ti单个元素或它们的组合是经常采用的，它们的作用主要有细化晶粒组织和析出强化。微合金元素细化钢晶粒主要通过以下两种方式。

（1）阻止加热时奥氏体晶粒长大 在锻造和轧制过程中，一方面加热时晶粒会自发长大，另一方面每一道次变形再结晶完了，晶粒也要发生长大。Nb、V、Ti、Al对晶粒长大有抑制作用，这在前面已介绍。

（2）抑制奥氏体形变再结晶 在热加工过程中，奥氏体会发生形变再结晶使晶粒回复粗大。加热时未固溶析出物对再结晶的发展不产生任何影响，但是通过应变动态析出Nb、V、Ti的碳氮化合物，沉淀在晶界、亚晶界和位错上起钉扎作用，有效地阻止奥氏体再结晶时晶界和位错的运动，从而抑制奥氏体形变再结晶（动态再结晶）。初始固溶的Nb还能对扩散控制的反应或相变有拖曳作用，从而大幅度抑制静态再结晶。因此微合金元素可使再结晶过程推向较高的温度。Nb、V、Ti对形变再结晶的影响如图2.5。可见Nb的效果最好，Ti次之，V较弱。因此微合金元素因能抑制再结晶，使轧制后有较细的铁素体晶粒。

微合金元素通过阻止加热时奥氏体晶粒长大和抑制奥氏体形变再结晶这两方面作用可使轧制后铁素体晶粒细化。总之，通过微合金元素的作用及其结合控制轧制和控制冷却技术，可使微珠光体钢的晶粒细化到4～5μm，从而具有较好的强韧度配合。

Ti和Nb的碳化物和氮化物有足够低的固溶度和高的稳定性，V只有在氮化物中才具有这样的性质。V的化合物仅在γ/α相变过程中或相变之后析出，析出物非常细小，有十分显著的析出强化效果。Ti的碳化物和Nb的氮化物、碳化物可在高温奥氏体区内溶解，又在低温奥氏体区内析

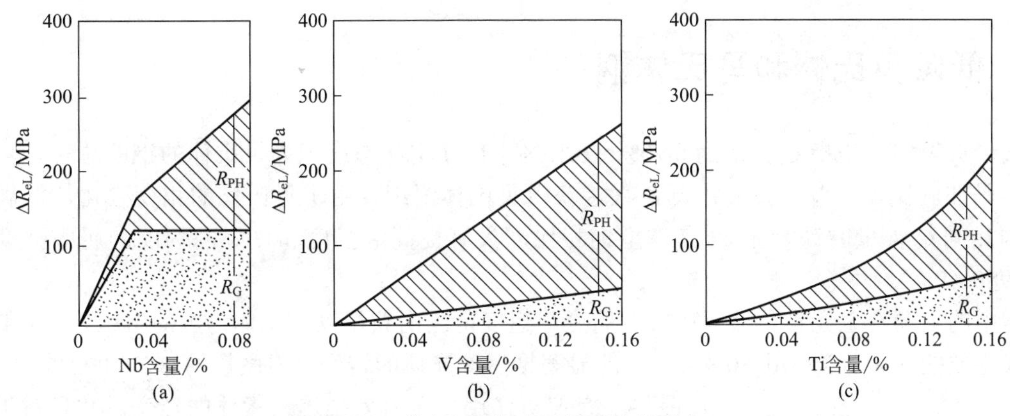

图 2.5 微合金元素对钢屈服强度的影响

（R_G：晶粒细化的贡献，R_{PH}：析出强化的贡献）

出。一般微合金钢中的沉淀析出强化相主要是低温下析出的 Nb（C, N）和 VC。微合金元素 Nb、V、Ti 细晶强化和析出强化对钢的屈服强度的贡献见图 2.5。Nb 含量≤0.04% 时，细化晶粒产生的屈服强度增量 ΔR_G 大于析出强化引起的增量 ΔR_{PH}；当 Nb 含量≥0.04% 时，ΔR_{PH} 增量大大增加，而 ΔR_G 保持不变。V 引起析出强化使钢的屈服强度度增量 ΔR_{PH} 最显著，而 Ti 的作用处于 Nb 和 V 之间。

2.5 针状铁素体钢

虽然微珠光体低合金高强度钢在强度、焊接性、低温冲击吸收能量等方面比铁素体-珠光体型低合金高强度钢有很大改善，但在一些强度、焊接性、低温冲击吸收能量等要求更高的场合，就必须采用针状铁素体低合金高强度钢。

针状铁素体（acicular ferrite，AF）钢实际上也应属于超低碳贝氏体钢。为了进一步提高钢的焊接性和低温冲击韧度，这类钢采用低碳或超低碳（≤0.06%）；为了推迟先共析铁素体和珠光体的转变，使贝氏体的形成温度低于 450℃以获得贝氏体组织，常用 Mo 和 Mn 进行合金化；Nb 形成 Nb（C, N）可细化晶粒和起析出强化作用。这样的低碳和合金化，可形成一种具有高密度位错（$10^{10}cm^{-2}$）亚结构的“针状铁素体”组织。针状铁素体钢的主要强化机制是：极细的贝氏体型铁素体晶粒或板条、高的位错密度、细小弥散分布的碳氮化合物、间隙固溶强化和置换固溶强化。

严格地说，针状铁素体钢主要指 C 含量小于 0.06% 的低合金高强度钢，针状铁素体钢的典型成分为 0.06C-1.9Mn-0.3Mo-0.06Nb，其屈服强度高于 470MPa，断后伸长率大于 20%，室温冲击吸收能量大于 80J，并具有较好的低温韧度。超低碳贝氏体钢主要指 C 含量小于 0.03% 的钢，典型成分为 0.02C-1.72Mn-0.18Mo-0.04Nb-0.01Ti-0.001B。由于 C 含量更低，因此它不仅具有更好的低温冲击吸收能量，而且有更好的焊接性，已成功地应用于现场焊接条件极其苛刻的寒冷地带的管线用钢。

这类钢通过合理的成分设计并采用先进的控制轧制和控制冷却技术，可以保证得到极细的晶粒和针状铁素体片，更高位错密度的细小亚结构和更弥散的 Nb(C, N) 沉淀析出，使针状铁素体钢的屈服强度可达到 700～800MPa，并具有高的韧度。因此这类超低碳贝氏体钢被称为 21 世纪的控轧钢。

2.6　低碳贝氏体和马氏体钢

低碳贝氏体钢是指C含量为0.10%～0.15%，在使用状态组织为贝氏体的钢的总称。贝氏体钢通常是在轧制室冷却或控制冷却，直接获得贝氏体组织。由于贝氏体的相变强化，低碳贝氏体钢与相同C含量的铁素体-珠光体型钢相比，具有更高的强度和良好的韧度，屈服强度可达450～980MPa。

钢中的主要合金元素是保证在较宽的冷却速度范围内获得以贝氏体为主的组织。Mo和B是两个最主要的元素。当Mo＞0.3%时，能显著推迟珠光体的转变，而微量的B（0.002%）在奥氏体晶界上有偏析作用，可有效推迟铁素体的转变，并且对贝氏体转变推迟较少，因此Mo、B是贝氏体钢中必不可少的元素。另外，由于在低碳贝氏体钢中，下贝氏体组织比上贝氏体组织具有更高的强度和低的韧-脆转变温度（见图2.6），低碳贝氏体钢除含有Mo、B元素外，还含有Mn、Cr、Ni等元素，这样可以使先共析铁素体和珠光体转变进一步推迟并能使B_S转变点下降，以保证获得下贝氏体组织。为了进一步强化低碳贝氏体钢，微合金化元素Nb、Ti、V的细化晶粒和析出强化的作用是必不可少的。在考虑保证贝氏体钢强度的同时，良好的韧度、焊接性和成型性等工艺性也必须保证，因此钢中含量一般控制在0.10%～0.15%范围内。低碳贝氏体钢的化学成分为0.1%～0.15%C，0.3%～0.6%Mo，0.6%～1.6%Mn，0.001%～0.005%B，0.04%～0.10%V，0.010%～0.06%Nb或Ti，并经常含有0.4%～0.7%的Cr。14MnMoV和14MnMoVBRE钢是我国发展的低碳贝氏体钢，屈服强度为490MPa级，主要用于制造容器的板材和其他钢结构。

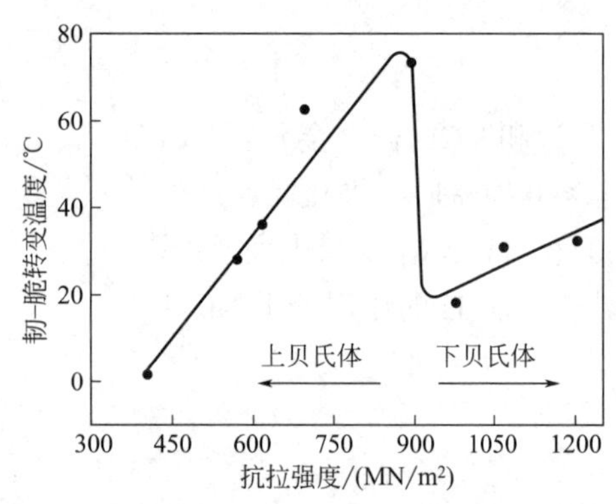

图2.6　低碳贝氏体钢上贝氏体与下贝氏体的抗拉强度与韧-脆转变温度的关系

工程机械上相对运动的部件和低温下使用的部件，要求有更高的强度和良好的韧度。为满足这一要求，通常对钢进行淬火和自回火处理以发掘材料的最大潜力。这类钢的C含量通常都低于0.16%C，属于低碳型低合金高强度钢，淬火回火处理后钢的组织为低碳回火马氏体。为使钢有好的淬透性，加入Mo、Nb、B及控制合理含量的Mn和Cr与之配合，Nb可作为细化晶粒的微合金元素。常见的有BHS系列钢种，其中BHS-1钢的成分为0.10C-1.80Mn-0.45Mo-0.05Nb。生产工艺为锻轧后空冷或直接淬火并自回火，锻轧后空冷得到贝氏体、马氏体、铁素体混合组织；其性能为屈服强度828MPa，抗拉强度1049MPa，室温冲击吸收能量96J；可用来制造汽车的轮臂托架。若直接淬火成低碳马氏体，屈服强度为935MPa，抗拉强度达到1197MPa，室温冲击吸收能量32J，可制造汽车的下操纵杆。这种具有极高强度、优异低温韧度和疲劳性能的材料可保证部件的安全可靠性。BHS钢还用来生产车轴、转向连动节和拉杆等，也可用于冷墩、冷拔及制作高强度紧固件。Mn-Si-V-Nb系低碳合金钢是另一种低碳回火马氏体钢，其屈服强度可达860～1116MPa、室温冲击吸收能量为46～75J。低碳回火马氏体钢具有高强度、高韧度和高疲劳强度，达到了合金调质钢经调质热处理后的性能水平。

2.7　双相钢

在低合金高强度钢中有一类要求具有足够的冲压成型性的钢，称为低合金冲压钢。传统的低合金高强度钢难以满足这方面的要求，因此发展了双相低合金高强度钢。

所谓的双相低合金高强度钢是指显微组织主要由铁素体和5%～20%（体积分数）马氏体所组成的钢。在实际生产中，钢的组织中还包含少量的贝氏体和脱溶的碳化物。

这种铁素体+马氏体组织组成的钢，由于基体为铁素体，可以保证钢具备良好的塑性、韧度和冲压成型性，一定的马氏体可以保证提高钢的强度。因此双相低合金高强度钢具有以下特点：

① 低的屈服强度，且是连续屈服，无屈服平台和上、下屈服；

② 均匀的延伸率和总的延伸率较大，冷加工性能好；

③ 塑性变形比 γ 值很高；

④ 加工硬化率 n 值大。

根据双相钢的生产工艺（见图 2.7），双相钢又分为两种：热处理双相钢和热轧双相钢。

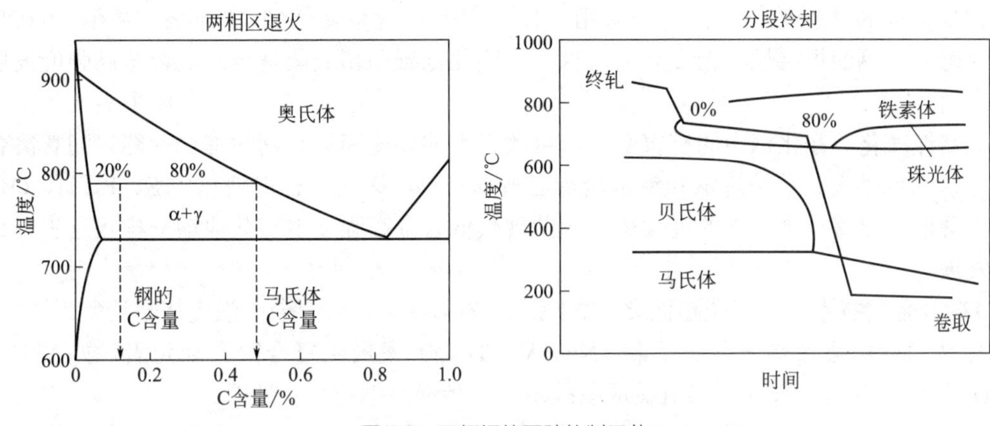

图 2.7 双相钢的两种轧制工艺

热处理双相钢工艺又称亚临界温度退火。将热轧的板材或冷轧的薄板在两相区（γ+α）加热退火，在铁素体的基体上形成一定数量的奥氏体，然后空冷或快冷，得到铁素体+马氏体组织。其化学成分可以在很大范围内变动，从普通低碳钢到低合金钢均可。当钢长时间在（γ+α）两相区退火时，合金元素将在奥氏体与铁素体之间重新分配，C、Mn等奥氏体形成元素富集于奥氏体中，提高了过冷奥氏体稳定性，抑制了珠光体转变，在空冷条件下即能转变成马氏体。这里要控制退火温度，以控制奥氏体量和奥氏体中合金元素的浓度。若采用＞1.0%Mn和0.5%～0.6%Si的低碳低合金钢，在生产工艺上更容易得到双相钢。

热轧双相钢工艺，是指在热状态下，通过控制冷却得到铁素体+马氏体的双相组织。这就要求钢在热轧后从奥氏体状态时冷却，首先形成70%～80%（体积分数）的多边形铁素体，然后未转变的奥氏体因富集碳和其他合金元素而具有足够的稳定性，使它不发生珠光体和贝氏体转变，冷却时直接转变为马氏体。这就要求从合金元素量和风冷速度上来控制。这类钢比一般的低合金高强度钢含较高的Si、Cr、Mo等合金元素，一般化学成分为0.04%～0.10%C，0.8%～1.8%Mn，0.9%～1.5%Si，0.3%～0.4%Mo，0.4%～0.6%Cr，以及微合金元素V等。生产工艺为1150～1250℃加热，870～925℃终轧，空冷到455～635℃卷取。极低碳和合金元素Si是为了提高钢的临界点 A_3，促使形成较多含量的多边形先共析铁素体。Mn、Mo、Cr等提高钢淬透性的元素是为了防止卷取时剩余奥氏体转变为珠光体和贝氏体，最终冷却得到马氏体。

由于双相钢有良好的特性，目前得到广泛的应用。根据双相钢制品的用途，双相钢除了冲压型双相钢外还有非冲压型双相钢。冲压型双相钢主要是板材，典型的用途是汽车大梁和滚型车轮，还用于汽车的前后保险杠、发动机悬置梁等。非冲压双相钢有棒材、线材、钢筋薄壁无缝钢管等产品，钢材经热轧后控制冷却，得到铁素体加马氏体双相钢组织，然后经冷拔、冷墩等工艺制成成品。

2.8 低合金高强度钢发展趋势

随着化学冶金、物理冶金、力学冶金和计算机冶金技术的发展，近年来低合金高强度钢的发展，已由单纯依靠合金元素作用的成分型，逐渐转变成合金元素和加工工艺共同作用的综合型，这样可以最大限度地挖掘出材料性能的潜力。特别是充分利用制造工艺的进步，不但显著提高了钢的综合性能，而且还降低了钢中添加的合金元素，有利于降低钢的生产成本和改善钢的焊接性等。低合金高强度钢的主要发展方向有以下几个方面。

（1）**低碳超低碳** 随着C含量的降低，能显著提高低合金高强度钢韧度和改善焊接性。目前转炉顶底复吹技术在炼钢厂的广泛采用，使钢中的C含量降低到<0.06%，甚至<0.02%，这样就能显著提高钢的焊接性、韧度和成型性等。因此低碳和超低碳是今后低合金高强度发展的一个重要方向。

（2）**高纯净化** 净化钢中的有害杂质，可改善钢的韧度和提高钢的综合性能。随着冶金技术的发展，铁水预处理、转炉炼钢和钢水精炼已普遍在钢厂采用，已能使钢中S、P、H、O、N等杂质大大降低，显著提高了钢的纯净度，因此现代低合金高强度钢和其他钢一样正逐步向高纯净化方向发展。

（3）**微合金化技术** 在低碳超低碳和高纯净化的基础上，低合金高强度钢普遍采用微合金化，微合金化技术已由添加单一合金元素（Nb、V、Ti等）发展到复合微合金元素，如Nb-V、Nb-Ti、V-Ti、Nb-Ti-B等，并配合热机械成型技术进一步提高钢的综合性能。

（4）**采用控制轧制和控制冷却工艺** 通过控制轧制和控制冷却，可调整奥氏体的原始组织晶粒大小，使转变后的铁素体晶粒尽可能细化，从而得到尽可能高的强度和最佳的塑性与韧度。现代的控制轧制工艺已从只控制终轧温度发展到奥氏体再结晶区控轧、奥氏体未再结晶区控轧和两相区控轧。轧制后的控制冷却工艺已有层流冷却、水幕冷却、雾化冷却和穿水冷却等。应用先进的在线控制轧制和控制冷却技术也是进一步提高现代低合金高强度钢质量的重要发展方向。

（5）**超细晶粒化** 通过加大轧制变形、铁素体的应变诱导析出、稍高于A_3点的低温轧制和采用合适的冷却速度，可使钢的铁素体晶粒尺寸细化到微米（μm）级，这样钢的强度可以大幅度提高，普通碳素钢的屈服强度可由235MPa提高到400MPa，低合金高强度钢的屈服强度由400MPa提高到800MPa。日本、中国、韩国已在这方面取得初步的研究成果，可以认为低合金高强度钢的组织微细化是今后发展的方向。

（6）**计算机控制和性能预报** 近年来，随着计算材料学的长足进步，使得材料的发展逐步由经验式走向定量化和系统化。以前材料设计都是根据大量数据的统计结果，通过回归分析建立经验公式，然后据此进行组织生产和管理，这种方法精度很低，有一定的局部性，一旦改变条件就不适用，因此缺乏普遍的指导意义。计算材料学是利用钢铁材料的基本冶金原理，通过计算机建立各种冶金模型，预测材料的组织和性能。近年来，物理冶金学已能准确把握钢铁材料内部产生的基本冶金现象并建立相应的冶金模型，通过预报材料的组织，使准确预测材料的性能成为可能。这样可以大大减少实验研究工作和缩短研究时间，加速新产品的开发。工业发达国家已经开发出钢的组织和性能预测系统，并成功地用于热轧带钢在线生产系统。

本章小结

工程结构钢用量大，因此提高工程结构钢的性能意义重大。细化组织强化和沉淀析出强化及其良好的配合机制在低合金高强度钢中得到了比较充分的体现。在过去的几十年间，钢铁材料领域最重要的成果应该是微合金化钢的发展。在微合金化成分设计的基础上，正确控制轧制和控制冷却工艺是关键因素。组织变化是在应力-温度-时间三元处理过程中动态进行的，因此获得了优异的复合强化。这是对传统温度-时间二元处理的突破，从而对钢的各种强化机制也有了一个新的认识与发展。

Ti、Nb、V 等微合金化元素在控制轧制和控制冷却工艺过程的各个环节中起了非常重要的作用。Ti、Nb、V 等元素对材料性能的主要贡献是细化组织强化和弥散沉淀强化，合适的量及其它们的复合加入使各强化机制得到了最佳的发挥。在新的科学理论和工艺技术指导下，发展了铁素体-珠光体型、微珠光体型、低碳贝氏体型、低碳回火马氏体型、双相型低合金高强度工程结构钢，在国民经济建设中发挥了很大的作用。

本章重要词汇

工程结构钢	韧－脆转变温度	焊接性	耐候性
低合金高强度结构钢	微珠光体低合金高强度钢	针状铁素体钢	低碳贝氏体钢
低碳马氏体钢	双相钢	热处理双相钢	热轧双相钢
TMCP			

思考题

2-1 叙述工程结构钢一般的服役条件、加工特点和性能要求。

2-2 低碳钢淬火时效和应变时效的机理是什么？对构件有何危害？

2-3 为什么普低钢中 Mn 含量基本上都不大于 2.0%？

2-4 为什么贝氏体型普低钢多采用 0.5%Mo 和微量 B 作为基本合金化元素？

2-5 什么是微合金化钢？微合金化元素的主要作用是什么？

2-6 在汽车工业上广泛应用的双相钢，其成分、组织和性能特点是什么？为什么能在汽车工业上得到大量应用，发展很快？

2-7 在低合金高强度工程结构钢中大多采用微合金元素（Nb、V、Ti 等），它们的主要作用是什么？

2-8 什么是热机械控制工艺 TMCP？为什么这种工艺比相同的成分普通热轧钢有更高的力学综合性能？

2-9 为什么建筑工程用的楼板、大梁等混凝土构件中要用钢筋，而且国家都颁布了使用标准？

机械制造结构钢

机械制造结构钢用于制造轴、齿轮、紧固件、轴承等各种机械零件，广泛应用于汽车、拖拉机、机床、工程机械、电站设备等装置上。这些零件的尺寸虽然差别很大，但工作条件是相似的：主要是承受拉、压、弯、扭、冲击、疲劳应力，且往往是几种载荷同时作用；可以是恒载或变载，作用力的方向是单向或反复的；工作环境是大气、水和润滑油，温度在室温到100℃范围之间。因此，机械零件要求有良好的服役性能，如具有足够高的强度、塑性、韧度、疲劳强度、耐磨性等。

按照强度，结构钢可分为三类：R_{eL}＜700MPa，为低强度钢，构件用钢大多数属于此类；R_{eL}=700～1400MPa，为中强度钢，是大部分机械制造结构钢；R_{eL}＞1400MPa，为超高强度钢，大都用于宇航、重工业上。根据热处理强化工艺特点可分为整体强化态钢和表面强化态钢。根据钢的生产工艺和用途，可分为：调质钢、非调质钢、低碳马氏体钢、超高强度结构钢、渗碳钢、氮化钢、弹簧钢、轴承钢等。当然，实际应用情况并非这样严格区别，如有的零件既要求整体强化，又要求在局部进行表面硬化；轴承钢 GCr15 也可以制造其他零件。

3.1　概述

3.1.1　机械制造结构钢的特点与合金化

表 3.1 列出了典型机械制造结构钢的服役条件、失效方式及材料选择的一般原则。实际零件的服役条件是比较复杂的，为了使材料能很好地满足零件的服役条件，关键是要找出零件的主要失效抗力指标作为解决矛盾的主要依据。机械制造结构钢的主要性能要求如下。

（1）具有良好的冷热加工工艺性　因为机械零件在制造过程中，往往要经过锻造、轧制、拉削、挤压、车、铣、刨、磨等工序，能否具有良好的加工工艺性对零件的性能和生产成本等都有很大的影响。

（2）具有良好的力学性能　对于钢的强度、塑性、韧度、疲劳性能、耐磨性等，不同类型的零件更有其侧重点，由其服役条件而定。因为这些零件在工作时，一般要承受拉、压、弯、剪、扭、冲击、摩擦等复杂应力，有时是几种应力同时作用，在零件截面上产生拉应力、切应力。这些应力可以是恒定的，或者是变化的；在方向上可以是单向的，也可以是往复的；在加载方式上，可以是逐渐的，或者是突然的。工作温度大部分在 −50～100℃，有时还有介质的腐蚀。零件表面往往是精度要求较高，有公差配合要求。

机械零件用钢一般为亚共析钢。钢中合金元素总量一般小于 5%，少数钢在 5%～10%。也就是大部分机械零件用钢为低合金钢和中合金钢。钢的质量大都是优质钢和高级优质钢，杂质含量控制较严，冶金质量有保证。

表 3.1 典型机械零件的服役条件、失效方式及材料选择的一般原则

零件类型	服役条件	常见失效方式	材料选择的一般标准
紧固螺栓	负荷种类：静载、疲劳 应力状态：拉、弯、切	过量变形，塑性断裂，脆性断裂，疲劳，腐蚀，咬蚀	疲劳、屈服及剪切强度
轴类零件	负荷种类：疲劳、冲击 应力状态：弯、扭 其他因素：磨损	脆性断裂，疲劳，咬蚀，表面局部变化	弯、扭复合疲劳强度
齿轮	负荷种类：疲劳、冲击 应力状态：压、弯、接触 其他因素：磨损	脆性断裂，疲劳，咬蚀，表面局部变化，尺寸变化	弯曲和接触疲劳强度，耐磨性，心部屈服强度
螺旋弹簧	负荷种类：疲劳、冲击 应力状态：扭 其他因素：磨损	过量变形，脆性断裂，疲劳，腐蚀	扭转疲劳，弹性极限
板弹簧	负荷种类：疲劳、动载荷 应力状态：弯 其他因素：磨损	过量变形，脆性断裂，疲劳，腐蚀	弯曲疲劳，弹性极限
滚动轴承	负荷种类：疲劳、冲击 应力状态：压、接触 其他因素：磨损、温度、介质	脆性断裂，表面变化，尺寸变化，疲劳，腐蚀	接触疲劳，耐磨性，耐蚀性
曲轴	负荷种类：疲劳、冲击 应力状态：弯、扭 其他因素：磨损、振动	脆性断裂，表面变化，尺寸变化，疲劳，咬蚀	扭转、弯曲、疲劳强度，耐磨性，循环韧度
连杆	负荷种类：疲劳、冲击 应力状态：拉、压 其他因素：磨损	脆性断裂	拉压疲劳

机械零件用钢的合金化元素主要有Cr、Mn、Si、Ni、Mo、W、V、B等，或是单独加入，或是复合加入。其中，主加元素为Cr、Mn、Si、Ni。主加元素的作用主要是提高钢的淬透性和力学性能。辅加元素有Mo、W、V、B等，这些元素的配合加入，能降低钢的过热敏感性，消除钢的回火脆性，进一步提高淬透性等作用，但含量一般都不高。

每个合金元素加入都有一定的目的，并且合金元素加入量都有一定的限制。大多数情况下，每个合金元素都有一个最佳范围，可使钢获得最佳性能。往往是超过一定量，会导致钢的性能变坏。这种情况称为极限合金化理论。

在结构钢中，常用合金元素含量范围为Si$<$1.2%，Mn$<$2%，Cr1%～2%，Ni1%～4%，Mo$<$0.5%，V$<$0.2%，W0.4%～0.8%，Ti$<$0.1%，B$\leqslant$0.003%。合金元素的主要作用是提高钢的淬透性，降低钢的过热敏感性，提高回火稳定性，消除回火脆性。

3.1.2 机械制造结构钢的强度与脆性

一般机械零件的主要失效形式是变形和断裂。为保证机械零件正常运转，传统设计只考虑钢的弹性和塑性。有的根据弹性来设计，在弹性范围内工作，根据比例极限来计算，这叫弹性设计；有些零件只允许少量塑性变形，可根据屈服强度来计算，称为塑性设计。在许用应力比例极限和屈服强度之间引入一个安全系数。上述情况是只考虑了钢的强度设计。

对于断后伸长率A、断面收缩率Z及综合反映强度和塑性的韧度指标在设计时并不用于工程计算，只是根据经验而提出要求。塑性和韧度指标是考虑零件安全性，避免发生突然事故、过载断裂而提出的。对于结构钢，强调强度和韧度的配合。

高强度的取得，往往是综合应用了细晶强化、固溶强化、沉淀强化和位错强化等方法的结果。钢的强度和韧度是一个矛盾，强度的不断提高，往往会带来韧度的恶化。20 世纪 40 年代，船舰的低温突然断裂，50 年代火箭发射后的突然断裂、高压容器的脆裂等，都是在应力远低于屈服强度下发生的。设计工作者和材料工作者对此共同探讨，除传统的强度设计外，寻求防止脆断的措施，即对某些零件还需要进行韧度设计，既要避免脆断，又要减轻重量。韧度设计指标主要有冲击吸收能量、韧-脆转变温度和断裂韧度。

由于不同机械零件的服役条件和失效方式不同，主要的失效判据也不同，所以应合理选择钢的 C 含量和热处理工艺。应该明确，在一般情况下，某零件制造的材料并不是唯一的，可以由不同成分的钢来制造；同样，某一种钢采用不同的热处理工艺可以制造不同类型的零件；而且，某一零件用某一材料制造，其热处理工艺方法也可能是多种的。表 3.2 是不同 C 含量的结构钢和热处理工艺与零件材料选择的可能性。

表 3.2　结构钢 C 含量和回火温度的选择

<table>
<tr><th>C 含量范围</th><th>淬火组织</th><th>回火温度/℃</th><th>回火组织</th><th>一般性能</th><th>选用途径</th></tr>
<tr><td>低碳</td><td>板条马氏体</td><td><250</td><td>板条回火马氏体</td><td rowspan="2">高的综合力学性能
R_m：约 1200MPa
Z：约 60%
KV_2：约 120J</td><td rowspan="4">（1）对于要求良好的综合力学性能，零件选择材料的途径为：①低碳马氏体型结构钢，采用淬火＋低温回火，为了提高耐磨性，可进行渗碳处理；②回火索氏体型，选择中碳钢，采用淬火＋高温回火，为了提高耐磨性，可进行渗氮处理或高频感应加热淬火等表面硬化工艺方法
（2）如果要求更高的强度，则适当牺牲塑性和韧度。可选择中碳钢，采用低温回火工艺
（3）如要求高的弹性极限和屈服强度，又要有较高的塑性和韧度，则选择中高碳钢，进行中温回火。如弹簧钢
（4）零件要求高强度、高硬度，高接触疲劳性和一定的塑性和韧度，可用高碳钢，淬火＋低温回火。如轴承钢</td></tr>
<tr><td>中碳</td><td>混合马氏体</td><td>550～600</td><td>回火索氏体</td></tr>
<tr><td>中高碳</td><td>针状马氏体为主</td><td>420～520</td><td>回火托氏体</td><td>高的弹性极限、屈服强度和屈强比，较高的塑性和韧度</td></tr>
<tr><td>高碳</td><td>针状马氏体＋碳化物＋残留奥氏体</td><td><200</td><td>回火马氏体＋碳化物＋残留奥氏体</td><td>高硬度，高强度，具有一定的塑性和韧度</td></tr>
</table>

整体强化态钢均承受拉、压、扭等交变应力，大部分是整体受力。其主要的失效形式是疲劳破坏，主要的性能指标为疲劳强度 σ_{-1}、抗拉强度 R_m、冲击吸收能量 KV（KU）、断裂韧度 K_{IC} 等。总体上是要求具有良好的综合力学性能。这些钢主要制造轴、杆、轴承类等机械零件，如连杆、螺栓、主轴、半轴等。这类钢主要有调质钢、弹簧钢、轴承钢、低碳马氏体钢、超高强度钢等。

表面强化态钢适宜制造通过某种热处理工艺使零件表面硬度高、耐磨而心部强韧性配合良好的零件。由于零件表层往往还具有较高的残余压应力而使其疲劳性能有显著的提高。这些零件主要是在滑动、滚动、接触应力、磨损等工况下工作，接触疲劳是其主要失效形式。因此，要求钢表面具有高硬度、高接触疲劳抗力和良好的耐磨性，而心部有一定的塑性和韧度。这类钢常制造齿轮、凸轮及其他磨损件。

表面强化手段也有很多，如既改变表面化学成分又改变组织的渗碳、渗氮、渗硼等热处理工艺，不改变表面化学成分但改变组织的有感应加热淬火、火焰淬火、激光表面热处理等方法。属于这类钢的有渗碳钢、渗氮钢、感应加热淬火钢等。

3.2　调质钢

调质钢在机械零件中是用量最多的。结构钢在淬火高温回火后具有良好的综合力学性能，有较高的强韧性，适用于这种热处理的钢种称为调质钢。实际上，现在调质钢的强化工艺已不限于高温回火了，还可采用正火、等温淬火、低温回火等工艺手段。

3.2.1 淬透性原则

调质钢的淬透性原则是指淬透性相近的同类调质钢，可以互相代用。因C含量为0.25%～0.45%的合金调质钢淬火成马氏体并回火后的室温力学性能大致相同，如图3.1所示。所以，尽管钢的化学成分不同，但得到的屈服强度和塑性相近，这关系可精确到±10%。这意味着不同成分的调质钢，只要其淬透性相当，则可以互换。但是有些合金钢的韧度是有较大差别的，图3.2是屈服强度相同的碳钢和合金结构钢断面收缩率变化。

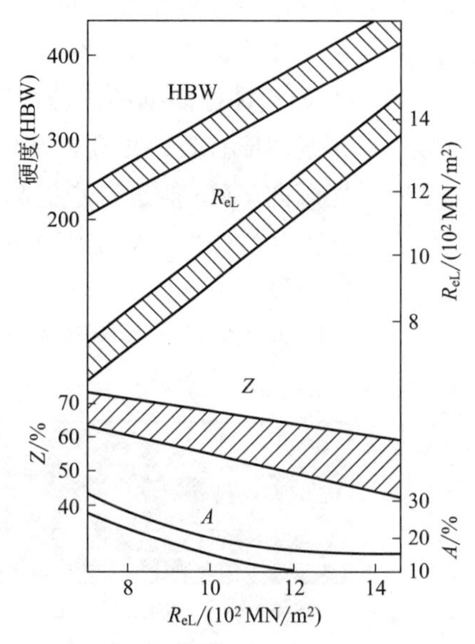

图3.1 C含量0.25%～0.45%的合金钢经调质后室温性能变化

淬火马氏体组织经高温回火后，在α相基体上分布有极细小的颗粒状碳化物。它的显微组织根据不同的回火稳定性差别和回火温度，可得到回火托氏体或回火索氏体组织，其主要区别在于基体α相是否完全再结晶和碳化物颗粒聚集长大的程度。

调质钢所具有的综合力学性能，首先要求调质钢有足够的淬透性。经淬火后零件的截面上得到尽可能均匀的马氏体层，再加上回火控制碳化物尺寸和弥散度，可保证达到性能要求。在这里发挥强化作用的元素主要是C，它是以弥散碳化物的状态控制钢的强度。合金元素的主要作用之一是保证钢有足够的淬透性，在零件截面上得到合适的显微组织，以发挥C的作用。合金元素的另一主要作用是提高回火稳定性，改善回火索氏体的韧度。

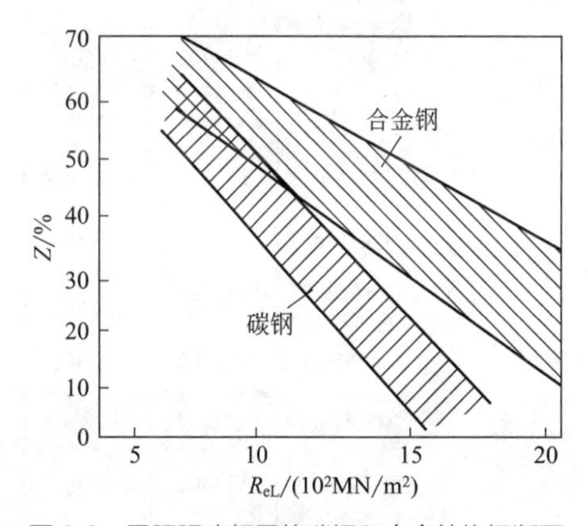

图3.2 屈服强度相同的碳钢和合金结构钢断面收缩率变化

3.2.2 合金化及常用钢

调质钢的C含量在0.25%～0.45%。根据零件要求可选择C含量，在保证强度的前提下，尽量选择较低C含量，以保证零件的韧度。如要求较高强度，则C含量取上限，常用的合金元素有Cr、Mn、Mo、V、Si、Ni、B等。

在机械制造工业中，调质钢是按淬透性高低来分级的。一般分为低淬透性钢、中淬透性钢和高淬透性钢。图3.3为不同合金化对钢淬透性的影响。低淬透性调质钢中，最普通的是碳素钢，如45钢，用作截面尺寸较小或不要求完全淬透的零件。由于淬透性较低，只能用盐水淬火。低淬透性合金钢有40Cr、40Mn2、40MnB、42SiMn、35CrMo、42Mn2V

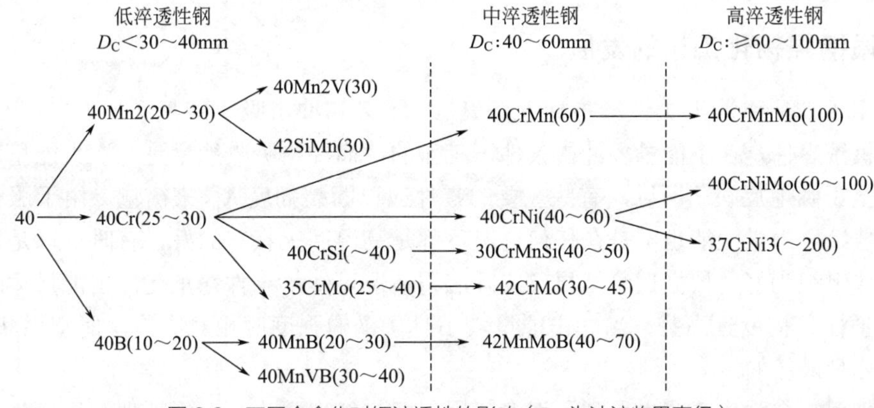

图3.3 不同合金化对钢淬透性的影响（D_C为油淬临界直径）

等，一般可用油淬火。中淬透性合金钢有40CrNi、42CrMo、40CrMn、30CrMnSi等。对大截面零件，要求高淬透性的调质钢为40CrNiMo、37CrNi3、40CrMnMo等。

调质钢中加入Mn，能大为提高钢的淬透性，但容易使钢有过热倾向，并有回火脆性倾向。Cr元素在提高钢的淬透性同时，还提高回火稳定性，但是有回火脆性倾向。Ni是非碳化物形成元素，能有效地提高钢基体的韧度，并且Ni-Cr复合加入，提高淬透性作用很大，但也有回火脆性倾向。Mo能进一步提高淬透性，既提高回火稳定性，细化晶粒，又能有效地消除或大为降低回火脆性倾向。V是强碳化物形成元素，有效地细化晶粒，如溶入奥氏体能提高淬透性，能降低钢的过热敏感性。

表3.3列出了常用调质钢经调质热处理后的力学性能。

表3.3　部分常用调质钢的力学性能

钢号	统一数字代号	热处理				力学性能（不小于）				
		淬火		回火		R_m/MPa	R_{eL}/MPa	A_5/%	Z/%	KU_2/J
		温度/℃	冷却	温度/℃	冷却					
45Mn2	A00452	840	油	550	水、油	885	735	10	45	47
42SiMn	A10422	880	水	590	水	885	735	15	40	47
40MnVB	A73402	850	油	520	水、油	980	785	10	45	47
40Cr	A20402	850	油	520	水、油	980	785	9	45	47
40CrV	A23402	880	油	650	水、油	885	735	10	50	71
35CrMo	A30352	850	油	550	水、油	980	835	12	45	63
42CrMo	A30422	850	油	560	水、油	1080	930	12	45	63
38CrSi	A21382	900	油	600	水、油	980	835	12	50	55
30CrMnSi	A24302	880	油	520	水、油	1080	885	10	45	39
40CrMn	A22402	840	油	550	水、油	980	835	9	45	47
40CrMnMo	A34402	850	油	600	水、油	980	785	10	45	63
40CrNi	A40402	820	油	500	水、油	980	785	10	45	55
40CrNiMoA	A50403	850	油	600	水、油	980	835	12	55	78
37CrNi3	A42372	820	油	500	水、油	1130	980	10	50	47

注：试样毛坯尺寸均为25mm。

3.2.3　调质钢强韧化工艺的发展

目前常用于调质钢的五大性能指标R_m、R_{eL}、A、Z和冲击吸收能量（如KV_2）还不够完善。因为大部分机械零件是在小能量多冲击条件下工作的，而冲击吸收能量是一次大能量冲击性能指标，很难完全正确地反映。所以，有些重要的零件应以断裂韧度K_{IC}来衡量。由于服役条件的差异，钢的最佳综合力学性能也不是在任何情况下都是高温回火状态的好，有时可以是回火托氏体和回火马氏体组织为好。根据试验结果及实际应用情况可知：零件在承受冲击能量大时，钢的强度应低些，塑性和韧度宜高些；当冲击能量较小时，钢的强度应相对高些，而塑性和韧度低些。这样的配合才是最佳的。

复合热处理综合强化工艺也得到了许多应用，即热处理强化、表面处理及形变强化工艺结合起来。例如，汽车转向节圆角处进行高频感应加热淬火强化处理后，疲劳寿命提高了50倍。另外，滚压、喷丸等冷变形强化方法的效果也较好，能提高零件寿命。锻造余热淬火（即高温形变热处理），既节约能源、简化工序，又能细化组织，提高零件的强度和韧度。如柴油机连杆已普遍采用锻造余热淬火工艺。

3.3 非调质机械结构钢

根据GB/T 15712—2016，非调质机械结构钢（微合金中碳钢，microalloyed medium carbon steels）定义为：通过微合金化、控制轧制（锻制）和控制冷却等强韧化方法，取消了调质处理，达到或接近调质钢力学性能的一类优质或特殊质量结构钢。

3.3.1 微合金元素对强韧化的贡献

钢的强度是固溶强化、位错强化、细晶强化和沉淀强化等各种强化机制的综合结果。不同的钢种和工艺，各种强化机制的作用大小也不同。各强化机制与合金化有密切的联系，而且各强化机制的作用还因工艺过程的变化而变化，所以不同的工艺获得不同的组织和性能。非调质机械结构钢的强化机制虽与其他钢类似，但获得强化的手段有所不同。

非调质机械结构钢（也可简称为非调质钢）的组织主要是F+P+弥散析出K，对强化的主要贡献是细化组织和相间沉淀析出。非调质钢中常加入微量Ti、Nb、V、N等元素，在轧制或锻造工艺下，碳（氮）化物不但在铁素体中析出，而且在珠光体的铁素体中也沉淀析出。相对而言，V对沉淀析出强化的作用最大，是主要的微合金化元素。表3.4为列入国家标准（GB/T 15712—2016）的部分非调质钢的化学成分，表3.5是典型钢种的力学性能及其应用。

“多元适量，复合加入”的合金化基本原则也充分地体现在微合金钢中，往往是Nb-V-N和Ti-V等元素的复合加入，这样的效果更好。如Nb-V复合合金化，由于Nb的化合物稳定性好，其完全溶解的温度可达1325～1360℃。所以在轧制或锻造温度下仍有未溶的Nb（C, N），能有效地阻止高温加热时奥氏体晶粒的长大，而V的作用主要是沉淀析出强化。同样，Ti-V复合效果更

表3.4 部分非调质机械结构钢的化学成分（GB/T15712—2016）

统一数字代号	钢号[①]	化学成分/%								
		C	Si	Mn	P	S	V[②]	Cr	Ni	Cu[③]
L22358	F35VS	0.32～0.39	0.15～0.35	0.60～1.00	≤0.035	0.035～0.075	0.06～0.13	≤0.30	≤0.30	≤0.30
L22408	F40VS	0.37～0.44	0.15～0.35	0.60～1.00	≤0.035	0.035～0.075	0.06～0.13	≤0.30	≤0.30	≤0.30
L22458	F45VS	0.42～0.49	0.15～0.35	0.60～1.00	≤0.035	0.035～0.075	0.06～0.13	≤0.30	≤0.30	≤0.30
L22308	F30MnVS	0.26～0.33	0.30～0.80	1.20～1.60	≤0.035	0.035～0.075	0.08～0.15	≤0.30	≤0.30	≤0.30
L22378	F37MnSiVS	0.34～0.41	0.50～0.80	0.90～1.10	≤0.045	0.035～0.075	0.25～0.35	≤0.30	≤0.30	≤0.30
L22388	F38MnVS	0.35～0.42	0.30～0.80	1.20～1.60	≤0.035	0.035～0.075	0.08～0.15	≤0.30	≤0.30	≤0.30
L22488	F48MnV	0.45～0.51	0.15～0.35	1.00～1.30	≤0.035	≤0.035	0.06～0.13	≤0.30	≤0.30	≤0.30
L22498	F49MnVS	0.44～0.52	0.15～0.60	0.70～1.00	≤0.035	0.035～0.075	0.08～0.15	≤0.30	≤0.30	≤0.30

① 当S含量只有上限要求时，牌号尾部不用“S”。

② 经供需双方协商，可以用Nb或Ti代替部分或全部V含量，在部分代替情况下，V的下限含量应由双方协商。

③ 热压力加工用钢的Cu含量不大于0.20%。

表 3.5　典型直接切削加工用非调质机械结构钢的力学性能（GB/T15712—2016）及其应用

钢号	公称直径或边长 /mm	R_m /MPa	R_{eL} /MPa	A /%	Z /%	KU_2 /J	特点与应用
		≥					
F35VS	≤40	590	390	18	40	47	加工性优于调质 40 钢。可代替 40 钢制造发动机和空气压缩机的连杆等零件
F40VS	≤40	640	420	16	35	37	
F45VS	≤40	685	440	15	30	35	可代替 45 钢制造汽车发动机曲轴、凸轮轴、连杆，其他机械轴类零件
F30MnVS	≤60	700	450	14	30	实测	具有好的综合力学性能。制造 CA102 发动机的连杆及其他零件，代替 55 钢
F35MnVS	≤40	735	460	17	35	37	更高的强度，加工性、塑性和疲劳性能均优于调质 45 钢。代替 45、40Cr 制造汽车、拖拉机和机床的一些零部件
	>40～60	710	440	15	33	35	
F40MnVS	≤40	785	490	15	33	32	综合性能良好。制造汽车发动机的曲轴、半轴和部分拖拉机的零件
	>40～60	760	470	13	30	28	
F45MnVS	≤40	835	510	13	28	28	代替 45、40Cr 制造汽车发动机的连杆及其他零件
	>40～60	810	490	12	28	25	
F49MnVS	≤60	780	450	8	20	实测	代替 45、55 制造车辆的连杆、半轴等

表 3.6　部分复合微合金化的非调质钢成分　　单位：%

牌号	C	Si	Mn	Cr	V	Mo	Nb	Ti	其他
27MnSiVS6（德国）	0.26	0.70	1.50	—	0.10	—	—	0.02	—
S1000（法国）	0.47	0.36	1.55	0.14	0.12	0.03	0.065	—	—
30XГФТ（俄罗斯）	0.30	0.55	1.0	0.60	≤0.2	—	—	≤0.17	—
1524MoV（美国）	0.22	0.35	1.54	—	0.11	0.11	—	—	—
NC33HFB（日本）	0.33	0.24	1.46	—	0.06	—	—	0.01	0.01N
AHF50B（日本）	0.35～0.40	0.15～0.35	1.30～1.60	—	0.05～0.15	—	—	微量	—

好，其晶粒尺寸和性能基本上不受加热温度的影响。在 49MnVS3 钢中添加微量 Ti，则奥氏体平均晶粒直径从 110μm 下降到 40μm，因此韧度大为提高。在 40Si2MnV 钢中加入约 0.04%Ti，强度、塑性都大为提高；如降低钢中 C 含量至 0.33%～0.37%，则在改善钢强韧性的基础上，可得到良好的焊接性。在各强化机制中，只有细化组织既能提高强度又能改善韧度，所以细化组织是非调质钢生产中的重要目标。许多国家都开发了复合微合金化的非调质机械结构钢，典型成分见表 3.6。如德国蒂森公司开发的 27MnSiVS6 和 C 含量高的 49MnVS3 钢相比，其强度相同，而韧度却提高了近 3 倍。

3.3.2　获得最佳强韧化的工艺因素

Ti、Nb、V 等微量元素是以相间析出的形式起沉淀强化作用的，同时又细化了组织。形变前未溶质点阻止奥氏体晶粒长大，形变时化合物的析出有效地阻止了奥氏体的回复再结晶。要使细化组织和沉淀强化达到最佳效果，工艺参数是关键。以往的工作主要是通过化学成分的调整，来试图达到提高韧度的目的，但是效果不很理想。现在的加工工艺主要是利用控轧（锻）、控冷技术来提高钢的强韧性能，特别是提高韧度。德国对 42MnSiVS33 进行了系统试验，研究了变形温度、变形量、变形速率等参数对组织性能的影响。根据研究结果，可按不同的性能要求来选择适宜的加工工艺参数。一般情况下，加热温度升高，奥氏体晶粒容易粗化；形变温度和形变量既影响再结晶温度和奥氏体晶粒大小，又影响形变诱发析出的程度。适当开展较低的终轧（锻）温度，可有效地产生形变诱发析出的弥散质点。同时，再结晶驱动力小，晶粒也进一步细化，这样在提高强度的同时，也大大改善了塑性和韧度。如：对基本成分为0.29C-1.14Mn-0.1V型非调质钢在1050℃低温加热和进行700℃低温控轧，抗拉强度为980MPa，而冲击吸收能量仍然高达98J以上。日本爱知制钢所研究的Svd40ST钢，采用先高温小变形量轧制，然后冷到较低温度轧制成材，得到了9级以上的细晶粒组织，其疲劳强度比SCM435钢高98～118MPa。当然，较低的加工温度增加了设备和模具等承受的载荷，给生产带来了一定的困难，但这是可以改造的。

细晶粒组织和弥散沉淀析出也是要协调的。加工后快冷，特别是在800～500℃之间快冷能细化晶粒组织，阻止析出物长大，进一步提高强度和韧度。但过快的冷却又会使相间析出不能充分进行，从而不能获得好的强化效果。所以一般冷速控制在＜150℃/min。

在一定化学成分的条件下，工艺因素对组织性能的影响，实质上是工艺因素决定了各种强化机制的效果。

3.3.3 组织因素对强韧性贡献的大小

细化组织和沉淀析出对钢强化的作用最大。间隙型碳氮化合物沉淀析出的强化量一般认为是提高150～400MPa，甚至可达到600MPa。细化组织的强化量大约在50～300MPa，脆化矢量为−0.66℃/MPa。其他强化机制都不同程度地降低韧度。沉淀强化的脆化矢量虽然为正值，但较小，为0.23～0.30℃/MPa，并且沉淀析出细化了组织，补偿了本身降低韧度的不足。所以在微合金非调质钢中，无论是在成分设计及加工过程中都尽可能使组织细化、晶粒细化，使碳氮化合物以极细小的质点沉淀析出。从加工过程组织变化的角度来看，碳氮化合物在高温加热时的残余量，形变时的析出量及其大小、分布、形态等，不仅大为影响了晶粒组织细化的程度，而且也决定了沉淀析出强化的效果。细化组织效果在很大程度上受控于沉淀析出过程。人们在不断地探索研究中，也使钢的强韧化理论得到了新的发展。

C、N原子的固溶强化，其脆化矢量分别为0.72℃/MPa、1.97℃/MPa，Mn和Cr元素的脆化矢量为零，Si为0.53℃/MPa。铁素体中固溶C、N量极小，Mn和Si的固溶量又有限，所以固溶强化的作用相对来说是很小的。

位错强化的脆化矢量和沉淀析出强化的脆化矢量大致相当。当形变产生高密度位错后，在理论上可得到可观的强化量，但非调质钢主要是在高温下进行形变，一般难以得到很高的位错密度。但如果主要是低温下进行形变，位错强化就有一定的贡献。对低碳微合金高强度钢研究认为：在γ+α两相区第3阶段控轧后，基体位错和亚结构强化就占了较大的比重，其贡献仅次于细晶强化。

3.3.4 低碳贝氏体型和马氏体型非调质钢

为了稳定地得到高强度高韧度，许多国家又先后开发了低碳贝氏体型非调质钢，钢的韧度随贝氏体量的增加而提高。低碳贝氏体型非调质钢可代替Cr-Mo调质钢，适用于强冲击条件下工作的零件和车辆的行走部件。低碳贝氏体型非调质钢典型成分和力学性能见表3.7。

降低C含量虽然牺牲了部分强度，却提高了韧度；如进一步降低C含量，提高Cr、Mn含量，并适当添加Ti、B可使强度提高，同时韧度大为改善。其原因是晶粒更细小，Cr、Mn、B的综合作用使贝氏体淬透性更好，贝氏体数量增多。锻后冷速适当加快，有利于贝氏体形成，因为下贝氏体在较低温度下形成，所以形核率高，析出物也细小、弥散分布。随着C含量很低的贝氏体型非调质钢的开发，非调质钢已经不局限于中碳范围了。

表 3.7 低碳贝氏体型非调质钢典型成分和力学性能

牌号	化学成分 /%								R_m/MPa	R_{eL}/MPa	KV_2/J
	C	Si	Mn	Ni	Cr	Mo	V	其他			
VMC25	0.26	0.34	1.67	0.18	0.34	0.04	0.18	0.04Cu	970	730	50
VMC15-1	0.14	0.28	1.52	0.17	0.38	0.04	0.08	0.11Cu	800	520	80
B-HF2	0.046	0.33	2.66	—	1.55	—	0.06	0.017Ti 0.0016B	860	600	140

马氏体型非调质钢是被称为第三代非调质钢。与其他非调质钢的根本区别是直接从锻造温度淬火而产生自回火，得到的组织为细小均匀分布的碳化物和板条状马氏体，强韧度达到合金调质钢的水平。其冶金原理是有足够的 Nb、Ti 元素以细化晶粒，控制成分以确保 M_S＞200℃。在输送带上喷雾冷却，得到的硬度为 38～43HRC，在 −30℃下的韧度比第二代非调质钢高 4～5 倍，屈服强度提高约 1 倍。实际上这类非调质钢就是进行了锻造余热淬火。

显然，不同的成分和工艺在强化机制上是不同的，所以其组织、性能也有较大的差异。随着微合金化钢的发展和对钢强韧化机理的新认识，工艺优化控制特别重要。在设计钢种和预测性能时，工艺因素和成分应并重考虑，在强韧化机理的指导下充分发掘材料的潜力。

3.3.5 非调质钢综合优化设计

微量元素的复合加入，产生了比较复杂的作用。复合微合金化形成了复合的碳氮化合物，改变了单元化合物的稳定性，也使沉淀析出的温度大为展宽。在阻止再结晶、细化组织和沉淀析出的作用规律上不同于单个元素的作用。通过合适的成分配比和工艺控制可达到同时提高强度和韧度的目的。

硬度是结构零件选用非调质钢的基本依据。因为硬度和其他力学性能之间存在一定的关系，而且硬度容易采用无损检测。因此，许多研究者根据各种元素在钢中的存在形式和不同的作用，用碳当量来表示化学成分对硬度的影响，并且确定硬度与其他力学性能之间的关系，这方面的定量关系式很多，但都是适用于某种钢的。也有许多研究者根据实验结果得到了强度和成分的关系式，一般情况下也都是唯象关系，缺少一定的物理意义。

由于工艺因素对非调质钢的组织性能有很大的影响，为了对非调质钢的生产进行有效控制，开发了许多各种力学性能和化学成分及工艺因素的关系式。根据这些关系式，在成分设计和加工过程中进行理论计算和试验测定相结合，确定出各种合理的组织参数，然后根据不同成分的特点和性能要求制定出相应的工艺参数。这样，无论在理论上和实际生产中都有很大的意义。对非调质钢性能的稳定性及可靠性有了保证，也为计算优化设计和控制打下基础。系统、综合地考虑各种因素是关键，各种组织因素对性能的影响，有如下关系式：

$$(\Delta R, \Delta CU) = \left(\frac{\partial R_m}{\partial f_p}, \frac{\partial CU}{\partial f_p}\right)\Delta f_p + \left(\frac{\partial R_m}{\partial D}, \frac{\partial CU}{\partial D}\right)\Delta D + \left(\frac{\partial R_m}{\partial d_r^{-1/2}}, \frac{\partial CU}{\partial d_r^{-1/2}}\right)\Delta d_r^{-1/2} + \left(\frac{\partial R_m}{\partial(\Delta R_{mp})}, \frac{\partial CU}{\partial(\Delta R_{mp})}\right)\Delta R_{mp}$$

式中，CU 为冲击吸收能量；R_m 为抗拉强度；D 为珠光体片间距；f_p 为珠光体体积分数；ΔR_{mp} 是析出强化增量；d_r 为奥氏体晶粒大小。该式提供了一个正确改变成分、工艺以改变组织，从而达到预期性能的系统方法。采用这样的思路和方法，确定成分及工艺对组织影响的关系式，有可能对非调质钢性能实现准确的定量预测和成分、工艺设计的最优化匹配。

3.4 弹簧钢

3.4.1 弹簧的服役条件及性能要求

弹簧是机械和仪器上的重要部件，应用非常广泛。弹簧主要有板簧、螺旋弹簧和其他弹性元件。弹簧的主要作用是储能减振，一般是在动负荷下工作，即在冲击、振动或长期均匀的周期改变应力的条件下工作，起到缓和冲击力，使与它配合的零部件不致受到冲击而早期破坏。例如在各种汽车、机车等车辆上广泛使用的板簧与螺旋弹簧可起到缓和冲击力的作用，使车辆平稳行驶，延长车辆的寿命。板簧主要承受弯曲载荷，主要的失效形式为疲劳破坏；螺旋弹簧根据它的不同用途有压簧、拉簧和扭簧等，主要是承受扭转应力，其主要的失效形式也为疲劳破坏。弹簧的另外一种常见的失效形式是弹性减退，即弹簧材料长期在动、静载荷作用下，在室温发生塑性变形和弹性模量降低的现象。随着弹簧设计的高应力化，弹性减退失效问题已受到极大的重视。

弹簧是利用其弹性变形来吸收和释放外力，所以要求弹簧钢有高的弹性极限以及弹性减退抗力好，较高的屈强比；为防止在交变应力下发生疲劳和断裂，弹簧应具有高的疲劳强度和足够的塑性和韧度；在某些环境下，还要求弹簧具有导电、无磁、耐高温和耐蚀等性能。

在工艺性能上，对淬火强化处理的弹簧钢还应有足够的淬透性，如果钢的淬透性不够，那么弹性极限和疲劳强度都会下降。

弹簧钢的材质也有较高的要求，高于一般的工业用钢。弹簧钢应有较好的冶金质量和组织均匀性，要严格控制材料的内部缺陷；由于弹簧工作时表面承受的应力为最大，所以弹簧应具有良好的表面质量。表面不允许有裂纹、夹杂、折叠、严重脱碳等，这些表面缺陷往往会成为应力高度集中的地方和疲劳裂纹源，显著地降低弹簧的疲劳强度。

3.4.2 常用弹簧钢及强化工艺

普通常用的弹簧材料是碳素钢或低合金弹簧钢，碳素钢 C 含量在 0.60%～1.05% 范围；低合金弹簧钢 C 含量在 0.40%～0.74% 范围。常加入 Si、Mn、Cr、V 等合金元素，Cr 和 Mn 主要是提高淬透性，Si 提高弹性极限，V 提高淬透性和细化晶粒。为保证弹簧有高的疲劳寿命，要求钢的纯净度高，非金属夹杂物少，表面质量高。

硅锰弹簧钢是同时加入 Si、Mn，能显著强化基体铁素体，大为提高了钢的弹性极限，屈强比可达到 0.8～0.9，而且疲劳强度也有显著提高。Si、Mn 元素的共同作用提高了钢的淬透性，Si 还有效地提高了回火稳定性。Si 促进脱碳倾向，Mn 增大了钢过热敏感性，但是两者复合加入后，硅锰钢的脱碳和过热敏感性较硅钢、锰钢小。常用的硅锰弹簧钢有 60Si2Mn、55SiMnVB 等，主要用于机车车辆、汽车、拖拉机上的板弹簧、螺旋弹簧、汽缸安全阀弹簧及其他高应力下工作的重要弹簧。

铬合金弹簧钢含有 1% 左右的 Cr 元素，如 50CrVA、60Si2CrVA 等。Cr 能提高钢的淬透性和弹性极限，但促进回火脆性。V 能细化组织，减少过热敏感性，提高回火稳定性，从而提高了钢的强度和韧度。50CrVA 钢在 500～550℃回火后仍有高的强度，在高温下工作性能比较稳定，所以常用来制造受应力较高的螺旋弹簧及在 300℃以下温度工作的阀门弹簧与活塞弹簧等。

由于加入了 Si、Cr、Mo、V 等提高回火稳定性的合金元素，弹簧的工作温度可以提高。如 60Si2Mn 可以在 250℃以下使用，50CrV 可以在 300℃以下使用。

按弹簧钢制造特点，可分为热成型弹簧钢和冷成型弹簧钢两大类。热成型弹簧钢一般用于制

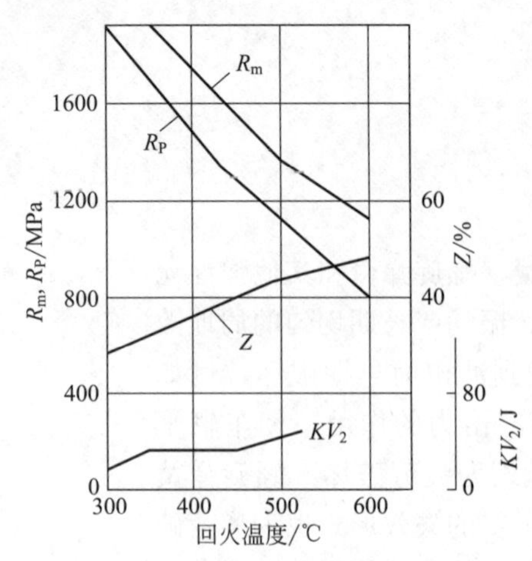

图 3.4　60Si2Mn 钢力学性能与回火温度间的关系

造大型弹簧或形状复杂的弹簧。弹簧在热成型后，进行淬火及回火强化处理。冷成型弹簧钢是先通过冷变形或热处理方法使之强化后，再用冷成型方法制造成一定形状的弹簧。这类钢在冷成型成弹簧后，还需要进行 200～400℃的低温退火，以去除应力。由于成型前，钢已经被强化，所以只能制作小型弹簧。

弹簧钢常用的热处理工艺是淬火和中温回火，得到回火屈氏体（或称回火托氏体）。实践证明，为了使弹簧具有一定的冲击韧度，较高的弹性极限、屈强比和最高的疲劳强度，采用中温回火是最适宜的。图 3.4 为 60Si2Mn 钢的力学性能与回火温度之间的关系。在回火组织中，渗碳体以细小的颗粒分布在 α 相的基体上，并且 α 相已发生回复，高碳马氏体孪晶结构已经消失，相变引起的内应力已经大幅度下降。对于不同合金化的弹簧钢和不同要求的弹簧，为满足弹簧的性能要求，弹簧钢的回火工艺主要应考虑弹性参数和韧性参数之间的平衡或最佳配合。部分常用弹簧钢经淬火回火后的力学性能见表 3.8。

表 3.8　部分弹簧钢的热处理规范及力学性能（GB/T 1222—2007）

钢号	统一数字代码	热处理工艺			力学性能（不小于）				
		淬火温度 /℃	冷却剂	回火温度 /℃	R_m/MPa	R_{eL}/MPa	A/%	$A_{11.3}$/%	Z/%
65	U20652	840	油	500	980	785		9	35
65Mn	U21653	830	油	540	980	785		8	30
55SiCrA	A21553	860	油	450	1450～1750	$R_{P0.2}$ 1300	6		25
55SiMnVB	A77552	860	油	460	1375	1225		5	30
60Si2MnA	A11603	870	油	440	1570	1375		5	20
60Si2CrVA	A28603	850	油	410	1860	1665	6		20
50CrVA	A23503	850	油	500	1275	1130	10		40
60Si2CrA	A21603	870	油	420	1765	1570	6		20

注：1. 热处理温度允许偏差：淬火，±20℃；回火，±50℃。

2. 适用于直径或边长≤80mm 的棒材以及厚度≤40mm 的扁钢。

要求有良好弹性减退抗力的弹簧钢，应当选择合适的化学成分及热加工、热处理工艺，以获得最佳的组织、晶粒度、强度和硬度等。硬度提高，弹性减退抗力也相应提高，所以在其他性能允许的情况下，应适当提高钢使用状态的硬度，以改善弹性减退抗力。

为了提高弹簧的强度和疲劳寿命，形变热处理及喷丸、渗氮等表面处理工艺在弹簧制造中得到了广泛的应用。弹簧扁钢、钢丝和尺寸较大的螺旋弹簧等可以采用形变热处理，改善显微组织，提高强度、韧度和疲劳强度。对弹簧扁钢效果尤其明显，例如：60Si2Mn 扁钢在 930℃经 18% 变形后淬火，于 650℃短时高温回火，抗拉强度为 2367MPa，断面收缩率为 40%，冲击吸收能量为 67J，硬度为 56HRC，疲劳寿命提高 7 倍。

3.5 滚动轴承钢

3.5.1 滚动轴承钢的工作特点及性能要求

滚动轴承是各种机械传动部分的基础零件之一。滚动轴承由内、外圈和滚动体（滚珠、滚柱、滚锥、滚针）及保持器组成。轴承钢主要制造内、外圈和滚动体，保持器常用08F和10钢制作。滚动轴承的工作条件极苛刻，基本上是在高负荷、高转速和高灵敏度条件下工作。当轴转动时，位于轴承下半部的滚动体承受最大的载荷。图3.5是滚珠轴承不同部位的钢球受力情况。由于滚动体和套圈轨道之间接触面积很小，存在很大的局部交变应力集中，最大接触压应力值可高达3000～5000MPa，循环周次可高达每分钟数万次。滚珠在转动时还受到离心力引起的附加载荷，它随转数增加而加大。在各种载荷作用下，运转一定时间后将产生接触疲劳破坏，即在轴承套圈和滚动体表面出现小块剥落，形成麻点，使噪声和振动增大，磨损加剧，工作温度不断上升，最后导致轴承破坏失效。轴承滚珠和内外套圈之间还发生滑动而产生摩擦，所以轴承也会因磨损过度而失效。

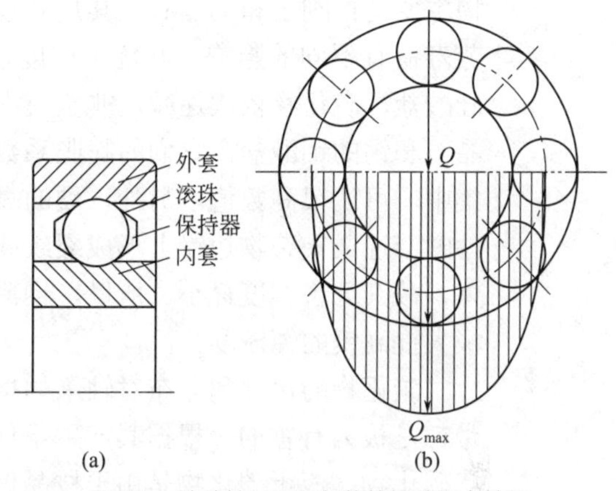

图3.5 滚珠轴承不同部位的钢球受力情况

根据最大切应力理论，切应力在接触表面下一定深度处达到最大。在高应力长时间运转下，这个区域产生剧烈的塑性变形，显微组织可能由回火马氏体转变为回火索氏体，因而强度降低，比容减小，在这个区域周围引起附加张应力。若这些部位恰好存在非金属夹杂物或粗大碳化物时，它们就成了疲劳裂纹的发源地。疲劳裂纹一般沿切应力方向发展，沿45°夹角向表面扩展，然后是压断、剥落。所以，材料内部各种缺陷、软点和夹杂物的存在是产生疲劳裂纹的主要原因，危害最大。

根据轴承的工作条件和失效破坏情况，轴承钢的性能应满足如下要求：

① 高而均匀的硬度和耐磨性　轴承钢应有足够的淬透性和淬硬性，经热处理后才能具有高而均匀的表面硬度和耐磨性，对于套圈，61～65HRC；钢球$\phi \leqslant$45mm，62～66HRC，$\phi >$45mm，60～66HRC；

② 高的接触疲劳强度　能保证轴承在高负荷、高转速循环疲劳的条件下不致过早地产生裂纹、剥落等破坏形式；

③ 高的弹性极限和一定的韧度　以避免在高应力条件下产生永久变形；

④ 尺寸稳定性好　轴承钢的组织稳定性好，才能保证工作时的精度，对于精密级和超精密级的轴承更为重要；

⑤ 一定的耐蚀性　和大气、润滑油长期接触，要有一定的耐蚀性；

⑥ 具有良好的冷、热加工工艺性。

对于在特殊条件下工作的轴承，还有其他的特殊要求，如高温性能、不锈耐蚀性等。为了满足轴承的性能要求，对轴承钢来说，正确的化学成分、高的冶金质量和合理的加工处理工艺是三个关键。

3.5.2 轴承钢的冶金质量和合金化

对轴承钢的基本质量要求是纯净和组织均匀。纯净就是杂质元素及非金属夹杂物要少，组织均匀是钢中碳化物要细小，分布要均匀。轴承钢由非金属夹杂物和碳化物不均匀性冶金质量缺陷造成的失效占总失效的65%。

非金属夹杂物根据化学成分主要有氧化物、硫化物和硅酸盐三种，如Al_2O_3、SiO_2等简单氧化物，尖晶石$MnO \cdot Al_2O_3$、$MgO \cdot Al_2O_3$等复杂氧化物，其他还有硅酸盐、硅酸盐玻璃和硫化物等，其成分复杂，有时还有AlN等氮化物。根据夹杂物形状，轴承钢按三项夹杂物评级，即脆性夹杂物、塑性夹杂物和球状不变形夹杂物。

轴承钢的接触疲劳寿命随钢中氧化物级别增加而降低。危害最大的是硬而脆的氧化物，氧化物主要是指刚玉和尖晶石，其尺寸越大，危害程度也越严重。夹杂物的类型对降低轴承的接触疲劳寿命有不同的影响，其危害程度按Al_2O_3、尖晶石、球状不变形夹杂、半塑性铝硅酸盐、塑性硅酸盐、硫化物依次递减。非金属夹杂物可破坏基体的连续性，引起应力集中。特别是刚玉、尖晶石和钙的铝酸盐，它们的膨胀系数比钢小。在淬火后周围基体承受附加张应力，容易引起应力集中，可达很高数值。另外，硬的氧化物在钢变形时不能随之发生塑性变形，在钢发生热塑性流动时会造成夹杂物边缘上形成裂纹或空洞，而硫化物在高温和室温都呈塑性，且膨胀系数大于基体，故其危害程度最小。所以，钢冶炼时彻底脱氧是获得高纯净钢的必要条件，利用真空脱气可极大提高钢的纯净度。

碳化物的尺寸和分布对轴承的接触疲劳寿命也有很大的影响，大颗粒碳化物和密集的碳化物带都是极为有害的。根据其产生条件，碳化物的不均匀性可分为：液析碳化物、带状碳化物和网状碳化物。液析碳化物是由于枝晶偏析引起的伪共晶碳化物，尺寸一般较大，具有高的硬度和脆性。带状碳化物属于二次碳化物偏析，碳化物偏析区沿轧制方向伸长呈带状分布，直接影响钢的冷、热加工性能，严重损害了轴承的接触疲劳寿命。网状碳化物是由二次碳化物析出于奥氏体晶界所造成的，它降低了钢的冲击韧度。

消除液析碳化物可采用高温扩散退火，一般在1200℃进行扩散退火即可消除。要消除带状碳化物偏析，则需要很长的退火时间。控制终轧或终锻温度、控制轧制后冷速或正火可防止和消除网状碳化物。钢中还有一些冶金缺陷，如缩孔、气泡等也是不允许存在的，要严格控制和检验。

常用钢种是高碳铬轴承钢系列，如GCr15、GCr15SiMn等。此外，根据不同工作条件，还有渗碳轴承钢，如G20CrNiMo、G10CrNi3Mo等；不锈轴承钢，如95Cr18、90Cr18Mo、40Cr13、68Cr17等；高温轴承钢，如Cr4Mo4V等。部分常用高碳铬轴承钢的特点及用途见表3.9。

表3.9　部分常用高碳铬轴承钢的特点及用途

钢号	统一数字代号	性能特点	用途举例
GCr15	B00150	高碳铬轴承钢的代表钢种，Cr含量为1.5%左右。具有高而均匀的硬度，良好的耐磨性和高的接触疲劳寿命，冷、热加工工艺性能良好，对白点形成较敏感，有回火脆性倾向	用于制造壁厚≤12mm、外径≤250mm的各种轴承套圈，制造尺寸范围较宽的滚动体；也可制造模具、量具及其他要求高耐磨、高接触疲劳强度的零件
GCr15SiMn	B01150	在GCr15钢的基础上增加了Si、Mn合金元素，其淬透性、弹性极限、耐磨性都有明显提高，冷加工塑性中等，可切削性稍差，同样对白点形成较敏感，有回火脆性倾向	用于制造大尺寸的轴承套圈、钢球、各种辊子，轴承零件的工作温度小于180℃；还可用于制造模具、量具以及其他要求高硬度且耐磨的零件
GCr15SiMo	B03150	在GCr15基础上加入Si、Mo元素而开发的新型钢种。综合性能良好，淬透性高，耐磨性好，接触疲劳寿命高，其他性能与GCr15SiMn相近	用于制造大尺寸的轴承套圈、滚珠、滚柱，还用于制造模具、精密量具以及其他要求硬度高而耐磨的零部件
GCr18Mo	B02180	成分相当于瑞典SKF24轴承钢，高淬透性，其他性能与GCr15钢相似	用于制造各种壁厚≤20mm的大尺寸轴承套圈
（G）95Cr18 （G）102Cr18Mo	B21800 B21810	高碳马氏体型不锈钢。具有高硬度和高耐磨性，在大气、水及某些酸类和盐类的水溶液中具有优良的不锈与耐蚀性	用于制造在海水、河水以及海洋性腐蚀介质中工作的轴承，工作温度可达到250～350℃，还可作某些仪器、仪表上的微型轴承

3.5.3 高碳铬轴承钢的热处理

轴承钢球化退火的主要目的是为最终淬火处理做好组织准备。球化退火组织中，碳化物的大小、形状及均匀性主要取决于加工后的珠光体形态和球化退火工艺及冷却方式。球化退火加热温度一般为780～810℃，冷却方式有连续冷却和等温转变两种，如图3.6所示。一般认为连续冷却比等温转变好，可消除过冷奥氏体稳定性的波动对退火组织的影响。轴承钢的球化退火组织对轴承零件的疲劳强度、韧度和耐磨性等有较大的影响。根据GB/T 18254—2016标准规定，供冷加工用的直径不大于60mm的退火钢材，其合格退火组织应为2～4级。

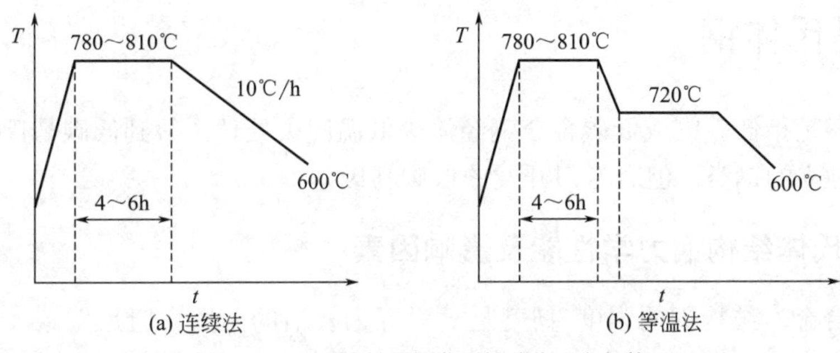

(a) 连续法　　(b) 等温法

图3.6　高碳铬轴承钢典型的球化退火工艺

对轴承钢性能要求的最终目标是接触疲劳寿命的持久性和稳定性。轴承钢一般的工艺路线为：锻（轧）→球化退火→机械加工→淬火、回火→磨加工，工艺特点是工序简单，但要求比较高。

淬火、回火工艺参数的选择对轴承的使用性能和疲劳寿命有很大影响。图3.7是GCr15钢淬火温度对冲击吸收能量和接触疲劳寿命的影响。高碳铬轴承钢的淬火温度为830～860℃，经油淬后，可获得细小均匀的5～8级奥氏体晶粒度，固溶体中的C含量一般在0.5%～0.6%，隐晶马氏体基体上分布着细小均匀分布的粒状碳化物，其体积分数为7%～8%，并含有少量残留奥氏体。这样的组织在性能上可得到最高硬度、弯曲强度和韧度。有研究认为，马氏体基体中C含量0.45%左右时疲劳性能最好；若马氏体基体中C含量固定在0.45%，则碳化物体积分数以4%～6%为宜。所以，在有些情况下降低钢中C含量是有利的。轴承零件在淬火工艺中应尽量减少氧化脱碳，一般采用保护气氛加热或真空加热。

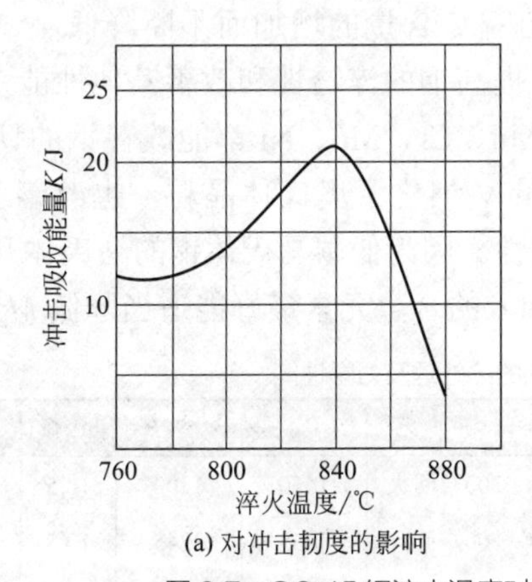

(a) 对冲击韧度的影响

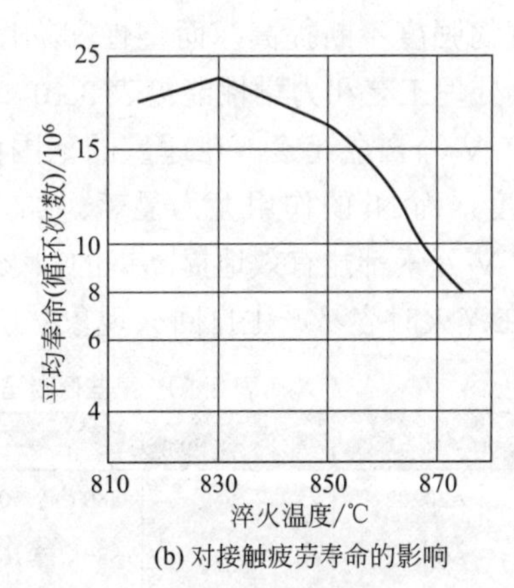

(b) 对接触疲劳寿命的影响

图3.7　GCr15钢淬火温度对冲击吸收能量和接触疲劳寿命的影响

（试验条件：退火组织中碳化物颗粒平均尺寸为0.4μm，接触应力为5000MPa）

轴承钢淬火后应及时进行回火，以提高零件的组织及尺寸的稳定性，提高力学性能。回火一般采用160℃保温3h或更长。回火后组织为回火马氏体+弥散分布的碳化物+少量残留奥氏体。

回火后硬度在62～66HRC。轴承零件尺寸不稳定的基本原因在于存在有内应力和残留奥氏体，增加组织稳定性和减少应力常用的措施是进行冷处理和附加回火。特别是对于精密轴承，为保证尺寸精度的稳定性，必须要求消除残留奥氏体。一般采用淬火后立即进行冷处理（-70～-80℃），生产中一般要求淬火后到冷处理之间在室温停留的时间不超过4h，冷处理后立即低温回火。轴承在磨削加工后要进行消除磨削应力的回火，一般应根据轴承精密等级来选择不同的保温时间和回火次数。一般用低于原回火温度20～30℃的温度进行附加回火，如120～150℃保温3～5h。对精度要求特别高者，在粗磨、细磨和精磨后要进行2～3次回火，时间在15～24h。

3.6 低碳马氏体钢

低碳马氏体钢是指低碳钢或低碳合金钢经淬火低温回火处理，得到低碳马氏体组织作为应用状态的钢，没有独立的钢类，但有专门开发的低碳马氏体钢。

3.6.1 低碳马氏体结构钢力学性能及影响因素

一般中碳（合金）结构钢的强度-韧度是一对互为长消的矛盾。但是低碳（合金）结构钢采用淬火低温回火工艺，则可得到位错板条马氏体，可实现强度和韧度、塑性的最佳配合。所以，一般的低碳钢如淬火获得低碳马氏体组织，就可满足许多零件的要求。低碳马氏体固溶的C含量较低，其产生的晶格畸变比中、高碳马氏体小，而且马氏体转变温度比较高，有自回火效应。因此，低碳马氏体的力学性能具有高强度的同时兼有良好的韧度和塑性。其力学性能变化范围为：抗拉强度R_m 1150～1500MPa；屈服强度R_{eL} 950～1250MPa；断面收缩率Z≥40%；断后伸长率A≥10%；冲击吸收能量KV_2≥60J。这些性能指标和中碳合金调质钢的性能相当，常规的力学性能甚至优于调质钢。低碳马氏体钢不但在静载荷下具有低的缺口敏感性和低的疲劳缺口敏感度，而且低碳马氏体的冷脆倾向比较小。低碳钢或低碳合金钢具有良好的工艺性能，冷变形能力良好，焊接性能优良，热处理脱碳倾向小，淬火变形和开裂倾向小。所以，对于在严寒地方室外工作的机件及要求低温下有高强度和高韧度的零件，采用低碳马氏体强化是很合适的。

低碳马氏体钢的C含量在0.15%～0.25%，以保证淬火后获得板条马氏体组织。低碳马氏体的强化主要是C的固溶强化。研究表明，钢中C含量在0.15%～0.29%范围内变化时，随着C含量的增加，钢的强度不断提高，而塑性和韧度则随着C含量的增加而不断降低。一些常用的低碳马氏体钢热处理工艺和力学性能见表3.10。为了提高钢的淬透性和改善其他性能，常加入Cr、Mo、Si、Mn、V等合金元素。在适量的范围内，Mn、Cr、Mo、Ni都能改善钢的韧度，并降低韧-脆转变温度，而Ni的作用尤为显著。加入少量V细化了奥氏体晶粒，也改善了钢的韧度。Cr、Mo、Si、V元素都能有效地提高钢的回火稳定性。因为低碳马氏体钢的马氏体开始相变温度M_S比较高，在淬火时容易产生自回火现象，所以加入的合金元素最好能适当降低M_S点，但也不

表3.10 某些低碳马氏体钢的热处理及力学性能

钢号	统一数字代号	试样尺寸/mm	热处理工艺	R_m/MPa	R_{eL}/MPa	A_s/%	Z/%	KV_2/J
20Cr	A20202	15	880℃淬10%盐水；200℃回火	1450	1200	10.5	49	≥70
20MnV	A01202	15	880℃淬10%盐水；200℃回火	1435	1245	12.5	43	89～126
15MnVB	A73152	15	860℃淬10%盐水；200℃回火	1353	1133	12.6	51	95
20SiMn2MoV	A14202	试样	900℃淬油；250℃回火	1511	1238	13.4	58.5	160
25SiMn2MoV	A14262	试样	900℃淬油；250℃回火	1676	1378	11.3	51.0	68
25MnTiBRE	A74252	试样	850℃淬油；200℃回火	1700	1345	13	57.5	95

能过分降低以避免增加淬裂倾向。总的来说，低碳马氏体钢的合金化方向是在保证淬透性的前提下，加入具有高的低温回火抗力和适当降低 M_S 点的元素。

低碳马氏体钢的工艺特点是需要高温加热、较长时间的保温；为保证淬透性，常以高速冷却。但是零件的断面尺寸增大，心部有可能淬不透，马氏体数量减少，其综合力学性能将降低。所以，应根据零件的尺寸大小来选择相应淬透性的钢。

3.6.2 低碳马氏体结构钢及应用

低碳马氏体钢在矿山、汽车、石油、机车车辆、农业机械等制造工业中得到了广泛的应用，在提高产品质量、减轻零件重量及降低成本等方面有着良好的效果。表 3.10 中的 15MnVB、20SiMn2MoV、25SiMn2MoV 是我国研制开发的低碳马氏体钢，在生产上已经得到了广泛应用。

15MnVB 是一种以冷镦法制造 M20 以下高强度螺栓的低碳马氏体钢。高强度连杆螺栓、汽缸盖螺栓、半轴螺栓等原用 ML38Cr（或 40Cr）钢制造，使用效果不理想，工艺成本也高。改用 ML15MnVB 钢制造后，强度提高，静强度比 40Cr 螺栓提高了 1/3 以上，并且工艺性良好，不易产生表面裂纹，易于冷镦成形，使模具寿命提高了 20%～30%。

20SiMn2MoV 和 25SiMn2MoV 具有较高的综合力学性能，应用于石油机械产品的重要零件。吊环是石油钻机提升系统的重要工具之一，主要用于钻井过程的起、下钻，要求安全可靠。以前用 35 钢正火处理，强度低，产品体积大。采用 20SiMn2MoV 或 25SiMn2MoV 钢制造，经淬火低温回火，抗拉强度和屈服强度相当于正火态 35 钢的 3 倍，因此可以大为减轻吊环的质量。特别是该钢的韧-脆转变温度低，在 −40℃时其冲击吸收能量 KV_2 值为 52J，比正火态 35 钢的室温冲击吸收能量值还要高。

对于强度和韧性配合要求特别高的零件，也可采用合金化程度高的低碳中合金钢，比中碳合金调质钢的效果更好。如大马力高速柴油机曲轴等，采用 18Cr2Ni4W 钢制造，经 860～870℃淬火，150～170℃回火，力学性能完全达到调质处理的效果。由于钢中含有 4%Ni，因而改善了室温和低温韧度和断裂韧性，具有高强度、低缺口敏感性和高疲劳强度。

3.7 合金渗碳钢

渗碳钢大量用来制造齿轮、凸轮、活塞销等零件。这些零件往往在滑动、滚动相对运动的工况下工作，工件之间有摩擦，同时还承受了一定的交变弯曲应力和接触疲劳应力，有时还会有一定的冲击力。与服役条件相应，这些零件常见的失效形式有过量磨损、表面剥落，甚至断裂等。因此，对这些零件的技术要求是表面具有高硬度、高耐磨性，高接触疲劳抗力，而心部应具有良好的综合力学性能。为了满足这样的要求，零件可用渗碳钢制造，通过渗碳淬火工艺，使表面有高的弯曲和疲劳强度及耐磨性，而心部又有高强度和韧度。实际上，经过渗碳处理后的钢是一种很好的复合材料，表层相当于高碳钢，而心部是低碳钢。

3.7.1 渗碳钢的合金化

渗碳钢的 C 含量决定了渗碳零件心部的强度和韧度，从而影响到零件整体的性能。一般渗碳钢的 C 含量在 0.12%～0.25%，个别钢种可到 0.28%。低的 C 含量可保证在淬火时得到强韧性好的板条马氏体组织。

渗碳钢中常用的合金化元素有 Mn、Ni、Cr、W、V、Ti、Mo 等。合金元素 Mn、Cr、Ni 的主要作用是提高渗碳钢的淬透性，以使较大尺寸的零件在淬火时心部能获得大量的板条马氏体组织。根据零件承受负荷大小的不同情况，心部需要的显微组织也有所差别。Ti、V、W、Mo 等元

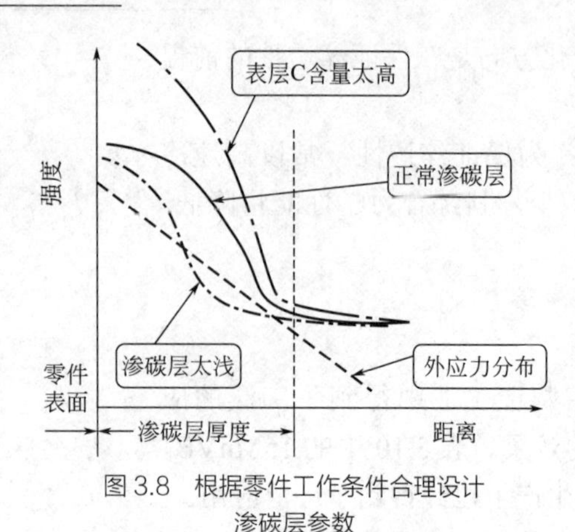

图 3.8　根据零件工作条件合理设计渗碳层参数

素可以阻止奥氏体晶粒在高温渗碳时的长大，能细化晶粒。Mn、Cr、Ni 等元素还可改善渗碳层参数。

渗碳层参数很重要，直接影响了零件的表层接触疲劳抗力和使用寿命。渗碳层参数有表层 C 含量、表层浓度梯度和渗碳层深度。表层 C 含量要适宜，一般在 0.80%～1.05%；浓度梯度宜平缓过渡，以免性能变化太大，内应力过大；渗碳层深度根据零件需要确定。原则上，渗碳层深度应大于零件的最大切应力深度，以保证高的接触疲劳强度。如图 3.8 所示，渗碳层过浅和表层浓度梯度过大都会降低零件的使用寿命。渗碳层参数又与渗碳钢的成分和渗碳工艺密切相关。合金元素对钢渗碳工艺和渗层参数的影响见表 3.11。

表 3.11　合金元素对渗碳工艺和渗碳层参数的影响

合金元素	吸碳能力	碳扩散系数	表层 C 含量	渗层深度	浓度梯度	淬透性	晶粒长大倾向	含量范围 /%
Ti V	↑	↓↓	↑↑	↓	变陡	不定①	↓↓	<0.12 <0.30
W Mo Cr	↑	↓	↑	↑	变陡	↑	↓	0.4～1.2 0.2～0.6 <2
Mn	↑	影响小	影响小	↑	平缓	↑	↑	～2
Ni	↓	↑	↓	稍↓	平缓	↑	影响小	～4
Si	↓	↑	↓	↓	平缓	↑	影响小	<0.8

① 当加热时碳化物溶解则提高淬透性，反之降低淬透性。

合金元素影响了 C 扩散系数和表层碳浓度，其综合作用就影响了渗碳层深度。碳化物形成元素将增大钢表面吸收 C 原子的能力，增加渗碳层表面碳浓度，有利于增加渗碳层深度；另一方面又阻碍 C 在奥氏体中扩散，不利于渗碳层增厚。就总的效果来看，Cr、Mn、Mo 有利于渗碳层增厚，而 Ti、V 减小渗碳层厚度。所以，强碳化物形成元素不宜太多。非碳化物形成元素则相反，降低钢表面吸收 C 原子能力，减少渗层浓度，但加速 C 在奥氏体中的扩散，总的效果是 Ni、Si 等元素不利于渗碳层增厚，因此一般渗碳钢中不用硅合金化。钢中碳化物形成元素含量过高，将在渗碳层中产生许多块状碳化物，造成表面的脆性，所以碳化物和非碳化物形成元素在钢中的含量要适当。Mn 是一个较好的合金元素，它对渗碳层参数有利，但容易使钢过热，宜和 Ti、V 等元素配合加入。渗碳钢的合金化常常是多元适量，复合加入，如 20CrMnTi、20MnV 钢。

3.7.2　常用渗碳钢及热处理工艺

渗碳钢都是低碳钢或低碳合金钢。常用渗碳钢按淬透性大小可分为低淬透性钢、中淬透性钢和高淬透性钢三类。应根据零件对淬透性和力学性能的要求，并考虑合金元素对渗碳工艺的影响，合理选择渗碳钢。常用合金渗碳钢的力学性能见表 3.12。

低淬透性钢的典型代表是 20Cr 钢。20Cr 钢淬透性比碳素渗碳钢好，渗碳时晶粒容易长大，所以不宜采用渗碳后直接淬火的工艺，否则会导致零部件的开裂。20CrV 钢由于 V 的作用，晶粒长大倾向有所降低，渗碳后可直接淬火。这类钢用于制造受力较轻的耐磨零件，如活塞销、滑块等小零件。

表 3.12 常用合金渗碳钢的力学性能

钢号	统一数字代号	淬火温度 /℃		冷却方式	R_m/MPa	R_{eL}/MPa	A_5/%	Z/%	KU_2/J
		第 1 次	第 2 次		≥				
20MnV	A01202	880		水、油	785	590	10	40	55
20MnVB	A73202	860		油	1080	885	10	45	55
20MnTiB	A74202	860		油	1130	930	10	45	55
20Cr	A20202	880	780～820	水、油	835	540	10	40	47
15CrMn	A22152	880		油	785	590	12	50	47
20CrMn	A22202	850		油	930	735	10	45	47
20CrMnMo	A34202	850		油	1175	885	10	45	55
20CrMnTi	A26202	880	870	油	1080	835	10	45	55
12CrNi3	A42122	860	780	油	930	685	11	50	71
20Cr2Ni4	A43202	880	780	油	1175	1080	10	45	63
20CrNiMo	A50202	850		油	980	785	9	40	47
18Cr2Ni4W	A52183	950	850	空	1175	835	10	45	78

注：淬火后回火温度为 200℃；试样毛坯尺寸均为 15mm。

中淬透性钢的典型代表是 20CrMnTi 钢。该钢由于 Cr、Mn、Ti 多元复合合金化的作用，淬透性好，油淬临界直径约 40mm；渗碳淬火后，具有较高的耐磨性和高的强韧度，特别是低温冲击吸收能量比较高；钢的渗碳工艺性较好，晶粒长大倾向小，可直接淬火，变形也比较小。20CrMnTi 钢一般可制造＜300mm 的高速、中载、受冲击和磨损的重要零件，如汽车、拖拉机变速箱齿轮，离合器轴和车辆上的伞齿轮及主动轴等，其他钢种如 20Mn2TiB、20CrMnMo 等和 20CrMnTi 钢相近，有些方面优于 20CrMnTi 钢。

18Cr2Ni4WA、20Cr2Ni4A 等钢是高淬透性渗碳钢。由于含有较多的合金元素，所以工艺可变程度大，获得的组织性能也比较复杂。18Cr2Ni4WA 可作为调质钢、低碳马氏体钢，也可作为渗碳钢。该钢的淬透性很高，油淬临界直径≥75～200mm，综合力学性能很好，特别是低温冲击吸收能量特别高。由于有较多 Ni 元素的存在，使渗碳层中很少出现粗大的碳化物，碳浓度分布平缓。经渗碳及淬火处理后，表面具有高硬度、高耐磨性，心部则有很高的强度和韧度。因此常制造承受高载荷，要求高强度、高耐磨的重要零件，如高速柴油机、航空发动机曲轴、齿轮等。

根据零件的断面尺寸及受力情况，可以选择不同强度级别的渗碳钢。5 个强度级别的常用渗碳钢的特点和用途见表 3.13。

一般渗碳零件的渗碳热处理温度为 930℃左右。渗碳后淬火处理常有直接淬火、一次淬火和二次淬火等方法。碳素钢和低合金钢常用直接淬火和一次淬火。如 20CrMnTi 钢齿轮在 930℃渗碳后可以预冷到 870℃直接淬火，预冷过程中渗碳层析出部分二次渗碳体，油淬后可减少渗碳体层中残留奥氏体，提高耐磨性和接触疲劳强度，而心部有较高的强度和韧度。20Cr2Ni4 和 18Cr2Ni4W 等中合金渗碳钢，经渗碳后直接淬火，渗碳层将存在大量残留奥氏体。减少残留奥氏体的方法有两种：一是淬火后进行冷处理；二是在淬火前进行高温回火，使残余奥氏体分解。生产上常用高温回火工艺。

20Cr2Ni4 和 18Cr2Ni4W 等中合金渗碳钢的渗碳和淬火工艺比较复杂，图 3.9 是 20Cr2Ni4A 钢齿轮常用的渗碳后热处理工艺，图 3.10 为 18Cr2Ni4W 钢渗碳后马氏体等温淬火热处理工艺。该工艺比较复杂和特殊，主要用于要求很高的综合力学性能和高耐磨性的重要件，如航空发动机齿轮等。18Cr2Ni4W 钢渗碳后，渗碳层与心部的 M_S 点差别很大，心部的 M_S 点为 310℃，而表

表 3.13　常用渗碳钢的特点与用途

钢号（淬透性指标）	主要性能特点	应用
20（J_9：80～95HRB）	淬透性低，正火、退火后硬度低，切削性不良	用于制造截面较小、载荷小的零件，如轴套、链条辊子、小轴及不重要的小齿轮等
20Cr（J_9：18～30HRC）	具有较好的综合性能，冷变形性较好，回火脆性不明显。渗碳时有晶粒长大倾向	用于制造截面尺寸≤30mm、负荷不大的渗碳零件，如齿轮、凸轮、滑阀、活塞、衬套、联轴节、止动销等
20CrMnTi（J_9：30～42HRC）	常用的中淬透性渗碳钢，具有良好的综合力学性能，低温冲击韧度较高，晶粒长大倾向小，冷热加工性能均较好	一般制造截面 30mm 以下承受高速、中载或重载及承受冲击的渗碳零件，如齿轮、轴、齿圈、十字头、离合器轴、液压马达转子等
12Cr2Ni4（J_9：35～43HRC）	具有高的综合力学性能，是高淬透性渗碳钢，冲击韧度高，有回火脆性和形成白点倾向。工艺性能较差	用于制造截面较大且承受重负荷的重要渗碳零件，如高负荷的齿轮、蜗轮、蜗杆、轴、转向器轴承等
18Cr2Ni4W（J_9：40～45HRC）	高淬透性，有良好的强韧性配合，缺口敏感性小，工艺性比较差。一般情况下，切削性、磨削性较差，可进行渗碳、氮化处理，也可在其他热处理后使用	用于大截面、高强度又需要良好韧度和缺口敏感性很小的重要渗碳件，如齿轮、轴、曲轴、花键轴、蜗轮、柴油机喷油嘴等

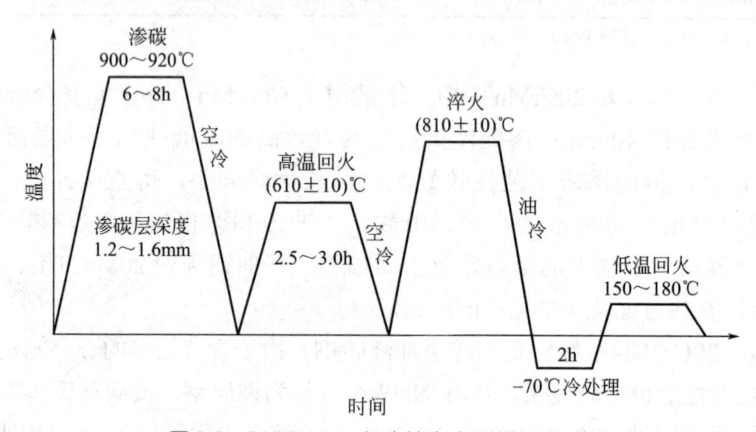

图 3.9　20Cr2Ni4A 钢齿轮渗碳后热处理工艺

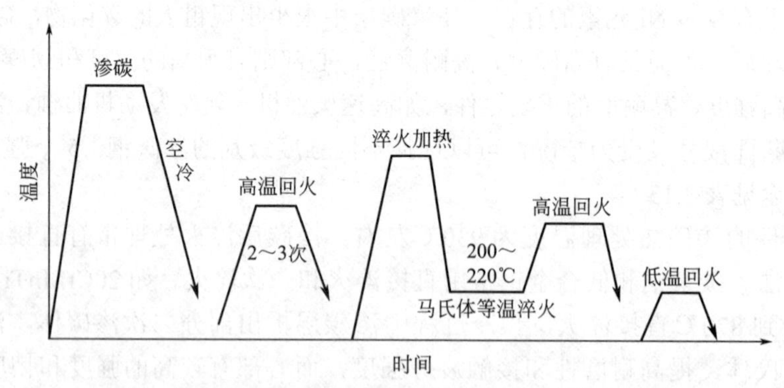

图 3.10　18Cr2Ni4W 钢渗碳后马氏体等温淬火热处理工艺

层 M_S 点已降低为 80℃左右。马氏体等温淬火工艺就是利用该特性来控制零件的表层和心部的组织与硬度。零件在渗碳、回火后，在 A_{C3} 以上温度（约 850℃）加热，淬入 200～220℃硝盐中进行等温淬火。这时，心部转变为低碳马氏体，具有高强度，而表层没有相变，仍然保持着过冷奥氏体组织。在 520~560℃高温回火时，心部低碳马氏体分解为回火托氏体，硬度降低，而韧度提高；表层过冷奥氏体在回火冷却过程中转变为高碳马氏体，并分布着粒状碳化物。在 150℃低温回火时，高碳淬火马氏体转变为回火马氏体，保证了高硬度和耐磨性，而对心部组织并无什么影响。

实际生产中，一般渗碳钢的淬透性有很大的波动，具有宽的淬透性带。所以在生产渗碳齿轮时，变形没有一定的规律性，渗碳齿轮的变形历来是一个问题。成批生产的齿轮要求从表面到心部组织和硬度分布完全一致，对于变形有一定的变化规律以有利于控制，才能保证产品质量。这样配对的齿轮啮合程度好，齿面受力均匀，运转平稳而噪声小。因此，需要对钢的淬透性水平及波动严格控制，这种钢称为H钢，即保证淬透性钢，如20CrH、20CrMnTiH、12Cr2Ni4H、20MnVBH等牌号。保证淬透性钢在国家标准GB/T 5216—2014中已有明确的化学成分和淬透性等规定。

汽车传动用渗碳齿轮钢是渗碳钢技术水平的重要标志。根据国外各种车型所用齿轮钢来分析，具有如下共同特点：不同零件选用不同钢号，在不同齿轮之间形成良好的性能匹配；钢的淬透性带比较窄，这对控制淬火变形、提高精度非常有利；钢的纯净度比较高，Si含量比较低，小于0.12%。

3.8 氮化钢

有些零件，如精密机床的主轴等，在工作时载荷不大，基本上无冲击力；有摩擦，但比齿轮等零件的磨损要轻，同时也受到交变的疲劳应力。这一类零件重要的要求是能保持高的精度，因此在性能要求上与渗碳钢有所区别。显然，渗碳钢的渗碳处理是不能满足高精度要求的。这类零件常采用氮化钢进行渗氮处理，可达到其性能要求。

氮化钢多为C含量偏低的中碳铬钼铝钢。机械零件经表面氮化处理后，具有以下一些特点：不需要进行任何热处理即可得到非常高的表面硬度，所以耐磨性好，零件之间发生咬死和擦伤的倾向小；可显著提高其疲劳强度，改善对缺口的敏感性；还具有抗水、油等介质腐蚀的能力，有一定的耐热性，在低于渗氮温度下受热可保持高的硬度。

零件在氮化前，要经过调质热处理以得到稳定的回火索氏体组织，以保证零件最终的使用性能和使用过程中的尺寸稳定性，同时也为获得好的氮化层作组织准备。常用的渗氮方法有气体氮化、离子氮化等。氮化温度一般为500～565℃，在表层能形成γ′相（Fe_4N）和ε相（$Fe_{3-2}N$）。钢中加入氮化物形成元素后，氮化层的组织有很大变化，在α相中形成含有Cr、Mo、W、V、Al等合金元素的合金氮化物，其尺寸在5nm左右，并与基体共格，起着弥散强化的作用。氮化往往是零件加工的最后一道工序，至多再进行精磨或研磨。

钢中最有效的氮化元素是Al、Nb、V，所形成的合金氮化物最稳定，其次是Cr、Mo、W的合金氮化物。合金元素对氮化层深度和表面硬度的影响如图3.11。不含Al时，形成的氮化层脆，

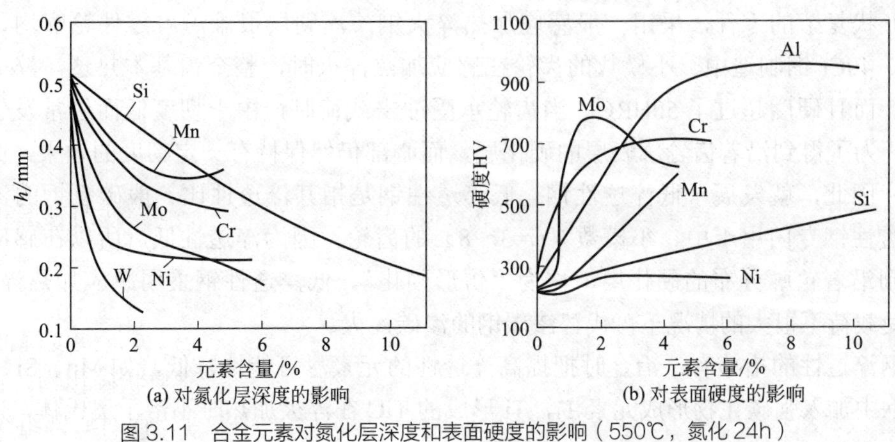

(a) 对氮化层深度的影响　(b) 对表面硬度的影响

图3.11 合金元素对氮化层深度和表面硬度的影响（550℃，氮化24h）

容易剥落。要得到满意的氮化层，钢中要含1%左右的Al。Cr、Mo、Mn元素提高了淬透性，以满足调质处理要求。Mo、V使调质后的组织在长时间氮化处理时保持稳定，也防止了钢的高温回火脆性。氮化钢的C含量比渗碳钢高，一方面是因为服役条件不同，另一方面能获得比较高的硬度，支撑高硬度表层，在过渡区有良好的硬度匹配。部分常用国内外渗氮钢的化学成分见表3.14。

表3.14 部分常用国内外渗氮钢的化学成分 单位：%

钢号	标准或代号	C	Si	Mn	Cr	Mo	V	Al
38CrMoAl	A33382	0.35～0.42	0.20～0.45	0.30～0.60	1.35～1.65	0.15～0.25	—	0.70～1.10
34CrAl6	德国 DIN	0.30～0.37	0.15～0.35	0.60～0.90	1.20～1.50	—	—	0.80～1.10
34CrAlMo5	德国 DIN	0.30～0.37	≤0.40	0.50～0.80	1.00～1.30	0.15～0.25	—	0.80～1.10
551	英国 DTD	0.30～0.50	0.10～0.35	0.40～0.80	2.5～3.5	0.7～1.2	0.10～0.30	—
35CrMo	A30352	0.32～0.40	0.17～0.37	0.40～0.70	0.80～1.10	0.15～0.25	—	—
40CrV	A23402	0.37～0.44	0.17～0.37	0.50～0.80	0.80～1.10	—	0.10～0.20	—

国内外广泛使用的氮化钢是38CrMoAl钢。对于要求高耐磨性高精度的零件，要有高硬度且稳定的氮化层，一般都采用含强氮化物形成元素Al的38CrMoAl钢。经调质和表面氮化处理后，38CrMoAl钢表面可获得最高氮化层硬度，达到900～1000HV。仅要求高疲劳强度的零件，可采用不含Al的CrMo型氮化钢，如35CrMo、40CrV、40Cr等，其氮化层的硬度控制在500～800HV。

氮化处理提高零件疲劳强度和耐磨性的原因：首先在表面形成高硬度的γ′相（Fe_4N）和ε相（$Fe_{3\text{-}2}N$）；其次是渗入的N原子与氮化物形成元素形成了弥散分布的合金氮化物，提高了表层的硬度和强度。另外，表面渗入N原子后体积膨胀，因而在表面产生了残余压应力，能抵消外力作用产生的张应力，减少表面疲劳裂纹的产生。

3.9 低淬透性钢

感应加热表面淬火与渗碳和氮化处理相比，具有如下一些特点：不改变表面化学成分，表面硬化而心部仍然保持较高的塑性和韧度；表面局部加热，零件的淬火变形小；加热速度快，可以完全消除表面的脱碳和氧化现象；在零件表面形成了残余压应力，提高疲劳强度。所以在工业生产上，许多零件都采用了感应加热淬火工艺。与渗碳钢相比，感应加热淬火工艺常用于轻负荷工件或需要局部淬硬的轴类零件，其耐磨性和疲劳抗力不如渗碳工艺。感应加热表面淬火钢主要有中碳低淬透性调质钢和低淬透性钢，这里主要介绍低淬透性钢。

对于形状复杂的零件，采用一般感应加热淬火钢，淬硬层很难沿着零件轮廓均匀分布。例如，用45、40Cr钢制造中、小模数的齿轮在感应加热淬火时，整个齿基本热透，淬火后齿的心部也硬化，而且硬度超过了50HRC。当齿轮承受冲击载荷时，由于韧度低而经常发生断齿、崩角等现象。为了得到沿着齿轮廓表层的硬化层，而心部仍然保持有一定韧度的效果，必须降低钢的淬透性。因此，就发展了低淬透性钢。低淬透性钢是指其淬透性比一般碳素钢的淬透性还要低。低淬透性钢专门用于中、小模数（m=3～8）的齿轮。因为淬透性低，所以在感应加热淬火时，能得到沿着轮廓分布的硬化层，称为“仿形硬化”。低淬透性钢采用感应加热淬火工艺后，在零件承受载荷不很大的情况下可代替渗碳钢的渗碳淬火。

降低钢淬透性的措施有：冶金时把提高淬透性的元素尽可能地降低，如Mn、Si、Ni、Cr等元素；在钢中加入强碳化物形成元素Ti，Ti形成的TiC在淬火加热时不溶于奥氏体，冷却时又成为珠光体相变的核心，从而降了钢的淬透性。

常用的低淬透性钢有 55Ti、60Ti、70Ti 等钢种，其化学成分和用途见表 3.15。

表 3.15　低淬透性钢的化学成分和用途

钢号	化学成分 /%				用途
	C	Si	Mn	Ti	
55Ti	0.51～0.59	≤0.25	≤0.23	0.03～0.10	可部分代替渗碳钢，制造车辆的齿轮和承受冲击载荷的半轴和花键轴等，对强度要求不高的模数 5 以下的齿轮
60Ti	0.57～0.65	≤0.30	≤0.23	0.03～0.10	可部分代替渗碳钢，用于制造要求低淬透性的齿轮、轴等零件。由于强度高于 55Ti，适于制造模数大于 6 的大、中型齿轮
70Ti	0.64～0.73	≤0.35	≤0.28	0.04～0.12	

注：钢中残余元素含量：Cr≤0.20%，Ni≤0.20%，Cu≤0.20%，Cr+Ni+Cu≤0.50%。

3.10　耐磨钢

磨损是机械零件主要失效形式之一。不同的工况，磨损机理也不同，影响的因素很多，过程也十分复杂。磨损机理一般有磨粒磨损、黏着磨损、冲蚀磨损、腐蚀磨损、接触疲劳磨损等。其中，磨粒磨损最普遍，在零件因磨损失效的事例中大约占 50%，黏着磨损约占 15%，腐蚀磨损约占 8%。耐磨钢目前还没有系统的技术标准，没有独立的钢类，但制造耐磨零件所选用的钢比较广泛，一部分结构钢、工具钢及合金铸铁常用来制造各种耐磨零件。这里主要介绍高锰钢耐磨材料和低合金耐磨钢。

3.10.1　钢的耐磨性及其影响因素

钢的耐磨性是指在一定工作条件下抵抗磨损的能力。影响钢耐磨性的因素主要是磨损工况和摩擦副材质。对于一定的磨损工况，影响钢耐磨性的内在因素主要有化学成分、组织、性能等。不同的磨损类型，各因素所起的作用是不同的。下面就磨损失效量最大的磨粒磨损分析其内在因素影响规律。

不同基体组织的耐磨性影响按铁素体、珠光体、马氏体、贝氏体顺序递增。在硬度相当情况下，片状珠光体耐磨性比球状珠光体高 10% 左右，珠光体片越细，则耐磨性越好。经淬火回火后的亚共析钢，随 C 含量的增大，钢的耐磨性提高。C 含量不同的钢经热处理得到相同硬度时，其抗磨粒磨损的能力随 C 含量的增大而提高。硬度相同时，贝氏体的耐磨性比回火马氏体好，马氏体与奥氏体的混合组织比单纯的马氏体组织更耐磨。钢铁材料基体组织和耐磨性的一般关系如图 3.12。

Cr、Mo、W、V 和 Ti 等元素在一定条件下能形成特殊碳化物，可大为提高钢的耐磨性，在一般情况下其作用程度按顺序递增。碳化物细小均匀分布，耐磨性好。在硬度相当情况下，碳化物量越多，则相对耐磨性高。一般来说，晶粒细化总是伴随着耐磨性的改善。奥氏体高锰钢只有在高应力冲击磨损条件下才有优良的耐磨性。

不同成分的钢经热处理达到相近硬度时其耐磨性是不同的。不同 C 含量的碳钢，在低温回火马氏体状态下耐磨性随硬度增加而明显提高。在一定硬度范围内相对耐磨系数随硬度增加而明显提高，但有时硬度过高耐磨性反而下降，如图 3.13。

材料表层的夹杂、空洞、微裂纹、锻造夹层等缺陷将使磨损加剧。材料表面结构设计的不合理（如过大的截面变化、过小的圆角半径），表面加工质量以及各种热加工缺陷（如网状、带状组织、脱碳、氧化等）都是对耐磨性不利的。

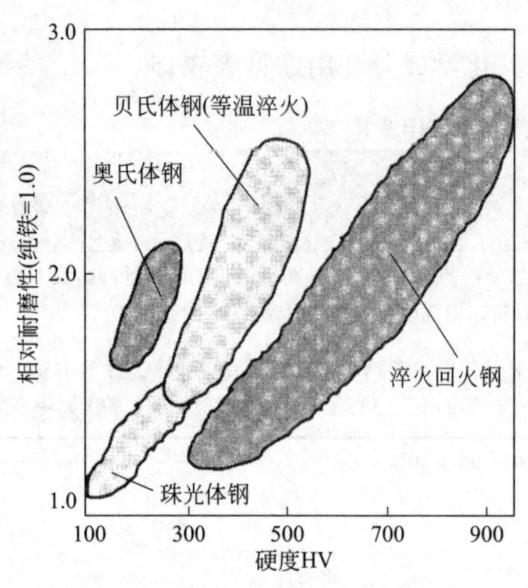

图 3.12　钢铁材料基体组织与耐磨性的关系

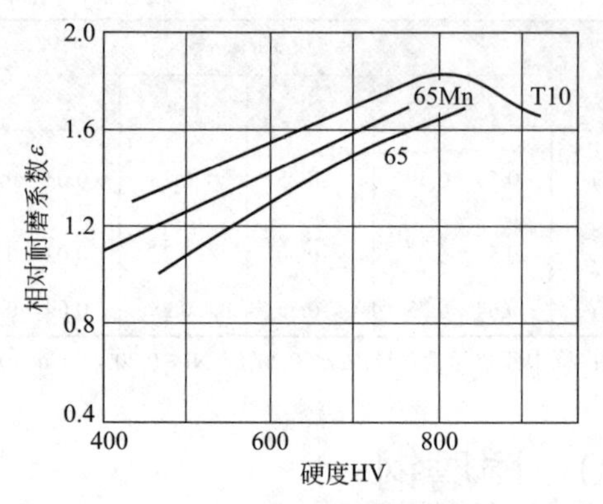

图 3.13　不同材料淬火回火后硬度和相对耐磨系数关系

3.10.2　高锰铸钢

（1）高锰铸钢的化学成分及性能　高锰铸钢化学成分的特点是高碳、高锰（10%～14%Mn，0.9%～1.4%C），为提高性能，还可加入Cr、Mo、Ni、Ti等元素。由于该类钢加工非常困难，所以基本上都是铸件使用。高锰钢的C含量要根据具体情况来选择。提高钢中的C含量，可提高耐磨性，但韧度有所下降，并且铸件的裂纹敏感性增大。一般情况下，厚壁且结构比较复杂的零件，C含量应低些；砂型铸造时冷却速度慢，C含量低些为好；在接触应力低、磨料较软的工况下工作的铸件，C含量应高些。Mn的加入主要是为了获得室温奥氏体组织，A_1温度降低到600℃左右，而M_S点在室温以下。Mn含量的选择主要取决于C含量及零件的使用条件。通常，Mn含量与C含量的比值应不小于9。含Cr的高锰钢，强度和耐磨性稍有提高，但塑性有所降低。Mo的加入改善了塑性，提高了高温强度。Cr或适量的Mo和V，能细化碳化物。加入RE可以改善铸造性能，减少热裂倾向，显著细化奥氏体晶粒，延缓铸后冷却时在晶界析出碳化物，有利于提高使用寿命。

常用的高锰铸钢为ZGMn13型，主要有ZGMn13-1、ZGMn13-2、ZGMn13-3、ZGMn13-4、ZGMn13-5等牌号。由于合金度高，在铸造条件下共析转变难以充分进行，铸态组织一般是奥氏体、珠光体、马氏体、碳化物等复合组织，力学性能差，耐磨性低，不宜直接使用。经过水韧处理（即固溶处理）后的显微组织是单相奥氏体，软而韧。高锰铸钢的力学性能为：硬度≤300HBS[1]；冲击吸收能量KU_2在150J左右；屈服强度R_{eL}为250～400MPa；抗拉强度R_m一般为700～1000MPa；断后伸长率A_5一般为30%～55%。

（2）高锰钢的热处理　铸态的钢必须经过水韧处理。水韧处理应注意：水韧处理的加热温度应在A_{cm}线以上，一般为1050～1100℃，在一定的保温时间下，使碳化物全部溶入奥氏体中；高锰钢的导热性比较差，仅为碳素钢的1/4～1/5，热膨胀系数比普通钢大50%，而且铸件尺寸往往又比较大，所以要缓慢加热，以避免产生裂纹；铸件出炉至入水时间应尽量缩短，以避免碳化物析出。冷速要快，常采用水冷。水冷前水温不宜超过30℃，水冷后水温应小于60℃；水韧处理后不宜再进行250～350℃的回火处理，也不宜在250～350℃以上温度环境中使用。因为在高于250℃时，会析出碳化物，降低性能。

（3）高锰钢的耐磨性及应用　研究表明，高锰钢冷作硬化的本质是通过大形变在奥氏体基体中产生大量层错、形变孪晶、ε马氏体和α马氏体，成为位错运动的障碍。经强烈冲击后，耐磨

[1] 由于布氏硬度测试时压头的材料不同，因此布氏硬度值用不同的符号表示，当压头为淬火钢球时，其符号为HBS（适用于布氏硬度值在450以下的材料）；当压头为硬质合金球时，其符号为HBW（适用于布氏硬度值为450~650的材料）。

件表面硬度从原来的200HBW左右可提高到500HBW以上，硬化层深度可达到10～20mm，而心部仍保持奥氏体组织，所以能承受强有力的冲击载荷而不破裂。在表面层逐渐被磨损掉的同时，在冲击载荷强烈磨损的作用下硬化层不断地向内发展，“前赴后继”。而在低应力磨损和低冲击载荷下，由于不能产生足够的加工硬化，这时高锰钢的耐磨性往往不一定比相当硬度的其他钢种好。由于高锰钢所特有的性质，它被广泛应用于承受大冲击载荷、强烈磨损的工况下工作的零件，如各式碎石机的衬板、颚板、磨球，挖掘机斗齿、坦克的履带板等。

3.10.3 低合金耐磨钢及石墨钢

低合金耐磨钢具有良好的耐磨性和韧度的综合性能，常用合金元素有Cr、Mo、Si、Mn、RE等。低合金耐磨钢在农业机械和矿山机械中得到了广泛使用。常用低合金耐磨钢的特点和用途见表3.16。

表3.16 常用低合金耐磨钢的特点和用途

钢号	主要特点	热处理	用途举例
42SiMn	具有良好的综合力学性能，淬透性较高，有过热倾向和回火脆性	淬火、回火	制造截面较大的齿轮、轴，工程机械、拖拉机上的驱动轮、导向轮、支重轮等耐磨零件，矿山机械中的齿轮
40SiMn2	淬透性较高，耐磨性好，有较高的综合力学性能，有回火脆性	调质	拖拉机、推土机的履带板
55SiMnRE 65SiMnRE	有比较高的强度、耐磨性，抗氧化、脱碳性良好，淬透性较高，回火稳定性良好	淬火、回火	农机具犁铧
41Mn2SiRE	耐磨性良好，韧度较高，热处理工艺性良好	淬火、回火	制造大型履带式拖拉机履带板
31Si2CrMoB	有很好的强度和韧度	淬火、回火	推土机刀刃
25Cr5Cu	有良好的耐磨、耐蚀性。薄板：轧后退火；中板：轧后热处理		制造水轮机叶片，大型泥浆泵、水泥搅拌机等易损件
36CuPCr	具有良好的耐磨、耐蚀性，使用寿命比碳钢轻轨约提高0.5倍		用于煤矿井下、冶金矿山和森林开发的运输铁道线路的轻轨

41Mn2SiRE是制造大型履带式拖拉机履带板的主要钢种。41Mn2SiRE钢的热处理工艺性较好，淬火时不易开裂，硬度均匀，热处理后性能稳定。推荐的热处理工艺为850℃淬火加热，400～450℃回火，硬度为38～45HRC。

65SiMnRE钢主要用于犁铧。常用的热处理规范为820℃淬火，240℃回火，硬度为52～60HRC。用65SiMnRE钢制造的犁铧，其使用寿命比65Mn钢高25%～50%。

各种耐磨零件由于服役条件的差异，磨损形式及失效机理也是不同的，所以选择的材料及采用的强化工艺也是不同的。

石墨钢是一种高碳铸钢，兼有铸钢和铸铁的综合性能，其微观组织是由钢的基体、二次渗碳体和点状石墨所组成。石墨钢的特点是耐磨性好，缺口敏感性低，热处理变形小，尺寸稳定以及易于切削加工。主要用于要求表面质量严格的拉伸、弯曲、整形冲模，小型热轧辊、球磨机的衬板、磨球等。在低应力条件磨粒磨损条件下，比高锰钢好，且成本低。我国开发的石墨钢SiMnMo钢成分为1.40%～1.50%C，1.00%～1.30%Mn，0.90%～1.20%Si，0.30%～0.50%Mo。

3.11 零件材料选择基本原则与思路

设计与制造一个零件时，最根本的问题是选择制造零件的材料及相应的加工制造工艺。掌握各种材料的特性、正确地选用材料是从事机械设计、加工制造和材料热处理工程技术人员的基本要求。材料的选择是否适当关系到热处理工艺和其他加工工艺以及零件的最终性能和使用寿命。

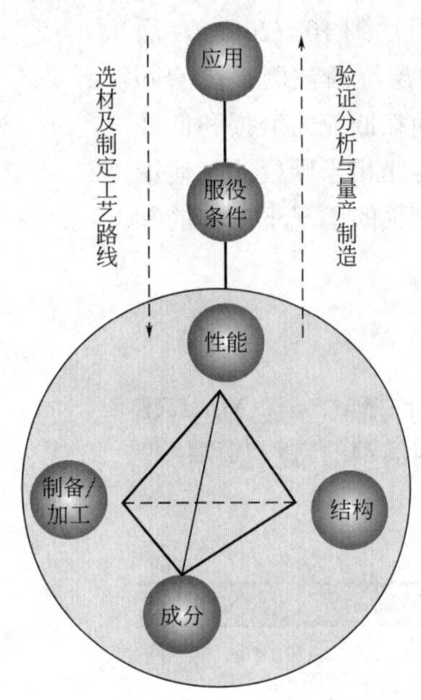

图 3.14　零件的应用、服役条件及材料四面体之间的关系

零件的应用、服役条件和材料四面体之间的关系如图 3.14 所示，该图可以作为总的指导。

如果按照从上到下的顺序，就是零件选材及工艺制订的技术路线。首先，分析零件的应用领域和场合，进而分析其服役条件，由服役条件得出零件的性能（性质 + 效能）要求，最后根据性能要求，开展四要素的研究，该四要素相互联系、相互影响，必须全面分析、系统分析。这四个要素中，成分即对应选材得到的材料的化学元素构成，制备 / 加工即对应的所有制造加工工艺，结构即代表零件的宏观尺寸以及微观的组织结构（比如各种相、碳化物等）。设计者只有了解材料在各种不同组织状态下性能指标的物理本质，才能针对零件的服役条件准确地提出各种性能参数的具体数值，通过查阅有关资料选择材料，设计相应的热处理强化工艺。而工艺决定了材料的组织，后者又决定了最终的性能。

如果从下往上来开展工作，就是对零件选材及工艺制订的工作进行验证，从而确定材料及工艺是否得当。如果可以满足服役条件，得到很好应用，则开始量产；如果不能满足服役条件，不能应用，那么就要开展失效分析，找到原因之后，改进材料及工艺，重新进行验证，直到可以量产。零件非正常失效或没有满足设计要求的原因可能是多方面的，可能是材料选择不当，工艺设计不妥或工艺执行不当，也可能是零件结构设计不太合理或技术要求不够科学等。所以零件设计发展的一个重要特点是将零件设计和材料设计有机地结合起来。选择材料合理性的标志是在满足零件性能要求和工艺可达性的条件下，最大限度地发挥材料的潜力；在满足零件加工制造环境性的同时，尽可能地降低制造成本。

图 3.14 仅为一个简单的示意图，在实际工作中，在四要素的工作环节还可能涉及计算设计以及环境、成本等多种因素。

3.11.1　选择材料的基本原则

（1）材料的使用性能要求　材料的使用性能是选择零件材料时最直接考虑的主要依据。正确分析判断零件的实际使用性能要求很重要，这应该是在对零件的服役条件和失效分析的基础上提出来的。零件的服役条件主要考虑的是载荷的大小、类型和温度、介质等工况环境以及其他一些特殊情况。

失效分析为正确选择材料提供了重要的依据。例如，失效分析表明零件是因为工件过量变形而损坏的，因此应该选用较高强度的材料。在满足工件性能要求的前提下，应最大限度地发挥材料的潜力，做到“物尽其用”。

当然，不同材料可经过不同的热处理工艺而得到相似的性能。而且，同一材料经不同处理工艺也可得到相似的性能。这也就是说，对某个零件，可用不同的材料制造，即使同样的材料也可有不同的工艺处理方法。表 3.1 中列出的几种典型零件的服役条件、失效形式及选材的一般标准，仅仅是一个粗略的概括。在选材问题上，如何突破传统观点的束缚，结合零件结构设计和强化工艺的创新来提高零件的性能、降低成本和延长使用寿命，这是机械制造工业中的重要问题之一。

（2）材料的工艺性能　任何零件都是由一定的工艺过程制造出来的。因此，材料的加工难易程度，即工艺性能也是零件选材时必须考虑的问题。材料的加工工艺性能主要有铸造性、压力加工性、冷变形性、机械加工性、焊接性和热处理工艺性等。在大量生产时，工艺周期的长短，加工费用的高低，机械加工成产品的可能性，常常是生产的关键。在加工过程中，切削性和热处理工艺性是主要的。材料的工艺性好坏在单件或小批量生产条件下并不显得十分突出，而在大批量生产的条件下常成为选择材料时起决定的因素。如汽车上的一些齿轮，在大量流水式生产条件下，为保证产品质量，必须选用保证淬透性结构钢。

（3）经济性 零件制造的经济性涉及材料的价格、加工成本、国家资源情况、生产设备的可能性等因素。零件的总成本与零件寿命、重量、加工费用、研究费用和材料价格等因素有关。在一般情况下，材料的价格是重要的。目前我国的材料利用率和零部件使用寿命已经非常接近国际最先进水平，只是在一些关键零部件领域，其产品寿命还需要大力开展研发工作。

（4）其他因素 除了材料的性能、加工工艺和经济性因素外，选用零件材料毛坯还需要考虑零件的外形和尺寸特点。例如，轴、齿轮等零件，表面是由圆柱和平面构成，外形比较简单，易用机械加工方法制造，所以常用锻造毛坯；例如拨叉、箱体等零件形状比较复杂，不易或不能用机械加工方法制造，常用铸造毛坯。大尺寸零件往往无法用锻造或铸造方法制成整个零件时，可采用以小拼大的方法，先制成若干部分铸件或锻件，然后再焊接或连接而成。

同一零件如果生产批量不同，采用毛坯的类型也不同。一般来说，为缩短生产周期、降低制造工艺成本，单件小批量生产多采用形状和制造工艺比较简单的毛坯。但在大批量生产时，为获得稳定的产品质量、降低成本和提高生产率，应力求选用外形和尺寸与零件相近的毛坯。另外，还要考虑实现先进生产工艺和现代生产组织的可能性。

随着材料的资源消耗和环境问题的日益严重，在选择材料的基本原则方面还应增加材料的环境协调性。应避免选用在加工或使用过程中有严重污染、直接有害的材料或工艺；应尽可能考虑节约资源，有利于材料的循环使用；在满足性能要求大致相同的情况下，尽可能使用环境负荷小的材料与工艺。

3.11.2 选择材料的基本思路及方法

3.11.2.1 机械零件加工工艺路线

根据零件的形状、尺寸、精度和性能要求等条件，综合考虑制定零件的加工工艺路线。在确定材料后，还需要考虑合适的型材。例如，筒状零件最好选用管材，圆形零件最好选择棒材。然后再确定加工工艺路线。零件的加工工艺路线大体上分为三类。

（1）性能要求不高的零件 性能要求不高的零件，一般是铸铁和碳钢制造。其工艺路线比较简单：毛坯（由铸造或塑性加工得到）→正火（退火）→机械加工→成型零件。如直接用型材加工，则不需要进行热处理。

（2）性能要求较高的零件 各种合金钢制造的轴、齿轮等零件。其工艺路线：毛坯→预先热处理（正火、退火）→机械粗加工→最终热处理（淬火回火或渗碳淬火等）→精加工。

（3）性能要求高的精密零件 一般用于精密丝杆、主轴等。一般的工艺路线为：毛坯→预先热处理（正火、退火）→机械粗加工→热处理（调质等工艺）→半精加工→氮化处理→精加工→去应力退火→零件。

3.11.2.2 选择零件材料的基本思路与方法

表 3.17 是不同类型零件选择材料的基本思路与方法。选择零件材料常用步骤如下。

① 分析零件的工作条件、尺寸形状和应力状态，科学合理地确定零件的技术要求。

② 通过分析或试验，结合同类型零件失效分析结果，找出实际工作时零件的主要和次要失效抗力指标作为选材的基本依据。

③ 根据所要求的主要力学性能，选择材料。首先要确定钢的 C 含量水平，然后根据技术要求利用淬透性有关资料，再确定具体的材料。

④ 综合考虑钢种是否能满足次要失效抗力指标的可能性和可能采用的工艺措施。

⑤ 审查所选钢种是否满足所有工艺性基本要求和组织生产的可能性，进一步考察材料的经济

表 3.17 不同类型结构零件选择材料的基本思路与方法

零件类型	基本思路	分析方法
承受疲劳载荷的零件	应该知道应力的大小、循环周期要求和应力集中系数等参数，了解有关材料的强度、韧度、疲劳极限等性能特点，综合以上情况选择材料、确定热处理强化工艺或方法	选择强、韧度好的钢以适应低周疲劳 采用表面强化（化学热处理、喷丸等）处理，使零件表面产生残余压应力 选择高度纯净或表面质量优良的钢 降低表面粗糙度，防止表面损伤和缺陷 采用涂覆层提高表面腐蚀和腐蚀疲劳抗力
承受冲击载荷的零件	强度、塑料、韧度的最佳配合，随服役条件不同而变化。当冲击能量大时，提高塑韧性是强-韧矛盾的主要方面；当冲击能量较小时，保证一定的强度是主导因素。要正确分析零件的服役条件，制定合理的技术要求，才能正确地选择材料和热处理强化工艺	所选择钢的C含量不要高于所要求的强度等级必需的C含量 选择高质量的钢材，S、P含量最好在0.025%以下 低温（<-45℃）下工作的零件最好选用含镍钢
以磨损失效为主的零件	查明摩擦副的相对运动大小、方向、载荷、压力以及硬度与变形情况。确定磨损速率、摩擦系数、摩擦副润滑等条件。根据实际磨损失效情况或经验地找出各因素间的关系，抓住基本的主要因素，有针对性地提出对策	主要从以下几个方面来考虑提高耐磨性： 改善工况与环境条件；选用更耐磨的摩擦副；选用更合理有效的表面强化工艺；改进零件结构设计；改善工作表面状态

性和生产成本。

合理选择材料还应注意以下有关问题。

要合理引用手册上材料的力学性能数据。各类手册上介绍的大部分材料性能数据，都是在标准试样上得到的。如不作特别说明，一般都是指小于ϕ25mm材料上取样试验的结果。因此引用有关数据时应注意试样尺寸大小。当零件尺寸较大时，引用小尺寸试样的性能数据是比较危险的。

尽量选用简化加工工艺的材料。在保证满足零件力学性能要求的前提下，尽可能选用能简化加工工序的材料，以降低成本。有些零件可用冷拉、冷拔态钢材制造。如农机具用一般的轴类零件采用冷拉态Q275钢制造，可省去轴的机加工，并且能显著提高轴的疲劳强度；有些零件可选用型材加工制造。如轴承套圈宜用轴承钢管型材加工制造。农业机械中，犁、耙等机械的各种机架、构件逐步推广使用特殊断面的型钢制造，槽钢和卷边槽钢等冷弯型钢在联合收割机、中耕机等机械上被广泛采用。用型材加工制造，不但工序简单、成本低，而且构件的刚度和强度也有较大的提高。

零件材料选择要考虑零件的综合成本。选择材料时，不能只片面地考虑材料成本，更要考虑零件成本，甚至要考虑零件的使用寿命。有些情况下，材料成本虽然提高了，但是零件的制造成本降低了，或者零件的使用寿命大为提高，从系统角度来说，零件材料的选择还是科学合理的。

保证淬透性钢的合理选择。有些零件的工艺和性能与材料的淬透性是否稳定有很大的关系。例如齿轮的变形一直是生产中的难题，采用保证淬透性钢可有效地控制变形。日本小松制作所研究证明，淬透性带宽度由J11[1]处的10HRC单位控制在5HRC单位时，齿轮热处理变形可降低60%。国内第一汽车制造厂用40CrH钢制造CA-10B解放牌汽车转向节、半轴等零件，效果良好。

3.11.3 典型零件材料选择与工艺分析

（1）齿轮类零件 齿轮是工业应用最广泛的重要零件之一。它的主要作用是传递动力、改变运动速度和方向。传递动力时，齿根部位受到大的交变弯曲应力，而齿面有很大的接触疲劳应力，强烈的摩擦，并且有时还受到一定的冲击力，所以其主要的失效形式为疲劳断裂、表面损伤（麻点、剥落、磨损）和过载断裂。所以，对齿轮的力学性能要求主要是高的弯曲疲劳强度、高的接触疲劳抗力、足够的塑性和韧度，耐磨性好。但是不同机械的齿轮，其工作条件差别很大，所以在选择材料和热处理工艺上也有很大不同。

[1] J11处指的是在端淬实验中，试样的测试位置距离水冷端为11/16英寸。

对于机床齿轮，载荷不大，工作平稳，一般无大的冲击力，转速也不高。一般选用调质钢制造，如45、40Cr、42SiMn等钢，热处理工艺为正火或调质，轴颈等处可用高频感应加热淬火。其工艺路线为：备料→锻造→正火→粗加工→调质处理→半精加工→高频淬火+回火→磨削。

汽车、拖拉机上的变速箱齿轮一般属于重载荷齿轮。这些齿轮受力比较大，频繁地受到冲击，因此在耐磨性、疲劳强度、抗冲击能力等方面的要求均比机床齿轮高。为了满足表面高耐磨和整体强韧性的要求，一般都采用渗碳钢，如20Cr、20CrMnTi等，进行渗碳热处理。一般工艺路线为：备料→锻造→正火→粗加工→渗碳+淬火+回火→喷丸→磨削。

航空发动机齿轮和一些重型机械上的齿轮承受高速和重载，比汽车、拖拉机上的齿轮工作条件更为恶劣，齿轮的心部强度和韧度要求更高。所以，一般多采用高淬透性渗碳钢，如12CrNi3A、20Cr2Ni4A、18Cr2Ni4WA等钢。其工艺路线较为复杂：备料→模锻→正火+高温回火→机械加工→渗碳→高温回火→机械加工→淬火+回火→机械精加工→检验。

（2）轴类零件 轴是各种机械中最基本的零件，也是关键零件。它直接影响机械的精度和寿命。各种机械的轴差别很大，单从尺寸来说，钟表上的轴直径在0.5mm以下，而汽轮机转子轴直径在1m以上。从大多数轴的服役条件看，主要的共同点是：传递扭矩，有交变性，有时还有弯曲、拉压载荷；都有轴承支撑，轴颈处需要高硬度，耐磨性好；大多数承受一定的冲击或过载。所以其失效形式主要为断裂（过载冲击造成）、疲劳断裂和过量变形，大部分是疲劳断裂。因此，轴类零件的选材主要是按照强度来确定的，同时考虑一定的韧度和耐磨性。

目前常用轴的材料及工艺如下。

① 轻载主轴　如普通车床的主轴，负荷小，冲击力不大，磨损也不严重，一般采用45钢，整体经正火或调质处理，轴颈处高频感应加热淬火。

② 中载主轴　如铣床，中等负荷，有一定的冲击力，磨损也较重，一般用合金调质钢40Cr等制造，进行调质处理，轴颈处高频感应加热淬火；对于冲击力较大的，也可用20Cr等钢制造，进行渗碳淬火。

③ 重载主轴　如组合机床的主轴，负荷较大，冲击力大，磨损严重，可用20CrMnTi钢制造，渗碳淬火。

④ 高精度主轴　如精密镗床的主轴，虽然负荷不大，磨损也不严重，但是精度要求很高，一般可用38CrMoAlA氮化钢制造，经调质后氮化处理，可满足要求。

本章小结

结构钢的主要矛盾是强度和塑韧性之间的配合。一般情况下，钢的强化和韧化是一对矛盾。在结构钢中，碳是强韧化的主要因素。一般情况下，随着C含量的增加强度不断地提高，而塑性和韧度是不断下降的。表3.18简要概括了典型结构钢的特点、应用及演变情况。

对于普通结构钢，基本上可从纵向（见表中纵向箭头）和横向（见表中横向箭头）两个方面来理解各类钢的特点与发展。横向理解的思路：不同的机械结构零件有不同的服役条件，因此也就要求有不同程度的强度、塑性、韧度等综合力学性能的配合，从而也需使用不同的材料，不同的材料和技术要求，应采用相应的强化工艺。纵向考虑的问题：每一类钢或零部件都有一条主线，即服役条件→性能要求→MSE四面体（成分、制备/加工、结构、性能）→应用。

掌握理解固溶强化、位错强化、细晶强化和弥散强化等强化机理是很重要的，这是理解强韧化矛盾及其互相长消规律的基础。这些强化机制在处理过程中是相互转化的。在结构钢中，许多问题都是由强度-韧度协调反映出来的矛盾。强度有余时，矛盾的主要方面是如何提高韧度；而韧度有余时，提高强度是矛盾的主要方面，并且矛盾的主要、次要方面在一定条件下可以转化。

表 3.18 典型结构钢的特点、应用及演变

类型	一般服役条件或主要性能要求	典型牌号	C 含量 /%	常用工艺	组织	应用	要点
构件钢	静载，大气等侵蚀；无相对运动；有时受交变应力，低温。综合性能良好，焊接性好等	Q345、Q390 Q420、Q460 Q500、Q620 Q690 等	＜0.2	一般不热处理	F+P； 低 C-B 低 C-M	船舶，桥梁等工程构件	Si、Mn 的限制；B、Mo 作用；双相钢
低 M 钢	强韧性好，T_K 低，缺口敏感性低；冷变形性好	20MnV 15MnVB 20SiMn2MoVA	0.15～0.25	淬火 + 低回	低 C-M	代调质件，中、小尺寸件	低碳马氏体的优越性及合理应用
渗碳钢	渗 C 后表面硬度高、耐磨，心部强韧配合，良好的工艺性	20Cr、20CrV 20CrMnTi 18Cr2Ni4WA	0.12～0.25	渗 C+ 淬回火	表层：M′+K+A_R； 心部：低 C-M	齿轮、凸轮、销等零件	20CrMnTi 广泛应用；主要元素作用
氮化钢	高硬度、高耐磨性；高疲劳强度；高精度，尺寸稳定性好	35CrMo 38CrAl 38CrMoAlA	0.25～0.45	调质 + 氮化	表层：氮硬化层， 心部：S′	主轴、镗杆等重要零件	38CrMoAlA 钢性能特点与应用
调质钢	常在扭转、弯曲、拉伸、冲击等条件下工作。综合性能好，足够的淬透性，防止回火脆性	40Cr 40CrNi 40CrNiMo	0.25～0.50	调质	S′	轴类零件为主	常用元素作用；淬透性原则；回脆
弹簧钢	动载荷，冲击，振动，交变应力。高 R_{eL}，R_{eL}/R_m，σ_{-1}，一定塑性和韧度，工艺性好	65Mn 60Si2Mn 50CrVA 55SiMnMoV	0.50～0.75	淬火 + 中回	T′	各种弹簧或弹性零件	Si-Mn 作用；强化成型方法；冶金与表面质量
轴承钢	高速、高应力、高灵敏。接触疲劳强度、抗压强度高，硬度高而均匀，耐磨，尺寸稳定	GCr15 GCr15SiMn	0.95～1.05	淬火 + 低回	M+K	主要用于轴承	冶金质量，组织控制
高锰钢	受冲击、强烈磨损。既耐冲击，又耐磨，强韧性好	ZGMn13	1.0～1.3	水韧处理	A	受冲击强烈磨损零件	性能特点，水韧处理

在低碳钢中，塑性、韧度是主要的，所以在保证一定的塑性、韧度的同时，希望能有比较高的强度，这样可减轻零件重量，节约材料，降低成本，许多情况下能提高零件的使用寿命。在材料发展的过程中，人们不断地在这些矛盾中进行研究，并不断地取得了突破性进展。如现在已经广泛使用的微合金钢、非调质钢、双相钢等，都是在深入理解强韧化机理的基础上，从传统的强-韧矛盾中得到解脱，有所创新。

钢的合金化和处理工艺是影响强韧化矛盾的主要因素。钢的宏观性能取决于微观组织，性能的变化是组织因素共同作用的结果。组织变化是多因素的，各组织参数的变化也是相互制约、相互转化的。在钢的成分一定时，组织变化又取决于工艺。所以制定科学合理的处理工艺是至关重要的。

结构钢中除了轴承钢等是过共析钢外基本上都是亚共析钢。亚共析钢常采用完全淬火，希望钢中的碳化物不要太稳定，以便于在常规淬火加热时能全部溶解，提高淬透性，确保热处理后零件的最终性能。所以，强碳化物形成元素用得比较少，即使有，其含量也是较少的，控制在一定的含量范围内。

图 3.15 是目前各类钢的强韧度状况及其发展方向。人们尽可能地运用各种强韧化方法来充分发挥材料的潜力，目标是同时具有高强度、高韧度。通过组分、晶粒、基体相、析出相等组织因素的控制潜力，及其对强度和韧度的影响规律和机制研究，来发展高性能钢铁材料新体系、新原理和新工艺。如微合金化技术、超细晶钢的理论与技术、形变与相变耦合技术等都取得了重大突破，并仍然是目前的研究热点。

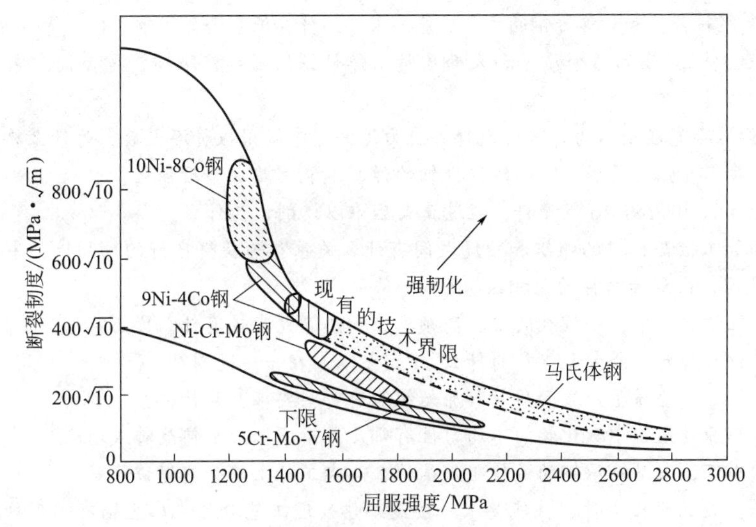

图 3.15 金属材料屈服强度与断裂韧度的关系

材料的发展充满了矛盾对立统一和转化的辩证关系。钢的强-韧矛盾（或者说是强度与脆性矛盾）在超高强度钢中则更为突出，是超高强度钢的主要问题。随着钢的强度不断提高，矛盾逐渐转化，当强度提高到超高强度水平时，钢的缺口敏感性很大，如何解决钢的脆性问题就成为矛盾的主要方面。为了改善超高强度钢的韧度，提高钢在服役条件下的安全性与可靠性，应尽可能降低钢中的夹杂、气体和有害杂质元素。另外优化钢的强化机制，充分发挥时效沉淀析出金属间化合物的强化作用，尽可能降低间隙固溶强化所带来的韧度损失，以至于在马氏体时效钢的设计时将一般钢中主要强化元素碳作为杂质元素来处理。

本章重要词汇

服役条件	失效方式	材料选择	紧固螺栓
轴类零件	齿轮	螺旋弹簧	板弹簧
滚动轴承	曲轴	连杆	整体强化态钢
表面强化态钢	调质钢	淬透性	非调质机械结构钢
弹簧钢	滚动轴承钢	低碳马氏体钢	渗碳钢
氮化钢	低淬透性钢	感应加热处理	耐磨钢
高锰钢	石墨钢	加工工艺路线	

思考题

3-1 在结构钢的部颁标准中，每个钢号的力学性能都注明热处理状态和试样直径或钢材厚度，为什么？有什么意义？

3-2 为什么说淬透性是评定结构钢性能的重要指标？

3-3 调质钢中常用哪些合金元素？这些合金元素各起什么作用？

3-4 机械制造结构钢和工程结构钢对使用性能和工艺性能上的要求有什么不同？

3-5 低碳马氏体钢在力学性能和工艺性上有哪些优点？在应用上应注意些什么问题？

3-6 某工厂原来使用45MnSiV生产ϕ8mm高强度调质钢筋。要求R_m>1450MPa，R_{eL}>1200MPa，A>6%。热处理工艺是（920±20）℃油淬,（470±10）℃回火。因该钢缺货，库存有25MnSi钢。请考虑是否可以代用？如可以代用，热处理工艺如何调整？

3-7　试述弹簧的服役条件和对弹簧钢的主要性能要求。为什么低合金弹簧钢中C含量一般在0.5%～0.75%？

3-8　弹簧为什么要求较高的冶金质量和表面质量？弹簧钢的强度极限高，是否就意味着弹簧的疲劳极限高？为什么？

3-9　有些普通弹簧冷卷成型后为什么要进行去应力退火？车辆用板簧淬火后，为什么要用中温回火？

3-10　为什么板簧不能强化后成型？而线径很细的弹簧不能用热成型后强化？

3-11　直径25mm的40CrNiMo钢棒料，经过正火后难以切削，为什么？

3-12　钢的切削加工性与材料的组织和硬度之间有什么关系？为获得良好的切削性，中碳钢和高碳钢各自应经过什么样的热处理，得到什么样的金相组织？

3-13　用低淬透性钢制作中、小模数的中、高频感应加热淬火齿轮有什么优点？

3-14　滚动轴承钢常含哪些合金元素？为什么Cr含量限制在一定范围？

3-15　滚动轴承钢对冶金质量、表面质量和原始组织有哪些要求？为什么？

3-16　滚动轴承钢原始组织中碳化物的不均匀性有哪几种情况？应如何改善或消除？

3-17　在使用状态下，滚动轴承钢的最佳组织是什么？在工艺上应如何保证？

3-18　分析机床主轴的服役条件、性能要求。按最终热处理工艺分类机床主轴有哪几种？每种主轴可选用哪些钢号？其冷、热加工工艺路线是怎样的？

3-19　分析齿轮的服役条件、性能要求。在机床、汽车拖拉机及重型机械上，常分别选用哪些材料作齿轮？应用哪些热处理工艺？

3-20　高锰耐磨钢有什么特点？如何获得这些特点？在什么情况下适合使用这类钢？

3-21　为什么ZGMn13型高锰耐磨钢在淬火时能得到全部奥氏体组织，而缓冷却得到了大量的马氏体？

3-22　一般说硫（S）元素在钢中的有害作用是引起热脆性，而在易切削钢中为什么又能有意地加入一定量的S元素呢？

3-23　20Mn2钢渗碳后是否适合于直接淬火？为什么？

3-24　在飞机制造厂中，常用18Cr2Ni4WA钢制造发动机变速箱齿轮。为减少淬火后残余应力和齿轮尺寸的变化，控制心部硬度不致过高，以保证获得必需的冲击吸收能量，采用如下工艺：将渗碳后的齿轮加热到850℃左右，保温后淬入200～220℃的第一热浴中，保温10min左右，取出后立即置于550～570℃的第二热浴中，保持1～2h，取出空冷到室温。问：此时钢表、里的组织是什么（已知该钢的M_S为310℃，表面渗碳后的M_S约80℃）？

3-25　某精密镗床主轴用38CrMoAl钢制造，某重型齿轮铣床主轴选择了20CrMnTi制造，某普通车床主轴材料为40Cr钢。试分析说明它们各自应采用什么样的热处理工艺及最终的组织和性能特点（不必写出热处理工艺具体参数）。

3-26　试述微合金非调质钢的成分、组织、性能特点。

3-27　材料选用的基本原则有哪些？

3-28　试述选择零件材料的基本思路与方法。

3-29　请根据图3.14的方法来开展齿轮的选材与工艺制订分析。

4 工模具钢

对材料进行加工，需要采用各种工具。用来制造刃具、模具和量具等各种工具的钢称为工模具钢，也简称为工具钢。工模具钢按其用途可分为刃具钢、模具钢和量具钢等。各类工具由于服役条件的不同，对所用钢的性能要求也有很大的不同。

刃具钢在切削过程中受到弯曲、剪切、冲击、扭转、震动、摩擦等力的作用，产生热量，有可能使刀刃温度升到600℃甚至更高，同时刃部发生磨耗。所以，要求刃具有高硬度、高耐磨性、一定的韧度和塑性，有的还要求热硬性。

模具钢根据工作状态可分为热作模具钢、冷作模具钢和塑料模具钢。热作模具用于加工赤热金属或液态金属，使之成型。模具在服役过程中，温度周期升降而产生“热疲劳”，还受到大的压力、冲击和磨损，因此要求具有一定的高温硬度和韧度，良好的抗热疲劳性。冷作模具如冷冲模、冷镦模、剪切片和冷轧辊等，要求高硬度、高耐磨性和一定韧度。塑料制品大部分用模压成型，塑料模具钢也逐渐发展成专用钢系列。

量规、卡尺、样板等工具是用来测量工件尺寸和形状的，测量精度是其首要的保证，因此高硬度、高耐磨和尺寸稳定性是量具钢的基本要求。

随着加工工业的快速发展，刀具和模具的负荷不断加大，要求也越来越高，因而要求采用更耐用的材料来制造。

4.1 概述

4.1.1 工具钢成分与性能特点

大多数工模具是在承受很大局部压力和强烈磨损条件下工作的，所以工模具的主要矛盾是韧度和耐磨性之间的合理平衡。影响矛盾双方的因素主要有基体成分及硬度和第二相碳化物的性质、数量、形态与分布。为了使工具钢获得高的耐磨性、热稳定性和足够的强度与韧度，应根据具体情况进行材料的科学设计和工艺的优化处理。

大部分的工模具钢具有高的C含量，通常为0.6%～1.3%，高的C含量可以使获得的马氏体硬度和切断抗力较高。高的C含量可以形成足够数量的碳化物，以保证钢具有高的耐磨性。合金工具钢中加入各种合金元素主要也是为了提高钢的淬透性、耐磨性和热稳定性，如Cr、W、Mo、V等元素。在一些低合金工具钢中，也辅助加入一些Mn、Si元素。加入Mn的主要目的是减少变形、增加淬透性，加入Si主要是为了增加钢的低温回火稳定性。工具钢的杂质含量一般都要比结构钢低，S、P含量限制在＜0.02%～0.03%，而结构钢一般限制在＜0.04%。

对大部分工模具钢来说，碳化物是钢中重要的第二相。一般要求碳化物呈球状、细小、均匀分布。这样的碳化物能保证钢的耐磨性和韧度，而且对热处理工艺也非常有利。因此，一般情况下工具钢的预先热处理都采用球化退火；而且为了得到良好的球化效果，其锻造工艺也相当重要，特别是高合金钢，锻造工艺是关键。工具钢的最终热处理工艺往往是采用不完全淬火，碳化物的存在既可以阻止淬火加热时奥氏体晶粒的长大，也有利于耐磨性的提高。调节淬火温度和保温时间可得到不同的组织状态，所以工具钢的工艺优化更为重要，并且淬火工艺参数要求也比结构钢严格。淬火冷却常用快冷，为了减小钢淬火时由于热应力和组织转变应力而导致的变形和开裂倾向，常用分级加热、分级淬火、等温淬火和双液淬火等方法。由于工具钢的化学成分有比较大的差别，其回火工艺也有很大的不同。对于低合金工具钢，常用低温回火，以保证其耐磨性和强度。

4.1.2 工具钢基本性能及检测方法

（1）强度和塑性 工具钢一般不用拉伸试验来测定其力学性能，常用软性系数比较高的静弯试验或扭转试验来表征性能，所以常用的性能指标有弯曲强度 σ_{bb} 和挠度 f、扭转强度 τ_b 和扭转角 ϕ。

（2）韧度 对承受冲击力的工具，韧度是一项重要的指标。当硬度＜50～55HRC 时，可用结构钢的缺口冲击试验来测定其韧度（冲击吸收能量）。一般情况下，因为高碳工具钢脆性比较大，常用无缺口的冲击试样来测定其韧度。

（3）硬度及耐磨性 一般刃具要求硬度为 62～64HRC，高速钢为 63～65HRC，大部分冷作模具为 58～63HRC。钢中存在大量的碳化物，可适当提高硬度 2～3HRC。高硬度是保证高耐磨性的必要条件。

（4）淬透性 淬透性也是工具钢的重要因素。由于成分差异较大，工具钢淬透性与结构钢淬透性的检测方法有所不同。断口法常用于淬透性比较低的碳素工具钢和低合金工具钢，淬火后折断测量深度取平均值；端淬法在中合金工具钢中常用，一般以端淬曲线上 60HRC 处距水冷端距离来表示淬透性。通过实验测定各元素的淬透性因子 f_V，根据实际成分计算钢的淬透性，在工具钢中更是一种近似的预测方法。

工具钢中合金元素对淬透性作用强弱顺序与结构钢不同。一般认为其由强到弱的顺序为：Si、Mn、Mo、Cr、Ni。工具钢中讨论淬透性时应注意：合金元素只有溶入奥氏体中，才能起作用；合金元素的作用随钢中 C 含量而变化，如 Si 元素在不同 C 含量情况下对钢淬透性的作用是不同的，C 含量越高，其作用越大（图 4.1）；工具钢的淬透性随热处理条件不同而变化。如图 4.2 所示，V 元素在较高的淬火加热温度下，对淬透性的影响就比较大。

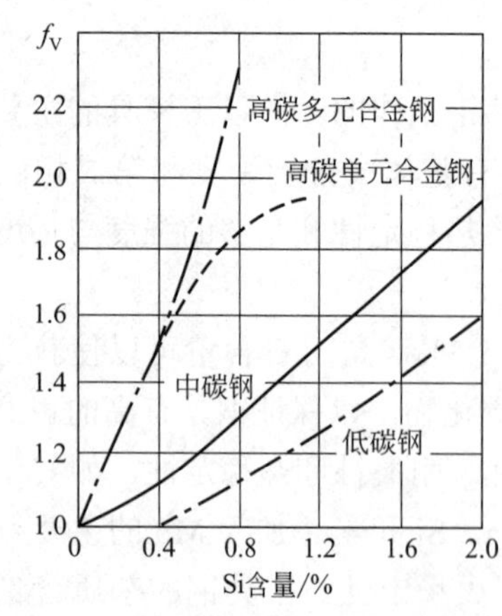

图 4.1 Si 在不同 C 含量情况下的淬透性因子

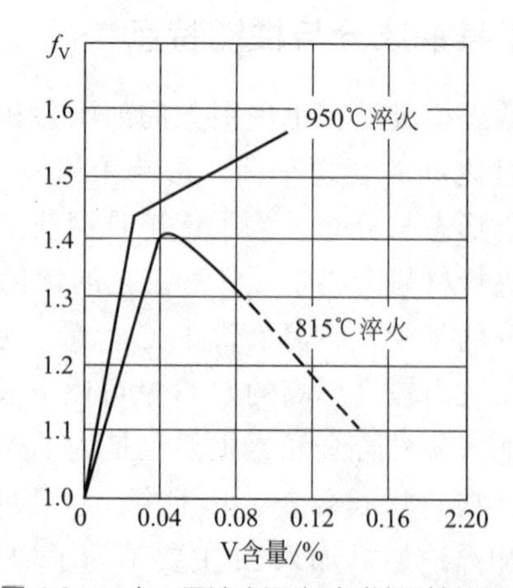

图 4.2 V 在不同淬火温度时对淬透性的影响

（5）热稳定性 热稳定性是钢在较高温度下能保持一定强度的性质。对高速钢，通常就是热硬性，高速钢是以 600～700℃保温 1h，经历 4 次后能保持硬度 60HRC 的最高温度来表示其热硬性的。

（6）**变形开裂倾向**　工具钢的变形开裂倾向比较大，这是值得注意的。影响淬火时工具形状变化的主要原因是热应力和组织应力，所以应选择合适的淬火冷却工艺，并且要及时回火；另外，还要注意热处理时的氧化脱碳问题。

4.2 刃具用碳素钢及低合金工具钢

4.2.1 碳素工具钢

碳素工具钢的C含量一般在0.65%～1.35%，常用材料的钢号为T7至T13等。为了使渗碳体呈球状并且均匀分布，改善切削加工性，为最终热处理做好组织准备，碳素工具钢必须进行球化退火。碳素工具钢经不完全淬火和低温回火，硬度在58～64HRC，可以作低速切削的刃具和形状简单的冷冲模。因其成本低、加工性能好、热处理简单而被广泛使用，其不足之处在于淬透性低，必须用盐水或碱水淬火，适合于制造断面尺寸小于15mm的工具。碳素工具钢淬火变形开裂倾向大，而且工具的工作温度应低于200℃。

常用碳素工具钢的热处理规范及用途见表4.1。

表4.1　碳素工具钢C含量、热处理规范及用途

牌号	统一数字代号	C/%	淬火温度/℃	用途
T7 T7A	T00070 T00073	0.65～0.74	800～820	承受冲击载荷、要求韧度较好的工具，如手钳、凿子、大锤、镰刀、木工用工具等
T8 T8A	T00080 T00083	0.75～0.84	780～800	承受冲击载荷不大、要求较高硬度的工具，如剪切刀、扩孔钻、钢印、冲头、木料锯片等
T8Mn T8MnA	T01080 T01083	0.80～0.90	780～800	横纹锉刀、手锯条、煤矿用凿、石油凿等
T9 T9A	T00090 T00093	0.85～0.94	760～780	要求有一定韧度和硬度较高的工具，如冲模、凿岩工具和木工工具等
T10 T10A	T00100 T00103	0.95～1.04	760～780	不受冲击、要求有足够韧度的工具，如车刀、刨刀、丝锥、冷冲模、锉刀和凿岩工具等
T11 T11A	T00110 T00113	1.05～1.14	760～780	工作时刃口不受热的工具，如锉刀、丝锥、刮刀、切烟叶刀、冲孔模等
T12 T12A	T00120 T00123	1.15～1.24	760～780	不受冲击、切削速度不高、刃口不受热的工具，如车刀、铣刀、铰刀、刮刀和冲孔模等
T13 T13A	T00130 T00133	1.25～1.35	760～780	硬金属切削工具，如刮刀、锉刀、雕刻工具、剃刀等

注：1. 所有牌号含Si≤0.35%，除T8Mn（A）含Mn0.40%～0.60%外，其他牌号含Mn均≤0.40%。

2. 淬火介质均为水，淬火后硬度均≥62HRC；回火温度均在180～200℃。

4.2.2 低合金工具钢

为弥补碳素工具钢的不足而加入合金元素，如Mn、Si、W、Mo、V等元素。这些合金元素的加入提高了钢的淬透性，可用油淬等缓慢冷却的方式，减少变形开裂。适量的碳化物形成元素，如Cr元素，细化了碳化物，使合金渗碳体均匀分布且易于球化，Cr在低合金工具钢中一般含量在1%左右。由于合金渗碳体较稳定，所以在淬火加热时阻碍奥氏体晶粒长大。Si元素能有效地提高低温回火稳定性，提高钢的强韧性。但是由于Si强化铁素体作用明显，使退火钢的硬

度提高，增加了切削加工的困难，而且含 Si 钢的脱碳敏感性比较大，所以一般不单独加入，含量也在 1% 左右。W 元素含量大于 1.0% 时，在含 Cr 较高的钢中容易固溶于特殊碳化物 $M_{23}C_6$ 中，而 W＞5% 时，容易形成 M_6C 型碳化物，如果是为了提高耐磨性，则是有利的。在低合金工具钢中，W 含量太多，使碳化物分布不均匀，恶化性能，所以 W 一般为 0.5%～1.5%。常用低合金工具钢的化学成分见表 4.2。

低合金工具钢在淬火前须经球化退火，得到粒状珠光体的原始组织，以利于切削加工，获得较好的最终组织，并且淬火过热倾向小。球化退火一般采用等温退火工艺，由退火温度以 30～40℃/h 冷至 700℃，等温 4h，再炉冷到 600℃出炉。一些低合金工具钢的球化退火工艺见表 4.3。

GB/T 1299-2014

表 4.2 常用低合金工具钢的化学成分（GB/T 1299—2014）

钢号	统一数字代号	化学成分 /%					供货状态硬度 HBW
		C	Si	Mn	Cr	W	
9SiCr	T30100	0.85～0.95	1.20～1.60	0.30～0.60	0.90～1.25	—	241～197
CrWMn	T20111	0.90～1.05	≤0.40	0.80～1.10	0.90～1.20	1.20～1.60	255～207
9Cr06WMn	T20110	0.85～0.95	≤0.40	0.90～1.20	0.50～0.80	0.50～0.80	241～197
9Mn2V	T20000	0.85～0.95	≤0.40	1.70～2.00		0.10～0.25V	≤229
8MnSi	T30000	0.75～0.85	0.30～0.60	0.80～1.10	—	—	≤229
Cr06	T30060	1.30～1.45	≤0.40	≤0.40	0.50～0.70	—	241～187
Cr2	T30201	0.95～1.10	≤0.40	≤0.40	1.30～1.65	—	229～179
9Cr2	T30200	0.80～0.95	≤0.40	≤0.40	1.30～1.70	—	217～179
W	T30001	1.05～1.25	≤0.40	≤0.40	0.10～0.30	0.80～1.20	229～187

表 4.3 一些常用低合金工具钢的球化退火温度

钢号	加热温度 /℃	等温温度 /℃	钢号	加热温度 /℃	等温温度 /℃
9SiCr	790～810	700～720	9Mn2V	750～770	670～690
CrWMn	770～790	680～700	Cr2	770～790	680～700
Cr06	760～790	620～660	W	780～800	650～680

低合金工具钢淬火温度一般为 A_{c_1}+（30～50）℃。钢的显微组织为 C 含量 0.5%～0.6% 的奥氏体加细小未溶粒状碳化物，这些剩余碳化物阻碍奥氏体晶粒长大。这样既保证了基体硬度，又使淬火时变形开裂倾向减小。淬火介质可用油冷，也可以用熔盐分级淬火，还可以采用等温淬火，这些冷却方式大大减少了工件的变形和开裂。表 4.4 列出了常用低合金工具钢的热处理工艺及应用。

工具钢的等温淬火有贝氏体等温淬火和马氏体等温淬火两种。9SiCr 钢经常采用 180～200℃或 160℃（M_S 点以下）左右等温，等温时间为 30～40min。9SiCr 钢在 M_S 点附近等温淬火，使钢的强度和塑性有较大提高，硬度仍保持在 60HRC 以上，而变形减至最小。例如用 9SiCr 钢制造丝锥，在 860～870℃的盐浴炉中加热后，放入 160～170℃的熔盐中等温停留 45min，再在 160～190℃回火 90min。这样处理后的硬度为 61～63HRC，变形程度比分级淬火的还要小。

9SiCr 钢由于 Si、Cr 的作用提高了淬透性，一般情况下油淬临界直径小于 40mm；淬火后的 A_R 在 6%～8%（体积分数）；钢的回火稳定性比较好，9SiCr 钢经约 250℃回火，硬度仍然大于 60HRC；碳化物细小、分布均匀，使用时不容易崩刃；通过分级或等温处理，钢的变形比较小；但是该钢由于 Si 的存在，脱碳倾向较大，切削加工性相对也差些。9SiCr 钢适于制作形状较复杂、

表 4.4 典型低合金工具钢的热处理工艺及应用

钢 号	淬 火		回 火		应 用
	加热温度 /℃	冷却介质	回火温度 /℃	HRC	
9SiCr	820～860	油	140～160 160～180	62～65 61～63	形状较复杂、变形要求小的薄刃工具，如圆扳牙、搓丝板、铰刀等，也可作冷冲模等
CrWMn	800～830	油	140～160 170～200	62～65 60～62	要求耐磨性较高、变形小的工具，如长丝锥、拉刀，也可作高精度冲模、精密杠丝等
Cr2	830～860	油	150～170	60～62	低速切削的车刀、铰刀等工具；也可作冷冲模、样板、冷轧辊等
9Mn2V	780～810	油	150～200	60～62	丝锥、扳牙、铰刀等刃具，承受轻载的各种冷作模具，某些精密丝杠、磨床主轴等
W	800～830	水	150～180	59～61	低速切削的丝锥、铰刀、麻花钻等工具

变形要求小的工件，特别是薄刃工具，如丝锥、扳牙、铰刀等。

CrWMn 钢由于 Cr、W、Mn 三元复合作用，有较高淬透性，油淬临界直径在 50～70mm；淬火后钢中的 A_R 可达 18%～20%（体积分数），淬火后变形小；由于 C 含量高，保证形成比较多的碳化物，并且 Cr、W 的碳化物比较稳定，也使淬火加热时的奥氏体晶粒细小，所以该钢具有高硬度、高耐磨性；CrWMn 钢的回火稳定性和 9SiCr 钢相似，当回火温度超过 250℃时，硬度才低于 60HRC；由于 W 的作用，钢中碳化物比较多而容易形成网状。CrWMn 钢适于制作变形要求小、耐磨性要求高的工件，如拉刀、长丝锥等，也可作量具及形状较复杂的高精度冲模。

Cr2 钢成分与 GCr15 钢相似，只在对非金属夹杂物要求不严格时，制作切削工具、量具及冷轧辊等。CrW5 钢由于加入了较多的钨，形成 M_6C 型碳化物。在 820℃淬火温度溶于奥氏体中量少，淬透性低，须用水淬；淬火后剩余碳化物多，回火后硬度为 64～65HRC，而且耐磨性好，适于制作慢速切削较硬金属的刀具，如铣刀、刨刀和雕刻用刀具。

4.3 高速钢

4.3.1 高速钢的分类

低合金工具钢难以满足生产上高速切削加工的要求。1898 年开始有含 W 的钢，1910 年生产了如今还在广泛使用的 W18Cr4V（简称 18-4-1）。近几十年来，高速钢的产量、品种和质量都有了很大的发展。高速工具钢适用于高速切削刃具，由于合金度高，可保证刃部在 650℃时实际硬度仍高于 HRC50，从而具有优良的切削性和耐磨性。高速钢是高合金钢，主要含有 C、W、Mo、Cr、V、Co、Al 等元素，我国主要高速钢的成分见表 4.5。

按照其成分和性能特点可分为以下几类：

（1）**钨系高速钢** 典型牌号为 W18Cr4V，是广泛应用的钢种；

（2）**钨钼系高速钢** 如 W6Mo5Cr4V2（简称 6-5-4-2）、W6Mo5Cr4V3 等，应用最普遍；

（3）**一般含钴高速钢** 如 W12Cr4V5Co5、W6Mo5Cr4V2Co5。这类钢热硬性高，但是价格昂贵，并且钴资源稀缺，现在一般提倡高速钢中不加钴和少加钴；

（4）**超硬高速钢** 如 W6Mo5Cr4V2Al。具有 65～70HRC 的高硬度、高热硬性（600℃，54～55HRC）的特点，一般认为达到了超硬型钴高速钢的水平，而成本比钴高速钢低 2～4 倍。

习惯上又把钨系和钨钼系高速钢称为通用型高速钢，而把其他类型称为特殊用途高速钢或高性能高速钢。

表 4.5　我国主要高速工具钢的化学成分（GB/T 9943—2008）　单位：%

钢　号	统一数字代号	C	Si	Mn	Cr	Mo	W	V	Co
W18Cr4V	T51841	0.73～0.83	0.20～0.40	0.10～0.40	3.80～4.50	≤0.30	17.20～18.70	1.00～1.20	—
W12Cr4V5Co5	T71245	1.50～1.60	0.15～0.40	0.15～0.40	3.75～5.00	—	11.75～13.00	4.50～5.25	4.75～5.25
W6Mo5Cr4V2	T66541	0.80～0.90	0.20～0.45	0.15～0.40	3.80～4.40	4.50～5.50	5.50～6.75	1.75～2.20	—
W6Mo5Cr4V3	T66543	1.15～1.25	0.20～0.45	0.15～0.40	3.80～4.50	4.70～5.20	5.90～6.70	2.70～3.20	—
CW6Mo5Cr4V2	T66542	0.86～0.94	0.20～0.45	0.15～0.40	3.80～4.50	4.70～5.20	5.90～6.70	1.75～2.10	—
CW6Mo5Cr4V3	T66545	1.25～1.32	≤0.70	0.15～0.40	3.75～4.50	4.70～5.20	5.90～6.70	2.70～3.20	—
W6Mo5Cr4V2Al	T66546	1.05～1.15	0.20～0.60	0.15～0.40	3.80～4.40	4.50～5.50	5.50～6.75	1.75～2.20	Al：0.80～1.20
W9Mo3Cr4V	T69341	0.77～0.87	0.20～0.40	0.20～0.40	3.80～4.40	2.70～3.30	8.50～9.50	1.30～1.70	—
W6Mo5Cr4V2Co5	T76545	0.87～0.95	0.20～0.45	0.15～0.40	3.80～4.50	4.70～5.20	5.90～6.70	1.70～2.10	4.50～5.00
W2Mo9Cr4V2	T62942	0.95～1.05	≤0.70	0.15～0.40	3.50～4.50	8.20～9.20	1.50～2.10	1.75～2.20	
W2Mo9Cr4VCo8	T72948	1.05～1.15	0.15～0.65	0.15～0.40	3.50～4.25	9.00～10.00	1.15～1.85	0.95～1.35	7.75～8.75

4.3.2　高速钢中合金元素的作用

4.3.2.1　碳的作用

C 对高速钢的性能影响很大。高速钢中的 C 含量是较高的，主要目的是为了与大量的碳化物形成元素形成足够数量的各类碳化物。随着钢中 C 含量的增加，淬火回火后硬度和热硬性都相应地提高。在钢设计时，如果 C 和碳化物形成元素满足合金碳化物中分子式的定比关系，可以获得最大的二次硬化效应，这就是定比碳经验规律。定比碳经验关系式为：

$$C\%=0.033\%W+0.063\%Mo+0.20\%V+0.060\%Cr$$

上式中元素符号均表示质量分数。从上式可知，钢中增加 V 含量时，必须相应地提高 C 含量。因为 V 是比 W、Mo、Cr 更强的碳化物形成元素，它优先形成了 VC，夺走了大量的 C。所以每增加 1%V，就应该提高 0.2%C。C 含量的提高也带来一些问题：由于 C 含量增加使钢中碳化物总量增加，碳化物不均匀性加重；淬火后 A_R 增多，需要多次回火才能消除；钢的固相线温度降低，使淬火温度下降。另外对钨系高速钢，增加 C 含量将使钢抗弯强度和韧度明显下降，而钨钼系这种变化不大。

4.3.2.2　钨和钼的作用

W 是高速钢获得热硬性的主要元素。W 在高速钢中主要形成 M_6C 型碳化物，是共晶碳化物的主要组成。在淬火加热时，未溶 M_6C 阻碍奥氏体晶粒长大，一部分 M_6C 型碳化物溶入奥氏体。碳化物的溶解提高了奥氏体的合金度，由于 W 和 C 的结合力较强，提高了马氏体回火稳定性，在 560℃回火时析出 W_2C，产生弥散强化，提高钢的耐磨性。当 W 含量大于 20% 时，钢中碳化物不均匀性明显增加，从而钢的强度、塑性也大为降低。

高合金钢的导热性比较差，特别是 W 元素强烈降低钢的热导率，所以高速钢的导热性差。因此，对高速钢等高合金钢的加热和冷却过程，必须缓慢进行。

Mo 在高速钢中的作用和 W 相似。由于二者原子量的差别，1%Mo 可取代 1.5%～2.0%W，如 W6Mo5Cr4V2 和 W18Cr4V 钢的性能相近，可代用。但钨钼系高速钢中碳化物比较细小、分布也比较均匀，具有较好的强韧性和良好的耐磨性，并且在 950～1150℃范围内具有良好的热塑性，便于热加工。Mo 代 W，使钢中合金元素总量降低，价格便宜。由于碳化钼不如碳化钨稳定，所以含 Mo 高速钢有一定的脱碳倾向和较大的过热敏感性。因此含 Mo 高速钢淬火加热时的气氛、温度和时间控制较严。

4.3.2.3 钒的作用

V 在高速钢中能显著提高钢的热硬性，提高硬度和耐磨性，同时还能有效地细化晶粒，降低钢的过热敏感性。V 在钢中主要是以 VC 存在，也少量溶于其他类型碳化物中。淬火加热时，VC 部分溶于奥氏体中，在回火时强烈阻碍马氏体分解，提高了回火稳定性，在一定温度下又以 VC 弥散析出，从而产生二次硬化。淬火加热未溶的 VC 起阻止晶粒长大的作用。高速钢中加 V 是使钢具有良好热硬性的重要因素，V 含量的提高使热硬性有明显提高，如 W18Cr4V 钢中 V 含量是从 1.2% 提高到 1.9%，其热硬性由 610℃提高到 628℃。但由于 VC 的硬度较高，使钢的磨削性变差。

4.3.2.4 铬的作用

Cr 在高速钢中主要形成 $M_{23}C_6$ 和存在于 M_6C 中，Cr 溶入 M_6C 使其稳定性下降，在高温时容易溶解。而 $M_{23}C_6$ 的稳定性更低，在加热时几乎全部溶解于奥氏体中，从而保证了钢的淬透性。目前，绝大部分高速钢中都含 4% 左右的 Cr。Cr 也增加高速钢耐蚀性和增大抗氧化能力，减少粘刀现象，改善刃具切削能力。

4.3.2.5 钴的作用

高速钢中加入 Co 可显著提高钢的热硬性。Co 在钢中为非碳化物形成元素，淬火加热时溶于奥氏体，淬火后存在于马氏体中，增强马氏体回火稳定性，提高二次硬化效果。Co 与 W、Mo 原子间结合力强，可降低 W、Mo 原子的扩散速率，减慢合金碳化物析出和聚集长大，增加热硬性。一般钢中 Co 含量主要为 5%、8% 和 12% 三个级别，都是高热硬性高速钢。另外 Co 对高速钢性能也有不利影响，如降低钢的韧度、增大钢的脱碳倾向。

4.3.2.6 微合金元素的作用

为了改善高速钢的性能，人们研究了微量合金元素对钢组织和性能的影响。在高速钢中加入微量 N，N 可溶于碳化物，形成合金碳氮化合物，使碳化物稳定性提高，减小聚集倾向。N 可细化奥氏体，提高晶界开始熔化温度，因而提高了淬火温度和合金元素溶解量，增加淬火回火硬度和热硬性。同时 N 也提高了钢的抗弯强度和挠度，改善了韧度。一般高碳超硬高速钢中可加入 0.05%～0.10%N。

稀土元素（RE）加入高速钢中，可明显改善其在 900～1150℃的热塑性。当钢中加入 RE 后，降低了 S 在晶界的偏聚。我国生产的含稀土高速钢有 W18Cr4VRE、W12Mo2Cr4VRE。由于有较高的热塑性，可适应刃具的热扭轧工艺。

4.3.3 高速钢中的碳化物

在普通型钨系和钨钼系高速钢中，含有高 W、Mo 和 Cr、V 等元素，平衡态下组织为合金铁素体和合金碳化物。合金碳化物为 M_6C、$M_{23}C_6$、MC 等类型，在含 W、Mo 较少的高速钢中还有 M_7C_3 型碳化物。在淬火加热过程中，碳化物的溶解顺序为：M_7C_3 型、$M_{23}C_6$ 型在 1000℃左右溶解完→ M_6C 在 1200℃时部分溶解→ MC 比较稳定，在 1200℃时开始少量溶解。W18Cr4V 钢在不同热处理状态下碳化物存在情况见表 4.6。在回火状态时主要为 M_6C、MC、M_2C 等类型碳化物。

表 4.6 W18Cr4V 钢在不同热处理状态下碳化物存在情况 单位：%（体积分数）

热处理状态	总 量	$M_{23}C_6$	M_6C	MC
退火态	30	9	18.5	1.5
淬火态（1280℃）	10	—	9	1

M_6C 型是以 W 或 Mo 为主的碳化物，Fe_2W_4C～Fe_4W_2C 或 Fe_2Mo_4C～Fe_4Mo_2C，在 W、Mo 系中为 Fe_2（W, Mo）$_4$C～Fe_4（W, Mo）$_2$C，W、Mo 可互换，并可固溶一定量的 Cr、V 等元素。MC 是以钒为主的 VC，也能溶解少量 W、Mo、Cr 等元素。

高速钢属于高合金莱氏体钢，其相图较复杂。图 4.3（a）为 Fe-18%W-4%Cr-C 系的变温截面，图 4.3（b）为 W6Mo5Cr4V2 钢的变温截面。W6Mo5Cr4V2 钢的变温截面与 W18Cr4V 钢基本相似，只是前者的结晶温度略低。

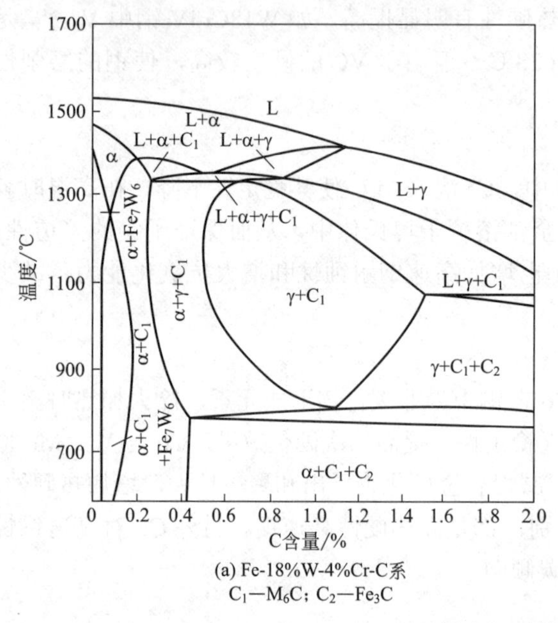

(a) Fe-18%W-4%Cr-C系
C_1—M_6C；C_2—Fe_3C

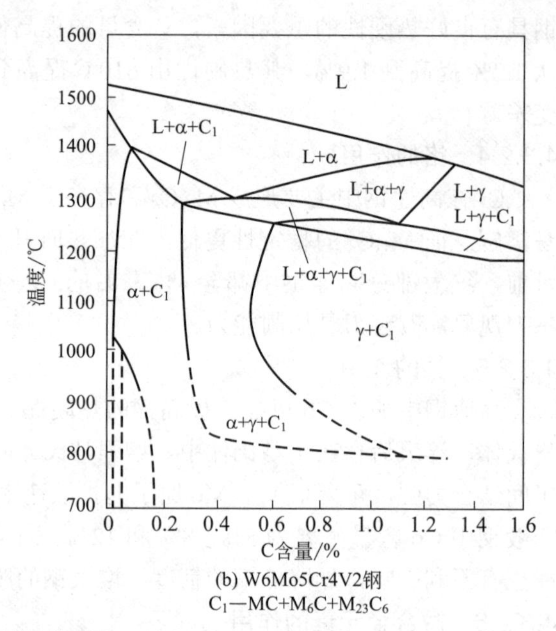

(b) W6Mo5Cr4V2钢
C_1—MC+M_6C+$M_{23}C_6$

图 4.3　高速钢变温截面图

常见的高速钢铸态组织如图 4.4 所示。高速钢在实际铸锭凝固时的冷却速度大于平衡冷却，合金元素来不及充分扩散，在结晶和固态相变过程中的转变不能完全进行。如包晶反应不能进行完毕，仍有部分高温铁素体 δ 相被保留下来，成为图中黑色部分的中间区域；在继续冷却时发生共析分解 δ → γ+M_6C，M_6C 型碳化物以及在基体中未溶解的碳化物都将呈大块状，分布在莱氏体的边缘，随后 γ 相再发生共析反应。这种转变产物容易被腐蚀，金相形态呈黑色，称为“黑色组织”，位于图中黑色部分的边缘；γ 相的共析反应也可能被抑制而过冷到低温，转变为马氏体 M 和 A_R，特别是 A_R 形成所谓的“白亮组织”，即图中的大片白色区域。这样，高速钢的铸态组织常常由鱼骨状莱氏体（L_d）、碳化物（大块、白亮）、黑色组织（δ 共析体位于中心，边缘为 M 等）和白亮组织（A_R）组成。高速钢的锻后退火组织如图 4.5 所示，主要由索氏淬型组织、A_R（颜色较浅）以及大块白亮的碳化物组成。

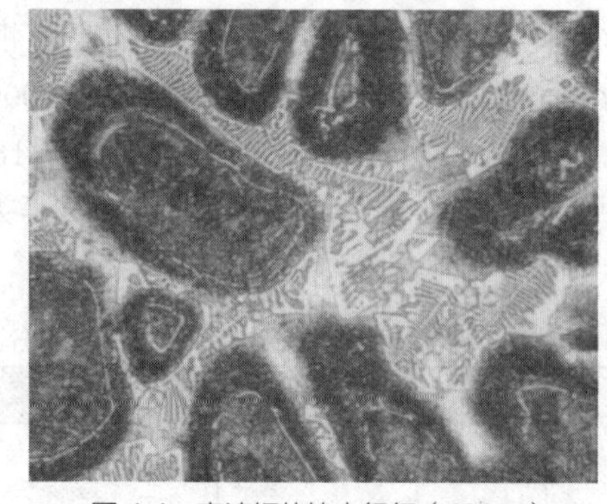

图 4.4　高速钢的铸态组织（400×）

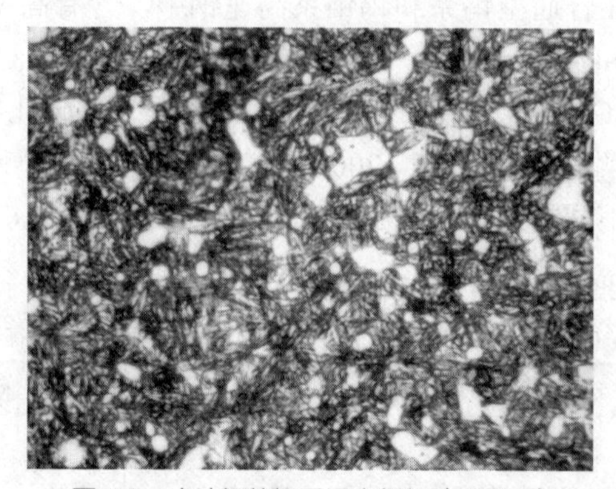

图 4.5　高速钢的锻后退火组织（400×）

铸态高速钢组织中粗大的共晶碳化物必须经过锻轧将其破碎，使其尽可能成为均匀分布的颗粒状碳化物。在锻轧变形量不足时，仍存在粗大的碳化物网和密集的带状碳化物。碳化物不均匀性严重时，使热处理工艺性变坏。淬火加热时，碳化物较少区域的奥氏体晶粒易长大，淬火后组织不均匀，硬度也不均匀；碳化物密集区由于合金元素多，A_R 量大，会造成回火不足，使组织不稳定、内应力增大，脆性大，容易变形开裂，工作时易引起崩刃。粗大碳化物在淬火加热时溶解少，使附近奥氏体合金度低，热处理后刃具的硬度、热硬性和耐磨性都比较低，抗弯强度、韧度、挠度等力学性能因碳化物不均匀而降低。碳化物不均匀性还可能使钢产生各向异性。所以，碳化物不均匀性对高速钢刃具的质量和使用寿命有极大的影响。因此，碳化物的均匀分布程度是考核高速钢质量的主要技术质量指标之一。

在高速钢处理过程中，改善碳化物不均匀性最关键的措施是必须经过正确的锻造，以破碎共晶碳化物及二次碳化物。要控制终锻温度，温度太低容易导致锻造时就开裂，温度太高，会产生晶粒粗大，形成所谓的萘状断口。采用合适的锻压比，一般在 7～11 之间，反复拉拔和锻粗；锻造时先轻锤快打，后重锤锻打；锻后要缓慢冷却，锻后进行退火。高速钢退火后的组织为索氏体 + 碳化物，硬度为 207～255HBW。

4.3.4 高速钢的热处理

高速钢经锻轧后，要进行退火。高速钢的 A_{c_1} 在 820～840℃范围，退火温度选择略高于 A_{c_1}。普通退火工艺为 860～880℃，保温 2～3h，此时大部分合金碳化物未溶入奥氏体，奥氏体稳定性较小，冷却时易转变成粒状珠光体。为了缩短退火时间，也可采用等温退火。高速钢普通退火和等温退火工艺如图 4.6 所示。

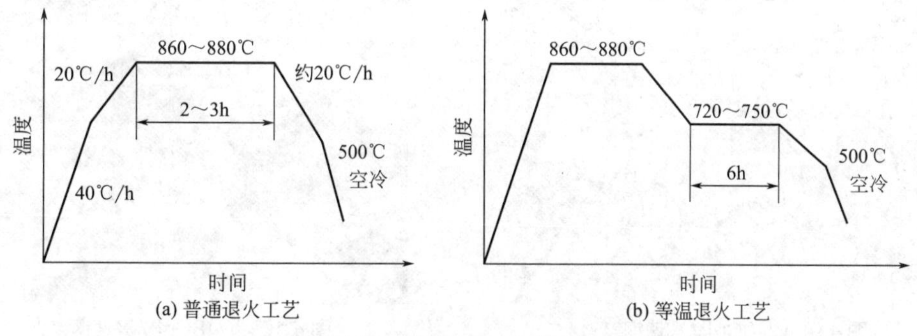

图 4.6 高速钢退火工艺曲线

高速钢淬火的目的是获得高合金度的奥氏体，淬火后得到高合金马氏体，具有高的回火稳定性，在高温回火时弥散析出合金碳化物而产生二次硬化，使钢具有高硬度和热硬性。高速钢中的合金碳化物比较稳定，必须在高温下才能将其溶解。所以，虽然高速钢的 A_{c_1} 在 820～840℃范围，但其淬火加热温度必须在 A_{c_1}+400℃以上。

由于高速钢的热导率低，淬火加热温度又很高，所以都要进行预热。预热可减少工件在淬火加热过程中的变形开裂倾向，缩短高温保温时间，减少或避免氧化脱碳，还可以准确地控制炉温稳定性。根据情况可采用一次预热和二次预热，一般直径小的工具采用在 800～850℃一次预热制度。截面大、厚薄不均、有尖角的刃具采用两次预热制度，两次预热是在 800～850℃前加一次 500～600℃预热。预热时间一般为淬火加热保温时间的两倍。

高速钢的淬火温度选择与控制也是很严格的。因为淬火温度很高，稍有不当，就会使组织恶化。高速钢淬火加热过程中容易产生的缺陷有过热、欠热和过烧。淬火温度过高，晶粒长大，碳化物溶解过多，并且未溶碳化物发生角状化；由于奥氏体中合金度过高，即使后面冷却很快，也会在奥氏体晶界上析出碳化物呈网状分布，这是过热。如果温度再高，由于合金元素的分布不均匀，会导致晶界熔化，从而出现铸态组织特征，往往在晶界处存在鱼骨状共晶莱氏体及黑色组织，这就是过烧。严重的过热和过烧，钢的脆性很大，不能使用。欠热是淬火温度较低，大量的碳化物未溶。例如：W18Cr4V 钢淬火温度超过 1300℃时，易出现过热特征，超过 1320℃时将发生过烧现象，所以 W18Cr4V 钢淬火温度一般在 1260～1300℃。图 4.7 所示为 W18Cr4V 高速钢的正常淬火组织，W18Cr4V 高速钢的过热、欠热和过烧的金相特征如图 4.8～图 4.10 所示。

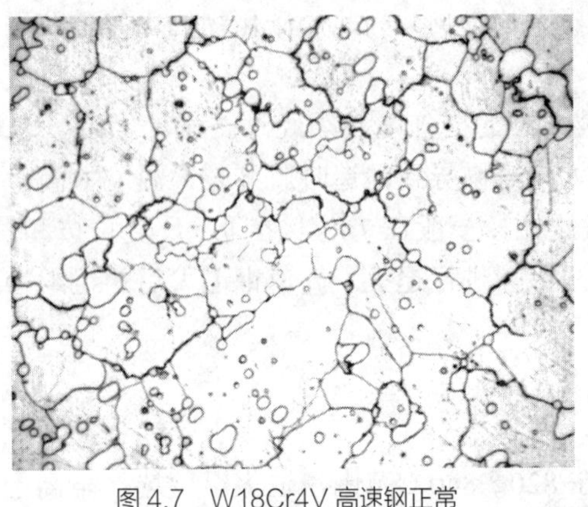

图 4.7　W18Cr4V 高速钢正常淬火加热组织图（400×）

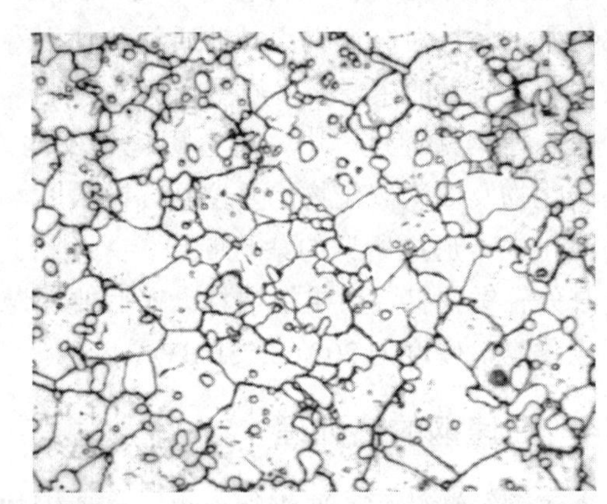

图 4.8　W18Cr4V 高速钢淬火欠热组织（400×）

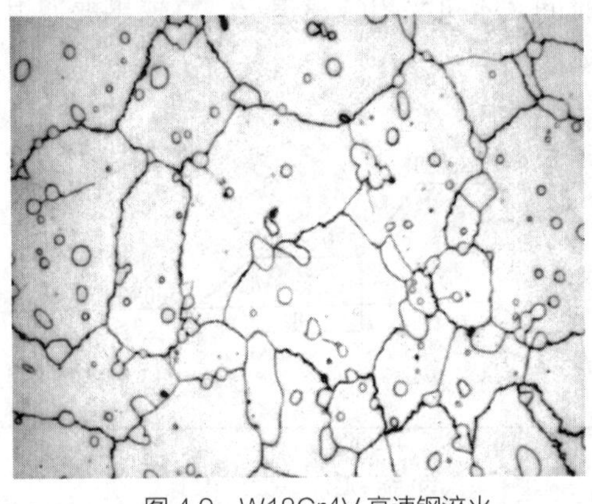

图 4.9　W18Cr4V 高速钢淬火过热组织（400×）

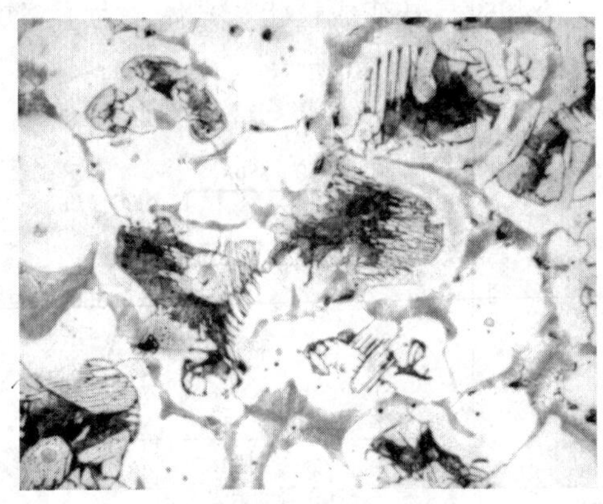

图 4.10　W18Cr4V 高速钢淬火过烧组织（200×）

高速钢的优异性能只有在正确淬火和回火处理后才能得到充分发挥。高速钢的热硬性和强度、韧度等性能之间在工艺参数上是不完全一致的。随着淬火温度的提高，热硬性是提高的，但抗弯强度、挠度在达到一定温度后就快速下降。在不发生过热的前提下，淬火温度越高，其热硬性则越好。在确定淬火温度时，还需要考虑下列因素。

① 不同刀具，由于工作条件不同，所要求的性能也有所不同，所以淬火温度应有所区别。如车刀，其使用寿命主要决定于高硬度和热硬性，相对而言对韧度要求不高，所以可采用较高的淬火加热温度；而中心钻则要求有较好的强韧度，采用较低的淬火温度。

② 刀具形状、尺寸不同，淬火加热温度也有所不同。容易变形的薄片形和细长工具（如锯片、细长拉刀、铣刀等）和厚薄悬殊、有尖角易开裂的刀具（如指形铣刀、三面刃铣刀等）宜采用较低的淬火温度。形状简单的工具可采用较高的淬火温度。尺寸较小的刀具，要求得到高的强度，应采用较低的淬火温度。尺寸很大的工具，因碳化物分布不均匀，容易产生局部过热，淬火温度也不宜太高。

③ 原材料级别也是考虑的因素。对于碳化物不均匀性较大的，宜采用较低的淬火温度。一般情况下，过热和过烧的危害比欠热要大。

常用高速钢的热处理规范见表 4.7。正如以上所述，具体的淬火温度视工具的几何形状、尺寸、碳化物级别和对综合力学性能的要求而定。例如对 W18Cr4V 钢制造的薄片铣刀和细长拉刀，选择 1260～1270℃淬火温度，奥氏体晶粒度为 10 级；对于要求强度较高的钻头在 1270～1280℃淬火，得到奥氏体晶粒度为 9.0～9.5 级；简单车刀可在 1290～1300℃淬火，得到 8～9 级奥氏体晶粒度。

表 4.7 常用高速工具钢的热处理规范

钢 号	退火温度 /℃	淬火温度 /℃	回火温度 /℃	回火硬度 /HRC
W18Cr4V（18-4-1）	850～870	1270～1285	550～570	≥63
W9Mo3Cr4V	840～870	1220～1240	550～570	≥63
W12Cr4V5Co5	850～870	1220～1240	530～550	≥65
W6Mo5Cr4V2（6-5-4-2）	840～860	1210～1230	540～560	≥63
W6Mo5Cr4V2Al	840～860	1230～1240	540～560	≥65
W6Mo5Cr4V3（6-5-4-3）	840～860	1190～1210	540～560	≥64
W2Mo9Cr4V2	840～860	1190～1210	540～560	≥65
W6Mo5Cr4V2Co5	840～860	1190～1210	540～560	≥64
W6Mo5Cr4V3Co8	840～860	1190～1210	540～560	≥64
W7Mo4Cr4V2Co5	870～890	1180～1200	530～550	≥66

高速钢淬火加热保温时间确定的基本原则是：一定量碳化物溶入奥氏体，而奥氏体晶粒不长大。对于一定的淬火温度，有一个合适的保温时间。高速钢的保温时间控制很严格，甚至有时是以秒来计算与控制的。

高速钢在高温加热奥氏体化后，奥氏体中合金度比较高，具有较高的稳定性。各种不同类型高速钢的过冷奥氏体等温转变曲线比较相似，图 4.11 为 W18Cr4V 钢在 1300℃奥氏体化后过冷奥氏体等温转变曲线。从图 4.11 中可以看出，由于奥氏体中合金度比较高，所以有碳化物析出的趋势。如果冷却时在 760℃以上的范围停留，或缓慢地冷却到 760℃，奥氏体中会析出二次碳化物，

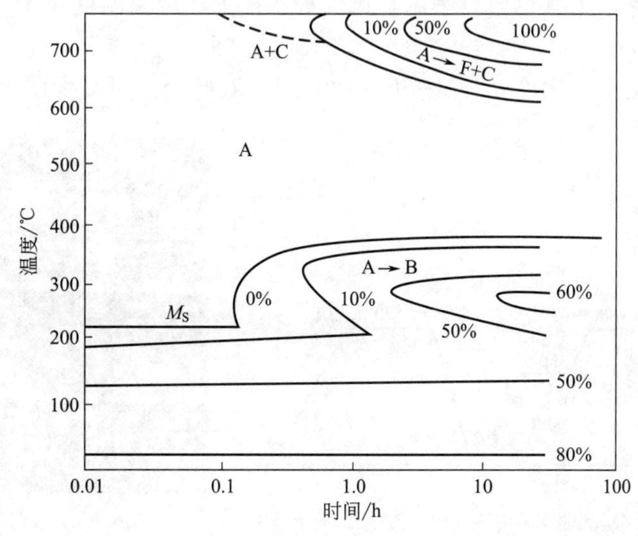

图 4.11 W18Cr4V 钢在 1300℃奥氏体化后过冷奥氏体等温转变曲线

在760℃其析出作用特别强烈。在冷却过程中析出碳化物，降低了奥氏体中的合金度，从而影响了高速钢的热硬性。所以从工艺上看，对某些需要作空气预冷或在800℃作短时停留的工具，应特别注意控制预冷时间，停留时间不宜过长。试验表明，在625℃进行10min的停留就会降低热硬性。所以，高速钢为了防止开裂和减少变形，通常采用在600℃分级淬火，其停留时间也应严格控制，一般不超过15min。

高速钢的冷却很重要，方式也很多，可根据工具的不同情况进行选择。高速钢常用工艺方法如图4.12所示。高速钢的淬透性较大，即使在空气中冷却也可得到大量的马氏体和较高的硬度。但是为了确保钢的热硬性和避免在高温时产生氧化腐蚀，高速钢一般不采用空冷。对于形状简单、尺寸在30～40mm以下的工具可采用直接油冷。而且为避免开裂，在油中的时间也不宜太长，最好保持到当工具从油中取出时，附在上面的油能闪耀着火，可保证工具的温度在200℃以上。为了尽可能地减少变形和防止开裂，高速钢很少使用油冷工艺。

高速钢工具最常采用的冷却方式是分级淬火。根据工具的形状和要求可分别选用一次分级或多次分级方法。对于淬火后变形和开裂倾向不严重的一般工具可采用在580～620℃一次分级淬火。一次分级淬火应用比较广泛，大约有80%的高速钢工具是采用一次分级淬火的。尺寸较大（有效厚度在40mm以上）或形状比较复杂的工具，可采用二次分级淬火。一般情况下，二次分级淬火是先在580～620℃盐浴中保持一段时间后，再转入350～400℃硝盐中冷却，分级保温时间可与淬火加热保温时间相近。这样的目的是进一步降低热应力和组织应力，减少变形和开裂倾向。分级冷却后，可在空气中冷至150℃及时回火。

多次分级适用于形状特殊、极易变形的工具。例如，直径较大的圆形薄片工具，细长容易变形的刀具等。多次分级工艺是将高温加热后的工具，先在800～820℃盐浴中停留十几分钟，然后在580～620℃、350～400℃、240～280℃顺序停留一段时间，最后空冷。多次分级由于需要较多设备、工艺复杂，所以在不得已时才采用。

高速钢的等温淬火有贝氏体等温淬火和马氏体等温淬火，采用较多的是贝氏体等温淬火。在235～315℃温度范围内长期停留可得到大量的贝氏体，贝氏体等温淬火后的组织为贝氏体及A_R和碳化物（如图4.13）。对于中心钻、滚丝模及各类冲压模具、仪表刀具等，在使用中经常发生断头、崩刃、折断等现象，采用贝氏体等温淬火可以提高工具的强度、韧度和切削性能，有效地克服上述损坏现象。对于搓丝板滚模、剃齿刀等工具，采用贝氏体等温淬火基本上防止了工具中的内孔开裂和胀缩，大大减小了变形。

对于形状复杂的大型工具也可以采用马氏体等温淬火，等温温度在M_S点附近（200℃），一般停留的时间为5～60min。

高速钢淬火后可进行一次冷处理（−70～−80℃），其好处是可减少回火次数，一般情况冷处

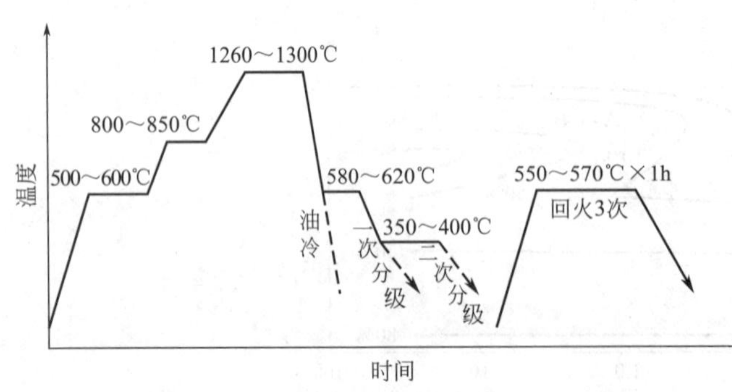

图4.12　W18Cr4V高速钢常用热处理工艺方法

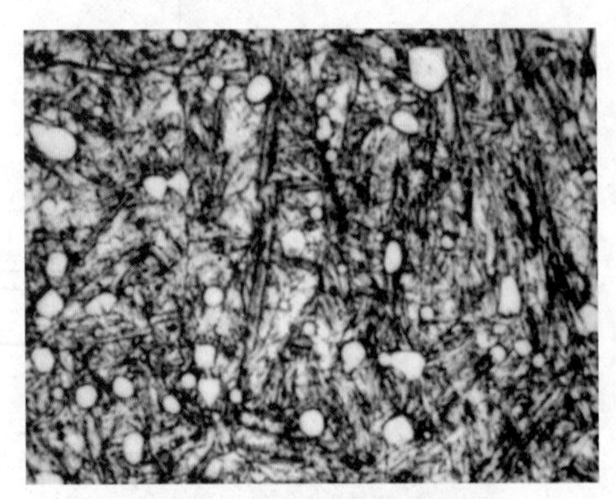
图4.13　W18Cr4V贝氏体等温淬火后的组织（1000×）

理后进行一次回火就可以了。为避免奥氏体的陈化稳定，淬火后和冷处理前在室温停留的时间应尽可能地缩短，一般不超过30～60min。由于冷处理会引起附加应力，复杂的成型工具和淬火温度偏高的情况不宜采用冷处理工艺。

淬火后的A_R合金度高，稳定性大，在回火加热过程中不分解。在500～600℃间保温时也仅从中析出合金碳化物，使A_R合金度有所降低，因而奥氏体的M_S点升高，在冷却到室温时，部分A_R发生马氏体转变，A_R体积分数由20%～25%减少到约10%。但还需要进一步降低，并且要消除新产生马氏体引起的内应力，所以高速钢一般需要在560℃左右三次回火，图4.14和图4.15分别为高速钢回火一次与回火三次的金相组织。并且，经过三次回火后钢的硬度不降低，保持在62～64HRC，抗弯强度和挠度进一步增高，如图4.16所示，回火后的显微组织为回火马氏体、碳化物以及少量A_R。

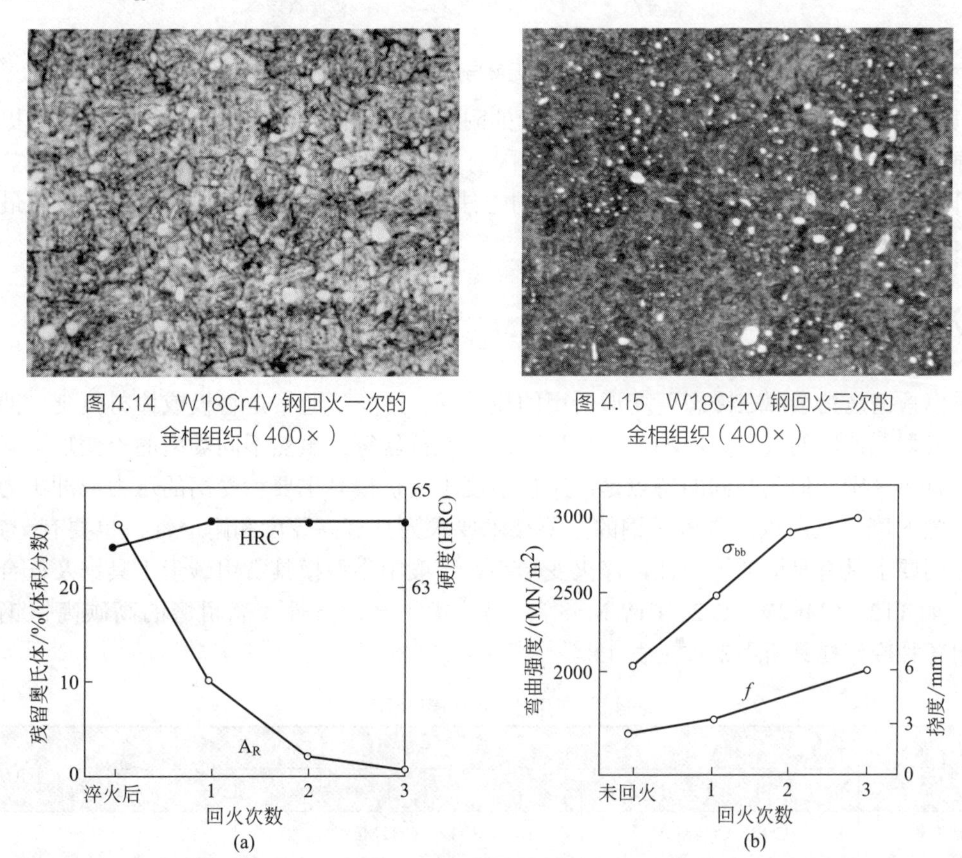

图4.14　W18Cr4V钢回火一次的金相组织（400×）

图4.15　W18Cr4V钢回火三次的金相组织（400×）

图4.16　W18Cr4V高速钢回火次数与残留奥氏体和性能的关系

高速钢的同步热处理是指高速钢工具实现淬火工序、回火工序采用同样的保温时间，即可以相同的节拍进行生产。需要制订包括淬火的预热、加热、冷却及回火等工序在内的热处理自动线各环节的工艺参数。实现同步热处理的关键是正确选择回火温度与保温时间，以便和淬火工艺相匹配。图4.17是两种高速钢回火温度与时间的关系，根据关系可以选择正确的回火规范，使之与淬火工序同节拍。图中在Ⅰ区内任何一点的回火温度与时间的搭配，都可使工具达到正常回火效果，在Ⅱ区内选择回火工艺时会造成过回火，在Ⅲ区内选择回火工艺会产生回火不足。

为改善和提高高速钢刃具的切削效率和耐用度，还广泛采用表面强化方法，主要是表面化学热处理或在刀具表面覆层。高速钢工件表面化学热处理有表面氮化（如辉光离子氮化、气体软氮化）、表面硫氮共渗或硫氮硼等多元共渗、蒸气处理等。这些处理温度均低于560℃，因此工件的显微组织均未改变。工件表面覆层是物理气相沉积（PVD，physical vapor deposition），在工件

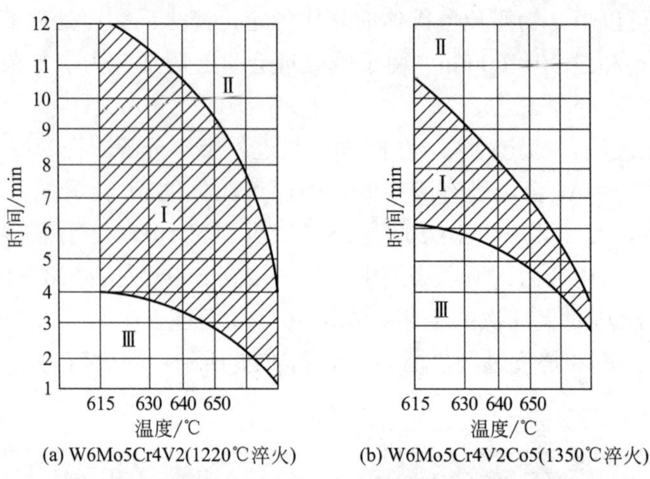

图 4.17 回火温度与保温时间的关系

表面沉积 TiC 或 TiN 覆层，具有高硬度、优异的耐磨性、抗黏着性和抗咬合性，能显著提高工具的使用寿命。其中蒸气处理和氧氮共渗是目前国内在商品钻头上大量应用的方法，QPQ 盐浴复合处理是目前国内外应用较多、强化效果很好的方法。目前 PVD 法中 TiN 涂层强化效果最高，但成本高、投资大，适用于贵重精密刀具。

4.4 冷作模具钢

冷作模具钢是指金属在冷态下变形所用的模具钢。冷变形通常是将板或棒材拉延、冲压、冷镦或冷挤成型，使用的模具如冷冲、冷挤压、冲裁、拉丝等。虽然不同类型的冷变形，其模具的服役条件有所区别，但其共同的特点是：工作温度不高，模具主要承受高的压力或冲击力，金属之间有强烈的摩擦。所以冷作模具钢的主要技术要求为具有高硬度和耐磨性，也要有一定韧性。在工艺上则要求具有足够的淬透性，淬火变形小。一般中小型模具常用碳素工具钢及低合金工具钢制造，如 T12、9Mn2V、Cr2、CrWMn 等。另一类是高淬透性、高耐磨的高碳高铬钢、基体钢。常用各种冷作模具所用钢种见表 4.8。

表 4.8 常用各种冷作模具所用钢种

模具种类	钢号		
	简单（轻载）	复杂（重载）	重载
硅钢片冲模	Cr12、Cr12MoV	Cr12、Cr12MoV	—
落料冲孔模	T10A、9Mn2V、GCr15	CrWMn、9Mn2V	Cr12MoV
剪刀	T10A、9Mn2V	9SiCr、CrWMn	—
冷挤模	T10A、9Mn2V	9Mn2V、9SiCr、Cr12MoV	Cr12MoV、18-4-1、6-5-4-2
冷镦模	T10A、9Mn2V	基体钢、Cr12MoV	基体钢、Cr12MoV
冲头	T10A、9Mn2V	Cr12MoV	18-4-1、6-5-4-2
压弯模	T10A、9Mn2V	—	Cr12MoV
拉丝模	T10A、9Mn2V	—	Cr12MoV
拔丝模	T10A、9Mn2V	—	Cr12MoV

4.4.1 碳素工具钢和低合金工具钢

一般情况下，碳素钢和低合金工具钢既可作刃具，也可作模具。目前常用的碳素工具钢有

T8、T10、T12，其中T10用量最多。由于碳素工具钢淬透性低，热处理时变形又比较大，只适宜制造小尺寸、形状简单、受轻载荷的模具。

常用的低合金工具钢有9Mn2V、CrWMn、GCr15、9SiCr等。和碳素工具钢相比，这类钢的淬透性比较高，热处理变形较小，耐磨性也较好，所以可制造工具尺寸较大、形状比较复杂、精度要求相对较高的模具。CrWMn、GCr15、9SiCr等钢号特点前面已经介绍，这里讨论主要用作冷作模具的9Mn2V钢。

9Mn2V钢中由于含较多的Mn元素，提高了淬透性，该钢的油淬临界直径约为30mm。Mn的存在使马氏体相变临界点M_S降低，在室温下有比较多的A_R，约20%～22%（体积分数），所以淬火时变形比较小。适量的V能克服Mn的缺点，降低钢的过热敏感性，细化晶粒，并且少量的VC碳化物提高了钢的耐磨性。该钢的不足之处是硬度稍低，回火稳定性较差，一般的回火温度在200℃以下，并且VC碳化物使磨削性能变差。因为9Mn2V钢符合我国的资源，它克服了T10钢的淬透性低、变形大的缺点，又没有CrWMn钢网状碳化物难以消除的缺陷，所以几乎各种类型的冷作模具都可采用。为了避免产生第一类回火脆性，在选择回火温度时应避开敏感范围，对9Mn2V钢，不宜在190～230℃回火。

4.4.2 高铬和中铬模具钢

常用的高铬和中铬模具钢的化学成分见表4.9。这类钢具有变形小、淬透性好、耐磨性高等特点，所以被广泛用于制造负荷大、生产批量大，耐磨性要求高、热处理变形要求小的形状复杂的冷成型模具。

表4.9 常用的高铬和中铬模具钢的化学成分（GB/T 1299—2014）

钢号	统一数字代号	化学成分/%							供货状态硬度/HBW
		C	Si	Mn	Cr	Mo	W	V	
Cr12	T21200	2.00～2.30	≤0.40	≤0.40	11.50～13.00	—	—	—	269～217
Cr12MoV	T21201	1.45～1.70	≤0.40	≤0.40	11.00～12.50	0.40～0.60	—	0.15～0.30	255～207
Cr4W2MoV	T20421	1.12～1.25	0.40～0.70	≤0.40	3.50～4.00	0.80～1.20	1.90～2.60	0.80～1.10	≤255
Cr5Mo1V	T20503	0.95～1.05	≤0.50	≤1.00	4.75～5.50	0.90～1.40	—	0.15～0.50	202～229

4.4.2.1 高碳高铬模具钢

高铬钢是Cr含量约为12%的高碳亚共晶莱氏体钢，主要有Cr12、Cr12MoV钢。在退火态含有体积分数为16%～20%的$(Cr, Fe)_7C_3$碳化物，其中也可能会溶入少量的Mo和V。随钢中C含量的增高，共晶碳化物增多，碳化物不均匀性也加大。在高碳Cr12钢基础上降低C含量，增加Mo和V以减少并细化共晶碳化物，细化晶粒，改善韧度，形成了Cr12MoV等钢种。Cr12MoV钢虽然C含量降低，但是仍然有碳化物偏析存在。钢中的碳化物在高温淬火加热时大量溶入奥氏体，增加了钢的淬透性，并增加了钢的回火稳定性。在约500℃回火时，合金元素又从马氏体中析出，可产生二次硬化，从而提高了钢的硬度和耐磨性。

Cr12MoV钢具有高淬透性，截面200～300mm以下可以完全淬透。Cr12MoV钢主要制造大尺寸、形状复杂、承受载荷较大的模具，曾经有"冷作模具王牌"之称。

Cr12MoV钢常用的热处理工艺有一次硬化法和二次硬化法两种。

一次硬化法是采用较低的淬火温度和低温回火。淬火温度低，晶粒细小，强韧性好。淬火加热温度常采用980～1030℃，然后在150～170℃低温回火，硬度为61～63HRC，A_R量少。组织中有12%（体积分数）左右的未溶$(Cr, Fe)_7C_3$碳化物。随加热温度升高，碳化物溶解量增加，奥氏体合金度的增加，淬火后A_R增加，硬度下降。一次硬化法使用比较普遍。

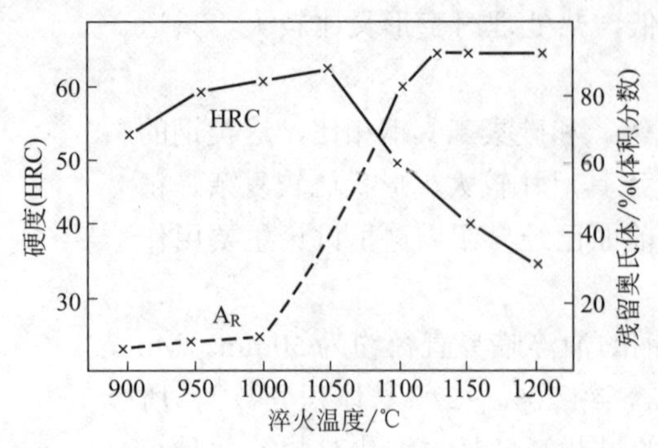

图 4.18　Cr12MoV 钢的硬度、A_R 量与淬火温度的关系

二次硬化法是采用高的淬火温度，进行多次高温回火。Cr12MoV 钢的淬火温度在 1050～1100℃。高的淬火温度溶解了大部分碳化物，(Cr, Fe)$_7$C$_3$ 碳化物仅剩 5%（体积分数）左右，组织中绝大部分为 A_R。图 4.18 是 Cr12MoV 钢的硬度、A_R 量与淬火加热温度的关系。淬火温度在 1050℃时，硬度达到最高值，过高的温度使 A_R 急剧增加，在 1100℃时 A_R 可达到 80%（体积分数）。所以淬火温度的波动可引起组织和性能的较大变化，这是这类钢的特点之一。另一个特点是可选择淬火温度和回火温度来控制工具的变形。提高淬火温度，A_R 量增加，体积变化减小；A_R 量增加到一定程度，会抵消马氏体转变所引起的胀大，致使体积变化为零，甚至为负，体积反而缩小。同样，回火也可以调节，当回火温度低于 300～400℃，由于马氏体分解而尺寸缩小，当在大于 450℃回火时，A_R 量将转变为马氏体，从而又可引起体积的增加。

要消除这些 A_R，必须采用 490～520℃多次回火，可使硬度回升到 60～62HRC。为了减少回火次数，对于尺寸不大、形状比较简单的模具，可以进行冷处理（−78℃）。如果要冷处理必须在淬火后立即进行，随后再进行高温回火，硬度可以在 60～61HRC。二次硬化法适合于工作温度比较高（400～500℃）且受载荷不大或淬火后表面需要氧化处理的模具。

4.4.2.2　高碳中铬模具钢

高碳中铬模具钢典型的钢号是 Cr4W2MoV 和 Cr5Mo1V。由于 C 含量相对低、Cr 含量也低，属于过共析钢。由于凝固时偏析，故仍有部分共晶莱氏体。这类钢中的碳化物也是以 M_7C_3 型为主，并有少量 M_6C、MC 型碳化物和合金渗碳体。这类钢的碳化物分布较均匀。钢在退火态时约含有 15%（体积分数）的碳化物。这类钢具有耐磨性好和热处理变形小的特点，适用于制造既要求有高的耐磨性，又具有一定韧度的模具。

Cr4W2MoV 钢是代替高碳高铬钢的一种高碳中铬钢。其成分特点是降低 C 和 Cr 的含量，合金元素总量减少 1/3，但性能与 Cr12 型钢接近，碳化物细小均匀。其热处理方法与高碳高铬钢相似，也有两种方式。在考虑硬度和强韧度时，可采用 960～980℃淬火温度，经 260～320℃回火两次，每次 1h。对要求热稳定性好以及进行化学热处理时，则采用 1020～1040℃加热淬火，在 500～540℃回火三次，每次 1～2h。

Cr5Mo1V 是一种值得推广的空冷淬硬冷作模具钢，与美国的 A2 钢相同，是国际上通用的钢种。ϕ100mm 以下的零件可空气淬硬，对于形状复杂要求热处理变形小的模具是非常有利的。Cr5Mo1V 常采用 300～400℃和 800～850℃二次预热。淬火热处理工艺也有低淬低回和高淬高回两种方式：低淬低回工艺为 940～960℃淬火加热，空冷或油冷，180～220℃回火，硬度为 60～64HRC；高淬高回工艺是 980～1010℃淬火加热，空冷或油冷，510～520℃回火，硬度为 57～60HRC。既有较好的耐磨性，又有良好的韧度和抗回火软化能力。正常热处理后其耐磨性优于 CrWMn，而韧度优于 Cr12 型高碳高铬钢。该钢适用于要求具备好的耐磨性和良好韧度的冷作模具，如下料模、成形模、冲头、剪刀片等。

4.4.2.3　新型冷作模具钢

为适应冷镦模和厚板冲剪模的工作要求，既要有良好的耐磨性，又有较高的韧度，先后发展了一系列高韧度、高耐磨性的冷作模具钢。代表性的钢有 8Cr8Mo2V2Si、Cr8Mo2V2WSi 等。我国常用的是 7Cr7Mo2V2Si 钢，这类钢的合金元素总量为 12% 左右，有较好的淬透性，热处理变形小。在退火状态，钢中碳化物以 VC 为主，还有少量的 $M_{23}C_6$ 和 M_6C 型碳化物。随淬火温度升高，碳化物逐渐溶于奥氏体，当温度超过 1180℃，奥氏体晶粒明显长大，故淬火温度应在

1100～1150℃。此时剩余VC碳化物，其体积分数为3%。VC的硬度高达2093HV，提高了钢的耐磨性。由于剩余碳化物总量不高，钢的韧度较好。经1150℃淬火，奥氏体晶粒度为8级，并含有不超过15%（体积分数）的A_R。在500～550℃间回火时出现二次硬化峰，这是由于VC析出和A_R分解产生的。对要求强韧性好的模具，采用较低淬火温度1100℃加热，550℃回火2～3次。若要求高耐磨性和冲击负荷下工作的模具，采用1150℃温度淬火加热，560℃回火2～3次。这类钢用来制造冷镦模、冷冲模及冲头、冲剪模、冷挤压模等。

粉末冶金冷作模具钢是另一种新型冷作模具钢。采用粉末冶金法，用钢水雾化法将钢水雾化成细小钢粉末，通过快速凝固，每颗粉末中的高合金莱氏体得到细化，显著改善烧结后钢的韧度。同时这种方法还可以生产用传统冶金方法难以生产的高碳高合金冷作模具钢。使钢中含有更多的硬质碳化物VC，如粉末冶金高碳高钒冷作模具钢CPM10V，具有更高的耐磨性，其成分约为2.45%C、10%V、5%Cr、1.3%Mo。

日本在SKD11（相当于Cr12Mo1V1）的基础上发展了SLD-MAGIC钢种，易切削加工和表面处理，热处理尺寸变化小，比SKD11的改良钢SLD8降低约40%，主要用于冷压模具。通过优化合金元素配比，达到了更优良的特性。耐磨性是SLD8的1.35倍，模具寿命大幅度提高，可见在传统材料上还是有许多问题值得研究的。

4.4.3 基体钢

基体钢是指其成分与高速钢的淬火组织中基体成分相似的钢种。这类钢既具有高速钢的高强度、高硬度，又因为不含有大量的碳化物而使韧度和疲劳强度优于高速钢。表4.10列出了部分国内开发的基体钢成分，用量比较大的是6Cr4W3Mo2VNb钢。

6Cr4W3Mo2VNb钢是我国研制的高韧度高耐磨的冷作模具钢，以前简称为65Nb钢。65Nb钢中C含量约为0.65%，可以增加碳化物数量而提高耐磨性，同时加入V、Nb元素可有效细化晶粒、提高韧度和改善工艺性能。这种钢容易锻造，锻后缓冷，退火后硬度≤217HB。该钢具有较高的淬透性，直径50mm可以在空气中淬透，直径80mm可以在油中淬透。65Nb钢合适的淬火加热温度范围为1080～1180℃，常用的回火温度范围在520～580℃，两次回火。由于该钢具有较高的回火稳定性，所以可进行气体软氮化或离子氮化以提高表面的耐磨性。该钢适合于制造形状复杂、冲击负荷较大或尺寸较大的冷作模具，如冷挤压模、冷镦模、温锻模的凸模、冲头等。

基体钢既可作冷作模具钢，也可作热作模具的工作零件，表4.10中的5Cr4W5Mo2V、5Cr4Mo3SiMnVAl钢在国家标准GB/T 1299—2014中就归在热作模具钢系列。

表4.10 国内部分基体钢的化学成分（GB/T 1299—2014） 单位：%

钢 号	代 号	C	Cr	W	Mo	V	Si	Mn	其 他
6Cr4W3Mo2VNb	T20432	0.60～0.70	3.80～4.40	2.50～3.50	1.80～2.50	0.80～1.20	≤0.40	≤0.40	0.20～0.35Nb
5Cr4W5Mo2V	T20452	0.40～0.50	3.40～4.40	4.50～5.30	1.50～2.10	0.70～1.10	≤0.40	≤0.40	—
5Cr4Mo3SiMnVAl	T20403	0.47～0.57	3.80～4.30	—	2.80～3.40	0.80～1.20	0.80～1.10	0.80～1.10	0.30～0.70Al
6W6Mo5Cr4V	T20465	0.55～0.65	3.70～4.30	6.00～7.00	4.50～5.50	0.70～1.10	≤0.40	≤0.60	—

注：P、S含量均不大于0.030。

4.5 热作模具钢

热作模具钢用于制造使加热金属或液态金属获得所需要形状的模具。这种模具是在反复受热和冷却的条件下进行工作的。变形加工过程完成得越慢，模具受热的时间就越长，受热的程度就越严重。许多模具还受到比较大的冲击力，所以模具的苛刻工作条件要求模具钢具有高抗热塑性变形能力、高韧度、高抗热疲劳性和良好的抗热烧蚀性。热作模具钢的C含量一般在0.3%～0.6%，还加入Cr、Mo、W、Si、Mn、V等合金元素，以提高钢的各种性能。习惯上，根据工作条件热作模具钢可分为三大类：热锤锻模具钢，热挤压、热镦锻及精锻模具钢和压铸模用钢。常用热作模具钢的化学成分见表4.11。

表4.11　部分常用热作模具钢的化学成分（GB/T 1299—2014）　　单位：%

钢　号	统一数字代号	C	Si	Mn	Cr	Mo	W	V	其　他
5Cr06NiMo	T20103	0.50～0.60	≤0.40	0.50～0.80	0.50～0.80	0.15～0.30	—	—	1.40～1.80Ni
5Cr08MnMo	T20102	0.50～0.60	0.25～0.60	1.20～1.60	0.60～0.90	0.15～0.30	—	—	—
4CrMnSiMoV	T20101	0.35～0.45	0.80～1.10	0.80～1.10	1.30～1.50	0.40～0.60	—	0.20～0.40	—
8Cr3	T20300	0.75～0.85	≤0.40	≤0.40	3.20～3.80	—	—	—	—
3Cr2W8V	T20280	0.30～0.40	≤0.40	≤0.40	2.20～2.70		7.50～9.00	0.20～0.50	—
4Cr5MoSiV1（H13）	T20502	0.32～0.45	0.80～1.20	0.20～0.50	4.75～5.50	1.00～1.75	—	0.80～1.20	—
4Cr5MoSiV（H11）	T20501	0.33～0.43	0.80～1.20	0.20～0.50	4.75～5.50	1.10～1.60	—	0.30～0.60	—
4Cr5W2VSi	T20520	0.32～0.42	0.80～1.20	≤0.40	4.50～5.50	—	1.60～2.40	0.60～1.00	—
3Cr3Mo3W2V	T20323	0.32～0.42	0.60～0.90	≤0.65	2.80～3.30	2.50～3.00	1.20～1.80	0.80～1.00	—
4Cr3Mo3SiV	T20303	0.35～0.45	0.80～1.20	0.25～0.70	3.00～3.75	2.00～3.00	—	0.25～0.75	—

4.5.1　热锤锻模钢

热锤锻模具是在高温下通过冲击强迫金属成型的工具。工作时受到比较高的单位压力和冲击力，以及高温金属对模具型腔的强烈摩擦作用。模具型腔表面经常被升温到400～450℃，模具的截面一般都比较大且型腔形状比较复杂。因此，热锤锻模具钢应具有较高的高温强度与耐磨性；良好的耐热疲劳性和导热性；高的淬透性，以保证整个模具截面得到均匀的力学性能；良好的冲击韧度和低的回火脆性倾向。

热锤锻模具钢的C含量在0.45%～0.60%，以保证一定的硬度和韧度。一般都加入约1%的Cr，增加钢的淬透性，提高回火稳定性，改善钢的韧度。Ni能显著地提高冲击吸收能量，和Cr共同作用大大提高了钢的淬透性。Mn主要是代替Ni，但Mn增加钢的过热敏感性并容易引起回火脆性。Si能提高钢的强度、回火稳定性和耐热疲劳性，但Si含量较高时（＞1%），会增加回火脆性，降低韧度。Mo和V都能有效地细化晶粒，减少过热倾向，提高回火稳定性，Mo（W）最重要的作用是大大削弱钢的回火脆性，所以，不但热锤锻模钢都含有Mo元素，而且所有的热作模具钢都用Mo（W）合金化。

使用最广泛的是5Cr06NiMo和5Cr08MnMo钢。热锤锻模要求的硬度和机械加工与最后热处理工序的安排应视模具的大小、形状及服役条件而定。高的硬度虽然可保证具有良好的耐磨性，但对热疲劳比较敏感，容易引起裂纹。硬度过低，容易被压下和变形。对于不同类型锻模的硬度要求见表4.12。小型锻模由于锻件冷却比较快，硬度相对较高，所以小型锻模应具有较高的耐磨性，硬度要求也相应在40～44HRC。如果型腔浅而简单，硬度要求还可提高（在41～47HRC）。中型锻模的硬度要求在36～41HRC。大型锻模由于锻模尺寸很大，淬火时的应力和变形比较大，此外工作时应力分布也不均匀，需要有较高的韧度，并且锻件的温度也相对较高，硬度较低，所以大型锻模的硬度以35～38HRC为宜。

中、大型锻模的热处理工艺过程比较复杂，要求也比较严格。一些热锤锻模具钢的淬火工艺见表4.13。淬火处理要注意保护模面和模尾，以避免氧化脱碳。淬火过程要注意预热和预冷，加

表 4.12 不同类型锻模模面及模尾的硬度要求

锻模类型	锻模高度 /mm	模面硬度		模尾硬度	
		HBW	HRC	HBW	HRC
小型	<275	387～444 364～415	41～47 39～44	321～364	35～39
中型	275～325	364～415 340～387	39～44 37～41	302～340	33～37
大型	325～375	321～364	35～39	286～321	30～35
特大型	375～500	302～340	33～37	269～321	28～35

注：对中、小型锻模模面硬度，一般型腔浅而简单的采用高硬度值，型腔复杂且深的采用低硬度值。

表 4.13 一些热锤锻模具钢的淬火工艺

钢 号	淬火温度 /℃	冷却介质	硬度 /HRC
5Cr06NiMo	830～860	油	53～58
5Cr08MnMo	820～850	油	52～58
4CrMnSiMoV	860～880	油	56～58

热时一般约在 450℃预热，升温速度不得大于 50℃/h。加热保温后，将锻模自炉中取出，首先去除模尾部分的保护物，并在空气中预冷到 780℃。预冷后淬火，一般都用油冷，油温不得超过 70℃，因为锻模的热容量大，为使其均匀冷却，须使用油循环冷却。在油中冷至 150～200℃取出，此时锻模表面所附着的油不会燃烧而呈现冒青烟现象。淬火后必须立即回火，绝对不允许冷至室温。因为在空气中冷却会产生马氏体转变，使锻模内应力增大，容易造成开裂。锻模自油中取出后，装入炉温为 250～350℃回火炉内进行保温，然后将炉温缓慢升至回火温度。

锻模由型腔和燕尾两部分组成，锻模模面和模尾的硬度要求不同，大中型模的型腔部位要求硬度在 36～42HRC；燕尾部分承受冲击，要求硬度为 30～35HRC。为了降低模尾硬度，提高韧度，生产上常使用几种工艺方法。可以采用自行回火的方法，节省尾部回火工序，即使整个锻模在油中冷却 3～5min 后把模尾提出油面，停留一段时间，使温度回升，然后再放入油中，再提出，反复 3～5 次以达到要求。也可以采用分段冷却方法，将锻模自炉中取出后，放在空气中局部冷却。去除模尾部分的保护物，在空气中预冷到约 650℃，而铁盘内的模面部分温度仍然很高，这时再去掉铁盘，将整个锻模放入油中淬火冷却。另一个方法是模尾补充回火。如果未采用模尾自行回火方法，则模具燕尾部分可在 600～660℃范围进行补充回火，以降低硬度，提高韧度。

回火温度根据钢号及所要求的硬度而定，表 4.14 为一般硬度要求所相应的回火温度，可根据模具尺寸、形状和生产批量等因素来选择不同钢种。对模具高度小于 400mm 的中、小型热锤锻模具，可选择中等淬透性的 5Cr08MnMo 等钢种；模具高度大于 400mm 的大型热锤锻模具，应使用高淬透性的 5Cr06NiMo 钢及新型钢种 4Cr2NiMoVSi 和 4CrMnSiMoV。后两种钢全面达到性能要求，具有高温下的高强度和韧度。4Cr2NiMoSiV、4CrMnSiMoV 钢比 5Cr06NiMo 钢具有更高的高温强度、冲击吸收能量和热稳定性，所制作的大截面热作模具有较高的使用寿命。

对 5Cr06NiMo、5Cr08MnMo 低合金钢，经 820～860℃淬火加热，在空气中预冷到约 780℃油淬后，可在 520～580℃范围回火。对热稳定性较高的 4Cr2NiMoVSi 和 4CrMnSiMoV 钢，可提高回火温度。4Cr2NiMoVSi 钢经 960～1010℃加热淬火后经 600～680℃回火，回火后硬度为 35～48HRC。4CrMnSiMoV 钢经约 880℃加热淬火后，根据不同大小模具选择回火温度，一般在 520～660℃范围，回火后硬度为 37～49HRC。

表 4.14　一些热锻模的回火温度与硬度

钢　号	锻模类型	回火温度 /℃	硬度 /HRC	模尾回火温度 /℃	模尾硬度 /HRC
5Cr06NiMo	小型	490～510	44～47	620～640	34～37
	中型	520～540	38～42	620～640	34～37
	大型	560～580	34～37	640～660	30～35
5Cr08MnMo	小型	490～510	41～47	600～620	35～39
	大型	520～540	38～41	620～640	34～37
4CrMnSiMoV	小型	520～580	44～49		
	中型	580～630	41～44		
	大型	610～650	38～42		
	特大型	620～660	37～40		

4.5.2　热挤压模钢

和热锤锻模相比，热挤压模在工作时需要较长时间与被变形加工的金属接触，其受热的温度往往更高。热挤压模还承受很大的应力和摩擦力。这类模具的尺寸一般都不大，比热锤锻模要小。热挤压模主要要求有高的热稳定性、较高的高温强度、耐热疲劳性和高的耐磨性。按主要合金成分分为三类：铬系、钨系和钼系热模具钢。

铬系热模具钢主要含有约 5% 的 Cr，并加入 Mo、W、Si、V 等元素。这类钢淬透性比较高，具有较高的强度和韧度，抗氧化性较好。常用的钢号有 4Cr5MoSiV、4Cr5MoSiV1、4Cr5W2SiV 等，常用热处理规范及性能见表 4.15。铬系模具钢是主要的热作模具钢，常用于制造尺寸不大的热锻模、钢及铜的热挤压模、铝及铜合金的压铸模等。

表 4.15　常用铬系热模具钢热处理规范及性能

钢　号	热处理	硬度 /HRC	R_m/MPa	R_{eL}/MPa	A_5/%	Z/%	KU_2/J
4Cr5MoSiV	1000℃淬火、580℃二次回火	51	1745	—	13.5	45	55
4Cr5MoSiV1	1010℃淬火、566℃二次回火	51	1830	1670	9	28	19（KV_2）
4Cr5W2SiV	1050℃淬火、580℃二次回火	49	1870	1660	9.5	42.5	34

钨系热模具钢使用最多的是 3Cr2W8V 钢，我国一直沿用至今。在国外已基本停止使用，代之以 H 系列的热作模具钢，其中以 H13（4Cr5MoSiV1）应用比较广泛。近几年来又研究开发了一些新钢种，性能获得了显著的改善。钨系热模具钢特点是由于含有较多的 W 元素，所以就其基体成分而言，实际上是一种低碳的高速钢成分。3Cr2W8V 钢具有高的热稳定性、耐磨性，但韧度和抗热疲劳性较差。

当淬火加热温度高于 1150℃后，3Cr2W8V 钢奥氏体晶粒开始激烈长大，冲击吸收能量显著降低。奥氏体晶粒和淬火温度的关系如图 4.19 所示。因此，对于承受动载荷比较小的模具，淬火加热温度选择在 1140～1150℃比较合适，而对于大型模具和在动负荷下工作的尺寸较小的模具，淬火温度可以选择在 1050～1100℃。3Cr2W8V 钢的回火温度与硬度的关系和高速钢的回火规律是相似的。在约 550℃回火，由于马氏体中弥散析出合金碳化物，产生了二次硬化效果。但是，当硬度处于峰值时，冲击吸收能量最低（如图 4.20）。

3Cr2W8V 钢的淬透性比较高，零部件截面在 25mm 以下时可以空冷。该钢在 500～600℃时过冷奥氏体相当稳定，有利于采用分级淬火以减少模具变形。对于一些在重载荷条件下工作且变形要求不太高的大截面模具，淬火热处理时不宜空冷，常采用油冷。

钼系热模具钢的性能介于铬系和钨系之间，即热稳定性比铬系要好，韧度要比钨系的好，应用最广泛的是 3Cr3Mo3W2V。3Cr3Mo3W2V 常用的热处理工艺为：1060～1130℃淬火，550～640℃回火，常用于制造热挤压模和中小型热锻模。

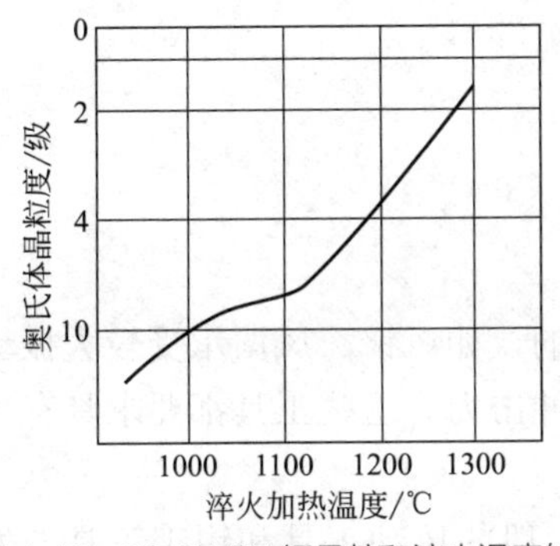

图 4.19 3Cr2W8V 钢晶粒和淬火温度的关系

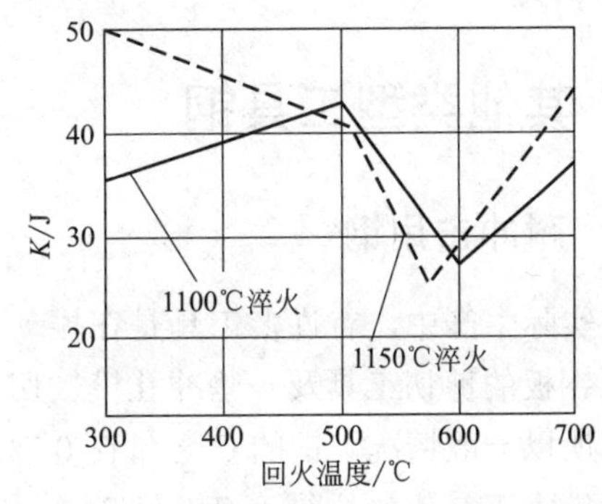

图 4.20 3Cr2W8V 钢冲击吸收能量与回火温度的关系

4.5.3 压铸模钢

压力铸造是在高的压力下，使液态金属挤满型腔成型。在工作中模具反复与炽热金属接触，因此对压铸模具钢要求有高的耐热疲劳性、较高的导热性、良好的耐磨性及耐蚀性和一定的高温强度等。

目前常用的压力铸造大致可分为 Zn 合金、Al 合金、Mg 合金、Cu 合金和黑色金属五大类。这些金属的熔点、压铸温度、模具工作温度和硬度要求见表 4.16。压铸模具钢的选择首先要根据浇铸金属的温度和浇铸金属的种类来决定。

表 4.16 压铸金属的熔点、压铸温度、模具工作温度和硬度要求

压铸金属种类	Zn 合金	Al 合金	Mg 合金	Cu 合金	黑色金属
熔点 /℃	400～450	580～740	630～680	850～920	1345～1520
压铸温度 /℃		～680		～930	1470～1600
模具工作温度 /℃		<593		600～700	800～850
模具硬度要求 /HRC	48～51	40～48	40～48	37～45	42～44

Zn 合金、Al 合金、Mg 合金是低熔点的金属合金，压铸这些铸件可以选择低合金钢来制造压铸模具。例如：压铸 Zn 合金的模具可采用 3Cr2Mo、5Cr08MnMo 等钢，压铸 Al 合金、Mg 合金的模具目前常选用 3Cr2W8V 和 4Cr5MoSiV1（H13）等钢。Cu 合金和黑色金属的熔点比较高，压铸温度在 950℃以上，模具表面的接触温度也在 650℃以上，所以模具的工作条件也相对比较苛刻。有时，一般的钢制模具难以满足生产的要求，需要采用难熔金属为基的合金，如 Mo 基合金、W 基合金等。当然，模具材料的选择还与生产批量等因素有关，生产批量大的压铸模具可选择材质和性能较好的材料，以保证有足够的使用寿命。例如：压铸 Zn 合金，生产批量在 25×10^4 件以下时，可选用 3Cr2Mo 钢；生产批量达 100×10^4 件时，可优先采用 4Cr5MoSiV1（H13）钢制造。

常用压铸模具用材料的选择见表 4.17。

表 4.17 常用压铸模具用材料的选择

压铸材料	推荐压铸模具材料	工作硬度
Zn 及其合金	40Cr、30CrMnSi、3Cr2Mo、40CrMo、CrWMn、5Cr08MnMo、4Cr5MoSiV1、3Cr2W8V、20（碳氮共渗）等	48～60HRC
Al 及其合金 Mg 及其合金	3Cr2W8V、4Cr5MoSiV（H11）、4Cr5MoSiV1（H13）、3Cr3Mo3W2V、4Cr5W2SiV、马氏体时效钢等	42～50HRC
Cu 及其合金	3Cr2W8V、3Cr3Mo3W2V、4Cr4W4Co4V2（H19）、3Cr2W9Co5V、马氏体时效钢 18Ni（250）和 18Ni（350）等	290～375HBS
黑色金属	3W23Cr4MoV、3Cr2W8V（表面渗金属 Cr-Al-Si）等	400～690HV

4.6 其他类型工具钢

4.6.1 耐冲击用钢

在实际生产中，有许多工具是在振动、冲击条件下工作的，如风铲、风凿承受较大振动，加工较厚钢板的剪切工具及一些冲孔模、切边模都受到较大的冲击力。这些工具都要求具有较高的韧度，所以一般情况下钢的C含量在0.7%以下。

在碳素工具钢中主要有T7（T7A）和T8（T8A）可作一般的风动工具和钳工工具。如要求不高的凿子、冲子、錾、型锤和穿孔器等。在热处理时要保证工作部分有足够的硬度，而被敲击部分的硬度要低，以便有足够高的韧度。

一些合金工具钢也可作这类用途的工具，最常用的钢号为4CrW2Si、5CrW2Si等，其常用淬火温度见表4.18。这些钢都含有Si、Cr元素，Si、Cr能提高钢的低温回火稳定性，并推迟第一类回火脆性，因此可把回火温度提高到280℃而得到较高的韧度，特别是Si元素更为有效；这些元素提高钢的淬透性，提高强度和耐磨性。为了进一步提高耐磨性和细化晶粒，钢中加入W元素，W还能有效地削弱第二类回火脆性，所以含W的钢可在430～470℃回火，得到更好的韧度。这些钢在组织上都属于亚共析钢或共析钢。

表4.18 一些耐冲击用工具钢的交货硬度和淬火温度

钢 号	统一数字代号	交货状态		试样淬火		
		硬度HBS	压痕直径/mm	淬火温度/℃	冷却介质	硬度HRC
4CrW2Si	T40124	217～179	4.1～4.5	860～900	油	53
5CrW2Si	T40125	255～207	3.8～4.2	960～900	油	55
6CrW2Si	T40126	285～229	3.6～4.0	960～900	油	57
6CrMnSi2Mo1V	T40100	≤229	≥4.0	885～900	油	58
5Cr3Mn1SiMo1V	T40300	≤229	≥4.0	940～955	空气	56

4CrW2Si、5CrW2Si和6CrW2Si仅是C含量不同，用于不同的场合。4CrW2Si可用作风动工具，也可作一些受热不高的热镦锻模。5CrW2Si和6CrW2Si钢可作剪刀片、风动工具和冲头等，6CrW2Si钢还可作冷冲模及一些木工工具。我国目前剪切钢板或型材的冷、热剪刀片大都采用5CrW2Si。这些钢或者在200～250℃回火，得到硬度为54～56HRC，或者在430～470℃回火，得到硬度为48～50HRC。应避免在300～400℃回火，以防止第一类回火脆性的产生。

4.6.2 轧辊用钢

轧辊一般根据工作条件分为热轧工作辊、冷轧工作辊和支承辊，一般来说都是大型铸锻件。热轧工作辊按其在轧钢过程中的作用分为开坯辊、型钢轧辊和板带材热轧工作辊。热轧工作辊也是一种比较特殊的热作模具，常用材料有5Cr08MnMo、5Cr06NiMo等。支承辊按其所属轧机可分为热轧支承辊和冷轧支承辊。支承辊的特点是尺寸大、重量大，如1700热连轧机精轧支承辊的辊身直径1570mm、轧辊全长4800mm、单辊质量36.5t。支承辊直接与热轧或冷轧工作辊相接触，与冷轧工作辊受力情况相似。支承辊常用材料有9Cr2Mo、70Cr3Mo、42CrMo等。这里简单介绍冷轧工作辊。

冷轧工作辊承受很大的静载荷、动载荷，表面受到轧材的剧烈磨损，所以表面经常会局部过热，可能产生热裂纹。所以冷轧工作辊要求表面具有高而均匀的硬度和足够深的淬硬层，以及良好的耐磨性和耐热裂性。一般冷轧工作辊辊身表面硬度要求为90～102HS。

冷轧工作辊一般属于大截面用钢。冷轧工作辊用钢在化学成分、性能要求上与一些冷作模具钢相似。常用的冷轧辊用钢有9Cr、9Cr2、9CrV、9Cr2Mo、9Cr2W等。

这些钢是在高碳铬钢基础上加入了Mo、W、V等元素的低合金工具钢。根据轧辊的尺寸和各钢的淬透性，合理选择钢号。辊身直径超过500mm者，采用9Cr2W或9Cr2Mo；辊身直径超过400mm、负荷较大的冷轧辊，应采用9Cr2MoV钢制造；辊身直径在300～500mm之间的冷轧辊，可用9Cr2钢制造；辊身直径小于300mm者，可采用9Cr、9CrV钢。9CrV钢虽然淬透性较低，但韧度好，性能稳定，其使用寿命优于9Cr钢。

由于冷轧辊的要求比较高且尺寸一般都比较大，所以高硬度冷轧辊的生产工艺很复杂。轧辊在锻造后最好是立即热装进行等温退火，以防止产生白点。等温退火的加热温度为780～800℃，根据轧辊大小确定保温时间，一般在8～15h，然后冷至350～400℃，保温4～10h，再升温到650～670℃保温32～60h，然后以≤20℃/h的冷速冷至350～400℃，再以10℃/h的冷速冷至100℃。退火后，对轧辊进行粗加工和钻中心孔，然后进行调质处理。

调质处理的作用在于消除网状碳化物，得到粒状珠光体。调质处理加热温度的选择应使碳化物能完全溶解，晶粒又不粗大，一般选择880～900℃。为避免产生大的内应力，形状简单的轧辊采用水淬油冷，直径比较大的选用油冷或间歇油冷方式。辊身表面应冷却至180～250℃，立即进行高温回火，高温回火温度多采用690～710℃。

工作辊辊身和辊颈由于工作条件不同，对硬度要求也不同。辊身表面硬度不低于90HS，而辊颈处的硬度要求在30～55HS。为了达到这种不同的硬度要求，一般采用两种最后热处理方式：

① 将辊颈绝热，用绝缘材料把辊颈包起来，进行整体加热，并使用急冷圈进行淬火；

② 感应加热淬火。

4.6.3 量具用钢

在机械制造行业大量使用卡尺、千分尺、块规、塞规、样板等，这些都称为量具。量具的用途是测量工件的尺寸，所以量具最重要的要求是具有稳定而精确的尺寸。

量具用钢没有专用的钢号，都是选自各类结构钢和工具钢等常用钢种来制造。

常用作量具的低合金工具钢有GCr15、CrWMn和CrMn。这些用作量具的钢，其热加工和退火工艺与一般的过共析低合金钢相同。淬火温度和冷却条件都会影响自然时效，从而影响量具的尺寸变化。淬火温度一般取下限，即在保证淬火硬度的前提下，尽量降低淬火加热温度，以减少时效因素。淬火冷却也一般采用油冷，很少使用分级淬火。

量具在淬火后要进行冷处理。冷处理可提高硬度0.5～1.5HRC，减少A_R量和由此而引起的尺寸不稳定因素。淬火后应立即进行冷处理，以避免过冷奥氏体的陈化稳定。冷处理的温度采用−70～−80℃就可满足要求。

对精度要求特别高的量具，在淬火、回火后，还需要进行时效处理。时效处理可进一步消除残余应力，稳定钢的组织。时效温度一般在120～130℃。

GCr15的冶金质量比较高，退火后获得球状珠光体组织，正确热处理后钢的耐磨性和尺寸稳定性都比较好。所以，精度要求比较高的量具，如块规、螺纹塞头、千分尺螺杆及其他量具的测头等都用GCr15钢制造。

有些量具有可能在一定腐蚀环境下使用，为了使量具具有抗腐蚀能力，可用95Cr18不锈钢制造。95Cr18钢在1050～1075℃淬火后可得到60HRC的硬度，在150～200℃回火后硬度为57～59HRC，如淬火后进行冷处理可得到硬度60～62HRC。

用 38CrMoAlA 钢制造花键环规之类形状复杂的量具，调质处理后进行精加工，氮化处理后只需进行研磨。这样处理的量具尺寸稳定性很好，耐磨性高，并且在潮湿空气中可以防止腐蚀。

由于高铬钢 Cr12MoV 和 Cr12 的耐磨性高，适宜制造使用频繁的量具或块规等基准量具。高铬钢的淬透性好，热处理变形小，可制造形状复杂和尺寸大的量具（直径大于 100mm）。它的主要缺点是钢的碳化物分布不均匀，抛光操作困难；并且由于 A_R 量多，为减少自然时效引起的尺寸变化，热处理工艺比较复杂。

15、20、20Cr 等低碳钢采用渗碳工艺制造形状简单的量具，如卡板、卡规等。渗层深度在 0.3～1.0mm。用中碳钢 55、65 等钢制造量具时应先进行调质，再进行高频感应淬火。

4.6.4 塑料模具用钢

塑料制品应用越来越广泛，尤其在电器、仪表工业中。国内外广泛采用塑料制品代替金属、木材、皮革等传统材料制品。所以，塑料制品成型用模具的需要量迅速增加，近年来不少工业发达国家塑料制品成型用模具的产值已经超过了冷作模具的产值，在模具制造业中位居首位。塑料制品成型用的模具，目前研究开发的专门系列钢号还比较少，基本上都是其他材料应用于塑料模具。但是许多国家已经形成了范围很广的塑料模具用材料系列，包括碳素钢、渗碳型塑料模具钢、预硬型塑料模具钢、时效硬化型塑料模具钢、耐蚀塑料模具钢、易切削塑料模具钢、马氏体时效钢、镜面抛光用塑料模具钢以及铜合金、铝合金等。塑料制品很多是采用模压成型的，无论是热固性塑料成型或是热塑性塑料成型，压制塑料所受的温度通常在 200～250℃范围。部分塑料品种，如含 Cl、F 的塑料，在压制时析出有害气体，对型腔有较大的侵蚀作用。

根据塑料模具的工作条件和特点，对塑料模提出如下要求：

① 模具加工表面应有低的粗糙度，要求模具材料夹杂物少，组织均匀，表面硬度高；

② 表面具有一定的耐磨耐蚀性，表面光洁度要长期保持；

③ 有足够的强度和韧度，能承受一定的负荷而不变形；

④ 热处理时变形要小，以保证互换性和配合精度，这对于精密产品更为重要。

塑料模具用钢种类繁多，但是作为塑料模具专用钢并已经纳入国家标准的并不多，主要为合金塑料模具钢。如列入国家标准 GB/T 1299—2014 的常用塑料模具钢牌号有：SM45、SM50、SM55、4Cr2Mn1MoS、8Cr2MnWMoVS、5CrNiMnMoVSCa、2CrNiMoMnV、06Ni6CrMoVTiAl、2CrNi3MoAl、1Ni3MnCuMoAl、00Ni18Co8Mo5TiAl、2Cr13、4Cr13、4Cr13NiVSi、2Cr17Ni2、3Cr17Mo、3Cr17NiMoV、9Cr18、9Cr18MoV 等。

应根据模具的生产情况和工作条件，结合模具材料的基本性能和相关因素来选择制造塑料模具的材料。既要考虑模具的需要性，又要综合核计其经济性及技术上的先进性，有时还需要考虑模具材料的通用性。塑料模的制造成本高，材料费用只占模具成本的一小部分，一般在 10%～20%，有时甚至低于 10%。因此模具材料一般是优先选用工艺性好、性能稳定和使用寿命长的材料。常用塑料成型用模具钢的选择见表 4.19。

目前纳入国家标准的非合金塑料模具专用钢主要有 SM45、SM50、SM55 等，用量较大，主要用于成型一般零件或次要零件上。对于中、小型且不很复杂的模具，现在还较多地采用 T7A、T10A、9Mn2V、CrWMn、Cr2 等工具钢制造。在热处理时采取措施使变形尽量减小。使用硬度一般在 45～55HRC。对大型塑料模具，可采用 SM4Cr5MoSiV、SM4Cr5MoSiV1 或空冷微变形钢。

对于塑料模具零件，从工作性质和服役条件对性能要求上看，大多数零件没有必要采用渗碳钢和渗碳工艺来强化。有些复杂而精密的模具可使用 SM1CrNi3、12Cr2Ni4A 等渗碳钢制造。用这些钢制造的模具淬火时变形小，也可采用空冷微变形钢和预硬钢制作。预硬钢是将模块预

表 4.19 常用塑料成型用模具钢的选择

类 别	名 称	生产批量 / 件			
		$<10^5$	10^5～5×10^5	5×10^5～10^6	$>10^6$
热固性塑料	通用型塑料、酚醛、密胺、聚酯等	SM45、SM50、SM55 钢渗碳钢渗碳淬火	SM4Cr5MoSiV1+S，渗碳合金钢渗碳淬火	Cr5MoSiV1 Cr12 Cr12MoV	Cr12MoV Cr12MoV1 7Cr7Mo2V2Si
	加入纤维或金属粉等增强型塑料	渗碳合金钢渗碳淬火	渗碳合金钢渗碳淬火 Cr5Mo1V SM4Cr5MoSiV1+S	Cr5Mo1V Cr12 Cr12MoV	Cr12MoV SMCr12Mo1V1 7Cr7Mo2V2Si
热塑性塑料	通用型塑料、聚乙烯、聚丙烯、ABS 等	SM45、SM55 钢 SM3Cr2Mo 渗碳合金钢渗碳淬火	3Cr2NiMnMo SM3Cr2Mo 渗碳合金钢渗碳淬火	SM4Cr5MoSiV1+S 5NiCrMnMoVCaS 时效硬化钢 SM3Cr2Mo	SM4Cr5MoSiV1+S 时效硬化钢 Cr5Mo1V
	尼龙、聚碳酸酯等工程塑料	SM45、SM55 钢 3Cr2NiMnMo SM3Cr2Mo 渗碳合金钢渗碳淬火	SM3Cr2Mo 3Cr2NiMnMo 时效硬化钢 渗碳合金钢渗碳淬火	SM4Cr5MoSiV1+S 5NiCrMnMoVCaS Cr5Mo1V	Cr5Mo1V Cr12，Cr12MoV SMCr12Mo1V1 7Cr7Mo2V2Si
	加入增强纤维或金属粉等的增强工程塑料	3Cr2NiMnMo SM3Cr2Mo 渗碳合金钢渗碳淬火	SM4Cr5MoSiV1+S Cr5Mo1V 渗碳合金钢渗碳淬火	SM4Cr5MoSiV1+S Cr5Mo1V Cr12MoV	Cr12 Cr12MoV SMCr12Mo1V1 7Cr7Mo2V2Si
	添加阻燃剂的塑料	SM3Cr2Mo+ 镀层	30Cr13 Cr14Mo	95Cr18 90Cr18MoV	90Cr18MoV+ 镀层
	聚氯乙烯	SM3Cr2Mo+ 镀层	30Cr13 Cr14Mo	95Cr18 90Cr18MoV	90Cr18MoV+ 镀层
	氟化塑料	Cr14Mo 90Cr18MoV	Cr14Mo 90Cr18MoV	90Cr18MoV	90Cr18MoV+ 镀层

先进行热处理，供使用者直接进行成型切削加工，不再进行热处理。预硬钢的使用硬度一般在30～40HRC，过高的硬度将使可加工性变坏。常用的预硬钢有 40CrMo、5Cr06NiMo 等传统钢和专门开发的塑料模具钢 SM3Cr2Mo、SM3Cr2Ni1Mo、3Cr2MnNiMo 等。另外，我国宝钢开发的专利产品，非调质塑料模具用 B30 和 B30H 两钢种是贝氏体型预硬钢，组织和硬度沿模块分布均匀，型腔加工后不用热处理，有利于模具加工成型、抛光、修整，一次性完成，具有很好的抛光性能，较好的耐蚀性和渗氮性能。

对加工时会释放出有害气体的塑料，其加工模具可采用 SM20Cr13、40Cr13、95Cr18 等不锈钢制造。SM20Cr13、30Cr13 制造的模具，可在 950～1000℃加热淬火，油中冷却，在200～220℃回火。即使是大型模具，热处理后硬度也可达到 45～50HRC。这类模具不需要镀铬。

塑料模在淬火加热时应注意保护，防止表面氧化和脱碳。回火后，模具的工作表面要经过研磨和抛光，最好是进行镀铬，以防止腐蚀、防止黏附，同时也提高模具的耐磨性。

7Mn15Cr2Al3V2WMo（T23152）钢是一种高锰无磁钢，在各种状态下都能保持稳定的奥氏体组织，具有非常低的导磁系数，高的硬度、强度和良好的耐磨性。0Cr18Mn15 钢也是我国开发的新型高强度无磁模具钢，代号为 WCG，是非标准钢号。无磁模具钢适用于无磁性的粉末压铸模，要求无磁性的塑料模具，工作温度在 700～800℃的热作模具。

本章小结

工具主要是用于通过切削、锻造、挤压、冲裁、剪切等各种方式加工零件材料的。对于制造工具的材料，其共同的性能要求是需要比被加工材料有更高的硬度、强度，具有良好的耐磨性，同时也必须有相应的韧度。所以，耐磨性与韧度的合理配合是工具钢的主要矛盾。工具钢的合金化和热处理工艺基本上都是围绕该主要矛盾进行优化设计的。

工具钢的合金化目的主要是改变碳化物类型、提高淬透性、提高回火稳定性等，热处理工艺应注意尽可能地降低淬火应力、减小变形开裂倾向和稳定组织。在工艺措施上，经常采用预热、预冷，淬火常用等温、分级、双液淬火等方法，并且需要及时回火。工件尺寸大，如锻模，则整个热处理过程需要围绕尽量降低变形开裂而采取的一系列措施。精密零件处理过程中要注意尺寸稳定性。表 4.20 简单示意了典型工模具钢的特点、应用及演变。

表 4.20　典型工具钢的特点、应用及演变

类　型	典型牌号	C/%	常用工艺	组　织	性能特点	应　用	要　点
碳素钢	T7～T12	0.65～1.35	球化退火，淬火（多种方法）+ 低回	$M_{回}$+K	高硬度，耐磨，加工性好	低速，形状简单的各类工模具	碳化物控制、强韧化配合
低合金钢	9SiCr CrWMn Cr2	0.85～1.50		$M_{回}$+K+A_R		轻载，小尺寸，要求变形小、形状较复杂的工具	
高速钢	18-4-1 6-5-4-2	0.70～1.65	正确锻造，球化退火；淬火工艺特点：预热；严格 T、t；分级淬火；回火多次	$M_{回}$+K+A_R	高硬度，高耐磨，高热硬性	高速切削，重载荷，大进刀量的车刀、钻头等	锻造目的，热处理工艺特点，Me 作用
冷作模具钢	9Mn2V Cr12MoV 5CrW2Si		正确锻造，球化退火；Cr12 型钢的一次、二次硬化法	$M_{回}$+K+A_R	高硬度，耐磨，有一定韧度，工艺性好	各种冷作模具	强韧性之间的协调
热作模具钢	5Cr06NiMo 5Cr08MnMo 4Cr5MoSiV 3Cr2W8V	0.30～0.60	正确锻造，球化退火；淬火 + 高回工艺操作	S（T）或 $M_{回}$+K	热强性，耐热疲劳性，耐磨，冲击韧度好，淬透性	热锤锻模，热挤压模，压铸模等	服役条件，工艺操作，合金元素作用
量具钢	GCr15 CrWMn Cr12MoV		一般：淬火 + 低回	一般：$M_{回}$+K	高硬度，耐磨，尺寸稳定，表面质量	各种量具	尺寸稳定性

工具钢大部分是过共析钢，希望碳化物稳定，常用较强碳化物形成元素，量可较多，淬火加热时残留碳化物既可细化晶粒，又提高耐磨性。碳化物的形状、大小、数量和分布的均匀性对工具的性能有很大的影响。因此，工具钢的锻造和预处理工艺非常重要，它决定了工具钢最终热处理前的组织状态，特别是碳化物的形态和分布，这是最终热处理性能质量的基本前提。

过共析钢常采用不完全淬火，工具钢在使用状态的组织一般都有第二相碳化物。在热处理过程中，钢中各组织参数的变化往往是相互联系、相互制约和相互转化的。在工具钢淬火加热过程中，碳化物的溶解是组织参数变化的主导因素。对于一定成分的钢，在淬火加热时碳化物的溶解量决定了基体的 C 含量与合金度，在很大程度上也影响了晶粒大小。在回火过程中，基体成分变化和碳化物析出程度主要取决于回火温度和时间。工具钢的最终热处理工艺比结构钢一般要更“精确”，温度和时间控制都比较严格。

高合金钢的导热性差或模具尺寸大，在工艺上要采取相应的措施，如高速钢的预热、大型模具的缓慢加热等。钢的合金度高，其热处理工艺往往相对比较复杂，而且工艺可变性也比较大，这为热处理工艺的优化选择带来了较大的空间。采用不同的热处理工艺参数，从而也得到了不同的组织和性能，适用于不同服役条件或不同性能要求特点的工具。

本章重要词汇

工具钢	模具钢	碳素工具钢	低合金工具钢
高速钢	红硬性	欠热	过热
过烧	分级淬火	二次硬化	冷作模具钢
热作模具钢	热锤锻模钢	热挤压模钢	压铸模钢
耐冲击钢	轧辊用钢	量具用钢	塑料模具用钢

思考题

4-1 在使用性能和工艺性能的要求上，工具钢和机器零件用钢有什么不同？

4-2 工具钢常要做哪些力学性能试验？测定哪些性能指标？为什么？

4-3 试用合金化原理分析说明 9SiCr、9Mn2V、CrWMn 钢的优缺点。

4-4 9SiCr 和 60Si2Mn 都有不同程度的脱 C 倾向，为什么？

4-5 分析比较 T9 和 9SiCr：

（1）为什么 9SiCr 钢的热处理加热温度比 T9 钢高？

（2）直径为 ϕ30～40mm 的 9SiCr 钢在油中能淬透，相同尺寸的 T9 钢能否淬透？为什么？

（3）T9 钢制造的刀具刃部受热到 200～250℃，其硬度和耐磨性已迅速下降而失效；9SiCr 钢制造的刀具，其刃部受热至 230～250℃，硬度仍不低于 60HRC，耐磨性良好，还可正常工作。为什么？

（4）为什么 9SiCr 钢适宜制作要求变形小、硬度较高和耐磨性较高的圆扳牙等薄刃工具？

4-6 简述高速钢铸态组织特征。

4-7 在高速钢中，合金元素 W（Mo）、Cr、V 的主要作用是什么？

4-8 高速钢在淬火加热时，如产生欠热、过热和过烧现象，在金相组织上各有什么特征？

4-9 高速钢（如 W18Cr4V）在淬火后，一般常采用在约 560℃回火三次的工艺，为什么？

4-10 高速钢每次回火为什么一定要冷到室温再进行下一次回火？为什么不能用较长时间的一次回火来代替多次回火？

4-11 高速钢在退火态、淬火态和回火态各有什么类型的碳化物？这些不同类型的碳化物对钢的性能起什么作用？

4-12 高速钢 W6Mo5Cr4V2 的 A_1 温度约在 800℃，为什么常用的淬火加热温度却高达 1200℃以上？

4-13 高速钢在淬火加热时，常需进行一次或二次预热，为什么？预热有什么作用？

4-14 高速钢在分级淬火时，为什么不宜在 950～675℃温度范围停留过长的时间？

4-15 Cr12MoV 钢的主要优缺点是什么？

4-16 为减少 Cr12MoV 钢淬火变形开裂，只淬火到 200℃左右就出油，出油后不空冷，立即低温回火，而且只回火一次。这样做有什么不好？为什么？

4-17 简述冷作模具、热作模具的服役条件及对钢性能的要求。

4-18 高速钢和经过二次硬化的 Cr12 型钢都有很高的热硬性，能否作为热作模具使用？为什么？

4-19 对热锤锻模的回火硬度要求是：小型模具硬度略高，大型模具硬度略低；模面硬度较高，模尾硬度较低。为什么？

4-20 热锤锻模、热挤压模和压铸模的主要性能要求有什么异同点？

4-21 形状复杂的热锤锻模常用 5Cr06NiMo（5Cr08MnMo）钢制造，为减少变形、防止开裂，在淬火工艺操作上应该采取哪些措施？

4-22 5CrW2Si 钢中的合金元素有什么作用？该钢常用作什么工具？

4-23 常用哪些热处理措施来保证量具的尺寸稳定性？

4-24 试总结合金元素 Si、Mn、Mo、V、Cr、Ni 在合金钢中的作用，并能简述其原理。

4-25 在工具钢中，讨论合金元素的淬透性作用时，应注意什么问题？

5 不锈钢

不锈钢是指一些在空气、水、盐水、酸、碱等腐蚀介质中具有高的化学稳定性的钢。《不锈钢和耐热钢 牌号及化学成分》GB/T 20878—2007 把不锈钢定义为：以不锈、耐蚀性为主要特性，且 Cr 含量至少为 10.5%，C 含量最多不超过 1.2% 的钢。有时把仅能抵抗大气、水等介质腐蚀的钢叫做不锈钢，而把在酸、碱等介质中具有抗腐蚀能力的钢称为耐酸钢。能抵抗大气、水等介质腐蚀的不锈钢不一定耐酸，而耐酸钢肯定能抵抗大气、水等介质腐蚀的，习惯上都称为不锈钢。

全世界每年因腐蚀而不能使用的金属件占产量的 15%，其中 2/3 能回收，损失是相当大的。腐蚀不仅消耗材料，而且也还降低机械的精度，减少机械的寿命，所以研究材料的腐蚀是有很大的工程意义的。

5.1 概述

5.1.1 金属腐蚀类型与提高耐腐蚀性的途径

钢的电化学腐蚀的主要形式有：均匀腐蚀、晶间腐蚀、点腐蚀、应力腐蚀、腐蚀磨损等。

（1）**均匀腐蚀** 均匀腐蚀也称为一般腐蚀。均匀腐蚀是指腐蚀均匀地在材料的表面产生，损坏大量的材料。但由于在宏观上容易发现，所以危害性不是很大。一般情况下，采用适当的措施，就可减轻均匀腐蚀。均匀腐蚀的情况如图 5.1（a）所示。均匀腐蚀常用腐蚀速率［单位面积金属在单位时间内的失重，g/（m^2/h）］来表示。

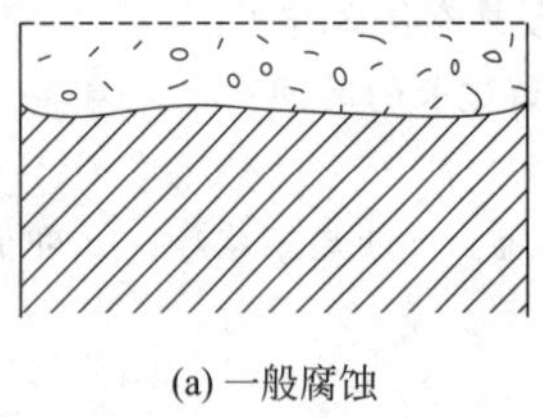

(a) 一般腐蚀

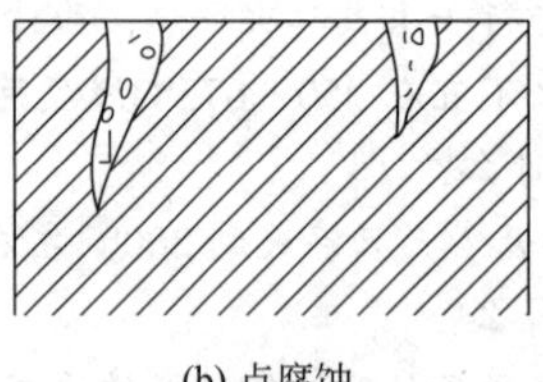

(b) 点腐蚀

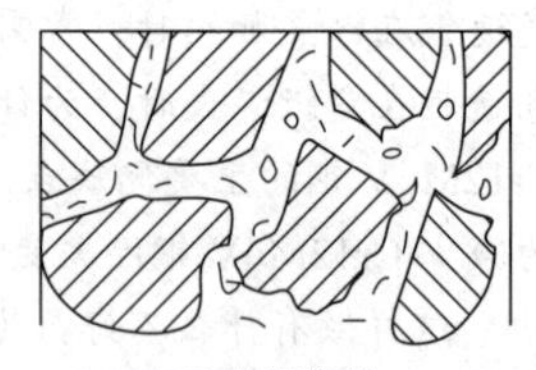

(c) 晶界腐蚀

图 5.1 各种腐蚀类型示意图

（2）**点腐蚀** 由于应力等原因使腐蚀集中在材料表面不大的区域，向深处发展，最后甚至能穿透金属，如图 5.1（b）所示。这是各类容器常见的破坏形式，其危害性如同晶界腐蚀一样大。它是因为在介质的作用下，不锈钢表面钝化膜受到局部破坏所造成的。由于 Cl^- 容易吸附在钢表面的个别点上，破坏了该处的钝化膜，将钢的表面暴露出来，组成了微电池，形成了不锈钢的点蚀源。所以在含有 Cl^- 的介质中，不锈钢容易产生点腐蚀。点腐蚀的评定一般是用单位面积上的腐蚀坑数量及最大深度来评价不锈钢点腐蚀的倾向大小。

（3）**晶界腐蚀** 晶界腐蚀是指腐蚀过程是沿着晶界进行的，其危害性最大。晶界腐蚀不容易引起材料外表面的变化，但已使零部件的性能大为降低，更重要的是使零件或设备突然破坏。图

5.1（c）示意了晶界腐蚀的行为。检验不锈钢晶界腐蚀的方法是在晶界腐蚀敏感的温度范围内进行晶界腐蚀灵敏化处理，工业上称为敏化处理。

（4）应力腐蚀 应力腐蚀是钢在拉应力状态下能发生应力腐蚀破坏的现象。不锈钢在拉应力状态下在某些介质中经过一段时间后，就会发生破裂；随着拉应力的加大，发生破裂的时间也越短；当取消拉应力时，不锈钢的腐蚀量很小，并且不发生破裂。这种现象称为应力腐蚀破坏。应力腐蚀的特征是裂纹与拉应力垂直，断口为脆性断裂，其方式可能是沿晶，也可能是穿晶等。如果材料承受一定的载荷或加工过程中残余的应力，那么有可能会产生这种腐蚀形式。应力腐蚀破坏前也是不容易被观察到，没有什么预兆，所以其危害性也是比较大的。金属的应力腐蚀破坏是具有选择性的，一定的金属在一定的介质中才会产生。不锈钢应力腐蚀试验是将加上一定载荷的试样放入某种腐蚀介质中进行的，按试样腐蚀后出现裂纹的时间来评定钢对应力腐蚀破坏敏感性的大小。

（5）磨损腐蚀 在腐蚀介质中同时有磨损，腐蚀和磨损相互促进、相互加速的现象称为磨损腐蚀。空穴腐蚀是一种重要的磨损腐蚀。在高速流动的液体中产生了空穴，由于压力下流动条件的高速变化，空穴会周期性地产生和消失。在空穴消失时，产生了很大压力差，对金属表面产生冲击，破坏保护膜，从而使腐蚀继续深入。如泵的叶轮所产生的失效破坏主要是空穴腐蚀。

在不锈钢中，晶间腐蚀、点腐蚀和应力腐蚀是不允许发生的，凡是有其中一种腐蚀，即认为不锈钢在该介质中是不耐蚀的。对不锈钢在耐蚀性、力学性能和工艺性有一定的要求：

① 较高的耐蚀性 耐腐蚀性是不锈钢的主要性能，耐腐蚀是相对于不同介质而言的。目前，还没有能抵抗任何介质腐蚀的钢，一般都要求不允许有晶界腐蚀和点蚀产生；

② 应具有一定的力学性能 很多构件是在腐蚀介质下承受一定的载荷，所以不锈钢的力学性能高，也可减轻构件的质量；

③ 应有良好的工艺性 不锈钢有管材、板材、型材等类型，常常要经过加工变形制成构件，如容器、管道、锅炉等，因此不锈钢的工艺性也很重要，主要有焊接性、冷变形性等。

就钢本身的耐腐蚀性而言，提高钢耐腐蚀性能的途径主要有：

① 使钢的表面能形成稳定的保护膜，合金元素 Cr、Al、Si 是比较有效的；

② 提高不锈钢固溶体的电极电位或形成稳定的钝化区，降低微电池的电动势，Cr、Ni、Si 是主要的合金化元素，但 Ni 是贵而紧缺的元素，Si 元素容易使钢脆化，Cr 是比较理想的合金元素；

③ 使钢获得单相组织，如加入足够的 Ni、Mn 可使钢得到单相奥氏体组织，可降低微电池的数量；

④ 采用机械保护措施或覆盖层，如电镀、发蓝、涂漆等方法。

5.1.2 不锈钢的组织与分类

5.1.2.1 合金元素对组织的影响

合金元素对不锈钢组织的影响基本上可分为两大类：铁素体形成元素，如 Cr、Mo、Si、Ti、Nb 等；奥氏体形成元素，如 C、N、Ni、Mn、Cu 等。当这两类作用不同的元素同时加入到钢中时，不锈钢的组织就取决于它们综合作用的结果。为简单处理，可把铁素体形成元素的作用折算成 Cr 的作用，称为铬当量［Cr］，而把奥氏体形成元素的作用折算成 Ni 的作用，称为镍当量［Ni］。根据铬当量［Cr］和镍当量［Ni］制成图来表示所得到的组织状态，也可计算铬当量［Cr］和镍当量［Ni］来预测钢的组织状态。根据试验结果所得到的铬当量［Cr］和镍当量［Ni］计算式较多。图 5.2 中的计算式是较早的一种，适用于很高温度快速冷却的不锈钢，所以可用来确定焊缝组织。因为最早是 Schaeffler 研究焊缝组织后建立的，所以图 5.2 也称为确定焊缝组织的 Schaeffler 图。铬当量［Cr］和镍当量［Ni］的计算可修正或扩大为：

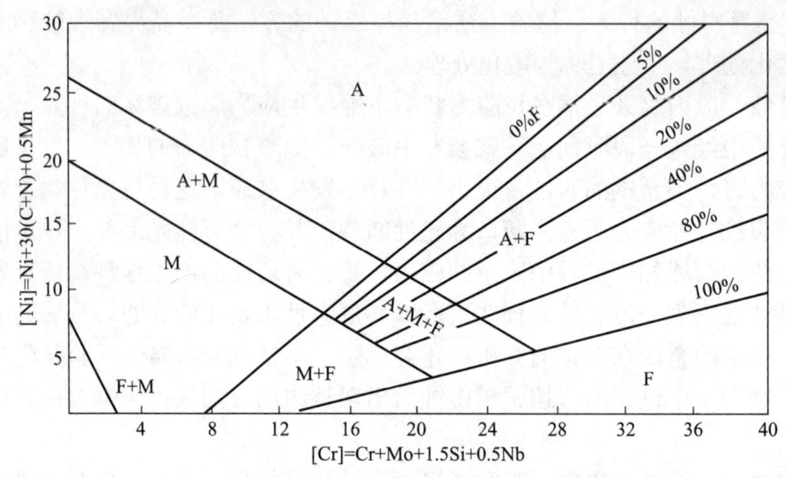

图 5.2 不锈钢组织状态图（焊后冷却）

[Cr]=Cr+1.5Mo+2Si+1.5Ti+1.75Nb+5.5Al+5V+0.75W

[Ni]=Ni+Co+0.5Mn+30（C+N）+0.3Cu

式中合金元素为质量分数。

可以根据钢的化学成分，换算成铬当量和镍当量来估算钢的组织。但实际应用时要注意：计算用 Nb、Ti 等元素的量必须是溶入基体组织中的，而不是在高温加热条件下仍然以碳（氮）化物等第二相形式存在的。

要获得单相奥氏体组织，必须使这两类元素达到某种平衡，否则钢中就会出现一定量的铁素体，成为复相组织。一般情况下，铁素体形成元素在铁素体中的含量高于钢的平均含量，而奥氏体形成元素在奥氏体中的含量高于钢的平均含量。

5.1.2.2 不锈钢的分类

不锈耐蚀钢的基本组织，可分为五大类。

（1）马氏体不锈钢 基体为马氏体组织，有磁性，通过热处理可调整力学性能的不锈钢。马氏体不锈钢主要有 Cr13 型不锈钢（12Cr13、20Cr13、30Cr13 和 40Cr13 等），14Cr17Ni2 和 95Cr18 等。其中 C 含量<0.10% 的 06Cr13 钢在高温时是奥氏体和铁素体复相组织，淬火后为马氏体加铁素体复相组织。

（2）铁素体不锈钢 基体以铁素体组织为主，有磁性，一般不能通过热处理硬化，但冷加工可使其轻微强化的不锈钢，如 06Cr11Ti、10Cr17Mo、008Cr27Mo 等。

（3）奥氏体不锈钢 基体以奥氏体组织为主，无磁性，主要通过冷加工使其强化（但可导致一定的磁性）的不锈钢。其中铬镍奥氏体钢有 06Cr19Ni10、06Cr18Ni11Ti、022Cr19Ni10N、06Cr18Ni12Mo2Cu2 等，铬锰镍氮奥氏体钢有 12Cr18Mn9Ni5N、20Cr15Mn15Ni2N 等。

（4）奥氏体-铁素体复相不锈钢 基体兼有奥氏体和铁素体两相组织（其中较少相体积分数一般大于 15%），有磁性，可通过冷加工强化，如 12Cr21Ni5Ti、022Cr19Ni5Mo3Si2N、022Cr25Ni6Mo2N 等。

（5）沉淀硬化不锈钢 基体为奥氏体或马氏体组织，并能通过时效硬化处理使其强化的不锈钢。经过适当热处理后，可发生马氏体相变，并在马氏体基体上析出金属间化合物，产生沉淀强化。这类钢属于高强度或超高强度不锈钢，如 05Cr17Ni4Cu4Nb、07Cr17Ni7Al、09Cr17Ni5Mo3N 等。

根据《不锈钢和耐热钢 牌号及化学成分》标准（GB/T 20878—2007），钢中 C 含量表示方法有所改变，为便于学习和对照，在不锈钢和耐热钢章中涉及的钢都同时标示了新旧牌号。

5.2 影响不锈钢组织和性能的因素

5.2.1 常用合金元素的作用

5.2.1.1 铬元素的作用

Fe、Cr的原子半径分别为0.25nm、0.256nm，二者非常接近。Fe、Cr的电负性分别为1.8、1.6，也相差不多，所以Fe、Cr可以形成无限固溶体。Cr是奥氏体不锈钢中最重要的合金元素，Cr是提高钢钝化膜稳定性的必要元素。奥氏体不锈钢的不锈耐蚀性主要是由于在介质作用下，铬促进了钢的钝化并使钢保持稳定钝态的结果。

（1）Cr对奥氏体钢组织的影响 Cr是强烈形成并稳定铁素体的元素，缩小奥氏体区。随着Cr含量的增加，奥氏体钢中可出现铁素体组织。在铬镍奥氏体不锈钢中，当C含量为0.1%、Cr含量为18%时，为获得稳定的单一奥氏体组织，所需的Ni含量最低，大约为8%。

随着Cr含量的增加，一些金属间化合物析出形成的倾向增大（如图5.3）。这些金属间化合物（如σ、χ相）的存在不仅显著降低钢的塑性和韧性，而且在有些条件下还降低钢的耐蚀性。一般情况下，奥氏体钢最终组织中是不希望有金属间化合物存在的。

Cr含量的提高可使马氏体转变温度（M_S）下降，从而提高了奥氏体基体组织的稳定性。铬是较强碳化物形成元素，奥氏体钢中常见的铬碳化物有$Cr_{23}C_6$、Cr_7C_3，其一般形式为$M_{23}(C, N)_6$、$M_7(C, N)_3$。当钢中含有Mo或Nb时，还可见到Cr_6C型碳化物。当钢中以氮作为合金化元素时，同样会可能出现各种氮化物。

（2）Cr对奥氏体钢性能的影响 Cr是决定钢耐蚀性的主要元素。少量Cr只能提高钢的抗蚀性，但能使其不锈。Cr使固溶体电极电位提高，并在表面形成致密的氧化膜。Cr提高耐蚀性的作用符合$n/8$定律，即Tammann定律。Tammann定律是固溶体电极电位随Cr含量变化的规律。固溶体中的Cr含量达到12.5%（原子分数，即1/8）时，铁固溶体电极电位有一个突然升高，当Cr含量提高到25%（原子分数，即2/8）时，电位有一次突然升高，这现象称为Tammann定律，也称为二元合金固溶体电位的$n/8$定律，如图5.4所示。Cr提高钢耐蚀性主要表现为：Cr提高钢的耐氧化性介质和酸性氯化物介质的性能；在Ni、Mo和Cu的复合作用下，Cr提高钢耐一些还原性介质、有机酸、尿素和碱介质的性能；Cr还提高钢耐局部腐蚀，如晶界腐蚀、点蚀、缝隙腐蚀以及某些条件下应力腐蚀的性能。

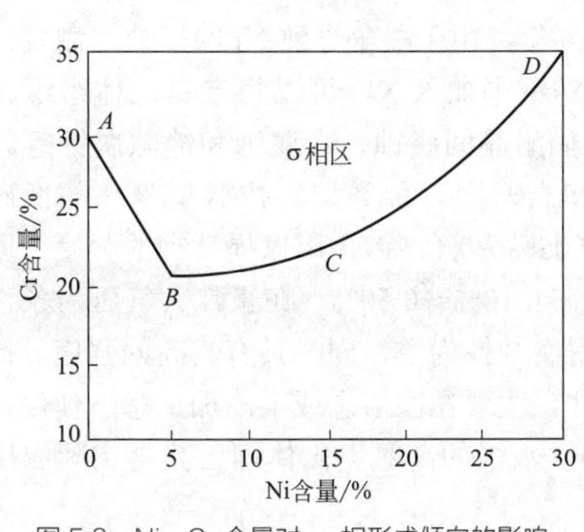

图5.3 Ni、Cr含量对σ相形成倾向的影响

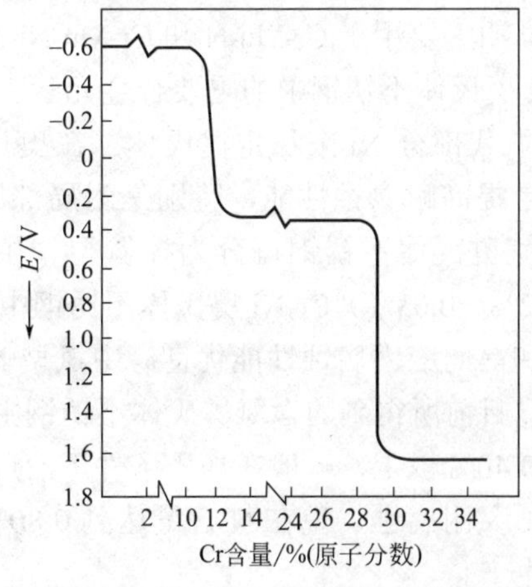

图5.4 Cr对Fe-Cr电极电位的影响

5.2.1.2 镍元素的作用

Ni 是奥氏体不锈钢中的主要合金元素，其主要作用是形成并稳定奥氏体，使钢获得完全奥氏体组织，从而使钢具有良好的强度和塑性、韧性的配合，并具有优良的冷、热加工性和焊接、低温与无磁等性能。但是 Ni 元素的放射性比较强，是 Mn 的 10 倍，在超导技术和高能物理技术等方面的应用中会产生非常高的长期放射性转变产物，还暴露出空洞体胀大、成本较高等缺陷。Ni 元素在人体内析出会造成致敏性及其他组织反应，科学上早就存在“镍过敏和镍致癌”的问题。所以，人们在许多方面研究用 Mn 来代替 Ni，取得了很大的进展。

Ni 是强烈形成并稳定奥氏体且扩大奥氏体相区的元素。在奥氏体不锈钢中，随着 Ni 含量的增加，残余的铁素体可完全消除，并显著降低 σ 相形成的倾向。Ni 降低马氏体转变温度，甚至使钢在很低的温度下可不出现马氏体转变。Ni 含量的增加会降低 C、N 在奥氏体钢中的溶解度，从而使碳氮化合物脱溶析出的倾向增强。

在 Cr-Ni 奥氏体不锈钢中可能发生马氏体转变的 Ni 含量范围内，随着 Ni 含量的增加，钢的强度降低而塑性提高。具有稳定奥氏体组织的 Cr-Ni 奥氏体不锈钢的韧度（包括低温韧度）是非常优良的，因而可作为低温钢使用。对于具有稳定奥氏体组织的 Cr-Mn-N 奥氏体不锈钢，Ni 的加入可进一步改善韧度。

Ni 还可显著降低奥氏体不锈钢的冷加工硬化倾向。这主要是因为奥氏体稳定性增大，减少以至消除了冷加工过程中的马氏体转变，同时 Ni 对奥氏体本身的冷加工硬化作用不太明显。Ni 含量的提高有利于奥氏体不锈钢的冷加工成型性能。Ni 还可显著提高 Cr-Mn-N 和 Cr-Mn-Ni-N 奥氏体不锈钢的热加工性能，从而提高钢的成材率。

在奥氏体不锈钢中，Ni 的加入以及随着 Ni 含量的提高，使钢的热力学稳定性增加。因此，奥氏体不锈钢具有更好的不锈性和耐氧化性介质的性能；且随着 Ni 含量的提高，耐还原性介质的性能进一步得到改善。Ni 还是提高奥氏体不锈钢耐许多介质穿晶型应力腐蚀的唯一重要的元素。

随着奥氏体不锈钢中 Ni 含量的提高，产生晶界腐蚀的临界 C 含量降低，即钢的晶界腐蚀敏感性增加。Ni 对奥氏体不锈钢的耐点腐蚀及缝隙腐蚀的影响作用并不显著。此外，Ni 还提高奥氏体不锈钢的高温抗氧化性能，这主要与 Ni 改善了 Cr 的氧化膜的成分、结构和性能有关，但 Ni 的存在使钢的抗高温硫化性能降低。

5.2.1.3 氮和碳的作用

不锈钢中 C 含量越高，耐蚀性就可能下降，但是钢的强度是随着 C 含量的增加而提高的。对于不锈钢来说，耐蚀性是主要的，另外还应该考虑钢的冷变形性、焊接性等工艺因素，所以在不锈钢中，C 含量应尽可能低。

N 早期主要用于 Cr-Mn-N 和 Cr-Mn-Ni-N 奥氏体不锈钢中，以节约 Ni。近年来，N 也日益成为 Cr-Ni 奥氏体不锈钢中的重要合金元素。在 1926 年，由于战争导致 Ni 的短缺，激发人们研究用 N 来取代部分 Ni 来稳定奥氏体。在奥氏体不锈钢中加入 N，可以稳定奥氏体组织、提高强度，并且提高耐腐蚀性能，特别是耐局部腐蚀，如耐晶间腐蚀、点腐蚀和缝隙腐蚀等。目前应用的含氮奥氏体不锈钢可分为控氮型、中氮型和高氮型三种类型。控氮型是在超低碳（C 含量≤0.02%～0.03%）Cr-Ni 奥氏体不锈钢中加入 0.05%～0.10%N，用以提高钢的强度，同时耐晶间腐蚀和晶间应力腐蚀性能优良。中氮型 N 含量在 0.10%～0.50%，在正常大气压力条件下冶炼和浇注。目前所得到的含氮奥氏体不锈钢主要以耐腐蚀性为主，同时具有较高的强度。高氮型 N 含量在 0.40% 以上，一般在加压条件下冶炼和浇注，主要在固溶态或半冷加工态下使用，既具有高强度，又耐腐蚀。现在 N 含量达到 0.80%～1.0% 水平的高氮奥氏体钢已获得实际应用并开始工业化生产。

N 可提高奥氏体不锈钢的耐蚀性。超级高氮奥氏体不锈钢在耐点蚀、缝隙腐蚀等局部腐蚀性方面和镍基合金相媲美。奥氏体不锈钢敏化态晶间腐蚀的机理主要是贫铬理论，非敏化态晶间腐蚀机理主要是杂质元素偏聚理论。N的加入改善普通低碳、超低碳奥氏体不锈钢耐敏化态晶间腐蚀性能，其本质是N影响敏化处理时碳化铬沉淀的析出过程，来达到提高晶界贫铬的Cr浓度。在高纯奥氏体不锈钢中，没有碳化铬沉淀析出。此时N的作用为：一方面，增加钝化膜的稳定性，从而可在一定程度上降低平均腐蚀率；另一方面，在N含量高的钢中虽有氮化铬在晶界析出，但由于氮化铬沉淀速度很慢，敏化处理不会造成晶界贫铬，对晶间腐蚀影响很小。

大多数研究人员认为增加N含量可以降低应力腐蚀开裂倾向，这主要因为N降低铬在钢中的活性，N作为表面活性元素优先沿晶界偏聚，抑制并延缓$Cr_{23}C_6$的析出，降低晶界处Cr的贫化度，改善表面膜的性能。

N是非常强烈地形成并稳定奥氏体且扩大奥氏体相区的元素。和C相比，N原子在奥氏体中有不同的间隙分布，其本质是N原子结合能V_{NN}要比V_{CC}大。N原子在奥氏体中的分布要比C均匀得多。这也有利于理解含氮合金奥氏体有比较大的稳定性的原因。

在通常的情况下，奥氏体不锈钢中高的N含量以气态溶入钢中，所以溶解度与压力有关。应用压力电渣重熔法可获得较高N含量。在合金中加入Cr、Mn能够提高氮的溶解度而Ni会降低N的溶解度。

在奥氏体不锈钢中用N合金化，由于其间隙固溶强化和稳定奥氏体组织的作用比C要大得多，所以既大大提高了钢的强度，又保持了很好的塑韧性，还有效地改善了奥氏体不锈钢的局部抗蚀能力。含氮奥氏体不锈钢的研究和应用日益受到了大家的重视。

5.2.1.4 其他元素的作用

Mn是比较弱的奥氏体形成元素，但具有强烈稳定奥氏体组织的作用。Mn也能提高铬不锈钢在有机酸（如醋酸、甲酸和乙醇）中的耐蚀性，而且比Ni更有效。当钢中Cr含量约≥14%时，为节约Ni，仅靠加入Mn是无法获得单一奥氏体组织的。由于不锈钢中Cr含量大于17%时才有比较好的耐蚀性，因此目前工业上已应用的主要是Fe-Cr-Mn-Ni-N型钢，如12Cr18Mn9Ni5N和12Cr17Mn6Ni5N等，而无Ni的Fe-Cr-Mn-N奥氏体不锈钢的用量比较少。进一步的研究发现，Mn和N复合加入就克服了这一不足。当加入N元素后，$\gamma/\gamma+\alpha$的相界线向高Cr含量移动，所以对Fe-Cr-Mn-N系合金的开发引起了大家的重视。人们对Fe-Cr-Mn-N系合金进行了大量的研究，发现该系列合金取代Fe-Cr-Ni系合金不仅可能，而且还具备一些Fe-Cr-Ni系合金所没有的特性，发展和应用前景广阔。

Ti和Nb是强碳化物形成元素，它们是作为形成稳定的碳化物，从而防止晶界腐蚀而加入不锈钢中的。所以加入的Ti和Nb必须与钢中的C保持一定的比例。

Mo能提高不锈钢钝化能力，扩大其钝化介质范围，如在热硫酸、稀盐酸、磷酸和有机酸中，含Mo不锈钢可以形成含Mo的钝化膜，如06Cr17Ni12Mo2钢表面钝化膜的组成（体积分数）约为$53\%Fe_2O_3+32\%Cr_2O_3+12\%MoO_3$。这种含Mo的钝化膜在许多强腐蚀介质中具有很高的稳定性，不易溶解。因为Cl^-半径很小，可穿过不够致密的氧化膜而与钢起作用，生成可溶性的腐蚀产物，而在钢表面造成点腐蚀。由于含Mo钝化膜致密而稳定，可防止Cl^-对膜的破坏，所以含Mo不锈钢具有抗点腐蚀的能力。

在不锈钢中加入2%～4%Si，可提高不锈钢在盐酸、硫酸和高浓度硝酸中的耐蚀性。

5.2.2 腐蚀介质对钢耐蚀性的影响

金属的耐蚀性与介质的种类、浓度、温度和压力等环境条件有密切的关系，而介质的氧化能力影响最大，所以必须根据工作介质的特点来正确选择使用不锈耐蚀钢钢种。

对大气、水、水蒸气等弱腐蚀介质，只要不锈钢固溶体中Cr含量＞13%，就可保证不锈钢的耐蚀性，如水压机阀门、蒸汽发电机透平叶片、水蒸气管道等零部件。

在氧化性介质中，如硝酸的NO_3^-具有强的氧化性，不锈钢表面氧化膜容易形成，钝化时间也短。在非氧化性介质，如稀硫酸、盐酸、有机酸中，O含量低，钝化所需时间要延长。当介质中O含量低到一定程度后，不锈钢就不能钝化。如在稀硫酸中，铬不锈钢的腐蚀速率甚至比碳钢还快。酸中含有H^+作为阴极去极化剂，故随H^+浓度的增加，阴极去极化作用加强，钝化所需Cr含量也要增加，只有这样，氧化膜中Cr含量才能提高。所以在沸腾的硝酸中，12Cr13型不锈钢是不耐蚀的，Cr含量在17%～30%的Cr17、Cr30型钢在酸浓度为0～65%范围内是耐蚀的。Cr含量高的氧化膜在硝酸中具有很好的稳定性。如在硝酸和硝酸铵的生产中，硝酸浓度一般为10%～50%，温度约60℃，10Cr17等不锈钢都能满足耐蚀性的要求。

在稀硫酸等非氧化性酸中，由于介质中SO_4^{2-}不是氧化剂，而溶于介质中的O含量比较低，基本上没有使钢钝化的能力，所以一般的Cr不锈钢或Cr-Ni型不锈钢难以达到钝化状态，因而是不耐蚀的。在这类介质中，不锈耐蚀钢需要加入提高钢钝化能力的元素，如Mo、Cu等元素。盐酸也是一种非氧化性酸，不锈耐酸钢在其中也不耐蚀，一般需采用Ni-Mo合金，使合金表面生成稳定的保护膜，才能保持良好的钝化能力。

在强有机酸中，由于介质中O含量低，又有H^+的存在，一般铬和铬镍不锈钢难以钝化，必须向钢中加入Mo、Cu、Mn等元素，以提高不锈耐蚀钢的钝化能力。所以选择Cr-Mn型不锈钢比选择Cr-Ni型不锈钢有其优越性，在此基础上再加入一定量的Mo、Cu，使钢容易达到钝化状态，具有耐蚀性。

在含有Cl^-的介质中，Cl^-容易破坏不锈耐蚀钢表面的氧化膜，穿过氧化膜并与钢表面起作用，使钢产生点腐蚀。因此，海水对不锈钢有很大的腐蚀性。

到目前为止，还没有一种不锈钢能抵抗所有介质的腐蚀。所以必须根据腐蚀介质等环境因素的条件，结合各不锈钢的特点，综合考虑来选择不锈钢。

5.3 铁素体不锈钢

铁素体不锈钢都是高Cr钢。由于Cr稳定α相的作用，在Cr含量达到13%以上时，铁铬合金将无γ相变，从高温到低温一直保持α铁素体相组织。铁素体不锈钢Cr含量在13%～30%范围。随着Cr含量的增加，耐蚀性不断提高。

5.3.1 常用铁素体不锈钢及特点

铁素体不锈钢主要有三种类型。

（1）Cr13型　如06Cr13Al、06Cr11Ti等。

（2）Cr17型　如10Cr17、019Cr18MoTi、10Cr17Mo等。

（3）Cr25～30型　如16Cr25N、008Cr30Mo2等。

铁素体不锈钢的C含量小于0.25%，为了提高某些性能，可加入Mo、Ti、Al、Si等元素。如Ti元素可提高钢的抗晶界腐蚀的能力，Al、Si可以提高耐腐蚀能力。

铁素体不锈钢在硝酸、氨水等介质中有较好的耐蚀性和抗氧化性，特别是抗应力腐蚀性能比较好。常用于生产硝酸、维尼龙等化工设备或储藏氯盐溶液及硝酸的容器。

铁素体不锈钢的力学性能和工艺性比较差，脆性大，韧-脆转变温度T_K在室温左右，所以多用于受力不大的有耐酸和抗氧化要求的结构部件。

铁素体不锈钢在加热和冷却过程基本上无同素异构转变，多在退火软化态下使用。

5.3.2 铁素体不锈钢的脆性

铁素体不锈钢比奥氏体不锈钢的屈服强度要高，但铁素体不锈钢的冲击吸收能量低而韧-脆转变温度高。要改善铁素体不锈钢的力学性能，必须控制钢的晶粒尺寸、马氏体量、间隙原子含量及第二相。高铬铁素体不锈钢的缺点是脆性大，主要有以下几个方面。

（1）粗大的原始晶粒 铁素体由于原子扩散快，有低的晶粒粗化温度和高的晶粒粗化速率。在600℃以上，铁素体不锈钢的晶粒就开始长大，而奥氏体不锈钢相应的温度为900℃。若铁素体钢中有一定量奥氏体或Ti（C，N），就可以阻碍晶粒长大，提高晶粒粗化温度。细化铁素体不锈钢的晶粒，还可以提高钢的强度。增加铁素体不锈钢中在高温的奥氏体量后，在冷却时将发生马氏体转变，得到铁素体加部分马氏体的组织。少量马氏体（体积分数小于15%～20%）将降低钢的屈服强度，增高均匀伸长率，对塑性有利。由于同时细化了铁素体晶粒，就消除了含有部分马氏体对冲击吸收能量的不利影响，降低了钢的韧-脆转变温度。

（2）475℃脆性 铁素体不锈钢存在475℃脆性。当钢中Cr含量高于15%时，随Cr含量增高，其脆化倾向也增加。因而要避免在400～500℃范围停留。在400～525℃温度范围内长时间加热后或在此温度范围内缓慢冷却时，钢在室温下就变得很脆。这个现象以475℃加热为最甚，所以把这种现象称为475℃脆性。一般认为，产生475℃脆性的原因为：在脆化温度范围内长期停留时，铁素体中的Cr原子趋于有序化，形成许多富铬的、点阵结构为体心立方的α′相，它们与母相保持共格关系，引起了大的晶格畸变和内应力。其结果是钢的强度提高，而使韧度大为降低，甚至严重时，塑性和冲击吸收能量几乎全部丧失。

（3）金属间化合物σ相的形成 理论上，按Fe-Cr相图，含45%Cr（原子分数）时在820℃才开始形成σ相。实际生产中，由于钢中的成分偏析和其他铁素体形成元素的作用，在含17%Cr的不锈钢中就有可能形成σ相。σ相具有高的硬度，形成时还伴有大的体积效应，并且又常常沿晶界分布，所以使钢产生了很大的脆性，并可能促进了晶间腐蚀。

σ相不仅在铁素体不锈钢中产生，在奥氏体不锈钢、奥氏体-铁素体不锈钢中也可以形成。

5.3.3 铁素体不锈钢的热处理

铁素体不锈钢在加热和冷却过程中有碳化物的溶解与析出。在热轧退火状态，其组织为富铬的铁素体和碳化物。为了获得成分均匀的铁素体组织和减少碳化物量，消除晶界腐蚀倾向，铁素体不锈钢在热轧后常采用淬火和退火两种热处理工艺，如图5.5所示。

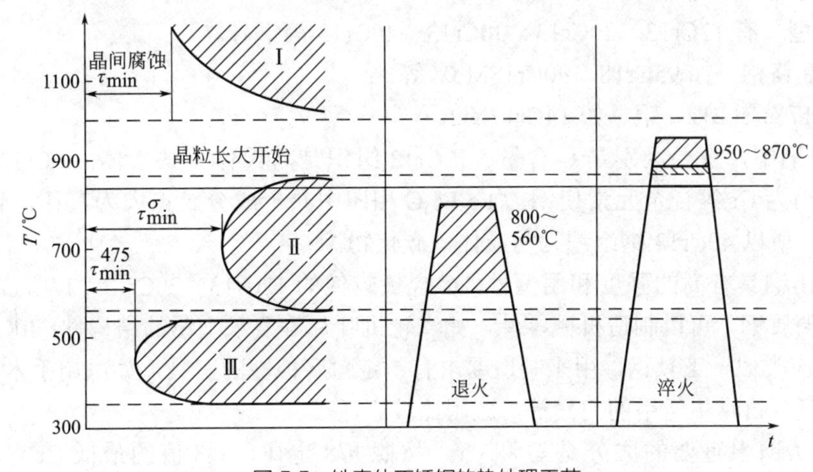

图5.5 铁素体不锈钢的热处理工艺

从图中可看出，铁素体不锈钢有形成晶间腐蚀倾向（Ⅰ）、σ相析出区（Ⅱ）和475℃脆性区

（Ⅲ）三个动力区。所以，热处理特点是只采用 870～950℃ ×1h 的淬火水冷，避免高温晶间腐蚀区和铁素体晶粒长大区。采用 560～800℃退火，退火时要考虑 σ 相析出区（Ⅱ）和 475℃脆性区（Ⅲ）的动力学时间。常用铁素体不锈钢的热处理与性能及用途见表 5.1。

GB/T 4237—2015

GB/T 1221—2007

GB/T 1220—2007

表 5.1　典型铁素体不锈钢棒的热处理与性能（GB/T 1220—2007）及应用

钢号（旧牌号）	统一数字代号	退火温度 /℃	力学性能				应　用
			R_m/MPa	$R_{P0.2}$/MPa	A/%	Z/%	
10Cr17（1Cr17）	S11710	780～850 空冷或缓冷	450	205	22	50	耐蚀性良好的通用钢种，用于建筑装饰、家庭用具等
008Cr27Mo（00Cr27Mo）	S12791	900～1050 快冷	410	245	20	45	制造耐硝酸、磷酸的设备，用于抗高温氧化和硫化的设备
022Cr18Ti（00Cr17）	S11863	780～950 快冷或缓冷	360	175	22		用于生产硝酸、硝铵的化工设备，如吸收塔、酸槽等。也可用于食品、厨房等需要耐蚀的部件
10Cr17Mo（1Cr17Mo）	S11790	780～850 空冷或缓冷	450	205	22	60	
16Cr25N（2Cr25N）	S12550	780～880 快冷	510	275	20	40	制造耐氯盐的容器、换热器、蛇形管和硝酸浓缩设备等
019Cr18MoTi	S11862	退火处理	410	245	20		多用于制造与有机酸相接触的设备以及造纸、食品、制盐等工业中的耐蚀装置
008Cr30Mo2（00Cr30Mo2）	S13091	900～1050 快冷	450	295	20	45	用于在含氯化物水溶液中工作的设备或部件

5.4　马氏体不锈钢

马氏体不锈钢 Cr 含量为 12%～18%，还含有一定的 C 和 Ni 等奥氏体形成元素，所以在加热时有比较多的或完全的奥氏体相。由于马氏体相变临界温度 M_S 仍在室温以上，所以淬火冷却能产生马氏体。因此，根据微观结构分类方法，这类钢称为马氏体不锈钢。

5.4.1　马氏体不锈钢的成分和组织特点

马氏体不锈钢可分为三类。

（1）Cr13 型　有 12Cr13、20Cr13、30Cr13、40Cr13 等钢号。

（2）高碳高铬钢　如 95Cr18、90Cr18MoV 等。

（3）低碳 17%Cr-2%Ni 钢　如 14Cr17Ni2。

在 Cr13 型钢中，主要区别是 C 含量。12Cr13 组织是马氏体 + 铁素体；20Cr13 和 30Cr13 是马氏体组织；因为 Cr 等合金元素使钢的 Fe-Fe_3C 相图中共析成分 S 点大为左移，40Cr13 钢已是属于过共析钢，所以 40Cr13 钢组织为马氏体 + 碳化物。

马氏体不锈钢具有高的强度和耐磨性。C 含量较低的 12Cr13、20Cr13、14Cr17Ni2 对应类似于结构钢中的调质钢，可以制造机械零件，如汽轮机叶片等要求不锈的结构件；30Cr13、40Cr13、95Cr18 等钢对应类似于工具钢，用来制造要求有一定耐腐蚀性的工具，如医用手术工具、测量工具、轴承、弹簧、日常生活用的刀具等，应用比较广泛。

马氏体不锈钢中重要的成分是 C 和 Cr。按照 n/8 定律，1/8 值的最低 Cr 含量应为 11.7%（原子分数 12.5% 等于质量分数 11.7%）。因为有一部分 Cr 要和 C 形成碳化物，并不存在于固溶体中，所以 Cr 含量应提高到 13%，随着 C 含量的增加，钢中的 Cr 含量也要相应地提高。如

95Cr18 由于 C 含量增加到 0.9% 左右，为了保证固溶体中含有 1/8 值的最低 Cr 含量，所以钢中的总 Cr 含量设计在 18%。当然，随着 C 含量的增加，钢的强度升高，耐蚀性降低；随着 Cr 含量的增加，耐蚀性提高。

14Cr17Ni2 钢是在 Cr13 型基础上提高 Cr 含量并加入 2%Ni，这样的合金化设计可保持奥氏体相变，使钢仍然能通过淬火获得马氏体组织而强化。在马氏体不锈钢中，14Cr17Ni2 钢的耐蚀性是最好的，强度也是最高的。该钢的缺点是有 475℃脆性、回火脆性以及大锻件容易发生氢脆，工艺控制比较困难。14Cr17Ni2 钢特别是具有较高的电化学腐蚀性能，在海水和硝酸中有较好的耐腐蚀性。该钢在船舶尾轴、压缩机转子等制造中有广泛的应用。

常用马氏体不锈钢的热处理与性能及用途见表 5.2。

表 5.2　常用马氏体不锈钢的热处理与性能（GB/T 1220—2007）及用途

钢号（旧牌号）	统一数字代号	淬火温度/℃	回火温度/℃	R_m/MPa	$R_{P0.2}$/MPa	A/%	Z/%	HRC	应用
				≥					
06Cr13（0Cr13）	S41008	950～1000	700～750	490	345	24	60		用于耐水蒸气、碳酸氢铵母液腐蚀的部件和设备的衬里
12Cr13（1Cr13）	S41010	950～1000	700～750	540	345	22	55		用于韧度要求较高且具有抗弱腐蚀介质的零件，如叶片、叶轮等受力较大的零部件
20Cr13（2Cr13）	S42020	920～980	600～750	640	440	20	50		
30Cr13（3Cr13）	S42030	920～980	600～750	735	540	12	40	HBW 217	制造强度要求较高的结构件和耐磨件，如轴、轴承、活塞杆、耐蚀刀具等
40Cr13（4Cr13）	S42040	1050～1100	200～300					50	
14Cr17Ni2（1Cr17Ni2）	S43110	950～1050	275～350	1080		10			用于硝酸、醋酸生产和轻纺等工业中的轴、活塞杆、泵等零件
95Cr18（9Cr18）	S44090	1000～1050	200～300					55	用于耐蚀轴承、外科手术刀、耐磨蚀部件等
90Cr18MoV（9Cr18MoV）	S46990	1050～1075	100～200					55	
68Cr17（7Cr17）	S41070	1010～1070	100～180					54	耐蚀机械刃具及剪切刃具、滚动轴承等

注：适用于直径、边长、厚度或对边距离≤75mm 的钢棒。

5.4.2　马氏体不锈钢的热处理特点

常用的热处理工艺有软化处理、球化退火、调质处理和淬火低温回火。

（1）软化处理　由于钢的淬透性好，钢经锻轧后，在空冷条件下也会发生马氏体转变，所以这类钢在锻轧后应缓慢冷却，并要及时进行软化处理。软化处理有两种方法：一是进行高温回火，将锻轧件加热至 700～800℃，保温 2～6h 后空冷，使马氏体转变为回火索氏体。另外也可以采用完全退火，将锻轧件加热至 840～900℃，保温 2～4h 后炉冷至 600℃后再空冷。经过软化处理后，12Cr13、20Cr13 钢的硬度在 170HBW 以下，30Cr13、40Cr13 硬度可降到 217HBW 以下。

（2）调质处理　12Cr13、20Cr13 钢常用于结构件，所以常用调质处理以获得高的综合力学性能。12Cr13 难以得到完全的奥氏体，但是在 950～1100℃温度范围内加热可以使铁素体量减到最少，淬火后的组织为低碳马氏体+少量铁素体。20Cr13 钢在高温加热时可获得全奥氏体，所以淬火后可获得板条马氏体组织和少量的残留奥氏体。淬火后，应及时回火。

因为 Cr 的抗回火性和 A_{C1} 点的升高，所以调质处理的回火温度也可相应地提高。通常，12Cr13 和 20Cr13 的回火温度为 640～700℃。该钢有第二类回火脆性的倾向，因此回火后应快冷，常采用油冷。由于合金化程度高，所以高温回火时不会完全重结晶，回火组织是保留马氏体位向的回火索氏体。

（3）淬火低温回火 30Cr13、40Cr13 常制造要求有一定耐腐蚀性的工具，所以热处理采用淬火低温回火。淬火加热温度在 1000～1050℃，为减少变形，可用硝盐分级冷却。淬火组织为马氏体和碳化物，以及少量的残留奥氏体。图 5.6 是 40Cr13 手术剪刀的淬火低温回火工艺。

14Cr17Ni2 钢加热到 900～1000℃时，主要处于 γ 相区。但是由于合金化的缘故，γ 相区比较狭窄（见图 5.7）。所以钢中的 Ni、Mn、Si、Cr 等成分稍有波动，就容易影响钢中的铁素体量。铁素体体积分数一般控制在 10%～15% 较好。铁素体量增加，钢的力学性能降低。

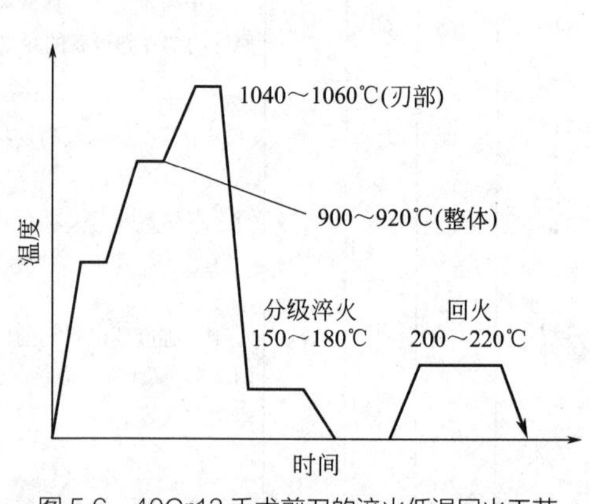

图 5.6　40Cr13 手术剪刀的淬火低温回火工艺

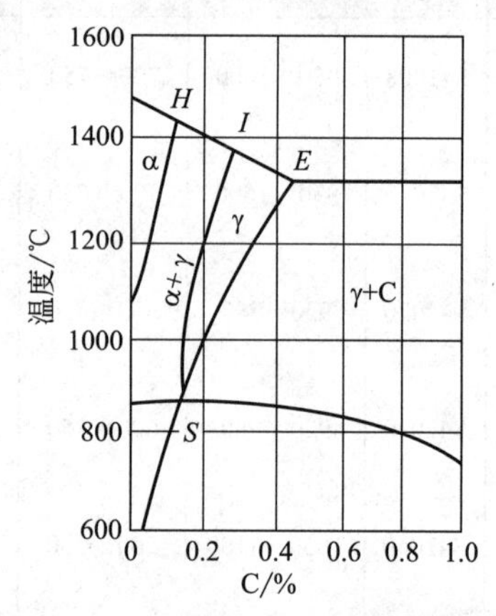

图 5.7　Fe-Cr18%-Ni2% 系相图垂直截面

5.5　奥氏体不锈钢

奥氏体不锈钢是指使用状态组织为奥氏体的不锈钢。奥氏体不锈钢含有较多的 Cr、Ni、Mn、N 等元素。与铁素体不锈钢和马氏体不锈钢相比，奥氏体不锈钢除了具有很高的耐腐蚀性外，还有许多优点。它具有高的塑性，容易加工变形成各种形状的钢材，如薄板、管材、丝材等；加热时没有同素异构转变，即没有 $\gamma \rightleftharpoons \alpha$ 相变，焊接性好；韧度和低温韧度好，一般情况下没有冷脆倾向；因为奥氏体是面心立方结构，所以不具有磁性。由于奥氏体比铁素体的再结晶温度高，所以奥氏体不锈钢还可用于 550℃以上工作的热强钢。因为奥氏体不锈钢含有大量的 Cr、Ni 等合金元素，所以价格比较贵。奥氏体组织的加工硬化率高，因此容易加工硬化，使切削加工比较困难。此外，奥氏体不锈钢的线膨胀系数高，导热性差。奥氏体不锈钢是应用最广泛的耐酸钢，约占不锈钢总产量的 2/3。由于奥氏体不锈钢具有优异的不锈耐酸性、抗氧化性、抗辐照性、高温和低温力学性能、生物中性以及与食品有良好的相容性等，所以在石油、化工、电力、交通、航空、航天、航海、国防、能源开发以及轻工、纺织、医学、食品等工业领域都有广泛的用途。

5.5.1　奥氏体不锈钢的成分特点

常用奥氏体不锈钢的热处理与性能及用途见表 5.3。

表 5.3　常用奥氏体不锈钢的热处理与性能（GB/T 1220—2007）及应用

钢号（旧牌号）	统一数字代号	固溶处理 /℃	R_m/MPa	$R_{P0.2}$/MPa	A/%	Z/%	应用
			≥				
022 Cr19Ni10（00Cr19Ni10）	S30403	1010～1150	480	175	40	60	耐酸容器、管道、换热器等
06Cr19Ni10（0Cr18Ni9）	S30408	1010～1150	520	205	40	60	制造深冲成型的部件、管道等
12Cr18Ni9（1Cr18Ni9）	S30210	1010～1150	520	205	40	60	各种耐蚀结构件和要求无磁部件
06Cr18Ni11Ti（0Cr18Ni10Ti）	S32168	920～1150	520	205	40	50	制造耐酸管道、容器、换热器等
06Cr18Ni11Nb（0Cr18Ni11Nb）	S34778	980～1150	520	205	40	55	用于石油化工、食品、造纸等工业
12Cr17Mn6Ni5N（1Cr17Mn6Ni5N）	S35350	1010～1120	520	275	40	45	低温下稀硝酸中工作的设备
12Cr18Mn9Ni5N（1Cr18Mn8Ni5N）	S35450	1010～1120	520	275	40	45	
06Cr17Ni12Mo2Ti（0Cr18Ni12Mo3Ti）	S31668	1000～1100	530	205	40	55	适于制造化工、化肥、石油化工、印染等工业的设备、容器、管道、热交换器等。含Mo高的钢在有机酸中具有更高的耐蚀性。超低碳的钢无晶界腐蚀倾向，焊接性也好
06Cr19Ni13Mo3（0Cr19Ni13Mo3）	S31708	1010～1150	520	205	40	60	
022Cr19Ni13Mo3（00Cr19Ni13Mo3）	S31703	1010～1150	480	175	40	60	
022Cr18Ni14Mo2Cu2（00Cr18Ni14Mo2Cu2）	S31683	1010～1150	480	175	40	60	制造化工、化纤设备的重要耐蚀材料，可作焊接结构件和管道等。后者更适合于生产管材料
06Cr18Ni12Mo2Cu2（0Cr18Ni12Mo2Cu2）	S31688	1010～1150	520	205	40	60	
06Cr19Ni10N（0Cr19Ni9N）	S30458	1010～1120	550	275	35	50	飞机和宇航器中的部件与装置，海水设备中的泵、阀、推进器等
022Cr17Ni12Mo2N（00Cr17Ni13Mo2N）	S31653	1010～1150	550	245	40	50	化工、化肥装置中的高压设备和管线，如合成塔、反应器、容器等

注：适用于直径、边长、厚度或对边距离≤180mm 的钢棒；固溶处理后快冷。

奥氏体不锈钢主要成分含 Cr、Ni 分别为 18%、8% 左右，18%Cr 和 8%Ni 的配合是世界各国奥氏体不锈钢的典型成分，因此也简称为 18-8 型奥氏体不锈钢。由图 5.8 可知，这样的成分配合正处于组织图上形成奥氏体的有利位置，18%Cr 和 8%Ni 的成分配比还有利于提高钢的耐蚀性。当 Cr+Ni=18+8=26 时，不锈钢的耐蚀电位接近 $n/8$ 定律中 $n=2$ 的电位值。这样既得到了单相奥氏体组织，又具有良好的钝化性能，使钢的耐蚀性达到了较高的水平。

在 18%Cr 和 8%Ni 的基础上再增加 Cr、Ni 的含量，可提高钢的钝化性能，增加奥氏体组织的稳定性，提高钢的固溶强化效应，使钢的耐腐蚀性等性能更为优良。加入 Ti、Nb 元素是为了稳定碳化物，提高抗晶间腐蚀的能力；加入 Mo 可增加不锈钢的钝化作用，防止点腐蚀倾向，提高钢在有机酸中的耐蚀性；Cu 可以提高钢在硫酸中的耐蚀性；Si 使钢的抗应力腐蚀断裂的能力提高。

18-8 型奥氏体不锈钢平衡态时为奥氏体 + 铁素体 + 碳化物组织，经过固溶处理后获得了单相奥氏体。由图 5.8 可知，这类钢在高温有一个 C 含量比较宽的奥氏体相区。C 在奥氏体中的溶解度随温度沿 Fe-C 相图中的 ES 线变化。所以缓慢冷却时，过饱和合金度的奥氏体会有合金碳化物析出，主要为（Cr, Fe）$_{23}$C$_6$ 碳化物；缓冷至共析线 SK 以下还将发生 $\gamma \rightarrow \alpha$ 相变，部分 γ 相转变成 α 相。所以为得到优良的性能，奥氏体不锈钢都需要进行热处理。

5.5.2 奥氏体不锈钢的晶间腐蚀

奥氏体不锈钢焊接后，在腐蚀介质中工作时，在离焊缝不远处会产生严重的晶间腐蚀。其原因是在焊缝及热影响区（450～800℃），沿着晶界析出了（Cr, Fe)$_{23}$C$_6$ 碳化物，晶界附近的区域产生了贫 Cr 区（低于 1/8 定律的临界值），如图 5.9 所示，晶间腐蚀的危害极大。

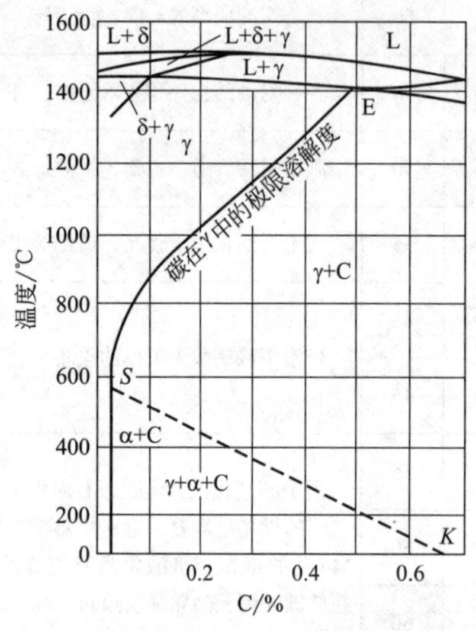

图 5.8　Fe-18Cr-8Ni-C 相图的垂直截面

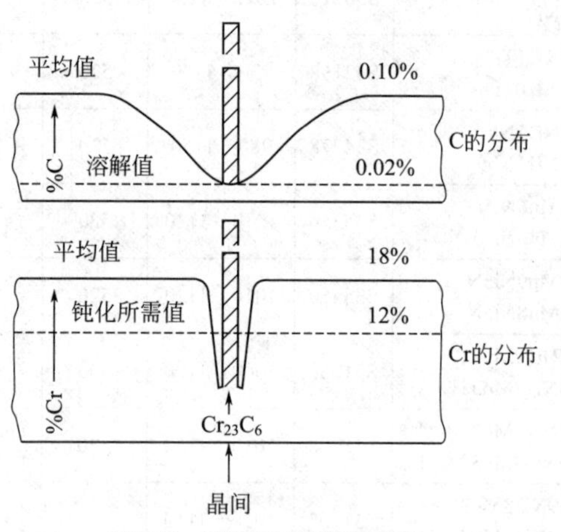

图 5.9　晶间腐蚀贫铬区示意

在 Cr-Ni 奥氏体不锈钢中，如果在 450～800℃的温度范围内工作，或在该温度范围内时效处理，也会得到由于焊接加热的同样效果。这种时效处理可以考察不锈钢晶间腐蚀的敏感性，所以又称为不锈钢的敏化处理。敏化处理和敏感性的关系通常用 TTS（time temperature sensitization）曲线来表示，如图 5.10（a）所示。曲线 1 表示钢开始产生晶间腐蚀，曲线 2 是由于时间充分，晶间腐蚀倾向已不再出现，也就是产生晶间腐蚀现象的结束线。显然，温度越高，通过扩散消除晶间腐蚀倾向所需要的时间也越短。曲线包围的区域是产生晶间腐蚀的温度、时间范围。奥氏体不锈钢敏化处理后，在金相组织上可看到碳化物沿着晶界析出。

经强碳化物形成元素 Ti、Nb 合金化的不锈钢称为稳定性钢。这种钢析出碳化物的温度范围可分成两个区域，如图 5.10（b）所示。这里的曲线 1 表示析出 $M_{23}C_6$ 型碳化物的富 Cr 区域，曲线 3 表示析出 MC 型碳化物的区域，曲线 2 是产生晶间腐蚀的区域。在仅有 MC 型碳化物析出的区域，没有晶间腐蚀倾向。除了析出 $M_{23}C_6$ 型碳化物，析出 σ 相也会引起晶界的贫 Cr 形成。因为晶间腐蚀倾向与原子的扩散有关，所以提高碳活性的元素，如 Ni、Co、Si，都促进产生晶间腐蚀，而降低碳活性的元素，如 Mo、Ti、Nb、Mn、V，都能不同程度地阻止晶间腐蚀的倾向。显然，钢中 C 含量的提高，钢的晶间腐蚀倾向也增大。

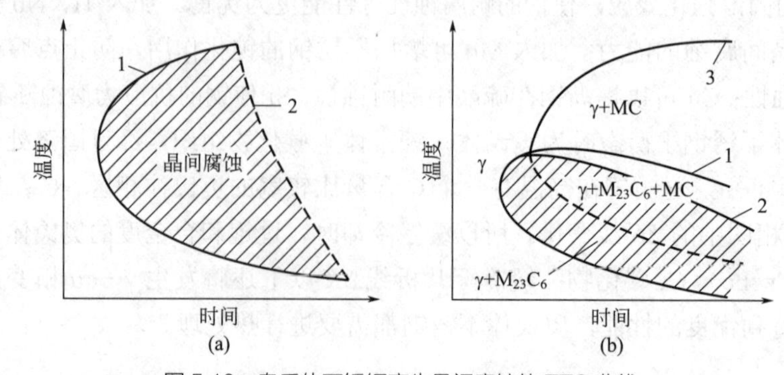

图 5.10　奥氏体不锈钢产生晶间腐蚀的 TTS 曲线

在工程上为防止奥氏体不锈钢的晶间腐蚀，可采取以下措施：

① 降低钢中的 C 含量；

② 在钢中加入 Ti、Nb 元素，析出强碳化物，稳定组织，消除晶间贫铬区的形成；

③ 对钢进行 1050～1100℃的固溶处理，保证固溶体中的 Cr 含量；

④ 对非稳定性奥氏体不锈钢可进行退火处理，使钢的奥氏体成分均匀化，消除贫铬区。对稳定性钢，通过适当的热处理形成 Ti、Nb 的特殊碳化物，以稳定固溶体中的 Cr 含量，保证耐蚀所需要的 Cr 含量水平。

5.5.3 奥氏体不锈钢的热处理

奥氏体不锈钢的热处理一般有固溶处理和稳定化处理。

（1）固溶处理 根据图 5.8，固溶处理就是要把钢加热到 Fe-C 相图的 *ES* 线以上，才有可能使碳化物溶解。奥氏体不锈钢的固溶处理温度一般为 1050～1150℃，比较常用的是 1050～1100℃。对 12Cr18Ni9，固溶处理温度常采用 1000℃。钢中的 C 含量越高，所需要的固溶处理温度也越高。为了保证高温下得到的奥氏体不发生分解，稳定到室温，固溶处理后的冷却速度应比较快。一般情况下，多采用水冷。因为在室温下为单一奥氏体组织，钢的强度和硬度是最低的，所以固溶处理是奥氏体不锈钢最大程度的软化处理。由于这时的奥氏体具有最大的合金度，所以也具有最高的耐蚀性能。

对于非稳定化奥氏体不锈钢，即不含 Ti、Nb 元素的 Cr-Ni 奥氏体不锈钢，常采用的固溶处理工艺如图 5.11（a）所示。固溶处理后对钢进行退火，可以提高晶界上 Cr 的浓度，使钢具有高的抗晶间腐蚀性。虽然有时钢中存在 Cr 的碳化物，但经过 850～950℃的退火，就消除了晶间腐蚀倾向。对于用 Ti、Nb 元素稳定化的钢，固溶处理加热温度选择在奥氏体+强碳化物的两相区范围，通常为 1000～1100℃，常用 1050℃，如图 5.11（b）所示。固溶处理的缺点是必须加热到高温且需要快速冷却，这在工艺上常常是很难实现的。许多焊接构件尺寸很大，焊接后无法进行高温加热淬火，即使能进行，也还有变形大等问题难以克服。

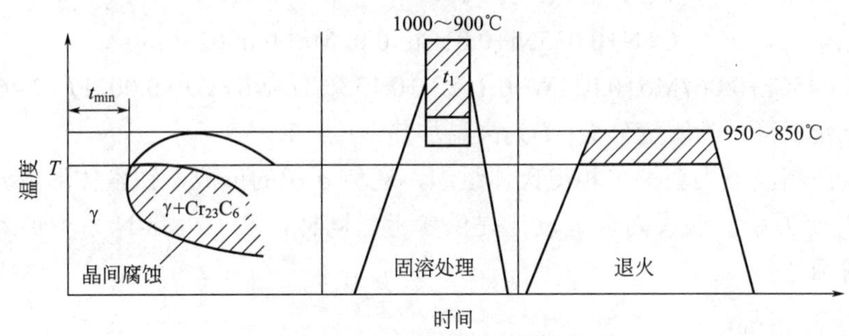

(a) 非稳定化奥氏体不锈钢常用的热处理工艺

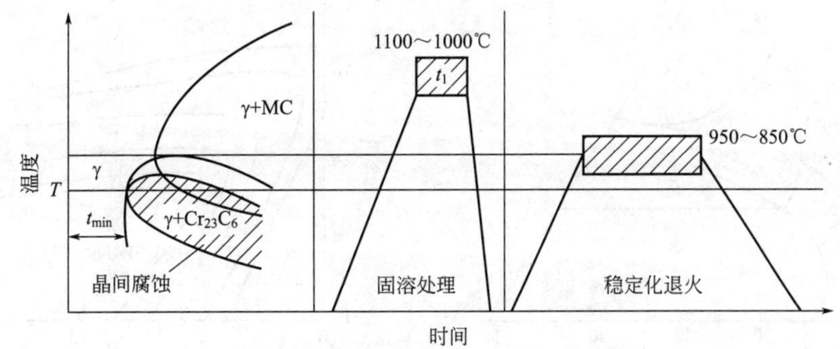

(b) 稳定化奥氏体不锈钢常用的热处理工艺

图 5.11　奥氏体不锈钢的热处理工艺

（2）稳定化处理 稳定化处理也可称为稳定化退火。这种处理只是在含Ti、Nb元素的奥氏体不锈钢中使用。在实际中多次发现未经稳定化处理的含Ti、Nb的奥氏体不锈钢（如07Cr19Ni11Ti），虽然化学成分合格，但按照标准检验时，仍然发现有晶间腐蚀。稳定化处理的温度和时间应合理选择，才能获得最佳的效果。确定稳定化处理工艺的一般原则为：高于碳化铬的溶解温度而低于碳化钛的溶解温度。稳定化退火通常采用850～950℃，保温2～4h后空冷，如图5.11（b）所示。在稳定化退火过程中，能将碳化铬转变为强碳化物TiC或NbC，这样就比较彻底地消除了晶间腐蚀倾向。

5.5.4 铬锰氮奥氏体不锈钢

奥氏体不锈钢的应用日益广泛，但Ni在世界范围内都是比较紧缺的元素，为了降低Ni的消耗，国内外进行了大量的研究，发展了许多少Ni和无Ni的奥氏体不锈钢。目前主要有三种类型：Cr-Mn系奥氏体不锈钢，Cr-Mn-N系奥氏体不锈钢和Cr-Mn-Ni、Cr-Mn-Ni-N系奥氏体不锈钢。这里主要介绍Cr-Mn-N奥氏体不锈钢。

Mn和Ni都是奥氏体形成元素，且都可以形成无限固溶体。由图5.12可知，当含有0.1%C时，由于碳稳定奥氏体的作用，获得单相奥氏体的Cr含量可提高到15%，但是当Cr含量＞15%后，Mn含量再增加，也不能得到单相奥氏体，而且钢中已出现了σ相，所以Cr-Mn系奥氏体不锈钢不能用于耐强烈腐蚀的部件。

在奥氏体不锈钢中加入N，可以替代C，可部分替代Ni，稳定奥氏体组织；提高强度，且并不显著损害钢的塑性和韧度；不锈钢中加入N还可提高耐晶间腐蚀、点腐蚀和缝隙腐蚀等耐局部腐蚀的能力。近年来，含氮奥氏体不锈钢的研究开发取得了较大的进展。利用N稳定奥氏体的作用，开发了Cr-Mn-N系奥氏体不锈钢。N能抑制σ相的形成，稳定奥氏体组织的作用也比较大，能有效地提高钢的强度而不降低室温韧度，并且对耐腐蚀性无影响。但N含量受到溶解度的限制，一般的N含量在0.3%～0.5%以下。对于Cr-Mn-N系奥氏体不锈钢，为获得单相奥氏体，各合金元素平衡量及其相互关系可由下式估算：

$$\mathrm{C+N+0.035Ni+0.01Cu+0.02Mn-0.00026Mn^2=}$$
$$\mathrm{0.045Cr+0.067Mo+0.031W+0.112Si+0.135(Ti+Nb+V)}+0.0021T-2.46$$

式中，合金元素符号为质量分数；T为高温加热温度，K。

此式表示：在高温下为获得单相奥氏体组织，避免σ相的形成，铁素体形成元素和奥氏体形成元素之间的平衡关系。该式为合金设计提供参考。同样，在Cr-Mn-N系中加入Cu、Mo等元素可改善钢的耐蚀性。

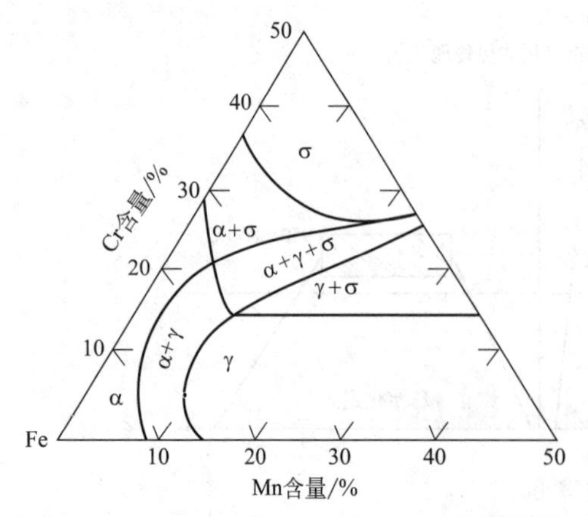

图5.12 Fe-Cr-Mn（0.1%C）650℃时的等温截面

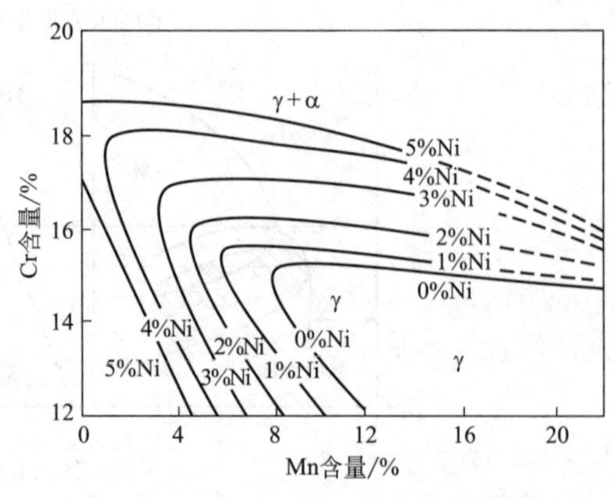

图5.13 Ni对Cr-Mn-N钢组织的影响

用 Mn-N 完全代替 Ni，不太容易得到单一而稳定的奥氏体组织，所以在合金设计时保留了部分 Ni，开发了 Cr-Mn-Ni-N 系奥氏体不锈钢。从图 5.13 可知，Ni 强烈扩大 Cr-Mn 钢的奥氏体区，所以国际上 Cr-Mn-Ni-N 系发展比较快，成熟的钢种也比较多。如 12Cr18Mn9Ni5N 是目前国内外都生产的钢种，它的耐蚀性、力学性能和焊接性与 18-8 型钢相当，主要用于硝酸及化肥工业设备。

5.6 奥氏体-铁素体双相不锈钢

双相不锈钢主要有奥氏体-马氏体双相不锈钢和奥氏体-铁素体双相不锈钢。奥氏体-马氏体双相不锈钢一般属于沉淀硬化型超高强度不锈钢，将在第 7 章中做简单介绍，这里简要讨论奥氏体-铁素体双相不锈钢。

奥氏体-铁素体双相不锈钢的成分在［Cr］、［Ni］当量相图（见图 5.2）的 A+F 区域内，主要成分为 18%～26%Cr、4%～7%Ni，根据不同用途分别加入 Mn、Cu、Mo、Ti、N 等元素。由于奥氏体不锈钢抗应力腐蚀性能比较低，而铁素体不锈钢的抗应力腐蚀性能较高，如果具有奥氏体和铁素体两相组织，则双相钢也将有较高的抗应力腐蚀性能，并且双相钢中有奥氏体的存在，可降低铁素体不锈钢的脆性，提高焊接性，两相的存在还降低了晶粒长大倾向。另一方面，铁素体的存在又提高了钢的强度和抗晶间腐蚀能力。这样，奥氏体-铁素体双相不锈钢得到了较快的发展，常用于石油、天然气、化工等行业中具有苛刻腐蚀环境的场合。表 5.4 是典型奥氏体-铁素体双相不锈钢的力学性能。

表 5.4 典型奥氏体-铁素体双相不锈钢经固溶处理后的力学性能

钢 号	统一数字代号	$R_{P0.2}$/MPa	R_m/MPa	A/%	Z/%	硬度 /HBW
		≥				≤
022Cr22Ni5Mo3N	S22253	450	620	25	—	290
022Cr19Ni5Mo3Si2N（00Cr18Ni5Mo3Si2）	S21953	390	590	20	40	290
022Cr25Ni6Mo2N	S22553	450	620	20	—	260
14Cr18Ni11Si4AlTi	S21860	440	715	25	40	—
03Cr25Ni6Mo3Cu2N	S25554	550	750	25	—	290
022Cr23Ni4MoCuN	S23043	400	600	25	—	290
12Cr21Ni5Ti（1Cr21Ni5Ti）	S22160	350	635	20	—	—

注：S23043 和 S22160 为《不锈钢热轧钢板和钢带》标准 GB/T 4237—2015；其余牌号为《不锈钢棒》标准 GB/T 1220—2007，适用于直径、边长、厚度或对边距离≤75mm 的钢棒。

奥氏体-铁素体双相不锈钢通常采用 1000～1100℃淬火韧化，可获得体积分数 60% 左右铁素体和 40% 左右奥氏体的双相组织。铁素体和奥氏体组织的比例可以通过淬火温度来调整。如需要，再根据工作条件选择适当的稳定化处理。

本章小结

不锈钢分类与特点如图 5.14 所示。

不锈钢的主要功能必须是在相应的腐蚀介质下有一定的抗腐蚀能力，根据不同的用途又有相应的力学性能要求。所以，不锈钢的主要矛盾是耐蚀性和强度及塑韧性的合理兼顾。首先是根据耐蚀性要求并兼顾力学性能，进行最佳的合金化基本设计；对于一定成分的不锈钢，要达到预定的耐蚀性和力学性能，关键是进行合适的热处理工艺。目前，还没有一个不锈钢能抗所有介质的腐蚀，也就是说，不同类型或成分的不锈钢适用于不同介质的工作环境。

不锈钢合金化的主要成分是Cr元素，其耐腐蚀能力遵循“$n/8$”规律。不锈钢中用量最大的是奥氏体不锈钢，应用领域也在不断扩大。奥氏体不锈钢的主要问题是晶界腐蚀。消除或减弱晶界腐蚀倾向的措施从合金化角度考虑主要是尽可能地降低C含量和加入Ti、V等强碳化物形成元素；从后续的热处理工艺方面考虑，应该根据合金元素碳化物形成规律和碳化物溶解、析出的热力学及动力学，合理设计和制订热处理工艺参数。

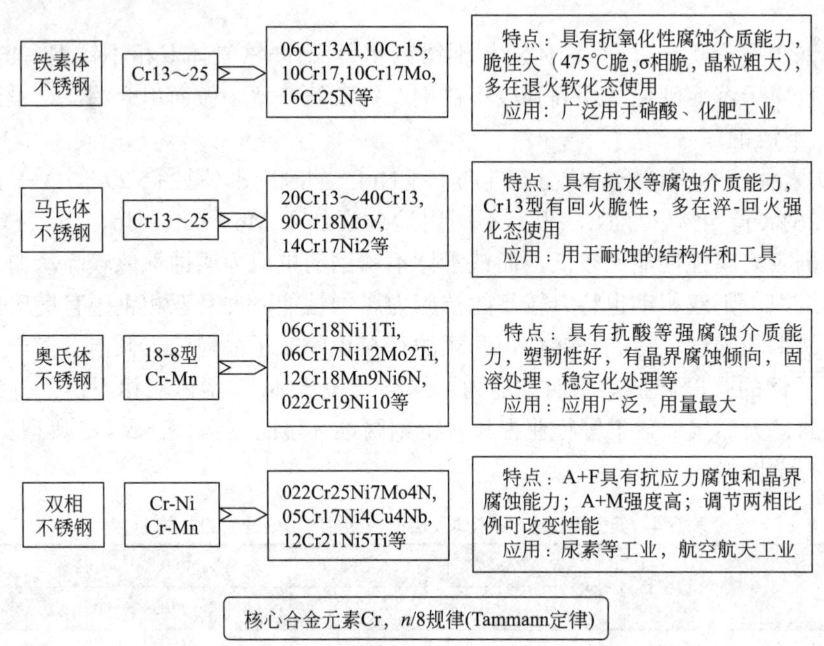

图5.14　不锈钢分类与特点

本章重要词汇

均匀腐蚀	点腐蚀	晶界腐蚀	应力腐蚀
磨损腐蚀	铬当量	镍当量	马氏体不锈钢
铁素体不锈钢	奥氏体不锈钢	双相不锈钢	沉淀硬化不锈钢
$n/8$ 规律	Tammann 定律	475℃脆性	金属间化合物相
固溶处理	敏化处理	稳定化处理	TTS 曲线

思考题

5-1　提高钢耐腐蚀性的方法有哪些？

5-2　Cr、Mo、Cu元素在提高不锈钢抗蚀性方面有什么作用？

5-3　什么叫$n/8$规律或Tammann定律？

5-4　分析12Cr13、20Cr13、30Cr13和40Cr13钢在热处理工艺、性能和用途上的区别。

5-5　为什么Cr12型冷作模具钢不是不锈钢，而95Cr18为不锈钢？

5-6　试述铁素体不锈钢的主要性能特点和用途。

5-7　为什么10Cr17钢多在退火态下使用，而14Cr17Ni2钢可进行淬火强化？

5-8　奥氏体不锈钢的主要优缺点是什么？

5-9 说明18-8型奥氏体不锈钢产生晶界腐蚀的原因及防止办法。结合图5.11说明为什么常采用850～950℃的退火工艺？

5-10 图5.11（a）是不含Ti、Nb的非稳定化奥氏体不锈钢产生晶界腐蚀的TTS曲线，阴影线区为产生晶界腐蚀区。曲线1表示钢开始产生晶界腐蚀倾向，曲线2表示晶界腐蚀倾向已消除。试解释该现象：在产生晶界腐蚀温度范围内，保温一定时间后产生晶界腐蚀，但继续保温足够时间后，晶界腐蚀倾向又消失了。

5-11 简述普低钢、渗C钢、低C马氏体钢、不锈钢等钢类的含C量都比较低的原因。

5-12 有一个ϕ40mm耐酸拉杆，由06Cr18Ni11Ti钢经锻造制成毛坯，送车床加工时发现，车削加工很困难。用磁铁接触毛坯，立即被吸住。试分析这一拉杆锻坯的金相组织，锻造后的工序存在什么问题？应采取什么工艺措施来解决？为什么？

6 耐热钢

由于燃气轮机、航空航天技术以及其他高温高压技术的发展，对有关机械零部件的要求越来越高。如火电厂的蒸汽锅炉、蒸汽涡轮，航空工业的喷气发动机，以及航天、舰船、石油和化工等工业部门的高温工作部件，它们都在高温下承受各种载荷，如拉伸、弯曲、扭转、疲劳和冲击等。此外，它们还与高温蒸气、空气或燃气接触，表面发生高温氧化或气体腐蚀。在高温下工作，钢和合金将发生原子扩散过程，并引起组织转变，这是与常温工作部件的根本不同点。因为是在高温下服役，所以对这些零部件的技术要求比较苛刻。通常把在高温条件工作的钢称为耐热钢。耐热钢应具有两方面的基本性能：一是有良好的高温强度和塑性；二是有足够高的高温化学稳定性。根据不同服役条件，常常将耐热钢分为热强钢和抗氧化钢（也称为热稳定性钢）两大类。

6.1 概述

6.1.1 金属的抗氧化性

6.1.1.1 氧化膜与氧化规律

由于多数金属在高温下其氧化物的自由能低于纯金属，所以都能自发地被氧化腐蚀。Fe 的氧化物有 FeO、Fe_2O_3、Fe_3O_4 三种。FeO 结构疏松，原子容易扩散通过 FeO 层。O 离子由表向里扩散，而 Fe 离子由里向外扩散，不断被氧化。冷却时 FeO 要分解，发生相变，有一定的应力，并且和基体结合力弱，因此氧化皮容易剥落；Fe_2O_3、Fe_3O_4 的结构致密性比较高，和基体有较好的结合，能有较好的保护作用。Fe 与 O 所形成的氧化膜结构与温度有关，当温度在 570℃以下时，形成的氧化膜由 Fe_2O_3 和 Fe_3O_4 组成；当温度高于 570℃时，氧化膜由 Fe_2O_3、Fe_3O_4 和 FeO 三层氧化物组成，其厚度比例大约为 1∶10∶100，接近基体一端是 FeO，最外层是 Fe_2O_3。所以，在温度高于 570℃时，Fe 的氧化过程大大地加速，遵守抛物线规律。

不同的氧化膜结构和性质，其氧化动力学过程也是不同的。氧化速度主要取决于化学反应的速度和原子扩散的速度。显然，温度高，化学反应速度和扩散速度都会增大，但随着时间的延长和膜的增厚或膜的致密度提高而减慢。金属的氧化速度有以下三种情况：

（1）**直线关系**　氧化膜不完整、不连续时，如氧化物比体积较小的 Mg、Ca、Na 等，它们的氧化膜增厚和时间的关系是线性关系，即 $y=Kt+A$，式中，y 为氧化膜厚度；t 是时间；K、A 为常数。也就是说氧化速度为一恒定值，如图 6.1 中的直线 OA。

（2）**抛物线关系**　氧化膜覆盖金属表面，膜层中可进行离子的扩散，如 Fe、Co、Ni、Cu、Mn 等形成的氧化膜。它们的氧化速度遵循着抛物线规律，即膜厚的增长为 $y^2=Kt+A$，这种情况如图 6.1 中的曲线 OB。

（3）**对数规律**　膜不仅能覆盖金属表面，而且膜层中离子扩散比较困难，像 Cr、Al、Si 等元素形成的氧化膜。氧化膜形成速度符合对数规律，其膜层的增厚可表达为 $y=\ln Kt$，对数规律的氧化膜形成速度如图 6.1 中的曲线 OC。

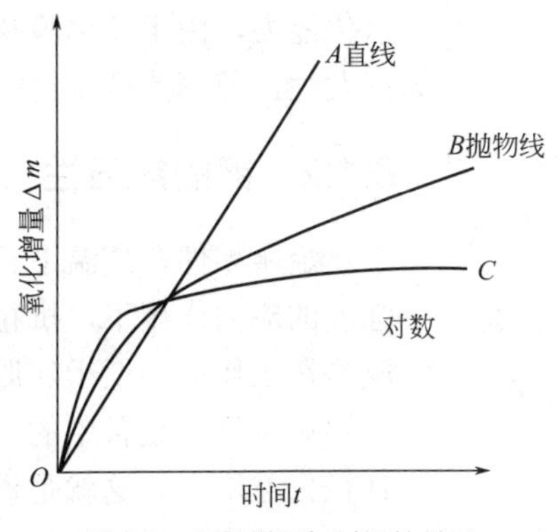

图 6.1 氧化增量与时间的关系

耐热钢和耐热合金的抗氧化和气体腐蚀能力可分为五级：腐蚀速率≤0.1mm/a[1]，为完全抗氧化；＞0.1～1.0mm/a，为抗氧化；＞1.0～3.0mm/a，为次抗氧化；＞3.0～10.0mm/a，为弱抗氧化；＞10.0mm/a，为不抗氧化。

6.1.1.2 提高钢抗氧化性的途径

形成的膜能使扩散困难，到一定程度能阻止继续氧化的膜叫保护膜。能起保护作用的膜必须满足三个条件：连续、致密和牢固。不连续就不能覆盖金属表面，不致密则不能阻止原子的扩散，不牢固就容易剥落。如铝制品表面容易形成非常致密和牢固的 Al_2O_3 氧化层，从而阻止了继续氧化。从合金化角度，提高钢抗氧化性的途径主要有如下方面。

（1）加入合金元素，提高钢氧化膜稳定性 当 FeO 的开始形成温度升高时，钢的抗氧化性增加，使用温度可提高。如果加入的合金元素能使 FeO 的开始形成温度升高，并且优先形成稳定的氧化物，那么对提高钢的抗氧化性是非常有利的。合金元素形成的氧化物由于其点阵结构、离子半径和电负性条件的不同，其稳定性也不同。Cr、Al、Si 氧化物点阵结构接近 Fe_3O_4，它们的离子半径也比 Fe 小，并且缩小 FeO 形成区，甚至消失，升高 FeO 的形成温度。这些合金元素如果溶入氧化膜形成固溶体，氧化膜能获得固溶强化，增加氧化膜的稳定性。而 Mn、Cu 的离子半径大于 Fe，扩大 FeO 形成区，降低 FeO 的形成温度，起了相反的作用。

合金元素对钢氧化速度的影响如图 6.2。钢中加入 Cr、Al、Si，可以提高 FeO 出现的温度，改善钢的高温化学稳定性。钢中加入 1.03%Cr 可使 FeO 在 600℃出现，加入 1.14%Si 使 FeO 在 750℃出现，1.5%Cr 可使 FeO 在 650℃出现；如果在钢中复合加入 1.1%Al、0.4%Si 可使 FeO 在 800℃出现，加入 2.2%Al、0.5%Si 可使 FeO 在 850℃出现。当 Cr 和 Al 含量高时，钢的表面可生成致密的 Cr_2O_3 或 Al_2O_3 保护膜。通常在钢表面生成 FeO・Cr_2O_3 或 FeO・Al_2O_3 等尖晶石类型的氧化膜，含硅钢生成 Fe_2SiO_4 氧化膜，它们都有良好的保护作用。

（2）加入合金元素，形成致密、稳定的氧化膜 当钢中加入 Cr、Al、Si、Ti 等元素时，则在氧化过程中，由于 Fe 离子的氧化消耗，而 Cr、Al、Si 等元素的氧化物比较稳定，会使氧化膜底层逐渐富集为稳定氧化物的膜层，形成以合金元素氧化物为主的氧化膜，如 Al_2O_3、SiO_2、Cr_2O_3 等。这些稳定致密的氧化膜有效地阻止了 Fe、O 原子的扩散，所以大大地提高了钢的抗氧化性。随着 Cr、Al、Si 等元素的合金含量的提高，Fe 的表面氧化层就逐渐过渡到主要为 Al_2O_3 或 Cr_2O_3 的氧化膜层，使钢具有很高的抗氧化性。例如，在 1000℃时 Cr 含量达到 18%，Si 含量达到 2.3%；在 900℃时，Al 含量达到 3%，钢就获得了很高的抗氧化性。从图 6.2 也可以看出，当这些元素在达到一定含量时，钢的相对氧化速度就降低到很低的程度。

在实际应用中，如果在钢中复合加入 Cr、Al、Si、Ti 等元素，它们能形成互溶的氧化物，则钢的抗氧化性更好。

Cr 是提高抗氧化能力的主要元素，Al 也能单独提高钢的抗氧化能力，而 Si 由于增加钢的脆性，加入量受到限制，只能作辅加元素，其他元素对钢抗氧化能力影响不大。少量稀土金属（RE）或碱土金属能提高耐热钢和耐热合金的抗氧化能力，特别在 1000℃以上，使高温下晶界优先氧化的现象几乎消失。W 和 Pt 将降低钢和合金的抗

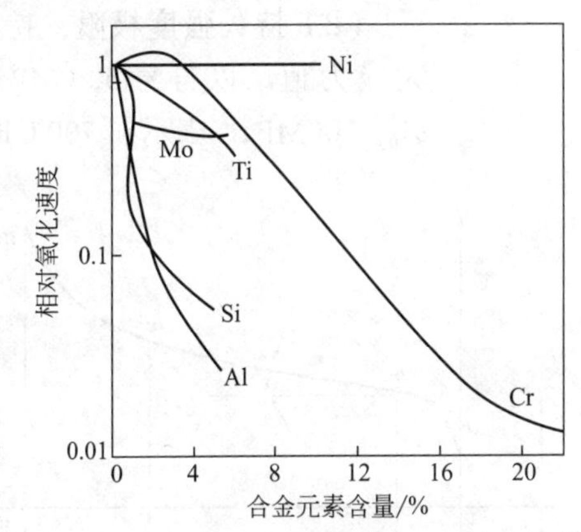

图 6.2 合金元素对钢抗氧化性的影响

[1] mm/a 为腐蚀速率单位，mm 为毫米，a 为年。

氧化能力，由于氧化膜和金属界面处生成含 W 和 Pt 的氧化物，而 MoO_3 和 WO_3 具有低熔点和高挥发性，使钢的抗氧化能力变坏。

6.1.2 钢的热强性

金属零件在高温下长时间承受负荷时，有可能会出现两种情况的失效：一种是在远低于抗拉强度的应力作用下，抗拉强度与塑性会随载荷持续时间的增长而显著降低，产生断裂；另一种情况是在工作应力低于屈服强度的情况下，工件会连续而缓慢地发生塑性变形，而导致失效。如蒸汽锅炉及化工设备中的一些高温高压管道，在长期的使用中，会产生缓慢而连续的塑性变形，使管径日益增大。这就是说，金属在高温下的力学性能及力学行为和温度及时间密切相关，或者说温度和时间对材料的高温性能有很大的影响，所以钢的热强性能指标的表达方式有其特殊性。

6.1.2.1 钢的热强性能指标

钢的热强性能指标主要有：蠕变极限、持久强度、高温疲劳强度和持久寿命等。

（1）蠕变及蠕变极限 金属在一定温度和静载荷长时间的作用下，发生缓慢塑性变形的现象称为蠕变。如碳钢当温度超过 300℃，合金钢当温度超过 400℃时，在一定的静载荷作用下，都会产生蠕变，温度越高，蠕变现象越显著。典型的蠕变曲线如图 6.3 所示。

oa 为开始加载后所引起的瞬时变形（ε_0 为瞬时应变）。如果应力超过金属在该温度下的弹性极限，则 *oa* 由弹性变形 *oa′* 加塑性变形 *a′a* 组成。

ab 为蠕变的第Ⅰ阶段，在这一阶段中，蠕变的速率随时间的增加而逐渐减小。

bc 为蠕变的第Ⅱ阶段，即蠕变的稳定阶段，蠕变速率基本上不变。通常用这一阶段曲线的倾角 α 的正切值来表示材料的蠕变速率。

cd 为蠕变的第Ⅲ阶段，即蠕变的加速进行阶段，直到 *d* 点断裂为止。

不同材料在不同条件下得到的蠕变曲线是不同的，同一种材料的蠕变曲线也随着应力和温度的不同而异，但是蠕变曲线三个阶段的特点是共同的，只是各个阶段的持续时间有很大的变化。一种理想的材料，要求它的蠕变曲线具有很小的第Ⅰ阶段起始蠕变和第Ⅱ阶段低的蠕变速率，以便延长产生 1% 变形量的时间。同时也要求有一个明显的第Ⅲ阶段，以保证零部件损坏前有明显的预兆，断裂时有一定的塑性。

蠕变极限是试样在一定温度下和在规定的持续时间内，产生的蠕变变形量（总的或残余的）或第Ⅱ阶段的蠕变速率等于某规定值时的应力值。用符号 $\sigma^t_{\delta/\tau}$ 或 $\sigma^t_{vH/\tau}$ 表示。其中，σ 表示极限应力（MPa），t 表示试验温度（℃），τ 为试验时间（h），δ 是变形量（%），vH 表示恒定蠕变速率（%/h）。例如：$\sigma^{700}_{1/10000}$ 表示在 700℃时，持续时间为 10000h，产生蠕变总变形量为 1% 的蠕变极限。

（2）持久强度极限 持久强度极限是试样在一定温度和规定的持续时间内引起断裂的最大应力值，以符号 σ^t_τ（MPa）表示。其中 t 表示试验温度（℃），τ 为试验时间（h）。例如：σ^{700}_{100}=300MPa，表示在 700℃时，持续时间为 100h 的持久强度极限值为 300MPa。

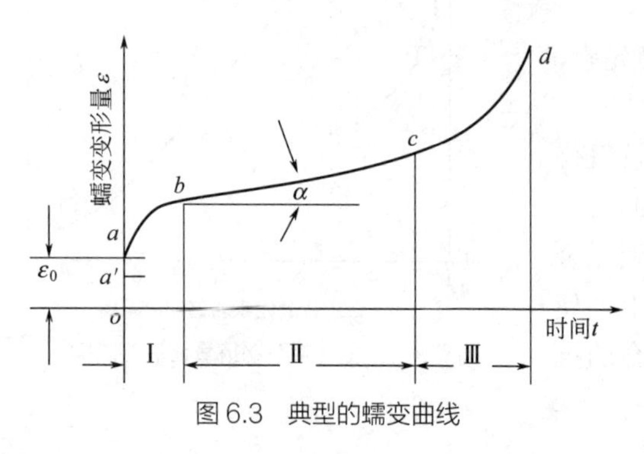

图 6.3 典型的蠕变曲线

蠕变极限和持久强度极限都是反映材料高温性能的重要指标，其区别仅在于侧重点不同。蠕变极限是考虑变形为主，而持久强度则主要考虑材料在长期使用下的断裂破坏抗力。两种指标适用于不同情况，如锅炉管道，使用时间比较长，对蠕变变形限制不严，但必须保证使用时不能破裂，这就需要用持久强度作为设计的主要依据。汽轮机和燃气轮机的叶片在长期运行中，只允许产生一定的变形，在设计时就必须以蠕变极限为主要依据。一般情况下，蠕变极限高的材料往往具有良好的持久强度。

（3）高温疲劳强度 高温疲劳一般是指温度高于 $0.5T_m$（熔点）或在再结晶温度以上时的疲劳现象。在室温时，钢的疲劳曲线有一个水平部分。在高温时，金属材料的 *S-N* 曲线不出现水平部分，随着循环次数的增加，疲劳强度不断下降。所以，在高温时只有条件疲劳极限，即把在某一规定的循环次数（一般采用 10^7～10^8 次）下而不断裂时的最大应力作为疲劳极限。

（4）持久寿命 持久寿命是指在某一定温度和规定应力作用下，零部件从受力开始到被拉断的时间。

（5）应力松弛 金属应力松弛现象是在具有恒定总变形的零件中，随时间延长而自行降低应力的现象。例如：螺栓连接并压紧两法兰零件。在拧紧时，使螺杆拉长了一点，产生弹性变形，即在螺杆上施加了一个拉应力，也就是通常所说的预紧力。但在高温下经过一段时间后，虽然螺杆总变形不变，但预紧力却自行减小了。所以，蒸汽管道上的螺栓，工作一段时间后，需要拧紧一次，以避免漏水、漏气。其原因是因为在高温存在拉应力的情况下，原子容易发生扩散，使弹性变形变成了塑性变形，从而使应力不断降低。在压缩情况下同样也有应力松弛现象。如压紧的弹簧，在固定压缩量时，弹簧产生的压紧力会逐渐下降。

在工程应用需要知道零件在高温工作一段时间后还存在多少“残余应力”，会不会因紧固松弛而发生泄漏现象。对于紧固件往往需要有一定的初紧应力，一般规定初紧应力 σ_0 为 300MPa 左右。机械设备零件的应力松弛现象是普遍存在的。在工程设计中，对于在应力松弛条件下工作的零件，一般是以金属在使用温度和规定的初应力下达到使用期限的剩余应力作为选材和设计的依据。此时的剩余应力称为条件松弛极限。

6.1.2.2 提高热强性的途径

提高钢热强性的基本原理，在于提高金属和合金基体的原子结合力，具有对抗蠕变有利的组织结构。具体的途径主要有强化基体、强化晶界、弥散相强化等。

（1）强化基体 金属原子间结合力的影响因素有金属的熔点、晶格类型和合金化等。表征金属原子间结合力的首先是基体金属的熔点。熔点越高，金属原子间结合力将越强。因此，耐热温度要求越高，就要选用熔点越高的金属作基体。在工业上常用的耐热合金中，铁基、镍基、钼基耐热合金的熔点是依次升高的。

金属或合金的晶格类型也影响原子间结合力。对铁基合金来说，面心立方晶体的原子间结合力比较强，体心立方晶体则较弱。所以，奥氏体型钢要比铁素体型钢、马氏体型钢、珠光体型钢的蠕变抗力高。因为奥氏体晶体 γ-Fe 的原子排列比较致密，合金元素在 γ-Fe 晶体中不容易扩散，并且 γ-Fe 晶界上原子有序度比较好，晶界强度较高。

对于一定的基体，还可以通过合金化方法来提高固溶体的原子间结合力。一般固溶强化元素主要是通过影响固溶体原子键结合力、晶格畸变、再结晶温度等方面来强化固溶体。图 6.4 为常用合金元素对工业纯铁在 425℃时蠕变极限的影响。从图中可知，1%Mo 固溶于 α-Fe 中，可使 α-Fe 的蠕变极限提高近三倍。Cr、Mn、Si 也都能显著地提高蠕变极限。这些元素的加入，增强了固溶体的原子间结合力；并且，由于在晶体中产生了局部的晶格畸变和应力场，使溶质原子容易在位错处偏聚，形成各种“气团”，从而增加了位错运动阻力，提高了蠕变抗力。

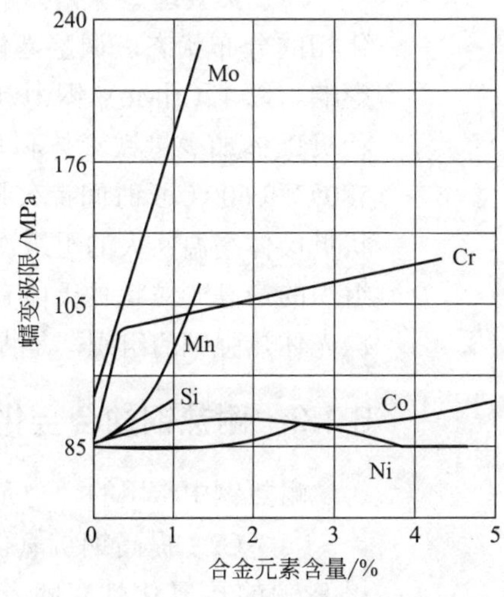

图 6.4 常用合金元素对工业纯铁蠕变极限 $\sigma_{0.1/100}^{425}$ 的影响

合金元素提高固溶体中原子间结合力，往往使原子的扩散激活能提高，在宏观上就反映在影响了合金的再结晶温度。一般来说，固溶的合金元素提高了原子间结合力，也同时提高了合金的再结晶温度。加入 0.5% 的合金元素对变形度为 40% 的工业纯铁再结晶温度的影响为：工业纯铁的再结晶温度为480℃；加入Ni，再结晶温度为500℃；加入Si，再结晶温度提高到570℃；加入Cr，可达到650℃；而加入Mo，再结晶温度可提高到670℃。这些合金元素的加入，都可有效地提高了蠕变抗力。

从位错理论角度来看高温强化的效果，多元合金化有利于形成溶质不均匀分布的基团，增加位错运动的阻力，阻止扩散型形变机制，从而起到良好的固溶强化效果。因此，合金元素的多元适量复合加入，可显著地提高耐热钢的热强性。

（2）**强化晶界** 在高温下，晶界的强度将不同程度地降低，所以在耐热钢中不是追求细化晶粒强化，而是“适当地粗化”晶粒以减少薄弱的晶界数量，从而提高蠕变抗力。与此同时，采用合适的合金化措施，进一步强化晶界。强化晶界的合金化措施主要有以下两个方面。

① 净化晶界 钢中的S、P等杂质易偏聚在晶界，并和铁原子形成易熔的夹杂物（如FeS_2、Ni_3S_2等），削弱了晶界强度，使钢的高温强度明显降低。在钢中加入RE、B等化学性质比较活泼的元素，这些元素将优先和这些杂质化合，形成熔点高而稳定的化合物。在结晶过程中可作为异质晶核，使杂质从晶界转入晶内，从而使晶界得到了净化。

② 填充晶界空位 晶界上空位比较多，所以原子容易通过晶界快速扩散，也使微裂纹容易扩展。如果钢中存在B等一些元素，可以大为减小晶界的这种不利现象。B等一些元素的原子半径比Fe、Cr等元素要小，但比C、N间隙元素的原子半径要大，也是易偏聚晶界的元素。晶界上空位间隙比晶内的大，B填充于晶界空位更能降低体系的能量，更重要的是使晶界空位减小。这样就大为减弱了扩散过程，提高了蠕变抗力。

（3）**弥散相强化** 金属基体上分布着细小、稳定、弥散分布的第二相质点，能有效地阻止位错运动，而提高强度，其强化效果比固溶强化更大。对于高温合金来说，这种强化机制的效果主要取决于弥散相质点的性质、大小、分布及在高温下的稳定性。获得弥散相的方法有直接加入难熔质点和时效析出两种。

对于不同的合金，时效析出的弥散相是不同的，它们大多是各种类型的碳化物和金属间化合物。在钼钢、钒钢中加入少量的Nb和Ta元素，可使碳化物Mo_2C和V_4C_3的成分复杂化，稳定性更好，使强化效果能保持到更高的温度。在Ni基耐热合金中加入Co元素，能提高强化相Ni_3(Al、Ti)的析出温度，延缓了弥散相聚集长大的过程。

在合金中加入难熔的弥散化合物、氧化物、硼化物、氮化物、碳化物等，能获得比较好的效果，可将金属材料的使用温度提高到（0.80～0.85）T_m（熔点温度）。

（4）**热处理** 珠光体耐热钢进行热处理，一方面可获得需要的晶粒度，另一方面可以改善强化相的分布状态，调整基体与强化相的成分。钢的显微组织对珠光体热强钢的蠕变强度有很大影响。以12CrlMoV钢为例，经980℃奥氏体化后炉冷，得到铁素体加珠光体组织；空冷得到粒状贝氏体加少量铁素体和马氏体组织；淬火得到马氏体组织。后两者须经过高温回火。三者经580℃和600℃长时间持久强度的试验结果表明，马氏体高温回火的组织具有最高的持久强度，粒状贝氏体高温回火的组织次之，铁素体加珠光体组织最低。而持久塑性，则具有铁素体加珠光体组织的最高，粒状贝氏体高温回火组织的最低，马氏体高温回火组织的居中。通过热处理来改变珠光体热强钢的组织，是提高蠕变和持久强度的主要途径。

6.1.3 耐热钢的合金化

耐热钢中常用的合金元素有Cr、Mo、Al、Si、Ni、Ti、Nb、V等。

（1）Cr 提高钢抗氧化性的主要元素。Cr能形成附着性很强的致密而稳定的氧化物Cr_2O_3，提高钢的抗氧化性。随着温度的升高，所需的Cr含量也增加。例如，在600～650℃，需要5%Cr；在800℃时，为12%Cr；温度在1000℃时，Cr含量应达到18%。Cr也能固溶强化，提高钢的持久强度和蠕变极限。

（2）Mo、W　Mo是提高低合金耐热钢热强性能的重要元素。Mo溶入基体起固溶强化作用，能提高钢的再结晶温度，也能析出稳定相，从而提高热强性。但是Mo形成的氧化物MoO_3，熔点只有795℃，使钢的抗氧化性变坏。W的作用与Mo相似。

（3）Al　Al是提高钢抗氧化性的有效元素。如钢中含6%Al时，在1000℃时相当于18%Cr的抗氧化水平。因为Al使钢变脆，恶化工艺性能，所以Al不能单独加入，加入量也不宜太多，一般也是作为辅助合金化元素。

（4）Si　Si是提高抗氧化性的辅助元素，其效果比Al还要有效。在铬钢中可用Si代替部分Cr。但Si不能提高钢的热强性，当超过3%Si时会使钢的室温塑性急剧降低，脆性大。并且Si促进石墨化，使碳化物易于聚集长大。所以，一般Si含量在2%～3%。含Si抗氧化钢作为渗碳罐时，抗渗性很好。

（5）Ni　Ni主要是为了获得工艺性能良好的奥氏体组织而加入的。对抗氧化性影响不大，Mn可以部分代替Ni，是奥氏体耐热钢的常用元素。Ni不能提高铁素体的蠕变抗力，所以珠光体和马氏体钢中很少用Ni合金化。

（6）Ti、Nb、V　这些强碳化物形成元素能形成稳定的碳化物，提高钢的松弛稳定性，也提高热强性。当钢中含有Mo、Cr等元素时，能促进这些元素进入固溶体，提高高温强度。

（7）C　C能强化钢，在较低温度时，钢的蠕变主要是以滑移为主，C有强化作用；在较高温度下，钢的蠕变是以扩散塑性变形为主，而C促进了Fe原子的自扩散，所以起了不利的作用，而且在高温下碳化物易聚集长大。C含量高的钢易产生石墨化现象，降低热强性；同时也降低钢的工艺性能，降低抗氧化性，所以在耐热钢中尽可能地降低C含量。

6.2 热强钢

6.2.1 珠光体热强钢

珠光体热强钢的合金元素含量较少，这类钢的合金元素总量不超过5%，使用状态的显微组织是由珠光体和铁素体所组成。这类钢广泛用于在600℃以下工作的动力工业和石油工业的构件。按用途主要有锅炉钢管、紧固件和转子用钢等几大类。

6.2.1.1 锅炉钢管用珠光体热强钢

锅炉蒸汽管道和过热器是处于高温和高压的长期作用下工作的，同时在高温烟气和水蒸气的长期作用下还会发生氧化与腐蚀，并且运行的安全可靠性是非常重要的。所以对锅炉钢管用钢一般要求为：足够的高温强度和联合的持久塑性；足够的抗氧化性和耐腐蚀性；组织稳定性要好；良好的工艺性能。

珠光体热强钢在比较高的温度下工作，普遍会出现组织不稳定现象。首先是片状珠光体逐渐球化和碳化物的聚集长大，使钢的强度降低。如12Cr1MoVG钢经完全球化后，持久强度将降低1/3。在电站运行中，管子发生珠光体的严重球化会导致管子爆裂。其次，珠光体热强钢比较危险的组织不稳定是石墨化。石墨化是钢中的碳化物分解成石墨的现象。石墨化一般只在碳钢和含0.5%Mo的钢中出现。组织不稳定的还有一个现象是合金元素的重新分配。在高温长期工作条件下，固溶体基体和碳化物之间的合金元素会扩散迁移、重新分布。较强碳化物形成元素逐渐向碳化物过渡，而Fe和其他元素则扩散到基体中。

锅炉钢管用珠光体热强钢的C含量在0.2%以下。因为C含量高了，使珠光体球化和聚集速度加快，石墨化倾向增大，合金元素的再分配加速，并且钢的焊接、成型等工艺性能有所降低。

在保证有足够强度的前提下，尽可能降低 C 含量。

钢中加入合金元素是为了获得固溶强化和形成稳定的弥散相，以提高钢的性能。固溶强化元素有 W、Mo、Cr，其中 Mo 最强烈。W、Mo 溶于基体相，能增强基体原子间结合强度，提高再结晶温度，因而能显著地提高基体的蠕变抗力。Cr 在含量小于 1% 时，强化基体的作用较强。Mo 还可减小回火脆性，Mo、Cr 还可降低碳化物聚集和石墨化的倾向。为了使较多的 Mo、Cr 元素溶入基体固溶体，还必须加入更强的碳化物形成元素，如 V、Ti、Nb 等。由于 V、Ti、Nb 等强碳化物形成元素的存在，Mo、Cr 元素将挤入固溶体。并且 V、Ti、Nb 形成的 MC 型碳化物非常稳定、细小，能起到一定的沉淀强化作用，其加入量一般以全部形成碳化物而没有多余量进入固溶体为宜。

锅炉钢管用珠光体热强钢的热处理，一般都采用正火加高温回火。正火工艺比较简单易行，容易控制。如果希望要得到贝氏体组织，则可使正火后的冷却速度快些。这类钢的正火温度一般都比较高，以使碳化物能比较完全地溶解和均匀地分布，并得到适当的晶粒度。回火主要是使固溶体中析出弥散分布的碳化物，沉淀强化，并且也使组织更加稳定。

常用锅炉钢管用珠光体热强钢的性能和应用见表 6.1 和表 6.2。12Cr1MoVG 钢是用量较大的钢管材料。该钢有较好的热强性，在 580℃长期使用后，会产生珠光体球化，但能满足生产设计要求，所以获得了广泛的应用。

表 6.1　锅炉钢管的力学性能

钢号	热处理	室温力学性能（纵向）				高温力学性能持久强度/MPa
		R_{eL}/MPa	R_m/MPa	A_5/%	KV_2/J	
20MoG	910～940℃正火	≥220	≥415	≥22	≥35	480℃：σ_{10^5}≥145 500℃：σ_{10^5}≥105 520℃：σ_{10^5}≥71
15CrMoG	930～960℃正火，680～720℃回火	≥235	440～640	≥21	≥35	500℃：σ_{10^5}=145 550℃：σ_{10^5}=61
12Cr1MoVG	980～1020℃正火，720～760℃回火；厚壁管 950～990℃淬火，720～760℃回火	≥255	470～640	≥21	≥35	520℃：σ_{10^5}=153 560℃：σ_{10^5}=98 580℃：σ_{10^5}=75
12Cr2MoG	900～960℃正火，700～750℃回火	≥280	450～600	≥20	≥35	520℃：σ_{10^5}=102 560℃：σ_{10^5}=64 570℃：σ_{10^5}=56
12Cr2MoWVTiB	1000～1035℃正火，760～790℃回火	≥345	540～735	≥18	≥35	580℃：σ_{10^5}=118 600℃：σ_{10^5}=82 620℃：σ_{10^5}=69
10Cr9Mo1VNb	1040～1060℃正火，770～790℃回火	≥415	≥585	≥20	≥35	600℃：σ_{10^5}=88 620℃：σ_{10^5}=74 650℃：σ_{10^5}=44

表 6.2　锅炉钢管的特点和用途

钢号	主要特点	主要用途
20MoG	工艺性良好，使用温度比碳钢管高 30℃左右	主要用于超临界锅炉的水冷壁
15CrMoG	工艺性好，540℃以下有较好的强度性能	≤560℃的受热钢管，≤550℃的集箱、管道
12Cr1MoVG	工艺性好，580℃以下有较好的强度性能	≤580℃的过热器、再热器，≤565℃的集箱、管道
12Cr2MoG	有良好的综合性能，但高温强度和工艺性均不如 12Cr1MoVG 钢	
12Cr2MoWVTiB	600℃以下有良好的持久强度，力学性能对热处理工艺敏感	一般用于 600℃以下的过热器和再热器
10Cr9Mo1VNb	650℃以下有良好的持久强度，抗氧化性好	≤650℃的过热器、再热器，超临界机组主蒸汽导管

6.2.1.2 紧固件用珠光体热强钢

紧固件在装配紧固时，处于初紧预应力状态。紧固件是在应力松弛条件下工作的，工作时承受拉伸应力，有时也有弯曲应力。所以要求紧固件用钢具有足够高的屈服强度，以免在初紧时产生屈服现象；有高的松弛稳定性；有足够的持久塑性和小的缺口敏感性；具有一定的抗氧化性。表 6.3 和表 6.4 是常用紧固件用钢的力学性能和应用。

表 6.3 紧固件、叶轮、转子用钢的力学性能

钢号（统一数字代号）	热处理	室温力学性能（不小于）					高温力学性能 /MPa
		R_{eL}/MPa	R_m/MPa	A_5/%	Z/%	KU_2/J	
35CrMo（A30352）	850℃油冷，550℃油或水冷	835	980	12	45	63	880℃正火，650℃回火 450℃：σ_0=245 σ_{10^4}=80.4
35CrMoV（A31352）	900℃油淬，630℃油或水	930	1080	10	50	71	
25Cr2MoVA（A31253）	900℃油冷，640℃回火	785	930	14	55	63	500℃：σ_0=245～343 σ_{10^4}=127～186
25Cr2Mo1VA（A31263）	1040℃正火，700℃回火	590	735	16	50	47	525℃：σ_0=245，σ_{10^4}=90 550℃：σ_0=245，σ_{10^4}=42
20CrMo1VNbTiB	1030℃油或水淬，710℃回火，水冷	680	780	14	50	39	525℃：σ_0=294 σ_{10^4}=184
20CrMo1VTiB	1040℃油淬，710℃回火，水冷	690	785	14	50	39	525℃：σ_0=294 σ_{10^4}=167～185 550℃：σ_0=294 σ_{10^4}=129～155
22Cr12NiWMoV（S47220）	淬火＋回火	735	885	10	25	—	538℃：σ_0=310 σ_{10^4}=84

表 6.4 紧固件、叶轮、转子用钢的特点和应用

钢号	主要特点	主要用途
35CrMo	工艺性好，组织较稳定，但淬透性较差，零件的尺寸和强度受限制	450℃汽缸螺栓，510℃以下螺母，也可制造主轴和叶轮锻件
35CrMoV	热强性较 35CrMo 高，良好的力学性能	500～520℃的叶轮、整锻转子
25Cr2MoV	综合性能较好，热强性较高，有较好的抗松弛性，对回火脆性较敏感，可氮化	510℃以下的紧固件，也可作渗氮件，如齿轮、阀杆
35Cr2MoV	淬透性好，高的回火稳定性和耐热性	535℃以下的叶轮、整锻转子
25Cr2Mo1V	有较高的抗松弛性，工艺性能较好，但有缺口敏感性，长期运行有脆化倾向	540℃以下的紧固件和阀杆
20CrMo1VNbTiB	具有良好的综合性能，抗松弛性和热强性均优于 25Cr2Mo1V 钢，持久塑性好，热加工过程应控制温度规范	540℃以下的螺栓和阀杆
20CrMo1VTiB	有良好的综合性能，抗松弛性和热强性均优于 25Cr2Mo1V 钢，持久塑性好，缺口敏感性小	570℃以下的螺栓
22Cr12NiWMoV	有良好的综合性能，工艺性好，有良好的抗松弛性和热强性，持久塑性好，缺口敏感性小	540℃以下的螺栓和阀杆

35CrMo、25Cr2MoV 钢常用作中压汽轮机的螺栓和螺母，25Cr2Mo1V 钢用于制造蒸汽温度为 540℃的高压机组螺栓、气封弹簧片、阀杆等，螺母采用 25Cr2MoV 钢。25Cr2MoV 钢和 25Cr2Mo1V 钢在成分上的主要差别是 Mo 含量，前者为 0.25%～0.35%，后者为 0.90%～1.10%。25Cr2Mo1V 钢在高压电厂中广泛使用，由于 Mo 含量较高，所以具有良好的综合力学性能，在 550℃时有一定的松弛稳定性和高的持久强度，缺点是缺口敏感性较大，在运行过程中有时会出现脆性断裂。20Cr1Mo1VNbTiB 在蒸汽温度为 570℃条件下具有良好的综合性能。

6.2.1.3 转子用钢

汽轮机转子和汽轮发电机转子是发电设备的心脏，因此其主轴、叶轮或整锻转子是汽轮机的重要部件。汽轮机高中压转子的运行条件最为苛刻，除高速外，还有亚临界或超（超）临界参数的高温、高压的过热蒸汽环境。在过热蒸汽的影响下，承受巨大的复杂应力，包括扭转应力、弯曲应力、热应力、振动的附加应力，以及叶片的离心力所产生的切向和径向应力等。因此，要求材料具有沿轴向、径向均匀一致的综合力学性能，高的热强性和持久塑性，以及良好的淬透性和工艺性能。显然，这些部件的安全可靠度至关重要。

一些转子用钢的性能和应用见表 6.3。汽轮机叶轮常用中碳珠光体热强钢制造，如 35Cr2MoV、33Cr3WMoV 钢。与紧固件、管子用钢相比，C 含量较高，还具有更高的淬透性，合金元素的综合作用提高了回火稳定性和析出强化效应。

6.2.2 马氏体热强钢

6.2.2.1 叶片用钢

汽轮机叶片工作温度在 450～620℃范围，和锅炉管子工作温度相近，但要求更高的蠕变强度、耐蚀性和耐腐蚀磨损性能。低碳的 Cr13 型马氏体不锈钢虽有高的抗氧化性和耐蚀性，但组织稳定性较差，只能作 450℃以下的汽轮机叶片等。在 Cr13 型马氏体不锈钢的基础上进一步合金化发展了 Cr12 型马氏体耐热钢。

Cr12 型马氏体耐热钢通过加入 Mo、W、V、Nb、N、B 等元素来进行综合强化。加入 W、Mo 后，可使 Cr13 型钢中的 $Cr_{23}C_6$、Cr_7C_3 两种碳化物转变为（Cr，Mo，W，Fe）$_{23}C_6$ 合金碳化物，产生了一定的弥散强化作用。V、Nb、Ti 等更强的碳化物形成元素在钢中形成 MC 型复合碳化物，更为稳定；并且使绝大部分 Mo、W 进入固溶体，从而提高了热强性和使用温度。钢中 Mo、W 的比例影响到钢的强度和韧性，若 Mo 高 W 低，则有高的韧度和塑性，但蠕变强度较低；反之，则有高的蠕变强度而韧性和塑性较低。但 Mo、W、V、Nb 都是铁素体形成元素，容易使钢在高温加热时产生高温铁素体 δ，会降低钢的蠕变强度和韧度，也影响钢的加工工艺性。所以，有时还可以加入 1%～2%Ni，以扩大奥氏体区，保证淬火时得到单相奥氏体。加入 N 后，也能增加沉淀强化相数量，有利于加强沉淀强化效应。加入 B 元素可强化晶界、降低晶界扩散，也有利于提高钢的热强性。Cr12 型马氏体耐热钢也可作 570℃汽轮机转子，并可用于 593℃的超临界压力大功率火力发电机组。

几种 Cr12 型马氏体热强钢性能见表 6.5。

6.2.2.2 气阀钢

内燃机进气阀在 300～400℃下工作，一般采用 40Cr、38CrSi 钢就满足要求，而排气阀的端部在燃烧室中，工作温度常在 700～850℃，还要受到燃气的高温腐蚀、氧化腐蚀和冲刷腐蚀磨损。由于阀门的高速运动，还使阀门受到机械疲劳和热疲劳，所以工作条件非常苛刻，性能要求很高。典型气阀钢的成分和力学性能见表 6.6、表 6.7。

由于基体再结晶温度的限制，高于 750℃的阀门（如内燃机车的柴油机排气阀）则需要采用奥氏体型热强钢，使用比较早的典型钢种是 45Cr14Ni14W2Mo，该钢经固溶处理后时效析出碳化

表 6.5 叶片用马氏体热强钢性能

钢号（旧牌号）	统一数字代号	热处理	高温力学性能 /MPa	主要用途
12Cr13 （1Cr13）	S41010	950～1000℃油冷 700～750℃空冷	400℃，$\sigma_{0.2}$=344 430℃，σ_{10^5}=280 450℃，σ_{10^5}=235	汽轮机中温段叶片及耐腐蚀零件
12Cr12Mo （1Cr12Mo）	S45610	950～1000℃油冷 650～710℃空冷	400℃，$\sigma_{0.2}$=429 430℃，σ_{10^5}=313 450℃，σ_{10^5}=264 20℃，σ_{-1}=382	汽轮机的叶片、喷嘴块、密封环等
14Cr11MoV （1Cr11MoV）	S46010	1000～1050℃油冷 700～750℃空冷	400℃，$\sigma_{0.2}$=385 450℃，$\sigma_{0.2}$=365 500℃，σ_{10^5}=242 550℃，σ_{10^5}=149	540℃以下的汽轮机叶片、燃气轮机叶片和增压器叶片
15Cr12WMoV （1Cr12WMoV）	S47010	1000～1050℃油冷 680～740℃空冷	550℃，$\sigma_{0.2}$=302 560℃，σ_{10^5}=152 580℃，σ_{-1}=294	580℃以下的汽轮机叶片、围带、燃气轮机叶片
22Cr12NiMoWV （2Cr12NiMoWV）	S47220	1020～1060℃油冷 660～720℃空冷	550℃，$\sigma_{0.2}$=450 550℃，σ_{10^5}=195	540℃以下的叶片、喷嘴、阀杆和螺栓等

表 6.6 典型内燃机气阀钢成分（GB/T 12773—2008）

钢号（旧牌号）	化学成分 /%（质量分数）								
	C	Mn	Si	Ni	Cr	Mo	其他	S	P
42Cr9Si2 （4Cr9Si2）	0.35～0.50	≤0.70	2.00～3.00	≤0.60	8.0～10.0	—	—	≤0.030	≤0.035
40Cr10Si2Mo （4Cr10Si2Mo）	0.35～0.45	≤0.70	1.90～2.60	≤0.60	9.0～10.5	0.70～0.90	—	≤0.030	≤0.035
8Cr20Si2Ni （80Cr20Si2Ni）	0.75～0.85	0.20～0.60	1.75～2.25	1.15～1.65	19.00～20.50	—	—	≤0.030	≤0.030
45Cr14Ni14W2Mo （4Cr14Ni14W2Mo）	0.40～0.50	≤0.70	≤0.80	13.0～15.0	13.0～15.0	0.25～0.40	2.00～2.75W	≤0.030	≤0.035
53Cr21Mn9Ni4N （5Cr21Mn9Ni4N）	0.48～0.58	8.00～10.00	≤0.35	3.25～4.50	20.00～22.00	—	0.35～0.50N	≤0.030	≤0.040
22Cr21Ni12N （2Cr21Ni12N）	0.15～0.28	1.00～1.60	0.75～1.25	10.5～12.50	20.00～22.0	—	0.15～0.30N	≤0.030	≤0.035

物强化，一般使用温度不超过 750℃。后来该钢逐渐被 53Cr21Mn9Ni4N 钢所代替。高的 Cr 含量，使钢具有高的抗氧化性和抗蚀性，Mn、Ni、N 稳定了奥氏体组织，N 还可获得沉淀强化相。该钢常用于 850℃左右工作的高速大功率内燃机排气阀。

6.2.3 奥氏体型高温合金

基体为体心立方结构的珠光体、马氏体类热强钢的使用温度一般在 650℃以下，在 600～650℃条件下，其蠕变强度明显下降。对于更高温度则需要用奥氏体型高温合金。奥氏体高温合金主要有奥氏体钢、铁基合金、镍基合金和钴基合金。

根据热强钢合金化原理，奥氏体热强钢有固溶强化型、弥散沉淀强化型和金属间化合物强

表 6.7 典型气阀钢的室温力学性能

钢号 （统一数字代号）	热处理	R_m/MPa	R_{eL}/MPa	A_5/%	Z/%	高温瞬时拉伸强度 /MPa
		≤				
42Cr9Si2 （S48040）	1020～1040℃油冷，700～780℃回火油冷	880	590	19	50	500℃：480 600℃：230 650℃：150
40Cr10Si2Mo （S48140）	1020～1040℃油冷，720～760℃空冷	880	680	10	35	500℃：500 600℃：250 650℃：170
80Cr20Si2Ni （S48380）	1030～1080℃油冷，700～800℃空冷	880	680	10	15	500℃：590 600℃：345 700℃：145
45Cr14Ni14W2Mo （S32590）	820～850℃退火	700	310	20	35	600℃：550 650℃：420 750℃：290
53Cr21Mn9Ni4N （S35650）	1100～1200℃水冷，730～780℃时效	950	580	8	10	600℃：550 650℃：500 750℃：370
22Cr21Ni12N （S30850）	1100～1200℃水冷，700～800℃时效	820	430	26	20	600℃：510 650℃：450 750℃：340

注：热处理用试样毛坯直径为 25mm；直径小于 25mm 时，用原尺寸钢材热处理。

化型，如 06Cr18Ni11Nb、45Cr14Ni14W2Mo、06Cr15Ni25Ti2MoAlVB 等牌号。就其热强性，一般只能在 750℃以下使用。随着超（超）临界火电机组和核电机组的发展，对机组用材料的要求也相应提高。目前已研究开发了一批性能良好的新型奥氏体不锈钢钢种，例如日本的 Super304H 钢（相当于 10Cr18Ni9NbCu3BN）等，被广泛应用于超（超）临界火电机组的传热管等组件。Super304H 钢的主要特点是在 18-8 型奥氏体不锈钢成分的基础上，加入了 Nb、N 和 Cu 元素。Nb 和 N 主要能形成稳定的 NbN、Nb（C，N）等第二相，起细化晶粒和沉淀强化的作用。Cu 元素能形成共格的偏聚相也起强化作用，随 Cu 含量的增加，钢的持久强度提高。不同合金元素的综合作用主要是以不同途径来提高钢组织、性能稳定性和使用寿命。

铁基奥氏体型高温合金中又可分为固溶强化型和时效硬化型两类。变形高温合金牌号用 GH 表示，牌号中第一个数字“1”表示铁或铁镍（＜50%Ni）为主要元素的固溶强化型合金类，“2”表示铁或铁镍（＜50%Ni）为主要元素的时效强化型合金类。大部分铁基合金中的 C 含量都比较低，只有少量材料如 GH2036 的 C 含量比较高。时效硬化型主要是以沉淀析出金属间化合物来强化的。这类耐热合金的特点是 C 含量很低，合金中的强化相是金属间化合物 γ-Ni_3（Al, Ti）。起沉淀强化作用的沉淀相具有和奥氏体相同的面心结构，只是点阵常数有差异。为了保证能获得奥氏体组织外，还需要形成金属间化合物强化相，所以钢中 Ni 含量比较高，其质量分数在 25%～40%，同时还含有 Al、Ti、Mo、V、B 等元素。Al、Ti、Ni 形成 γ' 相，Mo 能溶于奥氏体，产生固溶强化，并降低 Fe 的扩散，从而提高合金的高温强度。V、B 能强化晶界，B 的加入还可使晶界的网状沉淀相变为断续沉淀相，可提高合金的持久塑性。常用的奥氏体型高温合金成分见表 6.8。

燃气轮机的高温零件多在 600℃以上红热状态下工作，主要使用铁基、镍基和钴基高温合金。这些合金具有优异的高温强度、抗氧化性和抗腐蚀性，并有良好的抗辐照性能和低温性能。燃气

表 6.8 部分奥氏体型铁基高温合金的主要成分（GB/T 14992—2005） 单位：%（质量分数）

牌号	C	Cr	Ni	Mo	W	Si	Mn	Ti	其他
GH1015	≤0.08	19.0～22.0	34.0～39.0	2.50～3.20	4.80～5.80	≤0.60	≤1.50	—	1.10～1.60Nb，≤0.01B，≤0.05Ce
GH1040	≤0.12	15.0～17.5	24.0～27.0	5.50～7.00	—	0.50～1.00	1.00～2.00	—	≤0.20Cu
GH1131	≤0.10	19.0～22.0	25.0～30.0	2.80～3.50	4.80～6.00	≤0.80	≤1.20	—	0.70～1.30Nb，≤0.05B
GH2036	0.34～0.40	11.5～13.5	7.0～9.0	1.10～1.40	—	0.30～0.80	7.50～9.50	≤0.12	0.25～0.55Nb，1.25～1.55V
GH2130	≤0.08	12.0～16.0	35.0～40.0	—	1.40～2.20	≤0.60	≤0.50	2.40～3.20	≤0.02B，≤0.02Ce
GH2132	≤0.08	13.5～16.0	24.0～27.0	1.00～1.50	—	≤1.00	1.00～2.00	1.75～2.30	≤0.40Al ≤0.001～0.010B，0.10～0.50V
GH2135	≤0.08	14.0～16.0	33.0～36.0	1.70～2.20	1.70～2.20	≤0.50	≤0.40	2.10～2.50	≤2.00～2.80Al，≤0.015B，≤0.03Ce
GH2150	≤0.08	14.0～16.0	45.0～50.0	4.50～6.00	2.50～2.20	0.75	0.35	1.80～2.40	0.80～1.30Al 0.90～1.40Nb ≤0.010B，≤0.20Ce

轮机的发展与高温合金的开发是密不可分的。GH1131 是固溶强化型铁基合金，在高温下长期使用具有良好的综合性能，工艺性能好。用于 900℃以下工作的燃烧室和其他高温部件。GH2130 是时效硬化型铁基合金，工艺性能好，在 800℃以下长期使用组织和性能稳定，主要用于工作温度 700～800℃的增压器涡轮、燃气涡轮叶片。GH2132 是时效硬化型铁基合金，在 650℃以下具有良好的综合性能，工艺性能好，主要制造 650℃以下工作的涡轮盘，也可用于铸造零件。

耐热钢和铁基耐热合金的最高使用温度一般只能达到 750～850℃，对于更高温度下使用的耐热部件，则要采用镍基和钴基等难熔金属为基的合金。因为 Ni 也是面心结构，没有同素异构转变，熔点为 1454℃，比 Fe 的 $\gamma \rightarrow \delta$ 温度（1394℃）高，所以镍基合金比铁基合金具有更高的耐热温度。因此，镍基高温合金是当前广泛使用的一类重要高温合金。形变镍基合金使用温度达到 950℃，铸造镍基合金使用温度可达到 1050℃。

6.3 抗氧化钢

抗氧化钢广泛用于工业炉子中的构件、炉底板、料架、炉罐等。这些耐热构件的工作条件是服役时所受的负荷不大，但经受着工作介质气氛的高温化学腐蚀，因此抗氧化性是最首要的。对这类钢的选用主要考虑最高工作温度和温度的变化情况、工作介质的情况和负荷的性质。这种用途的抗氧化钢有铁素体和奥氏体两类钢。铁素体型抗氧化钢是在铁素体型不锈钢基础上进行抗氧化合金化所形成的钢种。同样，奥氏体型抗氧化钢也是在奥氏体不锈钢基础上发展起来的。目前部分常用抗氧化钢的高温性能及应用见表 6.9。

铁素体型抗氧化钢和铁素体型不锈钢一样，因为无同素异构相变，所以也有晶粒粗大、韧度较低的缺点。但它的抗氧化性强，还可耐硫气氛的腐蚀。如 06Cr13Al 钢主要用于退火箱、淬火台架等，16Cr25N 由于 Cr 含量高，耐高温辐射性强，在 1080℃以下不产生易剥落的氧化皮，常用于抗硫气氛的燃烧室、退火箱、玻璃模具等。

表 6.9　部分炉用耐热钢的高温力学性能与应用

钢号 统一数字代号 （原牌号）	热处理	高温力学性能	主要应用
12Cr5Mo S45110 （1Cr5Mo）	900～950 ℃油冷，600～700℃空冷	550℃：σ_{10^5}=85MPa $\sigma_{1/10^5}$=44MPa 600℃：σ_{10^5}=50MPa $\sigma_{1/10^5}$=21MPa	锅炉管夹、燃气轮机衬套、石油裂解管、高压加氢设备零件、紧固件等
26Cr18Mn12Si2N S35750 （3Cr18Mn12Si2N）	1100～1150℃油冷、水冷或空冷	耐 1000℃高温，长期使用，不宜超过 950℃	锅炉吊架及其他炉用件。其铸钢件也可用于加热炉输送带，退火炉料盘、炉底板，渗碳炉罐等，可长期在 900～950℃使用
22Cr20Mn10Ni2Si2N S35850 （2Cr20Mn9Ni2Si2N）	1100～1150℃油冷、水冷或空冷	耐 1000℃高温，1000℃、400～500h 之间平均氧化增重平均增重 0.5g/（m^2·h）	锅炉吊架及炉用件，可在 950℃左右长期使用。其铸钢件可用于加热炉输送带，退火炉料盘、炉底板，渗碳炉罐等，可长期在 950～1000℃使用
16Cr20Ni14Si2 S38240 （1Cr20Ni14Si2）	1100～1150℃水冷	900℃：抗氧化增重＜0.23g/（m^2·h） 1000℃：抗氧化增重＜0.46g/（m^2·h）	锅炉吊架、热裂解管、传送带，通常在 1000℃以下使用，最高可到 1050℃
16Cr25Ni20Si2 S38340 （1Cr25Ni20Si2）	1100～1150℃水冷	900℃：抗氧化增重＜0.15g/（m^2·h） 1100℃：抗氧化增重＜0.38～0.56g/（m^2·h）	高温炉管，加热炉辊，燃烧室构件，最高可到 1200℃

奥氏体型抗氧化钢也是在奥氏体不锈钢基础上进一步加入 Si、Al 抗氧化合金元素而形成的，如 16Cr25Ni20Si2。目前主要有 Cr-Ni 系和 Cr-Mn-N 系等系列。Cr-Mn-N 系奥氏体型抗氧化钢是以 Mn、N 代替全部或部分 Ni，在表面形成了 Cr 和 Si 的保护性氧化膜，使用温度可从 850℃到 1100℃。目前国内应用得比较好的钢种有 26Cr18Mn12Si2N 和 22Cr20Mn10Ni2Si2N 等。Cr-Mn-N 系奥氏体型抗氧化钢在 950℃以下有较好的抗氧化性，且有较高的高温强度，工艺性不如 Cr-Ni 系抗氧化钢。低镍奥氏体抗氧化钢，经济，但容易析出脆性的 σ 相。高 Cr-Ni 系奥氏体抗氧化钢，性能好，但价格贵。

本章小结

由于钢的组织变化对温度是很敏感的，温度对钢的使用来说，有很大的影响，是关键因素。所以钢的高温强度、组织稳定性和抗氧化性是耐热钢设计与处理工艺的主要矛盾。

耐热钢可分为热强钢和抗氧化钢两大类。抗氧化钢常用于工业炉中不受力或受力很小的高温构件，要求能耐工作介质的化学腐蚀和高温氧化。热强钢既要求具有与服役条件相适应的力学性能，也要求在工作温度下能保持良好的表面抗氧化性，而材料的表面抗氧化性是保证零部件高温强度和使用可靠性的前提。材料的表面抗氧化性和整体高温蠕变强度是有联系的，有时也是矛盾的。随环境条件的变化，矛盾的主次方面是可以转化的。解决材料的高温抗氧化性和蠕变性能之间的合理匹配是关键。从合金化方面考虑，提高钢高温强度及组织稳定性的主要措施有增强固溶体原子间结合力、强化晶界、稳定第二相的弥散强化等。

每一种耐热钢的合金化强化都有一定的限度，也就是说，不同合金化的耐热钢都有其适宜的使用温度范围。使用温度越高，对耐热钢的要求也就越严酷。在很高温度下工作的零件，钢基的耐热合金就难以胜任，就需要采用镍基、钴基等具有更高耐热性的材料来制造。图 6.5 列出了耐热钢的分类、主要牌号与特点。

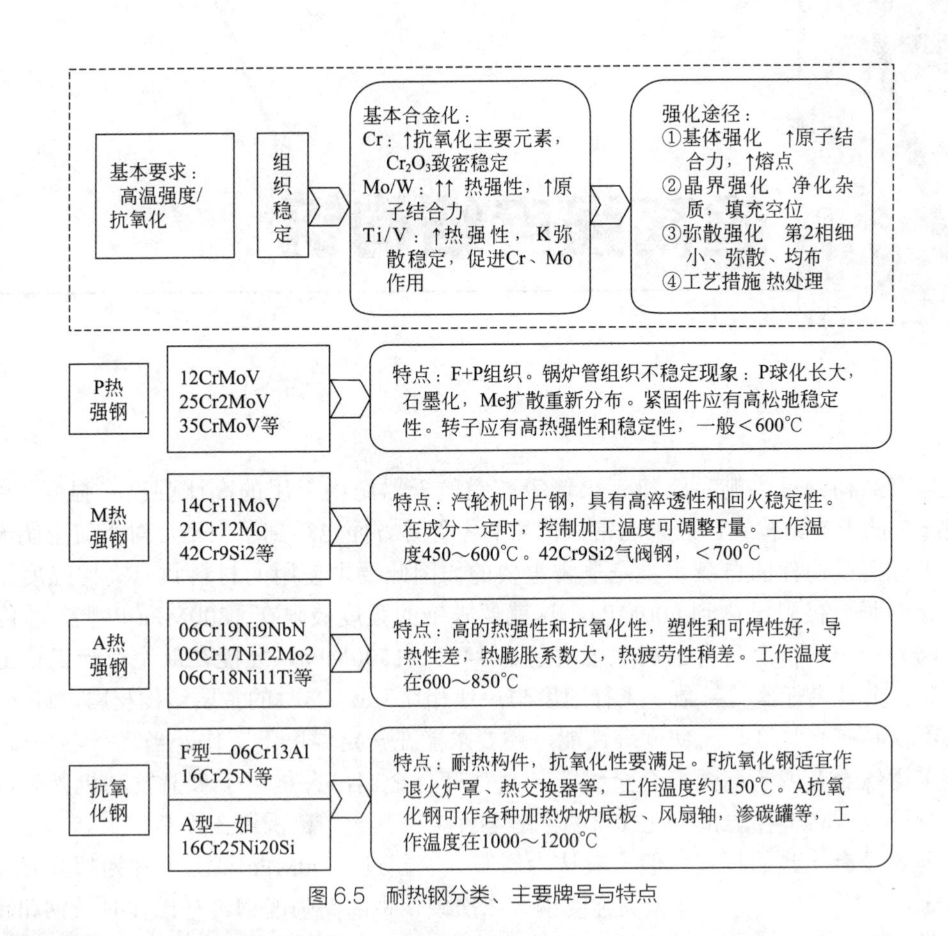

图 6.5 耐热钢分类、主要牌号与特点

本章重要词汇

Fe 的氧化物	抗氧化性	热强性	蠕变
蠕变极限	蠕变速率	持久强度极限	高温疲劳强度
持久寿命	应力松弛	耐热钢	热强钢
珠光体热强钢	马氏体热强钢	奥氏体高温合金	抗氧化钢

思考题

6-1 在耐热钢的常用合金元素中，哪些是抗氧化元素？哪些是强化元素？哪些是奥氏体形成元素？说明其作用机理。

6-2 为什么锅炉管子用珠光体热强钢的 C 含量都较低（$<0.2\%$）？有一锅炉管子经运行两年后，发现有“起瘤”现象，试分析原因，并提出改进设想。

6-3 提高钢热强性的途径有哪些？

6-4 为什么 γ-Fe 基热强钢比 α-Fe 基热强钢的热强性要高？

6-5 什么叫抗氧化钢？常用在什么地方？

6-6 为什么低合金热强钢都用 Cr、Mo、V 合金化？

6-7 分析合金元素对提高钢热强性和热稳定性方面的特殊作用规律，比较高温和常温用结构钢的合金化特点。

7 超高强度结构钢

超高强度结构钢是为满足飞机、火箭等航空航天器结构上用的高比强度（强度 / 密度）材料而发展起来的一类结构钢，后来在常规武器的零件等方面也得到了应用。对于航空航天工业来说，降低飞行器或构件的自身重量是非常重要的，因此要求使用的材料具有高比强度。目前高强度铝合金的强度极限已达到600MPa，这就要求钢的强度极限在1800MPa以上，才能与铝合金匹配。因此，一般情况只有当屈服强度超过1400～1500MPa，才能在航空航天工业上获得广泛应用。铝合金是飞行器马赫数（飞行速度与声速相比）$M \leqslant 2$时的主要结构材料。许多情况下，要求材料不仅具有高强度、高韧度等性能，还要求能在一定温度下工作。当飞行器马赫数$M \geqslant 2$时就需要采用钛合金或超高强度合金钢。超高强度合金钢已大量用于火箭发动机外壳、飞机起落架、机身骨架、高压容器和常规武器的某些零件上，其应用范围还在不断扩大。对于什么是超高强度目前还没有一致的规定，但一般认为屈服强度超过1500MPa以上可称为超高强度钢。超高强度合金钢一般可分为低合金超高强度钢、二次硬化型超高强度钢、马氏体时效钢和超高强度不锈钢四类。

7.1 低合金超高强度钢

合金元素含量不超过5%，经热处理强化后强度大于1400MPa的中碳低合金钢，一般均可称为低合金超高强度钢。低合金超高强度钢是以调质钢为基础发展起来的，可用作飞机起落架、飞机机身大梁、火箭发动机外壳、火箭壳体、高压容器等。

7.1.1 低合金超高强度钢的成分设计

低合金超高强度钢中C含量在0.27%～0.45%范围内，合金元素总质量分数在5%左右。低合金超高强度钢经过淬火和回火或等温淬火处理，可获得回火马氏体或下贝氏体和马氏体的混合组织，以达到高强度、高韧度的良好配合。对具有这种组织的钢，其强度主要取决于钢中的C含量，更确切地说是取决于马氏体中固溶的C含量。低合金超高强度钢的抗拉强度与C含量之间有直接的关系，根据大量试验数据的统计回归分析，这类钢的强度与C含量的关系可用下式来定量估算：

$$R_m(\text{MPa})=2880w(\text{C})+800$$

式中，w(C）是钢中的C含量（质量分数），在0.30%～0.50%。

在钢中，强度与塑韧性往往是一对矛盾。碳增加钢的强度，但随着C含量的增加，钢的塑性和韧度下降，而且加工性、焊接性等工艺性能也随之恶化。因此，在设计低合金超高强度钢时，应在保证设计要求强度的前提下，尽可能地降低钢中的C含量。

低合金超高强度钢的研究目标在于保证高强度和高的断裂韧度。设计应达到要求：

① 足够的淬透性以保证截面组织性能的均匀；

② 可在 300℃以上回火，以提高韧度；

③ 马氏体相变临界点 M_S 不能太低，以避免淬火裂纹；

④ 在满足强度的前提下尽可能降低 C 含量，以保证塑性和韧度；

⑤ 少用贵重元素，以降低成本。

为保证零件的高强度，充分发挥 C 的强化作用，钢必须有足够高的淬透性，使得整个截面上得到马氏体。这就需要复合加入一定量的合金元素，主要是 Cr、Mn、Si、Ni、Mo、V 等，以有效地提高钢过冷奥氏体的稳定性。

为提高钢的强度，采用低温回火。但钢在低温回火时，往往都有第一类回火脆性（不可逆回火脆性），所以这类钢的回火温度应避开回火脆性温度范围。在第 1 章已经介绍了 Si 元素在钢低温回火过程中的特殊作用。Si 可以增加钢的抗回火稳定性，Si 含量在 1%～2% 时可将第一类回火脆性温度推迟到 350℃，使低合金超高强度钢能在 300～320℃回火，得到强度和韧度的最佳配合。Si 能使钢的回火脆性温度移向高温，这意味着钢的回火温度也可相应提高，在保证钢高强度的同时，可获得最好的塑性、韧度的配合。因此，在低合金超高强度钢中，常加入 1%～2%Si 元素。

在低合金超高强度钢中，还加入一定量的 V、Nb 等元素，可有效地细化晶粒、细化组织，达到既提高钢的强度又提高塑韧性的目的。

随着强度的提高，钢的主要问题转化为脆性倾向。对低、中强度钢，随着钢的强度不断升高，钢的缺口强度也随之直线上升。但在超高强度钢的范围内，随着钢的强度升高，其缺口强度反而下降，缺口敏感性增大，使得疲劳强度值分散甚至有所降低。钢对各种表面缺陷，如刻痕、焊缝及表面加工造成的缺陷，显得十分敏感。钢的强度愈高，对钢的冶金质量也愈敏感，因此钢中的 S、P 等杂质含量越少越好。在低合金超高强度钢中，S、P 总含量最好≤0.02%，气体、微量有害元素、夹杂含量应尽可能低，以提高钢的塑韧性，特别是断裂韧度。为了改善低合金超高强度钢的韧度，以提高其在服役条件下的安全可靠性，低合金超高强度钢常用真空熔炼或电渣重熔以保证钢的冶金质量。

7.1.2 常用低合金超高强度钢

目前广泛应用的低合金超高强度钢有 40CrNiMoA、40CrNi2Si2MoVA（300M）、30CrMnSiNi2A、45CrNiMo1VA 等，国内外常用低合金超高强度钢的力学性能见表 7.1。

表 7.1 国内外主要低合金超高强度钢的力学性能

钢号或主要成分	代号	热处理工艺	R_m/MPa	R_{eL}/MPa	A_5/%	Z/%	KV_2/J	K_{IC}/MPa·m$^{1/2}$
40CrNi2MoA（40CrNiMoA）	AISI4340（A50403）	850℃油淬，200℃回火	1960	1605	12.0	39.5	60	67.7
30CrMnSiNi2A		900℃油淬，200℃回火	1795	1430	11.8	50.2	69	67.1
35Si2Mn2MoVA		920℃油淬，320℃回火	1810	1550	12.0	49.3	67.7	79.1
45CrNiMo1VA	D6AC	880℃油淬，550℃回火	1595	1470	12.6	47.4	51	99.2
40CrNi2Si2MoVA	300M	870℃油淬，300℃回火	1925	1630	12.5	50.6	61	85.1
0.30C-1Cr-0.2Mo	4130	860℃油淬，250℃回火	1550	1340	11	38		
0.40C-1Cr-0.2Mo	4140	845℃油淬，205℃回火	1965	1740	11	42	15	

40CrNiMoA 是国内外广泛使用的航空结构钢。Cr、Ni、Mo 元素的复合加入，提高了钢的淬透性和回火稳定性，细化组织，改善塑韧性。由于 40CrNiMoA 钢的第一类回火脆性温度区为

230～370℃，因此回火温度宜在230℃或410℃左右。

在材料发展的过程中，人们不断地在强-韧矛盾中进行研究，并不断地取得了突破性进展。强-韧矛盾和研究开发就像是一个螺旋形，相互转化、轮回。例如从40CrNiMo到300M的发展过程，最早使用的是美国的4130钢（0.3%C），因为在实际应用中强度不够，所以用提高C含量来提高强度，发展了4340（40CrNiMo）钢，但在有些条件下使用时又嫌韧度欠缺，于是再适当降低C含量，增加V元素以补偿强度，就开发了4335V钢。在4340钢的基础上，加入Si元素发展了300M钢，强度和韧度水平同时有了较大的提高，它在1975年是一个优秀的钢种。

对在一定服役条件下的材料应具有什么样性能的认识是逐步深入的。该认识主要有两方面的问题：一是外界条件的变化对变形与断裂规律的影响；二是材料本身微观组织结构与性能间的有机关系，特别是对断裂韧度的认识。理论的发展对新材料的开发发挥了很大的作用。这类钢的发展表现了人们对合金元素的作用及强化与韧化机制的不断认识。40CrNiMoA钢中合金元素的配合有效地提高钢的淬透性和较好的韧度，钢中Cr、Ni、Mo组合可有效提高淬透性并能很好地改善回火马氏体的韧度。Mo除了有效提高淬透性外，还可改善回火马氏体的韧度。在40CrNiMoA钢的基础上加入V和Si并提高Mo含量设计出40CrNi2Si2MoVA(300M)钢，V可细化奥氏体晶粒，Si提高钢的低温回火稳定性有显著的效果，将回火温度由200℃提高到300℃以上，以改善韧度。故300M钢有高的淬透性和良好的强韧配合，特别是对大截面钢材更为有利。

对300M钢，推荐的热处理工艺为：927℃正火，870℃淬油，最后经300℃两次回火。在大截面（ϕ300mm）中心的力学性能为：$R_{eL}\geqslant$1520MPa，$R_m\geqslant$1860MPa，$A\geqslant$8%，$Z\geqslant$30%，$KV_2\geqslant$39J，纵向和横向的断裂韧度基本一致，其K_{IC}为75MPa·$m^{1/2}$。300M钢可用来制造大型飞机的起落架等重要结构材料。

我国从1958年开始研制超高强度钢，起初主要是仿制前苏联的牌号，后来又引进了英、美等国的一些牌号，并且又独立研究了Si-Mn-Mo-V系钢。35Si2Mn2MoVA钢是一个不含Cr、Ni，立足于国内资源的低合金超高强度钢。该钢既含有强碳化物形成元素，也含有弱碳化物形成元素和非碳化物形成元素，低合金复合加入能有效提高淬透性，同时各元素又都能发挥其本身的特性。钢中加入1.6%～1.9%Mn，Mn是强烈提高淬透性的元素，但又降低钢的M_S点，所以一般应<2%。钢中加入约0.4%Mo，除提高淬透性外，还可改善钢的韧度。加入约1.5%Si，有效地增加回火稳定性，使第一类回火脆性温度从250℃提高到350℃以上。V元素能显著地细化晶粒。

低合金超高强度钢在超高强度钢中发展得最早，成本低廉，生产工艺较简单，抗拉强度已接近2000MPa，因此其产量仍居超高强度钢总产量的首位。随着强度的升高，塑性和韧度不断下降。在使用过程中往往受到较大的冲击载荷（如飞机起落架、炮筒、防弹钢板等），对疲劳强度要求较高，常常因韧度不足而缩短使用寿命，或容易发生脆断而影响安全。因此，构件在工作时必须有承受应力集中而不致发生脆件破坏的能力，防止发生突然脆性断裂事故。构件产生应力集中是不可避免的，来源于构件截面形状变化以及钢材在冶金和机械加工过程中内部和外表产生的缺陷。超高强度钢另一矛盾是钢的强度越高，其缺口敏感性越大，早期破坏现象就愈严重。除此之外，低合金超高强度钢由于是中碳钢，有较大的脱碳倾向，需要在热处理设备和工艺上采用保护措施；热处理后变形较大，不易校直，而且焊接性也不太好，因而需要发展克服这些缺点的新型超高强度钢来弥补其不足。

低合金超高强度钢的高强度高韧化是一个重要的发展趋势。应从冶炼入手，提高钢的洁净度和组织均匀度，配合细晶化和轧后直接淬火等热处理工艺方法，是目前实现低合金超高强度钢高强韧化的有效途径。

7.2 二次硬化型超高强度钢

7.2.1 二次硬化型超高强度钢的成分设计

如果要求钢在较高温度下仍然保持高强度性能，则钢的高性能应在相应的热处理强化工艺（550～650℃回火）中获得，其强化途径应是二次硬化，显然钢的合金化应具有二次硬化效应。二次硬化型超高强度钢一般分为两类：中合金二次硬化型超高强度钢，最早是从热作模具钢（H11 和 H13）移植而来的；高合金二次硬化型超高强度钢，是在 9Ni-4Co 钢基础上发展起来的。

二次硬化现象在热作模具钢、工具钢中已应用了几十年，也进行了大量研究。钢中二次硬化现象与合金化有直接关系，选择合适的碳化物可以收到提高二次硬化的效果。选择合金元素及其量的基本原则包括最强的二次硬化效果、最小过时效和足够的淬透性等。

（1）C　在二次硬化型钢中，一部分 C 存在于固溶体中产生间隙固溶强化，一部分 C 形成碳化物引起二次硬化，两者都提高钢的强度。通常认为，高于 0.4%C 将使钢的塑性、韧度大为降低。因此，在保持强度的前提下应尽可能降低 C 含量。

（2）Cr 和 Mo　Cr 可提高淬透性，溶入基体引起置换固溶强化，提高低温回火时的硬度。Cr 对抗腐蚀和抗氧化有利。Mo 是二次硬化型钢最佳合金化元素，Mo 的主要作用是形成 Mo_2C 产生二次硬化，一般认为 2%～2.5%Mo 可得到良好的综合力学性能。

（3）V　在含 Mo 钢中加入少量 V 元素，并不形成 VC，而只能溶入 Mo_2C 中形成 $(Mo, V)_2C$ 复合碳化物，增强了碳化物的稳定性，提高了回火抗力，减缓了过时效。所以 V 的加入量一般在 0.5% 以下。Nb、Ti 等强碳化物形成元素也形成稳定的碳化物，提高回火抗力，但由于使钢的固溶处理温度很高而往往不被采用。

（4）Si　Si 提高低温回火抗力，有利于钢的抗氧化性，但促进过时效以致使工艺过程难以控制，所以加入量一般控制在 0.75% 以下。

（5）Ni 和 Co　Ni 提高钢的淬透性，有效提高基体的韧度，降低钢的韧-脆转变温度。在 Fe-Mo-Cr-Ni-Co 系中 Ni 加入量在 10% 或更高。Co 产生固溶强化，并促进形成细小弥散的 M_2C 型碳化物沉淀，有效提高钢的强度。Co 和 Ni 复合增强了二次硬化作用。

7.2.2 二次硬化型超高强度钢的性能特点

二次硬化型超高强度钢的工艺和性能特点：具有高的淬透性，可在空气中冷却淬火，热处理后残余应力很小；由于这类钢的过冷奥氏体比较稳定，适合于采用中温形变热处理，可进一步提高钢的综合力学性能；该类钢在 300～500℃仍保持较高的比强度和抗热疲劳性，耐热性特别好。

二次硬化型超高强度钢在高温回火后弥散析出 M_7C_3、M_2C 和 MC 型特殊碳化物，产生二次硬化效应。具有较高的中温强度，在 400～500℃温度范围内使用时，钢的瞬时抗拉强度仍可保持 1300～1500MPa，屈服强度约为 1100～1200MPa。该类钢的主要缺点是塑韧性、焊接性和冷变形性较差。这类钢主要用于制造飞机发动机承受中温强度的零部件、紧固件等。

自从马氏体时效钢研究开发成功后，HP9Ni-4Co 系列钢是超高强度钢中最重要的发展。这类钢是在 9%Ni 低温用钢的基础上发展起来的，其主要特点是 C 含量尽可能低，用 Ni 来增加韧度，加入 Co 可防止 M_S 点的降低，从而使残留奥氏体减少。最常用的是 9Ni-4Co-20 钢和 9Ni-4Co-30 钢，热处理后可获得高强度和高韧度，并且具有良好的热稳定性和焊接性，适用于在 370℃以下长期使用。由于此类钢中不含难溶元素，特别是高 Ni 含量降低了钢的 A_{c_1} 和 A_{c_3} 点，所以淬火加热温度一般在900℃以下。9Ni-4Co钢具有良好的抗应力腐蚀能力，也具有良好的工艺性能，低碳级的9Ni-4Co钢不需预热或焊后热处理，在淬火和回火的条件下即可焊接，其焊缝处的屈服强度可达1236～1373MPa。

16Ni10Co14Cr2Mo是10Ni-14Co型超高强度钢的典型钢种。在830℃奥氏体化后，在空冷条件下形成高位错密度的板条马氏体组织，经510℃时效析出弥散分布的特殊碳化物，获得高强度和高韧度。该钢的特点是抗应力腐蚀性能好，应力腐蚀开裂临界断裂因子K_{ISCC}值高达84MPa·$m^{1/2}$，比一般超高强度钢高三倍以上。常用于制造飞机重要受力构件、海军飞机着陆钩等。

二次硬化型超高强度钢的热处理工艺和力学性能见表7.2。

表7.2 二次硬化型超高强度钢的热处理工艺和力学性能

钢号	热处理工艺	R_m/MPa	R_{eL}/MPa	A_5/%	Z/%	K_{IC}/MPa·$m^{1/2}$
4Cr5MoVSi（H11）	1010℃空冷，550℃回火	1960	1570	12	42	37
4Cr5MoV1Si（H13）	1010℃空冷，555℃回火	1835	1530	13	50	23
20Ni9Co4CrMo1V	850℃油冷，550℃回火	1380	1340	15	55	143
30Ni9Co4CrMo1V	840℃油冷，550℃回火	1530	1275	14	50	109
16Ni10Co14Cr2Mo	830℃空冷，−73℃冷处理，510℃回火	1635	1490	16.5	71	175

7.3 马氏体时效钢

7.3.1 马氏体时效钢的成分设计

随着航空和宇航工业的迅速发展，对所用钢的强度提出了更高的要求。马氏体中的间隙原子C含量增加，强度可大幅度地提高，但是塑性和韧度却大幅度地下降。这是间隙固溶强化造成的，这在一般钢中是一个强韧化基本矛盾。对于超高强度钢，同时要求很高的强度和韧度，必须消除这一根本的矛盾因素。强度的提高，可通过改变传统的合金化方法，利用其他的强化机制来实现。材料工作者经过研究分析，放弃了传统的以C强化的途径，最终找到了以沉淀强化为主的马氏体时效钢，这在超高强度钢的发展历史上是一个具有突破性的进展。马氏体时效钢的开发是目前利用材料微观理论来解决强-韧化矛盾，进行合金优化设计的成功例子之一。

马氏体时效钢是Fe-Ni超低碳高合金超高强度钢，实际上是Fe-Ni为基的合金。基本成分是：≤0.03%C，18%～25%Ni，还加入Co、Ti、Al、Mo等能产生时效硬化的元素，C、S、N等元素是以杂质形式存在的，严格控制在很低的含量范围。因此，马氏体时效钢不是靠C的过饱和固溶或碳化物沉淀来强化的，而是靠某些合金元素在时效时产生金属间化合物析出而强化的。典型含Co马氏体时效钢的化学成分见表7.3。

表7.3 典型含Co马氏体时效钢的化学成分 单位：%

钢种	C	Ni	Co	Mo	Ti	Al
18Ni（200）	≤0.03	17.5～18.5	8.0～9.0	3.0～3.5	0.15～0.25	0.05～0.15
18Ni（250）	≤0.03	17.5～18.5	8.5～9.5	4.6～5.2	0.30～0.50	0.05～0.15
18Ni（300）	≤0.03	17.5～18.5	8.0～9.0	4.6～5.2	0.55～0.80	0.05～0.15
18Ni（350）	≤0.01	17.5～18.5	12.0～13.0	4.0～4.5	1.4～1.8	0.05～0.15

注：钢中Si≤0.10，Mn≤0.20；18Ni的P、S含量为≤0.005，其余钢的P、S含量均为≤0.01。

Ni是马氏体时效钢中的主要合金元素，可保证马氏体的形成，并能降低其他合金元素在基体中的溶解度。Ni能有效降低晶体点阵中的位错运动抗力和位错与间隙原子之间交互作用的能量，使螺形位错不易分解而发生交滑移，促进应力松弛，提高钢的韧度，从而减少脆性断裂的倾向。Ni还有利于马氏体中沉淀相的均匀析出，保证了钢具有良好的塑性变形特性。为保证钢的淬透性，必须含高Ni，但又不能使M_S点过低，以减少残留奥氏体，故要控制Ni加入量。

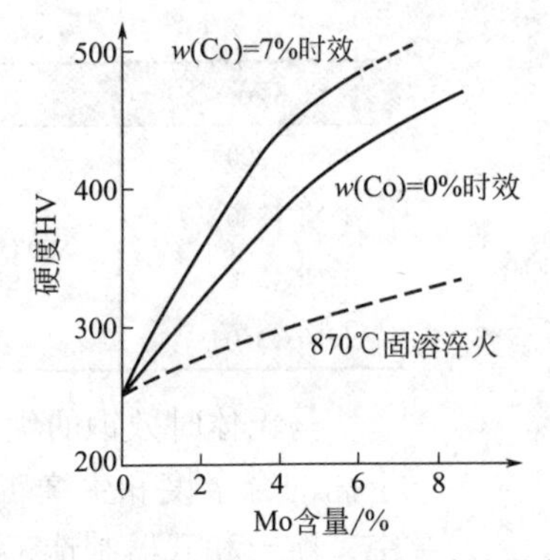

图7.1　Co和Mo元素对时效硬度的影响

Co在马氏体时效钢中是以固溶于Fe-Ni基体中的形式存在的，Co的固溶减少了Mo元素的固溶，促进含Mo金属间化合物（如Ni_3Mo、Fe_2Mo）的沉淀析出强化。Co也能降低位错运动抗力和位错与间隙原子之间交互作用的能量。马氏体时效钢中大部分元素都能降低钢的M_S点，但Co能升高M_S点，有利于板条马氏体的形成，甚至在其他元素处于高浓度情况下，也可形成板条马氏体组织。板条马氏体中具有高密度的位错，为沉淀提供了大量潜在的形核位置，从而保证了时效沉淀强化的效果。

钢中还必须加入能形成金属间化合物的沉淀强化元素，如Ti、Al、Mo、Nb等元素，可形成有序相和拉弗斯相（Laves phase）。有序相为Ni_3Al、Ni_3Ti和Ni_3Mo，是简单点阵结构；拉弗斯相为Fe_2Mo，具有复杂六方结构。对马氏体时效钢强化效应最重要的贡献之一是Co和Mo的协同效应（synergistic effect），含Mo马氏体时效钢中存在Co时，使含Mo沉淀相弥散分布，Co和Mo同时存在所获得的硬化效果显著大于这些元素分别加入的强度增值的总和。图7.1为Co和Mo元素对硬度的影响。

7.3.2　马氏体时效钢的组织性能

18Ni马氏体时效钢的常用热处理工艺为820℃固溶处理，480℃时效3～6h。当钢加热到800℃以上形成全部奥氏体后，由于合金度高，过冷奥氏体非常稳定，即使冷却速度较慢也能在低温下转变为马氏体，一般采用空冷。发生马氏体转变的温度范围为155～100℃，冷却到室温时，除马氏体外还含有少量残余奥氏体，此时硬度为26～32HRC。在480℃时效过程中析出金属间化合物，以达到强化的目的。图7.2是18Ni马氏体时效钢的热处理工艺。

马氏体时效钢强韧化的机理主要有固溶强化、第二相强化和位错强化等，各种强化机制的贡献如图7.3所示。由于合金元素在时效时大部分已析出，且都是置换型元素，所以固溶强化效果比较小（约200MPa）。在淬火得到的板条马氏体中，位错密度可达到10^{11}～$10^{12}cm^{-2}$，与冷变形金属的位错密度相近，其强化效果可达500MPa。在电镜下观察到的马氏体形态为块状，所以又称为块状马氏体。位错主要是螺位错，分布均匀，且可动位错多。第二相强化主要是在时效过程中析出了Fe_2Mo、Ni_3Al、Ni_3Ti等金属间化合物，大大提高了钢的强度，最大的弥散沉淀强化效果可达1100MPa。典型18Ni马氏体时效钢的力学性能见表7.4。

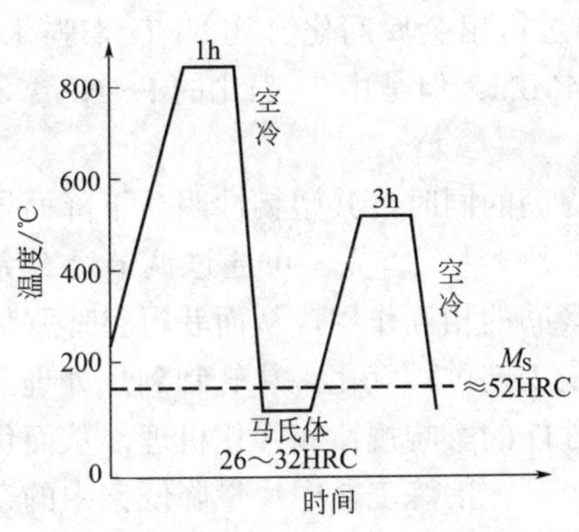

图7.2　18Ni马氏体时效钢的热处理工艺

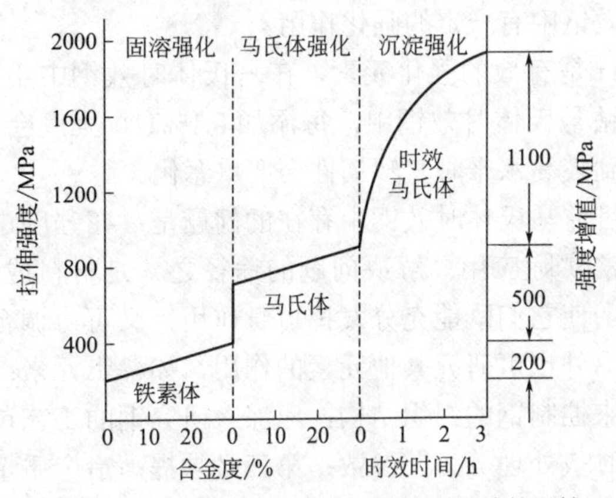

图7.3　各种强化机制对马氏体时效钢强度的贡献

表 7.4　典型 18Ni 马氏体时效钢的力学性能

钢号	热处理工艺	R_m/MPa	R_{eL}/MPa	A_5/%	Z/%	K_{IC}/MPa·$m^{1/2}$
18Ni（200）	820℃固溶，480℃时效	1480	1430	9.0	51.0	155～200
18Ni（250）		1785	1725	12.0	50.0	120
18Ni（300）		2050	1970	12.0	35.0	80
18Ni（350）		2410	2355	12.0	25.0	35～50

马氏体时效钢的优异性能是其他类型超高强度结构钢所无法比拟的。但是，它的不足之处在于高的合金度和生产工艺严格，钢的成本很高，因而其使用范围受到限制。一般只限于用在航空、航天和武器制造工业以及和海洋水界领域的重要构件，如直径 6m 的火箭发动机壳体、空间运载工具的扭力棒悬挂体、直升机的柔性转动轴、潜艇的零部件等。

7.3.3　马氏体时效钢的发展

20 世纪 80 年代以来，由于钴价不断上涨，无钴马氏体时效钢取得了很大的进展。一些国家研制出许多马氏体时效钢的变异钢种，特别是开发出了不少具有良好性能的无钴马氏体时效钢，其性能十分接近相应强度水平的含钴马氏体时效钢。国内外研究开发的一些无钴马氏体时效钢见表 7.5。

表 7.5　部分国内外开发的无钴马氏体时效钢的成分与力学性能

国家	牌号	主要合金元素 /%	$R_{P0.2}$/MPa	A/%	Z/%	K_{IC}/MPa·$m^{1/2}$
美国	18Ni（250）	18.5Ni，7.5Cr，4.8Mo，0.4Ti，0.1Al	1760	11	58	135
美国	18Ni（300）	18.5Ni，9.0Cr，4.8Mo，0.6Ti，0.1Al	2000	11	57	100
美国	18Ni（350）	18.5Ni，12.0Cr，4.8Mo，1.4Ti，0.1Al	2340	7.3	52	61
美国	T250	18.5Ni，3.0Mo，1.4Ti，0.1Al	1750	10.5	56.1	100～123
韩国	W250	18.9Ni，1.2Ti，0.1Al，4.2W	1780	9.0	—	100
日本	14Ni3Cr3Mo1.5Ti	14.3Ni，3.2Mo，1.52Ti，2.9Cr	1750	13.5	65.0	130
印度	12Ni3.2Cr5.1Mo1Ti	12.0Ni，5.1Mo，1.0Ti，0.1Al，3.2Cr	1660	10.0	—	102
中国	Fe15Ni6Mo4Cu1Ti	15.0Ni，6.0Mo，1.0Ti，4.0Cu	1785	9.5	46.0	—
中国	Fe18Ni4Mo1.7Ti	18.0Ni，4.0Mo，1.7Ti，	2078	9.0	—	70

Cr 是铁素体形成元素，但在 Fe-Cr-Ni 三元系中，Cr 不仅不阻碍奥氏体的形成，反而会促进奥氏体的形成，因此 Cr 可以代替部分 Ni。初步研究表明，要得到良好的韧度，至少需要含量为 17% 的（Ni+Cr）。Cr 也使 M_S 降低，是比较典型的塑性元素。Al 是常用的脱氧剂元素，在马氏体时效钢中有一定的强化作用。

Ti 是有效的强化元素，在马氏体时效钢中主要是通过析出金属间化合物 Ni_3Ti 来强化钢的。在无钴马氏体时效钢中，每添加 0.1%Ti，强度会增加 54MPa。但是由 Ti 强化的 Fe-Ni 合金在强度达到较高水平时其塑韧性会严重恶化。

目前马氏体时效钢中存在的问题是：在强度进一步提高的同时，其塑韧性明显下降而导致材料无法实际应用。解决问题的途径之一是材料成分的优化设计。首先，可通过调节合金元素的含量，使它们既能充分发挥自身作用，又可协调合金元素间的相互作用，从而获得整体强韧化效应，另外也可研究其他元素的作用，如稀土元素；其次是工艺过程优化，从轧制到热处理工艺全过程来控制钢的组织结构，应深入研究钢的工艺过程对性能的影响规律和强化机理，从而优化固溶、时效处理等工艺参数；第三必须提高冶金质量，首先是在冶炼工艺中尽量降低钢中的杂质元素，生产超纯净的钢。

7.4 沉淀硬化超高强度不锈钢

由于航空航天事业的发展，有些零部件的要求也在不断地提高，既要求耐热、耐蚀，又必须具有超高强度。因此，在不锈钢基础上发展了沉淀硬化超高强度不锈钢，具有较高的抗拉强度和良好的耐腐蚀性。典型沉淀硬化不锈钢的牌号和化学成分见表 7.6。根据钢的基体组织和热处理强化工艺，主要有马氏体沉淀硬化型不锈钢和半奥氏体沉淀硬化型不锈钢两类。常用的马氏体沉淀硬化型不锈钢有 05Cr17Ni4Cu4Nb、05Cr15Ni5Cu4Nb 等，奥氏体-马氏体沉淀硬化型不锈钢有 07Cr17Ni7Al、07Cr15Ni7Mo2Al 等。

马氏体沉淀硬化型不锈钢是在 Cr13 型不锈钢基础上发展起来的，加入 Mo、Nb、Al、Ni 等元素，在时效过程中析出金属间化合物而产生沉淀强化，如 B_2A 型 Fe_2Mo、Fe_2Nb 等。马氏体沉淀硬化型不锈钢 05Cr17Ni4Cu4Nb（与 17-4PH 相当）是最早应用的超高强度不锈钢，其耐腐蚀性和焊接性都比一般的马氏体不锈钢好，对氢脆不敏感。热处理工艺简单，经固溶处理和不同温度时效后，抗拉强度可达到 1000～1400MPa。其缺点是高温性能差，在 300～400℃使用有脆性倾向，适用于制造耐酸性高同时又要求强度高的零部件。

马氏体时效硬化不锈钢兼有马氏体时效钢和不锈钢的优点。经固溶处理和时效强化，不仅强度高（1500～1600MPa），而且具有较高的断裂韧度（90MPa·$m^{1/2}$ 以上），是很有发展前途的高强度不锈钢，主要用于制造飞机高强度结构件、压力容器等部件。

奥氏体-马氏体沉淀硬化型不锈钢也称为半奥氏体沉淀硬化型不锈钢，是在 18-8 奥氏体不锈钢基础上发展起来的。典型牌号 07Cr17Ni7Al 与 17-7PH 相当，07Cr15Ni7Mo2Al 与 PH15-7Mo 相当。设计思想：使钢在室温时基体为奥氏体；在加工成型后，通过低温处理将奥氏体转变为马氏体，变形要小；然后通过较低温度的沉淀硬化处理，使钢进一步得到强化。在成分设计上，为了保证良好的耐蚀性、焊接性和加工性，C 含量为 0.04%～0.13%，比较低；Cr 含量在 13% 以上可满足钢的耐蚀性；Ni 含量使钢在高温固溶处理后具有亚稳定奥氏体组织。通过 Cr、Ni 和 Mo、Al、N 等元素的综合作用，可将马氏体相变点 M_S 调整在室温至−78℃之间，以便通过冷处理或塑性变形产生马氏体相变；Cu、Mo、Al、Ti、Nb 等元素能析出金属间化合物等第二相，如 Ni（Al，Ti）、NiTi 等沉淀相，这些沉淀相与马氏体呈共格关系，从而产生了显著的沉淀强化效应，而且不同的时效温度所产生的沉淀强化效应也是不同的。根据不锈钢棒标准 GB/T 1220—2007 列举两例：07Cr15Ni7Mo2Al 钢经 1000～1100℃固溶处理后，在 955℃保持 10min，空冷到室温，在 24h 内冷却到 −73℃，保持 8h，再加热到 510℃时效 1h，空冷，其力学性能：R_m=1320MPa，

表 7.6 典型沉淀硬化不锈钢牌号和化学成分（GB/T 20878—2007）

牌号（统一数字代号）	化学成分 /%							
	C	Si	Mn	Cr	Ni	Mo	Cu	其他
05Cr15Ni5Cu4Nb（S51550）	0.07	1.00	1.00	14.00～15.50	3.50～5.50	—	2.50～4.50	0.15～0.45Nb
05Cr17Ni4Cu4Nb（S51740）	0.07	1.00	1.00	15.00～17.50	3.00～5.00	—	3.00～5.00	0.15～0.45Nb
07Cr17Ni7Al（S51770）	0.09	1.00	1.00	16.00～18.00	6.50～7.75	—	—	0.75～1.50Al
07Cr15Ni7Mo2Al（S51570）	0.09	1.00	1.00	14.00～16.00	6.50～7.75	2.00～3.00	—	0.75～1.50Al
09Cr17Ni5Mo3N（S51750）	0.07～0.11	0.50	0.50～1.25	16.00～17.00	4.00～5.00	2.50～3.20	—	0.07～0.13N
06Cr17Ni7AlTi（S51778）	0.08	1.00	1.00	16.00～17.50	6.00～7.50	—	—	0.40Al 0.40～1.20Ti

注：表中所列成分除标明范围外，其余均为最大值；所有牌号 P≤0.040，S≤0.030。

$R_{P0.2}$=1210MPa，A=6%，≥388HBW；如果是在565℃时效，其力学性能：R_m=1210MPa，$R_{P0.2}$=1100MPa，A=7%，≥375HBW。对于05Cr15Ni5Cu4Nb钢经1020～1060℃固溶处理，快冷，在480℃时效，力学性能：R_m=1310MPa，$R_{P0.2}$=1180MPa，A=10%，≥375HBW；在550℃时效，力学性能：R_m=1070MPa，$R_{P0.2}$=1000MPa，A=12%，≥331HBW。

奥氏体-马氏体沉淀硬化型不锈钢可用热处理方法来控制钢的马氏体相变温度，使钢在室温成型或制造零件过程中处于奥氏体状态。室温下的奥氏体是不稳定的，在成分设计时使M_S点略低于室温，以便以后通过适当的热处理使奥氏体转变为马氏体，在低碳马氏体基础上再通过时效产生沉淀硬化而提高强度。奥氏体和马氏体组织的比例决定了钢的强度等性能，因此该钢的特点是工艺和组织的可变性较大，可通过热处理工艺控制奥氏体和马氏体的相对数量，从而达到强度和韧度的合理配合。采用不同的工艺，获得的性能差异也是较大的，根据要求可设计合理的工艺过程和参数。但其缺点是化学成分和热处理温度的控制范围很窄，热处理工艺复杂，性能波动较大。由于在温度较高时，沉淀强化相会继续析出和粗化，使钢脆性增大，所以这类钢的使用温度应在315℃以下。

奥氏体-马氏体沉淀硬化型不锈钢常用于制造飞行器蒙皮、飞机薄壁结构及各种化工设备用管道、容器等。

本章小结

在结构钢中，许多问题都是由强-韧性配合反映出来的矛盾。钢的强-韧矛盾（或者说是强度与脆性矛盾）在超高强度钢中则更为突出，是超高强度钢中的主要问题。

材料的发展充满了矛盾对立统一和转化的辩证关系。随着钢的强度不断提高，矛盾逐渐转化，当强度提高到超高强度水平时，钢的缺口敏感性很大，如何解决钢的脆性问题就成为矛盾的主要方面。为了改善超高强度钢的韧度，提高钢在服役条件下的安全性与可靠性，应尽可能降低钢中的夹杂、气体和有害杂质元素。另外改变或优化钢的强化机制，充分发挥时效沉淀析出金属间化合物的强化作用，尽可能降低间隙固溶强化所带来的韧度损失，以至于在马氏体时效钢的设计时将一般钢中主要强化元素碳作为杂质元素来处理。

图7.4概述了超高强度钢分类、特点与典型牌号。

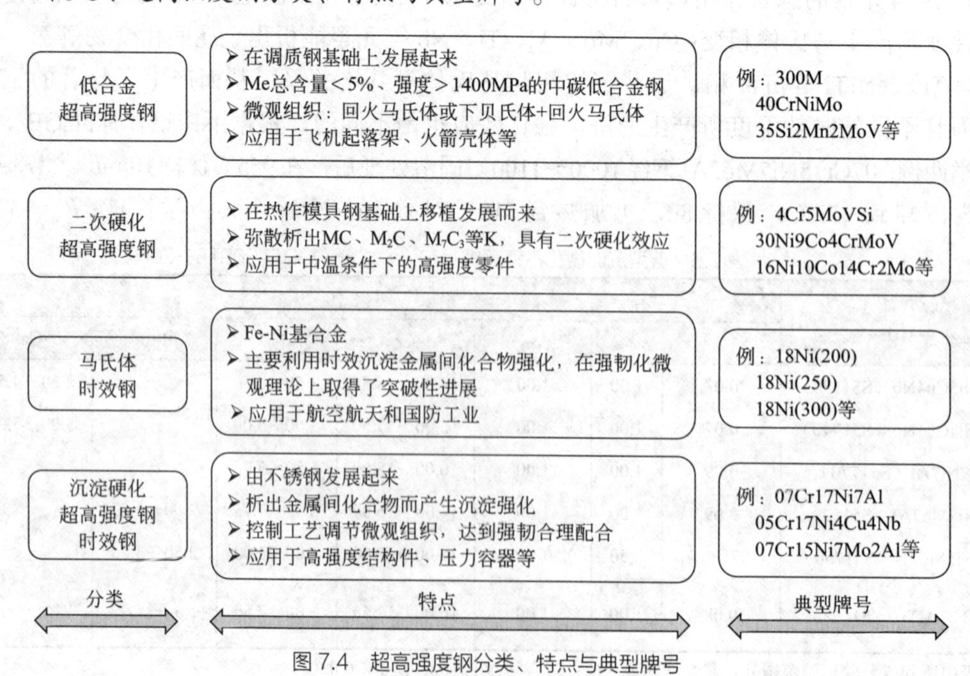

图7.4　超高强度钢分类、特点与典型牌号

本章重要词汇

超高强度结构钢　低合金超高强度钢　二次硬化　马氏体时效钢

金属间化合物　固溶处理　时效处理　析出（沉淀）强化

沉淀硬化超高强度不锈钢

思考题

7-1 低合金超高强度钢是在哪些钢的基础上发展起来的？有什么优缺点？

7-2 试述二次硬化型超高强度钢的优缺点及应用。

7-3 设计创制马氏体时效钢的基本依据是什么？

7-4 试述马氏体时效钢的中 Ni、Co、Mo 等元素的作用。

7-5 请用强度和韧度的矛盾关系来简述低合金超高强度钢的发展。

8 铸铁

从 Fe-Fe_3C 相图可知，一般情况下，将 C 含量大于 E 点（2.11%C）的 Fe-C 合金称为铸铁。铸铁具有优良的工艺性能和使用性能，生产工艺简单，成本低廉，因此在机械制造、冶金、矿山、石油化工、交通运输、建筑和国防等部门中广泛应用。例如：按质量计算，在机床和重型机械中铸铁件占 60%～90%，在农业机械中铸铁件占 40%～60%，在汽车、拖拉机中铸铁件占 50%～70%。随着铸造技术的进步和新材料的开发，各种高性能铸铁和特殊性能铸铁还可代替部分昂贵的合金钢和有色金属材料。

8.1 概述

8.1.1 铸铁的分类与牌号表示方法

铸铁一般是指 C 含量大于 2.11% 或组织中具有共晶组织的 Fe-C 合金，实际上铸铁是以 Fe-C-Si 为主的多元合金。铸铁化学成分的大致范围为：2.40%～4.00%C、0.6%～3.00%Si、0.20%～1.20%Mn、0.04%～1.2%P、0.04%～0.20%S，P、S 一般为杂质。铸铁有时加入各种合金元素（Si、Al、Cr、Mn、Cu 等）以得到各种特殊性能，如耐磨铸铁、耐热铸铁、耐腐蚀铸铁和无磁铸铁等。

铸铁中的 C 主要有三种存在形式：固溶于铁的晶格中，形成间隙固溶体，如铁素体和奥氏体等；与铁作用形成渗碳体（Fe_3C）等碳化物；以游离的石墨（G）形式析出。

根据铸铁材料的断口宏观形貌，可以将铸铁分为以下三类：

① 灰口铸铁　断口呈现灰色，C 以石墨形式存在；

② 白口铸铁　断口呈现银白色、亮白色等。C 以 Fe_3C 形式存在；

③ 麻口铸铁　断口呈现灰、白混杂的颜色。C 以石墨和 Fe_3C 形式混合存在。

根据碳在铸铁中存在的形式和石墨形态，铸铁可分为以下几类：

① 灰铸铁　C 全部或大部分以片状石墨析出，凝固后断口呈暗灰色；

② 球墨铸铁　C 全部或大部分以球状石墨形态存在，通过球化处理而得到；

③ 蠕墨铸铁　C 全部或大部分以蠕虫状石墨形态存在，通过蠕化处理得到；

④ 可锻铸铁　C 全部或大部分以游离团絮状石墨形态存在，经石墨化退火处理得到，与灰口铸铁相比，它有较好的塑性和韧性，因此得名，实际上可锻铸铁不可锻造；

⑤ 白口铸铁　C 全部或大部分以化合态 Fe_3C 形式存在，断口呈亮白色。如铸件表面一定深度是全白口组织，心部是灰口组织，称为冷硬铸铁。

GB/T 5612—2008

《铸铁牌号表示方法》（GB/T 5612—2008）标准规定了铸铁牌号用代号、化学元素符号、名义百分含量及力学性能的表示方法，见表 8.1。基本表示方法如下。

① 铸铁基本代号由表示该铸铁特征的汉语拼音的第一个大写正体汉字组成，如“HT”表示灰铸铁，有时需要在大写正体后加小写正体汉字，如“RuT”表示蠕墨铸铁。当要表示铸铁组织特征或特殊性能时，代表铸铁组织特征或特殊性能的汉语拼音字的第一个大写正体汉字排列在基体代号的后面，如“QTA”表示奥氏体球墨铸铁。

表 8.1　各种铸铁名称、代号及牌号表示方法实例

铸铁名称		代号	牌号表示方法实例
灰铸铁	灰铸铁	HT	HT250，HTCr-300
	奥氏体灰铸铁	HTA	HTANi20Cr2
	冷硬灰铸铁	HTL	HTLCr1Ni1Mo
	耐磨灰铸铁	HTM	HTMCu1CrMo
	耐热灰铸铁	HTR	HTRCr
	耐蚀灰铸铁	HTS	HTSNi2Cr
球墨铸铁	球墨铸铁	QT	QT400-18
	奥氏体球墨铸铁	QTA	QTANi30Cr3
	冷硬球墨铸铁	QTL	QTLCrMo
	抗磨球墨铸铁	QTM	QTMMn8-30
	耐热球墨铸铁	QTR	QTRSi5
	耐蚀球墨铸铁	QTS	QTSNi20Cr2
蠕墨铸铁		RuT	RuT420
可锻铸铁	白心可锻铸铁	KTB	KTB350-04
	黑心可锻铸铁	KTH	KTH350-10
	珠光体可锻铸铁	KTZ	KTZ650-02
白口铸铁	抗磨白口铸铁	BTM	BTMCr15Mo
	耐热白口铸铁	BTR	BTRCr16
	耐蚀白口铸铁	BTS	BTSCr28

② 以化学成分表示铸铁牌号时，合金元素用符号表示，名义含量（质量分数）用阿拉伯数字表示。合金元素符号和名义含量排在铸铁代号后。常规的基本元素不标注，有特殊作用的元素才标注。合金元素按含量减少依次序排列，含量相等时按符号的字母顺序排列。

③ 以力学性能表示铸铁牌号时，力学性能值排列在铸铁代号之后。当牌号中有合金元素符号时，抗拉强度值排列于元素符号及含量之后，之间用“-”隔开，如 HTCr-300。

牌号中代号后面有一组数字时，该组数字表示最低抗拉强度，单位是 MPa。当有两组数字时，第一组数字表示最低抗拉强度值，第二组数字表示最低伸长率，单位为 %，两组数字间用“-”隔开。

8.1.2　铸铁石墨化及影响因素

石墨是铸铁的重要组成相。石墨的形态、大小、数量和分布状态对铸铁的性能有着重要的影响。在铸件实际生产的质量控制中，常需要对石墨的类型、大小等进行检查；对铁素体含量、珠光体分散度、游离渗碳体等进行分级，从而确定铸件是否合格。所谓的石墨化就是铸铁中 C 原子析出和形成石墨的过程。在什么情况下，C 以石墨形式析出呢？石墨可以从液体中析出，也可以从奥氏体中析出，还可以由 Fe_3C 中分解得到。灰铸铁、球墨铸铁、蠕墨铸铁中的石墨都是由高温液态铁水在凝固结晶过程中而得到的；而可锻铸铁中的石墨则是在凝固结晶过程中得到白口组织后经高温分解而得到的。

8.1.2.1　铸铁的石墨化过程

在金属学中已经学习了用 Fe-Fe_3C 相图分析 Fe-C 合金的结晶过程和组织形成规律。但是生产实践指出，含 C 和 Si 较高的铁水，在缓慢冷却时，可从液态中不析出 Fe_3C 而直接结晶出石

墨。另一方面，已形成 Fe_3C 的白口铸铁经高温长时间退火，Fe_3C 也能分解析出石墨。由此可见，Fe_3C 实际上只是一个介稳定相，而石墨才是稳定相，因此，描述 Fe-C 合金结晶过程和组织转变规律的状态图有两种：Fe-G 状态图（也称为 Fe-C 稳定系相图）和 Fe-Fe_3C 状态图（也称 Fe-C 介稳定系相图）。在研究铸铁时将这两种状态图叠加在一起，称为 Fe-C 合金双重相图，如图 8.1 所示。图中虚线表示 Fe-G 系；实线表示 Fe-Fe_3C 系；凡是虚线与实线重合的线条（如 BC、JE、GS 等）都用实线表示。

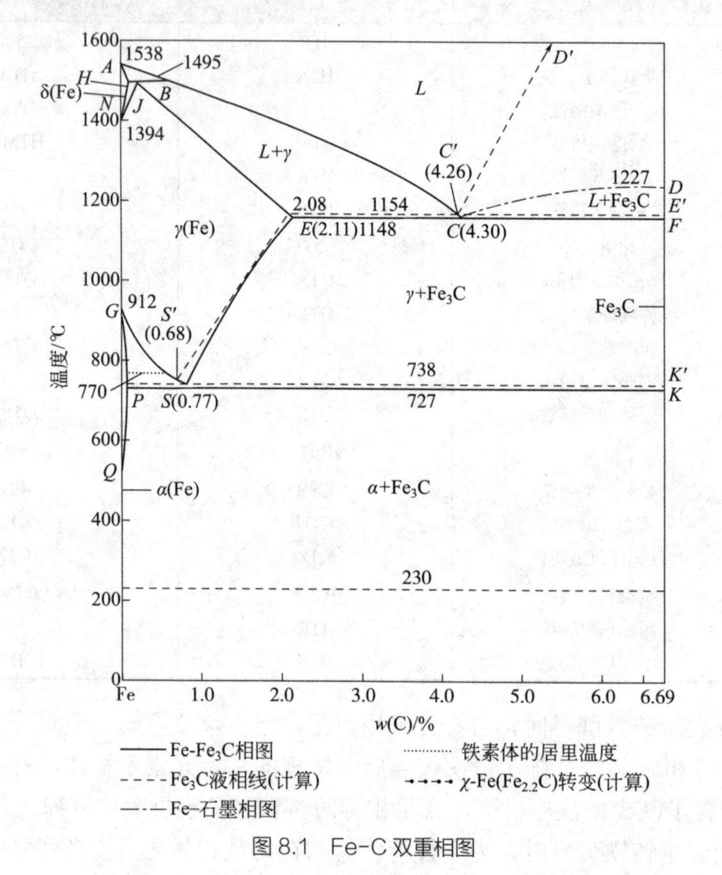

图 8.1　Fe-C 双重相图

根据 Fe-C 双重相图，铸铁的结晶过程和组织转变依化学成分和铸造工艺条件不同，可以按 Fe-G（石墨）系进行，析出后形成石墨，也可以按 Fe-Fe_3C（渗碳体）系进行，析出后形成 Fe_3C。以共晶成分的液态高温铁水为例讨论 C 的析出过程。

按 Fe-Fe_3C 介稳定进行：

$$L_C(4.30\%C) \xrightarrow{1147℃} \gamma_E(2.11\%C)+Fe_3C$$

$$\gamma_S(0.77\%C) \xrightarrow{727℃} \alpha_P+Fe_3C$$

按 Fe-G 稳定系进行：

$$L'_C(4.26\%C) \xrightarrow{1154℃} \gamma'_E(2.08\%C)+G（石墨）$$

$$\gamma'_S(0.68\%C) \xrightarrow{736℃} \alpha'_P+G（石墨）$$

因此，在稳定平衡的 Fe-G 相图中的共晶温度和共析温度都比介稳定平衡的 Fe-Fe_3C 高一些。共晶温度高出 6℃，共析温度高出 9℃。铸铁按 Fe-Fe_3C 介稳定进行结晶和组织转变可以得到 Fe_3C 组织如白口铸铁，铸铁按 Fe-C 稳定系进行就可以形成石墨，如灰铸铁、球墨铸铁、蠕墨铸铁。石墨的形成过程分两个阶段，凡是发生在 P′S′K′ 线温度以上的石墨化过程，统称为第一阶段石墨化。凡是发生在 P′S′K′ 线温度以下的石墨化过程，统称为第二阶段石墨化。

亚共晶和过共晶成分液态铁水的结晶和组织转变过程与上述相似。

从铸铁石墨化过程分析可知，高温铁水在冷却凝固中碳可以有游离石墨或 Fe_3C 两种方式析出。生产实践也表明：用相同化学成分的铁水，浇注不同壁厚的铸件时，或用不同冷速的铸型时可得到不同的组织，如厚壁铸体或冷速慢的铸型（如砂型），可得到游离状石墨组织的铸件，薄壁铸件或冷速大的铸型（如铁模），可得到 Fe_3C 组织的铸件。那么高温铁水按什么方式进行凝固结晶呢？这就涉及石墨化过程的热力学与动力学条件。

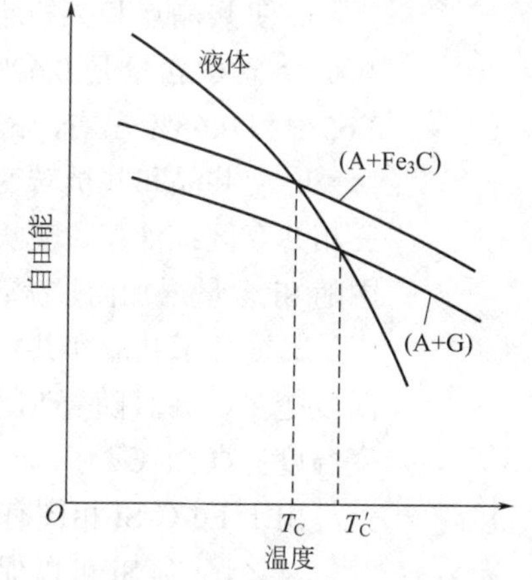

图 8.2　铸铁中各种组织的自由能随温度变化的曲线

图 8.2 是铸铁中各种组织的自由能随温度变化的曲线。从图中可以看到，当共晶液体的温度高于 T_C' 时（1154℃）时，由于共晶液体的自由能最低，因此不会发生任何相变。当液体温度冷却到 $T_C' \sim T_C$ 范围内时（1154～1148℃），由于共晶液体的自由能比（A+G）两相组成物的自由能高而低于（A+Fe_3C）两相组成物的自由能，因此，只能发生共晶转变。

当合金液体过冷到 T_C（1148℃）以下时，（A+G）两相组成物的自由能和（A+Fe_3C）两相组成物的自由能都低于共晶液体的自由能，但是（A+G）两相组成物的自由能最低，因而，当共晶液体结晶时，从热力学条件来看，有利于石墨化的过程。

同样，当白口铸铁在 900℃以上长期高温退火时，莱氏体中的渗碳体（Fe_3C）之所以能分解成（A+G）组织，是符合热力学条件的，即（A+G）的自由能低于 Fe_3C 的自由能。

在实际生产中，当共晶铁水的冷却速度较大，合金过冷到 T_C 以下时，铁水常常结晶形成莱氏体共晶组织，而不是按热力学条件结晶出奥氏体 + 石墨组织。之所以发生这样的转变，是因为形成石墨和 Fe_3C 的动力学条件不同。

动力学条件主要有成分起伏、能量起伏和结构起伏。当由过冷液体中析出石墨时，石墨的成核需要很大的 C 的成分起伏，即须由 4.26% 集中到 100%；石墨的长大，需要 Fe 原子从晶核处作反向长距离的扩散。而 Fe_3C 的成核和长大则比石墨的成核和长大容易得多，Fe_3C 成核时，C 的成分起伏只需从 4.3% 集中到 6.67%；此外，Fe_3C 的长大，由于 Fe_3C 是间隙型金属间化合物，C 原子只是在 Fe 原子的间隙处存在，不需 Fe 原子从晶核处作反向长距离的扩散。因此，从动力学条件来看，有利于 Fe_3C 的形成。

从以上分析可知，要从铁水中获得奥氏体+石墨共晶组织，就必须使液体不要过冷到 T_C 以下。只有这样，原子扩散较充分，铁水中具有一定的成分起伏，才能使动力学条件较差的奥氏体+石墨的共晶转变获得充分的时间形核和长大，最终获得所需的组织。

8.1.2.2　影响铸态组织的因素

铸铁的组织取决于石墨化进行的程度，为了获得所需要的组织，关键在于控制石墨化进行的程度。实践证明，铸铁的化学成分和结晶时的冷却速度是主要因素。

（1）化学成分的影响

① C 和 Si 的影响　C 和 Si 是铸铁中最基本的成分，它们都是强烈促进石墨化的元素，不仅能促进第一阶段石墨化，也能促进第二阶段石墨化。在生产实际中，调整 C、Si 含量是控制铸铁组织最基本的措施之一。石墨来源于 C。随 C 含量的增加，铁水中的 C 浓度增加，有利于石墨的形核，从而促进了石墨化。

除了特殊性能的铸铁，普通铸铁的 Si 含量一般在 0.8%～3.5% 之间，Si 的加入导致铁-石墨相图发生变化。Si 的作用主要有：

a. 使共晶点和共析点C含量随Si含量的增加而减少，Fe-G二元共晶合金C含量是4.26%，共析合金C含量是0.69%。而Fe-C-Si三元系中2.08%Si时相应的共晶和共析的C含量分别是3.65%和0.65%左右，E′点的C含量也随Si含量的增加而减少；

b. 使共晶和共析转变在一个温度范围内进行，Si的加入使得相图上出现了共晶和共析转变的三相共存区：液相、奥氏体、石墨共晶区和奥氏体、铁素体、石墨共析区，并且共析温度转变范围随Si含量增加而扩大；

c. 提高了共晶和共析温度，Si含量越高，奥氏体+石墨的共晶温度高出奥氏体+渗碳体的共晶温度越多，并且随着Si含量的增加，共析转变的温度提高更多，大约每增加1%Si，可使共析转变温度提高28℃。

由于Fe-C-Si相图有以上特点，因此Si可以促进铸铁的石墨化。

总之，C、Si可以促进铸铁的石墨化，并且随着C、Si含量的增加，能减少白口倾向易形成石墨。但是过多的C、Si含量形成的石墨也较粗大，金属基体中铁素体含量也增加，因此会降低铸铁的强度性能。

综合考虑C、Si元素对铸铁组织的影响，可以用碳当量（C_E）和共晶度（S_C）描述。碳当量就是将铸铁中石墨化元素（Si、P）都折合成C的作用所相当的总C含量。共晶度是指铸铁中实际C含量与其共晶C含量之比值。它反映了铸铁中实际成分接近共晶成分的程度。碳当量和共晶度的数值可按以下两个公式进行确定：

碳当量 $$C_E = C + (Si+P)/3$$

共晶度 $$S_C = \frac{C}{4.26-(Si+P)/3}$$

式中，C、Si、P分别代表铸铁中这几种元素的质量分数。当铸铁碳当量$C_E \geqslant 4.26\%$时为共晶成分，当$C_E < 4.26\%$为亚共晶成分。随着碳当量和共晶度的增加，使石墨化的能力增大，石墨的数量增多且变得粗大，铁素体数量增多，因此其力学性能下降。

② P的影响　P是一个促进石墨化的元素，但作用不如C强烈，3份P相当于1份C的作用。当P含量大于0.2%后，就会出现Fe_3P，它常以二元磷共晶或三元磷共晶的形态存在。磷共晶是一个性硬且脆的组织，在铸铁组织中呈孤立、细小、均匀分布时，可以提高铸铁件的耐磨性。反之，若以粗大连续网状分布，将降低铸件的强度，增加铸件的脆性。所以，除在耐磨铸铁中用P作为合金化元素可达0.5%～1.0%外，在普通铸铁中都作为杂质而加以限制，通常灰口铸铁中的P含量应控制在0.2%以下。

③ Mn的影响　Mn是一个阻碍石墨化的元素。它能溶于铁素体和渗碳体内，增加Fe与C的结合力，降低共晶共析温度，因此阻碍石墨化。Mn能与S结合生成MnS，削弱S的有害作用。另外Mn可溶于基体及碳化物中，有强化基体并促使珠光体形成并细化珠光体的作用，铸铁中Mn含量一般在0.5%～1.4%，如要获得铁素体基体，Mn含量应取下限。

④ S的影响　S是促进白口的元素，而且会降低铁水的流动性，并使铸铁内产生气泡。因此，S是一个有害的元素，其含量应尽量低，一般将S含量限制在0.15%以下。

综合铸铁中较为常见的合金元素和微合金元素，并按其对石墨化的影响程度不同，可分为促进石墨化元素和阻碍石墨化元素两大类，如图8.3所示。其中Nb是中性的，其左侧是促进石墨化的元素，右侧是阻碍石墨化的元素。这些元素对石墨化过程的影响程度由箭头的长度示意。从图8.3可以得出铸铁的合金化规律。

（2）冷却速度的影响　化学成分选定后，改变铸铁共晶阶段的冷却速度，可以在很大范围内改变铸铁的铸态组织，可以是灰口铸铁，也可以是白口铸铁。改变共析转变时的冷却速度，其产物也会有很大的变化。一般来说，铸件冷却速度越缓慢，即过冷度较小时，越有利于按照Fe-G

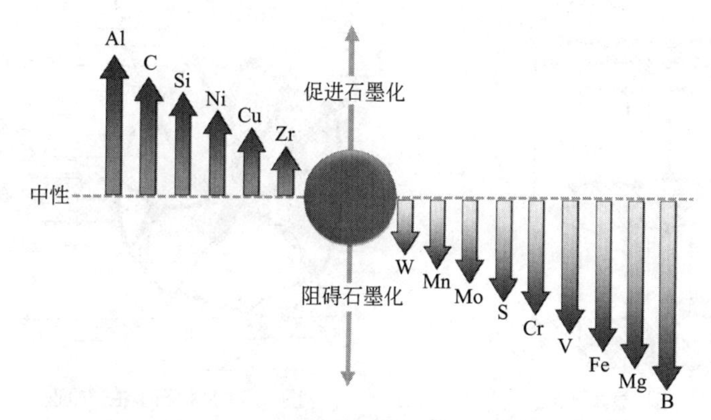

图 8.3　影响石墨化的元素分类及影响程度示意图

状态图进行结晶和转变，即越有利于石墨化过程的充分进行。反之，当铸件冷却速度较快时，即过冷度增大时，原子扩散能力减弱，越有利于按照 $Fe-Fe_3C$ 状态图进行结晶和转变。尤其是在共析阶段的石墨化，由于温度较低，冷却速度增大，原子扩散更加困难，所以在通常情况下，共析阶段的石墨化（即第二阶段的石墨化）难以完全进行。

在实际铸造生产中，铸件冷却的速度是一个综合的因素，它与浇注温度、铸型条件以及铸件壁厚均有关系。一般来说，当其他条件相同时，铸件越厚，冷却速度越小，越容易得到粗大石墨；反之，越容易得到小的石墨。因此同一铸件的不同壁厚处具有不同的组织和性能，称之为铸件的壁厚敏感效应。铸型类型与冷却速度也有密切的关系。不同的铸型材料具有不同的导热能力，能导致不同的冷却速度，干砂型导热较慢，湿砂型导热较快，金属型导热更快。因此，可以通过利用不同导热能力的材料来调整铸件各处的冷却速度而获得所需的组织。

除化学成分、冷却速度对石墨化和铸态组织产生影响外，铁液的过热和高温静置、孕育、气体、炉料等对组织都有影响，这里不做详细介绍。

8.2　普通灰铸铁

灰铸铁通常是指断面呈灰色，其中的 C 主要以片状石墨形式存在的铸铁。它是应用最广的一类铸铁，在各类铸铁中灰铸铁产量所占比重最大，约占 80% 以上。灰铸铁的金相组织由金属基体和片状石墨所组成。金属基体主要有铁素体、珠光体及珠光体与铁素体混合组织三种，石墨片以不同数量、大小、形状分布于基体中。

根据 GB/T 9439—2010 标准，普通灰铸铁有 HT100、HT150、HT200、HT225、HT250、HT275、HT300、HT350 等 8 个牌号。“HT”表示“灰铁”的汉语拼音的第一个大写字母，后面的数字表示最低抗拉强度（单位：MPa）。

8.2.1　灰铸铁中片状石墨的生长方式

石墨的晶体结构为六方晶格结构（如图 8.4）。每层 C 原子排列成正六角形，相邻两层 C 原子间距较大，为 0.339nm。通常把六角环形层面称为基面，晶面指数表示为（0001）。垂直于基面的侧面叫石墨晶体的棱柱面，简称柱面，晶面指数为（$10\bar{1}0$）。在基面上的每个 C 原子均以共价键结合的方式与邻近 3 个 C 原子结合，原子结合力特别强，原子间距为 0.142nm，结合能为 419～502J/mol。而层与层之间 C 原子距离大，结合能仅为 4.19～12.56J/mol，它们之间 C 原子结合力很弱。

灰铸铁中的石墨是在与铁水相接触的条件下以片状方式生长的，如图 8.5 所示。从结晶学的

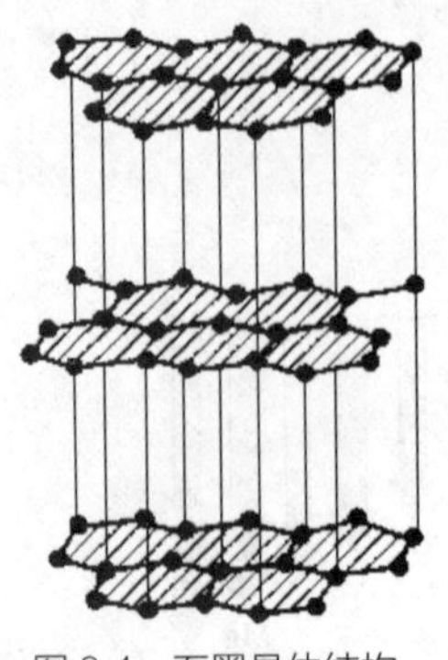

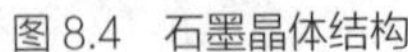
图 8.4　石墨晶体结构

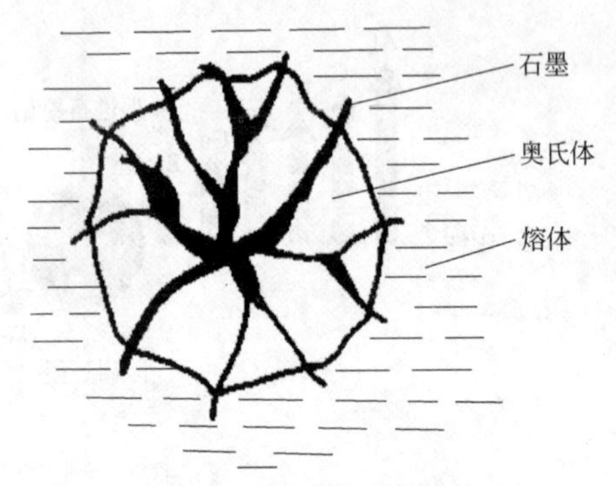

图 8.5　片状石墨生长机理

晶体生长理论看，由于石墨晶体中层与层之间结合力很弱，在已经形成石墨的某一原子层面上所生长的另一新原子层，如果不够大的话，便有可能重新溶入铁液中，因此，沿垂直于层面方向，石墨的生长速率较慢。相反，在每一原子层面上边缘的 C 原子，总还有一个共价键是没有结合的，只要铁液中有个别 C 原子进入适当的位置，便能很牢固地结合上去而不易重新溶入到铁液中，所以在沿垂直于柱面的方向上石墨的生长速率就较快。另一方面，从石墨生长动力学看，石墨在成核和生长过程中会导致其相临近的铁水内贫碳富硅，这会促进奥氏体的形成，生成一层包围着石墨片的奥氏体壳。但实际上奥氏体很难把石墨片全部包围，石墨片端部仍直接与铁水接触。这样，如果石墨片向两侧加厚生长，就必须依靠 C 原子从铁水中先扩散到奥氏体层，然后再扩散到石墨周围，再结合到石墨两侧面上；与此同时，Fe 原子还必须向奥氏体层外作反方向扩散，显然这些扩散过程是比较困难的，因此石墨片向两侧增厚的生长是比较慢的。相反，由于石墨片的端部与铁水直接接触，C 原子的扩散和 Fe 原子的反向扩散比较容易进行。因此，石墨片的生长过程呈方向性，即向厚度方向生长慢，沿平面方向生长快，故最后生长为片状。

8.2.2　灰铸铁组织特点

灰铸铁的金属基体与碳钢基本相似，但由于灰铸铁内的 Si、Mn 含量与碳钢相比较高，它们能溶解于铁素体中使铁素体得到强化。因此，铸铁中就金属基体而言，其本身的强度比碳钢的要高。例如，碳钢中铁素体的硬度约为 80HBS，抗拉强度大约为 300MPa，而灰铸铁中的铁素体的硬度约为 100HBS，抗拉强度则有 400MPa。

石墨是灰铸铁中的 C 以游离状态存在的一种形式，它与天然石墨没有什么差别，仅有微量杂质存在其中。石墨软而脆，强度极低（R_m＜20MPa，伸长率近于零），密度低（约 2.25g/cm^3），在铸铁中形成较大体积份额（约 3% 质量的石墨占 10% 体积）。因此常把石墨看做为微小裂纹或孔洞，影响了金属基体强度性能的发挥。

根据片状石墨的形态，片状石墨有 A、B、C、D、E、F 共 6 种不同的类型（如图 8.6），它们对铸铁的力学性能有很大的影响。其中，A 型石墨最好。灰铸铁内石墨的存在就构成了区别于其他结构材料的组织特点。另外，根据石墨的长度还可以将石墨分成不同的等级。

孕育处理是指把孕育剂加入到铁液中去，以改变铁液的冶金状态，从而改善铸铁的组织和性能。常用的孕育剂有 75%Si-Fe、Si-Ca 等合金。孕育处理的目的在于通过孕育剂的作用促进石墨非自发形核和激发自身形核，有利于石墨化，减少白口（Fe_3C 组织）倾向；控制石墨形态；适当增加共晶团数和促进细片状珠光体的形成。因此，孕育处理能改善铸铁的强度性能、减少壁厚敏感性和改善其他性能（如致密性、耐磨性、切削性等）。

经过孕育处理的灰铸铁称为孕育铸铁。在实际生产中，大部分铸铁都经过孕育处理。孕育铸铁的 C、Si 含量一般较低，Mn 含量较高，因此其基体全是弥散度较高的珠光体或索氏体组织。

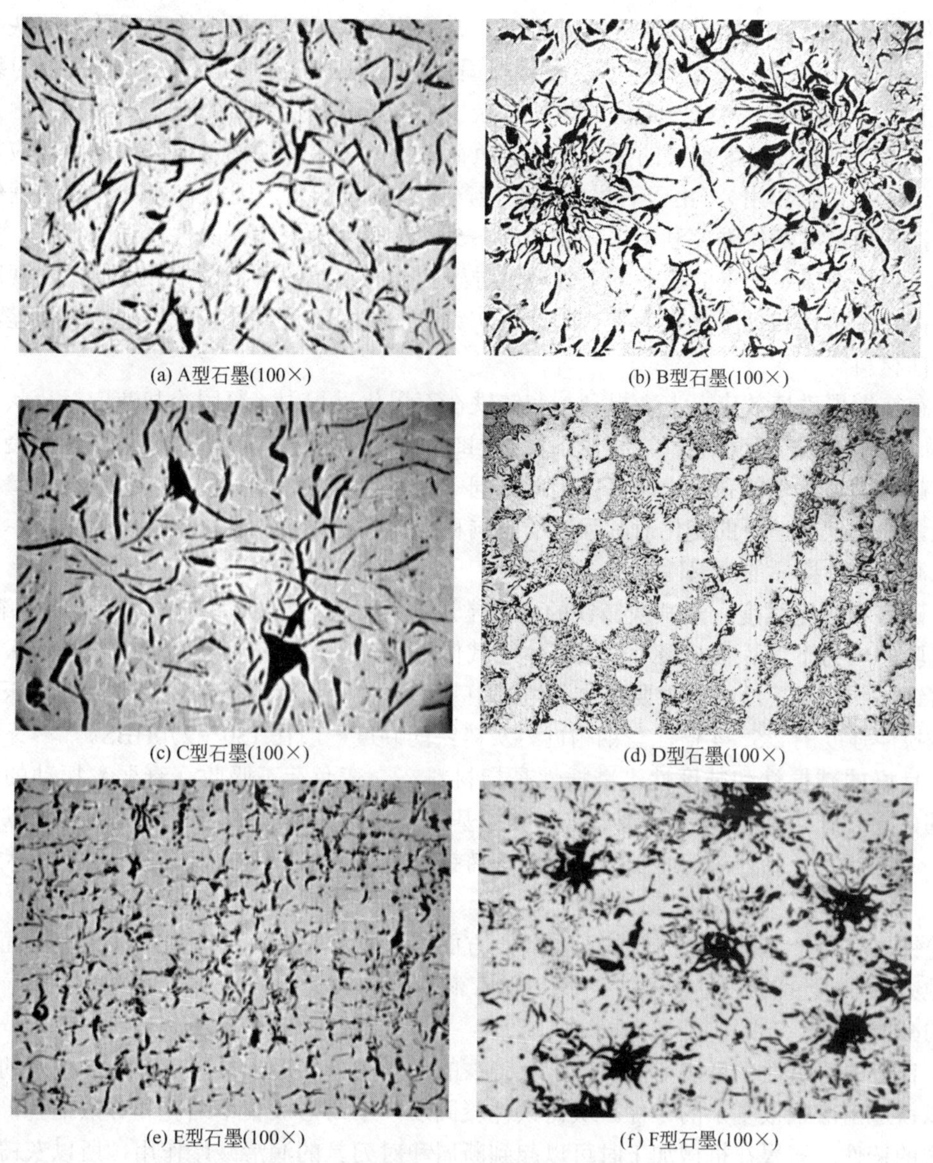

图 8.6 不同形态片状石墨的铸铁金相图

共晶团比普通灰铸铁要细得多，且石墨片细小、较厚、头部较钝，分布均匀，对基体的缩减、切割作用比普通灰铸铁要小。因此强度较高，一般在 250～400MPa 之间，而且铸铁的组织和性能的均匀性大为提高，对壁厚敏感性小。

除基体和石墨外，铸铁中还有一定数量的金属夹杂物，最常见的有硫化夹杂物及磷共晶体。硫化铁能降低铸铁的强度性能。当 Mn 含量较高时，则形成硫化锰可削弱对铸铁强度的影响。

磷共晶常沿共晶团晶界呈网状、岛状或鱼骨状分布，它的性质硬而脆，使铸铁的韧性降低，脆性增加，因此质量要求高的铸铁常要限制 P 含量。

8.2.3 灰铸铁性能及热处理

在灰铸铁组织中，金属基体与石墨是决定铸铁性能的两个主要因素。一般说来，石墨是这两个因素中的主要方面，石墨的作用是双重的，一方面使力学性能降低，另一方面又能使铸铁具有其他一些优良性能。灰铸铁的主要性能特点如下。

（1）抗拉强度较低、塑韧性很差 灰铸铁和钢具有基本相同的基体组织，并且基体的强度高于碳钢，但灰铸铁的强度性能却低远低于碳钢。这是什么原因呢？根本的原因是灰铸铁中有片状石墨的存在。由于石墨几乎没有强度，而且石墨片的端部较尖好像是存在于铸铁中的裂口，所以，一方面因它在铸铁中占有一定量的体积，减少了金属基体受负荷的有效截面积，称为石墨的缩减作用；另一方面，更为重要的是，在承受负荷时尖的石墨片端部造成应力集中效应，称为石墨的缺口作用（切割作用）。由于石墨的存在能产生这两个作用，因此普通灰铸铁的基体强度不能充分发挥作用，其基体强度利用率只有30%～50%，表现为灰铸铁的抗拉强度很低。另外，石墨的缺口作用还造成了严重的应力集中效应，导致拉伸时裂纹的早期发生并发展，出现脆性断裂表现为灰铸铁的塑性和韧度几乎为零。因此，灰铸铁的抗拉强度性能较低、塑韧性很差，可看做是一种脆性材料。

（2）**存在壁厚敏感效应** 上文提到，灰铸铁在石墨化过程中，凝固冷却速度对片状石墨的数量、形状、大小和分布有影响。当其他条件相同时，铸铁件的壁厚越大即铸件冷速越慢，所得的片状石墨越粗大，铸件的强度也越低。因此在同一个铸件中，厚壁处的材料强度比薄壁处的材料强度要低，把铸铁件壁厚的变化对其强度的影响称为铸件壁厚敏感性。实际铸件生产中可通过孕育处理来减小铸件壁厚的敏感性。

（3）**硬度和抗压强度** 测试灰铸铁的硬度常用布氏硬度法，测试抗压强度常用压缩试验法。在静压试验的应力下，片状石墨对金属基体缩减作用和分割作用不像在拉伸试验时那么显著。因此，灰铸铁的硬度和抗压强度主要取决于组织中基体本身的强度和数量。灰铸铁的抗压强度一般较高，是拉伸强度的2.5～4倍，与钢相近。灰铸铁的硬度一般在130～270HBS。

（4）**良好的减振性和减摩性** 减振性是指材料在交变负荷下吸收（衰弱）振动的能力。灰铸铁内部由于存在大量的片状石墨，它割裂了基体，破坏了基体的连续性，因此可以阻止振动的传播，并能把它转化为热能而发散，所以灰铸铁具有很好的减振性。石墨组织越粗大，减振性也越好。

灰铸铁内部由于存在大量的软的石墨，一方面石墨本身是良好的润滑剂，另一方面在石墨被磨掉的地方形成大量的显微“口袋”，可以储存润滑油和收集磨耗后所产生的微小磨粒，因此具有良好的减摩性。

（5）**良好的铸造性、可切削性** 由于灰铸铁的化学成分接近于共晶点，所以铁水的流动性很好，可以铸造出形状很复杂的零件。灰铸铁件凝固后，不易形成集中缩孔和分散缩孔，能够获得比较致密的铸件。石墨在机械加工时可以起到断屑和对刀具的润滑减摩作用，所以灰铸铁的可切削性是优良的。

热处理可以改变灰铸铁的基体组织，但不能改变片状石墨的形态和分布。正如前面所讨论的，在灰铸铁中，由于存在石墨的缩减和切割作用，金属基体的利用率仅为30%～50%，因此，像钢一样用热处理的方法强化是不现实的。灰铸铁热处理方式主要有低温退火和石墨化退火两种。低温退火（热时效退火）：目的是消除铸件的内应力，减少变形、开裂等，也有采用振动时效消除铸件的内应力。石墨化退火：当铸件有白口组织时或铸件内自由碳化物较多时，可通过高温石墨化退火，降低铸件硬度以改善加工性能。

其他如利用表面淬火来提高铸铁件的耐磨性，在机床导轨的生产中也有使用。

8.3 球墨铸铁

球墨铸铁是将铁水经过球化处理，使片状石墨转化为球状石墨而获得的一种铸铁。目前，球墨铸铁在汽车、冶金、农机、船泊、化工等部门广泛使用。在一些主要工业国家中，其产量已超过铸钢，成为仅次于灰铸铁的铸铁材料。

8.3.1 球状石墨的形成过程

8.3.1.1 球状石墨的形核

一定成分的铁液，加入球化剂（如Mg、Ce、La、Ca、RE-Mg合金等）后，铁液中的S和O含量显著下降，在共晶凝固过程中将形成球状石墨。

球状石墨生成的两个必要条件是铁液凝固时必须有较大的过冷度和较大的铁液与石墨间的界面张力。当在铁液中加入任何一种球化剂（Mg、Ce、Y、La等）时，一方面会使铁液的过冷度加大，为球状石墨的形成提供了第一个条件，另一方面，球化剂与铁液中的表面活性物质O、S发生反应，使铁液中的O、S含量降低，铁液的表面张力升高，同时也使铁液/石墨间的界面张力增加，因而为球状石墨的形成提供了第二个条件。

近年来多数研究证实，不论是共晶、亚共晶、过共晶成分的球墨铸铁，石墨都是从铁水中直接析出的，并能长大到一定尺寸。用扫描电镜和X射线显微分析技术对球状石墨进行仔细研究表明，在球状石墨中心有尺寸约1μm的外来杂质微粒，而且认为它们是球状石墨的晶核，这些微粒上具有双层结构。在对用硅铁进行孕育处理和用硅铁镁球化剂进行球化处理的球墨铸铁的显微分析表明，球状石墨晶核的最中心部分由Ca和Mg的硫化物组成，其尺寸约为0.05μm，晶核的外层则由Mg、Si、Al、Ti的氧化物组成。在硫化物和外层氧化物之间，以及外层氧化物和石墨之间，均有一定的晶面对应关系。由此认为，Ca、Mg等元素在球状石墨晶核形成过程中，通过形成这些元素的硫化物和氧化物而去除了熔体中的O和活性S；同时这些元素的硫化物及氧化物夹杂微粒作为非自发核心，构成了球状石墨晶核的最中心部分和外层部分物质。因此球状石墨的形核以硫化物及氧化物夹杂微粒作为结晶的中心。

8.3.1.2 球状石墨的生长

在经Mg或Ce处理的球墨铸铁中，铸铁熔体和石墨晶体的棱面（$10\bar{1}0$）之间的界面能量大于熔体和石墨晶体基面（0001）之间的界面能量，这就为石墨向［0001］方向生长奠定了基础。而在含硫较多的灰铸铁中，铸铁熔体和石墨晶体的棱面（$10\bar{1}0$）之间的界面能量则小于熔体和石墨晶体基面（0001）之间的界面能量，即铸铁熔体和石墨不同的晶面间的界面能量关系与球墨铸铁相反，因而在灰铸铁中石墨易向（$10\bar{1}0$）生长。这个球状石墨的生长原理只适用完整晶体，在球状石墨生长的过程中，同样存在着大量的晶体缺陷，其中对球状石墨的生长起主要作用的是螺旋位错。由于这些螺旋位错的存在，C原子优先在晶体表面造成的螺旋台阶的旋出口作为开始生长的最有利位置。虽然看来是沿（0001）按［$10\bar{1}0$］晶向螺旋式生长，但其结果都使晶体在［0001］方向得到发展，如图8.7(a)所示。在生长过程中，如果各个螺旋台阶按同样的速率生长，晶体将长成一个近似球状的多面体［见图8.7（b)］。如果在石墨的生长过程中，有某些表面活性元素（如O、S）吸附在螺旋台阶的旋出口处而降低铁液/石墨的界面张力，它们会使C原子堆砌困难而抑制这个螺旋晶体的生长，而别处的螺旋晶体却仍将保持一定的速率生长。这时晶体的等轴生长方式将受到破坏，其结果是使球状石墨畸变。球化元素的作用主要在于去除表面活性元素（O、S）对石墨呈球状生长的干扰作用，而且认为O的干扰作用大于S。

经过铸铁冶金工作者的长期努力，在球状石墨的形成机理方面取得了不少研究成果，如关于球状石墨的结构；形成球状石墨的条件；石墨球能够从铁液中直接析出，而且能单独生长；加入球化剂的必要性；球化剂的作用等方面均有比较一致的认识。但也存在着不少有争论的问题，有待研究解决。

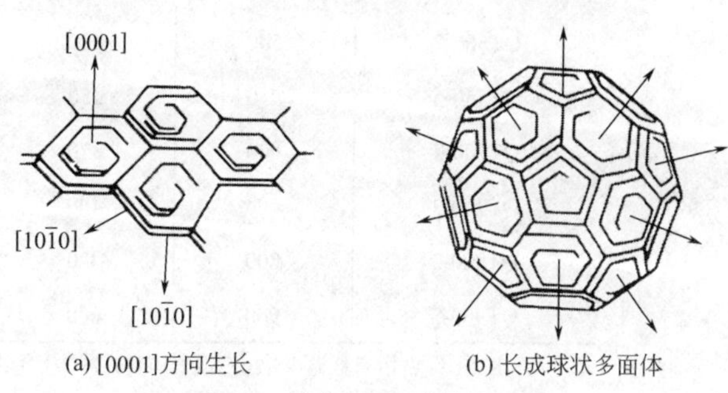

(a) [0001]方向生长　(b) 长成球状多面体

图8.7　球状石墨晶体生长示意

8.3.1.3 球状石墨的结构

低倍观察时，球状石墨为近球形，高倍观察时，则呈多边形轮廓，内部呈现放射状。图 8.8 是球状石墨中心截面的复型电镜照片，从中可以看到，石墨球内部结构具有年轮状的特点，即球墨内部有一个核心，从核心向外，C 原子形成年轮状堆积。在年轮状的中心可以看到白色小点，人们认为它是球状石墨形成和长大的核心。从这些球状石墨的结构和外形特征，结合石墨的晶体结构，可以认为球状石墨是由与石墨晶体的底面（0001）面成垂直方向的一系列柱状单晶体所组成的。这些单晶体以共同的结晶核心各自沿直径方向上呈近似于锥形的石墨单晶体，每个石墨球的球面由锥形石墨的单晶体的底面（0001）面所构成，如图 8.9 所示。

图 8.8 球状石墨内部的年轮状结构

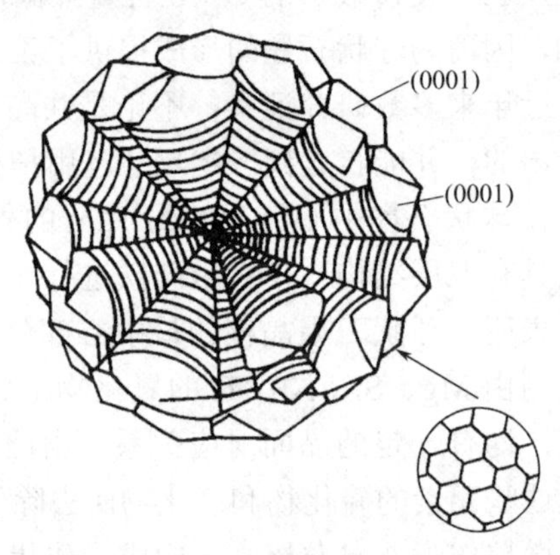

图 8.9 球状石墨的结构示意

在球墨铸铁中所观察到的石墨除球状外，还有其他各种形式的偏离球状的变态石墨。

8.3.2 球墨铸铁组织与性能

国家标准规定了球铁牌号表示方法。例如 QT400-15，QT 为球铁代号，“400”表示最低抗拉强度（N/mm^2），即 R_m≥400MPa；“15”为最低断后伸长率（%），即 A≥15%。部分典型球墨铸铁牌号、性能与基体组织见表 8.2。

球墨铸铁的组织主要是由细小圆整的球状石墨和金属基体所组成。球墨铸铁中允许出现的石

表 8.2 部分典型球墨铸铁牌号与单铸试块的力学性能（GB/T 1348—2009）

牌号	R_m/MPa	$R_{P0.2}$/MPa	A/%	HBW	主要基体组织
	≥				
QT350-22	350	220	22	≤160	铁素体
QT400-18L	400	240	18	120～175	铁素体
QT400-18R	400	250	18	120～175	铁素体
QT400-15	400	250	15	120～175	铁素体
QT500-7	500	320	7	170～230	铁素体＋珠光体
QT550-5	550	350	5	180～250	铁素体＋珠光体
QT600-3	600	370	3	190～270	珠光体＋铁素体
QT700-2	700	420	2	225～305	珠光体
QT800-2	800	480	2	245～335	珠光体或索氏体
QT900-2	900	600	2	280～360	回火马氏体或托氏体＋索氏体

注：1.“L”表示有低温（−20℃或−40℃）冲击性能要求；“R”表示有室温（23℃）冲击性能要求。

2. 伸长率是从原始标距 L_0=5d 上测得的。

墨形态有球状及少量非球状石墨，如团絮状、蠕虫状。石墨通常不是以单一形态存在的，而是以几种形态并存。在国家标准 GB/T 9441—2009 中按其分布和形态的变化，将石墨球化程度分为 6 级。另外，球状石墨的大小变化很大，对球墨铸铁件的性能有一定的影响，按球径大小也分为 6 级。其中石墨球化程度越好，球径越小，球铁的综合性能越好。

球墨铸铁中石墨呈球状，石墨对基体的缩减作用、切割作用要比片状石墨大为减小，球墨铸铁基体的利用率大有提高，达到 70%～90%，因此球墨铸铁的力学性能主要取决于基体组织的性能。

铸态条件下，金属基体通常是铁素体与珠光体的混合组织。由于二次结晶条件的影响，铁素体通常位于石墨球的周围，形成“牛眼”状组织，通过相应的热处理，可得到铁素体、珠光体、贝氏体、回火索氏体等组织，以获得不同的性能，满足各种服役条件的要求。但通过一定的工艺手段可获得铸态铁素体或几乎全部珠光体基体的铸件。

在球墨铸铁的组织中，除了基体和球状石墨外，通常条件下，在共晶团的晶界处会出现一些非正常组织，如渗碳体、磷共晶等杂质相。它们的数量及形状分布会严重伤害球墨铸铁的优良性能，生产中应该严格控制。

铁素体球墨铸铁的基体组织以铁素体为主（如图 8.10），典型牌号有 QT400-18、QT400-15、QT450-10，其力学性能特点是强度较低，塑性和韧度较高。铁素体球墨铸铁主要用于制造受力较大且承受振动和冲击的零件，如汽车、拖拉机底盘零件和后桥外壳等。

珠光体球墨铸铁的基体组织以珠光体为主，小部分为铁素体。图 8.11 是典型的“牛眼”状石墨组织。珠光体球墨铸铁的典型牌号为 QT700-2、QT800-2，其力学性能特点是强度和硬度较高（225～335HBW），具有一定的韧度，屈强比约为 0.7～0.8，比 45 锻钢（约为 0.59）要高，低的缺口敏感性，有较好的耐磨性，小能量多次冲击韧度比铁素体球墨铸铁高。珠光体球墨铸铁一般可在铸态或正火处理获得。这种球墨铸铁特别适合于制造承受重载荷及受摩擦磨损的零件，如中、小功率内燃机的曲轴、齿轮等。此外珠光体球墨铸铁广泛用于制造机床及其他机器上一些受滑动摩擦的零件，如立式机床的主轴及镗床拉杆等。

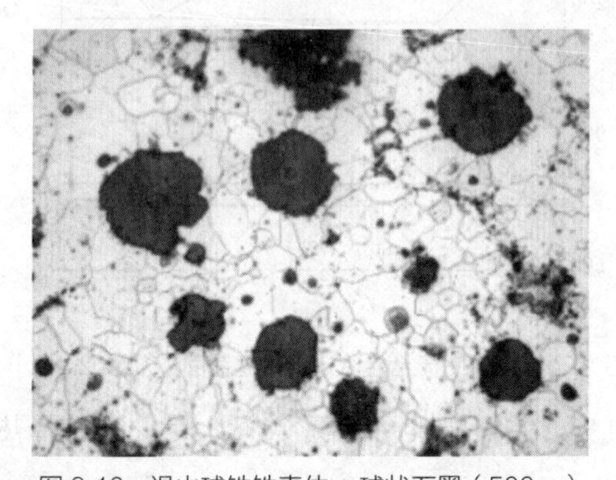

图 8.10　退火球铁铁素体 + 球状石墨（500×）

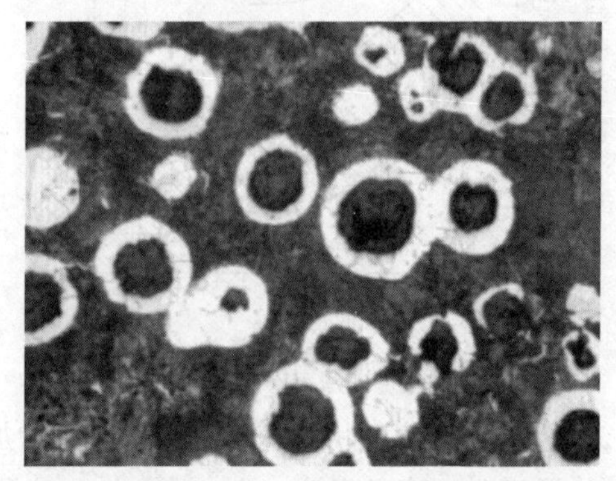

图 8.11　铸态球铁珠光体 + 铁素体 + 球状石墨（500×）

QT500-7、QT600-3 是典型的铁素体和珠光体混合基体的球墨铸铁，前者以铁素体为主，后者以珠光体为主，有较好的强度和韧度的配合。并且，通过铸态控制或采用不同的热处理工艺可以调整和改善组织中铁素体和珠光体的相对数量及形态、分布，从而获得不同强韧性配合的球墨铸铁以满足不同服役条件的要求。因此经常用于制造汽车、农业机械、冶金设备及柴油机中的一些部件。

等温淬火球墨铸铁是一种由球墨铸铁通过等温淬火热处理得到以球状石墨和下贝氏体为主要基体的强度高、塑韧性好的铸造合金，也称奥贝球铁（austempered ductile iron，ADI）。根据 GB/T 24733—2009 标准，典型牌号如 QTD900-8、QTD1200-3、QTD1400-1 等。等温淬火球墨铸铁的抗拉强度可达到800～1400MPa，并有一定的延伸率。由图8.12可见，等温淬火球墨铸铁的强度明显高于以上任何一种球墨铸铁。此外，等温淬火球墨铸铁与普通球墨铸铁相比有更高的冲击吸收能量和抗点蚀疲劳的能力，尤其是有高的弯曲疲劳性能和良好的耐磨性。因此等温淬火球墨铸铁是目前具有最好综合性能的一种球墨铸铁，可用于代替某些锻钢件或用于普通球墨铸铁不能胜任的零件，如在承受高载荷的曲轴、齿轮、连杆等场合已获得广泛的应用。

8.3.3 球墨铸铁的热处理

8.3.3.1 球墨铸铁热处理的特点

热处理对于改善球墨铸铁的性能有重要作用。与灰铸铁相比，球墨铸铁的球状石墨对金属基体的缩减、切割作用降到了最低限度，因此金属基体组织可以充分发挥其作用。通过各种热处理，可大幅度地调整和改善球墨铸铁性能以满足不同零件的要求，故球墨铸铁件和钢件一样可以进行热处理，热处理形式有退火、正火、调质、高温淬火、感应加热淬火等。但是由于其成分和组织特点，球墨铸铁的热处理有其特殊的特点。

① 共析转变不是在一个恒定温度下进行的，而是在一个较宽的温度范围内进行的。在此范围内，是一个由铁素体、奥氏体和石墨组成的三相平衡区（见图8.13）。在共析转变区的各个温度都对应着铁素体和奥氏体的不同平衡数量；且奥氏体的成分也是变化的，随共析转变温度提高，奥氏体中实际C含量增高。所以，不同的热处理加热温度和保温时间，冷却后可获得不同比例的铁素体和珠光体基体组织，因而可较大幅度地调整铸铁的力学性能。

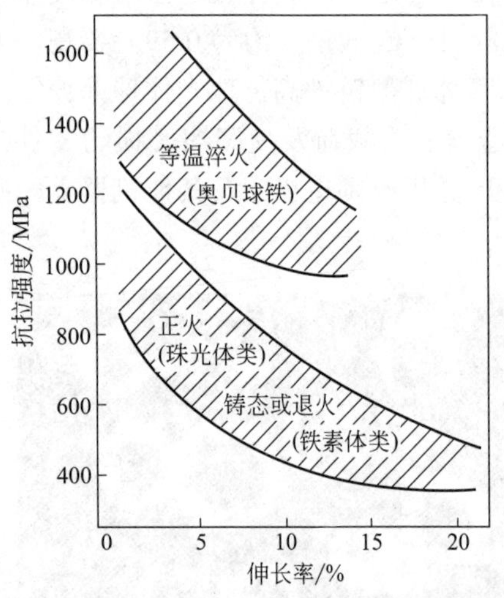

图8.12 不同组织的球墨铸铁性能比较

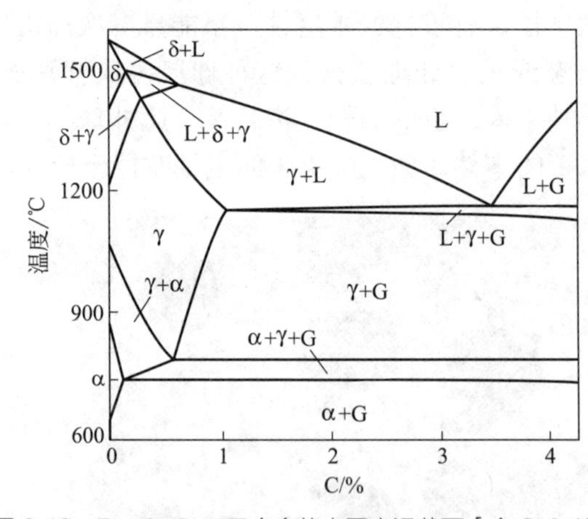

图8.13 Fe-C-Si三元合金状态图变温截面［含Si 2.4%］

② Si显著提高共析转变温度，大约每增加1%的Si，共析温度可提高28℃，因此在选择热处理加热温度时，应考虑这一点。

③ 铸铁组织的最大特点是存在石墨相，它在热处理过程中虽不发生相变，但会参与基体组织的变化过程。在共析温度以上加热过程中，随保温时间的增加，石墨中的碳原子可不断地向奥氏体中扩散，使奥氏体的C含量逐渐增加。当冷却时，由于奥氏体中C的平衡浓度要降低，因此又会伴随C原子向石墨相沉积或析出。所以，在热处理过程中，石墨相相当于一个“碳库”，如果调节热处理的温度及保温时间，就可调节奥氏体中C的浓度，再选择不同的冷却速度，就可获得不同的组织及性能。

8.3.3.2 球墨铸铁的热处理

（1）消除内应力退火 球墨铸铁的弹性模量（E=170000～180000MN/m^2）比灰铸铁（E=

75000～110000MN/m^2）高，铸造后产生残余内应力的倾向要比灰铸铁高达2～3倍。因此，球墨铸铁件特别是形状复杂、壁厚不均的铸件，即使不需要进行其他热处理，也应当进行消除内应力退火。

消除内应力退火处理的加热速度一般是550～650℃/h，加热温度一般在550～650℃，对于铁素体基体球墨铸铁取上限温度600～650℃，珠光体球墨铸铁取下限温度550～600℃。保温时间根据球墨铸铁件的大小和形状复杂程度等因素进行确定，一般为2～8h，保温结束后随炉缓慢冷却到200～250℃后出炉空冷。采用这种工艺，可以消除球墨铸铁件90%～95%的内应力。在消除内应力退火中一般不发生组织转变。

（2）高温石墨化退火 高温石墨化退火的目的是消除铸态组织中的自由渗碳体及获得铁素体基球墨铸铁。球墨铸铁的白口倾向比较大，铸件中往往会出现游离的渗碳体，从而使铸件的脆性增加，硬度偏高，导致切削加工困难。为消除铸态组织中的游离渗碳体，提高切削加工性或者为了获得铁素体球墨铸铁，须进行高温石墨化退火处理。高温石墨化退火通常将铸件加热到900～950℃，保温2～4h。高温石墨化退火终了时，铸铁组织由球状石墨和奥氏体组成。如要获得具有高韧度的铁素体基体，则应保温后随炉缓冷至600～650℃出炉空冷。或在高温石墨化保温结束后，炉冷至720～760℃之间，保温2～6h，再随炉缓慢冷却至600～650℃出炉空冷。需要注意的是，球墨铸铁铁素体化退火时，如在600～400℃内随炉缓冷，铸件也会出现类似于钢第二类回火脆性的现象。已经产生脆性的铸件可以通过再加热到缓冷脆性形成温度以上再速冷的方式来消除。

（3）低温石墨化退火 在生产高韧度（特别是低温韧度）的铁素体球墨铸铁时，要求获得单相铁素体基体组织。尽管基体组织中没有游离渗碳体，但只要存在少量的共析渗碳体也会显著降低低温韧度，因此需用低温石墨化退火来消除珠光体组织。为使珠光体分解成为铁素体和石墨，可采取两种不同的方式：一种为加热到A_{C1}以上温度获得奥氏体基体后，让铸件缓慢通过共析转变温区，使奥氏体直接按稳定系进行共析转变，形成铁素体和石墨；另一种方式是在A_{C1}温度以下加热并保温，使珠光体分解成为铁素体和石墨。Si提高A_{C1}，因此在选择退火温度时应依据不同的Si含量来确定加热温度。Si含量在2%～3%时，低温石墨化退火温度通常选择在720～750℃之间。此外，保温时间的长短完全取决于珠光体的分解速率，故当铸件的Mn含量偏高，且含有如Cr、Cu、Ti、Sn等元素时，退火时间应相应延长。退火完成后，铸件随炉冷至550～600℃后出炉空冷，以免产生缓冷脆性。已经产生缓冷脆性的铸件可以采用与高温石墨化退火相同的措施来消除。

（4）正火处理和调质处理 正火处理的目的在于获得珠光体的组织和提高珠光体的分散度，以提高铸件的力学性能。有时，正火是为表面淬火作组织准备。当铸态存在自由渗碳体时，在正火前必须进行高温石墨化退火，以消除自由渗碳体。根据正火温度的不同，可分为高温完全奥氏体化正火（又称高温正火），以及部分奥氏体化正火（又称中温正火）。

完全奥氏体化正火温度在A_{C1}(上限)+30～50℃，部分奥氏体化正火温度在A_{C1}上、下限之间，如图8.14所示。加热温度越高，保温时间越长，正火冷却速度越大，则基体组织中珠光体数量就越多。除空冷外，还常采用风冷和喷雾冷却等方法来加快冷却速度，以提高珠光体量。正火后的基体组织是珠光体加破碎状或分散状铁素体和石墨。这种基体组织的球墨铸铁在具有良好强度的同时，也具有较高的断后伸长率和冲击吸收能量。

为了获得更好的综合力学性能，挖掘球墨铸铁的内在潜力，还可采用调质处理，得到回火索氏体组织。淬火是将铸件加热到A_{C1}（上限）加30～50℃，使基体完全奥氏体化后淬入油中，得到马氏体组织，然后再加热到620℃左右回火。这种基体组织的球墨铸铁具有高的强度及良好的韧度。

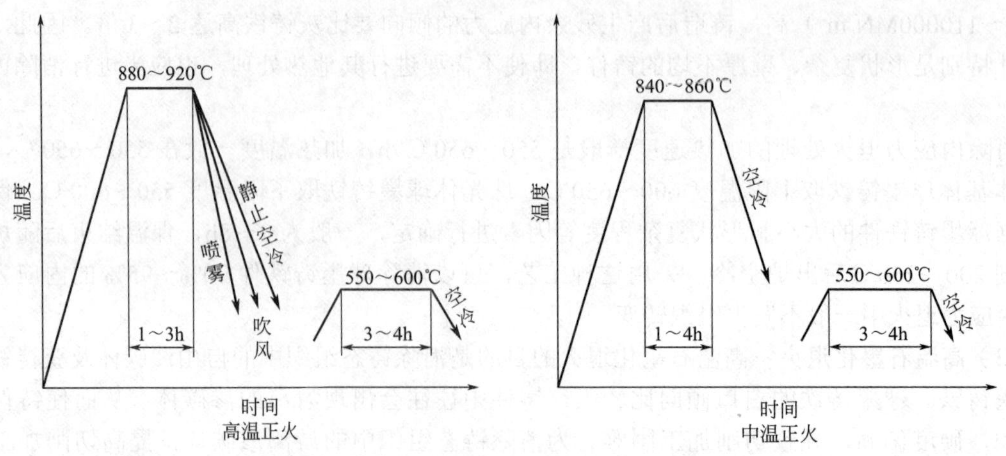

图 8.14　球墨铸铁正火工艺

（5）等温淬火处理　为了满足高速、大马力机器中受力复杂零件如齿轮、曲轴、凸轮轴的要求，常把球墨铸铁件进行等温淬火处理来提高零件的综合力学性能。球墨铸铁件进行等温淬火处理，期望得到由针状铁素体和富碳奥氏体组成的奥铁体基体。

典型的等温淬火工艺为：工件加热到 840～950℃并保温 1～2h；将工件迅速淬入到 250～340℃的盐浴中，避免珠光体产生；在等温温度下保温 1～2h，然后出炉空冷到室温。

等温淬火球墨铸铁的组织性能在很大程度上取决于等温处理工艺。等温淬火温度高，材质的断后伸长率和韧度要好些，但强度有一些损失。等温淬火温度较低，球墨铸铁的强度及硬度较高，耐磨性较好。除等温温度外，等温淬火保温时间也是一个重要因素。等温时间较短，奥氏体转变为针状铁素体的量少，未转变奥氏体的富碳量少，从而奥氏体的稳定性不够，会分解而形成马氏体，使材料的韧度变差。但等温时间过长，富碳奥氏体将分解为铁素体和碳化物，这类似钢中的贝氏体。碳化物的出现对于力学性能是有害的，特别是降低断后伸长率和韧度。因此为了获得 C 含量合适的奥氏体和一定数量的针状铁素体，并避免出现碳化物或马氏体组织，等温处理时间须适当。

（6）表面淬火　为了提高某些灰铸铁和球墨铸铁铸件的表面硬度、耐磨性以及疲劳强度，可采用表面淬火。高（中）频感应加热表面淬火是目前生产中应用较广的方法。这种方法的优点是加热时间短、氧化脱碳少、变形小、质量好、操作简单。球墨铸铁件在进行高（中）频感应加热表面淬火前必须预先进行正火热处理，以保证基体组织中有 75%（体积分数）以上珠光体量，这样可以保证表面淬火的良好效果。

（7）化学热处理　对于要求表面耐磨或抗氧化、耐磨蚀的铸件，可以采用类似于钢的化学热处理，如氮化、气体软氮化、渗硼和渗硫等。

此外，近年来随着大功率激光器的工业化，出现了激光表面硬化的热处理、激光表面熔覆处理及在表面形成非晶组织，从而大幅度地改善铸件的表面组织和性能。

8.4　蠕墨铸铁

8.4.1　蠕状石墨的形成过程

在铁水中加入蠕化剂（如 RE-Mg-Si-Fe 合金、RE-Mg-Ca-Ti-Al 等）后，石墨就会以蠕虫状形态析出。研究分析认为，蠕虫状石墨和球状石墨一样主要亦是在共晶凝固过程中直接从铁液中析出的，最初形态呈小球状或聚集状，经过畸变，并经没有完全被奥氏体包围的石墨部分在与铁液直接接触时长大而成的。因此蠕虫状石墨可以由“小球墨-畸变球墨-蠕虫状石墨”模式生长。另一种生长模式，蠕虫状石墨可能由最初的小片状形态，在铁液 / 石墨的界面前沿，因蠕化元素的局部富集而逐渐使石墨演变成蠕虫状石墨。结晶过程中究竟以什么模式生长，要取决于蠕化元素在铁液中的浓度。一般来说，浓度大时，易按前一模式生长，浓度小时，则有可能按后一模式长大。

蠕虫状石墨生长口有凹形、平齐形和凸出形等形态，这表明了蠕虫状石墨的生长速率可以小于、等于或大于包围它的奥氏体的生长速率。凝固过程中的液淬组织观察表明，长出口以凹形最为常见，说明它的凝固模式与球墨铸铁和灰铸铁都稍有差异。

微区成分分析表明，稀土元素和镁是通过富集于蠕虫状石墨的生长端部而起蠕化作用的。它们在蠕墨生长端的富集程度，将随着蠕虫生长过程的推移而发生变化，因而改变着石墨两种生长速率的大小和比例，从而使蠕虫状石墨的结晶取向和结构形态发生改变。

对蠕墨铸铁组织形成的认识正在发展，关于蠕虫状石墨形成机理的认识有待于加深。

8.4.2 蠕墨铸铁的金相组织

蠕墨铸铁是将铁水经过蠕化处理所获得的一种具有蠕虫状石墨组织的铸铁。蠕虫状石墨实际上是球化不充分的欽陷形式。直到近20年来人们才认识到蠕墨铸铁在性能上有一定的优越性而逐渐重视。

蠕虫状石墨是介于片状石墨与球状石墨之间的中间状态类型石墨，它既具有在共晶团内部石墨互相连续的片状石墨的组织特征，又有头部较圆钝，结晶位向和球状石墨较相似的特征。典型石墨形状特征如图8.15所示，石墨的长度和厚度之比 l/d 一般为2～10，比片状石墨（$l/d>50$）小得多，而比球状石墨（$l/d\approx1$）大。用扫描电子显微镜对其立体形貌进行观察，可见石墨的端部具有明显的螺旋生长特征，这与球状石墨的表面形貌相类似，但在石墨的枝干部分，有类似于片状石墨的层叠状结构。

蠕墨铸铁的力学性能和物理性能取决于石墨的蠕化状态、形状和分布及基体组织等因素，其中石墨的蠕化状态影响最大。石墨的蠕化状态用蠕化率作为评定指标。蠕化率定义是：在有代表性的显微视场内，蠕虫状石墨数与全部石墨数的百分比。但是，蠕化率本身并不能精确地反映石墨的形状特征。为了正确地评定石墨的形状特征及蠕化程度，通常用形状系数（圆整化程度）K 来表示，其定义为 $K=4\pi A/L^2$，其中：A 为单个石墨的实际面积；L 为单个石墨的周长。当 $K<0.15$ 时属于片状石墨；$0.15<K<0.8$ 时属于蠕虫状石墨；$K>0.8$ 时属于球状石墨。石墨形状与形状系数值的对应关系见图8.16。蠕墨铸铁的基体组织在铸态下具有较高的铁素体含量［常有40%～50%（体积分数）或更高］。

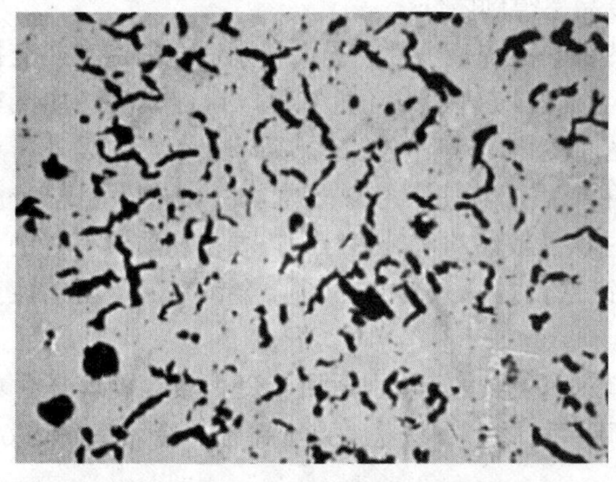

图8.15 蠕化良好的蠕虫状石墨金相图（400×）

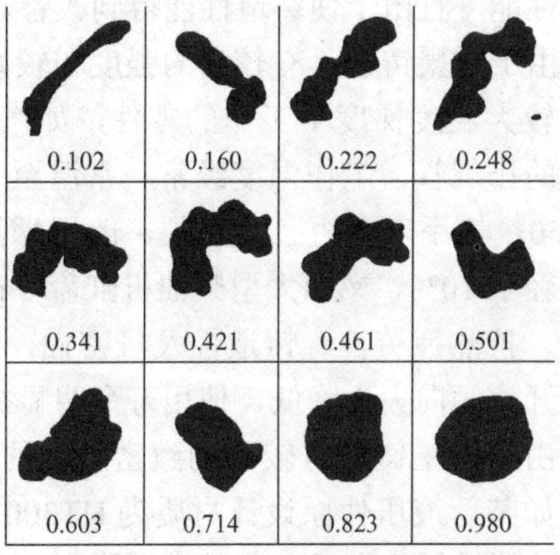

0.102 0.160 0.222 0.248
0.341 0.421 0.461 0.501
0.603 0.714 0.823 0.980

图8.16 单个石墨的形状系数 K 值

8.4.3 蠕墨铸铁性能特点及应用

蠕墨铸铁件根据其强度性能可分为5个等级，见表8.3。蠕墨铸铁的力学性能与石墨的蠕化率、形状和分布及基体组织密切相关，蠕墨铸铁的基体可分为铁素体、珠光体、铁素体-珠光体等。蠕墨铸铁具有优异的综合性能，因此应用较广泛。

表8.3 蠕墨铸铁的牌号与力学性能

牌号	抗拉强度/MPa	屈服强度/MPa	伸长率/%	硬度值/HBS	蠕化率G/% V	主要基体组织
	≥					
RuT420	420	335	0.75	200～280	≥50	珠光体
RuT380	380	300	0.75	193～274		珠光体
RuT340	340	270	1.0	170～249		珠光体+铁素体
RuT300	300	240	1.5	140～217		珠光体+铁素体
RuT260	260	195	3	121～197		铁素体

对于同一基体的铸件，蠕墨铸铁的强度要高于灰铸铁，但比球墨铸铁要低。蠕墨铸铁的抗拉强度对碳当量变化的敏感性要低得多，对壁厚的敏感性也比灰铸铁小得多。例如：当断面厚度增加到200mm时，蠕墨铸铁的抗拉强度仅下降20%～30%，而灰铸铁的断面尺寸为100mm时，强度下降达到了50%左右。此外，值得一提的是，蠕墨铸铁的屈强比为0.72～0.82，是铸造材料中最高的，这对材料的实际使用较为重要。

蠕墨铸铁的冲击吸收能量、断后伸长率也均低于球墨铸铁而高于灰铸铁，其值随石墨的蠕化率和基体组织的不同而有差异。蠕化率低或基体中铁素体含量高，则冲击吸收能量及断后伸长率相对提高。此外，当温度降低时，亦有韧-脆转变的现象。

铸铁的导热性与石墨的形状有关，片状石墨的导热性要高于球状石墨。由于蠕状石墨接近于片状石墨，因此蠕墨铸铁有较好的导热性。当然蠕墨铸铁的耐热性与石墨的蠕化率和石墨的形状有关。当蠕化率较高和形状系数较小时，其导热性接近灰铸铁；反之，则其导热性与球墨铸铁相近，较低。蠕墨铸铁的综合耐热疲劳性比球墨铸铁和灰铸铁优越。

蠕墨铸铁具有较高的碳当量，接近共晶成分，又经过蠕化处理去硫、去氧，因此具有良好的流动性，铸造工艺简单，成品率高。蠕墨铸铁件比球墨铸铁件更容易获得无内外缩孔及缩松的致密铸件，但比灰铸铁要稍差一些。

由于强度高，对断面的敏感性小，铸造性能好，因而可以用来制造复杂的大型零件。如某厂生产的变速器箱体，单位质量达7000kg，壁厚40～60mm，且形状复杂，原要求用HT300材质，但实际上生产时成品率很低，改用蠕墨铸铁生产后，强度达440MPa以上，远远超过了HT300的强度性能，且由于使铸造性能得到改善，铸件废品率得到降低。

由于蠕墨铸铁具有较高的强度和较好的导热性、耐热疲劳性，因而特别适合制造在热交换以及有较大温度梯度下工作的零件，如汽车制动盘、排气管、发动机缸体、钢锭模等。如汽车发动机的排气管，工作温度经常在常温至700℃之间变化，承受较大的热循环载荷，原设计材料为HT150，使用寿命短且易开裂，改用蠕墨铸铁生产后，其使用寿命提高了3～5倍，且自身质量也减轻了10%。又如大型柴油机缸盖，在工作时承受较高的机械热应力，要求材质具有好的力学性能、抗热疲劳性、铸造性及气密性，用蠕墨铸铁代替原来的HT300合金铸铁后，由热疲劳引起的开裂倾向大为降低，使用寿命明显提高。

由于蠕墨铸铁有较高的致密性，同时具有较好的强度，特别适用于受力较高的液压件的生产。如某厂液压件原设计材质为HT300，由于碳当量低，不易获得致密铸件，废品率高达60%。采用蠕墨铸铁生产后，废品率下降到15%左右。

8.5 可锻铸铁

可锻铸铁是将一定成分的铁水浇注成白口铸件，经退火处理，使游离渗碳体分解为团絮状石墨，从而得到由团絮状石墨和不同基体组织组成的铸铁。由于团絮状石墨对铸铁金属基体的缩减和切割效应比灰铸铁小得多，因而铸铁具有较高的强度，同时还兼有良好的塑性和韧性，因而得名可锻铸铁，也称为展性铸铁。

可锻铸铁根据化学成分、热处理工艺以及由此导致的性能和金相组织的不同，可分为黑心可锻铸铁和白心可锻铸铁。表 8.4 是常用可锻铸铁的牌号及力学性能。

表 8.4　部分黑心可锻铸铁和珠光体可锻铸铁的力学性能（GB/T 9440—2010）

牌号	试样直径 d/mm	R_m/MPa	$R_{P0.2}$/MPa	A/%	HBW
		≥			
KTH330-08	12 或 15	330	—	8	≤150
KTH370-12		370	—	12	
KTZ450-06		450	270	6	150～200
KTZ550-04		550	340	4	180～230
KTZ600-03		600	390	3	195～245
KTZ700-02		700	530	2	240～290

注：试样直径 12mm 只适用于主要壁厚小于 10mm 的铸件；伸长率是从原始标距 L_0=3d 上测得。

黑心可锻铸铁也称为石墨化可锻铸铁，包括铁素体基可锻铸铁和珠光体基可锻铸铁。黑心可锻铸铁是将白口铸铁在密封的退火炉中进行石墨化退火热处理，共晶渗碳体在高温下分解成为团絮状石墨，然后通过不同的热处理工艺使基体成为铁素体或珠光体组织。用这种方法得到的铁素体基体可锻铸铁因其组织中有石墨存在，所以断面呈暗灰色，而在表层因经常有薄的脱碳层而呈亮白色，故称为黑心可锻铸铁。而珠光体可锻铸铁断口虽然呈白色，但都是石墨化退火可锻铸铁，习惯上仍称为黑心可锻铸铁。图 8.17 为可锻铸铁的退火曲线和组织变化，图 8.18 是退火状态下可锻铸铁组织（铁素体 + 团絮状石墨）。

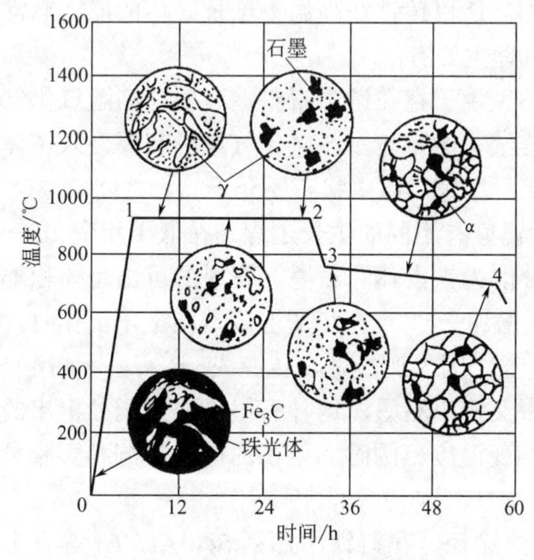

图 8.17　可锻铸铁的退火曲线和组织变化

1～2—第一阶段石墨化；2～3—中间阶段石墨化；3～4—第二阶段石墨化

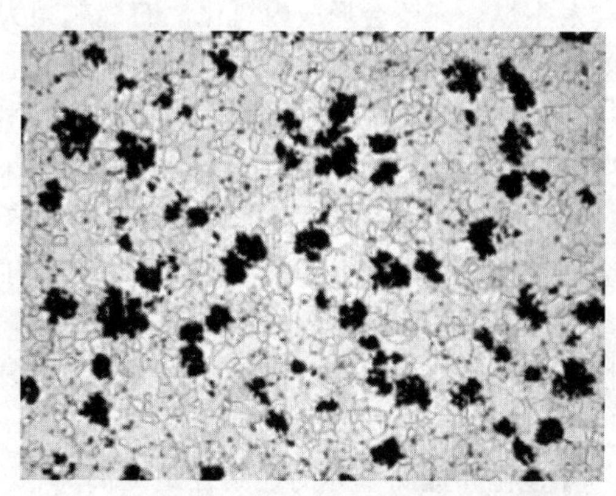

图 8.18　退火状态可锻铸铁的金相图（100×）

白心可锻铸铁是将白口铸铁在氧化性气氛条件下退火时，铸铁断面从外层到心部发生强烈的氧化和脱碳，在完全脱碳层中无石墨存在，基体组织为铁素体。这种铸铁断面由于其心部区域有发亮的光泽，故称为白心可断铸铁，又称为脱碳退火可锻铸铁。白心可锻铸铁由于生产工艺复杂，生产周期长，性能较差，在工业中应用较少。

由于铁素体可锻铸铁有一定的强度和较高的塑韧性，故常用于制造承受冲击、振动及扭转负荷的零件，如汽车、拖拉机中的后桥、转向机构、弹簧钢板支座；电力输电线安装金具；各种低阀门、管件和纺织机与农机零件或农具等。

珠光体可锻铸铁常制造一些耐磨零件，如曲轴、连杆、齿轮、凸轮等。由于球墨铸铁的发展，部分被球墨铸铁所取代。但由于可锻铸铁的生产过程较易控制，有较好的生产稳定性、生产成本低等优点，故仍在某些领域中使用。特别是对于一些大批量的复杂薄壁小件的生产，可锻铸铁的优点就更加突出，其应用仍具有一定的优势。

黑心可锻铸铁是由白口铁经石墨化退火后得到的。当把白口铁加热到高温（950℃左右或更高）保温时，莱氏体中的渗碳体分解成奥氏体＋石墨，此阶段称为第一阶段石墨化；若从900～950℃以较快速度（100℃/h）冷却到共析温度稍下时（710～730℃），使奥氏体转变为珠光体，就得到以珠光体为基体的可锻铸铁，此阶段称为中间冷却阶段；若继续在710～730℃进行低温阶段的石墨化，使共析体中的渗碳体也发生分解，形成铁素体和团絮状石墨，则最终便可以得到以铁素体基体为基体的可锻铸铁，此阶段也称为第二阶段石墨化。一般可锻铸铁的退火周期长达60～80h。

8.6 特种性能铸铁

8.6.1 耐热铸铁

铸铁在高温条件下工作时，主要的损坏形式是氧化和生长而导致零件失效。氧化是指铸铁在高温下受氧化性气氛的侵蚀，在铸件表面发生化学腐蚀的现象。由于表面形成氧化皮，减少了铸件的有效断面，因而降低了铸件的承载能力。生长是指铸件在高温下反复加热冷却时发生的不可逆的体积长大，造成零件尺寸增大，并使力学性能降低。铸件在高温和负荷作用下，由于氧化和生长最终导致零件变形、翘曲、产生裂纹，甚至破裂。所以铸铁在高温下抵抗破坏的能力通常指铸铁的抗氧化性和抗生长能力。产生氧化和生长的机理主要有：

（1）氧化机理 铸铁的氧化机理和钢相似，但铸铁由于存在游离石墨，石墨在高温氧化气氛中会发生燃烧，还会形成内氧化，石墨越粗大，越连续，数量越多，氧化气氛沿石墨侵入基体内部就越严重，氧化速率就越快，因此球状石墨比片状石墨好，蠕虫状石墨介于二者之间；

（2）生长机理 铸铁在高温下的生长依据不同的温度有不同的生长过程。在低于相变（$\alpha \rightarrow \gamma$）温度时（约400～600℃范围），生长机理是珠光体分解为铁素体和石墨。石墨的析出是体积膨胀的过程，理论上1%的化合碳转变为石墨时，体积要增加2.4%。在相变温度范围上下工作时，铸铁会周期性地发生α/γ相变，将导致灾难性的可观生长。因为加热时α转变成γ，石墨不断溶入γ内，在原石墨处留下微观空洞；而在冷却时，在γ中又析出石墨，这种石墨沿原空洞处析出的可能性又很小，结果再次造成体积膨胀。当反复通过相变温度范围时，累积的微观空洞和膨胀量不断增大，从而恶化性能。

合金化和提高基体的连续性是提高铸铁耐热性的途径。在铸铁中加入Si、Al、Cr等合金元素，在高温氧化性气氛下，这些合金元素可在铸铁的表面形成一层致密、牢固、均匀的氧化膜（SiO_2、Al_2O_3、Cr_2O_3），阻止氧化性气氛进一步渗入铸铁内部产生内氧化，从而抑制铸铁的生长。

同时合金的加入可以提高珠光体的稳定性和相变点，防止铸铁件的生长。对于普通灰铸铁，由于石墨呈片状，外部氧化性气氛容易沿石墨边界渗入铸铁内部，产生内氧化，因此灰铸铁仅能在400℃左右温度下工作。通过球化处理或变质处理的铸铁，由于石墨呈球状或蠕虫状，提高了铸铁金属基体的连续性，减少了外部氧化气氛渗入内部的现象，有利于防止铸铁产生内氧化，因此球墨铸铁与蠕墨铸铁的耐热性比灰铸铁好。

我国的耐热铸铁主要可以分硅系、铝系、铬系三个系列。根据国家标准GB/T 9437—2009，共分为11个牌号，如HTRCr2、HTRCr16、QTRSi4Mo、QTRAl4Si4、QTRAl22等。详细情况可参见有关手册或标准。

8.6.2 耐磨铸铁

根据工作条件，耐磨铸铁可以分为两类：一类是减摩铸铁，如机床导轨、汽缸套、活塞环等铸件；另一类是抗磨铸铁，如轧辊、抛丸机叶片、磨球等铸件。

普通灰铸铁具有较好的耐磨性，但对机床的导轨、发动机的汽缸套和活塞环等零件来说，这还远远满足不了要求。提高减摩类耐磨铸铁的途径主要是合金化和孕育处理，常见的合金元素为Cu、Mo、稀土、Mn、Si、P、Cr、Ti等，常用的孕育剂为硅铁。常见的减摩铸铁有：含磷铸铁、钒钛铸铁、硼铸铁等三类及在它们的基础上发展起来的其他减摩铸铁。它们大多数是通过改善铸铁的组织来提高铸铁的耐磨性。

铸铁耐磨性与基体组织关系密切。提高基体硬度，可以减少磨损。理论上讲，基体硬度越高，耐磨性越好，但高硬度的基体不利于石墨的成膜。在耐磨铸铁基体中，珠光体是一种较理想的基体组织。在几乎所有的耐磨组织中，尤其是处于滑动摩擦的零件，均规定基体必须为珠光体，形态以片状为好，而且碳化物片愈细愈好。粒状珠光体中的碳化物容易脱落，形成磨粒，所以耐磨性不如片状珠光体好，一般不希望有这种组织。

此外，基体中存在有硬质相，在磨损过程中，硬质相可以起支撑和骨架作用，有利于保持润滑剂减少磨损，如磷共晶、碳化钛、碳化钒、硼碳化物等。

由硬颗粒或凸出物的作用而造成的材料迁移所导致的损伤称为磨粒磨损。抗磨铸铁是指用于抵抗磨粒磨损的铸铁。要求硬度高且组织均匀，金相组织通常为莱氏体、贝氏体或马氏体。抗磨铸铁包括普通白口铸铁、镍硬白口铸铁、铬系白口铸铁、激冷铸铁等。铬系白口铸铁中又包括低铬、中铬和高铬白口铸铁。部分抗磨白口铸铁的硬度见表8.5。

表8.5 部分抗磨白口铸铁件的表面硬度（GB/T 8263—2010）

牌号	铸态或铸态并去应力处理		硬化态或硬化态并去应力处理		软化退火态	
	HRC≥	HBW≥	HRC≥	HBW≥	HRC≤	HBW≤
BTMNi4Cr2-DT	53	550	56	600	—	—
BTMCr9Ni5	50	500	56	600	—	—
BTMCr8	46	450	56	600	41	400
BTMCr12-GT	46	450	56	600	41	400
BTMCr15	46	450	58	650	41	400
BTMCr20	46	450	58	650	41	400
BTMCr26	46	450	56	650	41	400

注：GT为高碳，DT为低碳；硬度值HRC和HBW之间没有精确的对应值，因此两种硬度值应独立使用。

8.6.3 耐蚀铸铁

普通铸铁的耐蚀性是很差的，这是因为，铸铁本身是一种多相合金，在电解质中各相具有不同的电极电位，其中以石墨的电位最高（+0.37V），渗碳体次之，铁素体最低（−0.44V）。电位高的构成阴极，电位低的构成阳极，这样就形成一个微电池，于是阳极（铁素体）不断被耗掉，一直深入到铸铁内部。

提高铸铁耐蚀性的办法有3种：

① 在铸铁表面形成致密、牢固的氧化膜，加Si、Cr、Al等合金元素；

② 提高铸铁基体的电极电位，加入Cr、Mo、Cu、Ni等合金元素；

③ 改善铸铁组织，使基体组织、石墨大小、形状及分布得到改善，进而减少石墨数量，进行球化处理，将石墨转变为球状，加入合金元素获得单相金属基体。

目前列入国家标准GB/T 8491—2009中的高硅耐蚀铸铁有4个牌号：HTSSi11Cu2CrRE、HTSSi15RE、HTSSi15Cr4MoRE、HTSSi15Cr4RE，主要应用于离心机、潜水泵、塔罐、冷却排水管、阀门等有关设备及其各种相关的配件。

本章小结

铸铁的中心问题是石墨（G）。不同类型石墨的形成主要取决于体系的热力学和动力学条件，即化学成分和冷却速度。铸铁的成分-工艺-组织-性能关系如图8.19所示。

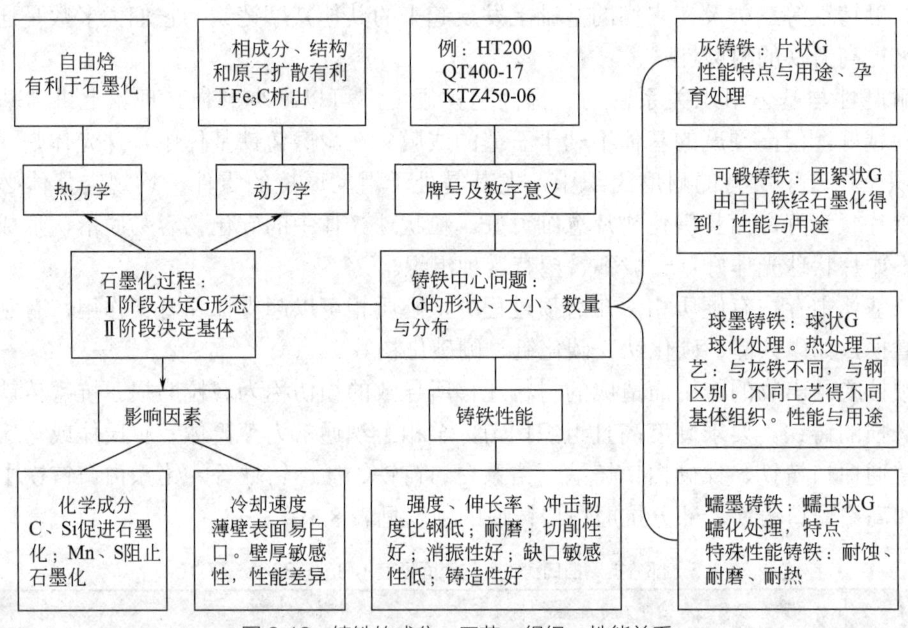

图8.19 铸铁的成分-工艺-组织-性能关系

铸铁中石墨参与相变过程，但热处理不能改变石墨G的形态和分布。石墨的形状、大小、数量、分布影响了铸铁基体性能的发挥程度，从而也基本上决定了铸铁的宏观力学性能。从片状石墨到球状石墨，铸铁中石墨和基体的组织配合发生了质的变化，即矛盾的主要方面发生了根本变化，蠕虫状石墨和团絮状石墨则是中间过渡阶段。灰铸铁的石墨形态为片状，易应力集中，产生裂纹，且石墨割裂基体严重，强韧矛盾的主要方面在石墨。而球墨铸铁的石墨形态为球状，割裂基体的作用小，基体是连续的，基体可利用率可达70%～90%；且球状石墨应力集中倾向也大为减小，因此基体性能的充分发挥是强-韧矛盾的主要方面。所以钢的各种热处理强化工艺基本上都可以在球墨铸铁中应用，以改变基体组织，使球墨铸铁的性能得到较大的利用。

不同类型的铸铁有不同的用途，根据零部件的工作条件和技术要求，可合理地选择铸铁类型及其处理工艺。通过成分、组织和工艺的特殊设计，可得到相应的耐热、耐磨、耐蚀等特种铸铁。

本章重要词汇

灰铸铁	球墨铸铁	蠕墨铸铁	可锻铸铁
白口铸铁	耐热铸铁	耐磨铸铁	耐蚀铸铁
石墨化过程	碳当量	共晶度	壁厚敏感效应
孕育处理	孕育剂	球化处理	奥贝球铁

思考题

8-1 铸铁与碳钢相比，在成分、组织和性能上有什么主要区别？

8-2 C、Si、Mn、P、S 元素对铸铁石墨化有什么影响？为什么三低（C、Si、Mn 低）一高（S 高）的铸铁易出现白口？

8-3 什么叫铸件壁厚敏感性？铸铁壁厚对石墨化有什么影响？

8-4 石墨形态是铸铁性能特点的主要矛盾因素，试分别比较说明石墨形态对灰铸铁和球墨铸铁力学性能及热处理工艺的影响。

8-5 球墨铸铁的性能特点及用途是什么？

8-6 和钢相比，球墨铸铁的热处理原理有什么异同？

8-7 HT200、QT400-15、QT600-3 各是什么铸铁，数字代表什么意义？各具有什么样的基体和石墨形态？说明它们的力学性能特点及用途。

8-8 如何理解：铸铁在一般的热处理过程中，石墨参与相变，但是热处理并不能改变石墨的形状和分布。

8-9 某厂生产球墨铸铁曲拐，经浇注后，表面常出现“白口”，为什么？为消除白口，并希望得到珠光体基体组织，应采用什么样的热处理工艺？

8-10 解释机床底座常用灰铸铁制造的原因。

8-11 影响铸态组织的主要因素是什么？

8-12 为什么灰铸铁的切屑是碎片状的，而钢的切屑是连续状的？

8-13 如何理解铸铁的宏观成分与微观成分的差异？

第二篇

有色金属合金

钢铁以外的金属材料称为有色金属材料或非铁金属材料。目前，全世界金属材料总产量约 8 亿吨，有色金属材料约占 5%。有色金属按金属性能可分为下列五类。

（1）**有色轻金属**　即密度≤$4.5g/cm^3$ 的有色金属，如 Al、Mg、Ti、Ca、Sr 等。

（2）**有色重金属**　即密度＞$4.5g/cm^3$ 的有色金属，如 Cu、Pb、Zn、Ni、Co、Sn 等。

（3）**贵金属**　如 Au、Ag 和 Pt 族元素。

（4）**稀有金属**　包含稀有轻金属，如 Li、Be、Rb、Cs；稀有高熔点金属，如 W、Mo、Nb、Zr 等；稀土金属（RE）；分散金属，如 Ga、In、Ge、Tl 等；稀有放射性金属，如 Ra、Ac、Th、U 等。

（5）**半金属**　如 Si、B、Se、Te、As。

本篇主要介绍机械制造工业中常用的 Al、Cu、Ti、Mg 等有色金属合金。重点讨论它们的合金化、热处理以及常用合金的成分、组织与性能。

在第一篇中，我们详细学习了钢铁材料，该类材料以 Fe 元素为主，也可以称为黑色金属。在即将开始有色金属的学习之前，将黑色金属与有色金属做一个简要对比，以期促进学生对有色金属的理解。可以从下图当中，得到两类金属的简要对比信息。

首先，是两类金属材料的成本对比，黑色金属一般价格低廉，成本较低，而有色金属一般价格昂贵。

其次，是关于两类金属材料四要素的比较。从成分上来看，黑色金属以 Fe 为主；而有色金属以各类有色金属材料为主。从（微观）结构来看，黑色金属以我们常见的奥氏体、珠光体、马氏体、回火组织等为主，第二相常见的是碳化物；而有色金属以固溶组织、析出相为主要微观结构，常见合金化合物。从制备 / 加工的角度来看，黑色金属采用常规的铸锻焊工艺，热处理以常规工艺为主，这些工艺变化多端，非常复杂，主要参考 Fe-C 相图；而有色金属主要采用特殊的铸锻焊工艺，热处理以固溶和时效为主，工艺相对简单，主要参考各类有色金属的相图。从性能的角度来看，黑色金属以力学性能为主，而有色金属一般不再以力学性能为主要指标，而是以其他性能指标为主。

最后是两类金属的应用领域，对于黑色金属而言，用其主要制造结构件、零部件等，主要用于机械、工程领域，不同的行业对应不同的标准，比如汽车工业有专门的标准，轴承工业有专门的标准等；而有色金属材料主要用在航空航天、电力电气以及消费电子、生物医药等领域，不同的金属材料对应不同的标准。

成本		MSE四要素：成分	（微观）结构	制备/加工	性能	应用
高昂	有色金属	以Al、Ti、Mg、Cu等有色金属为主	以固溶组织、析出相等为主；常见合金化合物	特殊铸锻焊；热处理以固溶和时效为主，工艺相对简单	力学性能为辅；其他性能为主	航空航天、电力电气、消费电子等；不同金属有不同标准
低廉	黑色金属	以Fe为主	以奥氏体、珠光体、马氏体、回火组织等为主；常见碳化物	常规铸锻焊；热处理以常规工艺为主，工艺复杂	以力学性能为主	结构件、零部件等机械、工程领域；不同行业有不同标准

黑色金属与有色金属的简要对比

铝合金

Al具有一系列比其他有色金属、钢铁和塑料等更优良的特性，如密度小，仅为2.7g/cm^3，约为Cu或钢的1/3；优良的导电性、导热性；良好的耐蚀性；优良的塑性和加工性能等。但纯Al的力学性能不高，不适合作承受较大载荷的结构零件。为了提高Al的力学性能，在纯Al中加入某些合金元素，制成铝合金。铝合金仍保持纯Al的密度小和耐蚀性好的特点，且力学性能比纯Al高得多。有些铝合金经热处理后的力学性能可以和钢铁材料相比。

9.1 概述

9.1.1 铝合金的分类

铝合金中常加入的元素为Cu、Zn、Mg、Si、Mn以及稀土元素（RE）等，这些合金元素在固态Al中的溶解度一般都是有限的，所以铝合金的组织中除了形成Al基固溶体外，还有第二相出现。以Al为基的二元合金大都按共晶相图结晶，如图9.1所示。加入的合金元素不同，在Al基固溶体中的极限溶解度也不同，固溶度随温度变化以及合金共晶点的位置也各不相同。根据成分和加工工艺特点，铝合金可分为变形铝合金和铸造铝合金。由图9.1可知，成分在*B*点以左的合金，当加热到固溶线以上时，可得到均匀的单相固溶体α，由于其塑性好，适宜于压力加工，所以称为变形铝合金。常用的变形铝合金中，合金元素的总量小于5%，但在高强度变形铝合金中，可达8%～14%。

变形铝合金又可分为以下两类。

（1）不能热处理强化的铝合金 即合金元素的含量小于状态图中*D*点成分的合金，这类合金具有良好的抗蚀性能，故称为防锈铝。

（2）能热处理强化的铝合金 即成分处于状态图中*B*与*D*之间的合金，通过热处理能显著提高力学性能，这类合金包括硬铝、超硬铝和锻铝。

一般来说共晶成分的合金具有优良的铸造性能，但在实际使用中，还要求铸件具备足够的力学性能。因此，铸造铝合金的成分只是合金元素的含量比变形铝合金高一些，其合金元素总量为8%～25%。

图9.1 铝合金分类示意图

1—变形铝合金；2—铸造铝合金；3—不能热处理强化的铝合金；4—能热处理强化的铝合金

9.1.2 铝合金热处理强化特点❶

铝合金的热处理强化虽然工艺操作与钢的淬火工艺操作基本上相似，但强化机理与钢有着本质的不同。铝合金尽管淬火

❶ 铝合金的淬火工艺实质为固溶处理＋快速水冷，与黑色金属的经典淬火不一样。

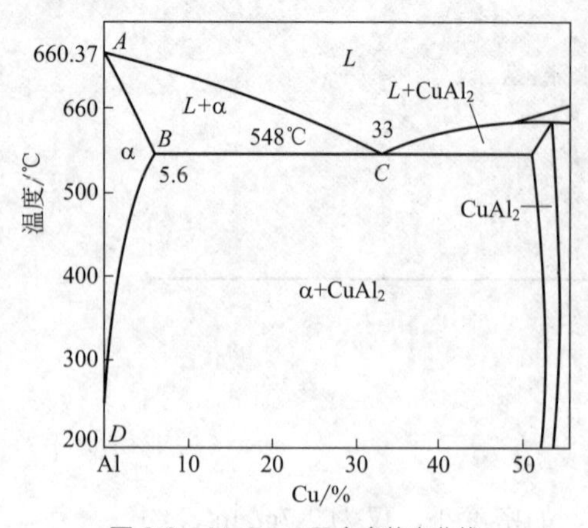

图 9.2 Al-Cu 二元合金状态曲线

加热时，也是由α固溶体加第二相转变为单相的α固溶体，淬火时得到单相的过饱和α固溶体，但它不发生同素异构转变。因此，铝合金的淬火处理称之为固溶处理，由于硬脆的第二相消失，所以塑性有所提高。过饱和的α固溶体虽有强化作用，但是单相的固溶强化作用是有限的，所以铝合金固溶处理后强度、硬度提高并不明显，而塑性却有明显提高。铝合金经固溶处理后，获得过饱和固溶体。在随后的室温放置或低温加热保温时，第二相从过饱和固溶体中析出，引起强度、硬度以及物理和化学性能的显著变化，这一过程称为时效。室温放置过程中使合金产生强化的效应称为自然时效；低温加热过程中使合金产生强化的叫人工时效。因此，铝合金的热处理强化实际上包括了固溶处理与时效处理两部分。

下面以 Al-Cu 二元合金为例来讨论铝合金的时效过程。Al-Cu 二元合金状态曲线如图 9.2。Cu 在 548℃共晶温度有极限溶解度为 5.6%，而低于 200℃的溶解度小于 0.5%。在 *B* 与 *D* 之间的 Al-Cu 合金室温时的平衡组织为 $\alpha+CuAl_2$，加热到固溶线 *BD* 以上，第二相 $CuAl_2$ 完全溶入α固溶体中，淬火后获得 Cu 在 Al 中的过饱和固溶体。

9.1.2.1 形成 Cu 原子富集区

在 Cu-Al 过饱和固溶体脱溶分解的过程中，产生一系列介稳相。在自然时效过程中，首先在基体中产生 Cu 原子的富集区，称为 G. P. 区[1]。其晶体结构与基体α相同，不同之处是 Cu 原子尺寸小而使 G. P. 区点阵产生弹性收缩，与周围基体形成很大的共格应变区，引起点阵的严重畸变，阻碍位错的运动，因而合金的强度、硬度提高。G. P. 区呈盘状，只有几个原子层厚，在 25℃以下其直径约 5nm，超过 200℃就不再出现 G.P. 区。

9.1.2.2 Cu 原子富集区有序化

合金在较高温度下时效，G. P. 区尺寸急剧长大，G. P. 区的 Cu 原子进行有序化，形成θ″相。θ″相与基体仍然保持完全共格，具有正方点阵，其点阵常数 $a=b=0.404$nm，$c=0.768$nm。它比 G. P. 区周围的畸变更大，且随着θ″相长大共格畸变区进一步扩大，对位错的阻碍作用也进一步增加，因此时效强化作用更大。

9.1.2.3 形成过渡相 θ′

随着时效过程的进一步发展，θ″相将转变成过渡相θ′。θ′相是正方点阵，点阵常数为 $a=b=0.571$nm，$c=0.580$nm，成分接近 $CuAl_2$。由于θ′相的点阵常数发生较大的变化，故当它形成时与基体的共格关系开始破坏，即由完全共格变为局部共格。所以，θ′相周围基体的共格畸变减弱，对位错的阻碍作用也就减小，因此合金的强度、硬度开始降低，合金此时处于过时效阶段。

9.1.2.4 形成稳定的 θ

继续时效，过渡相θ′从 Al 基固溶体中完全脱溶，形成与基体有明显相界面的独立的稳定相 $CuAl_2$，称为θ相，其点阵结构也是正方点阵，点阵常数比θ′大些，$a=b=0.607$nm，$c=0.487$nm。θ相与基体完全失去共格关系，共格畸变也随之消失，导致合金的强度、硬度进一步下降。

Al-Cu 二元合金的时效原理及一般规律，对于其他工业合金也是适用的。但是合金的种类不同，形成的 G. P. 区、过渡相以及最后析出的稳定相各不相同，时效强化效果也不一样。几种常用铝合金系的时效过程及析出的稳定相见表 9.1。从表中可以看出，不同的合金系时效过程并不

[1] G. P. 区是以 A. Guinier 和 G. D. Preston 两位科学家姓氏的首字母命名，他们首先发现铝合金时效硬化过程的开始阶段产生铜富集区。

表 9.1 常用铝合金系的时效过程及其析出的稳定相

合金系	时效过程的过渡阶段	析出的稳定相	合金系	时效过程的过渡阶段	析出的稳定相
Al-Cu	①形成 Cu 原子富集区——G. P. 区 ② G. P. 区有序化——θ″ 相 ③形成过渡相 θ′	θ（$CuAl_2$）	Al-Cu-Mg	①形成 Cu、Mg 原子富集区——G. P. 区 ②形成过渡相 S′	S（Al_2CuMg）
Al-Mg-Si	①形成 Cu、Si 原子富集区——G. P. 区 ②形成有序的 β′ 相	β（Mg_2Si）	Al-Mg-Zn	①形成 Cu、Zn 原子富集区——G. P. 区 ②形成过渡相 M′	M（$MgZn_2$）

完全经历上述 4 个阶段，有的合金系就没有有序化过程而直接形成过渡相。

9.1.3 影响时效强化的主要因素

9.1.3.1 时效温度的影响

对同一成分的合金而言，当时效时间一定时，时效温度与时效强化效果之间有如图 9.3 所示的关系，即在某一时效温度，合金能获得最大的强化效果，这个温度称为最佳时效温度。不同合金的最佳时效温度是不同的。据统计，T_a=（0.5～0.6）$T_{熔}$，其中 T_a 为最佳时效温度，$T_{熔}$为熔点。

9.1.3.2 时效时间的影响

图 9.4 是 130℃时效时 Al-Cu 合金的硬度与时间的关系曲线。从图中可以看出，G. P. 区形成后硬度上升，然后达到稳定。长时间时效后 G. P. 区溶解，θ″ 相形成使硬度又重新上升。当 θ″ 相溶解而形成 θ′ 相时，硬度开始下降。θ′ 相后期已过时效，开始软化，故在一定时效温度下，为获得最大时效强化效果，对应有一个最佳时效时间。

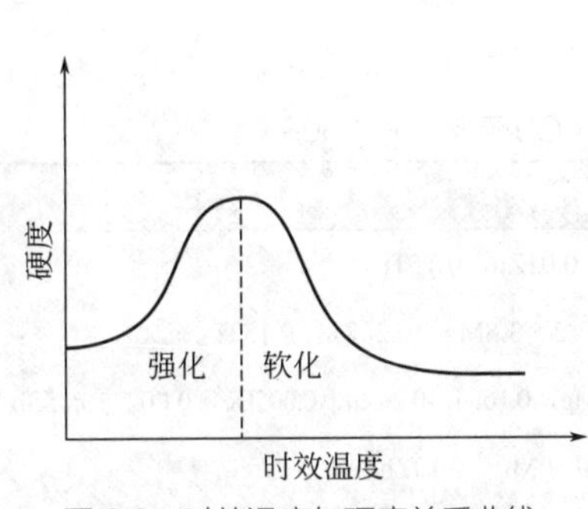

图 9.3 时效温度与硬度关系曲线

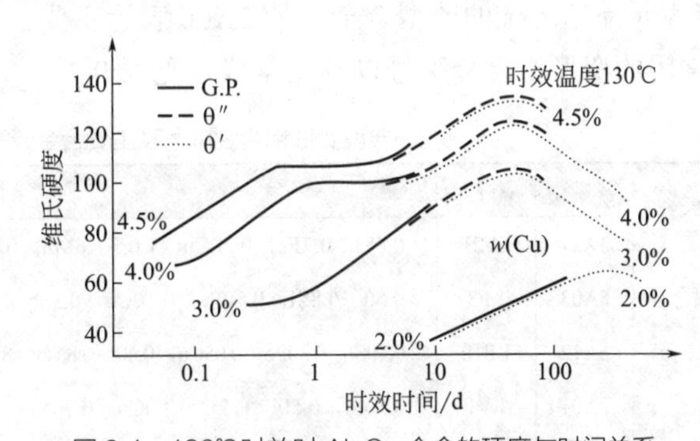

图 9.4 130℃时效时 Al-Cu 合金的硬度与时间关系

通常在高强度合金中采用分级时效，即时效分两步进行：首先在 G. P. 区溶解度线以下较低温度进行，得到弥散的 G. P. 区；然后再在较高温度下时效。这些弥散的 G. P. 区能成为脱溶的非均匀形核位置。与较高温度下一次时效相比，分级时效可得到更弥散的时效相的分布。经这种分级时效处理过的合金，其断裂韧性值较高，并改善了合金的耐蚀性能。

9.1.3.3 冷却工艺的影响

实践表明，冷却前的加热温度越高，冷却速度越快，冷却中间转移时间越短，所获得的固溶体过饱和程度越高，时效后时效强化效果也越大。

正确控制合金的固溶处理工艺，是保证获得良好时效强化效果的前提。一般来说，在不发生过热、过烧的条件下，加热温度高些，保温时间长些，有利于获得最大过饱和度的均匀固溶体。其次，冷却过程要保证不析出第二相。否则，在随后时效处理时已析出相将起晶核作用，造成局部不均匀析出而降低时效强化效果。为了防止冷却时引起变形开裂，铝合金冷却一般采用 20～80℃水作冷却介质。

9.2 变形铝合金

9.2.1 变形铝及铝合金牌号和表示方法

变形铝合金需经过不同的压力加工方式生产成型材。这些变形铝合金是机械工业和航空工业中重要的结构材料。由于质量小，比强度高，在航空工业中占有特殊的地位。

GB/T 16474—2011

根据国家标准（GB/T 16474—2011）《变形铝及铝合金牌号表示方法》，凡是化学成分与变形铝及铝合金国际牌号注册协议组织命名的合金相同的所有合金，其牌号直接采用国际4位数字体系牌号，未与国际4位数字体系牌号接轨的变形铝合金采用4位字符牌号命名，并按要求标注化学成分。4位字符体系牌号的第1、3、4位为阿拉伯数字，第2位为英文大写字母（C、I、L、N、O、P、Q、Z字母除外）。牌号的第1位数字表示组别：1—纯Al；2—以Cu为主要合金元素的铝合金；3—以Mn为主要合金元素；4—以Si为主要合金元素；5—以Mg为主要合金元素；6—以Mg和Si为主要合金元素并以Mg_2Si相为强化相的铝合金；7—以Zn为主要合金元素；8—以其他元素为主要合金元素；9—备用合金组。除改型合金外，铝合金组别按主要合金元素来确定。主要合金元素指极限含量算术平均值为最大的合金元素。当有一个以上的合金元素极限含量算术平均值同为最大时，应按Cu、Mn、Si、Mg、Mg_2Si、Zn、其他元素的顺序来确定合金组别。

铝合金的牌号用2×××～8××× 系列表示。牌号的最后两位数字没有特殊意义，仅用来区别同一组中不同的铝合金。牌号第二位的字母表示原始合金的改型情况，A表示原始合金；B～Y表示原始合金的改型合金。如2A06表示主要合金元素为Cu的6号原始铝合金。

常用的变形铝合金牌号以及化学成分见表9.2。

表9.2 典型变形铝合金牌号及主要合金元素含量（GB/T 3190—2008）

合金名称	新牌号	旧牌号	主要合金元素/%
防锈铝合金	3A21	LF21	0.6Si，0.7Fe，0.20Cu，1.0～1.6Mn，0.05Mg，0.01Zn，0.15Ti
	5A03	LF3	0.50～0.8Si，0.50Fe，0.10Cu，0.30～0.6Mn，3.2～3.8Mg，0.20Zn，0.15Ti
	5A12	LF12	0.30Si，0.30Fe，0.05Cu，0.40～0.8Mn，8.3～9.6Mg，0.10Ni，0.20Zn，0.005Be，0.004～0.05Sb
硬铝合金	2A01	LY1	0.50Si，0.50Fe，2.2～3.0Cu，0.20Mn，0.20～0.50Mg，0.10Zn，0.15Ti
	2A10	LY10	0.25Si，0.20Fe，3.9～4.5Cu，0.30～0.50Mn，0.15～0.30Mg，0.10Zn，0.15Ti
	2A11	LY11	0.7Si，0.7Fe，3.8～4.8Cu，0.40～0.8Mn，0.40～0.8Mg，0.10Ni，0.30Zn，0.15Ti，0.7（Fe+Ni）
	2A12	LY12	0.50Si，0.50Fe，3.8～4.9Cu，0.30～0.9Mn，1.2～1.8Mg，0.10Ni，0.30Zn，0.15Ti，0.50（Fe+Ni）
超硬铝合金	7A03	LC3	0.20Si，0.20Fe，1.8～2.4Cu，0.10Mn，1.2～1.6Mg，0.05Cr，6.0～6.7Zn，0.02～0.08Ti
	7A09	LC9	0.50Si，0.50Fe，1.2～2.0Cu，0.15Mn，2.0～3.0Mg，0.16～0.30Cr，5.1～6.1Zn，0.10Ti
	7A10	LC10	0.30Si，0.30Fe，0.50～1.00Cu，0.20～0.35Mn，3.0～4.0Mg，0.10～0.20Cr，3.2～4.2Zn，0.10Ti
锻铝合金	6A02	LD2	0.50～1.2Si，0.50Fe，0.20～0.6Cu，0.15～0.35Cr，0.45～0.9Mg，0.20Zn，0.15Ti
	2B50	LD6	0.7～1.2Si，0.7Fe，1.8～2.6Cu，0.40～0.8Mn，0.40～0.8Mg，0.01～0.20Cr，0.10Ni，0.30Zn，0.7（Fe+Ni）
	2A14	LD10	0.6～1.2Si，0.7Fe，3.9～4.8Cu，0.40～1.0Mn，0.40～0.8Mg，0.10Ni，0.30Zn，0.15Ti

注：表中所列成分除标明范围外，其余均为最大值。

9.2.2 防锈铝合金

防锈铝合金包括Al-Mn和Al-Mg两个合金系。防锈铝代号用“3A”或“5A”加一组顺序号表示。常用的防锈铝及其合金见表 9.2。这类合金具有优良的抗腐蚀性能，并有良好的焊接性和塑性，适合于压力加工和焊接。这类合金不能进行热处理强化，一般只能用冷变形来强化。由于防锈铝的切削加工性能差，故适合于制作焊接管道、容器、铆钉、各种生活用具以及其他冷变形零件。

9.2.2.1 Al-Mn 系防锈铝合金

Mn 在 Al 中的最大溶解度为 1.82%。Mn 和 Al 可以形成金属间化合物 $MnAl_6$。这种弥散析出的质点可阻碍晶粒的长大，故可细化合金的晶粒。Mn 溶于 α 固溶体中起固溶强化的作用。当 Mn 含量＞1.6% 时，由于形成大量的脆性 $MnAl_6$，合金的塑性显著降低，压力加工性能较差，所以防锈铝中 Mn 含量一般不超过 1.6%。

Al-Mn 合金具有优良的耐蚀性。$MnAl_6$ 与基体的电极电位相近，产生的腐蚀电流很小。Fe 和 Si 是合金的主要杂质。Fe 降低 Mn 在 Al 中的溶解度，形成脆性的（Mn，Fe）Al_6 化合物，使合金的塑性降低，所以要限制 Fe 含量在 0.4%～0.7%。Si 是有害元素，它增大合金的热裂倾向，降低铸造性能，故应严格控制其含量，一般控制在＜0.6%。

Al-Mn 系防锈铝因时效强化效果不佳，故不采用时效处理。3A21 合金制品的热处理主要是退火。为了防止在退火过程中产生粗大晶粒，可提高退火时的加热速度，或在合金中加入少量 Ti 的同时，加入约 0.4%Fe 来细化晶粒。此外，相对于 Al 来说 Mn 是高熔点金属，容易产生偏析，特别是半连续浇注锭坯中 Mn 的偏析较严重。为了减少或消除晶内偏析，可在 600～620℃进行锭坯的均匀化退火。

9.2.2.2 Al-Mg 系防锈铝合金

Al-Mg 系二元合金状态图如图 9.5 所示。从图中看出，Mg 在 Al 中固溶量较大。一般 Mg＜5% 的合金为单相合金。经扩散退火及冷变形后退火等热处理，组织和成分较均匀，耐蚀性较好。Mg＞5% 的合金经退火后，组织中会出现脆性的 β（Mg_5Al_8）相。由于该相电极电位低于 α 固溶体，β 相成为阳极，导致合金的耐蚀性恶化，塑性、焊接性也变差。

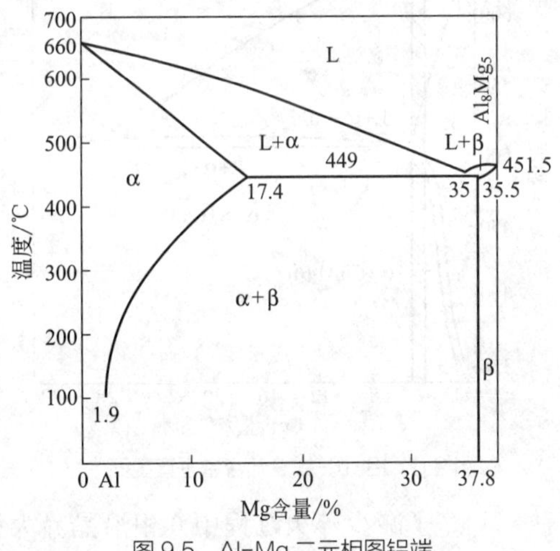

图 9.5 Al-Mg 二元相图铝端

Mg 固溶于 α 固溶体引起的固溶强化效果显著，Al-Mg 合金的强度高于 Al-Mn 合金。Al-Mg 合金中加入少量的 Mn，不仅能改善合金的耐蚀性，而且还能提高合金的强度。少量的 Ti 或 V 主要起细化晶粒的作用。少量的 Si 能改善 Al-Mg 合金的流动性，减少焊接裂纹倾向。Fe、Cu 和 Zn 等是有害的杂质元素，它们使合金的耐蚀性与工艺性能恶化，故其含量应严格控制。

在 Al-Mg 合金中，Mg 在固态 Al 中虽然有较大的溶解度，但由于 Al-Mg 合金淬火后，在时效过程中形成的过渡相 β′ 与基体不发生共格关系，其时效强化效果甚微，故 Mg＜7% 的 Al-Mg 合金均不采用时效处理来提高强度，可采用冷形变强化的方法来提高强度。

各种牌号的 Al-Mg 合金，其 Mg 含量为 2%～9%，牌号为 5A02～5A12，其中应用最广的是低镁的 5A02 和 5A03。Al-Mg 合金在大气、海洋中的耐蚀性优于 Al-Mn 合金 3A21，与纯 Al 相当；在酸性和碱性介质中比 3A21 略差。

9.2.3 硬铝合金

硬铝属于 Al-Cu-Mg 系合金，具有强烈的时效强化作用，经时效处理后具有很高的硬度、强度，故 Al-Cu-Mg 系合金总称为硬铝合金。这类合金具有优良的加工性能和耐热性，但塑性、韧性低，耐蚀性差。常用来制作飞机大梁、空气螺旋桨、铆钉及蒙皮等。

硬铝的代号用“2A”加一组顺序号表示。常用的硬铝合金见表9.2。不同牌号的硬铝合金具有不同的化学成分，其性能特点也不相同。Cu、Mg含量低的硬铝强度较低而塑性高；Cu、Mg含量高的硬铝则强度高而塑性较低。在Al-Cu-Mg系中，有θ（$CuAl_2$）、S（$CuMgAl_2$）、T（Al_6CuMg_4）和β（Mg_5Al_6）4个金属间化合物相，其中前两个是强化相。S相有很高的稳定性和沉淀强化效果，其室温和高温强化作用均高于θ相。当硬铝以S相为主要强化相时，合金有最大的沉淀强化效应。当Cu与Mg的比值一定时，Cu和Mg总量越高，强化相数量越多，强化效果越大。常用的硬铝中主要强化相见表9.3。

表9.3 硬铝中主要强化相

合金	2A01	2A02	2A06	2A10	2A11	2A12
Cu/Mg	7.4	1.22	2	18.3	7.2	2.86
主要强化相	θ（S）	S	S	θ	θ（S）	S（θ）

在硬铝中除主要元素Cu和Mg外，还加入一定量的Mn，其主要作用是中和Fe的有害影响，改善耐蚀性。同时，Mn有固溶强化作用和抑制再结晶作用。但Mn含量高于1.0%，会产生粗大的脆性相（Mn，Fe）Al_6，降低合金的塑性，因此硬铝合金中Mn含量控制在0.3%～1.0%。Fe和Si是杂质，它们的存在会减少强化相θ和S的数量，从而降低硬铝的时效强化效果。

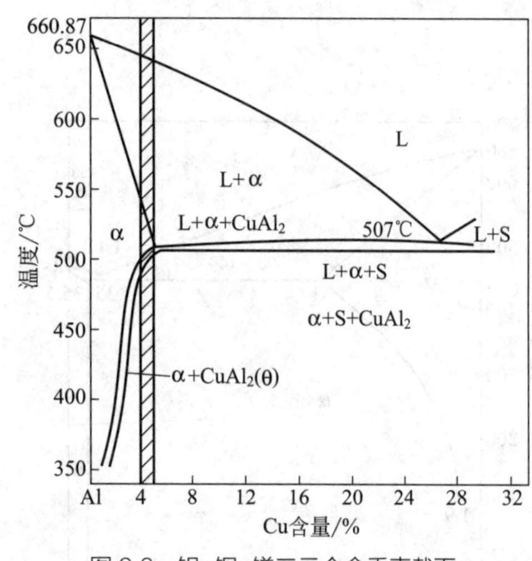

图9.6 铝-铜-镁三元合金垂直截面

硬铝合金按合金元素含量及性能不同，可分为3种类型：低强度硬铝，如2A01、2A10等合金；中强度硬铝，如2A11等合金；高强度硬铝，如2A12等合金。其中2A12是使用最广的高强度硬铝合金。

硬铝合金的热处理特性是强化相的充分固溶温度与（α+θ+S）三元共晶温度的间隙很窄，如图9.6所示。2A12合金的θ和S相完全溶入α固溶体的温度非常接近于三元共晶的熔点（507℃）。因此，硬铝淬火加热的过烧敏感性很大。为了获得最大固溶度的过饱和固溶体，2A12合金最理想的淬火温度为（500±3）℃，但实际生产条件很难做到，所以2A12合金常用的淬火温度为495～500℃。

硬铝合金人工时效比自然时效具有更大的晶间腐蚀倾向，所以硬铝合金除高温工作的构件外，一般都采用自然时效。为了减少淬火过程中θ相沿晶界大量析出，从而导致自然时效强化效果减低和晶间腐蚀倾向增大，硬铝合金淬火时，在保证不变形开裂的前提下，冷却速度越快越好。

9.2.4 超硬铝合金

超硬铝属于Al-Zn-Cu-Mg系合金。它是目前室温强度最高的一类铝合金，其强度值达500～700MPa，超过高强度硬铝2A12合金，故称超硬铝合金。这类合金除了强度高外，韧性储备也很高，又具有良好的工艺性能，是飞机工业中重要的结构材料。

超硬铝的代号用“7A”加一组顺序号表示。常用的超硬铝合金及化学成分见表9.2。

超硬铝是在Al-Zn-Mg合金系基础上发展起来的。Zn和Mg是合金的主要强化元素，在合金中形成强化相η（$MgZn_2$）和T（$Al_2Mg_3Zn_3$）相。在高温下这两个相在α固溶体中有较大的溶解度，固溶后在低温下有强烈的沉淀强化效应。但Zn、Mg含量过高时，虽然合金强度提高，但塑性和抗应力腐蚀性能变坏。Cu的加入主要是为了改善超硬铝的应力腐蚀倾向，同时Cu还能形成θ相和S相起补充强化作用，提高合金的强度。但Cu含量超过3%时，合金的耐蚀性反而降低，故超硬铝中的 Cu 含量应控制在 3% 以下。此外，Cu 还会降低超硬铝的焊接性，所以一般超硬铝采用铆接或粘接。

超硬铝中常加入少量的 Mn 和 Cr 或微量 Ti。Mn 主要起固溶强化作用，同时改善合金的抗晶间腐蚀性能。Cr 和 Ti 可形成弥散分布的金属间化合物，强烈提高超硬铝的再结晶温度，阻止晶粒长大。

超硬铝与硬铝相比，淬火温度范围较宽。对于 Zn<6%、Mg<3% 的合金，淬火温度为 450～480℃。超硬铝一般经人工时效后使用，且采用分级时效处理。先在 120℃时效 3h，第二次在 160℃时效 3h，形成 G. P. 区和少量的 η′ 相，此时合金达到最大强化状态。

超硬铝的主要缺点是耐蚀性差，疲劳强度低。为了提高合金的耐蚀性能，一般在板材表面包铝。此外，超硬铝的耐热强度不如硬铝，当温度升高时，超硬铝中的固溶体迅速分解，强化相聚集长大，而使强度急剧降低。超硬铝合金只能在低于 120℃的温度下使用。

9.2.5 锻铝合金

锻铝属于 Al-Mg-Si-Cu 系合金。这类合金具有优良的锻造性能，主要用于制作外形复杂的锻件，故称为锻铝。它的力学性能与硬铝相近，但热塑性及耐蚀性较高，更适合锻造，主要用作航空仪表工业中形状复杂、强度要求高的锻件。

锻铝的代号用“6A”或“2A”加一组顺序号表示。常用的合金有 6A02、2A14 等。

锻铝中的主要强化相是 Mg_2Si。Mg_2Si 具有一定的自然时效强化倾向，若淬火后不立即时效处理，则会降低人工时效强化效果。其原因是 Mg 和 Si 在 Al 中的溶解度不同，Si 的溶解度小，先于 Mg 发生偏聚；Si 原子偏聚区小而弥散，基体中固溶的 Si 含量大大减少。当再进行人工时效时，这些小于临界尺寸的 Si 的 G. P. 区将重新溶解，导致形成介稳的 β″ 相的有效核心数目减少，从而生成粗大的 β″ 相。为了弥补这种强度损失，在合金中同时加入 Cu 和 Mn。Mn 有固溶强化、提高韧性和耐蚀性的作用。Cu 可显著改善热加工塑性和提高热处理强化效果，降低因加入 Mn 而引起的各向异性。

9.2.6 变形铝合金的热处理及金相检验

变形铝合金热处理的主要方式有：退火、淬火[1] 和时效。

变形铝合金的退火可分为：铸锭的均匀化退火、热加工毛坯的预先退火、冷轧铝材的中间退火、半成品出厂前的退火和生产制品的低温退火。表 9.4 为几种变形铝合金的退火温度。

表 9.4 几种变形铝合金的退火温度

合金牌号	均匀化退火温度 /℃	预先退火和中间退火 /℃	成品退火温度 /℃	低温退火温度 /℃
2A11，2A12	480～495	400～450（板、管）	350～420	270～290（管材）
7A04	450～465	400～450（板、管）	350～420	—
5A05	460～475	315～400（压延管）	310～335	150～240
2A14	475～490	400～450（板、管）	350～420	—

铝合金的淬火目的是为了获得过饱和的固溶体，从而使时效后得到较高的力学性能。与钢铁淬火加热温度范围相比，铝合金的允许淬火温度范围较窄，操作时必须严加注意，以防止过烧或加热不足。过烧温度主要由合金的成分以及合金中共晶体熔化温度来决定。

淬火加热时间与设备有关，如盐浴加热比电炉快。保温时间的长短主要由强化相完全溶解所需的时间而定，也和合金成分、工件壁厚、被加热制品的状态及加热方法有关。

[1] 实际上并非严格意义上的淬火，仅为固溶后的快速冷却，并无马氏体相变产生。

铝合金用水冷却时，水温不应超过 80℃，形状简单或小工件可在低于 30℃的水中淬火，形状复杂的工件，淬火的水温以 40～50℃为宜，很大和极复杂的工件，可采用 50~-80℃的水。水中加入少量的硫酸，淬火后的硬铝表面呈银灰色。

淬火后需进行人工时效的工件应及时进行加工及整形处理。在高温下工作的变形铝合金都要采用人工时效，在室温下工作的有的可采用自然时效。经过时效的铝合金，切削加工后往往还要进行稳定化回火，消除加工产生的应力，稳定尺寸。稳定化回火的温度不高于人工时效温度，一般与人工时效温度相同，时间为 5～10h。经自然时效的硬铝常采用（90±10)℃，时间为 2h 的稳定化回火。

检验变形铝合金零件质量必不可少的步骤就是进行显微组织检验。其关键就是检查强化相是否粗化，是否有过热或过烧组织。过热和过烧的标志是有无复熔球或晶界上出现三角重熔现象。此时金相检验用的侵蚀剂为浓度不高的混合酸，其溶液具体配方是：HF 0.5mL，HNO_3 1.5mL，HCl 15mL，H_2O 93mL。侵蚀温度为 20℃，侵蚀时间为 40s。若发现有上述现象存在，则表明此批热处理零件过热或过烧，如果有明显的晶界熔化，说明已达到严重的过烧程度，零件必须报废。

9.3 铸造铝合金

铸造铝合金应具有高的流动性，较小的收缩性，热裂、缩孔和疏松倾向小等良好的铸造性能。成分处于共晶点的合金具有最佳的铸造性能，但由于此时合金组织中会出现大量硬脆的化合物，使合金的脆性急剧增加。因此，实际使用的铸造合金并非都是共晶合金。它与变形铝合金相比只是合金元素高一些。

铸造铝合金的牌号用“铸铝”二字的汉语拼音字首“ZL”加三位数字表示。第一位数字是合金的系别：1 是 Al-Si 系合金；2 是 Al-Cu 系合金；3 是 Al-Mg 系合金；4 是 Al-Zn 系合金。第二、三位数字是合金的顺序号。例如 ZL102 表示 2 号 Al-Si 系铸造合金。

9.3.1 Al-Si 及 Al-Si-Mg 铸造合金

Al-Si 系铸造合金用途很广，常用牌号见表 9.5。含 Si 的共晶合金是铸造铝合金中流动性最好的，能提高强度和耐磨性。这种合金具有密度小，小的铸造收缩率和优良的焊接性、耐蚀性以及足够的力学性能。但合金的致密度较小，适合制造致密度要求不太高的、形状复杂的铸件。共晶

表 9.5 典型铸造铝合金牌号及主要合金元素含量

合金系	合金牌号	代号	主要合金元素 /%
Al-Si	ZAlSi12	ZL102	10.0～13.0Si
	ZAlSi9Mg	ZL104	8.0～10.5Si，0.17～0.35Mg，0.2～0.5Mn
	ZAlSi5Cu1Mg	ZL105	4.5～5.5Si，1.0～1.5Cu，0.4～0.6Mg
	ZAlSi7Cu4	ZL107	6.5～7.5Si，3.5～4.5Cu
	ZAlSi12Cu2Mg1	ZL108	11.0～13.0Si，1.0～2.0Cu，0.4～1.0Mg，0.3～0.9Mn
	ZAlSi5Cu6Mg	ZL110	4.0～6.0Si，5.0～8.0Cu，0.2～0.5Mg
Al-Cu	ZAlCu5Mn	ZL201	4.5～5.3Cu，0.6～1.0Mn，0.15～0.35Ti
	ZAlCu4	ZL203	4.0～5.0Cu
Al-Mg	ZAlMg10	ZL301	9.5～11.0Mg
	ZAlMg5Si1	ZL303	4.5～5.5Mg，0.8～1.3Si，0.1～0.4Mn
	ZAlMg8Zn1	ZL305	7.5～9.0Mg，1.0～1.5Zn，0.1～0.2Ti
Al-Zn	ZAlZn11Si7	ZL401	9.0～13.0Zn，6.0～8.0Si，0.1～0.3Mg
	ZAlZn6Mg	ZL402	5.0～6.5Zn，0.50～0.65Mg，0.15～0.25Ti

组织中 Si 晶体呈粗针状或片状，过共晶合金中还有少量初生 Si，呈块状。这种共晶组织塑性较低，需要细化组织。

9.3.1.1 Al-Si 铸造合金

Al-Si 铸造合金，最基本的合金为 ZL102 二元铸造合金，含 10%～13%Si，具有共晶组织。图 9.7 为 Al-Si 二元合金相图。铸造 Al-Si 合金一般需要采用变质处理，以改变共晶 Si 的形态。变质处理后，改变了 Al-Si 二元合金相图，共晶温度由 578℃降为 564℃，共晶成分 Si 由 11.7% 增加到 14%（如图 9.7 中虚线所示），所以 ZL102 合金处于亚共晶相区，合金中的初晶 Si 消失，而粗大的针状共晶 Si 细化成细小条状或点状，并在组织中出现初晶 α 固溶体。ZL102 合金变质处理前后的组织如图 9.8 所示。

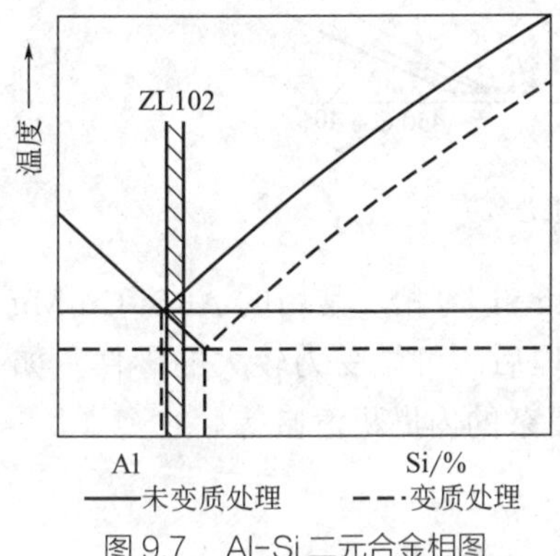

图 9.7　Al-Si 二元合金相图

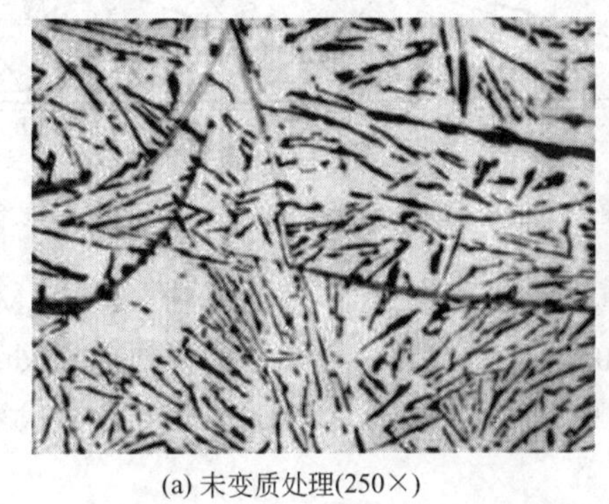

(a) 未变质处理(250×)

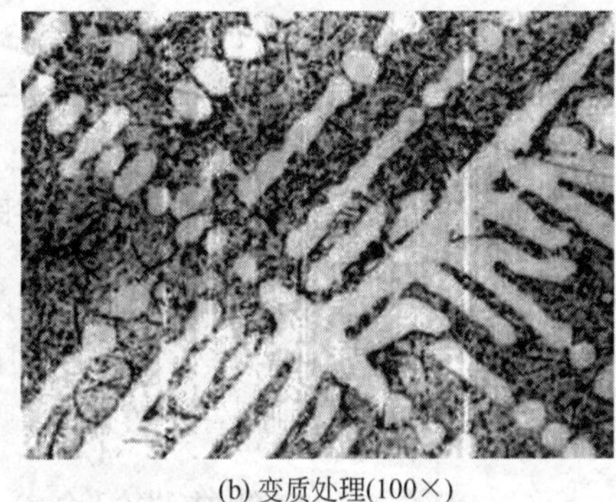

(b) 变质处理(100×)

图 9.8　ZL102 变质处理前后的组织形貌

常用变质剂为 Na 盐，加入 1%～3% 的 Na 盐混合物（2/3NaF+1/3NaCl）或三元 Na 盐（25%NaF+62%NaCl+13%KCl）。变质作用机理主要是由于 Na 被吸附在 Si 晶核上，改变了 Si 晶体的生长方式而造成的。通常 Al-Si 合金结晶时，Si 晶体形成时易产生孪晶。在未变质时，初晶 Si 总是沿孪晶面（111）成核，沿［112］方向择优生长，故易形成块状，在显微镜下为多边形或几何形状。变质处理后，由于 Na 不断被吸附在 Si 晶核上，抑制了 Si 晶核的不均匀生长，而按各向同性的方式生长并促使其发生分支或细化，所以最终生长为球状或多面体状。

Na 盐的缺点是变质处理有效时间短，加入后要在 30min 内浇注完，而 Sr 和稀土金属都可作为长效变质剂。此外，Na 盐变质剂易与熔融合金中的气体起反应，使变质处理后的铝合金铸件产生气孔等铸造缺陷，为了消除这种铸造缺陷，浇注前必须进行精炼脱气，导致铸造工艺复杂化，故一般对于小于 7%～8%Si 的合金不进行变质处理。

9.3.1.2 Al-Si-Mg 铸造合金

Al-Si 合金经变质处理后，可以提高力学性能。但由于 Si 在 Al 中的固溶度变化大，且 Si 在 Al 中的扩散速度很快，极易从固溶体中析出，并聚集长大，时效处理时不能起强化作用，故 Al-Si 二元合金的强度不高。为了提高 Al-Si 合金的强度而加入 Mg，形成强化相 Mg_2Si，并采用时效处理以提高合金的强度。

Al-Si-Mg 三元合金相图见图 9.9。常用的 Al-Si-Mg 铸造合金有 ZL104、ZL101 等合金。例如，ZL104 合金成分标于图中所示位置（8%～10.5%Si，0.17%～0.35%Mg，0.2%～0.5%Mn），在室温时的平衡组织为 α 固溶体与（α+Si）二元共晶体以及从 α 固溶体中析出的 Mg_2Si 相。ZL104 合金在 Al-Si 铸造合金中是强度最高的，经过金属铸造，(535±5)℃固溶 3～5h 水冷，(175±5)℃人工时效 5～10h，其力学性能为：抗拉强度 235MPa，断后伸长率 2%。它可以制造工作温度低于 200℃的高负荷、形状复杂的工件，如发动机汽缸体、发动机机壳等。

若适当减少 Si 含量而加入 Cu 和 Mg 可进一步改善合金的耐热性，获得 Al-Si-Cu-Mg 系铸造

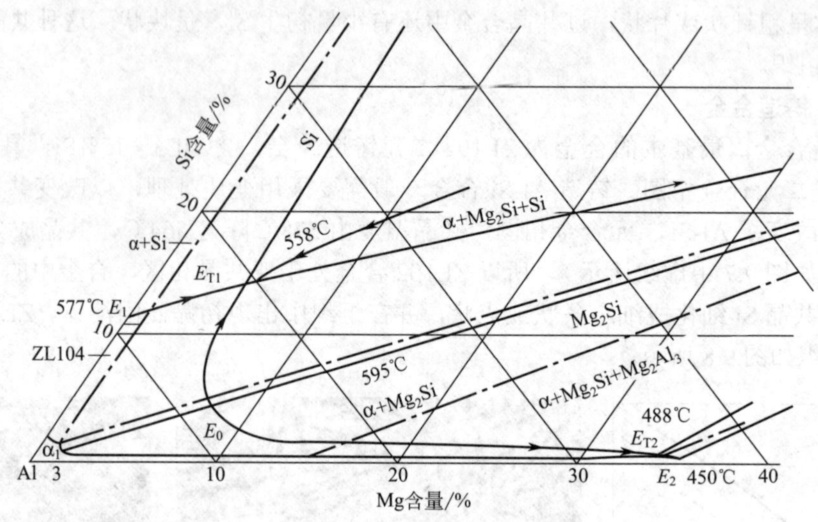

图 9.9　Al-Si-Mg 三元合金相图 Al 角部分（质量分数）

合金，其强化相除了 Mg_2Si、$CuAl_2$ 外，还有 Al_2CuMg、$Al_xCu_4Mg_5Si_4$ 等相。常用的 Al-Si-Cu-Mg 系铸造合金有 ZL103、ZL105、ZL111 等合金。它们经过时效处理后，可做受力较大的零件，如 ZL105 可制作在 250℃以下工作的耐热零件，ZL111 可铸造形状复杂的内燃机汽缸等。

9.3.2　其他铸造铝合金

9.3.2.1　Al-Cu 铸造合金

根据图 9.2 可知，Al-Cu 铸造合金的主要强化相是 $CuAl_2$。Al-Cu 铸造合金最大的特点就是耐热性高，是所有铸造铝合金中耐热最高的一类合金。其高温强度随 Cu 含量的增加而提高，而合金的收缩率和热裂倾向则减小。但由于 Cu 含量增加，使合金的脆性增加，此外还使合金的质量密度增大，所以导致合金耐蚀性降低，铸造性能变差。

Al-Cu 铸造合金共有三种牌号，其牌号和主要化学成分见表 9.5。如 ZL201，其室温组织为 α 固溶体和 θ 相（$CuAl_2$）。θ 相呈网状或半网状分布，在显微镜明场下观察，呈浅红灰色，反差不大，如图 9.10 所示。

ZL203 合金的热处理强化效果最大，是常用的 Al-Cu 铸造合金。为了改善其铸造性能，提高流动性，减少铸后热裂倾向，需要加入一定量的 Si 以形成一定量的三元共晶组织（α+Si+$CuAl_2$）。一般用金属模铸造，加入 3%Si；砂模铸造加入 1%Si。但加 Si 后有损于合金的室温性能和高温性能。Al-Cu 铸造合金，根据 Cu 含量不同，其用途也不同。例如 ZL203，Cu 含量 4.0%～5.0%，具有高的强度和塑性，但铸造性能较差，故适宜于制造形状简单强度要求较高的铸件。ZL202，Cu 含量 9.0%～11.0%，尽管热处理强化效果较差，但铸造性能较好，所以适合于铸造形状复杂，但强度和塑性要求不太高的大型铸件。

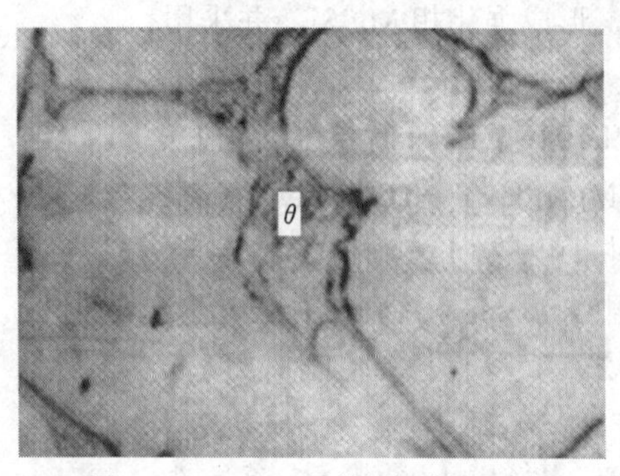

图 9.10　ZL201 显微组织（500×）

9.3.2.2　Al-Mg 铸造合金

Al-Mg 铸造合金的优点是密度小，强度和韧性较高，并具有优良的耐蚀性、切削性和抛光性。从图 9.5 中可以看出，Al-Mg 铸造合金的结晶温度范围较宽，故流动性差，形成的疏松倾向大，其铸造性能不如 Al-Si 合金好，且熔化浇注过程易形成氧化夹渣，使铸造工艺复杂化。此外，由于合金的熔点较低，所以热强度较低，工作温度不超过 200℃。

Al-Mg 铸造合金共有两种牌号，其牌号和主要化学成分见表 9.5。

Al-Mg二元合金的成分和性能关系见图9.11。其强度和塑性综合性能最佳的Mg含量为9.5%～11.0%，这就是常用的ZL301合金的Mg含量。再高的Mg含量因β-Al_8Mg_5相难以完全固溶而使合金性能下降。ZL301合金铸态组织中除α固溶体外，还有部分Al_8Mg_5离异共晶存在于树枝晶边界。图9.12是ZL301经固溶处理后的组织。经固溶处理后，β相大多固溶到α相中，黑色呈蝴蝶状的Mg_2Si未溶入。由于Al-Mg合金时效处理过程不经历G. P.区阶段，而直接析出Al8Mg5相，故时效强化效果较差，且强烈降低合金的耐蚀性和塑性，因此，ZL301合金常以淬火状态使用。

为了改善Al-Mg铸造合金的铸造性能，加入0.8%～1.3%Si。Al-Mg铸造合金常用作制造承受冲击、振动载荷和耐海水或大气腐蚀、外形较简单的重要零件和接头等。

9.3.2.3 Al-Zn铸造合金

图9.13是Al-Zn二元合金相图。根据相图，在Al-Zn二元合金中，不形成金属间化合物。Zn在Al中有很大的溶解度，极限溶解度为31.6%。固溶的Zn起固溶强化作用。在Al-Zn合金中Zn含量可达13%，在铸造冷却时不发生分解，可获得较大的固溶强化效果，故Al-Zn铸造合金具有较高的强度，是最便宜的一种铸造铝合金，其主要缺点是耐蚀性差。

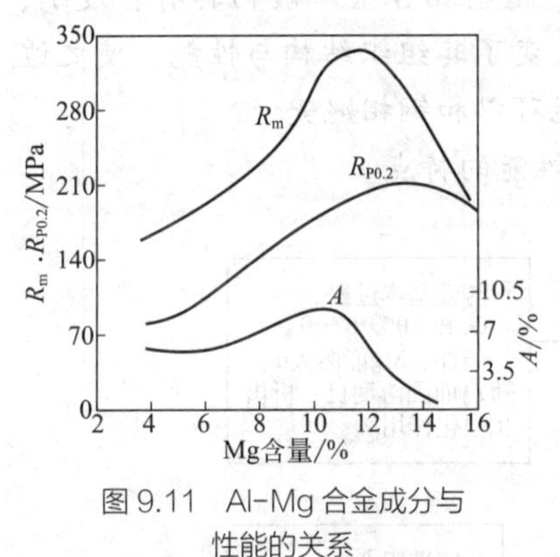

图9.11 Al-Mg合金成分与性能的关系

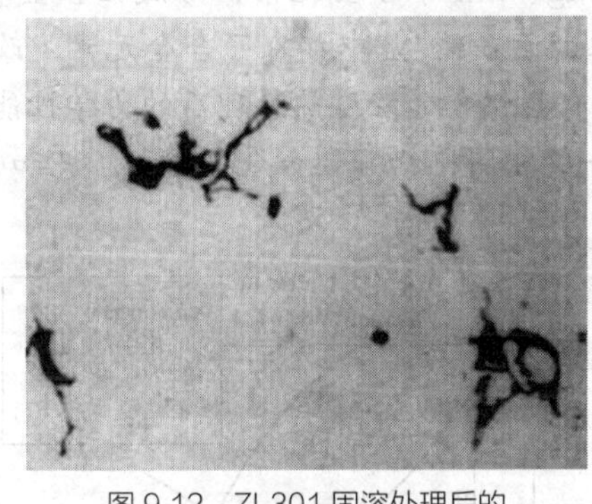

图9.12 ZL301固溶处理后的组织（200×）

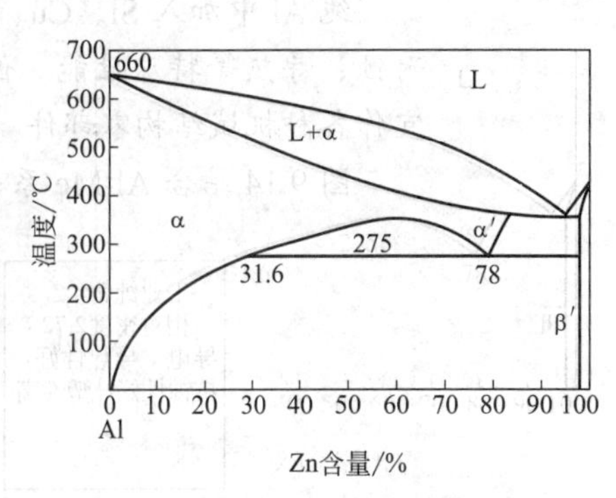

图9.13 Al-Zn二元合金相图

Al-Zn铸造合金共有两种牌号，其牌号和主要化学成分见表9.5。常用的是ZL401合金。由于这种合金含有较高的Si（6.0%～8.0%），又称含Zn特殊Al-Si合金。在合金中加入适量的Mg、Mn和Fe，可以显著提高合金的耐热性能。主要用于制作工作温度在200℃以下，结构形状复杂的汽车及飞机零件、医疗机械和仪器零件。

9.3.3 铸造铝合金的热处理

铸造铝合金中除了ZL102外，其他合金均能进行热处理强化。由于铸造铝合金比变形铝合金形状复杂，壁厚不均匀，组织粗大，偏析严重，因此铸造铝合金的热处理较变形铝合金的热处理有以下特点：

① 为防止工件变形或过热，最好在350℃以下低温入炉，然后随炉缓慢加热到淬火温度；

② 淬火温度要高一些，保温时间要长一些，一般均在15～20h；

③ 淬火介质一般用60～100℃的水；

④ 凡是需要时效处理的铸件，一般均采用人工时效。

铸造铝合金的热处理可根据铸件的工作条件和性能要求，选择不同的热处理方法。表9.6列出了各种热处理的代号、工艺特点和目的。

表 9.6　铸造铝合金热处理的代号、工艺特点及目的

热处理工艺方法	代号	工艺特点	目的
铸造后直接人工时效	T1	铸件在金属型铸造、压铸以及精铸后，不经淬火直接进行人工时效	改善切削加工性，降低工件表面粗糙度值
退火	T2	—	消除铸造应力，稳定尺寸，提高铸件塑性
淬火 + 自然时效	T4	—	提高铸件强度与耐蚀性
淬火 + 不完全人工时效	T5	淬火后人工时效温度较低或在正常温度下短时时效	铸件部分强化，保持较好的塑性
淬火 + 人工时效	T6	—	达到最大的强度、硬度
淬火 + 稳定化回火	T7	时效温度接近于铸件工作温度	保证铸件在工作温度下保持组织稳定性和尺寸稳定性
淬火 + 软化回火	T8	时效温度高于 T7	降低铸件硬度，提高塑性

本章小结

纯 Al 中加入 Si、Cu、Mg、Mn 等合金元素，形成铝合金。这些铝合金一般仍具有密度小、耐蚀、导热等特殊性能。但由于在纯 Al 中加入了合金元素，改变了其组织结构与性能，使之适宜作各种机械结构零部件。有些铝合金经过热处理后的力学性能可以和钢相媲美。

图 9.14 结合 Al-Me 系一般相图概括了铝合金分类、工艺和性能的特点。

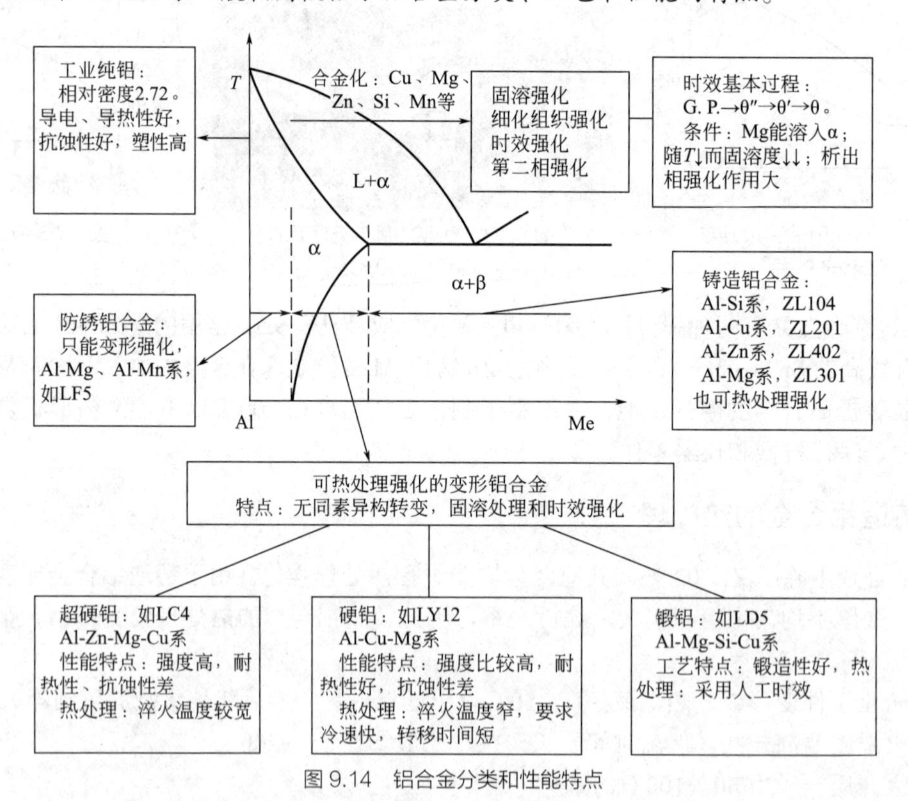

图 9.14　铝合金分类和性能特点

铝合金的热处理强化虽然工艺操作与钢的淬火工艺操作基本上相似，但强化机理与钢有着本质的不同。铝合金在加热或冷却过程中没有同素异构转变，因此不能像钢一样可以通过加热和冷却发生重结晶而细化晶粒，所以铝合金的淬火处理一般都称为固溶处理。

铝合金热处理强化包括固溶处理和时效处理。固溶处理主要使第二相充分溶解，获得铝基固溶体（α 固溶体）后快冷。铝合金的时效是强化相从过饱和铝基固溶体中沉淀析出的过程，第二

相的弥散沉淀引起了合金的强化。由于时效过程进行的阶段不同，析出相的形态、大小也不同，所以各个阶段的强化效果也不同。正确制定合金的固溶处理工艺，是保证获得良好时效强化效果的前提。

铝合金的时效强化效果除了与工艺条件有关外，还与合金元素的性质、固溶度、强化相的结构等内因有密切的关系。如Si、Mn在Al中的固溶度较小，而且随温度的变化也不大；再如Mg、Zn虽然固溶度较大，但它们形成的第二相与基体结构差异较小。只有加入的合金元素能形成成分和结构复杂的化合物，如θ相（$CuAl_2$）、β相（Mg_2Si）、S相（Al_2CuMg）等，则在时效过程中形成的G. P.区等过渡相的结构就比较复杂，与基体共格（或半共格）引起的畸变效应也较大，因此合金的时效强化效果就比较显著。

目前，铝合金发展的主要科学问题：铝合金中杂质与新型纯净化原理；外场作用下的铝合金凝固理论与控制，合金元素的强制固溶；铝合金非平衡相快速溶解和热连轧时的织构控制；铝合金超过饱和固溶原理，析出相设计与分布优化，强韧化新理论等。

本章重要词汇

变形Al合金	铸造Al合金	固溶处理	时效处理
Al-Cu二元合金时效过程	过时效	防锈Al合金	硬Al合金
超硬Al合金	锻Al合金	Al-Si铸造合金	Al-Si-Mg铸造合金
Al-Cu铸造合金	Al-Mg铸造合金	Al-Zn铸造合金	

思考题

9-1 试述铝合金的合金化原则。为什么以Si、Cu、Mg、Mn、Zn等元素作为主加元素，而用Ti、B、稀土等作为辅加元素？

9-2 铝合金热处理强化机制和钢淬火强化相比，其主要区别是什么？

9-3 以Al-Cu合金为例，简要说明图9.4铝合金时效的基本过程。

9-4 铝合金的成分设计要满足哪些条件才能有时效强化？

9-5 硬铝合金有哪些优缺点？说明2A12（LY12）的热处理特点。

9-6 试述铸造铝合金的类型、特点和用途。

9-7 试解释：铝合金的晶粒粗大，不能靠重新加热处理来细化。

9-8 Al-Zn-Cu-Mg系合金的最高强度是怎样通过化学成分和热处理获得的？

9-9 不同铝合金可通过哪些途径达到强化的目的？

9-10 为什么大多数Al-Si铸造合金都要进行变质处理？Al-Si铸造合金当Si含量为多少时一般不进行变质处理，原因是什么？Al-Si铸造合金中加入Mg、Cu等元素的作用是什么？

9-11 铸造铝合金的热处理与变形铝合金的热处理相比有什么特点？为什么？

铜合金

由于有自然铜的存在，铜是人类历史上使用最早的一种金属。铜带领人类走出了石器时代，创造了青铜时代的辉煌，并不断推进社会文明的进步。

铜具有许多可贵的物理化学性能，如电导率、热导率都很高，化学稳定性强等，但纯铜的强度很低，抗拉强度仅为230～240MPa，因此结构件常使用铜合金。铜合金在电器、电子、机械、车辆、化工、船舶、航空、工艺品等传统领域具有广泛应用，目前也是无线通信、IC卡、计算机、网络、电动汽车等新兴技术领域的重要材料。

铜合金按化学成分可分为黄铜、青铜和白铜三大类。本章主要介绍黄铜和青铜。

10.1 黄铜

10.1.1 黄铜的牌号及表示方法

黄铜是以Zn为主要元素的铜合金。最简单的黄铜是Cu-Zn二元合金，简称普通黄铜。工业上使用的黄铜其Zn含量均在50%以下。在二元Cu-Zn合金基础上加入一种或多种其他合金元素的黄铜，称为特殊黄铜。黄铜按其生产工艺可分为压力加工黄铜和铸造黄铜。

普通黄铜牌号用“黄”字的汉语拼音字头“H”后面加Cu含量表示。如H62表示含62%Cu、38%Zn的普通黄铜。特殊黄铜的牌号用“H”加主添元素的化学符号，再加Cu含量和添加元素的含量表示。如HMn58-2表示58%Cu、2%Mn的特殊黄铜。铸造黄铜牌号用“铸”字的汉语拼音字头“Z”再加铜的化学符号和主添元素的化学符号及含量表示。如ZCuZn38表示：平均Zn含量为38%的铸造黄铜。

常用压力加工黄铜的牌号及主要化学成分见表10.1。

表10.1　部分压力加工黄铜牌号及主要化学成分

合金名称	牌号	主要化学成分 /%	杂质总量（≤）/%
普通黄铜	H68	67.0～70.0Cu，余量Zn	0.3
	H62	60.5～63.5Cu，余量Zn	0.5
锡黄铜	HSn70-1	69.0～71.0Cu，1.0～1.5Sn，余量Zn	0.3
铝黄铜	HAl59-3-2	57.0～60.0Cu，2.5～3.5Al，2.0～3.0Ni，余量Zn	0.9
镍黄铜	HNi65-5	64.0～67.0Cu，5.0～6.5Ni，余量Zn	0.3
硅黄铜	HSi80-3	79.0～81.0Cu，2.5～4.0Si，余量Zn	1.5
铅黄铜	HPb74-3	72.0～75.0Cu，2.4～3.0Pb，余量Zn	0.25
锰黄铜	HMn58-2	57.0～60.0Cu，1.0～2.0Mn，余量Zn	1.2
铁黄铜	HFe58-1-1	56.0～58.0Cu，0.3～0.75Sn，0.7～1.3Fe，0.3～1.3Pb，余量Zn	0.50

10.1.2 普通黄铜

Cu-Zn 二元合金相图如图 10.1。α 相是 Zn 在 Cu 中的固溶体。Zn 在固态 Cu 中的溶解度变化不同于一般合金，它随温度的降低而增大。在 903℃时，Zn 溶解度为 32.5%；在 456℃，Zn 的最大溶解度为 39.0%。α 固溶体有良好的力学性能和冷热加工性。

β 相为电子化合物，其电子浓度 e/a=21/14，是以 Cu-Zn 为基的固溶体，具有体心立方结构，β 相区随温度降低而缩小，当温度降到 456～468℃时，β 相发生有序化转变，得到 β′ 有序相。高温无序的 β 相塑性好，而有序的 β′ 相难以冷变形，因此含 β′ 相的黄铜只能采用热加工成型。

γ 相是电子化合物 Cu_5Zn_8 为基的固溶体，其电子浓度 e/a=21/13，具有复杂立方结构，硬且脆，难以塑性加工。所以，工业用黄铜的 Zn 含量均小于 50%。

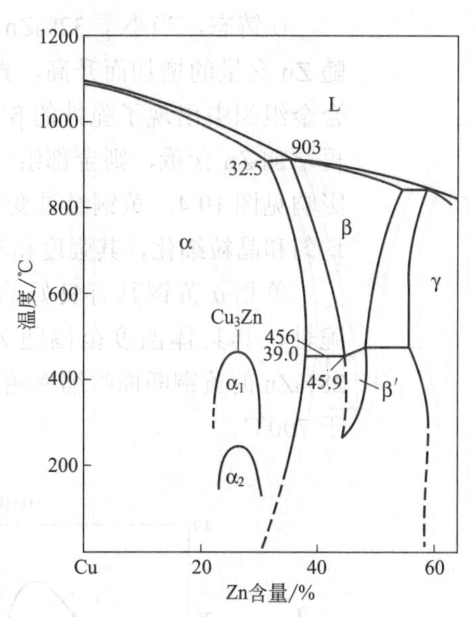

图 10.1 Cu-Zn 二元相图铜端

10.1.2.1 普通黄铜的组织

Zn 含量小于 36% 的合金为单相 α 黄铜，铸态组织为单相树枝状晶，如图 10.2(a) 所示。形变及再结晶退火后得到等轴 α 相晶粒，具有退火孪晶，如图 10.2(b) 所示。Zn 含量 36%～46% 的合金为双相（α+β）黄铜，其铸态组织和形变及再结晶退火后的组织如图 10.3 所示。

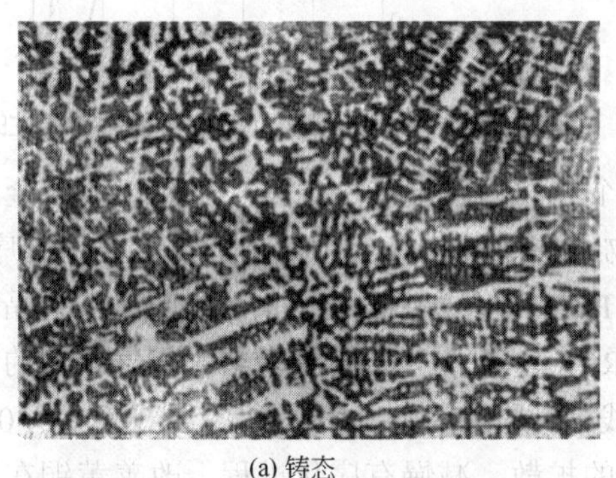
(a) 铸态

(b) 经过形变与再结晶退火后

图 10.2 单相 α 黄铜的显微组织

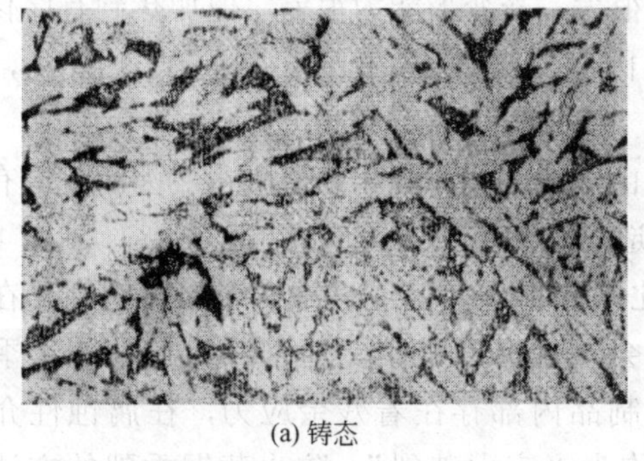
(a) 铸态

(b) 经过形变与再结晶退火后

图 10.3 双相（α+β）黄铜的显微组织

10.1.2.2 普通黄铜的性能

Zn 含量对黄铜的物理、力学与工艺性能有很大的影响。随着 Zn 含量的增加，黄铜的导电、导热性及密度降低，而线膨胀系数提高。

在铸态，当小于32%Zn时，Zn完全溶于α固溶体中，起固溶强化作用。黄铜的强度和塑性随Zn含量的增加而升高，直到30%Zn时，黄铜的延伸率达到最高值。当超过32%Zn时，由于合金组织中出现了脆性的β′相，使塑性下降，而强度继续增高。在45%Zn时强度达到最大值。再增加Zn含量，则全部组织为β′相，导致脆性增加，强度急剧下降。Zn和组织对黄铜性能的影响见图10.4。黄铜经过变形于再结晶退火后，其性能与Zn含量的关系与铸态相似。由于成分均匀和晶粒细化，其强度和塑性比铸态都有所提高。

单相α黄铜具有良好的塑性，能承受冷、热加工，但黄铜在锻造等热加工时易出现中温脆性，其具体温度范围随Zn含量不同而有所变化，一般在200～700℃。图10.5中曲线1为28%Zn的黄铜断面收缩率随温度而变化的关系，在400℃时塑性最低。因此，热加工时温度应高于700℃。

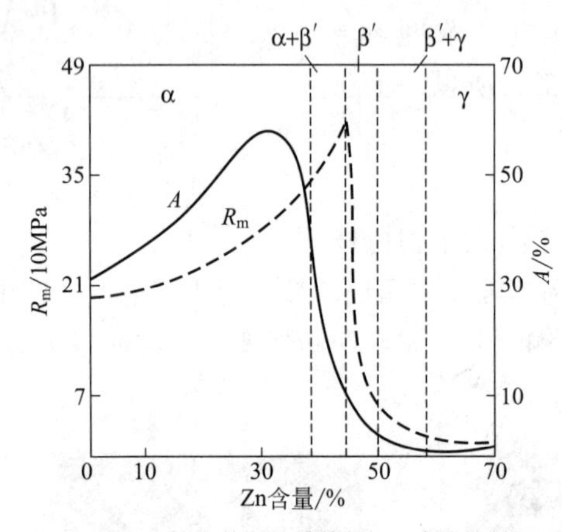

图10.4　铸态黄铜的性能与Zn含量的关系

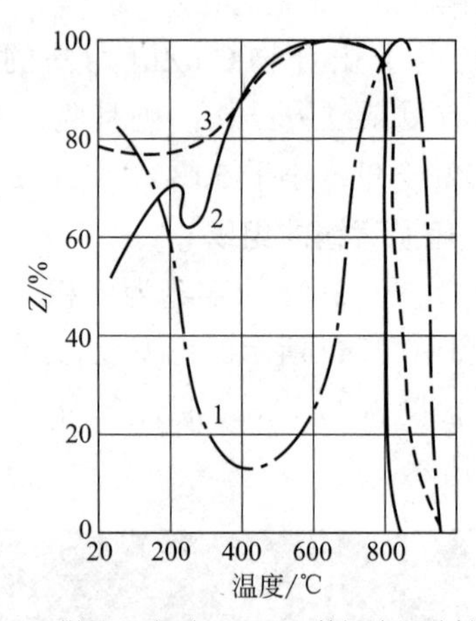

图10.5　微量元素对Zn28%黄铜中温脆性的影响

单相α黄铜中温脆性区产生的原因主要有两个方面的因素：一方面是在Cu-Zn合金系α相区内存在着α_1(Cu_3Zn)和α_2(Cu_9Zn)两个有序化合物（见图10.1），在中低温加热时发生有序化转变，使合金塑性下降；另一方面是合金中存在微量的Pb、Bi有害杂质与Cu形成低熔点共晶分布在晶界上，热加工时产生晶间破裂。由于稀土金属（RE）能与这些杂质元素结合成高熔点的稳定化合物，故可以有效消除中温脆性，如图10.5中曲线2（加入0.15%Ce）和曲线3（加入0.05%Ce）所示。此外微量稀土的加入还可减慢黄铜中原子的扩散，减慢有序化进程，改善黄铜在这个温度范围的塑性。

双相（α+β）黄铜，由于β′相在室温下脆性很大，冷变形能力很差，但加热到有序化温度以上，β′相转变为β，具有良好的塑性变形能力。因此，双相（α+β）黄铜适宜于热加工，故又称为热加工黄铜。

从Cu-Zn二元合金相图（见图10.1）可知，由于液相线与固相线间隔小，因而黄铜有良好的铸造性能，即流动性高，偏析倾向小，适用于铸造复杂和精致的铸造制品。

黄铜在干燥的大气和一般介质中的耐蚀性比铁和钢好。但经过冷变形的黄铜制品在潮湿的大气中，特别是在含有氨气的大气或海水中，会发生自动破裂，通常称为黄铜的“季裂”或“自裂”。产生的原因主要是冷加工变形的黄铜制品内部存在着残余应力，在腐蚀性介质的作用下，发生应力腐蚀，导致制品破裂，所以又称为“应力破裂”。防止黄铜季裂的方法是采用低温去应力退火，消除制品在冷加工时产生的内应力。此外，在黄铜中加入1.0%～1.5%Si、0.02%～0.06%As、0.1%Mg等均能减少季裂现象。表面镀锌也能防止季裂。

表10.2给出了常用的普通加工黄铜的特点以及应用。

表 10.2 几种加工黄铜主要特性和应用举例

分类	牌号	主要特性	应用举例
α 黄铜	H96	导热、导电性好，在大气和淡水中有高的耐蚀性，且有良好的塑性，易于冷、热压力加工，易于焊接、锻造和镀锡，无应力腐蚀破裂倾向	作导管、冷凝管、散热器管、散热片、汽车水箱带以及导电零件
	H90	性能和 H96 相似，但强度较 H96 稍高，可镀金属。H96、H90 具有鲜艳的金黄色，有金色黄铜之美称	供水及排水管、奖章、艺术品、水箱带以及双金属片
	H70 H68	有极好的塑性和较高的强度，可切削加工性好。易焊接，对一般腐蚀非常安定，但易产生腐蚀开裂。H68 是普通黄铜中应用最广泛的一个品种	复杂的冷冲件和深冲件，如散热器外壳、导管、波纹管、弹壳、垫片、雷管等，也常称为弹壳黄铜
α+β 黄铜	H62	有良好的力学性能，热态下塑性良好，冷态下塑性也可以，可切削性好，易钎焊和焊接，耐蚀，但易产生腐蚀破裂，此外价格便宜	各种弯折制造的受力零件，如销钉、铆钉、垫圈、螺母、导管、气压表弹簧、筛网、散热器零件等
	H59	价格最便宜，强度、硬度高而塑性差，但在热态下仍能很好承受压力加工，耐蚀性一般，其他性能和 H62 相近	一般机器零件、焊接件、热冲及热轧零件。H59 和 H62 也俗称为商业黄铜

10.1.3 特殊黄铜

为了改善和提高黄铜的耐蚀性能、力学性能和切削加工性能等，在普通黄铜中加入少量的 Si、Al、Pb、Sn、Mn、Fe 和 Ni 等元素形成特殊黄铜。特殊黄铜牌号以及主要化学成分见表 10.1。加入合金元素后，改变了黄铜的组织，使 α/（α+β）相界发生移动，有的缩小 α 相区，有的扩大 α 相区。每 1% 的合金元素在组织上代替 Zn 的量称为“锌当量”（K）。几种元素的锌当量见表 10.3。$K<1$ 的都是扩大 α 相区的元素。

表 10.3 元素的锌当量

合金元素	Si	Al	Sn	Mg	Cd	Pb	Fe	Mn	Ni
锌当量 K	10	6	2	2	1	1	0.9	0.5	−1.4

Cu-Zn 合金加入其他合金元素后产生的相区移动可由“虚拟 Zn 含量” x 来判断。x 表示加入其他合金元素后，相当于 Cu-Zn 二元合金中的 Zn 含量：

$$x=\frac{A+\sum CK}{A+B+\sum CK}\times 100\%$$

式中，A、B 分别为特殊黄铜中 Zn 和 Cu 的实际含量；$\sum CK$ 为除 Zn 外合金元素的实际含量 w（C，%）和该元素的锌当量（K）的乘积总和。如含 36%Zn 的特殊黄铜 HAl59-3-2，按 Zn 的实际含量应为单相 α 黄铜，但加入 3%Al、2%Ni 后组织发生了变化，名义 Zn 含量应为：

$$x=\frac{36+[(3\times 6)-(2\times 1.4)]}{36+59+[(3\times 6)-(2\times 1.4)]}=\frac{51.2}{110.2}=46.5\%$$

即 HAl59-3-2 特殊黄铜的组织与 46.5%Zn 的双相（α+β）黄铜相当。

（1）锡黄铜 在普通黄铜中加入 0.5%～1.5%Sn，可提高合金的强度和硬度以及在海水中的耐蚀性。此外，能改善黄铜的切削加工性能。锡黄铜（如 HSn70-1）主要以管材、棒材、板材大量用于舰艇制造工业如冷凝管、船舶零件、船舰焊接件的焊条等，故有海军黄铜之称。Sn 虽然提高了黄铜的耐蚀性能，但不能从根本上消除应力腐蚀破裂倾向，可采用低温退火（440～470℃）提高应力腐蚀抗力。

（2）铝黄铜 黄铜中加入少量 Al（0.7%～3.5%）可在合金表面形成致密并和基体结合牢固

的 Al_2O_3 氧化膜，提高对介质特别是对海水的耐蚀性。Al 有细化晶粒的作用，可防止退火时晶粒粗化，还可提高合金的强度。但 Al 使黄铜铸造组织粗化，Al 含量超过 2% 时塑性、韧度下降。含 2%Al、20%Zn 的铝黄铜具有最高的热塑性，所以 HAl77-2 合金得到广泛应用。此外，Al 缩小 Cu-Zn 合金包晶反应温度间隔，而显著改善黄铜的铸造性能。含铝的特殊黄铜焊接比较困难，且有高的应力腐蚀破裂倾向，必须进行充分的低温退火加以消除。

（3）**镍黄铜**　Ni 可扩大 α 相区，故双相黄铜添加适当的 Ni 可转变为单相黄铜。Ni 能提高黄铜的强度、韧性、耐蚀性及耐磨性。镍黄铜适合于冷、热加工。镍黄铜（如 HNi65-5）的应力腐蚀破裂倾向小，可制造海船工业的压力表及冷凝管等，还可作锡-磷青铜的代用品。

（4）**硅黄铜**　普通黄铜中加入 1.5%～4.0%Si，能显著提高黄铜在大气及海水中的耐蚀性能以及应力腐蚀破裂能力，改善合金的铸造性能，并能与钢铁焊接。HSi80-3 硅黄铜显微组织为 α+β，它具有较高的力学性能和优良的耐蚀性能，适宜欲冷、热加工或压铸。且在超低温（−183℃）仍具有较高的强度和韧性，主要用于舰船制造和其他工业中的耐蚀零件和接触蒸汽的配件等。HSi65-1.5-3 硅黄铜有足够的强度、耐磨性和耐蚀性，并具有优良的热轧、挤压和锻造性能，可作为耐磨锡青铜的代用品。

（5）**铅黄铜**　铅黄铜分单相 α 及双相（α+β），HPb74-3 是单相 α 铅黄铜，Pb 呈细小质点分布在晶界；而 HPb59-1 是双相（α+β）铅黄铜。Pb 在 α 黄铜中溶解度小于 0.03%。它作为金属夹杂物分布在 α 黄铜枝晶间，引起热脆。但其在双相（α+β）黄铜中，凝固时先形成 β 相，随后继续冷却，转变为（α+β）组织，使 Pb 颗粒转移到黄铜晶内，Pb 的危害减轻。图 10.6 为 HPb59-1 挤压棒材的显微组织（α+β+Pb）。

α 铅黄铜有足够高的强度、耐磨性和耐蚀性以及良好的切削性能。因此，适用于冷变形和切削加工，可用作钟表机芯的基础部件、汽车、拖拉机等机械零件如衬套、螺钉、电器插座等。由于 HPb59-1 切削性能良好，也被称为易切削黄铜，其强度高、热加工性能好，适用于制造各种零件和标准件。

（6）**锰黄铜**　黄铜中加入一定量 Mn 有细化晶粒的作用，并能在不降低塑性的前提下，提高强度、硬度和在海水及热蒸汽中的耐蚀性。锰黄铜具有良好的冷、热加工性，广泛用于造船等工业，如 HMn58-2 用于制造海船零件及电讯器材，ZCuZn40Mn3Fe1 可用于制造螺旋桨，其显微组织如图 10.7 所示。显微组织为 β 相基体上分布着 α 相（白色），在 α 相边缘或中间分布着星形富铁相（黑色）。

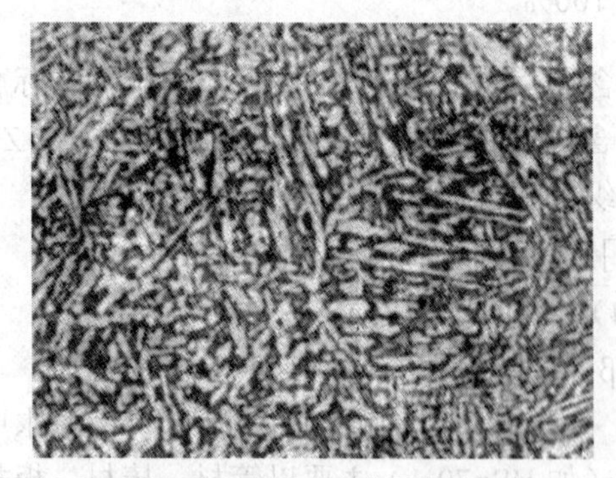

图 10.6　HPb59-1 挤压棒材的显微组织（100×）

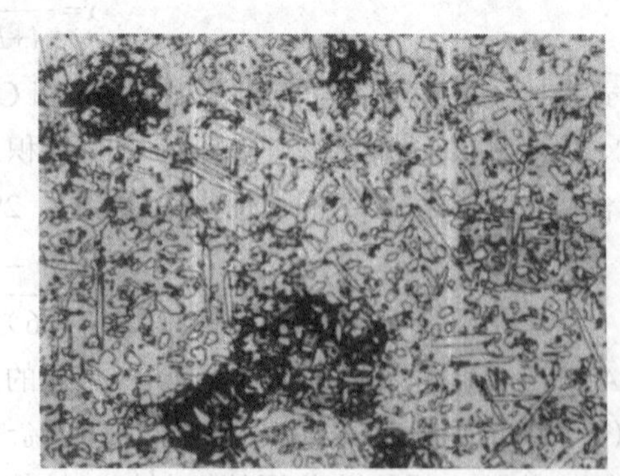

图 10.7　ZCuZn40Mn3Fe1 铸态的显微组织（100×）

（7）**铁黄铜**　微量铁能细化黄铜铸造组织，并抑制退火时的晶粒长大。铁在 α 相中的溶解度为 1.0%，且溶解度随 Zn 含量的增加而减小。由于 Fe 的溶解度随温度而变化，因而具有析出硬化效果，提高了黄铜的强度、硬度和改善了黄铜的减摩性能，但对黄铜的耐蚀性不利，为消除铁的这种有害作用，Fe 常与 Mn 配合使用，以改善耐蚀性。铁黄铜用于制造船舰工业和电讯工业的摩擦件、阀体及旋塞等。

10.1.4 黄铜的热处理

铜无同素异构转变，且铜-锌二元相图中锌在铜中的溶解度随温度降低而增大，故普通黄铜不能热处理强化。因此，黄铜的热处理主要采用再结晶退火和去应力退火。

黄铜再结晶退火可分为中间退火和最终再结晶退火，其目的是消除冷变形强化恢复塑性，以利于下一道冷加工工序的进行。中间再结晶退火是在连续冷变形加工中间进行的，冷加工使材料产生变形强化，并随着变形程度的增加，在板宽的方向上发生“边裂”。所以，加工黄铜时通常都将冷加工的变形量限制在50%～70%的范围内轧制，然后进行中间再结晶退火使其软化。这样冷轧与退火工序交替反复进行，最终使工件达到规定的厚度。

衡量中间再结晶退火质量如何，除要求使冷变形后的变形强化消除，以便继续进行冷加工外，还要考虑材料再结晶后的晶粒尺寸。因为晶粒尺寸与半成品的冷加工工艺性能有密切关系。具有细晶粒的黄铜，强度、硬度较高，加工后表面质量好，但塑性变形抗力较大，冷加工过程中易破裂。具有粗晶粒的黄铜则变形抗力较小，易于加工，但加工后表面质量不好，疲劳性能较差。若晶粒过粗，冲压后工件表面粗糙，易形成所谓“橘皮”现象。

成品最终再结晶退火，是指成品最终一次退火，其目的是使产品的性能满足使用条件的要求，改善再结晶组织及均匀性。这种工艺与中间再结晶退火相比，退火温度、加热时间的范围要严格控制，退火必须均匀，并根据产品表面质量要求控制炉内气氛。

黄铜的去应力退火通常是在制品加工完成后进行的，主要作用是去除铸件、焊接件及冷成型制品的内应力，以防止制品变形与开裂及提高弹性。几种黄铜的退火温度见表10.4。

表10.4 几种黄铜的退火温度

合金名称	牌号	去应力退火温度/℃	再结晶退火温度/℃
普通黄铜	H90	200	650～720
	H70/H68	260～270	520～650
	H62	270～300	600～700
锡黄铜	HSn70-1	300～350	560～580
	HSn62-1	350～370	550～650
铝黄铜	HAl77-2	300～350	600～650
铅黄铜	HPb59-1	285	600～650
镍黄铜	HNi65-5	300～400	600～650

10.2 青铜

10.2.1 青铜的牌号及表示方法

青铜是人类历史上最早应用的一种合金。青铜最早指的是铜-锡合金。但近几十年来，在工业上应用了大量的含Al、Si、Be、Mn、Pb的铜基合金，这些也称青铜。为了加以区别，通常把铜-锡合金称为锡青铜（普通青铜），其他称为无锡青铜（特殊青铜）。

青铜牌号的表示方法是：“青”字的汉语拼音字头“Q”加上第一个主加元素的化学符号及含量，再加上其他合金元素的含量。如QSn4-3表示含4%Sn，3%Zn的锡青铜；QAl5表示含5%Al的铝青铜。铸造青铜的牌号为：“Z”表示铸造，“Cu”表示铜基体元素符号。如ZCuPb30表示铸造铅青铜，Pb的平均含量为30%。

典型加工青铜和铸造黄铜的牌号及主要化学成分分别见表 10.5 与表 10.6。

表 10.5 典型加工青铜牌号及主要合金元素

合金名称	牌号	主要合金元素 /%	杂质总量（≤）/%
锡青铜	QSn4-3	3.5～4.5Sn，2.7～3.3Zn	0.2
	QSn4-4-2.5	3.5～5.0Sn，3.5～5.0Zn，1.5～3.5Pb	0.2
铝青铜	QAl7	6.0～8.0Al	1.6
	QAl9-2	8.0～10.0Al，1.5～2.5Mn	1.7
铍青铜	QBe2	1.8～2.1Be，0.2～0.5Ni	0.5
	QBe1.9-0.1	1.85～2.1Be，0.2～0.4Ni，0.10～0.25Ti，0.07～0.13Mg	0.5
	QBe1.7	1.6～1.85Be，0.2～0.4Ni，0.10～0.25Ti	0.5

表 10.6 典型铸造青铜牌号及主要合金元素

合金名称	牌号	主要合金元素 /%	杂质总量（≤）/%
铸造锡青铜	ZCuSn3Zn11Pb4	2.0～4.0Sn，3.0～6.0Pb，9.0～13.0Zn	1.0
	ZCuSn10Zn2	9.0～11.0Sn，1.0～3.0Zn	1.5
铸造铅青铜	ZCuPb10Sn10	9.0～11.0Sn，8.0～11.0Pb	1.0
	ZCuPb17Sn4Zn4	3.0～5.0Sn，14.0～20.0Pb，2.0～6.0Zn	0.75
铸造铝青铜	ZCuAl8Mn13Fe3	7.9～9.0Al，2.0～4.0Fe，12.0～14.5Mn	1.0
	ZCuAl10Fe3	8.5～11.0Al，2.0～4.0Fe	1.0

10.2.2 锡青铜

Cu-Sn 系合金称锡青铜，是历史上应用最早的一种合金。锡青铜有较高的强度、耐蚀性和良好的铸造性能。Sn 是较稀少和昂贵的金属元素，除特殊情况外，一般少使用锡青铜。为了节约 Sn 或改善铸造性、力学性能和耐磨性，锡青铜还常常加入 P、Zn 和 Pb 等。当前国内外多用价格便宜和性能更高的特殊青铜或特殊黄铜来代用。

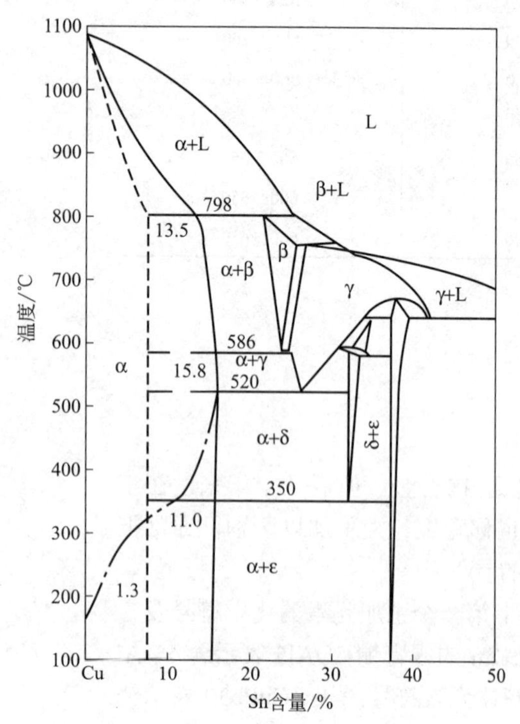

图 10.8 Cu-Sn 二元合金相图铜端

10.2.2.1 锡青铜的组织

Cu-Sn 二元合金相图如图 10.8 所示。它由几个包晶转变和共析转变所组成，其转变产物有 α、β、γ、δ、ε 等相。

α 相是 Sn 固溶于 Cu 中的固溶体，面心立方结构。β 相是以体心立方结构的 β 电子化合物 Cu_5Sn（电子浓度为 21/14）为基的固溶体，只在高温中稳定，在 586℃发生共析转变：$\beta \longrightarrow \alpha+\gamma$。γ 相是以 CuSn 化合物为基的固溶体，只在 520℃以上稳定，在 520℃发生共析转变：$\gamma \longrightarrow \alpha+\varepsilon$。δ 相是复杂立方结构的电子化合物 $Cu_{31}Sn_8$，电子浓度为 21/13；在室温非常硬脆，不能塑性加工；在 350℃发生 $\delta \longrightarrow \alpha+\varepsilon$，共析转变极慢，在实际生产条件下室温只能看到 δ 相，很难有 ε 相。ε 相是密排六方结构的电子化合物 Cu_3Sn，电子浓度为 21/12。

锡青铜的显微组织与 Sn 含量和合金状态有关。由于其结晶间隔宽，且 Sn 在 Cu 中的扩散很困难，合金难以达到平衡组织，枝晶偏析严重。实际组织如图 10.8 中虚线所示。Sn 含量小于 6% 的铸态组织由树枝状 α 固溶体组成，如图 10.9 所示。树枝状的 α 固溶体，α 晶粒粗大，有偏析，晶轴富锡相呈黑色，白亮区富铜。大于 6%Sn 的铸态组织为 α 固溶体和（α+δ）共析体组成，如图 10.10 所示。α 固溶体有偏析，黑色区为锡偏析。

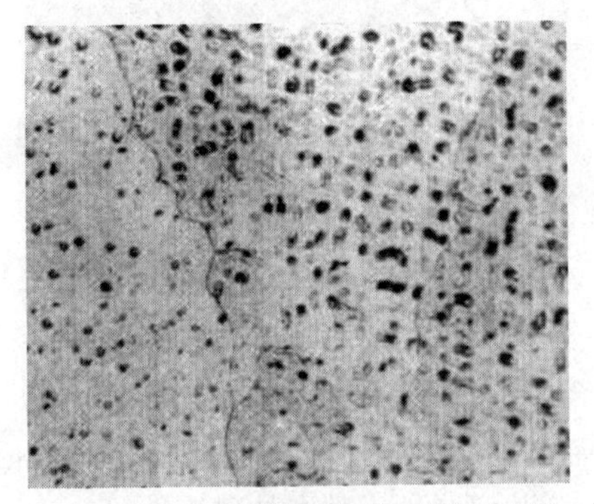

图 10.9 含 5%Sn 的锡青铜铸态组织（100×）

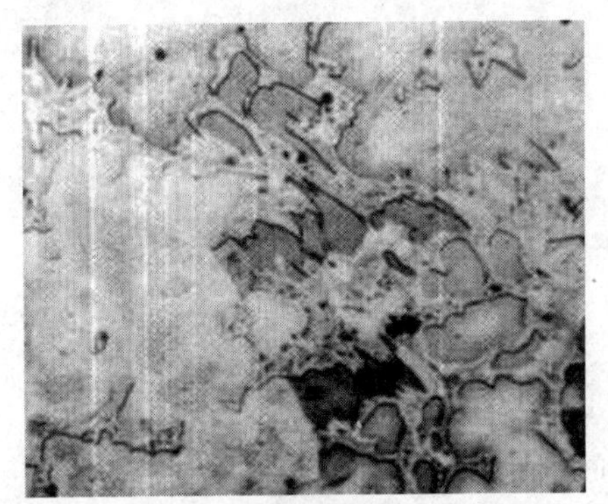

图 10.10 含 10%Sn 的锡青铜铸态组织（100×）

10.2.2.2 锡青铜的性能

锡青铜有较高的强度、硬度和耐磨性。抗拉强度随 Sn 含量的增加而升高，图 10.11 显示了铸态锡青铜的力学性能与 Sn 含量之间的关系。当 Sn>6% 后，断后伸长率即开始迅速降低。Sn>20%，因组织中出现大量 δ 相，合金变脆，强度也随之降低。因此，工业用锡青铜的 Sn 含量均在 3%～14%，很少达到 20%。Sn<7%～8% 的合金，有高的塑性和较高的强度，适用于塑性加工；Sn>10% 的合金，因塑性低，只适用于铸造用。

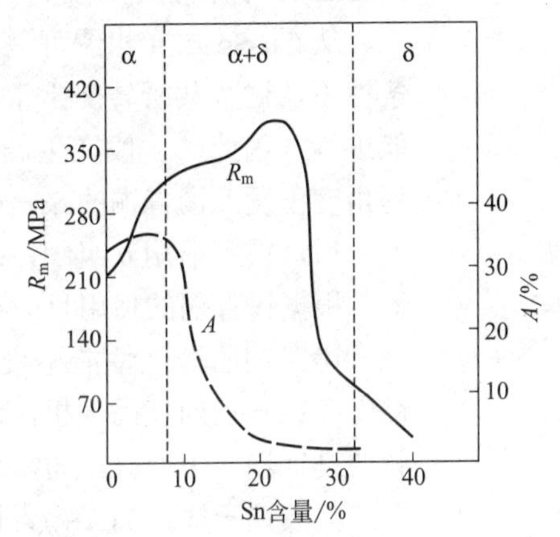

图 10.11 铸态锡青铜力学性能与 Sn 含量的关系

锡青铜铸造性的优点是铸件收缩率小，适宜于形状复杂、壁厚变化大的零件。这是因为 Cu-Sn 合金的结晶间隔大，液体流动性差，Sn 原子扩散慢，结晶时树枝晶发达，易形成分散型缩孔，所以收缩率小，且不易裂。锡青铜由于存在分散缩孔，致密性差，在高压下易渗漏，所以不适合制造密封性高的铸件。此外，锡青铜合金凝固时铸锭中易出现反偏析现象，严重时会在表面出现灰白色斑点的“锡汗”，它主要由 δ 相所组成。

锡青铜在大气、海水、淡水和蒸汽中的耐蚀性都比黄铜高，广泛用于蒸汽锅炉、海船的铸件，但锡青铜在亚硫酸钠、氨水和酸性介质中极易被腐蚀。

10.2.2.3 其他合金元素在锡青铜中的作用

二元锡青铜的工艺性和力学性能需要进一步改善。一般工业用锡青铜都分别加入 P、Zn、Pb 等合金元素，得到多元锡青铜。

P 在锡青铜中的主要作用是脱氧，改善铸造性能。溶于锡青铜的少量 P 能显著提高合金的弹性极限和疲劳极限，广泛用于制造各种弹性元件。压力加工用锡青铜中 P 含量为 0.02%～0.35%，最多不得超过 0.4%。因为 P>0.3% 的合金，在 628℃形成低熔点的三元共晶体（$\alpha+\delta+Cu_3P$），使合金产生热脆性。用于轴承和耐磨零件的铸造锡青铜，P 含量可达 1.2%，合金中含有 Cu_3P 化合物和 δ 相，它们是锡青铜轴承材料不可缺少的耐磨组织。图 10.12 是铸造锡青铜组织（Sn>10.0%、P>0.5%），具有 α 固溶体 +（α+δ）共析体，其共析体中有 Cu_3P，但不易区别。

Pb 不溶于铜中，在锡青铜中呈孤立的夹杂物存在，改善锡青铜的切削加工性和耐磨性，但 Pb 能显著降低力学性能和热加工性能，所以压力加工用锡青铜的 Pb 不超过 4%。为了提高耐磨性，铸造青铜中可达 30%Pb。ZCuSn5Pb5Zn5 是锡青铜中广泛应用的滑动轴承材料，其显微组织见图 10.13，即 α 固溶体 +（α+δ）共析体 +Pb 粒。

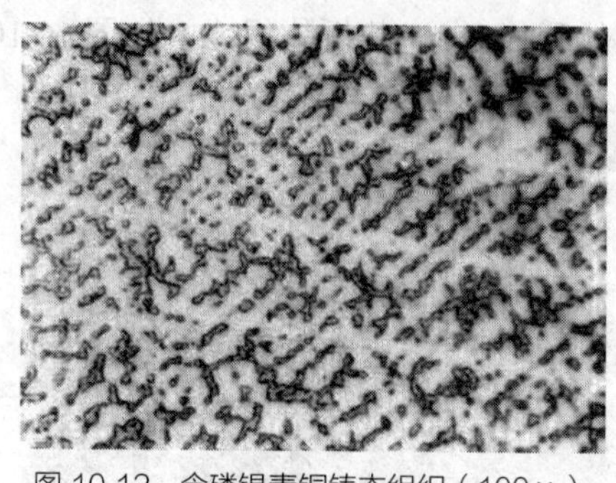

图 10.12 含磷锡青铜铸态组织（100×）

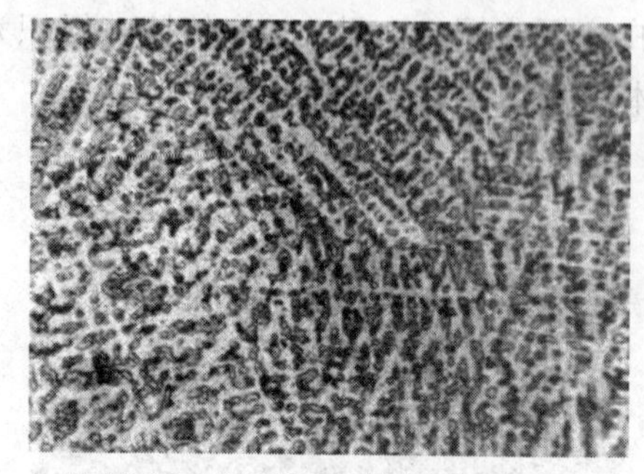

图 10.13 含铅锡青铜铸态组织（100×）

Zn 的主要作用是节约部分 Sn，同时 Zn 能缩小合金的结晶温度间隔，改善流动性，减小偏析，提高铸件密度。Zn 能大量溶解于 α 固溶体，改善合金的力学性能，当含 2%～4%Zn 时，有良好的力学性能和耐蚀性。QSn4-3 常用于制造弹簧、弹片等弹性元件和抗磁零件等。

10.2.2.4 锡青铜的热处理

从 Cu-Sn 二元相图可见，尽管有共析转变，但由于 Cu-Sn 合金中原子扩散过程较慢，在生产条件下，这些共析转变常常不能进行到底，特别是 350℃时的共析转变，只有在长时间保温后才能进行。因此，一般在生产条件下，由于冷却速度快，合金中不会出现（α+ε）组织。另外从工程角度出发，锡青铜的 Sn 含量一般小于 10%，否则 Sn 含量高会产生脆性。锡青铜经铸造均匀化退火后，得到单相 α 组织，故锡青铜通常不进行热处理强化。

根据锡青铜的使用目的、加工方法，通常进行均匀化退火、再结晶退火和去应力退火。

锡青铜的铸造性能不良，易产生枝晶偏析，尤其是 Sn＞8% 的锡青铜和 Sn-P 青铜，不但铸锭中存在严重的枝晶偏析，而且晶内还存在着硬而脆的 δ 相（$Cu_{31}Sn_8$）。为了消除这种枝晶偏析，就要进行均匀化退火。通常均匀化处理温度为 625～725℃，保温时间 1～6h。

与黄铜一样，加工锡青铜在冷变形工序之间也需要进行中间再结晶退火，消除形变强化，如 QSn6.5-0.4、QSn4-0.25 再结晶退火温度为 600℃。用作弹性元件的锡青铜 QSn4-3、QSn6.5-0.4 等不能进行再结晶退火，只能进行去应力退火，退火温度为 250～300℃。

10.2.3 铝青铜

Cu 与 Al 形成的合金称为铝青铜，是特殊青铜的一种。铝青铜的强度和耐蚀性比黄铜和锡青铜还高，是应用最广的一种铜合金，也是锡青铜的重要代用品，但铸造和焊接性较差。

图 10.14 是 Cu-Al 二元合金相图的铜端，其主要相有 α、β、γ_2 相。在共晶温度 1036℃下，Al 在 α 固溶体中溶解度为 7.4%；在 565℃最大溶解度 9.4%。Al 在 α 固溶体中具有强的固溶强化作用。β 相是以 Cu_3Al 电子化合物为基的固溶体，是体心立方结构，只在共析温度以上稳定。当温度降至 565℃时，β 相发生共析转变，即 $\beta \longrightarrow (\alpha+\gamma_2)$，只有在缓慢冷却的条件下，这一转变才能充分进行。当快冷时，β 相共析转变被抑制，而发生与钢相似的马氏体转变，形成密排六方结构的亚稳定相 β′。γ_2 相是复杂立方结构，是以 Cu_9Al_4 电子化合物为基的固溶体，性能硬而脆。

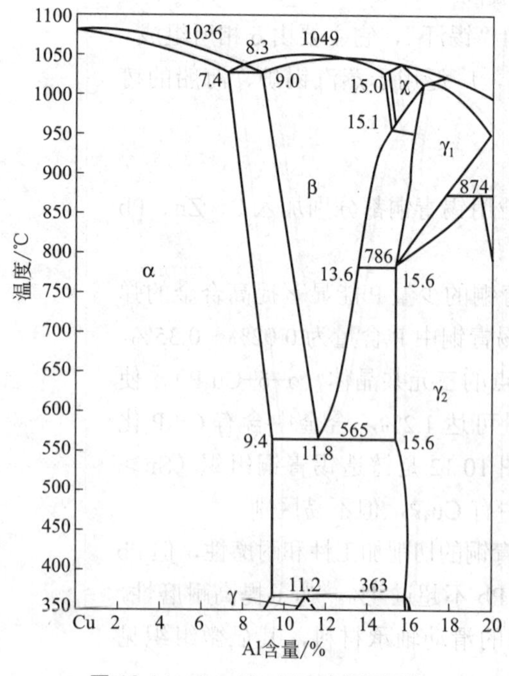

图 10.14 Cu-Al 二元合金相图铜端

Al 含量对铝青铜的力学性能有较大的影响。随着 Al 含量的增加，强度和硬度明显提高，但塑性下降。当合金中 Al 含量＜7.4%时，为单相α固溶体，其塑性好易于加工。当Al含量＞7%～8%时，塑性强烈下降。当Al含量超过10%～11%时，不仅塑性降低，而且强度也随之降低。从Cu-Al相图可知，这是由于出现了硬而脆的共析体γ_2相所致。所以，工业用铝青铜Al含量不大于12%。压力加工用铝青铜Al含量不大于5%～7%，大于7%的铝青铜适合于热加工或铸造。工业用铝青铜中常加入Fe、Mn、Ni等元素，以进一步改善合金的力学性能。

铝青铜塑性较差，具有“自发退火”现象，即在生产条件下，由于冷却速度缓慢，β相发生共析分解，形成（$\alpha+\gamma_2$）相。而γ_2相是硬脆相，且往往呈连续链状的粗大晶粒析出，造成严重脆性。铝青铜结晶间隔小，偏析不严重，流动性很好，易获得致密铸件。但体积收缩率大，故集中缩孔大，而且易形成粗大柱状晶。

铝青铜与黄铜和锡青铜比具有更高的硬度、强度以及耐大气、海水腐蚀性，但在过热蒸汽中不稳定。同时，铝青铜具有耐磨性好、在冲击下不产生火花的特点，所以铝青铜是特殊青铜中应用最广泛的一种，主要用于制造耐磨、耐蚀和弹性零件，如齿轮、轴套、弹簧以及船舶制造中的特殊设备等。

10.2.4 铍青铜

铍青铜是指加入1.5%～2.5%Be的铜合金，铍青铜中除主添加元素外，还加入Ni、Ti、Mg等合金元素。Cu-Be二元合金主要有α、γ_1和γ_2相。α相是Be固溶于Cu中的固溶体。在866℃时，Be的溶解度为2.7%，605℃时为1.55%，室温时为0.16%，故有强烈的时效硬化效果。γ_1相是以电子化合物CuBe为基的体心立方结构无序固溶体，高温有好的塑性。γ_1相在605℃发生共析转变，转变产物为$\alpha+\gamma_2$。此转变速度很快，只有在淬火时才能抑制其共析转变。γ_2相是以电子化合物CuBe为基的固溶体，是体心立方结构的有序固溶体，硬而脆。表10.7列举了常用铍青铜的主要特性及应用。

表10.7 几种铍青铜的主要特性及应用

牌号	主要特性	应用举例
QBe2	含少量Ni的铍青铜是力学、物理、化学综合性能良好的一种合金。经调质后，具有高的强度、弹性、耐磨性、疲劳极限、耐热性和耐蚀性；同时还具有高的导电性、导热性和耐寒性，无磁性，撞击时无火花，易于焊接和钎焊	各种精密仪器中的弹簧和弹性元件，各种耐磨零件以及在高速、高压和高温下工作的轴承、衬套，经冲击不产生火花的工具等
QBe1.7 QBe1.9	含少量Ni、Ti的铍青铜，具有和QBe2相近的特性。其优点是：弹性迟滞小、疲劳强度高、温度变化时弹性稳定，性能对时效温度变化的敏感性小，价格较低廉	各种重要用途弹簧、精密仪表弹性元件，敏感元件以及承受高变向载荷的弹性元件，可代替QBe2

铍青铜中加入少量的Ni可抑制淬火时α过饱和固溶体的分解，使热处理效果好，降低Be在晶界的偏聚量，抑制晶界不连续沉淀。同时Ni也抑制铍青铜的再结晶，并细化晶粒，故铍青铜中都含0.3%Ni。加入0.3%Ni可使含1.5%Be的合金达到含2.0%Be合金的性能水平。但过高的Ni会使Be在α固溶体中的溶解量减少，沉淀强化效应降低。

微量Ti（0.1%～0.25%）可降低Be的溶解度，抑制过饱和固溶体的分解，其作用比Ni还好。改善工艺性能、细化组织，提高强度，减少弹性滞后，并保持其高的硬度。

铍青铜热处理特点是淬火状态具有极好的塑性，可冷加工成管材、棒材、带材等各种型材。若经过固溶处理及冷变形后，不仅能提高强度、硬度，而更可贵的是能显著提高弹性极限，减少弹性滞后值，这对仪表弹簧有特别重要的意义。铍青铜淬火的主要目的是使铍青铜中富铍相固溶于基体中，快速冷却获得过饱和固溶体，为时效强化做准备。

铍青铜淬火时必须严格控制加热温度，其温度的选择以能保证材料淬火后在沉淀硬化处理时获得最佳性能为准则。加热温度过高超过上限时，会引起晶粒急剧长大（过热），甚至局部熔化（过烧）。加热温度过低，富铍相不能充分固溶于基体中，而且分布不均匀，不仅降低了材料的沉淀硬化能力，时效过程中还容易发生不连续脱溶和晶界反应，从而恶化材料的弹性稳定性并增大弹性滞后。

本章小结

纯铜的强度不高，虽然采用冷作硬化的方法可使抗拉强度得到提高，但伸长率却急剧下降，所以要满足制作结构件的要求，必须对纯铜进行合金化。通过合金化可以实现时效强化和过剩相强化，从而获得高强度铜合金。常用铜合金特点如图 10.15 所示。

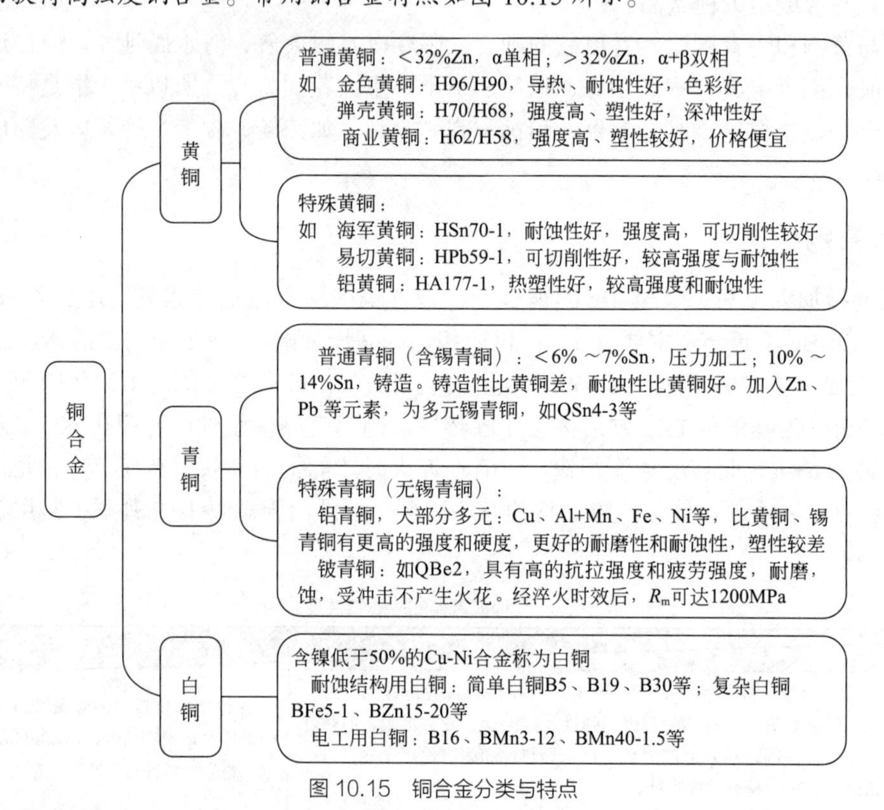

图 10.15　铜合金分类与特点

铜合金中固溶强化的合金元素主要是 Zn、Al、Sn、Mn、Ni 等。许多元素在固态铜中的溶解度随温度降低而急剧减小，如 Be、Ti、Zr、Cr 等，因而它们具有时效强化效果。过剩相强化在铜合金中的应用也较普遍。黄铜和青铜中的 $Cu_{31}Sn_8$ 等相均产生过剩相强化作用。

由于 Zn 在 Cu 中的固溶度随温度降低而增大，故黄铜不能热处理强化。黄铜常用的热处理是去应力退火和再结晶退火。此外，一般青铜也不能热处理强化，但铍青铜经过固溶处理并时效后，强化效果十分显著。

目前，铜合金的主要研究与发展趋势有：高强高导铜合金材料组织、性能的相关研究。利用反复变形和热处理结合，实现了 Cu/Nb、Cu/Cr、Cu/V 等合金体系性能的显著提高，最高抗拉强度可达 1GPa 以上，这种超强现象的机理需深入研究；纳米晶电触头及其可靠性的研究；纳米孪晶纯铜研究取得重大突破，使纯铜抗拉强度也达到 1000MPa 以上。

本章重要词汇

黄铜	（黄铜）锌当量	锡黄铜	铝黄铜
镍黄铜	硅黄铜	铅黄铜	锰黄铜
铁黄铜	（黄铜）季裂	锡青铜	铝青铜
铍青铜	海军黄铜		

思考题

10-1 Zn 含量对黄铜性能有什么影响？

10-2 单相 α 黄铜中温脆性产生的原因是什么？如何消除？

10-3 什么是黄铜的“季裂”？产生的原因是什么？通常采用什么方法消除？

10-4 锡青铜的铸造性能为什么比较差？

10-5 简述合金元素在铝青铜中的作用。

10-6 铍青铜在热处理和性能上有何特点？试写出一种牌号，并说明其用途。

10-7 什么是弹壳黄铜、商业黄铜、金色黄铜、易切黄铜、海军黄铜？写出其主要牌号及用途。

10-8 为什么炮弹弹壳常用 H70、H68 黄铜材料制造？

10-9 O、S、P、Bi 等常见杂质元素对纯铜性能产生哪些不良影响？

10-10 掌握黄铜、青铜的编号方法。

11 钛合金

1948 年美国用镁还原法量产了海绵钛，从此拉开了钛和钛合金大规模工业生产的序幕。由于钛具有密度小、比强度高、耐腐蚀及优良的生物相容性等一系列优异的特性，发展非常快，短时间内已显示出了它强大的生命力，成了航空航天、军事、能源、舰船、化工以及医疗等领域不可缺少的材料。

本章重点介绍钛合金的合金化原理与组织、钛合金的应用与发展。

11.1 概述

11.1.1 钛的基本性质与合金化

（1）Ti 存在两种同素异构转变 α-Ti 在 882℃以下稳定，具有密排六方结构，β-Ti 在 882℃以上稳定，具有体心立方结构。

（2）比强度高 Ti 的密度小（$4.54g/cm^3$），比强度高且可以保持到 550～600℃，与高强合金钢相比，相同强度水平可降低重量 40% 以上，因此在宇航上应用潜力大。

（3）耐蚀性好 Ti 与 O、N 能形成化学稳定性极高的氧化物、氮化物保护膜，因此，Ti 在低温和高温气体中有极高的耐蚀性，此外，Ti 在海水中的耐蚀性比铝合金、不锈钢和镍基合金都好，但在还原性介质中差一些，可通过合金化改善。

（4）低温性能好 在液氮温度下仍有良好的力学性能，强度高，且塑性和韧度也好。

（5）热导率低 Ti 比 Fe 热导率低 4.5 倍，所以易产生温度梯度及热应力，但 Ti 的线膨胀系数较低可补偿因热导率低带来的热应力问题，Ti 的弹性模量约为 Fe 的 54%。

钛合金化的主要目的是利用合金元素对 α 或 β 相的稳定作用，来控制 α 和 β 相的组成和性能。各种合金元素的稳定作用与其电子浓度有密切关系，一般来说，电子浓度小于 4 的元素能稳定 α 相，电子浓度大于 4 的元素能稳定 β 相，电子浓度等于 4 的元素，既能稳定 α 相，也能稳定 β 相。

工业用钛合金的主要合金元素有 Al、Sn、Zr、V、Mo、Mn、Fe、Cr、Cu 和 Si 等，按其对转变温度的影响和在 α 或 β 相中的固溶度可以分为 3 大类：α 稳定元素是指能提高 α/β 转变温度，从而将 α 相区扩展到更高的温度范围，且在 α 相中比在 β 相中有较大的溶解度的元素，如 Al、O、N、C、B 等；中性元素是指对 α/β 转变温度影响不大，在 α 和 β 相中均能大量溶解或完全互溶的元素，如 Sn、Zr、Hf 等；β 稳定元素是能降低 α/β 转变温度，从而使 β 相区向较低温度移动，且在 β 相中比在 α 相中有较大的溶解度的元素。其中 Mo、V、Nb、Ta 等元素与 β-Ti 同晶型，能形成无限固溶体，属同晶型 β 稳定元素；Cu、Mn、Cr、Fe、Ni、Co、Si 和 H 等即使在合金中存在非常少的量，也会发生共析反应形成金属间化合物，属共析型 β 稳定元素。

按各种合金元素与 Ti 形成的二元相图，可归纳为 4 种类型，如图 11.1 所示。

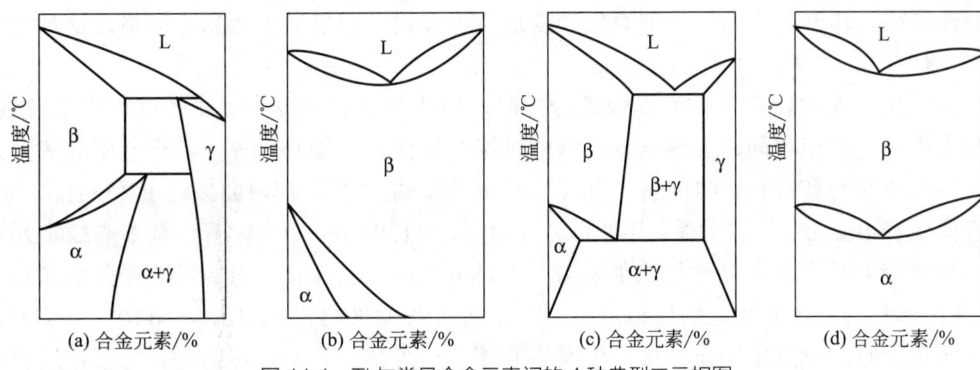

(a) 合金元素/%　(b) 合金元素/%　(c) 合金元素/%　(d) 合金元素/%

图 11.1　Ti 与常见合金元素间的 4 种典型二元相图

① Ti 与合金元素在固态发生包析反应，形成一种或几种金属化合物，见图 11.1（a）。形成这类二元系的有：Ti-Al、Ti-Sn、Ti-Ga、Ti-B、Ti-C、Ti-N、Ti-O 等，其中前 3 种合金的 α 固溶体区较宽，它们对研制热强钛合金有重要意义。

② Ti 与合金元素形成的 β 相是连续固溶体，α 相是有限固溶体，见图 11.1（b）。这种二元系有 4 种：Ti-V、Ti-Nb、Ti-Ta、Ti-Mo。由于 V、Nb、Ta 和 Mo 是体心立方晶格，所以只能与具有相同晶型的 β-Ti 形成连续固溶体，而与具有密排六方结构的 α-Ti 形成有限固溶体。这类元素也是 β 稳定元素，能降低相变温度，缩小 α 相区，扩大 β 相区。这种元素含量愈多，钛合金的 β 相愈多，也愈稳定。当含量达某一临界值时，快冷可以使 β 相全部保留到室温，变成全 β 型合金。这一浓度叫"临界浓度"，它的高、低反映了元素对 β 相的稳定能力。临界浓度越小，稳定 β 相的能力越大。

③ Ti 与合金元素发生共析反应，形成某些化合物，见图 11.1（c）。能形成这类二元系的合金较多，如 Ti-Cr、Ti-Mn、Ti-Fe、Ti-Co、Ti-Ni、Ti-Cu、Ti-Si、Ti-Bi、Ti-W 等。根据 β 相共析转变的快慢或难易，这类元素还可分成活性的和非活性的共析型 β 稳定元素两种。Cu、Si 等非过渡族元素是活性 β 稳定元素，共析分解速度快，在一般冷却条件下，在室温得不到 β 相，但能赋予合金时效硬化能力。与此相反，Fe、Mn、Cr 等过渡族元素是非活性元素，共析转变速度极慢，在通常的冷却条件下，β 相来不及分解，在室温只能得到与图 11.1（b）相同的 α+β 组织。

④ Ti 与合金元素形成的 α 和 β 都是连续固溶体，如图 11.1（d）所示。这种二元系只有 Ti-Zr 和 Ti-Hf 两种。Ti 和 Zr、Hf 是同族元素，它们电子结构相似，点阵类型相同，原子半径相近。Zr 能强化 α 相，已得到应用，但 Hf 的密度高，且稀少，还未有实际应用。

综上所述，钛的合金化就是以合金元素的上述作用规律为指导原则，根据实际需要，合理地控制元素的种类和加入量，以得到预期的组织、性能和工艺特性。

11.1.2　钛合金的相变特点

纯钛 β → α 转变是体心立方晶体向密排六方晶体的转变。但钛合金因合金系、成分以及热处理条件不同，还会出现一系列复杂的相变过程。这些相变可归纳为两大类：

① 淬火相变，即 β → α′、α″、ω_a、β_r；

② 回火相变，即（α′，α″，β_r）→（$\beta+\omega_{iso}+\alpha$）→ β+α。

11.1.2.1　马氏体转变

β 稳定型钛合金自 β 相区淬火，会发生无扩散的马氏体转变，生成过马氏体固溶体。如果合金的浓度高，马氏体转变点 M_S 降低到室温以下，β 相将被冻结到室温。这种 β 相称"残留 β 相"或"过冷 β 相"，用 β_r 表示。值得说明的是，当合金的 β 相稳定元素含量少，转变阻力小，β 相可由体心立方晶格直接转变为密排六方晶格，这种马氏体称"六方马氏体"，用 α′ 表示。如果 β

稳定元素含量高，转变阻力大，不能直接转变成六方晶格，只能转变为斜方晶格，这种马氏体称“斜方马氏体”，用 α″ 表示。

含 β 稳定化元素的钛合金自高温快速冷却时，由于从 β 相转变为 α 相的过程来不及进行，β 相将转变为成分与母相相同、晶体结构不同的过饱和固溶体，即马氏体。若合金中 β 稳定元素的浓度较低，将转变为具有 hcp 结构的六方马氏体 α′ 相，呈片状，惯习面接近于 $\{334\}_{\beta}$，与基体 β 相之间近似保持 Burgers 取向关系：$\{0001\}_{\alpha}//\{110\}_{\beta}$，$<11\bar{2}0>_{\alpha}//<111>_{\beta}$。若合金中 β 稳定元素的浓度较高，则转变为具有斜方晶体结构的斜方马氏体 α″ 相，呈针状，内部可能存在孪晶也可能没有。α″ 马氏体相与基体 β 相之间近似遵从如下取向关系：$\{001\}_{\alpha''}//\{110\}_{\beta}$，$<110>_{\alpha''}//<111>_{\beta}$。在发生马氏体相变时，不发生原子扩散，仅发生 β 相原子集体的、有规律的近程迁移，迁移距离较大时形成 α′ 相，迁移距离较小时形成 α″ 相。

Ti-Mo 系二元合金的马氏体转变如图 11.2 所示。由图可知，马氏体转变温度 M_S 是随合金元素含量的增加而降低，当合金浓度增加到临界浓度 C_k 时，M_S 点即降低到室温，β 相即不再发生马氏体转变。同样，成分已定的合金，随着淬火温度的降低，β 相的浓度将沿 β/（β+α）转变曲线升高，当淬火温度降低到一定温度，β 相的浓度升高到 C_k 时，淬火到室温 β 相也不发生马氏体转变，这一温度称为“临界淬火温度”，可用 t_c 表示。C_k 和 t_c 在讨论钛合金的热处理和组织变化时，是非常重要的两个参数。

马氏体的形态与合金的浓度和 M_S 点高低有关。六方马氏体有两种形态，合金元素含量低且马氏体转变温度高时，形成板条状马氏体，马氏体中有大量的位错，但基本没有孪晶。反之，合金元素含量高，M_S 点降低，形成针状或锯齿形马氏体。马氏体中除了有高的位错密度和层错外，还有大量的孪晶，是孪晶马氏体。对于斜方马氏体 α″，由于合金元素含量更高，M_S 点更低，马氏体针更细，可以看到更密集的孪晶。

但应指出，钛合金的马氏体是置换型过饱和固溶体，与钢的间隙式马氏体不同，强度和硬度只比 α 相略高些，强化作用不明显。当出现斜方马氏体时，强度和硬度特别是屈服强度反而略有降低。

钛合金的浓度超过临界浓度 C_k（见图 11.2），但又不太多时，淬火后会形成亚稳定的过冷 β_r 相。这种不稳定的 β_r 相，在应力或应变作用下能转变为马氏体。这种马氏体称“应力诱发马氏体”，其屈服强度很低，但有高的应变硬化率和塑性，有利于均匀拉伸成型操作。

11.1.2.2 ω 相的形成

β 稳定型钛合金的成分位于临界浓度 C_k 附近时（图 11.2），淬火时除了形成 α″ 或 β_r 外，还能形成淬火 ω 相，用 ω_q 表示。ω_q 是六方晶格，与 β 相共生，并有共格关系。淬火 ω 一般为纳米颗粒状，或者羽毛状；一般等温 ω 多为椭球状和立方体状。

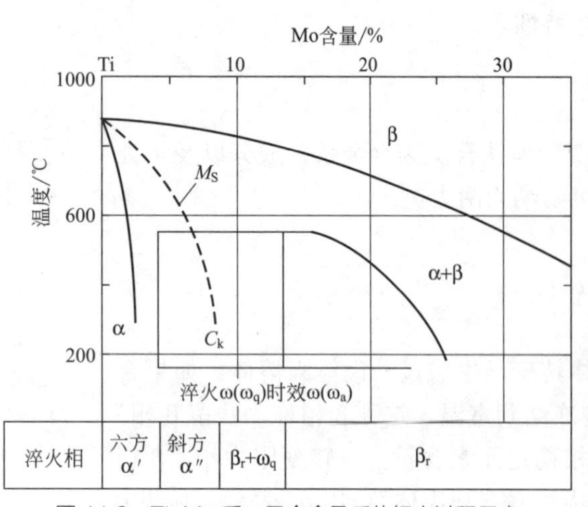

图 11.2　Ti-Mo 系二元合金马氏体相变过程示意

β 相浓度远远超过临界浓度 C_k 的合金，淬火时不出现 ω 相。但在 200～500℃回火，β_r 可以转变为 ω 相。这种 ω 相称为回火 ω 相或时效 ω 相，用 ω_a 表示。ω_a 相的形核是无扩散过程，但长大要靠原子扩散，是 β→α 转变的过渡相。在 500℃以下回火形成的 ω_a 相，是由于不稳定的过冷 β_r 相在回火过程中发生了溶质原子偏聚，形成溶质原子富集区和贫化区，当贫化区的浓度接近 C_k 时就转变为 ω_a。

ω 相硬而脆，虽能显著提高强度、硬度和弹性模量，但塑性急剧降低。当 ω 相体积分数超过 80%，合金即完全失去塑性；如果体积分数在50%以上，合金的塑性已明显降低。ω相是钛合金的有害组织，在淬火和回火时都要避开它的形成区间。最常见的抑制ω元素是Sn和Zr。

11.1.2.3 亚稳定相的分解

钛合金淬火形成的α′、α″、ω和β_r相都是不稳定的，回火时即发生分解。各种相的分解过程很复杂，但分解的最终产物都是平衡的α+β相。如果合金是β共析型的，分解的最终产物将是$\alpha+Ti_xM_y$化合物。这种共析分解在一定条件下可以得到弥散的α+β相，有弥散硬化作用，是钛合金时效硬化的主要原因。各种亚稳定相的分解过程如下：

（1）过冷β_r相分解 有两种分解方式：

$$\beta_r \longrightarrow \alpha+\beta_x \longrightarrow \alpha+\beta_e$$

$$\beta_r \longrightarrow \omega_a+\beta_x \longrightarrow \omega_a+\alpha+\beta_x \longrightarrow \alpha+\beta_e$$

其中，ω_a是回火ω相；β_x是浓度比β_r高的β相；β_e是平衡浓度的β相。

（2）马氏体分解 钛合金的马氏体（α′、α″）在300～400℃即能发生快速分解，但在400～500℃回火时可获得弥散度高的α+β相混合物，使合金弥散强化。研究表明，马氏体要经过许多中间阶段才能分解为平衡的α+β或$\alpha+Ti_xM_y$组织。

（3）ω相分解 ω相实际上是β稳定元素在α相中的过饱和固溶体，回火分解过程也很复杂，与α″的分解过程基本一样，但分解过程随ω相本身的成分、元素的性质和热处理条件等而不同。

11.2 常用钛合金

11.2.1 钛合金的分类

钛合金按退火组织可以分为α、β和α+β共3大类，牌号分别以TA、TB和TC加上顺序号数字表示。工业纯钛在冶标（YB）中也划归为α钛合金，如TA1～TA4。国产钛合金牌号，共有60余种。表11.1列出了部分常用加工钛合金的牌号及主要化学成分。

表11.1 部分加工钛合金牌号及主要合金元素（GB/T 3620.1—2016）

合金类型	牌号	主要合金元素/%
α型	TA5	3.3～4.7Al，0.005B
	TA7	4.0～6.0Al，2.0～3.0Sn
	TA15	5.5～7.1Al，0.5～2.0Mo，0.8～2.5V，1.5～2.5Zr
β型	TB2	2.5～3.5Al，4.7～5.7Mo，4.7～5.7V，7.5～8.5Cr
	TB8	2.5～3.5Al，14.0～16.0Mo，2.4～3.2Nb，0.15～0.25Si
α+β型	TC3	4.5～6.0Al，3.5～4.5V
	TC4	5.5～6.75Al，3.5～4.5V
	TC8	5.8～6.8Al，2.8～3.8Mo，0.20～0.35Si
	TC9	5.8～6.8Al，1.8～2.8Sn，2.8～3.8Mo，0.2～0.4Si
	TC12	4.5～6.5Al，1.5～2.5Sn，3.5～4.5Mo，3.5～4.5Cr，0.5～1.5Nb，1.5～3.0Zr
	TC24	4.0～5.0Al，1.8～2.2Mo，2.5～3.5V，1.7～2.3Fe

三大类钛合金各有其特点。α钛合金高温性能好，组织稳定，可焊性好，但常温强度低，塑性不够高。α+β钛合金可以热处理强化，常温强度高，中等温度的耐热性也不错，但组织不够稳定，可焊性差。β合金的塑性加工性好，合金浓度适当时，通过热处理可获得高的常温力学性能，是发展高强度钛合金的基础，但组织性能不够稳定，冶炼工艺复杂。当前应用最多的是α+β合金，其次是α合金，β钛合金应用较少。

11.2.2 α 钛合金

α 钛合金的主要合金元素是 α 稳定元素铝和中性元素锡，主要起固溶强化作用。据估计，每加入 1% 的合金元素，合金强度可提高 35～70MPa。合金的杂质是 O 和 N，虽有间隙强化作用，但对塑性不利，应予限制。有的 α 钛合金还加入少量其他元素，故 α 钛合金还可以细分为全由 α 相组成的 α 钛合金、加入 2% 以下的 β 稳定元素的“近 α 钛合金”和时效硬化型 α 钛合金（如钛-铜合金）3 种。

α 钛合金牌号及主要化学成分见表 11.1。TA4～TA6 是 Ti-Al 系二元合金，如图 11.3 所示。Al 在 α 相中固溶度很大，但 Al 含量＞6% 后，会出现与 α 相共格的有序相 α_2（Ti_3Al）。α_2 相是六方晶格，存在范围很宽，在 Al 含量 6%～25% 之间都存在。Al 含量＞25% 后，则出现 γ 相（TiAl）。α_2 是硬而脆的中间相，对合金的塑性和韧度极为不利。

Ti-Al 系合金的强度随 Al 含量的增加而升高。但 Al 含量＞6% 后，由于出现 α_2 相而变脆，甚至会使热加工发生困难。因此，一般工业用钛合金的 Al 含量很少超过 6%。钛合金中加入微量 Ga 能改善 α_2 的塑性。Al 在 500℃以下能显著提高合金的耐热性，故工业用钛合金大多数都加入一定量的 Al。但工作温度大于 500℃后，Ti-Al 合金的耐热性显著降低，故 α 钛合金的使用温度不能超过 500℃。

Ti-Al 合金中加入少量中性元素 Sn，在不降低塑性的条件下，可进一步提高合金的高温、低温强度。TA4 就是加入少量 Sn 的钛合金。由于 Sn 在 α 和 β 相中都有较高的溶解度（见图 11.4），能进一步固溶强化 α 相。只有当 Sn 含量＞18.5% 时才能出现 Ti_3Sn 化合物，所以添加 2.5%Sn 的 TA7 合金仍是单相 α 合金。

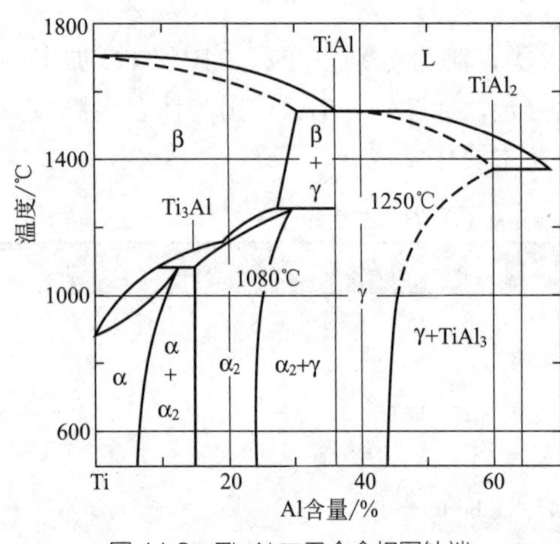

图 11.3 Ti-Al 二元合金相图钛端

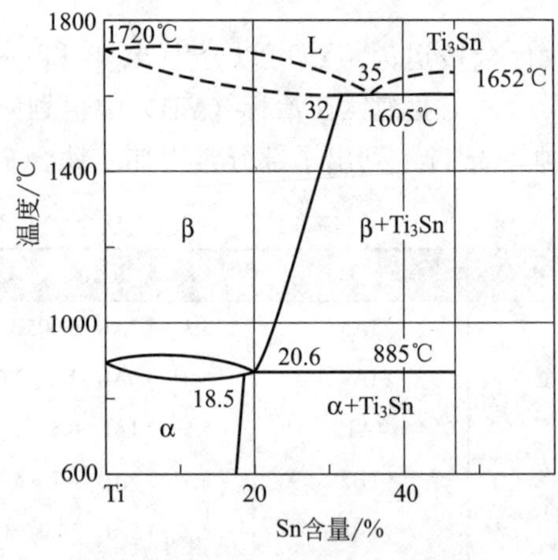

图 11.4 Ti-Sn 二元合金相图钛端

α 钛合金的特点是不能热处理强化，通常是在退火或热轧状态下使用。如 TA7 是我国应用最多的一种 α 钛合金。TA7 合金作为单相合金，虽然有高的热稳定性和较好的抗蠕变性能，但这种合金通常要求在 α/β 转变温度以下塑性加工，以防止晶粒过分长大，而且六方晶体结构的塑性变形能力低和应变硬化率高，变形率受到很大的限制。因此，TA7 合金在国外有逐渐被成型性能（在淬火状态）更高的时效硬化型 Ti-Cu 合金所代替的趋势。但 TA7 合金还有另一极有前途的用途，就是制造超低温用的容器，目前已发展了一种间隙式夹杂 O、N、C、H 极低的 ELl 合金，以提高低温强度和韧度，用来储存液态氢（−253℃）。这种合金的比强度在超低温下约为铝合金和不锈钢的 2 倍，故钛合金压力容器已成为许多空间飞行器储存燃料的标准材料。

α 钛合金的组织与塑性加工及退火条件有关。在 α 相区塑性加工和退火，可以得到细等轴晶粒。如自 β 相区缓冷，α 相则转变为片状魏氏组织；自 β 相区淬火可以形成针状六方马氏体 α′。

α 钛合金经热轧后的组织为等轴状 α 组织。由于合金的铝含量较高（5.0%Al），沿晶界出现了少量的 β 相。

11.2.3 α+β 钛合金

11.2.3.1 α+β 钛合金合金化特点

α+β 钛合金是目前最重要的一类钛合金，一般含有 4%～6% 的 β 稳定元素，从而使 α 和 β 两个相都有较多数量。而且抑制 β 相在冷却时的转变，只在随后的时效时析出，产生强化。它可以在退火态或淬火时效态使用，可以在 α+β 相区或在 β 相区进行热加工，所以其组织和性能有较大的调整余地。

α+β 钛合金既加入 α 稳定元素，又加入 β 稳定元素，使 α 和 β 相同时得到强化。为了改善合金的成型性和热处理强化的能力，必须获得足够数量的 β 相。因此，α+β 合金的性能主要由 β 相稳定元素来决定。

α+β 钛合金的 α 相稳定元素主要是 Al。Al 几乎是这类合金不可缺少的元素，但加入量应控制在 6%～7% 以下，以免出现有序反应，生成 α_2 相，损害合金的韧性。为了进一步强化 α 相，只有补加少量的中性元素 Sn 和 Zr。

β 稳定元素的选择较复杂。尽管非活性的共析型 β 稳定元素 Fe 和 Cr 有较高的稳定 β 相的能力，但加入 Fe 和 Cr 的合金在共析温度以下（450～600℃）长时间加热，共析化合物 $TiCr_2$ 或 TiFe 能沿晶界沉淀，降低合金的韧度，甚至降低强度。因此，α+β 合金只能用稳定能力较低的 β 固溶体型元素 Mo 和 V 等作为主要 β 稳定元素，再适当配合少量非活性共析型元素 Mn 和 Cr 或微量活性共析型元素 Si。

α+β 钛合金成型性的改善和强度的提高，是靠牺牲焊接性能和抗蠕变性能来达到的。因此，这种合金的工作温度不能超过 400℃，某些特殊的耐热 α+β 合金除外。为了尽量保持合金有较好的耐热性，绝大多数 α+β 钛合金都是以 α 相稳定元素为主，保证有稳定的 α 相基体组织。加入的 β 相稳定元素不能过多，能保证形成 8%～10%（体积分数）的 β 相就已足够。

α+β 钛合金的力学性能变化范围较宽，可以适应各种用途，约占航空工业使用的钛合金 70% 以上。合金的品种和牌号也比较多，根据 GB/T 3620.1—2007 标准，其牌号有 23 种。目前国内外应用最广泛的 α+β 钛合金是 Ti-Al-V 系的 Ti-6A1-4V，即 TC4 合金。

11.2.3.2 Ti-Al-V 系合金（TC3、TC4、TC10）

TC3、TC4 和 TC10 均含 5%～6%Al，再加入 β 相稳定元素 V、Fe 和 Cu，主要作用是形成 β 相和提高耐热性。V 与 Ti 形成典型的 β 固溶体型合金，不仅在 β 相中能完全固溶，在 α 相中也有较大的溶解度。Ti-Al 合金中加入 V 不仅能改善合金的成型性能，提高强度，而且合金在热处理强化的同时，还能保持良好的塑性。此外，Ti-Al-V 系合金没有硬脆化合物的沉淀问题，组织在较宽的温度范围内都很稳定，所以应用最广，尤其是 TC4 合金。

TC3 和 TC4 成分相近（见表 11.1），前者含 4.5%～6.0%Al，后者加入 5.5%～6.8%Al。TC3 合金的平均 Al 含量低些，强度较低，但塑性和成型性能较好，可以生产板材。TC4 合金塑性低些，主要生产锻件。此外，TC4 合金的冲压性能较差，热塑性良好，可用各种方法焊接，焊缝强度可达基体的 90%，耐蚀性和热稳定性也较好。可生产在 400℃长期工作的零件，如压气机盘、叶片和飞机结构件等。

TC10 是在 TC4 基础上发展起来的合金，为进一步提高其强度和耐热性，把 V 含量提高到 6%，同时还加入 2%Sn 和少量 β 稳定元素 Fe 和 Cu，以强化基体。加入的 β 相稳定元素均在固溶度范围以内，所以合金仍保持足够的塑性和热稳定性。但因 TC10 的 β 相稳定元素含量高，所以淬透性和耐热性也比 TC4 高。TC10 的冲压性能、热塑性、可焊性和接头强度与 TC4 相同，还具有高的耐蚀性和较好的热稳定性，适于制造在 450℃长期工作的零件。

Ti-Al-V 系的 3 种 α+β 合金显微组织基本相同，但受塑性加工和热处理条件的强烈影响。它们的显微组织较为复杂，概括来讲主要是：在 β 相区锻造或加热后缓冷得到魏氏组织（见图 11.5）；在 α+β 两相区锻造或退火得等轴晶粒的两相组织（见图 11.6）；在 α+β 相区淬火可得到马氏体组织。

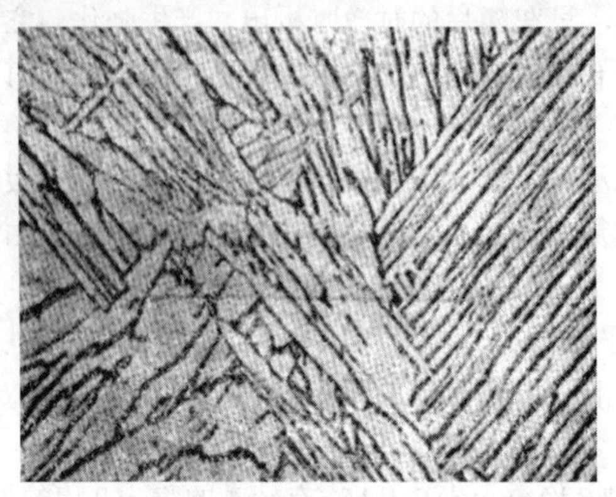

图 11.5 Ti-6Al-4V 合金从 β 相区缓冷后得到的魏氏组织（500×）

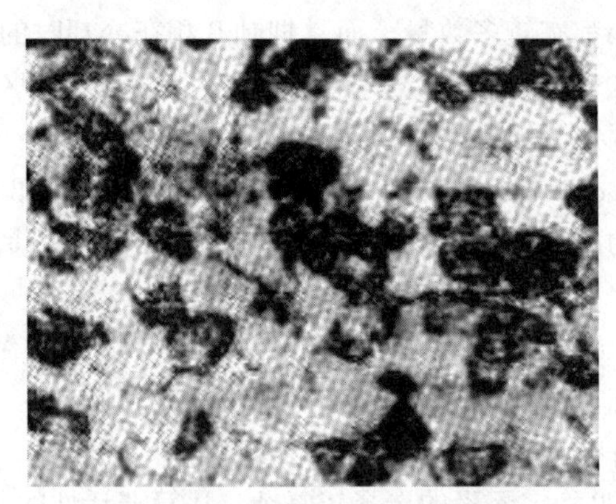

图 11.6 Ti-6Al-4V 合金退火得到的 α+β 等轴晶粒（200×）

Ti-Al-V 系合金可以强化热处理，自 α+β 区淬火和时效，强度可提高 20%～25%，但塑性要降低。因此，TC3 和 TC4 合金多在退火状态下使用。在 750～800℃保温 1～2h，空冷，得到等轴的 α+β 组织，其综合性能最好，很少采用强化热处理。TC10 合金与 TC4 一样，也多以退火状态使用，退火温度 780～800℃，保温 2h，空冷。

11.2.4 β 钛合金

β 钛合金是发展高强度钛合金潜力最大的合金。空冷或水冷在室温能得到全由 β 相组成的组织，通过时效处理可以大幅度提高强度。β 钛合金另一特点是在淬火状态下能够冷成型，然后进行时效处理。由于 β 相的浓度高，M_S 点低于室温，淬透性高，大型工件也能完全淬透。缺点是 β 稳定元素浓度高，密度提高，易于偏析，性能波动大。另外，β 相稳定元素多是稀有金属，价格昂贵，组织性能也不稳定，工作温度不能高于 200℃，故这种合金的应用还受到许多限制。目前应用的加工 β 钛合金仅有 TB2，其主要化学成分见表 11.1。

β 钛合金的合金化主要特点是加入大量 β 稳定元素，如单独加入 Mo 或 V，加入量必须很高，如 Mo＞12% 或 V＞20%，才能得到稳定的 β 相组织。另外，这些元素都是难熔金属，尤其是 Mo，熔炼时极易偏析，常出现 Mo 的夹杂物，影响性能。Mo、V 都比较贵。因此，大多数 β 钛合金全部是同时加入与 β 相具有相同晶体结构的稳定元素和非活性共析型 β 相稳定元素。TB2 合金就是同时加入了 β 相稳定元素 Mo、V 以及共析型 β 相稳定元素 Cr。

β 钛合金加入 Al，一方面是为了提高耐热性，但更主要的是保证热处理后得到高的强度。因为 Al 是 α 相稳定元素，主要溶解在 α 相中，而 β 钛合金的时效硬化正是靠 β 相析出 α 相弥散质点。因此，提高 α 相的浓度，也就是提高合金的强化效应。

β 钛合金的 β 相可以残留到室温，但却是不稳定的 β 相，随后时效析出 α 第二相强化。因此，这类合金主要是时效硬化，在制备过程中具有良好的工艺性，以后经热处理又可得到很高的强度，其强度可优于 α+β 钛合金，同时其韧性也优于 α+β 钛合金。但如果控制不当，β 钛合金可产生严重脆性。

尽管β钛合金可以得到很高的强度（拉伸强度可达2000MPa），但受到断裂韧度的限制，所以，要提高其强度，先要解决韧度问题。这就要求析出的α颗粒均匀细小。但是α相倾向于优先在β相晶界析出，细化β相晶粒可以推迟晶界α相优先析出，低温时效可以促进均匀析出并推迟α相长大，二次时效处理也可以得到更加均匀分布的α相析出。最有效的方法是控制位错结构，以促进α粒子在位错处均匀析出。有3种不同的方法可得到合适的位错结构，促进α相均匀细小析出：①固溶处理前冷加工；②冷加工回复处理；③温加工。一般来说，温加工较易得到合适的位错结构。

TB2除了有较高的强度外，还具有良好的焊接性能和压力加工性能。但性能不够稳定，熔炼工艺复杂，所以应用不如α钛合金和α+β钛合金。它适合于制作在350℃以下工作的零件，主要用于制造各种整体热处理（固溶、时效）的板材冲压件和焊接件；如空气压缩机叶片、轮盘、轴类等重载荷旋转件以及飞机的构件等。

11.3 钛合金的热处理

钛合金的热处理主要是退火、固溶处理和时效处理。下面分别介绍。

（1）**退火** 钛合金的退火主要包括去应力退火、预防白点退火、完全退火和等温退火等。

① 去应力退火的目的是消除冷变形加工、机加工、焊接等过程产生的内应力。退火一般在450～650℃加热，保温1～6h，空冷。

② 预防白点退火是要去除钛合金中的氢，以消除氢脆。其退火应在真空炉中进行，退火温度一般为600～900℃，保温1～6h。

③ 完全退火是为了使钛合金组织均匀化、性能稳定，提高其塑性和韧度。α钛合金的完全退火主要是再结晶的过程，退火温度一般在α相区内，在α+β/β相变温度以下120～200℃之间进行；α+β钛合金的退火温度应在α+β相区内，在α+β/β相变温度以下，退火过程不仅有组织再结晶，而且还有α相和β相的组成数量和形态的变化；β钛合金的退火温度一般在α+β/β相变温度以上，退火后其强度得到提高，所以β钛合金完全退火实际上是固溶处理。完全退火的保温时间与零件的有效厚度、装炉量、加工过程以及应力大小等有关，退火保温后空冷。

④ 等温退火适用于α+β钛合金。由于α+β钛合金中含有较多的β相稳定元素，采用完全退火不易达到最佳塑性，而等温退火却可以获得更好的软化效果。其工艺过程为将零件加热到α+β/β相变温度以下30～80℃保温后，炉冷或转移到相变温度以下300～400℃的温度保持一段时间，然后空冷。

（2）**固溶处理和时效处理** 目的是提高钛合金的强度和硬度。固溶处理的加热温度一般在α+β两相区范围，不得加热到β相区，否则晶粒易粗化。固溶处理的保温时间按零件有效厚度计算，其加热系数一般为3min/mm，再加5～8min。一般用水冷却，也可用低黏度的油冷却。时效工艺规范取决于对合金力学性能的要求。时效温度高时，合金韧度好；时效温度低时，合金强度高。钛合金的时效温度一般在450～550℃，时间为几小时至几十小时。

表11.2列出了部分钛合金的热处理工艺和室温力学性能。

表11.2 部分钛合金的热处理工艺和室温力学性能（GB/T 2965—2007）

牌号	热处理工艺	R_m/MPa	$R_{p0.2}$/MPa	A/%	Z/%
		≥			
TA5	700～850℃-1～3h，空冷	685	585	15	40
TA15	700～850℃-1～4h，空冷	885	825	8	20

续表

牌号	热处理工艺	R_m/MPa	$R_{P0.2}$/MPa	A/%	Z/%
		≥			
TB2	淬火：800～850℃ -30min，空冷或水冷	≤980	820	18	40
	时效：450～500℃ -8h，空冷	1370	1100	7	10
TC1	700～850℃ -1～3h，空冷	585	460	15	30
TC4	700～800℃ -1～3h，空冷	895	825	10	25
TC9	950～1000℃ -1～3h，空冷 +530℃ -6h，空冷	1050	910	9	25
TC12	700～850℃ -1～3h，空冷	1150	1000	10	25

11.4　钛合金的发展与应用

11.4.1　钛合金生产工艺的改善

要提高钛合金的质量，首先要提高钛的纯净度，这取决于两方面的因素，一方面要改善工艺，另一方面要改善无损探伤技术。通常钛合金的熔炼采用自耗炉冶炼。这种熔炼方法的主要问题是合金锭的均匀性（产生宏观偏析和微观偏析）和夹杂物。20 世纪 90 年代以前，工业生产的钛缺陷率大，现已有所降低，主要是因为发展了电子束重熔技术（EBR，electron beam remelting technology）。电子束重熔技术有利于解决偏析及制备不同截面的锭子，并且对去除高密度缺陷很有效。此外，还可用三次真空冶炼方法来改善工艺。目前由于探伤技术的发展使探伤能力提高了 50%。

只有像生产钢一样的大规模生产装备，才能降低钛合金生产成本。有人设想把 EBR 熔炼和连续铸锭法结合起来大规模生产纯钛合金。轧制钛复合钢板是一种降低成本的新工艺，先轧制复合一层便宜的钛层垫底，再轧上一层 1～1.4mm 厚的高级耐蚀钛合金层，就可得到耐蚀性极优的复合钢板，成本下降 15%～45%。此外，用永久铸模代替精密铸生产铸件，可降低成本 40%～50%。

11.4.2　钛合金的新发展和新应用

（1）在宇航工业中的应用　TC4 合金是宇航工业应用的最主要的老牌钛合金，大量用作轨道宇宙飞船的压力容器、后部升降舵的夹具、外部容器夹具及密封翼片等。近来，Ti-10-2-3、Ti-6-22-22.5、Ti-6Al-2Sn-2Zr-2Cr-2Mo-0.15Si 等合金和 AlloyC 合金也在宇航工业得到了应用。AlloyC 是一个新型高温钛合金，使用温度高达 650℃，比英国帝国金属工业公司开发的 IMI829 合金使用温度高出近 90℃。AlloyC 的特性是抗燃烧阻力大和高温强度大，用于制造 F-119 发动机的排气管。F22 战斗机是最广泛采用钛合金制造主承力结构的典型代表，比例可达 41%，使用钛合金种类主要为 Ti-62222 和 TC4，应用形式有锻件和铸件。

（2）在船舶工业中的应用　当前，钛合金已扩大应用到船舶工业。美国最先将钛合金成功地应用到深海潜水调查船的耐压壳体上。在深海潜水船上，特别需要比强度高的结构材料。使用钛合金，可在不大幅度增加重量的情况下，增加潜水深度。目前用于深海的钛合金主要是近 α 钛合金 Ti-6Al-2Nb-1Ta-0.8Mo 和 TC4。为了提高在海水中的耐蚀能力，可用 TC4ELI（ELI 表示超低间隙）作深海潜水调查船的耐压壳体以及深海救援艇的外壳结构增强环。

（3）在民品工业中的应用　电磁烹调器具材料用 TC4。钛是没有磁性的，但其电阻率高，重量轻，低热容和高耐蚀性是很吸引人的，特别是可以用超塑性加工制作精确形状的烹调用具，用钛合金制作网球球拍。与铝合金球拍相比，钛制球拍在任何方向的回弹力都大，具有很宽的击球面，此外还有很好的耐撞击性能和耐疲劳性能。钛合金在运动器具上的另一个成功例子就是用作高尔夫球头。β 型钛合金 Ti-15V-3Cr-3Sn-3Al 是日本应用最多的高尔夫球头合金。在美国主要是用 TC4 合金制作高尔夫球头，市场需求大。

要扩大钛合金在各领域的应用，首要任务是降低成本，因此需发展一些低成本合金。例如，日本近期发展了一些新型钛合金。一类是可以冷变形的合金，如 Ti-22V-4Al，Ti-20V-4Al-1Sn，Ti-16V-4Sn-3Nb-3Al 等 β 钛合金。此外，还发展了一类 α 钛合金 Ti-10Zr（含氧量小于 0.1%），此合金也具有良好的冷变形性，经冷加工后的强度较高。这些合金的使用目标是民用汽车、眼镜架、钟表和高尔夫球头等。此外，可用钛合金回收碎屑和采用 Fe-Mo 中间合金降低成本，性能也能满足要求。

（4）在汽车工业中的应用 在 20 世纪 70 年代，钛合金就开始应用在汽车领域，但因成本问题，仅在赛车和运动汽车上应用。目前在民用汽车上使用的很少，且一般仅用低成本钛合金。钛合金制作的进气阀及排气阀在二十年前就已实现了市场化。装有钛合金进气阀的日产汽车 R382，在当时日本最高奖比赛中获胜。以前采用钢制阀质量为 90g，而钛合金阀质量为 55g，减轻了 35g，高速性能提高了 10%～15%。美国生产的钛合金进气阀用的是耐热钛合金 Ti-6Al-2Sn-4Zr-2Mo，排气阀用 TC4。与钢制阀相比，一个阀能减轻质量约 50g，且高速性能好，寿命延长 2～3 倍，可靠性高。在赛车和运动汽车上，最广泛使用钛合金的零件是阀座，一般用 TC4 合金制作，但日本常用 Ti-5A1-2Cr-1Fe 制作阀座。在减轻汽车发动机的运动重量上，用钛合金制造的连接杆是最有效的，但由于成本高，没有像阀座那样更多使用。

（5）在化学工业中的应用 钛合金在化学工业中的应用涉及所有种类的机器。例如各种形态的容器：反应器、热交换器、塔、分离器、吸收塔、冷却器、浓缩器等，加上构成连接这些机器配管的管道、接头等。由于钛合金对一般的氧化性环境有优良的耐蚀性，为改善对非氧化性环境的耐蚀性，研制了 Ti-0.2Pd、Ti-15Mo-5Zr 等合金。在化学工业中许多零部件是在高温高压及强烈的腐蚀环境中服役，因此钛合金的应用将进一步扩大。

（6）在医疗领域中的应用 作为外科用的嵌入材料来说，钛被看作是有前途的嵌入材料。钛的身体适应性是独特的，体内组织及体液对钛几乎没有什么影响。与大多数其他金属不同，钛不会引起炎症、过敏性、变态反应等。在整形外科中，用钛材进行骨骼整补时，适应性极好，在钛材上细胞可以再生，骨骼可以生长。作为软组织用嵌入材料，一般都用高纯钛，要求有高的延展性及加工性能。深拉加工的心脏起搏器的套，要求有最高的成型性。人工骨通常使用 TC4 或 Ti-6A1-4VELI 合金，而 Ti-3A1-8V-6Cr-4Mo-4Zr 具有热处理强化效果的高强度 β 钛合金可用作脊椎固定和矫正、齿列矫正等。

本章小结

钛合金是一种新型高性能结构材料。它具有密度小、强度高、耐高温和耐腐蚀等特点，且资源丰富，已成为航天、化工等部门广泛应用的材料。

α 钛合金的主要合金元素是 α 稳定元素 Al 和中性元素 Sn，主要起固溶强化作用。由于此类合金具有密排六方结构，塑性差，而且不能通过热处理强化，所以通常在退火状态下使用。β 钛合金主加元素是扩大 β 相区的 Cr、Mo、V 等元素，此外还加入少量的 Al。这类合金主要通过时效硬化得到高强度，但耐热性差，在制备过程中具有良好的工艺性。因其合金化复杂，故应用受到一定的限制。α+β 钛合金是目前最重要的一类钛合金。α+β 钛合金同时加入 α 稳定元素和 β 稳定元素，使 α 和 β 相都得到强化。α+β 钛合金的力学性能变化范围较宽，可以适应各种用途，约占航空工业使用钛合金的 70% 以上。

钛合金材料的重要科学问题：钛合金中合金元素的相互作用是合金设计的基本问题；理解和掌握组织与性能的关系是钛合金应用基础研究的核心；为适应不同用途需开发新型β钛合金等新材料。改进钛原材料生产工艺是世界各国面临的共同课题，这是降低钛合金成本的关键技术。系统实验与理论研究的结合将促进各类钛合金的进一步发展。

本章重要词汇

比强度　(β相)临界浓度　钛合金马氏体相变　六方马氏体
斜方马氏体　应力诱发马氏体　ω相　α钛合金
β钛合金　α+β钛合金

思考题

11-1　钛合金的合金化原则是怎样的？为什么几乎在所有钛合金中，均有一定含量的合金元素Al？为什么Al的加入量都控制在6%～7%以下？

11-2　为什么国内外目前应用最广泛的钛合金是Ti-Al-V系的Ti-6A1-4V(即TC4合金)?

11-3　简述Al和Sn在α钛合金中的作用。

11-4　如何改善钛合金的生产工艺？

11-5　要扩大钛合金在民品工业中的应用，首要的任务是什么？通过什么途径可以实现？

11-6　为什么体心立方晶格β相自高温淬火后得到的马氏体，其硬度并没有很大提高？

12 镁合金

镁的资源十分丰富，镁在地壳中的含量为2.35%，总储量估计为100亿吨以上。进入21世纪，全球原镁生产能力已超过60万吨。镁及镁合金广泛应用于冶金、汽车、摩托车、航空航天、光学仪器、计算机、电子与通信、电动、风动工具和医疗器械等领域。镁合金以其优良的导热性、可回收性、抗电磁干扰性及优良的屏蔽性能等特点，被誉为新型“绿色工程材料”、21世纪的“时代金属”。随着国内外镁产品市场开发应用空间的增大，镁资源将发挥更重要的作用。

12.1 概述

12.1.1 镁的基本性质

① Mg的原子序数为12，原子量为24.32，Mg的晶体结构为密排六方，25℃时晶胞的轴比为 c/a=1.6237。

② Mg在20℃时的密度只有1.738g/cm^3，是常用结构材料中最轻的金属，Mg的这一特征使其具有较高的比强度和比刚度，这成为大多数Mg基结构材料应用的基础。

③ Mg的体积热容比其他所有的金属都低，Mg在20℃时的体积热容为1781J/（dm^3·K），在同样条件下Al的体积热容是2430J/（dm^3·K），Ti为2394J/（dm^3·K），Cu为3459J/（dm^3·K），Zn为2727J/（dm^3·K），Mg及镁合金的一个重要特性是升温与降温都比其他金属快。

④ Mg具有很高的化学活泼性，Mg在潮湿大气、海水、无机酸及其盐类、有机酸、甲醇等介质中均会引起剧烈的腐蚀，但Mg在干燥的大气、碳酸盐、氟化物、铬酸盐、氢氧化钠溶液、苯、四氯化碳、汽油、煤油及不含水和酸的润滑油中却很稳定。

⑤ Mg的室温塑性很差，纯Mg多晶体的强度和硬度也很低。

12.1.2 镁合金的特点

镁合金的密度比纯镁稍高，在1.75～1.85g/cm^{3}之间。大多数镁合金具有如下特点：

① 比强度、比刚度均很高　比强度明显高于铝合金和钢，比刚度与铝合金和钢相当，而远远高于工程塑料；

② 弹性模量较低　当受到外力时，应力分布将更均匀，可以避免过高的应力集中，在弹性范围内承受冲击载荷时，所吸收的能量比Al高50%左右，所以，镁合金适宜于制造承受猛烈撞击的零件，此外，镁合金受到冲击或摩擦时，表面不会产生火花；

③ 良好的减振性　在相同载荷下，减振性是Al的100倍，钛合金的300～500倍；

④ 切削加工性能优良，其切削速度大大高于其他金属；

⑤ 镁合金的铸造性优良，几乎所有的铸造工艺都可铸造成型。

常规镁合金的力学性能较低，首先是形变困难，主要源于其密排六方的晶体结构，滑移系数量较少；其次，镁合金极易出现织构，使得后续形变受到阻碍。因此，镁合金的应用范围受到很大限制。通过在纯 Mg 中添加特定合金元素，可以显著改善 Mg 的物理、化学及力学性能。现已开发出较多的镁合金体系。

12.1.3　镁合金的分类

目前，国际上倾向于采用美国试验材料协会（ASTM）使用的方法来标记镁合金。我国镁合金牌号的命名规则也基本上与国际接轨。GB/T 5153—2016 标准规定了牌号的命名规则：镁合金牌号以英文字母加数字再加英文字母的形式表示。前面的英文字母是其最主要的合金元素代号（元素符号有规定，如 A—Al，C—Cu，K—Zr，M—Mn，R—Cr，S—Si，T—Sn，Z—Zn，J—Sr，V—Gd 等），其后的数字表示其最主要合金元素的大致含量。最后面的英文字母为标识代号，用以标识各具体合金元素相异或元素含量有微小差别的不同合金。如 AZ91D 镁合金牌号，“A”表示镁合金中主要合金元素 Al，“Z”为含量次高的元素 Zn，“9”表示 Al 含量大致为 9%，“1”表示锌含量大致为 1%，“D”为标识代号。部分镁合金牌号及主要化学成分见表 12.1，中国与美国部分镁合金相近牌号对照见表 12.2。

表 12.1　部分国产镁合金牌号及主要合金元素（GB/T 5153—2016，GB/T 19078—2016）

种类	合金系	牌号	主要合金元素 /%	杂质总量（≤）/%
变形镁合金	Mg-Mn	M2M	1.3～2.5Mn	0.20
		ME20M	1.3～2.2Mn，0.15～0.35Ce	0.30
	Mg-Al-Zn	AZ40M	3.0～4.0Al，0.15～0.50Mn，0.20～0.8Zn	0.30
		AZ61M	5.5～7.0Al，0.15～0.50Mn，0.50～1.5Zn	0.30
		AZ80M	7.8～9.2Al，0.15～0.50Mn，0.2～0.8Zn	0.30
	Mg-Zn-Zr	ZK61M	5.0～6.0Zn，0.30～0.9Zr	0.30
铸造镁合金	Mg-Zn-Zr	ZK51A	3.5～5.3Zn，0.3～1.0Zr	0.30
		ZK61A	5.7～6.3Zn，0.3～1.0Zr	0.30
	Mg-RE-Ag-Zr	QE22A	≤0.2Zn，≤0.15Mn，0.8～1.0Zr，1.9～2.4RE，2.0～3.0Ag	0.30
		EQ21A	1.5～3.0RE，0.3～1.0Zr，1.3～1.7Ag	0.30
	Mg-Al-Zn	AZ81A	7.2～8.0Al，0.15～0.35Mn，0.5～0.9Zn	0.30
		AZ91D	8.5～9.5Al，0.17～0.4Mn，0.45～0.90Zn	≤0.10（单个）
	Mg-Al-Mn	AM20S	1.7～2.5Al，0.35～0.60Mn，≤0.2Zn	≤0.01（单个）
		AM60B	5.6～6.4Al，0.26～0.50Mn，≤0.2Zn	≤0.01（单个）

表 12.2　中国与美国部分镁合金相近牌号对照

中国	美国（ASTM）	中国	美国（ASTM）	中国	美国（ASTM）
M2M	AIMIA	ZK61M	ZK60A	EZ33A	EZ33A
AZ40M	AZ31C	ZK51A	ZK51A	AZ81S	AZ81A/AZ91C
AZ61M	AZ61A	ZE41A	ZE41A	AZ91S	AM100A
AZ80M	AZ80X	WE43A	EK41A		

镁合金一般按化学成分、成型工艺和是否含锆 3 种方式分类。大多数镁合金都含有多种合金元素，为突出最主要的合金元素，习惯上总是依据最主要合金元素，将镁合金划分为二元合金系：Mg-Mn、Mg-Al、Mg-Zn、Mg-RE、Mg-Th、Mg-Ag、Mg-Zr 和 Mg-Li 系等。

按成型工艺，镁合金可分为两大类，即变形镁合金和铸造镁合金，变形镁合金和铸造镁合金在成分、组织和性能上存在着很大的差异。如前所述，固溶体合金的塑性变形性能优良，但强度较低。含金属间化合物的两相合金，其强度高，但塑性变形能力低。特别是当第二相很脆时，变形往往不均匀，容易造成开裂。因此，早期的变形镁合金由于要求其兼有良好的塑性变形能力和尽可能高的强度，对其组织的设计大多要求不含金属间化合物，其强度的提高主要依赖合金元素对镁合金的固溶强化和塑性变形引起的形变强化。

铸造镁合金比变形镁合金的应用要广泛得多。铸造镁合金主要应用于汽车零件、机件壳罩和电气构件等。铸造镁合金多用压铸工艺生产，其主要工艺特点为生产效率高、精度高、铸件表面质量好、铸态组织优良、可生产薄壁及复杂形状的构件等。

依据合金中是否含 Zr，镁合金又可分为含 Zr 和不含 Zr 两大类。Mg-Zr 合金中一般都含有另一组元，最常见的合金系列是：Mg-Zn-Zr、Mg-RE-Zr、Mg-Th-Zr 和 Mg-Ag-Zr 系列。不含 Zr 的镁合金有：Mg-Zn、Mg-Mn 和 Mg-Al 系列。应用最多的是不含 Zr 压铸镁合金 Mg-Al 系列。含 Zr 与不含 Zr 的镁合金中均包含变形镁合金和铸造镁合金。

12.2 镁合金的合金化原理

12.2.1 合金元素对组织和性能的影响

合金元素和镁的作用规律主要与它们的晶体结构、原子尺寸、电负性等因素相关。

① 晶体结构因素　Mg 具有密排六方结构，但其他常用的密排六方结构元素（如 Zn 和 Be），不能与 Mg 形成无限固溶体。只有 Cd 在 253℃时，能与 Mg 形成无限固溶体。

② 原子尺寸因素　溶质和溶剂原子大小的相对差值小于 15% 时，才能形成无限固溶体。金属元素中约有 1/2 元素与 Mg 可能形成无限固溶体。

③ 电负性因素　溶质元素与溶剂元素之间的电负性相差越大，生成的化合物越稳定。Mg 具有较强的正电性，当它与负电性元素形成合金时，几乎一定形成化合物。这些化合物往往具有 Laves 相结构，同时其成分具有正常的化学价规律。

④ 原子价因素　溶质和溶剂的原子价相差越大，则溶解度越小。与低价元素相比，较高价元素在 Mg 中的溶解度较大。所以，尽管 Mg-Ag 和 Mg-In 之间原子价差是相同的，但 1 价 Ag 在 2 价 Mg 中的溶解度比 3 价 In 在 Mg 中的溶解度要小得多。

镁合金的主要合金元素有 Al、Zn、Mn 和 Zr 以及稀土金属等。Fe、Ni、Cu 等元素是有害元素，合金元素对镁合金组织和性能有着重要影响。

Al 在固态 Mg 中具有较大的固溶度，图 12.1 为 Mg-Al 二元相图。Al 在 Mg 中的极限固溶度为 12.7%，随温度的降低显著减小，在室温时的固溶度为 2.0% 左右。Al 可改善压铸件的铸造性能，提高铸件强度。但 $Mg_{17}Al_{12}$ 在晶界上析出会降低抗蠕变性能。在铸造镁合金中 Al 含量可达 7%～9%，而在变形铝合金中一般控制在 3%～5%。Al 含量越高，耐蚀性越好，但应力腐蚀敏感性随 Al 含量的增加而增加。

Zn 在 Mg 中的固溶度约为 6.2%，其固溶度随温度的降低显著减小。当 Zn＞2.5% 时对耐蚀性有负面影响，Zn 含量一般控制在＜2.0%。Zn 能提高应力腐蚀的敏感性，明显提高镁合金的疲劳极限和提高铸件抗蠕变性能。

Mn 在 Mg 中的极限固溶度为 3.3%，如图 12.2 所示。Mn 对合金的强度影响不大，但降低塑性。在镁合金中加入 1%～2.5%Mn 的主要目的是提高合金抗应力腐蚀倾向，提高耐蚀性和改善可焊性。Mn 在含 Al 的镁合金中形成 MgFeMn 化合物，可提高镁合金的耐热性。此外，Mn 易与

Fe化合，可清除Fe的有害影响，使得腐蚀速率（特别是在海水中）大大降低。图12.3为M2M变形镁合金经轧制后的显微组织，显微组织沿加工方向呈条状分布。

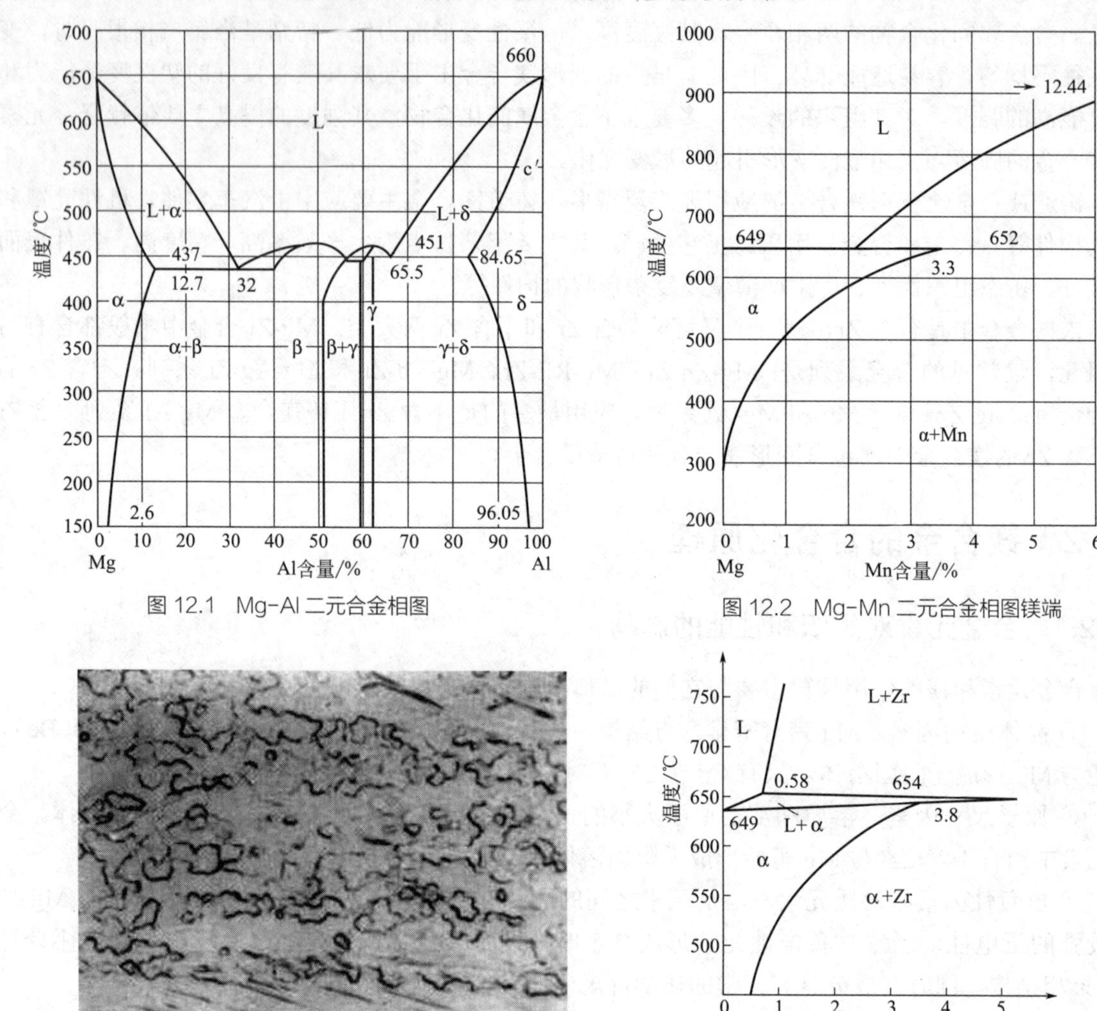

图12.1 Mg-Al二元合金相图

图12.2 Mg-Mn二元合金相图镁端

图12.3 M2M变形镁合金经轧制后的显微组织（200×）

图12.4 Mg-Zr二元合金相图镁端

Zr在Mg中的极限溶解度为3.8%，见图12.4。Zr是高熔点金属，有较强的固溶强化作用。Zr与Mg有相同的晶体结构，Mg-Zr合金在凝固时，会析出含Zr相，可作为结晶时的非自发形核的核心，所以可细化晶粒。在镁合金中加入0.5%～0.8%Zr，细化晶粒效果最好。

固溶的稀土元素（RE）可增强镁合金的原子间结合力，降低合金中原子扩散速率，增加合金的热稳定性。Mg与稀土元素可形成金属间化合物，Mg-RE金属间化合物的热稳定性高，有明显的沉淀强化效果。在铸造镁合金中，稀土元素是改善耐热性最有效和最具实用价值的金属。在稀土中，Nd的作用最佳。Nd在镁合金中可导致在高温和常温下同时获得强化，Ce或Ce的混合稀土虽然对改善耐热性效果较好，但常温强化作用差。研究表明，重稀土元素Y、Gd等和轻稀土元素Nd、Sm等复合加入合金化，具有显著的强化作用。

12.2.2 镁合金的强韧化

镁合金基体为密排六方点阵，滑移系少，塑韧性差。在一定合金化基础上，镁合金强化途径主要是细晶强化和沉淀强化。研究表明细化晶粒对镁合金的强化效应非常显著，也可明显改善韧度，降低韧-脆转变温度。Mg的晶粒尺寸从60μm细化到2μm时，韧-脆转变温度可从250℃下降到室温。当镁合金晶粒尺寸细化到1μm时，晶界滑移成为新的形变机制，大为改善了合金的塑韧性，并有可能出现超塑性。

在镁合金中沉淀强化也是有效的途径。与铝合金等其他有色金属合金相似，镁合金也可通过固溶和时效过程来获得沉淀强化效应，在时效过程中也往往形成一些过渡相。以Mg-5.5Zn的Mg-Zn合金为例，过饱和固溶体的时效过程主要有4个阶段：在70～80℃以下形成G.P.区；若形成G.P.后，再在150℃时效，可析出细小弥散分布的$MgZn_2$，呈短杆状，与基体完全共格，此时可得到最大的沉淀强化效果；进一步提高温度，逐步转变为圆盘状的半共格$MgZn_2'$相；最后转变为非共格的Mg_2Zn_3平衡相。不同的稀土元素与Mg形成的金属间化合物其溶解度是不同的，只有极限溶解度大的合金系才能产生显著的沉淀强化效应。如Nd在Mg中的溶解度较大（为3.6%）。其过饱和固溶体的脱溶过程为：在室温到180℃形成G. P.区，呈薄片状；在180～260℃范围，出现超结构的β''-Mg_3Nd亚稳相，薄片状，与基体保持完全共格，这时合金具有最大的强化效果；在200～300℃范围内，在位错线上析出面心立方结构的β'亚稳相，也呈薄片状，与基体半共格；最后形成$Mg_{12}Nd$平衡相。

有些合金元素改变了镁合金的晶格参数，降低密排六方点阵的轴比*c*/*a*值，促进了非基面滑移系的开启，可明显改善塑性。采用快速凝固技术使La、Ce、Nd、Y等稀土元素在Mg中固溶度增加，大幅度降低*c*/*a*值，从而获得很好的延性。

12.3 变形镁合金的组织和性能

变形镁合金经过挤压、轧制和锻造等工艺后具有比相同成分的铸造镁合金更高的性能。变形镁合金制品有轧制薄板、挤压件和锻件等，这些产品具有低成本、高强度和良好延展性等优点，其工作温度一般不超过150℃。

在变形镁合金中，常用的合金系为Mg-Al系与Mg-Zn-Zr系。Mg-Al系变形镁合金属于中等强度、塑性较高的变形镁合金，Al含量为0～8%，典型的合金为AZ40M、AZ61M及AZ80M。由于Mg-Al合金具有良好的强度、塑性和耐腐蚀等综合性能，且价格较低，所以是最常用的合金系列。Mg-Zn-Zr系合金是高强度镁合金，变形能力不如Mg-Al系合金，常要用挤压工艺生产，常用合金为ZK61M。ZK61M合金的缺点是焊接性差，不能作焊接件。由于其强度高，耐蚀性好，无应力腐蚀倾向，且热处理工艺简单，故能制造形状复杂的大型构件，如飞机上的机翼长桁、翼肋等。部分变形镁合金牌号见表12.1。

在Mg中加入Li元素能获得超轻变形镁合金，其密度在1.30～1.65g/cm^3，它是至今为止最轻的金属结构材料，具有极优的变形性能和较好的超塑性，已应用在航天和航空器上。

图12.5是AZ40M挤压组织，晶粒尺寸为15～20μm。AZ61M挤压组织如图12.6所示，组织由α相和沿晶界分布的β（$Mg_{17}Al_{12}$）相组成，并存在孪晶组织。此外，晶粒大小相差悬殊，

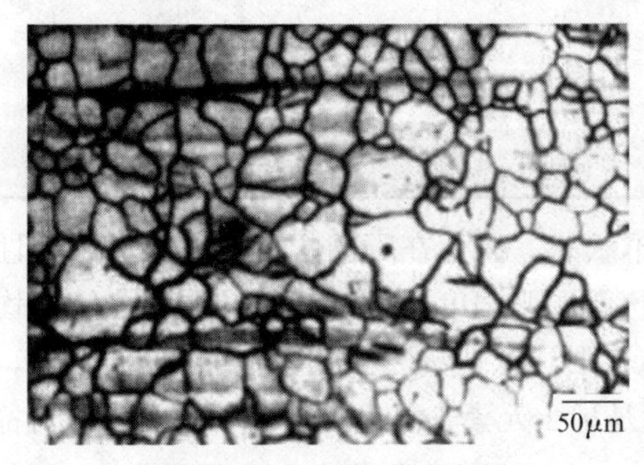

图12.5 AZ40M挤压组织

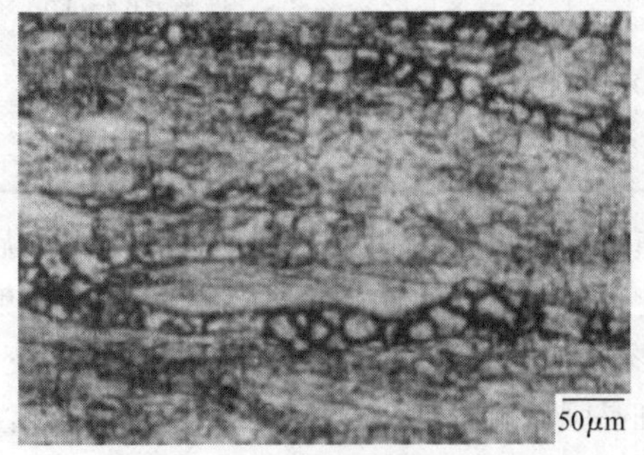

图12.6 AZ61M挤压组织

大晶粒长达 250μm，而小的仅有 10μm 左右。从不同方向观察，晶粒变形程度非常高。图 12.7 为 AZ80M 组织，晶粒较细小，晶粒尺寸约为 17μm。从图中也可明显见到挤压破碎的小块物质，即黑色呈线状分布的 β 相代表了挤压方向。图 12.8 为 AZ80M 合金热处理后的 TEM 照片，β 相为析出相，呈现板条状，与基体之间存在一定的位相关系。

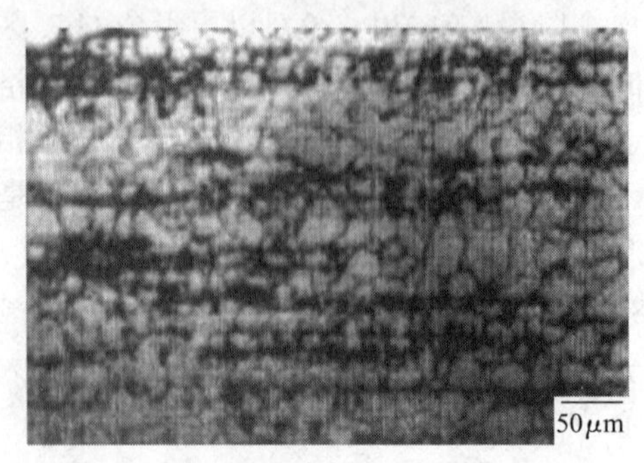

图 12.7　AZ80M 挤压组织

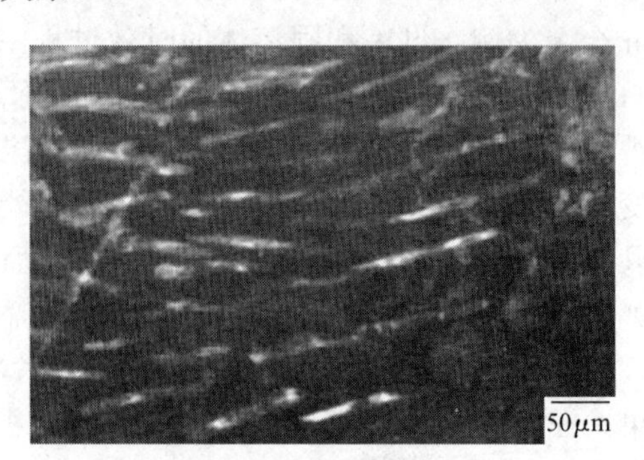

图 12.8　AZ80M 板条状 β 相形貌

变形镁合金的性能与加工工艺、热处理状态有很大关系，尤其是加工温度不同，材料的力学性能可能处于较宽的范围。在 400℃以下挤压，挤压合金已发生再结晶。在 300℃进行冷挤压，材料内部保留了许多冷加工的显微组织特征，如高密度位错或孪晶组织。在再结晶温度以下挤压可使挤压制品获得更好的力学性能（见表 12.3）。表 12.4 为冷轧镁合金薄板的室温力学性能。

表 12.3　挤压镁合金力学性能与温度的关系

合金牌号	挤压温度 /℃	抗拉强度 /MPa	屈服强度 /MPa	断后伸长率 /%
AZ40M	380	300	230	21
	400	270	185	16
	430	245	150	14
M2M	250	275	185	7
	430	235	135	6

表 12.4　冷轧镁合金薄板的室温纵向力学性能

合金牌号	状态	板材厚度 /mm	R_m/MPa	$R_{P0.2}$/MPa	$A_{11.3}$/%
			≥		
M2M	退火	0.8～3.0	185	110	6
		6.0～10.0	165	90	5
AZ40M	退火	0.8～3.0	235	130	12
		3.5～10.0	225	120	12
AZ41M	退火	0.8～3.0	245	145	12
		6.0～10.0	235	140	10
ME20M	退火	0.8～3.0	225	120	12
		6.0～10.0	215	110	10
	冷加工后有一定的退火	0.8～3.0	245	155	8
		6.0～10.0	235	140	6

值得注意的是：变形时镁的弹性模量择优取向不敏感，因此在不同的变形方向上，弹性模量的变化不明显；变形镁合金产品压缩屈服强度低于拉伸屈服强度，所以在涉及如弯曲等不均匀塑性变形时，需特别注意。根据镁合金的这些变形特点，要注意把塑性变形与热处理结合起来，充分利用细晶强化等工艺，通过添加合适的合金元素特别是稀土元素来改进合金的性能，从而制备出先进的变形镁合金材料。

12.4 铸造镁合金的组织和性能

铸造镁合金中主要合金系为Mg-Zn-Zr、Mg-Al-Zn及Mg-RE-Zr等。其中含稀土元素的铸造镁合金占铸造镁合金总数的比例，除个别国家外，都占半数以上。铸造镁合金加稀土金属进行合金化，提高了镁合金熔体的流动性，降低了微孔率，减轻疏松和热裂倾向，并提高了耐热性。

（1）**Mg–Al–Zn系铸造合金** Mg-Al-Zn合金中Al含量只有高于4%Al才有足够体积分数的$Mg_{17}Al_{12}$相产生沉淀强化，故一般要高于7%才能保证有足够的强度。最典型和常用的镁合金是AZ91D，其压铸组织是由α相和在晶界析出的β相$Mg_{17}Al_{12}$组成，如图12.9所示。Mg-Al-Zn合金组织成分常出现晶内偏析现象，先结晶部分Al含量较多，后结晶部分Mg含量较多。晶界和表层Al含量高，晶内和里层Al含量低。另外，由于冷却速度的差异，导致压铸组织表层组织致密、晶粒细小，而心部晶粒较粗大，因此表层硬度明显高于心部硬度。

加入少量的Zn可提高合金元素的固溶度，加强热处理强化效果，有效地提高合金的屈服强度。Zn含量高的Mg-Al-Zn合金有更好的模铸性能。此外，压铸组织的耐蚀性比砂型铸造的要好，这是压铸组织表面Al含量较高的缘故。

（2）**Mg–Zn–Zr系铸造合金** Mg-Zn合金中有Mg_2Zn_3、其亚稳相$MgZn_2$等沉淀强化相。当Zn含量增加时，合金的强度升高；但超过6%时，强度提高不明显，但塑性下降较多。加入少量Zr后可细化晶粒，改善力学性能。加入一定量混合稀土金属可改善工艺性能，但其室温力学性能有所降低。增加稀土金属和Zn后，出现晶界脆性相，难以在固溶阶段溶解。稀土对Mg-Al-Zn合金塑性的不良影响可通过氢化处理来改善。氢化处理的原理是把ZE41A合金放在480℃的H_2中固溶处理，令H_2沿晶界向内部扩散，与偏聚于晶界的Mg-Zn-RE化合物中的RE发生反应，生成不连续的颗粒状REH化物。因H_2不与Zn发生反应，当RE从Mg-Zn-RE相中被夺走，被还原的Zn原子即固溶于α固溶体，结果使Zn的过饱和度升高。最终时效后，晶粒内部生成细针状沉淀相，强度显著提高，没有显微疏松，伸长率和疲劳强度也得到改善，综合性能优秀。

图12.10是ZK51A砂铸后的组织，组织为δ固溶体+网状的MgZn化合物，δ内有Zr的偏析，异有明显疏松、缩孔缺陷。ZE41A合金是在ZK51A基础上加入1.0%～1.75%富铈稀土金属。ZE41A合金的高温蠕变强度、瞬时强度和疲劳强度明显高于ZK51A合金，且铸件致密，易铸造和焊接，可在170～200℃工作，用于飞机的发动机和导弹各种铸件。

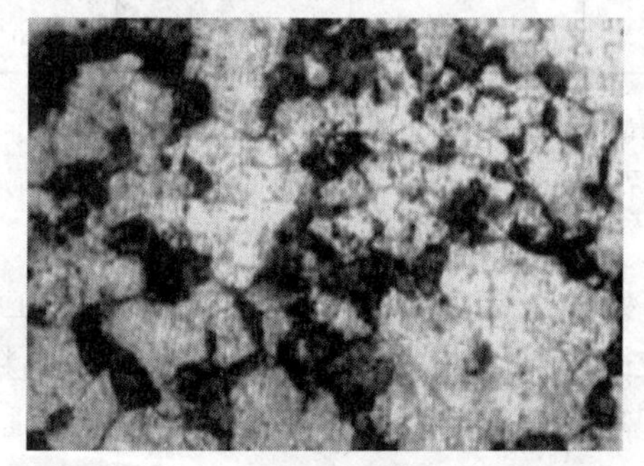

图12.9 压铸AZ91D镁合金组织（100×）

图12.10 ZK51A砂铸后的组织（100×）

（3）**Mg–RE–Zr系耐热铸造合金** 稀土元素Nd在Mg中的溶解度较大，对室温和高温强度的贡献也较大。混合RE和Ce的溶解度最小，对高温强度虽有贡献，但对室温强度和塑性不利。Mg-Nd合金的γ相（Mg_9Nd）热稳定性很高，从室温加热到200℃，硬度只降低20%左右，是极重要的强化相。Mg-Nd合金的时效过程主要涉及β″和β′相，其中，镁合金的硬化与共格的β″

相直接相关，当这种相在250℃失去共格性时，蠕变速度急剧升高。β′相是面心立方晶格，在200～300℃时效时生核和长大。Mg-Nd合金中加入一定量的Zr后可进一步细化晶粒、稳定组织，并可改善耐蚀性。

在Mg-RE-Zr系合金中加入Ag能改善合金的时效效应和强度。这种合金的室温强度与高强Mg-RE-Zr合金相同，并有优良的铸造性和可焊性。如果用富Nd混合稀土代替富Ce混合稀土，强度还能进一步提高。几种新发展起来的Mg-Ag-RE（Nd）-Zr系合金在250℃以下的抗拉强度比任何镁合金都高，几乎与高强铸造Al合金相等。

12.5 镁合金的热处理

镁合金的常规热处理工艺分为两大类：退火和固溶时效。因为合金元素的扩散和合金相的分解过程极其缓慢，所以镁合金热处理的主要特点是固溶和时效处理时间较长，并且镁合金淬火时不必快速冷却，通常在静止的空气或人工强制流动的气流中冷却即可。

完全退火的目的是消除镁合金在塑性变形过程中的形变强化效应，恢复和提高其塑性，以便进行后续的变形加工。几种变形镁合金的完全退火工艺规范见表12.5。由于镁合金的大部分成型操作都在高温下进行，故一般对其进行完全退火处理。

去应力退火既可以消除变形镁合金制品在冷热加工、成型、校正和焊接过程中产生的残余应力，也可以消除铸件或铸锭中的残余应力。镁合金铸件中的残余应力一般不大，但由于镁合金弹性模量低，在较低应力下就能使镁合金铸件产生相当大的弹性应变。所以，必须彻底消除镁合金铸件中的残余应力以保证其精密机加工时的尺寸公差、避免其翘曲和变形以及防止Mg-Al铸造合金焊接件发生应力开裂等。常用的去应力退火工艺规范见表12.5。

表12.5 变形镁合金完全退火和去应力退火工艺

合金牌号	完全退火		去应力退火（板材）		去应力退火（冷挤压件或锻件）	
	温度/℃	时间/h	温度/℃	时间/h	温度/℃	时间/h
M2M	340～400	3～5	205	1	260	0.25
AZ40M	350～400	3～5	150	1	260	0.25
AZ41M	—	—	250～280	0.5	—	—
ME20M	280～320	2～3	—	—	—	—
ZK61M	380～420	6～8	—	—	260	0.25

镁合金经过固溶淬火后不进行时效可以同时提高其抗拉强度和伸长率。由于Mg原子扩散较慢，故需要较长的加热时间以保证强化相的充分溶解。镁合金的砂型厚壁铸件固溶时间最长，其次是薄壁铸件或金属型铸件，变形镁合金的最短。

部分镁合金经过铸造或加工成型后不进行固溶处理而是直接进行人工时效。这种工艺很简单，也能获得相当高的时效强化效果，特别是Mg-Zn系合金。若重新固溶处理会导致晶粒粗化。对于Mg-Al-Zn和Mg-RE-Zr合金，常采用固溶处理后人工时效，可提高镁合金的屈服强度，但会降低部分塑性。

通常情况下，当镁合金铸件经过热处理后其力学性能达到了期望值时，很少再进行二次热处理。但若镁合金铸件热处理后的显微组织中化合物含量过高，或者在固溶处理后的缓冷过程中出现了过时效现象，那么就要进行二次热处理。

12.6 镁合金的应用

20 世纪 90 年代，在全球范围掀起的镁合金开发应用的热潮。世界与 Mg 相关的产业每年以 15%～25% 的幅度增长，这在近代工程金属材料的应用中是前所未有的。到目前为止，镁合金的应用得到了极大扩展，从消费电子到高铁、汽车、自行车、航空航天、国防军工、建筑装饰、手持工具、医疗康复器械等，其应用领域不断扩展，用量不断增大。

（1）镁合金在汽车工业中的应用 镁合金用作汽车零部件通常具有下列优点：①显著减轻车重，降低油耗，减少尾气排放量，据测算，汽车所用燃料的 60% 消耗于汽车自重，汽车每减重 10%，耗油将减少 8%～10%；②提高零部件的集成度，降低零部件加工和装配成本，提高汽车设计的灵活性；③可以极大改善车辆的噪声、振动现象。由于质量减轻，还可改善刹车和加速性能。到目前为止，在汽车上有 60 多个零部件采用了镁合金，综合看来，有 7 种部件镁合金的使用普及率最高，它们是仪表盘基座、座位框架、方向盘轴、发动机阀盖、变速箱壳、进气歧管和汽车车身。2017 年 8 月 14 日，我国第一条镁合金汽车轮毂生产线，也是世界上第一条真正实现工业化生产的镁合金汽车轮毂生产线，在位于河南省长葛市的德威科技股份有限公司正式投产，并与美国 TH Magnesium 公司签订 20 亿元供货合同。

（2）镁合金在航空领域中的应用 就航空材料而言，结构减重和结构承载与功能一体化是飞机机体结构材料发展的重要方向。镁合金由于低密度、高比强度使其很早就在航空工业上得到应用，但是易腐蚀性又在一定程度上限制了其应用范围。航空材料减重带来的经济效益和性能的改善十分显著，商用飞机与汽车减重相同质量带来的燃油费用节省，前者是后者的近 100 倍。战斗机的燃油费用节省又是商用飞机的 10 倍，更重要的是其机动性能改善可以极大提高其战斗力和生存能力。如用 ZE41A 型镁合金制造 WP7 各型发动机的前支撑壳体和壳体盖，用 EZ33A 型镁合金制造 J6 飞机的 WP6 发动机的前舱铸件和 WP11 的离心机匣，用 AZ81S 型镁合金制造了红旗Ⅱ型地空导弹的四甲和四乙舱体铸件、战机座舱骨架和镁合金机舱。

（3）镁合金在家用电器中的应用 为了适应电子器件轻、薄、小型化的发展方向，要求作为电子器件壳体的材料具有密度小、强度和刚度高、抗冲击和减震性能好，电磁屏蔽能力强、散热性能好、容易成型加工、易于回收和符合环保要求等特点。传统的塑料和铝材已逐渐难以满足使用要求，镁及其合金是制造电子器件壳体的理想材料。近 20 年来，世界上电子发达国家，尤其是日本和欧美一些国家在镁合金产品的开发方面开展了大量的工作，在一大批重要电子产品上使用了镁合金，取得了理想的效果。

例如，1998 年，日本厂商开始在各种便携式商品上（如 PDA、数码相机、数码摄像机、手机等）采用镁合金。SONY 公司的一款 MP3 播放器，其外壳全部是用镁合金材料，是世界上最轻、最薄、最小的播放器。1997 年日本松下公司上市的采用镁合金外壳的便携式电脑十分畅销。1998 年以后，日本、中国台湾所有的笔记本电脑厂商均推出了以镁合金作外壳的机型，目前尺寸在 38cm 以下的几种机型已全部使用镁合金作外壳。中国的联想、华硕等笔记本电脑从 1999 年开始也部分采用了镁合金外壳。

本章小结

镁合金是目前实际应用中最轻质的金属工程结构材料，被誉为“21 世纪绿色环保工程材料”。镁的合金化原则和铝合金十分相近，主要是利用固溶强化、细晶强化和沉淀强化来提高合金性能，镁合金强化的关键是选择合适的合金元素。变形镁合金和铸造镁合金在成分、组织和性能上存在着很大的差异。铸造镁合金比变形镁合金的应用要广泛得多。

目前，镁合金还存在着绝对强度偏低、变形加工能力较差、抗腐蚀性差等显著缺点。随着航空航天、交通运输和国防军工等产业的快速发展，对高比强度、高比刚度结构材料的需求与日俱增，高性能轻量化镁合金必然会得到越来越广泛的关注、研究和使用。

本章重要词汇

绿色工程材料	Mg 合金	变形 Mg 合金	铸造 Mg 合金
Mg-Al 系合金	Mg-Zn-Zr 系合金	Mg-RE-Zr 系合金	完全退火
去应力退火	固溶	时效	二次热处理

思考题

12-1 镁合金的最大特点是什么？为什么被称为“绿色工程材料”？

12-2 镁合金中有哪些主要合金元素？它们的作用是什么？

12-3 稀土元素在铸造镁合金中有什么作用？哪一种稀土元素应用效果最佳，为什么？

12-4 镁合金的热处理特点是什么？在什么情况下，镁合金需要进行二次热处理？

12-5 为什么镁合金在航空工业中有重要的应用前景？

第三篇

新型金属材料

金属材料是国民经济建设中重要的基础材料，随着科学技术的发展以及人类征服世界、改变世界的范围不断扩大、程度不断加深，对金属材料的性能提出了更高、更多的要求，因此除了传统金属材料的发展外，新型金属材料也在不断地涌现。如各种金属功能材料、金属基复合材料、金属间化合物结构材料、金属类生态环境材料等。在本篇里，仅简单介绍金属功能材料、金属基复合材料和金属间化合物结构材料。

在开启本篇的学习之前，我们有必要将新型金属材料与前面两篇学习的金属材料做一个简要对比。在第一篇的钢铁材料以及第二篇的有色金属材料中，我们最主要利用的是其力学性能。而在本篇的新型金属材料中，我们更看重其力学性能之外的特殊性能，例如形状记忆效应、永磁性能、热电性能、减振性能、储氢性能、耐高温性能等等。如果从材料科学与工程四要素的角度来分析，那么新型金属材料可以用下表来进行简单的比较。根据这个表格，可以较方便地抓住本篇的内容主线。

除了表中的对比，新型金属材料的特点还在于往往问世的时间并不长，且价格比较昂贵，其用量相对较少或尽在关键部位使用。

黑色及有色金属与新型金属材料的四要素简要对比

类别	成分	（微观）结构	制备/加工	性能
黑色或有色金属	Fe或者Al、Cu、Ti等有色金属元素为主、合金元素为辅	以基体＋原位第二相为主	常规热处理及时效	力学性能为主
新型金属材料	Cr、Ni、Ti、Co等元素组成合金系或合金化合物为主	合金相为主；异位第二相（金属基复合材料）	固溶为主；部分仅用铸态	特殊性能为主

可以说，新型金属材料的出现，极大地冲破了人们对于传统金属材料的认知，从而激发人们将其用在特殊服役场合，从而推动了众多工业的快速发展，例如，稀土永磁金属材料的出现，推动了电力、电子、电机、轨道交通等行业的发展；形状记忆合金的出现，推动了电气、军工、民用领域的发展；金属玻璃（Metallic Glass）的出现，推动了军事、高尔夫运动器械的发展；储氢金属材料的出现，推动了氢能源在汽车、化工等领域的发展；金属基复合材料的出现，推动了高比强度材料在航空、汽车、建筑等领域的应用；金属间化合物结构材料的出现，极大推动了航空发动机零部件等耐高温零部件的发展。总而言之，在一些特殊服役环境、性能要求极高的场合，新型金属材料成为了主要的应用材料，发挥了巨大的作用。

13 金属功能材料

功能材料往往在能量与信息的显示、转换、传输、存储等方面具有独特功能，这些特殊功能是以它们所具有优良的电学、磁学、光学、热学、声学等物理性能为基础的。功能材料对现代科学技术的进步和社会的发展起着巨大的作用。金属功能材料与无机非金属功能材料、有机功能材料一样具有多方面突出的物理性能，主要表现在导电性、磁性、导热性、热膨胀特性、弹性及一些特殊的性能，如马氏体相变引发的形状记忆特性、某些合金对氢具有超常吸收能力的特性等。它们在功能材料中占有重要地位，在工程实际中应用日益广泛。金属功能材料主要有金属磁性材料、金属催化材料、机敏金属材料、金属电子材料等。本章简单介绍磁性合金、电性合金、形状记忆合金、热膨胀与减振合金等。

13.1 磁性合金

磁性材料是指利用其较强的磁性在一定空间中建立磁场或改变磁场分布状态的一类功能材料。磁性材料有金属磁性材料和铁氧体陶瓷材料两类，金属磁性材料以合金为主，一般称为磁性合金。早期的磁性合金主要是软铁、硅钢片、铁氧体等。20 世纪 60 年代以后，随着材料科学与技术的发展，出现了大量的高性能新型磁性材料，如非晶态软磁材料、纳米晶软磁材料、稀土永磁材料等，并广泛应用于电力、电子、电机、仪表、电子计算机、通信等领域，在工业生产与日常生活中起着举足轻重的作用。

磁性材料通常是根据矫顽力的大小进行分类。软磁材料（矫顽力 $H_C<10^2$A/m）、硬磁材料（$H_C>10^4$A/m）和半硬磁材料（$H_C=10^2\sim10^4$A/m）。对软磁材料和硬磁材料的共同要求是有高的饱和磁感应强度和高的磁导率，此外，软磁材料应有小的磁滞损失和小的矫顽力。其磁滞回线所围的面积则应该小，在交变磁场下还应有小的涡流损失，以达到最低的铁损；而用作永久磁铁的硬磁材料需要有较高的矫顽力和剩余磁感应强度，使它既难以磁化，又难以退磁，所以其磁滞回线所围的面积应该大；半硬磁材料的性能介于永磁材料与软磁材料之间，材料既具有较高的剩磁（>0.9T，1T=1Wb/m^2，1Wb=1V·s），又易于改变磁化方向，矫顽力在 0.8～2.4kA/m 之间，此类材料主要用于磁滞电动机、继电器和磁离合器等。下面只介绍常用的软磁合金和硬磁合金。

13.1.1 软磁合金

软磁合金主要用于发电机、电动机、变压器、电磁铁、各类继电器与电感、电抗器的铁心，以及通讯、传感、记录仪器中的磁记录介质、磁心等。软磁合金只有在外磁场作用下才显示出磁性，去掉外磁场就失去磁性。一般对软磁合金材料要求如下：有高的初始磁导电率，在较小磁场作用下就能引起最大磁感，用于减小装置的重量和尺寸；还要求有低的矫顽力和高的磁感应强度（小的磁滞回线面积），使材料在交变磁场内使用时能量损耗小；有高的饱和磁感应强度 B_S，B_S

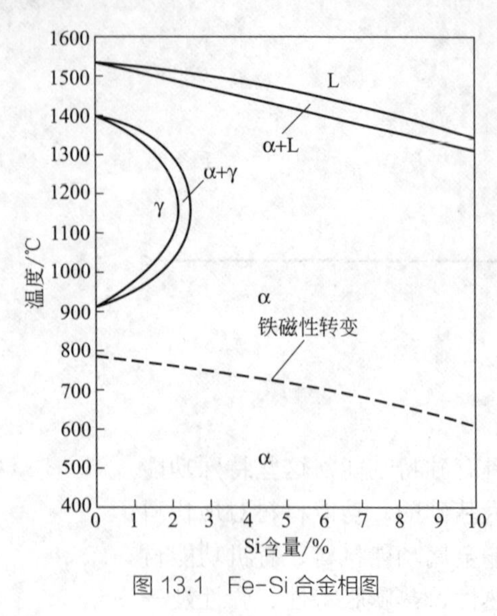

图 13.1 Fe-Si 合金相图

愈高说明材料所能发挥的磁力愈大。软磁合金种类很多，有工业纯铁、Fe-Si、Fe-Co、Fe-Ni、Fe-Al、Fe-Al-Si 合金等，工业纯铁在此不作介绍。

13.1.1.1 Fe-Si 软磁合金

Fe-Si 软磁合金又称硅钢或矽钢，是用量最大的软磁材料，主要用于制造工频交流电磁场中强磁场条件下的电动机、发电机、变压器及其他电器，以及中、弱磁场和较高频率（达 10kHz）条件下的音频变压器、高频变压器、电视机与雷达中的大功率变压器、大功率磁变压器，以及各种继电器、电感线圈、脉冲变压器和电磁式仪表等；电工硅钢片主要包括热轧硅钢片、冷轧无取向硅钢片、冷轧单取向硅钢片和电信用冷轧单取向硅钢片等几大类。我国牌号中分别用 DR、DW、DQ、DG 表示。供应态 Fe-Si 合金一般为薄板或薄带。板带厚度一般为 1mm 以下，冷轧带材的厚度可低至 0.02～0.05mm。

Fe-Si 合金为 Si 以置换方式固溶于基体 Fe 中，低硅区的 Fe-Si 二元相图见图 13.1。常温下 Si 在 Fe 中的固溶量为 15%。Si 可提高材料的最大磁导率，增大电阻率，还可显著改善磁性时效。但 Si 含量过多时，使材料变脆，加工性能变坏，饱和磁化强度减小。因此，工业应用的电工硅钢片中 Si 含量一般控制在 0.5%～4.8%。一般热轧硅钢中，Si 含量≤5%；冷轧硅钢的 Si 含量不超过 3.5%，否则材料冷轧十分困难。

Fe-Si 软磁合金最重要的性能指标是铁损 P_m。为减小涡流损耗 P_C，一般都将其制成薄板（即硅钢片）；使用频率较高时，还要加工成更薄的带材，同时应提高合金的电阻率。为降低磁滞损耗 P_h，要提高最大磁导率，降低矫顽力，并改善合金的磁畴结构。剩余损耗 ρ_C 的起因是磁性时效，降低该项损耗的方法是去除引发磁性时效的间隙原子等，使合金尽量纯净化。合金应具有高饱和磁感 B_S，以减少软磁材料用量，从而降低总的铁损，并可节约其他材料（如线圈铜导线等），减小设备体积，降低设备的成本。

随着生产技术的进步，硅钢的磁性能不断提高，主要依赖于合金元素 Si 的作用和晶粒取向。Fe-Si 软磁合金生产技术经历了 3 次重大改进。第 1 次是硅钢片的加工由热轧向冷轧转变。冷轧产品的 B_S 高，P_m 低，板材表面质量好；第 2 次是通过二次冷轧获取 Goss 织构的取向硅钢。取向硅钢的铁损明显低于无取向产品，经济效益显著，并迅速得到广泛应用；第 3 次采用一次冷轧生产取向硅钢，工艺简化，产品的 B_S 也达到更高的水平。一般，硅钢片制成的电磁元件成型之后，应进行在 800～850℃保温 5～15min 的去应力退火处理，以消除加工过程中产生的应力，恢复材料磁性。

13.1.1.2 Fe-Co 软磁合金

Co 使 B_S 明显提高，低于 75%Co 的 Fe-Co 合金的 B_S 均大于纯铁。含 35%Co 的 Fe-Co 合金其 B_S 达 2.45T，是迄今 B_S 最高的磁性材料。在磁场范围很宽的非饱和情况下，Fe-Co50% 具有更高的 B 值，国外牌号为 Per-mendur。工业生产中实际应用的 Fe-Co 合金主要有 Fe50Co50(98.7V1.3) 和 Fe64Co35Vl（或 Fe64Co35Crl）。Fe50Co50 合金的国内牌号为 1J22，主要用于对饱和磁感要求很高的场合，其缺点是价格很高。

Fe-Co 合金的 B_S 高，在较强磁场下具有高的磁导率，适用于小型化、轻型化及较高要求的飞行器及仪器仪表元件的制备，还用于制造电磁铁极头和高级耳膜振动片等。由于 Fe-Co 合金电阻率偏低，因而不适于高频场合，加入少量 V 和 Cr 可显著提高电阻率。

1J22 合金电阻率比二元 Fe-Co 合金高 6 倍，达 $40\times10^{-8}\Omega\cdot m$，$B_S\geqslant2.2T$，$H_C\leqslant128A/m$，供

应状态为0.05～1.0mm厚的冷轧带材、ϕ0.1～6.0mm冷拉丝材、热轧材和热锻材等。合金经机加工后进行最终热处理，处理规范包括850～900℃、保温3～6h和1100℃、保温3～6h两种。由于Fe-Co合金易于氧化，导致磁性恶化，热处理须在高真空或纯净氢气中进行。

13.1.1.3 Fe-Al软磁合金

Fe-Al软磁合金的Al含量一般不超过16%。合金为体心立方点阵的单相固溶体。Al在10%以上的固溶体冷却时会发生有序转变，形成Fe_3Al。随着Al含量的增加，电阻率提高显著，含16%Al的合金高达150μΩ·cm，所以Fe-Al软磁合金适合于交流电磁场中使用。但Al降低合金的饱和磁感及居里温度，使合金具有冷脆性，不利于冷加工成型。Fe-Al软磁合金依Al含量不同形成一个合金系列，主要有3类。第一类是Al＜6%的Fe-Al合金称为低铝合金，其磁性能与无取向含4%Si的硅钢相近，耐蚀性良好，可用于交流强磁场中；第二类是约12%Al的导磁合金，其磁晶各向异性常数K接近于零，该合金磁导率高，μ_m达25000μ_0（μ_0为磁场常数，$4\pi\times10^{-7}$），饱和磁感也比较高（1.45T）；第三类是含16%Al左右的导磁合金，其磁晶各向异性常数K和磁致伸缩系数A_S同时接近零，具有高磁导率（μ_m达50000μ_0）。它是廉价的高导磁合金，但饱和磁感也较低（0.78T），且不能冷加工，生产工艺较复杂。

13.1.1.4 Fe-Ni软磁合金

Fe-Ni合金是含30%～90%Ni的二元合金。随Ni含量的增加，导磁率增加，饱和磁感应强度下降。当接近80%Ni时，Fe-Ni合金的K_1和A同时变为零，能获得高的磁导率。目前可大致分为以下几类：高导磁合金（又称坡莫合金）、中导磁中饱和磁感合金、恒导磁合金、矩磁合金、磁温度补偿合金，其中高导磁合金是最主要的一类。近年来，由于铁氧体材料的发展与硅钢特性的改善，该合金的用量逐渐减少。

坡莫合金在弱场下具有很高的初始磁导率和最大磁导率，有较高的电阻率，易于加工，可轧制成极薄带。因而适合在交流弱磁场中使用，如电讯、仪器仪表中的各种音频变压器、互感器、磁放大器、音频磁头、精密电表中的动片与静片等。高导磁合金含76%～82%Ni，并都添加合金元素成为三元或多元坡莫合金，以改进二元合金的不足。常用的合金元素包括Mo、Cu、Cr、Mn、Si等，代表性的多元坡莫合金有Fe-Ni-Mo、Fe-Ni-Mo-Cu等。我国的高镍高导磁合金有6个牌号：1J76、1J77、1J79、1J80、1J85和1J86。其基本性能：μ_m：125～187mH/m；H_C：1.4～3.2A/m；B_S：0.6～0.75T；ρ：（55～62）$\times10^{-8}\Omega\cdot$m。

低镍和中镍的Fe-Ni合金的饱和磁感应强度约为1T，介于高磁饱和材料（$B_S\approx2$T）和高导磁材料（$B_S\approx0.8$T）之间，同时磁导率与矫顽力也介于二者之间。这类材料的电阻率较高，因而适用于较高的频率，主要应用于中、弱磁场范围。属于中镍合金的牌号有1J46、1J50和1J54，Ni含量分别为46%、50%和54%，供应状态包括冷轧带材、冷拉丝材、冷拔管材和热轧扁材、棒材及锻材。1J46和1J50合金主要用于制作小功率变压器、微电机、继电器、扼流圈和电磁离合器的铁心，以及磁屏蔽罩、话筒振动膜等。1J54合金具有高的电阻率与低的矫顽力，因此涡流损耗和磁滞损耗较低，主要用于脉冲变压器、音频和高频通信仪器等。含36%Ni低镍合金的B_S和电阻率ρ介于1J50和lJ54合金之间，合金价格便宜，主要用于在要求高B_S、对磁导率要求不高的条件下制备高频滤波器、脉冲变压器及灵敏断电器等，其居里温度仅为230℃，因而使用温度低。

坡莫合金的成分位于超结构相Ni_3Fe附近，合金在600℃以下的冷却过程中发生明显的有序化转变。为获得最佳磁性能，必须适当控制合金的有序化转变。因此，坡莫合金退火处理时，经1200～1300℃保温3h并缓冷至600℃后必须急冷。Mo可明显地提高合金的电阻率ρ，降低二元坡莫合金软磁性能对热处理工艺的敏感性，从而大大简化了工艺，提高了合金性能的稳定性。Cu作用与Mo相似，二者常同时加入到合金中。Fe-Ni79-Mo4合金是目前广泛使用的高导磁合金，而 Fe-Ni79-Mo5 合金的磁导率达到更高水平，被称作超坡莫合金。

高导磁合金的矫顽力很低，一般在 4A/m 以下。此时，杂质及应力等方面因素的影响也变得非常显著，必须予以充分注意。一般要选用较高纯度的原料；性能要求高的合金需采用真空感应炉；高导磁合金冷轧薄带一般要在高温（1100～1200℃，甚至到 1300℃）下在氢气气氛中进行数小时的退火处理。保温后控制冷速至 300℃左右出炉空冷，冷速的控制至关重要。合金磁性能对应力极为敏感，使用时应避免冲击、振动及其他力的作用。

13.1.2 硬磁合金

硬磁合金通常经过一次性磁化后单独使用。它广泛应用于各种仪器仪表中，作为恒定磁场源，要保证它所建立的磁场足够强、稳定性高、受环境温度波动和时间推移等因素的影响小。硬磁合金最重要的性能指标是最大磁能积（$(BH)_m$），它是材料退磁曲线上磁能积（$B_m \cdot H_m$）的最大值。其他主要性能指标有剩磁 B_r、矫顽力 H_C 以及影响磁性能热稳定性的居里点 T_C 等。优良的硬磁合金应具有高的剩磁、矫顽力和最大磁能积。

硬磁材料的发展，始于 19 世纪 80 年代。首先出现含钨、铬的高碳合金钢硬磁合金。随后又研制出了钴钢、铝钢等，其矫顽力稍高。目前这类淬火马氏体型磁钢已极少用作硬磁材料，仅作为半硬磁材料使用。20 世纪 30 年代，人们成功地研制出 Alnico 硬磁合金。Alnico 合金经历制造技术上的重大进步后，其（$(BH)_m$）已达到 $100kJ/m^3$ 水平，至今仍是一类重要的实用硬磁合金，主要用于对磁性热稳定性要求高的场合。1983 年，出现了以 Nd-Fe-B 合金为代表的第三代稀土永磁合金。其（$(BH)_m$）高达 $400kJ/m^3$，是目前性能最高的硬磁材料。90 年代后，又发现了一种新型的纳米晶硬磁材料。

当前工业应用的永磁材料主要包括五个系列：Al-Ni-Co 系永磁合金、永磁铁氧体、Fe-Cr-Co 系永磁合金、稀土永磁材料和复合黏结永磁材料。其中铁氧体永磁材料属于陶瓷材料，该材料的最大特点是价格很低，至今仍是用量最大的永磁材料。下面介绍常用永磁合金的基本特性。

13.1.2.1 Al-Ni-Co 永磁合金（Alnico）

Alnico 永磁合金以 Fe、Ni、Al 为主要成分，并少量添加 Co、Cu、Ti、Nb 等合金元素。这类合金称为铸造磁钢，很脆，不能进行任何塑性加工。其特点是居里点高（750℃以上）、磁热稳定性好。但其低的矫顽力（48～120kA/m）使（$(BH)_m$）一般不超过 $100kJ/m^3$。由于合金含有资源短缺的 Co 和 Ni，该合金部分已被永磁铁氧体、Nd-Fe-B 永磁合金所取代。Alnico5 磁钢经磁场热处理，B_r 提高到 1.29T；同时 H_C 还提高了约 10%，而（$(BH)_m$）从 $17kJ/m^3$ 上升到 $40kJ/m^3$，升幅达 134%。定向凝固技术也可进一步提高了合金磁性能。

13.1.2.2 Fe-Cr-Co 系永磁合金

Fe-Cr-Co 系永磁合金中含 23.5%～27.5%Cr、11.5%～21.0%Co。国家标准牌号有 2J83、2J84、2J85 共 3 种，其中 2J83 和 2J85 含 0.80%～1.10%Si，2J84 含 3.00%～3.50%Mo 和 0.5%～0.8%Ti。该合金可以通过成分调节将其低的单轴各向异性常数提高到 Alnico 合金的水平。通过磁场处理、定向凝固 + 磁场处理，以及塑性变形与适当热处理的方法（形变时效）也可显著提高合金性能。其磁性能可达到 B_r 1.53T、H_C 66.5kA/m、（$(BH)_{max}$ $76kJ/m^3$。

13.1.2.3 稀土永磁合金

稀土永磁合金分为 RE-Co 永磁和铁基稀土永磁两大类。RE-Co 永磁，或称稀土 Co 永磁，包括两种，一是 1∶5 型 RE-Co 永磁，如 SmCo5 单相与多相合金；二是 2∶17 型 RE-Co 永磁，如 Sm2Co17 基合金。铁基稀土永磁，最具代表性的是 Nd-Fe-B 永磁合金。表 13.1 给出了各种类型稀土永磁材料的性能。

（1）RE-Co **永磁合金**　SmCo5 是最早发展的 RCo5 型永磁合金，它具有高的磁晶各向异性

表 13.1 各种类型稀土永磁材料的性能对比

性能		RCo5	R2Co17	NdFeB 型
剩磁 B_r/T		0.88～0.92	1.08～1.12	1.18～1.25
矫顽力	H_{CB}/（kA/m）	680～720	480～544	760～920
	H_{CJ}/（kA/m）	960～1280	496～560	800～1040
最大磁能积（BH）$_{max}$/（kA/m^3）		152～168	232～248	264～288
磁感应强度可逆温度系数 $\alpha_{(B)}$ /（%/℃）		−0.05	−0.03	−0.126
回复磁导率 μ_{rec}		1.05～1.10	1.00～1.05	1.05
密度 d/（kg/m^3）		8100～8300	8300～8500	7300～7500
硬度 HV		450～500	500～600	600
电阻率 ρ/Ω・m		5×10^{-3}	9×10^{-3}	14.4×10^{-3}
抗弯强度 /$\times10^4$Pa		0.98～1.47	0.98～1.47	2.45

常数和理论磁能积。采用强磁场取向等静压和低氧工艺，SmCo5 的磁性可进一步提高，使 B_r 达 1.07T、H_{CB} 达 851.7kA/m、H_{CJ} 达 1273.6kA/m、（BH）$_m$ 达 227.6kJ/m^3、居里温度为 740℃。SmCo5 可在 −50～150℃的温度范围内工作，是一种较为理想的永磁体，已得到一定的应用。

用 Pr、Ce 或 Mm（混合稀土）取代部分 Sm，可适当降低成本。由此发展了（Sm-Pr）Co5 永磁合金，并已得到应用。RECo5 型合金中还有一种 Sm（Co，Cu，Fe）5 型磁体。用 Cu 取代部分 Co，可产生沉淀硬化效应；Fe 的加入可保持合金高的内禀矫顽力和提高饱和磁化强度。该合金具有价格优势，在微电机、电子计时器等领域已得到应用。

在 Sm-Co-Cu 系的基础上用 Fe 取代部分 Co 形成的 Sm（$Co_{1-x-y}Cu_xFe_y$）2 系合金，随着 Fe 含量的增多，内禀饱和磁化强度迅速提高。但 Fe 含量超过 10% 时，由于形成 Fe-Co 软磁相而导致矫顽力急剧下降，因此铁加入量不能过高。少量 Zr、Ti、Hf、Ni 等元素的加入可进一步提高合金的磁性能。目前实际应用的 2∶17 型合金是 Sm-Co-Cu-Fe-M 系（M=Zr、Ti、Hf、Ni），其中 Sm-Co-Cu-Fe-Zr 系永磁合金已有系列商品合金。此类合金的磁性能优于 SmCo5，其 T_C 为 840～870℃，磁感温度系数也优于 SmCo5，可在 −60～350℃范围工作；原料价格较低，但制造工艺复杂，工艺成本高，广泛应用于制作精密仪器和微波器件。

（2）Nd–Fe–B 永磁合金 Nd-Fe-B 系合金是以 Nd2Fe14B 化合物为基的一种不含 Co 的高性能永磁材料。自 1983 年问世以来发展极为迅速，目前此类材料磁性已达如下的水平：最大磁能积 407.6kJ/m^3，矫顽力 2244.7kA/m，是迄今为止磁性能最高的永磁材料，被誉为“磁王”。制造该合金所用的原材料丰富，价格便宜。图 13.2 是 Nd-Fe-B 三元系合金相图的室温截面。在 Nd-Fe-B 三元系合金中存在 3 个三元化合物，即 Nd2Fe14B、Nd8Fe27B24 和 Nd2FeB3，整个室温截面可分为 10 个相区。实用的 Nd-Fe-B 三元合金的成分一般位于靠近当量 Nd2Fe14B 化合物成分处。Nd2Fe14B 相为四方结构，点阵常数 a 和 c 分别为 0.882nm 和 1.224nm，T_C 为 585℃，μ_s 为 1.61T，磁晶各向异性常数 K_1=450kJ/m^3。目前工业上广泛应用的 Nd-Fe-B 系永磁体包括烧结磁体、热压磁体、铸造磁体、黏结磁体和注塑磁体等。

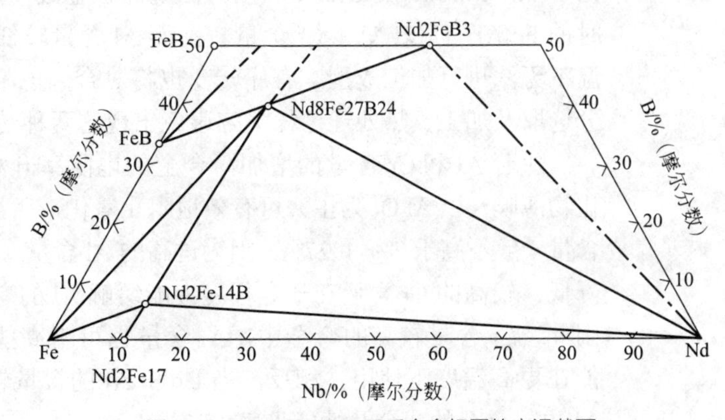

图 13.2 Nd-Fe-B 三元系合金相图的室温截面

Nd-Fe-B 磁体的居里温度低于 RE-Co 系合金，剩磁温度系数较高且易于腐蚀。通过添加 Co、Al 取代部分 Fe，用少量 Ho、Dy 等重稀土取代部分 Nd，可明显降低剩磁温度系数，使之接近 2∶17 型 RE-Co 合金的水平。尽管 Nd-Fe-B 磁体的磁性能极高，但由于其剩磁温度系数高，目前仍难以取代 AlNiCo 和 RE-Co 合金。随着磁体价格的下降，Nd-Fe-B 磁体已在许多应用场合取代了铁氧体永磁材料。

13.2 电热合金

电性合金材料主要包括具有特殊导电性导电合金、超导材料、电热合金、精密电阻合金和具有显著热电效应的热电偶材料等。本节主要介绍电热合金。

电热合金是通过其自身电阻将电能转化成热能的合金。金属电热合金与石墨、碳化硅、二硅化钼等非金属材料是主要的电热转化材料。作为电热合金，首先要求具有高的电阻率值和低的温度变化率。高电阻率可使设备重量轻、体积小，电阻率随温度变化率小有利于温度调节及控制。其次，需要合金具有一定的高温强度及高温下的化学和组织稳定性。此外，还要求材料易于加工、价格低。金属电热材料包括纯金属与合金两类。纯金属电热材料主要是钨、钼等，合金的性能优于纯金属，特别是单相、无相变合金最为理想。应用广泛的电热合金是 Ni-Cr 系、Fe-Cr-Al 系及 Fe-Al-Mn 系电热合金。

13.2.1 Ni-Cr 系合金

Ni80Cr20 是 Ni-Cr 合金系中最具代表性的合金，其熔点为 1400℃，室温电阻率 1.1μΩ·m，最高使用温度为 1150℃，常用温度在 1000～1050℃。Ni-Cr 二元合金 Ni 含量较高，晶体结构为面心立方，室温下 Cr 的最大溶解度可达 30%。因此，Ni-Cr 二元合金是具有高的高温强度、无相变的单相固溶体合金。随着 Cr 含量增加，合金电阻率大幅度升高，电阻温度系数降低。但当 Cr＞20% 后，电阻率的增加开始变缓，电阻温度系数升高，而且加工性能变坏，因而一般控制 Cr 含量在 20% 左右。Ni-Cr 系合金高温下氧化形成 NiO 和 Cr_2O_3 致密抗氧化保护层，显著降低氧扩散速度。因而，该合金具有良好的抗高温氧化性。

通常在二元合金中加入少量的 Si、Zr、Al、Ba，微量的稀土（Ce 等）以及 Fe、Co、Nb、Ca 等来进一步提高性能，使 Ni-Cr 系合金的最高使用温度提高至 1200℃以上，而 C、S、P、O 等的存在使合金性能降低，应消除这些元素的有害作用。

13.2.2 Fe-Cr-Al 系合金

Fe-Cr-Al 系电热合金是目前应用最广泛的电热合金。该合金的特点是不含 Ni，原料便宜，合金电阻率高，密度低。Fe-Cr-Al 系电热合金为具有体心立方点阵类型的单相铁基合金，其他成分为 13%～27%Cr，3.5%～7%Al。在电热合金成分附近，合金可能发生的相变，包括 Cr 含量较低时的 Fe_3Al 有序转变和 Cr 含量较高而 Al 含量较低时的 σ 相析出。合金中形成 σ 相后变脆，在常温下无法进行加工成型。有序转变也将对合金电阻率及其塑性加工带来不利影响。因而合金在成分选取及加工、热处理过程中应避免出现这两种转变。

随着 Al 和 Cr 含量的增加，合金的电阻率升高，电阻温度系数降低，而且形成 Al 及 Cr 的氧化物薄膜（以 Al_2O_3 为主）可有效地阻止氧化，明显提高合金的高温抗氧化能力。但合金中 Al、Cr 含量一般不高于 7% 和 27%。因为过高的 Al 含量（＞7%）使合金在强度增加的同时，塑性大幅度降低；较高的 Cr 含量在一定程度上能缓解 Al 的有害作用，但过高的 Cr 含量会形成脆性的 σ 相。因此，Cr 含量较高的合金中，Al 含量也可略高些，从而使合金的电性能与耐高温性能均较好，能在更高温度下使用。相反，当 Cr 和 Al 的含量较低时，合金价格较低，使用温度略低。Fe-Cr-Al 电热合金的成分及性能见表 13.2。

表 13.2 Fe-Cr-Al 电热合金的成分及性能

合金	Cr/%	Al/%	其他 /%	Fe	ρ_{300K}/μΩ・m	最高温度 /℃	常用温度 /℃
Cr13Al4	13～15	3.5～5.5	C≤0.15	余量	1.26	850	650～750
Cr17Al5	16～19	4.0～6.0	C≤0.05		1.3	1000	850～950
0Cr25Al5	23～27	4.5～6.5	C≤0.06		1.45	1200	950～1100
FeCrAl	25.6～27.5	6～7	1.8～2.2Mo，0.1Ti，0.3 稀土		1.5	1400	1350

Fe-Cr-Al 系电热合金的缺点是高温强度较差，高温下晶粒长大明显，使用后常有变形、变脆现象。添加微量稀土元素，可细化铸态晶粒，使晶界弯曲，抑制晶粒长大，还增强氧化膜与基体的结合力，从而提高了合金的使用温度及寿命。微量 Ti 能阻止晶粒长大，Ca、Ba 也可有效提高使用寿命。但 C 对其冷加工性能有不利影响，一般被控制在 0.07% 以下。

13.2.3 Fe-Mn-Al 系合金

Fe-Mn-Al 系合金的突出特点是原料丰富、价格便宜。由于合金中 C 含量较高，可用于含 C 的环境中，如适用于具有还原性的渗碳、碳氮共渗等冶金处理炉的加热元件。但使用温度较低，一般不高于 850℃。该合金的成分范围是：6.5%～7.0%Al、14%～16%Mn、0.1%～0.15%C 和余量的 Fe。

13.3 形状记忆合金

合金在低温下被施加应力产生变形，应力去除后，形变保留，但加热会逐渐消除形变，并恢复到高温下的形状，即具有能够记忆高温所赋予的形状的功能，这种现象称为形状记忆效应（shape memory effect），简称 SME。具有形状记忆效应的合金称为形状记忆合金（shape memory alloy），简称 SMA。在 20 世纪 30 年代，Greninger 等人首先就在 Cu-Zn 合金中观察到形状记忆现象。随后发现 Cu-Al-Ni、Cu-Sn、Au-Cd 等合金也具有形状记忆效应，并对机理进行了研究。1963 年，Buehler 等发现 Ti-Ni 合金具有良好的形状记忆效应，从此形状记忆合金作为一类重要的功能材料被广泛研究并开始应用。70 年代，人们发现了铜基形状记忆合金（Cu-Al-Ni）；80 年代又在铁基合金 Fe-Mn-Si 中发现了形状记忆效应，从而大大推动了形状记忆合金的研究开发工作。目前利用记忆效应进行工作的元件、机构和装置的应用领域遍及温度继电器、玩具、机械、电子、自动控制、机器人、医学应用等许多领域。

13.3.1 形状记忆原理

大部分形状记忆合金是利用热弹性马氏体相的形状记忆原理。马氏体相变的高温相（母相）与马氏体（低温相）具有可逆性。马氏体晶核随温度下降逐渐长大，温度回升时马氏体片又随温度上升而缩小，这种马氏体叫热弹性马氏体。在 M_S（马氏体转变开始温度）以上某一温度对合金施加外力也可以引起马氏体转变，形成的马氏体叫应力诱发马氏体。有些应力诱发马氏体也属弹性马氏体，应力增加时马氏体长大，反之马氏体缩小，应力消除后马氏体消失，这种马氏体叫应力弹性马氏体。应力弹性马氏体形成时会使合金产生附加应变，当除去应力时，这种附加应变也随之消失，这种现象称为超弹性（伪弹性）。母相受力形成马氏体并发生形变，或先淬火得到马氏体，然后使马氏体发生塑性变形，变形后的合金受热［温度高于 A_S（奥氏体转变开始温度）时］，马氏体发生逆转变，回复母相原始状态；温度升高至 A_S 时马氏体消失，合金完全回复到原来的形状。形状记忆材料应具备如下条件：马氏体相变是热弹性的；马氏体点阵的不变切变为孪生，亚结构为孪晶或层错；母相和马氏体均为有序点阵结构。

形状记忆效应有 3 种形式：第 1 种称为单向形状记忆效应，即将母相冷却或加应力，使之发生马氏体相变，然后使马氏体发生塑性变形，改变其形状，再重新加热到 A_S 以上，马氏体发生逆转变，温度升至 A_f（奥氏体转变终了温度）点，马氏体完全消失，材料完全恢复母相形状［见图 13.3（a）］。一般情况下，形状记忆效应都是指这种单向形状记忆效应；第 2 种称为双向形状记忆效应（或可逆形状记忆效应），即有些合金在加热发生马氏体逆转变时，对母相有记忆效应，当从母相再次冷却为马氏体时，还回复原马氏体形状［见图 13.3（b）］；第 3 种称为全方位形状记忆效应。Ti-Ni 合金系在冷热循环过程中，形状回复到与母相完全相反的形状［见图 13.3（c）］。

图 13.4 给出了形状记忆效应和超弹性效应与温度、应力和滑移临界切应力间的关系。如前所述在温度低于 M_f（马氏体转变终了温度）点的范围，表现出形状记忆效应。如果变形温度在 M_S～A_S 之间，施加外力导致应力诱发马氏体形成。卸除外力后，由于温度低于 A_S，马氏体不能逆转变回母相，需要加热升温至 A_f 以上，马氏体才能完全逆转变回母相。因此，在 M_S～A_S 之间合金仍呈现形状记忆效应。温度在 A_S～A_f 之间时，施加外力导致应力诱发马氏体形成。卸除外力后，由于温度介于 A_S～A_f 之间，只能有一部分马氏体逆转变回母相。如此，在 A_S～A_f 之间合金既不呈现完全的形状记忆效应，也不呈现完全的超弹性效应。当温度高于 A_f 时，表现出超弹性效应。但无论如何，施加的应力不能超出滑移临界切应力（图中实线 A），如果超出，则合金会发生塑性变形，形状记忆效应和超弹性效应都会被破坏。另一方面，若合金的滑移临界切应力很低，如图中的虚线（B）所示。在应力较小时，就会出现滑移，发生塑性变形，则合金不会出现伪弹性。反之，当临界应力较高（图中 A 线）时，应力未达到塑性变形的临界应力就出现了伪弹性。

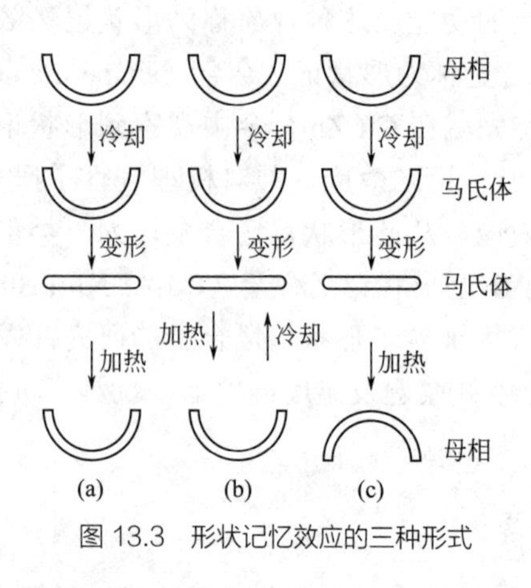

图 13.3 形状记忆效应的三种形式

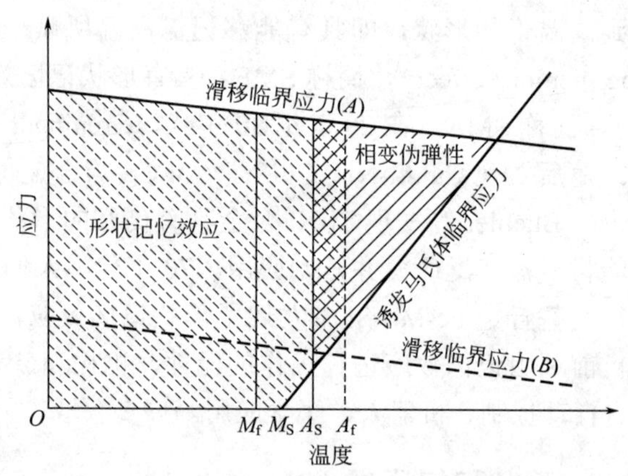

图 13.4 SME 与温度、应力和滑移临界切应力间的关系

13.3.2 常用形状记忆合金

目前已经发现了 20 多个合金系、共 100 余种合金具有形状记忆效应。其中，Ti-Ni 合金、Cu 基合金和 Fe 基合金具有比较优异的综合应用性能。

13.3.2.1 Ti-Ni 基形状记忆合金

Ti-Ni 合金系是最有实用前景的形状记忆合金，它具有记忆效应优良、性能稳定、可靠性高、生物相容性好等一系列的优点，但成本高，加工困难。

Ti-Ni 合金中有 3 种金属间化合物：TiNi、Ti_2Ni 和 $TiNi_3$。TiNi 的高温相是 CsCl 结构的体心立方晶体 B2。低温马氏体相是一种复杂的长周期堆垛结构 B19，属单斜晶系。在适当的条件下，Ti-Ni 合金中还会形成菱方点阵的 R 相。因此，当 R 相变出现时，Ni-Ti 合金的记忆效应是由两个相变阶段贡献的。当 R 相变不出现时，记忆效应是由母相直接转变成马氏体单一相变贡献的。除上述三个基本相外，随成分和热处理条件的不同，还会有弥散第二相析出。这些第二相的存在对 Ti-Ni 合金的记忆效应、力学性能有显著的影响。

合金化是调整 Ti-Ni 合金相变及记忆效应的重要手段。近年来在 Ti-Ni 合金基础上，加入 Nb、Cu、Fe、Mo、V、Cr 等元素，开发了 Ti-Ni-Cu、Ti-Ni-Nb、Ti-Ni-Fe、Ti-Ni-Cr 等新型合金。合金元素对 Ti-Ni 合金的 M_S 点有明显影响，也使 A_S 温度降低。

Cu 在 Ti-Ni 合金中固溶度可高达 30%（摩尔分数）。用一定量的 Cu 置换 Ni 后，可使合金的价格降低，且保持较好的形状记忆效应和力学性能。随 Cu 含量的增加，M_S 点有升高的趋势，而 A_S 点则变化不大。使马氏体相变的温区（M_S～M_f）和逆相变的温区（A_f～A_S）都变窄。这对于制备一些应用要求窄滞后的记忆合金十分有利。

Nb 的加入使温度 A_S 高于室温，可得到很宽滞后的 Ni-Ti-Nb 形状记忆合金，经适当处理后相变滞后可达 150℃。这种宽滞后形状记忆合金构件可以在通常的气候条件下运输、储存，不需要保存在液氮中，安装时只需要加热到 70～80℃即可完成形状回复，为实际工程应用带来很大方便。这种形状记忆合金已用于航天航空、海军舰艇和海上石油平台等方面。

Fe 使合金显现出明显的 R 相变，这时合金的相变过程明显分为两个阶段，即冷却时首先从母相（B2 结构）转变为 R 相，进一步冷却又使 R 相转变为马氏体。加热时的相变过程则相反。Ti50Ni47Fe3 是一个典型合金。同样，Co 也有类似的作用。

Ti-Ni 记忆合金是在一定的温度下发生马氏体相变和应力诱发马氏体相变。因此，合金的变形是在马氏体相还是在母相进行，变形时是否发生应力诱发马氏体相变等因素对合金的应力应变关系有很大的影响。一般可将 TiNi 合金的应力、应变曲线按变形温度（T_d）与相变点的关系分为如图 13.5 所示的五种类型。各个类型的变形机制如下：在 $T_d<M_f$ 时，变形前的组织完全为马氏体，在应力作用下，首先是马氏体变体发生再取向产生变形，卸载时由于 $T_d<M_f$，卸载后马氏体取向、组织不变，应变被保持下来。在 $M_f<T_d<M_S$ 时，变形前的组织由部分马氏体和部分母相组成，变形是通过马氏体变体的再取向和应力诱发生成马氏体两种机制进行，卸载时由于 $T_d<M_S$，卸载后通常不能发生马氏体逆转变，或只能发生少量的马氏体逆转变，应变被完全或大部分保持下来。在 $M_S<T_d<A_f$ 时，变形前的组织完全为母相，变形是通过应力诱发生成马氏体进行，卸载时，马氏体部分逆转变回母相，变形部分被消除。在 $A_f<T_d<M_d$ 时，变形前的组织完全为母相，变形是通过应力诱发生成马氏体进行，但卸除应力后，马氏体完全逆转变回母相，变形随之完全消失。需要指出的是，上述的应力-应变曲线是在将变形控制在马氏体再取向或应力诱发生成马氏体所能贡献出的最大应变以内的条件下得到的。若变形量超出这个限制，将会通过滑移和孪生的方式进一步变形，并在马氏体中引入位错、孪晶等缺陷。这些缺陷的存在会破坏马氏体的逆转变。在 $T_d=M_d$ 时，不能发生应力诱发马氏体相变，在应力作用下首先产生母相的塑性变形。由于不同温度下变形机制不同，合金在不同温度下屈服应力也不同。一般随温度升高，屈服应力也升高。

由于第二相或夹杂的存在以及晶粒取向的不同等因素，从微观上看变形总是有不协同性，从而导致在局部晶界和相界上产生应力集中，最终导致裂纹形成和断裂。不同变形机制的记忆合

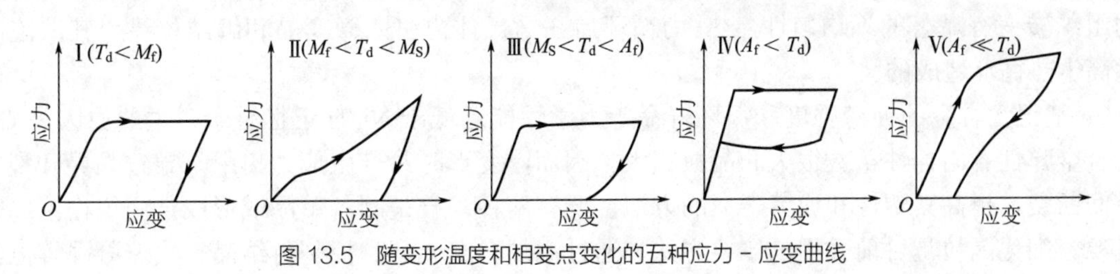

图 13.5 随变形温度和相变点变化的五种应力 - 应变曲线

金其疲劳性能是不同的。当应变循环机制是应力诱发马氏体相变时，疲劳寿命较短（约小于10^4次）。在弹性应变区循环时，疲劳寿命很长。总之，Ti-Ni 合金是所有记忆合金中抗疲劳性能最好的材料。如 Ti-50.8%Ni 合金在约 400MPa 的应力下的疲劳寿命达10^7以上。Ti-Ni 记忆合金的记忆性能好且稳定。低周次时的可回复应变可达 6%；循环周次为10^5时，可回复应变可达 2%；循环周次为10^7时，可回复应变可达 0.5%。

13.3.2.2 Cu 系形状记忆合金

Cu 基记忆合金主要由 Cu-Zn 和 Cu-Al 两个二元系发展而来，Cu-Zn-Al 基和 Cu-Al-Ni 基形状记忆合金是最主要的两种 Cu 基记忆合金，它们具有良好的记忆性能、相变点可以在一定温度范围内调节、价格便宜和易于制造等特点。但是与 Ti-Ni 记忆合金相比，强度较低，稳定性及耐疲劳性能差，不具有生物相容性。Cu-Al-Ni 合金具有很多优点，如母相强度高，可回复应力大，抗热稳定性较好等，其最重要的特点是相变点较高，可在 100～200℃温度下服役。因此，在 Cu-Al-Ni 合金的基础上可以研制高温形状记忆合金。目前 Cu-Zn-Al 合金已实用化，但该合金由于脆性γ_2相的析出使其加工性能极差，严重限制了其实用化。

Cu 基记忆合金的稳定性受到许多因素的影响。合金成分显著影响相变点M_S点，微量成分变化会使M_S点大幅度地变化。采用适当的处理方法可在一定范围内调整合金的相变点。通常提高淬火温度可使相变点有所提高，但幅度一般不超过 10℃。另一种方法是将淬火温度降低到略低于β'单相区的$\alpha+\beta$两相区，使M_S显著降低。这时合金的组织是β'相基体中分布少量的α相，但不具有热弹性马氏体相变的α相过多不利于合金的形状记忆。

Cu 基记忆合金存在较为严重的马氏体稳定化现象，即淬火后合金的相变点会随着放置时间的延长而升高至一稳定值。严重时，马氏体不能发生逆转变，失去记忆效应。马氏体稳定化主要是由于淬火引入的过饱和空位偏聚在马氏体界面钉扎，甚至破坏了其可动性而造成的。采用适当的时效或分级淬火可以消除过饱和空位，从而消除马氏体的稳定化。

时效处理也是影响 Cu 基记忆合金稳定性的重要因素。通常母相的有序结构在高温时效过程中会发生变化，从而导致相变点的变化。将高温时效后的母相在较低温度时效，母相的有序结构又会复原，相变点也随之复原。例如：将 Cu-26Zn-4A1 记忆合金在 100～150℃进行时效后，M_S点下降约 15℃。但是接着将其在较低温度进行时效，其M_S点又回升到未时效前的值。如果时效温度过高或时间过长，会发生贝氏体相变、析出第二相等过程，合金的记忆效应会被损害乃至完全丧失。

Cu 基记忆合金的稳定性还受到热循环（即相变循环）、热-力循环的影响。热循环对合金的相变点略有影响。在大多数情况下M_S、A_f温度升高，而A_S和M_f下降或保持不变，同时马氏体转变的量也会有所降低，即有部分马氏体失去热弹性。循环一定次数后，相变点与马氏体转变量都趋于稳定值。其主要原因是热循环导致合金内位错密度增加，使马氏体的形核更加容易，所以M_S升高。但位错本身及周围应力场影响热弹性马氏体转变，引起马氏体稳定化，使A_f升高，马氏体转变量降低。热-力循环对合金的记忆效应影响更大，随热-力循环的进行，M_S、A_S、A_f等上升，且上升的幅度比热循环所引起的更大，M_f则略有下降，相变热滞显著增大。同时，能可逆转变的马氏体的量也减少，即有一部分马氏体失去了热弹性。从微观结构看，热-力循环过程中合金的组织转变有显著的不均匀性，热-力循环后在马氏体内引入微孪晶和缠结位错，其缺陷的密度远高于热循环造成的。

Cu 基记忆合金的疲劳强度和循环寿命等力学性能远低于 Ni-Ti 记忆合金，主要原因是 Cu 基记忆合金弹性各向异性常数很大和晶粒粗大。因而，变形时易产生应力集中，导致晶界开裂。防止晶间断裂、提高其塑性和疲劳寿命的方法主要有两种：一是制备单晶或形成定向织构；二是细化晶粒。细化晶粒是目前采用的主要方法。通过添加合金元素、控制再结晶、快速凝固等方法来细化晶粒。目前普遍采用添加微量元素来细化晶粒。通过加入对 Cu 固溶度影响很小的元素，如 B、Cr、Ce、Pb、Ti、V、Zr 等，再辅以适当的热处理，可以在不同的程度上达到细化晶粒的目的。例如，Cu-Zn-Al 合金经 β 相区固溶处理后平均晶粒尺寸约为 1mm，加入 0.01%B，晶粒尺寸降至约 0.1mm，加入 0.025%B，晶粒尺寸降至约 50μm。晶粒细化显著地改善了合金的力学性能，例如晶粒尺寸由 160μm 到 60μm 时，伸长率提高 40%，断裂应力提高约 30%，疲劳寿命提高 10～100 倍，同时记忆效应保持良好。

13.3.2.3　Fe 系形状记忆合金

Fe 基形状记忆合金分为两类，一类基于热弹性马氏体相变，另一类基于非热弹性可逆马氏体相变。具有热弹性可逆马氏体相变的铁基形状记忆合金主要有 Fe-Pt、Fe-Pd 和 Fe-Ni-Co-Ti 等。热弹性马氏体相变的驱动力很小、热滞很小，在略低于 T_0 温度就形成马氏体，加热时又立刻进行逆相变，表现出马氏体随加热和冷却，分别呈现消、长现象。但由于含有极昂贵的 Pt、Pd 和 Co，工业应用受到限制。

Fe-Mn-Si 形状记忆合金，是一种实用性很强的新型形状记忆合金。它的弹性模量与强度均明显高于铜基和 Ni-Ti 形状记忆合金，合金原料丰富，价格低。另外，合金的马氏体相变及其逆相变的温度滞后大，一般在 100℃以上，使该合金用作管接头时实际操作过程简便。Fe-Mn-Si 合金在形状记忆效应机理方面，与 Ni-Ti 合金和铜基有明显不同。该合金的马氏体相变不是热弹性的，母相与马氏体相的晶体学可逆性是通过每相隔两个密排面有一个（*a*/6）〈112〉不全位错扫过来完成由 *fcc* 到 *hcp* 的结构转变。

Fe-Mn-Si 形状记忆合金的常用合金化元素为 Cr、Ni。Mn 是奥氏体稳定元素，其含量应足够高。Si 能有效地降低层错能，有利于不全位错的移动，抑制全位错的滑移，是合金具有形状记忆效应的保证。但 Si 降低合金的塑性，一般应控制在 6%Si 以下。Fe-Mn-Si 合金的缺点是抗蚀性很差，易于发生氧化、腐蚀。解决该问题的方法是向合金中加入 Cr。Cr 含量高于 7%，会形成 σ 相，导致合金变脆、难以加工。加入 Ni 可抑制该相析出。

13.4　其他功能材料

13.4.1　热膨胀合金

大多数金属合金材料具有热胀冷缩的特性，但也有偏离正常热膨胀规律，具有特殊膨胀性能或“反常”膨胀特性的合金，这类金属合金材料称为膨胀合金，包括低膨胀、定膨胀和高膨胀合金。低膨胀合金主要用于精密仪器、仪表中，作为对尺寸变化量要求很高的元件材料。定膨胀合金是热膨胀系数被限制在某些特定范围的合金，在电子、电信仪器中大量使用的真空电子元件同时采用玻璃、陶瓷、云母等绝缘材料和导电合金材料。要求两类材料的热膨胀性能接近，实现匹配封接，从而保证元器件的气密性。定膨胀合金还广泛应用于晶体管和集成电路中作引线和结构材料，用量很大。高膨胀合金是具有较高线膨胀系数的合金，热膨胀系数一般不低于 $15\times10^{6}K^{-1}$。下面只介绍低膨胀合金和定膨胀合金。

13.4.1.1　低膨胀合金

1896 年，法国吉洛姆首先发现了含 36%Ni 的 Fe-Ni 合金，在室温附近 α_T 仅为 $1.2\times10^{-6}K^{-1}$，比 Fe-Ni 合金的“正常值”低一个数量级。该合金被称作因瓦合金（Invar alloy，亦称殷瓦钢），表示尺寸几乎不随温度改变。1927 年发现了 Fe-Ni32Co4 低膨胀合金的 α_T 降到 $0.8\times10^{-6}K^{-1}$ 以下，被称作超因瓦合金。这两种合金，至今仍是主要的低膨胀合金。

（1）Fe-Ni36 因瓦合金　Fe-Ni 合金的热膨胀系数在一个较宽的镍含量区间内均低于正常热

膨胀值。约在 36%Ni 时，因瓦合金的热膨胀系数达到最低值。因瓦合金具有面心立方结构的单相固溶体。高于 35%Ni 时，马氏体转变开始温度 M_S 低于 −100℃。因瓦合金呈铁磁性，居里点 T_C 为 232℃。合金中 Ni 增加将使 T_C 迅速提高。Fe-Ni36 合金的磁致伸缩效应导致低的热膨胀特性。在室温以上范围内，随温度升高，因瓦合金的饱和磁化强度以异常高速度降低，明显偏离一般铁磁性合金的理论曲线，表现出反常热磁特性。合金的自发磁化减弱，体积必然收缩，相应的"热膨胀"系数为负（$\alpha_M<0$）。这种收缩与合金的正常热膨胀（$\alpha_T'>0$）相互抵消。随温度改变发生的这两种尺寸变化共同决定合金的热膨胀系数，即 $\alpha_T=\alpha_M+\alpha_T'$。磁致伸缩效应也是许多种铁磁性、亚铁磁性及反铁磁性低膨胀合金的内在原因。

Fe-Ni36 因瓦合金的冷、热加工性能差，易开裂，通过加入少量 Mn、Si 可明显改善热加工性能；通过加入 0.1%～0.25%Se 可明显改善其切削性，但这些合金元素都使热膨胀系数有所增大。此外，C 作为杂质会引起时效析出碳化物，使合金组织发生变化，影响合金性能的稳定性，应严格控制 Fe-Ni36 因瓦合金中的碳含量。

（2）超因瓦合金 超因瓦合金属于 Fe-Ni-Co 合金系，其成分范围是 31%～35%Ni、5%～10%Co 及余量的 Fe。合金中 Ni+Co 在 36.5% 时，热膨胀系数比较低。其中，Fe-Ni32.5Co4 及 Fe-Ni31.5Co5 的热膨胀系数 α 在 20～100℃时均小于 $0.8\times10^{-6}K^{-1}$。超因瓦合金低膨胀效应的机理与 Fe-Ni 系合金相同。合金的居里点为 230℃，M_S 较高（−80℃），稳定性比因瓦合金差。为改善稳定性，常加入少量 Cu 或 Nb，它们对热膨胀系数的影响不大。

（3）不锈因瓦及其他低膨胀合金 Fe-Co54Cr9 合金的耐蚀能力明显优于 Fe-Ni36 因瓦合金和 Fe-Ni-Co 超因瓦合金，在 20～100℃时 α 为 $0.42\times10^{-6}K^{-1}$。但该合金含 Co，价格昂贵，加工性差。

对磁场有特殊要求时，以上几种铁磁性低膨胀合金的使用受到限制。非磁性合金，如 Cr-Fe5.5Mn0.5 铬基反铁磁性合金，其低膨胀特性是由于尼尔点（T_N=50℃）以下温度范围内的磁致伸缩效应，室温下 $\alpha=1.0\times10^{-6}K^{-1}$。非磁性低膨胀合金还有 Pd-Mn35 合金，Fe-Ni28/32-Pd5.5/10 合金等。这些合金因含 Pd 而价格昂贵，难以大量应用。

13.4.1.2 定膨胀合金

1930 年，Scott 和 Hull 最早研制出 Fe-Ni29Col8 合金，被称作可瓦合金（Kovar alloy）。定膨胀合金按用途可分为封接材料和结构材料两种。作为封接材料，要求合金在封接温度至使用温度区间内，其热膨胀系数与对接材料差别不大于 10%，降低接触应力，实现匹配封接。一般不允许在使用过程中发生相变。

（1）Fe-Ni 系合金 Fe-Ni 系合金是重要的定膨胀合金，其热膨胀系数随 Ni 含量的改变可调。常用含 42%～54%Ni 的二元合金。合金的 T_C 在 420～550℃之间。随合金中 Ni 含量的增加，平均热膨胀系数增大，在 20～400℃，$\overline{\alpha}$ 为（5.4～11.4）$\times10^{-6}K^{-1}$，可满足与多种材料的匹配封接。Fe-Ni 系合金塑性良好，抗拉强度在 550MPa 左右。C、S、P 等有害元素的含量应控制在较低水平。Si、Mn 可改善热加工性能，一般情况下，Si<0.3%，Mn<0.6%。它们主要用于与软玻璃、陶瓷及云母进行封接以及大量用作集成电路引线框架材料。

（2）Fe-Ni-Co 系合金 Fe-Ni-Co 系合金通过适当调整 Ni、Co 比例，使其热膨胀系数与 Fe-Ni 二元合金相当，T_C 明显高于后者。提高 T_C 可以使合金的热膨胀系数在较宽温度范围内具有较低的数值，从而满足上限温度较高条件下的匹配封接。如可瓦合金（Fe-Ni29Co18）的热膨胀性能为：在 20～400℃，$\overline{\alpha}$=（4.6～5.2）$\times10^{-6}K^{-1}$。由于该合金含 Co，使 M_s 明显升高，合金稳定性变差。增加 Ni 含量降低 M_s，控制 M_s 在 −80℃以下。

（3）Ni-Mo 系合金 Ni-Mo 系定膨胀合金用于无磁场合，目前已实用化。Ni 中加入 Mo、W、Si、Cu 等，均可降低其磁性。当 Mo>8% 时，T_C 降到室温；当 Mo 达到 15% 时，α 相原子磁矩降至零，保证无磁。合金中 Mo 含量一般为 17%～25%，也可用 W 部分代 Mo。

除上述合金外，实用定膨胀金属材料还有 Fe-Ni-Cu 系、Fe-Ni-Cr 系、Fe-Cr 系等合金和难熔金属 W、Mo、Ta、Zr、Ti 等。

13.4.2 减振合金

由机械振动产生的噪声是一种环境污染，采用高阻尼的减振合金制作机械零件是降低噪声的重要途径之一。阻尼是指一个自由振动的固体，即使与外部完全隔离也会发生机械能向热能的转换，从而使振动减弱的现象。在循环应力的作用下形成应力-应变回线，吸收外部能量，并将其大部分转变成热量。这种能量消耗，对于作机械运动的物体，特别是振动物体，将使其运动减慢，起到一种对运动的阻碍作用。减振合金是阻尼本领非常高的一类金属材料，又称高阻尼金属（high damping metal）。常用比阻尼（specific damping capacity，或 SDC）表征固体材料阻尼本领的高低。目前人们开发应用的高阻尼材料有均质材料、复合材料和粉末材料 3 种，实际应用材料以均质为主。表 13.3 为常用高阻尼减振合金及特性。根据减振原理，可分为 5 种类型。

表 13.3 常用高阻尼减振合金及特性

合金	合金成分 /%（质量分数）	阻尼类型	SDC（10%σ_S）/%
铸铁	Fe-C	复相	2～20
Zn-Al	Zn-22Al	复相	—
纯铁	100Fe	强磁性	16
金属镍	100Ni	强磁性	18
铁素体不锈钢	Fe-12Cr-0.5Ni	强磁性	3
铬钢	Fe-12Cr	强磁性	8
Silentalloy	Fe-Cr-Al	强磁性	40
纯镁或 Mg-Zr	100Mg 或 Mg-0.6Zr	位错	60
Protes	Cu-（13～21）Zn-（2～8）Al	孪晶	—
Sonoston	Mn-37Cu-4Al-3Fe-2Ni	孪晶	40

13.4.2.1 复相型减振合金

复相型减振合金主要通过相界面发生黏性流动从而吸收外部能量，达到减振的目的。铸铁是最常用的减振合金，广泛应用于机械制造中，如机床的底座、发动机的壳体等。铸铁的阻尼源于金属基体与分散的石墨的两相结构。铸铁中石墨相的形态及分布对阻尼有明显影响。片状石墨铸铁因两相界面大，阻尼高，SDC 可达 6%；球状石墨的阻尼性能最低，SDC 仅为 2%。通过提高 C 含量，并加入 20%Ni 时，高阻尼铸铁的 SDC 可达 20%。另一典型的复相型减振合金是 Zn-Al 二元合金，它是由富铝的 α 相和富锌的 β 相组成。通过 α 相的晶界滑移、两相的晶界滑移以及 β 相的晶界滑移产生的阻尼属于动态滞后型，强烈地依赖作用应力的频率。

13.4.2.2 强磁性减振合金

强磁性减振合金是利用铁磁性合金的磁致伸缩效应来产生阻尼。在外力作用下，通过磁畴的壁移或磁矩转动，磁化状态发生变化，在正常的弹性变形之外，还产生附加的变形。磁畴壁移过程中各种阻力导致畴壁的位置不能随应力可逆地改变，且落后于后者；与其相对应的变形也落后于应力的变化，从而使合金的应变落后于应力，故循环应力作用下形成内耗，产生阻尼。材料阻尼大小主要决定于铁磁性材料的磁致伸缩系数 A_s 及其磁化过程特性。磁致伸缩系数通过影响附加变形量和应力对磁化过程的推动力来改变阻尼。磁畴壁移或磁矩不可逆转动的阻力愈大时，磁化过程将愈容易发生于较高的应力下，从而增大应变相对于应力的滞后，从而提高阻尼。此外，强磁性阻尼属于静态滞后型，阻尼的高低与作用应力的幅值密切相关。随着应力幅值的增大，阻尼相应增加。Fe-Cr-Al 合金就是典型的强磁性减振合金。

13.4.2.3 位错型减振合金

位错型减振合金是利用合金中各种晶体缺陷对位错构成钉扎作用，阻碍位错运动。随着应力的逐渐增大，位错在某些钉扎点处局部脱钉，向前移动产生塑性变形。应力减小时，晶体缺陷的钉扎力又反过来阻碍位错回复原位的逆向移动，使得应力-应变曲线上形成回线，产生内耗，形成阻尼。位错型阻尼属于典型的静态滞后型，阻尼与应力幅值相关，与应力的频率无关。Mg-Zr 合金和奥氏体无磁不锈钢都是典型的位错型减振合金。

13.4.2.4 孪晶型减振合金

孪晶型减振合金是利用合金中的孪晶在受力作用时，通过孪晶界面移动，产生变形。而孪晶界移动过程中的阻力，使得变形滞后于应力，从而产生内耗，形成阻尼。孪晶型减振合金很多，在 50%Mn 以上的 Mn-Cu 二元合金具有非常高的阻尼本领，在 60%Mn 左右时达到最高。合金中形成非常细小的孪晶，其孪晶界具有良好的可动性。但该合金的减振性随时间变化较大，稳定性差，力学性能较低，抗蚀性也不高。加入少量的 Al、Cr、Ni 等可提高合金的组织稳定性。如 Mn-37Cu-4A1-3Fe-2Ni 合金已用于制造凿岩机、船舶的推进器以及冲压机等。Fe-Mn 二元合金在 5%～30%Mn 的范围具有高减振性能，在 17%Mn 时达到最高。

13.4.2.5 具有形状记忆特性的减振合金

形状记忆合金中，存在大量的马氏体相的晶界面、马氏体相与母相的相界面，移动阻力小，可动性好。这些界面在交变应力作用下都可能往返移动。移动过程中受到各种因素的阻力作用，产生阻尼。因此，形状记忆合金受循环应力作用时具有很高的内耗和很好的阻尼特性，是高性能减振材料。研究发现，各种界面对合金内耗的贡献不同。Fe-17Mn 高阻尼合金的定量分析表明：ε 马氏体、γ 母相以及两相间界面的内耗对合金的阻尼贡献分别是 83%、14% 及 3%。可见，通过控制成分及热处理工艺得到高比例马氏体相而使合金具有高阻尼、高减振性。

13.4.3 储氢合金

人类可持续发展的关键是开发和利用新能源，但太阳能、风能、地热等一次能源一般不能直接使用和储存。因此，必须将它们转换成可使用的能源形式，或采用适当的方式储存起来再加以利用。氢是一种非常重要的二次能源。氢资源丰富，氢比任何一种化学燃料的发热值高，不污染环境，是一种洁净的能源。

氢利用的关键在于如何储存与输送，其方式主要有气体氢、液态氢和金属氢化物。其中金属键型氢化物的储氢密度与液体氢相同或更高，安全可靠、价格便宜，是目前正在迅速发展的一种储氢方式。通常储氢合金为金属氢化物储氢材料，比离子键型氢化物、共价键高聚合型氢化物、分子型氢化物更适合作储氢材料。

许多金属或合金可固溶氢气形成含氢的固溶体（MH_x）。在一定温度和压力条件下，固溶相（MH_x）与氢反应生成金属氢化物。储氢合金正是靠其与氢起反应生成金属氢化物来储氢的，这是一个可逆过程：正向吸氢、放热；逆向放氢、吸热。改变温度、压力可使反应按正向、逆向反复进行，实现材料的吸氢与放氢功能。

实用储氢材料应具备以下条件：

① 吸氢能力大；

② 金属氢化物生成热要适当，以防金属氢化物过于稳定，放氢时就需要较高温度；

③ 平衡氢压适当，最好在室温附近只有几个大气压，便于储氢和释放氢气，且其 p-c-T 曲线平台区域要宽（见图 13.6），倾斜程度小，可改变压力 p 就能吸收或释放较多的氢气；

④ 吸氢、放氢速度快，传热性能好，材料性能稳定；

⑤ 化学性质稳定，在储运中可靠、安全、无害；

⑥ 价格便宜。

目前研究和使用的储氢合金主要有镁系、稀土系、钛系。此外，非晶态储氢合金目前也引起了人们的关注。非晶态储氢合金比同晶态合金在相同的温度和氢压下有更大的储氢量；但非晶态储氢合金往往由于吸氢过程中的放热而晶化。

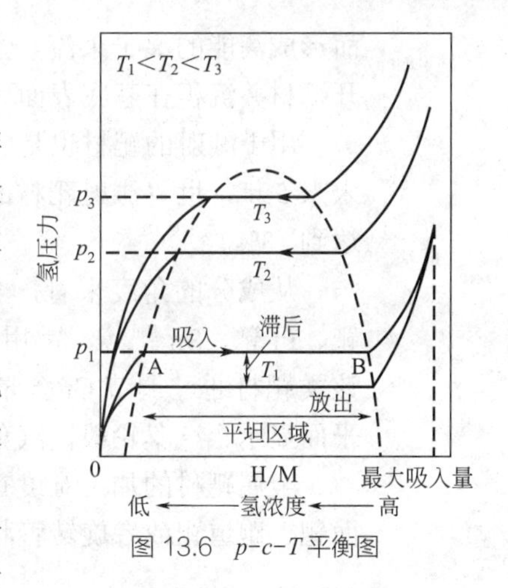

图 13.6 p-c-T 平衡图

13.4.3.1 镁系储氢合金

镁与镁基合金具有储氢量大、重量轻、资源丰富、价格低廉等优点，但其分解温度过高（250℃），吸、放氢速度慢，使镁系合金使用受到限制。镁与氢在 300～400℃和较高的氢压下反应生成 MgH_2，具有四方晶金红石结构，属离子型氢化物，过于稳定，放氢困难。目前通过合金化改善镁基合金氢化反应的动力学和热力学。Ni、Cu、RE 等元素对 Mg 的氢化反应有良好的催化作用。对 Mg-Ni-Cu 系、Mg-RE 系、Mg-Ni-Cu-M（M 为 Mn、Ti）系等多元镁基储氢合金的研究和开发正在进行中。

13.4.3.2 稀土系储氢合金

LaNi5 稀土系储氢合金具有室温即可活化、吸氢放氢容易、平衡压力低、滞后小和抗杂质等优点，但其成本高，大规模应用受到限制。为克服 LaNi5 的缺点，开发了稀土多元合金，主要有以下几类。

（1）LaNi5 三元系 主要有 LaNi5−*x*M*x* 和 R0.2La0.8Ni5 两个系列。LaNi5−*x*M*x*（M 为 Al、Mn 等）系列中最主要的是 LaNi5−*x*Al*x* 合金，Al 的置换改变了平衡压力和生成热值。

（2）M*m*Ni5 系 M*m*Ni5 用混合稀土元素（Ce、La、Sm）置换 LaNi5 中的 La，使价格大大降低，但由于放氢压力大、滞后大，使 M*m*Ni5 难以使用。在 M*m*Ni5 基础上进行多元合金化，用 Al、B、Cu 等置换 M*m* 而形成的 M*m*1−*x*A*x*Ni5 型（A 为上述元素中一种或两种）合金，使平衡压力升高，改善储氢性能，如 M*m*Ni4.5Mn0.5 和 M*m*Ni5−*x*Co*x*。

（3）MINi5 系 以 MI（富含 La 与 Nd 的混合稀土金属，La+Nd＞70%）取代 La 形成的 MINi5 价格仅为纯 La 的 1/5，却保持了 LaNi5 的优良特性，而且在储氢量和动力学特性方面优于 LaNi5。以 Mn、Al、Cr 等元素置换部分 Ni，在 MINi5 基础上发展了 MINi5-*x*M*x* 系列合金，其中 MINi5-*x*Al*x* 已大规模地应用于氢的储运、回收和净化。

13.4.3.3 钛系储氢合金

（1）Ti–Fe 系合金 Ti 和 Fe 可形成 TiFe 和 $TiFe_2$ 两种稳定的金属间化合物。$TiFe_2$ 基本上不与 H 反应，TiFe 可在室温与 H 反应生成 TiFeH1.04 和 TiFeH1.95 两种氢化物。其中 TiFeH1.04 为四方结构，TiFeH1.95 为立方结构。Ti-Fe 合金室温下放氢压力不到 1MPa，且价格便宜。缺点是活化困难，抗杂质气体中毒能力差，且在反复吸放氢后性能下降。为了改善 Ti-Fe 合金的储氢特性，研究了以过渡金属 Co、Cr、Cu、Mn、Mo、Ni 等元素置换部分铁的 TiFe1−*x*M*x* 合金。过渡金属的加入，使合金活化性能得到改善，氢化物稳定性增加。

（2）Ti–Mn 系合金 Ti-Mn 合金是 Laves 相，Ti-Mn 二元合金中 TiMn1.5 储氢性能最佳，在室温下即可活化，与氢反应生成 TiMn1.5H2.4。原子比 Mn/Ti=1.5 时，合金吸氢量较大，如果 Ti 量增加，吸氢量增大，但由于形成稳定的 Ti 氢化物，室温放氢量减少。以 TiMn 为基的多元合金主要有 TiMn1.4M0.1（M 为 Fe、Co、Ni 等）。

13.4.4 溅射靶材合金

溅射是一种常见的制备薄膜的方法，该方法利用离子源产生的离子，在真空中经过加速聚集而形成高能的离子束流，轰击靶材表面，离子和靶材表面原子发生动能交换，使靶材表面原子离开靶材并沉积在基底表面。

用于溅射的靶材也是一大类功能材料。2017年全球溅射靶材市场容量113.6亿美元，据预测，未来5年，世界溅射靶材的市场规模将超过160亿美元，高纯溅射靶材市场规模年复合增长率可达到13%。

从成分的角度来看，金属溅射靶材主要分为纯金属靶材和合金靶材。纯金属靶材常见有Au靶、Pt靶、Sn靶等，常用在微电子、半导体等行业；合金靶材的种类繁多，以Ni-Cr靶材为例，该类靶材通过调节Cr含量以及添加稀土元素等方法，可以广泛应用在低辐射玻璃、薄膜电阻、平面显示、汽车轮毂、汽车玻璃、光学镜头等领域。

金属靶材的加工难度首先在于精确的成分控制，其次在于成形工艺，要把金属材料加工成平面靶、跑道靶或者旋转管状靶，最后是要控制微观结构中晶粒的大小及尺寸分布均匀性。

本章小结

金属材料在能量与信息的显示、转换、传输、存储等方面，具有导电性、磁性、导热性、热膨胀特性、弹性等一些特殊的物理性能，成为与无机非金属功能材料、有机高分子功能材料并列的一类极为重要的功能材料。经过研究，人们对各类功能材料的合金化、组织、工艺和性能等关系和规律已有了一定的认识，开发了一系列高性能的功能合金，如磁性合金、电性合金、形状记忆合金、热膨胀与减振合金、储氢合金等，并在实际工程中得到了日益广泛的应用。

随着研究的不断深入，还会出现更多具有独特或优异功能特性的金属合金材料，将对现代科学技术的进步、社会的发展起着更巨大的作用。纳米科技的发展催生了纳米复合永磁材料，成为目前研究的重点之一。在金属软磁材料领域引起普遍关注的是铁基大块非晶软磁合金。一般认为氢能、太阳能、核能是21世纪得到广泛应用的能源，而能源新材料的研究开发是关键。金属能源材料包括电极材料、储氢材料和核能材料等。同样，金属催化材料和金属电子材料也是国际上研究的热点。

本章重要词汇

磁性合金	软磁合金	硬磁合金	永磁合金
电热合金	形状记忆合金	低膨胀合金	定膨胀合金
储氢合金	因瓦合金	可瓦合金	

思考题

13-1 功能材料与一般结构材料在特征上有什么差异？

13-2 简述常用软磁合金、硬磁合金的种类、合金化、工艺及性能特点。

13-3 列举常用电热合金、热电偶合金的种类、合金化、工艺及性能特点

13-4 何谓超导材料，超导金属材料的分类和特性？

13-5 何谓形状记忆效应？简述金属的形状记忆原理和条件。

13-6 简述常用形状记忆合金的种类、合金化、工艺及性能特点。

13-7 列举常用热膨胀合金和减振合金及特点。

13-8 发展储氢材料的意义是什么？储氢合金必须具备的条件是什么？

14 金属基复合材料

复合材料是由两种或两种以上物理和化学性质不同的物质组合而成的一种多体材料。在复合材料中，通常有一相为连续相，是基体；另一相为分散相，称为增强体。虽然复合材料的各组分保持其相对独立性，但复合材料的性能却不是组分材料性能的简单加和，而是有着重要的改进。复合材料各组分之间可以取长补短、协同作用，极大地弥补了单一材料的缺点，显示出单一材料所不具有的新性能。复合材料的出现和发展，是现代科学技术不断进步的必然，也是材料设计方面的一个质的飞跃。

金属基复合材料（metal matrix composite，MMC）是以金属及其合金为基体，与一种或几种金属或非金属增强相人工结合而成的复合材料。其增强体大多为无机非金属，如陶瓷、炭、石墨及硼等，也可以用金属丝。金属基复合材料与聚合物基复合材料、陶瓷基复合材料以及碳/碳复合材料一起构成现代复合材料体系。

14.1 概述

14.1.1 金属基复合材料的种类

金属基复合材料通常采用按基体、增强体以及增强体的加入方式等分类的方法分类。

14.1.1.1 按基体分类

（1）铝基复合材料 铝基复合材料是在金属基复合材料中当前品种和规格最多、应用最广的一种。增强体材料包括硼纤维、碳化硅纤维、碳纤维和氧化铝纤维增强铝、碳化硅颗粒与晶须增强铝等。纤维增强铝基复合材料，因其具有高比强度和比刚度，在航空航天工业中得到了应用，并可代替中等温度下使用的昂贵的钛合金零件。在汽车工业中，可替代钢铁材料，起到节约能源、减少污染的作用。

（2）钛基复合材料 Ti及其合金为基的复合材料具有高的比强度和比刚度，而且具有很好的抗氧化性能和高温力学性能，在航空工业中可以替代镍基耐热合金，广泛用于飞机结构。增强相包括硼纤维、碳化硅纤维及碳化钛颗粒等。

（3）镁基复合材料 镁合金是实际应用中最轻的金属结构材料。石墨纤维增强镁基复合材料，与碳纤维、石墨纤维增强铝相比，密度和热膨胀系数更低，强度和模量也较低，且具有优良的导热性，在温度变化环境中是一种尺寸稳定性极好的材料。大多数镁基复合材料为颗粒与晶须增强，如碳化硅颗粒或纤维、碳化硼颗粒、氧化铝颗粒等。

（4）高温合金基复合材料 常采用镍基、钴基、铁基等高温合金为基体。强化相通常采用难熔金属丝，如W、Pt等难熔合金丝，主要是用于制造高温下工作的零部件，如燃气轮机的叶片等。也有采用陶瓷颗粒增强，用于耐磨场合。

14.1.1.2 按增强体分类

（1）**颗粒增强复合材料** 颗粒增强复合材料的增强相为弥散硬质颗粒。这种复合材料的基体主要承受或传递载荷，颗粒相的作用是阻碍基体中的位错运动。增强效果与颗粒相的体积分数、分布、直径、粒子间距等有关。此外，材料的性能还对界面状态十分敏感。

（2）**层状复合材料** 金属层状复合材料指在金属基体中含有重复排列的高强度、高模量片层状增强物的复合材料。片层间距是微观的，在增强平面的各个方向上薄片增强物对强度和模量都有增强效果，与纤维单向增强的复合材料相比具有明显的优越性。

（3）**纤维增强复合材料** 承受载荷的主要是增强纤维。增强纤维和基体材料的固有性能、相对量、它们的几何排列和界面性质决定着纤维增强复合材料的性能。纤维增强复合材料具有明显的各向异性。根据长度纤维可分为长纤维、短纤维和晶须。基体性能对复合材料横向性能和剪切性能的影响比较大。长纤维对复合材料弹性模量的增强作用最大。

从复合材料的宏观、细观和微观结构角度，可将复合材料分为如图 14.1 所示的几种类型。

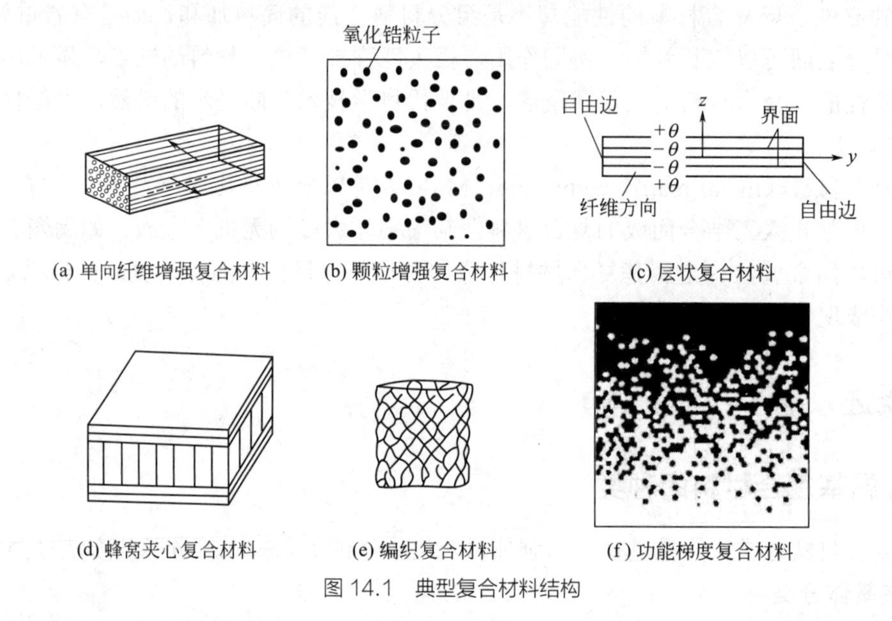

(a) 单向纤维增强复合材料 (b) 颗粒增强复合材料 (c) 层状复合材料

(d) 蜂窝夹心复合材料 (e) 编织复合材料 (f) 功能梯度复合材料

图 14.1 典型复合材料结构

14.1.1.3 按增强体加入方式分类

（1）**外加增强** 增强相以外加方式进行，增强相与基体合金间往往润湿性较差，或者增强相在热力学上处于不稳定，与基体合金发生界面反应，均导致界面结合强度低。通常采用增强相表面涂层的方法来解决上面的问题，但制备困难、工艺复杂。

（2）**原位内生增强** 利用放热反应在基体内部生成相对均匀分散的增强体，增强体与基体近似处于热力学平衡状态；形成的低能界面在本质上处于稳定状态，不仅简化制备工艺，而且润湿性好、界面干净、界面强度高。原位生成的增强相形态往往还可以控制。

14.1.2 金属基复合材料的性能特点

现代科学技术对现代材料的强度、韧度、导电、导热性、耐高温性、耐磨性等性能都提出了越来越高的要求。特别在航空航天工业和汽车工业中，动力结构与机械结构的主要构件除要保证有优良的物理与力学性能外，还要求重量轻。为了保证构件具有一定的强度与刚度，同时减轻重量，就要求材料具有更高的比强度和比模量（刚度）。纤维增强聚合物基复合材料具有比强度、比模量高等优良性能，但不能在 300℃以上温度工作，存在耐磨性差、不导电、不导热、易老化变质等不足。陶瓷基复合材料虽有高的高温强度、耐磨性，但韧度低。金属基复合材料具有与金属及其合金相近的一些共同性能，通过具有良好性能的纤维、颗粒、晶须等复合后，可以获得比基体金属或合金更好的比强度、比模量、高温性能等性能的新型工程材料。因此，在航空航天、军事工业和民用工业中具有无可替代的作用，已得到广泛的应用。下面介绍金属基复合材料的共同性能特点。

（1）**高比强度、比模量** 在金属基体中加入适量的高强度、高模量、低密度的纤维、晶须或颗粒等增强体，可明显提高复合材料的比强度和比模量，特别是高性能连续纤维——硼纤维、碳（石墨）纤维、碳化硅纤维等增强体，具有很高的强度和模量。纤维增强金属基复合材料的比强度和比模量得到明显提高；而颗粒增强复合材料虽比强度无明显增加，但比模量有显著提高。图 14.2 是几种金属基复合材料的力学性能与树脂基复合材料和基体金属的对比。可见，MMC 具有高的比强度和高比模量，成倍地高于基体合金。在强度与模量上大致可分为三种水平：

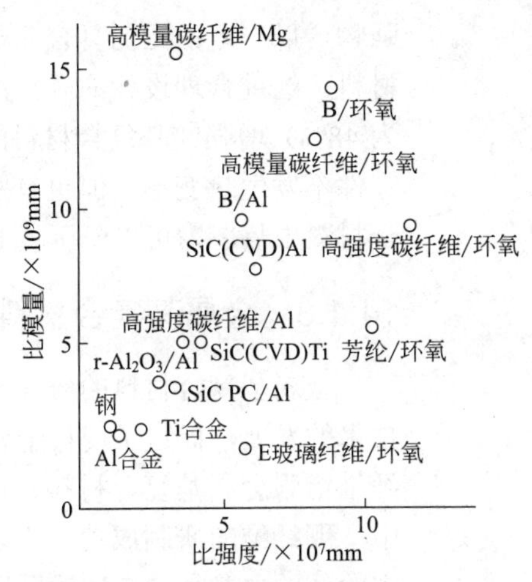

图 14.2 几种金属基复合材料与树脂基复合材料和基体金属的力学性能对比

① 高性能水平 如硼纤维与 CVD（化学气相沉积）碳化硅纤维增强的 Al 和 Ti，单向增强的抗拉强度在 1200MPa 以上，模量在 200GPa 以上；

② 中等性能水平 如纺丝碳化硅纤维与碳纤维增强 Al 等，拉伸强度在 600～1000MPa，模量在 100～150GPa 之间；

③ 较低性能水平 如晶须、颗粒或短纤维增强 Al 等，拉伸强度在 400～600MPa，模量在 95～130GPa。

（2）**高韧性、耐冲击性能** 金属及合金基体往往具有高的强韧度，而增强相无论是纤维或是颗粒都比较脆。在受到冲击时基体能通过塑性变形消耗能量，使裂纹钝化，减少应力集中，而增强相及增强相与基体界面阻滞裂纹的扩展，增加断裂抗力。因此，金属基复合材料与聚合物基、陶瓷基复合材料相比，具有高的韧度和耐冲击性。

（3）**良好的高温性能** 由于金属基体的高温性能比聚合物高很多，增强纤维、晶须、颗粒在高温下又都具有很高的高温强度和模量，因此金属基复合材料具有比金属基体更高的高温性能。相对聚合物基复合材料而言，金属基复合材料具有良好的物理、力学性能，高温稳定性和耐热冲击性能。陶瓷基复合材料中的陶瓷基体的抗热冲击性因陶瓷的导热性差而比金属基复合材料差，常常使其作为高温结构材料应用受到限制。

（4）**表面耐久性好、表面缺陷敏感性低** 金属基复合材料中金属基体对表面裂纹的敏感性比聚合物或陶瓷要小很多，表面坚实耐久，尤其是颗粒、晶须增强金属基复合材料常可以作为工程构件中的耐磨件使用。在陶瓷基复合材料中，由于腐蚀或擦伤等引起的小裂纹可使其强度剧烈降低。这是由于陶瓷的弹性模量高、塑性和韧度低，易造成应力集中，引起破坏。聚合物基复合材料基体的强度和金属基体相比都相当低，像擦伤、磨损等对其表面都有显著影响。

（5）**导热、导电性能好** 金属基复合材料的导热、导电性能是聚合物基、陶瓷基复合材料无法比拟的，它可以使局部的高温热源和集中电荷很好地扩散消除。如碳纤维加入铝合金基体后，基体的导电、导热优异性不会有大的损失。因此，碳纤维增强铝基复合材料可作航空航天领域中的结构材料，还可作为空间装置的热传导和散热器面板应用。

（6）**热膨胀系数小、尺寸稳定性好** MMC 中所用的硼纤维、碳纤维、碳化硅纤维、晶须、颗粒等增强体均具有很小的热膨胀系数和很高的模量，特别是石墨纤维还具有负的热膨胀系数。大多数金属及其合金的热膨胀系数与各种增强材料相差较大。加入相当含量的增强体不仅可以大幅度地提高材料的强度和模量，也可以使其热膨胀系数明显下降。通过选择不同的基体金属和增强物，以一定的比例复合在一起，可得到导热性好、热膨胀系数小、尺寸稳定性好的金属基复合材料。经过合理设计的碳纤维增强铝基复合材料的热膨胀系数接近零，石墨材料（纤维体积分数为48%）增强镁基复合材料的热膨胀系数也可以达到零。在温度变化时使用这种复合材料做成的零件不发生热变形。但也有些纤维，如硼纤维与钛合金的热膨胀系数接近，在硼纤维增强钛基复合材料中热应力可以降至很低。

14.1.3 金属基复合材料的研究和应用

金属基复合材料的研究开始于20世纪20年代的Al/Al_2O_3粉末烧结工作。随着近代航空航天技术的发展，促进了现代金属基复合材料的研究和应用。60年代初，集中研究用纤维强化的连续纤维增强金属基复合材料、定向凝固复合材料、难熔金属丝增强高温合金材料的研究与开发。其中，硼纤维的研制成功，出现了硼纤维增强铝基复合材料，并得到成功的应用。例如，航天飞机主舱体的主龙骨的支柱就采用了硼纤维增强铝基复合材料。

20世纪70年代以来，开始了非连续相增强金属基复合材料的研究工作。同时，连续纤维增强金属基复合材料的研究得到不断深入。由于价格低于硼纤维的碳纤维的开发和产业化，碳纤维增强铝基复合材料得到广泛的研究。通过采用在碳或石墨纤维表面涂覆与浸渍涂层的液钠法和Ti-B工艺，成功地解决了碳或石墨纤维与铝的润湿性问题，从而使碳纤维增强铝基复合材料的研制及应用取得了较大进展。随后又开始对不同金属基体、不同类型和形态的增强相及增强方式的金属基复合材料进行了广泛的研究，促进了金属基复合材料向多样化、多品种发展，逐渐形成了金属基复合材料体系。先后出现了碳化硅单根粗纤维及束丝细纤维、晶须、颗粒和氧化铝长纤维、短纤维等增强铝、增强钛等多种金属基复合材料。

由于制备成本高，连续相增强金属基复合材料只能在航空、航天等高技术领域应用，在其他领域无法得到广泛应用。近二十多年来，人们对非连续相增强金属基复合材料及其制备工艺技术进行了深入研究。各种液态法制备颗粒和晶须增强金属基复合材料工艺相继问世，如压铸、半固态复合铸造、喷射沉积和原位内生复合法，如金属直接氧化法（DIMOX™）、反应生成法（XD™）、自蔓延法（SHS，self-propagation high-temperature synthesis）等。这些工艺技术的不断出现，促进了颗粒、晶须增强金属基复合材料的发展，使复合材料的成本不断下降，金属基复合材料开始用于民用工业，如在汽车工业的应用。

复合材料的可设计性是它超过传统材料的最显著的优点之一。复合材料设计是一个复杂的系统性问题，它涉及环境负载、设计要求、材料选择、成型工艺、力学分析、检验测试、安全可靠性及成本等许多因素。在复合材料产品设计的同时必须进行材料结构的设计，并选择合适的工艺方法。所以，复合材料的设计—制造—评价一体化技术是21世纪发展的趋势，它可以有效地促进产品结构的高度集成化，并且能保证产品的可靠性。近年来已有人进行了复合材料可靠度方面的研究，并且也取得了很多成果。

对于图14.1所表示的具有不同细、微观结构形式的复合材料，需要采用不同的分析方法和理论进行研究。对简单的细、微观结构和宏观几何形状，可采用细观力学方法确定复合材料的宏观弹性模量、强度、热膨胀系数及介电常数等，以作为宏观分析的基本参数。对于复杂的细、微观结构和宏观几何形状，利用现代实验技术测出复合材料的宏观响应参数，为复合材料的宏观分析提供必要的输入参数。例如，在分析层合板结构力学响应之前，需要通过细观力学方法或实验测量技术首先确定单层板的基本性能参数；然后利用经典层合板理论或有限元方法来研究层合板的宏观力学性能。复合材料宏观力学的理论基础是建立在实验、数值计算和理论分析基础上的。

目前金属基复合材料的研究和应用都得到了迅速发展，但由于金属基复合材料在制备过程中工艺参数、基体与增强相之间的结合性能和界面状态不易控制，造成金属基复合材料性能的稳定性和再现性并不理想。已成为金属基复合材料实际应用的关键。随着人们在金属基复合材料的设计、制备和金属基体与增强相之间相容性等方面研究的不断深入，金属基复合材料的应用领域不断扩大作用，将对国民经济的发展起到更大的推动作用。

14.2 金属基复合材料的强度和体系选择

14.2.1 金属基复合材料的强度

金属基复合材料中，一定比例载荷由增强相承担，其余为金属基体承受，它不仅取决于增强相的体积分数、形状及取向，也取决于这两者的弹性性质。增强相的强度和刚度通常均高于金属基体，若增强体承受较高比例的外加载荷，则这种增强体起着非常有效的强化作用。

14.2.1.1 纤维增强金属基复合材料的强度与模量

连续纤维增强金属基复合材料中连续纤维起主要承载作用，而金属基体主要起固定纤维的作用，但纤维的增强作用还受纤维与基体界面状态的影响。纤维增强金属基复合材料（FRMMC，fiber reinforced metal matrix composites）中除金属丝增强外，其中大多数增强纤维属无机非金属材料，它们的密度低、强度和模量高，耐高温性能好，但断裂应变和金属基体相比要低得多，大致在 0.01～0.02 范围。因此在沿纤维轴向拉伸时，对于脆性纤维增强 MMC 的抗拉强度会偏离复合混合法则（ROM），可用下式表示：

$$\sigma_{cu}=\sigma_{fu}V_f+\sigma_m^*(1-V_f) \tag{14.1}$$

式中，σ_{cu}、σ_{fu} 和 σ_m^* 分别表示复合材料、纤维抗拉强度和基体对应纤维断裂应变处的强度；V_f 表示纤维体积分数。纵向拉伸模量也可由混合法则来确定，即：

$$E_c=E_fV_f+E_m(1-V_f) \tag{14.2}$$

式中，E_c、E_f 和 E_m 分别表示复合材料、纤维相和基体的模量。

可以认为 FRMMC 的纵向抗拉强度和模量是随复合材料中纤维的体积分数的增加而增加。复合材料的纵、横向强度和模量随纤维含量的增加而线性增加，并且基本取决于纤维的强度。一般 FRMM 的横向与纵向相比，横向模量的增加显著，而强度增加相对少一些。纤维增强金属基复合材料的强度，尤其是其高温强度和纤维 / 基体界面结合及稳定性有密切关系。

14.2.1.2 颗粒及晶须增强金属基复合材料的强度与模量

在非连续增强金属基复合材料中，基体和增强材料（颗粒与晶须）都将承担载荷，但金属基体起主要承载作用。颗粒与晶须在复合材料中的增强效果不完全相同。颗粒增强金属基复合材料（PRMMC，particle-reinforced metal matrix composites）的屈服强度与颗粒在基体中分布的平均间距 D_p 有关，即：

$$\sigma_c \propto D_p^{-1/2} \tag{14.3}$$

随着颗粒间距的增大，复合材料强度下降，即同样 V_p 时，颗粒直径越大，其增强效果越差。对于颗粒形状不完全是圆形，按照混合法则（ROM），PRMMC 的抗拉强度可表示为：

$$\sigma_{cu}=\sigma_{my}V_p \cdot \frac{l_p}{4d_p}+\sigma_{mu}V_m \tag{14.4}$$

式中，σ_{mu}、σ_{my} 分别为基体的抗拉强度和屈服强度；$\frac{l_p}{d_p}$ 为颗粒长径比；V_p、V_m 分别为颗粒体积分量和基体体积分量。

晶须增强金属基复合材料（WRMMC，whisker-reinforced metal matrix composites）的强度可以按照类似短纤维增强复合材料的强度来预测，即当 $l>l_c$ 时：

$$\sigma_{cu}=\sigma_{wu}\left(l-\frac{l_c}{2l}\right)\cdot V_w+\sigma_m^*\cdot V_m \tag{14.5}$$

式中，σ_m^*为对应晶须断裂应变时的基体强度；σ_{wu}为晶须抗拉强度；V_w、V_m分别为晶须与基体的体积分量；l、l_c分别为晶须实际与临界长度。当$l<l_c$时，WRMMC 强度为：

$$\sigma_c=C\sigma_{my}\times\frac{l_w}{d_w}\times V_m+\sigma_{wu}V_m \tag{14.6}$$

式中，$\frac{l_w}{d_w}$为晶须长径比；C为晶须分布位向因子，一般取 0.25～0.5。

晶须在强度和长径比值上远高于颗粒，因此晶须的增强效果显著高于颗粒，见图 14.3。可以看出，晶须对复合材料的增强效果明显，而颗粒虽然有增强效果，但不明显。而且无论是颗粒还是晶须增强，复合材料的强度是随增强相体积分数的增加而增加的。颗粒或晶须增强金属基复合材料的模量基本符合混合法则，即在纵向拉伸时：

$$E_c=E_{p.w}V_{p.w}+E_mV_m \tag{14.7}$$

式中，$E_{p.w}$、$V_{p.w}$分别为颗粒或晶须的模量及体积分量。

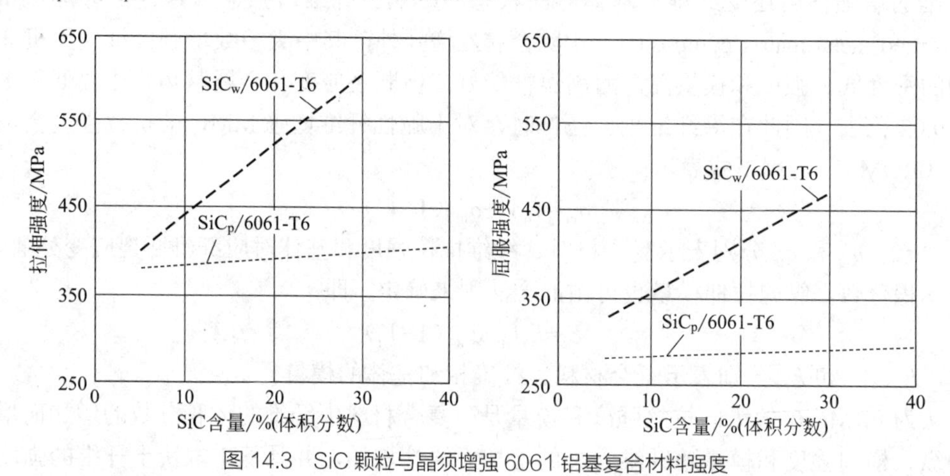

图 14.3　SiC 颗粒与晶须增强 6061 铝基复合材料强度

由于晶须和颗粒增强材料在模量上差别并不大，因而对模量的增强效果是接近的。颗粒对模量的增强效果十分明显，这也是 PRMMC 的一个特点。但同时可以看出颗粒对模量的增强仍然低于晶须。颗粒的大小、基体及热处理方式、二次加工方法以及采用制备原粒与晶须增强复合材料的工艺方法等都会对其强度等性能产生显著的影响。

14.2.2　金属基复合材料的体系选择

14.2.2.1　基体材料

基体金属对金属基复合材料的使用性能有着举足轻重的作用。基体金属的选择首先是根据不同工作环境对金属基复合材料使用性能的要求，即不仅要考虑金属基体本身的各种性能，还要考虑基体与增强体的配合及其相容性，达到基体与增强体最佳的复合和性能的发挥。

（1）根据不同工作环境对使用性能的要求　金属基复合材料构件的使用性能要求是选择金属基体材料最重要的依据。不同的工况条件对复合材料构件的性能要求有很大的差异。

在航空和航天工程中要求高比强度、高比模量、尺寸稳定性、高的结构效率。大多选择体积质量小的金属与合金，如铝及铝合金、镁及镁合金作为基体金属。

在发动机，特别是燃气轮机中零部件的工作温度较高，要求复合材料零件在高温下连续安全工作。不仅要求高比强度和高比模量，而且要求在更高温度下的抗蠕变和高温强度，有良好的抗氧化、抗气体腐蚀、耐磨、耐疲劳、导热等。工作温度在450℃以下的，可选择铝合金、镁合金。工作温度在450～650℃，基体金属要选择更耐热的钛合金、不锈钢；工作温度在800℃以上的基体金属应是铁基、镍基、钴基耐热合金。金属间化合物、铌合金等金属现也正在作为更高温度下使用的金属基复合材料基体被研究。

在工业集成电路、微电子技术中，电子封装、高导热、耐电弧烧蚀的集电材料和触头材料，耐高温摩擦的耐磨材料，耐腐蚀的电池极板材料等，需要高导热、低膨胀的金属基复合材料。基体主要选用具有导热、导电性的铝及铝合金、铜及铜合金、银等金属。

（2）根据与增强相配合以及界面的要求 由于不同增强体的增强机制不同，对基体金属成分选择上也有很大差别。以铝基复合材料为例，在纤维强化的连续纤维增强金属复合材料中，纤维具有高强度和高模量，连续纤维是主要承载体，基体应有良好的塑性和与纤维的相容性。用纯铝或低强度铝合金作基体比用高强度铝合金作基体的金属基复合材料，其性能更高。这与基体本身的塑性、强化相及基体与纤维的界面状态等因素有密切关系。而非连续增强的金属基复合材料，金属基体是主要承载体，它的强度对材料有决定性的影响。一般选择高强度铝合金为金属基体。

金属基复合材料中，基体金属与增强体之间存在着界面，负有传送载荷的作用。界面的结构和性质无疑对金属基复合材料的性能有重要的影响。增强体与不同基体金属或含有不同合金元素的基体合金发生界面反应时，界面反应产物不同，界面组成、结构、粘接强度也不同。因而在选择基体金属时应当充分考虑二者的相容性。

14.2.2.2 增强体

根据其形态增强体可分为连续长纤维、短纤维、晶须、颗粒等。增强体应具有高比强度、高模量、高温强度、高硬度、低热膨胀等，使之与基体金属配合、取长补短，获得材料的优良综合性能，增强体还应具有良好的化学稳定性，与基体金属有良好浸润性和相容性。

（1）连续纤维 连续纤维长度很长，沿其轴向有很高的强度和弹性模量。碳（石墨）纤维、碳化硅纤维、氧化铝纤维和氮化硅纤维，纤维直径为5.6～14μm，通常组成束丝使用；硼纤维、碳化硅纤维的直径为95～140μm，以单丝使用。

① 碳纤维 碳纤维是以碳元素形成的各种碳和石墨纤维的总称。根据石墨化程度，可分为以石墨微晶和无定形碳组成的碳纤维和完全石墨化的石墨纤维。碳纤维为有黑色光泽的柔韧细丝，一般单相纤维直径为5～10μm，产品为500～12000根的束丝，碳纤维的性能与石墨微晶尺寸、取向和空洞缺陷密切相关。若微晶尺寸大、结晶取向度高、缺陷少，则强度、弹性模量和导热、导电性都显著提高。高强型碳纤维的拉伸强度最高，可达7000MPa，密度为1.8g/cm^3。碳纤维有优良的导热性和良好的导电性，超高模量沥青纤维的热导率可达铜的3倍。在惰性气体中碳纤维的优异性能可保持到2000℃。但在高温下与金属有着不同程度的界面反应，导致损伤碳纤维，故碳纤维用于金属基复合材料时，须采用表面涂层处理加以改善。通过化学气相沉积法、化学镀金属法和溶胶凝胶法，在碳纤维表面形成10～1000nm不同厚度的SiC、Al_2O_3、Ti-B、Ni等涂层。

② 硼纤维 硼纤维是运用化学气相沉积法将还原生成的硼元素沉积在载体纤维（如钨丝或碳纤维）表面上，制成具有高比强和高比模量的高性能纤维。作为载体纤维，钨丝直径约10～13μm，碳丝直径为30μm。硼纤维的平均抗拉强度为3400MPa，拉伸弹性模量为420GPa，硼纤维的密度在2.5～2.67g/cm^3。硼纤维的缺点是在高温下能和多数金属反应而发生脆化。为防止脆化，可在表面上包覆一层碳化硅材料。

③ 碳化硅纤维 碳化硅纤维具有高强度、高弹性模量、高硬度、高化学稳定性及优良的高温性能。碳化硅纤维是一种陶瓷纤维，碳化硅纤维的制造方法主要有化学气相沉积法和烧结法。前种纤维的抗拉强度大于3500MPa，弹性模量为4306GPa。

④ 氧化铝纤维　氧化铝体积分数在 70% 以上的，称为氧化铝纤维；低于 70% 又含二氧化硅者，称为硅酸铝纤维。氧化铝短纤维的强度为 1000MPa，弹性模量为 1000GPa。

（2）**晶须**　晶须是在人工控制条件下长成的小单晶，其直径在 0.2～1.0μm，长度约几十微米。由于晶体缺陷很少，其强度接近完整晶体的理论值，可明显提高复合材料的强度和弹性模量。金属基复合材料常用的晶须有碳化硅、氧化铝、氮化硅、硼酸铝等（见表 14.1）。

（3）**颗粒**　金属基复合材料的颗粒增强体一般是选用现有的陶瓷颗粒材料，主要有氧化铝、碳化硅、氮化硅、碳化钛、硼化钛、碳化硼及氧化钇等。这些陶瓷颗粒具有高强度、高弹性模量、高硬度、耐热等优点。常用陶瓷颗粒增强体的物理性能见表 14.2。陶瓷颗粒呈细粉状，尺寸小于 50μm，一般在 10μm 以下。陶瓷颗粒成本低廉，易于批量生产，所以目前颗粒增强金属基复合材料愈来愈受到重视。

表 14.1　常用晶须的基本性能

晶须种类	密度 /（g/cm^3）	熔点 /℃	抗拉强度 /MPa	E/GPa
Al_2O_3	3.9	2080	（1.4～2.8）$\times 10^{-4}$	482～1033
β-SiC	3.15	2320	（0.7～3.5）$\times 10^{-4}$	550～820
Si_3N_4	3.2	1900	（0.35～1.06）$\times 10^{-4}$	379
C（石墨）	2.25	3590	2×10^{-4}	980
BeO	1.8	2560	（1.4～2.0）$\times 10^{-4}$	689

表 14.2　常用陶瓷颗粒的基本性能

陶瓷相	密度 /（g/cm^3）	熔点 /℃	HV	弯曲强度 /MPa	E/GPa	热膨胀系数 /［kal·（cm·℃）］
SiC	3.21	2700	2700	400～500		4.00×10^{-6}
B_4C	2.52	2450	3000	300～500	360～460	5.73×10^{-6}
TiC	4.92	3300	2600	500		7.40×10^{-6}
Si_3N_4	3.2	2100（分解）		900	330	（2.5～3.2）$\times 10^{-6}$
Al_2O_3	3.9	2050				9×10^{-6}
TiB_2	4.5	2980				

注：1kal·（cm·℃）=4.1868J/（cm·℃）。

14.3　金属基复合材料的界面与控制

在金属基复合材料中，界面的作用是关键的。强化依赖跨过界面的载荷从金属基体传递到增强体上，韧度受裂纹在界面上偏转和纤维拔出的影响，塑性受靠近界面的峰值应力松弛的影响。另外，金属基复合材料在制备或在高温条件下，需要控制界面的化学反应，以获得适宜的界面结合强度。因此，界面结合、界面结构、界面反应产物及其控制和界面优化对复合材料的性能发挥是极其重要的。

14.3.1　金属基复合材料界面结合与界面类型

为了使复合材料具有良好的性能，需要在增强材料与基体要有良好的界面结合。复合材料受力时，如果界面结合太弱，增强相与基体脱开，强度低；如果界面结合太强，导致脆性断裂，既降低强度，又降低塑性；只有界面结合适中的复合材料才呈现高强度和高塑性。

金属基复合材料界面结合有以下四种形式。

（1）机械结合 这种结合指增强材料与基体之间不溶解又不互相反应，主要依靠增强材料粗糙表面的机械“锚固”力和基体的收缩应力来包紧增强材料产生摩擦力而结合。可见，这种结合形式结合较弱，单纯依靠这种结合形式是不足以形成具有良好性能的复合材料。

（2）浸润与溶解结合 一般增强材料与基体有一定润湿性，基体与增强相之间发生浸润与溶解产生一种结合力。但如果互相溶解严重，以至于损伤了增强材料，则会改变增强材料的结构，削弱了增强材料的性能，从而降低复合材料的性能。

（3）化学反应结合 大多数情况下增强材料与基体处于在热力学不平衡状态，在一定条件下，可能发生增强材料与基体之间的扩散和化学反应。增强材料与基体界面发生化学反应，在界面上生成新的化合物界面层。这是金属基复合材料的主要结合方式。在界面产生一定程度的化学反应，可增加复合材料的强度。但超过一定量的化学反应生成物，因其大多数为脆性物质，化学反应结合的界面层达到一定厚度后会引起开裂，严重影响复合材料性能。

（4）混合结合 金属基复合材料在制备或使用中，基体与增强相的结合往往为机械结合、浸润与溶解结合、化学反应结合中两种或三种形式共存。

根据上面界面结合形式，金属基复合材料的界面类型可分为三种类型，见表 14.3。

表 14.3 金属基复合材料的界面类型

界面类型	Ⅰ	Ⅱ	Ⅲ
界面特征	增强相与基体互不相溶，互不反应	增强相与基体互不反应，但相互溶解	增强相与基体相互反应，生成界面反应物
典型的 MMC	W 丝 /Cu，Al_2O_3/Cu，B_f/Al B_f/Al①，SiC_f/Al，B_f/Mg	镀 Cr 的 W 丝 /Cu，C_f/Ni，定向凝固共晶复合材料	C_f/Al，B_f/Ti，SiC_f/Ti，W 丝 /Cu-Ti，Al_2O_3/Ti

① 为准 I 类界面。

第Ⅰ类界面：基体与增强材料之间既不相互反应，也不互溶。这类界面微观上是平整的，且只有分子层厚度。表 14.3 中 B_f/Al 复合材料体系称之为准Ⅰ类界面，即采用扩散结合法复合，可以形成Ⅰ类界面，但从热力学观点看可能形成Ⅲ类界面，如果采用液态法形成复合材料，则其界面为典型Ⅲ类界面，存在明显反应层。

第Ⅱ类界面是经过扩散-渗透方式形成，既可以是增强材料向基体扩散，又可以是基体向增强材料表面扩散-渗透，互相溶解而形成界面。因此，第Ⅱ类界面往往在增强材料周围形成，界面呈犬牙交错的溶解扩散层。图 14.4 为碳纤维 /Ni 基复合材料出现的Ⅱ类界面形态，基体镍渗透到碳纤维中形成白色的镍环。

第Ⅲ类界面为基体与增强材料之间形成微米和亚微米级的界面反应层。例如 B 纤维增强钛基复合材料，在高温下形成 TiB_2 的界面反应物层，如图 14.5 所示。有时不一定是一个完整的界面层，而且实际界面反应层往往存在多种反应产物。

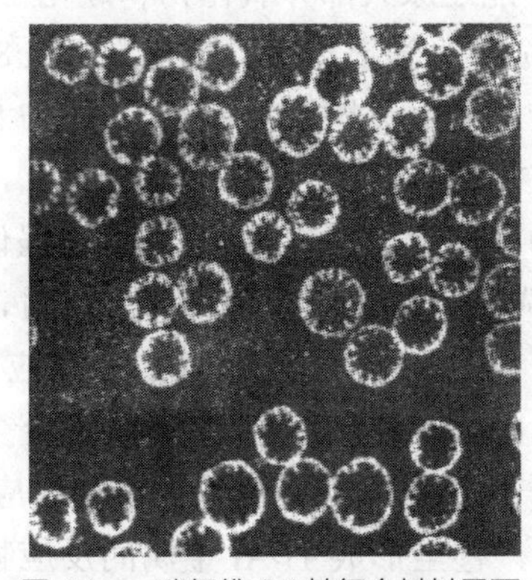

图 14.4 碳纤维 /Ni 基复合材料界面

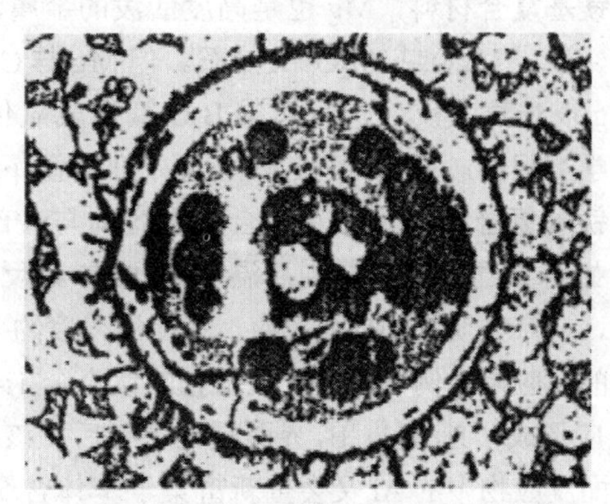

图 14.5 B_f/Ti 基复合材料中 TiB_2 界面反应物层

14.3.2 金属基复合材料界面稳定性

复合材料不仅要求在制备过程中获得良好的界面结合，而且要求其在使用过程中，特别是在高温长时间使用条件下，能够保持良好的界面结合，以保持其性能的稳定性。通过合理选择基体、增强材料的组分及其制备工艺处理方式才能保证复合材料的界面稳定性。

14.3.2.1 界面溶解与析出

第Ⅱ类界面稳定性取决于界面的溶解与析出。复合材料在制备和高温使用过程中，第Ⅱ类界面会发生互相溶解，也可能发生溶解后析出现象。当增强材料表面溶入基体中，必然会损伤纤维，降低增强材料的增强作用。如钨丝增强镍基高温合金，在采用熔融浸渍法制备时会造成钨丝严重损伤。如采用粉末冶金法或快速浸渍后又快速凝固的工艺，复合成型温度低或钨丝与熔融合金接触时间短，就能有效防止严重的界面互溶现象。但在高温条件下，仍然会造成溶解损伤纤维，在1100℃左右使用50h后，W丝/Ni中钨丝发生溶解，造成钨丝直径仅为原来的60%，大大影响钨丝的增强作用。有的复合材料还会出现先溶解后又析出的现象。这种溶解与析出使增强材料的表层聚集形态和结构发生变化。例如，C_f/Ni在600℃高温下，在界面碳先溶入镍，而后又析出石墨结构碳，密度增大而在界面留下空隙，给镍提供了渗入碳纤维扩散聚集的位置。而且随温度的提高镍渗入量增加，在碳纤维表层产生镍环，严重损伤了碳纤维，使其强度严重下降。因此，对具有第Ⅱ类界面的复合材料需要采取适当的措施减少界面溶解与析出，提高复合材料的性能稳定性。

14.3.2.2 界面反应

第Ⅲ类界面的复合材料界面稳定性取决于界面反应及程度。当界面发生反应，形成大量脆性化合物时，就会削弱增强作用。特别是在高温下，这种界面不稳定性会造成复合材料的脆性破坏。增强材料与基体界面反应有如下几种情况：

① 发生在基体与反应产物界面层之间的边界上，即增强材料的原子扩散穿过界面层；

② 发生在反应产物界面层与增强材料之间的边界上，即基体原子扩散通过界面层；

③ 在上述两种边界上同时产生，即增强材料和基体原子扩散的同时，反应物的量或界面层厚度会随温度的变化和时间的长短发生变化。

对于常见金属基体与增强体的界面反应分析如下：

（1）铝基复合材料 Al是高度活泼的金属，能还原大部分氧化物和碳化物，因此，Al可与大部分增强体发生界面反应。由于其表面往往存在有Al_2O_3层，故反应速度通常较慢。Al与C反应生成Al_4C_3，在室温～2000K之间Al_4C_3可稳定存在。低温下Al与C之间的反应速率非常慢，在400～500℃之间，反应速率开始加快。例如C_f/Al界面层是由基体中Al原子扩散侵入碳纤维表面，损伤碳纤维表面，并反应形成Al_4C_3。

（2）镁基复合材料 Mg也是高度活泼的金属，同样能还原大部分氧化物和碳化物。Mg与O反应强烈，生成MgO或Al_2O_3尖晶石。但Mg与C不生成热力学上稳定的碳化物。在800℃以下，B_4C与Mg很难直接反应，但如果B_4C氧化成氧化硼后，就极易同Mg反应。Mg与SiC间的反应在热力学上很弱。同样，Mg-Li合金中在高温下的SiC晶须也不受侵蚀。

（3）钛基复合材料 Ti及钛合金很容易与大部分增强体反应，但不同的钛-增强体体系的反应特性有显著不同。从室温到高温Ti都可与B反应生成稳定TiB_2。增强体为SiC时，在扩散黏结过程中，会产生明显的界面反应，反应层厚度约1μm，对性能有害。TiB_2与Ti的反应速率明显比SiC与Ti的反应慢。例如，硼纤维增强的钛合金Ti-8A1-1Mo-1V在硼纤维与基体界面上首先是钛合金与B反应形成（Ti，Al）B_2界面反应产物后，该反应产物可能与Ti继续进行交换反应形成TiB_2。这样，界面反应物中的Al又会重新富集于基体合金一侧，甚至形成Ti_3Al金属间反应物。对于Ti及钛合金，往往在增强体表面涂覆盖层，用于防止或延缓有害的界面反应。

14.3.3 金属基复合材料界面浸润与界面反应控制

一般要求增强材料与基体之间具有良好的润湿性、有利于界面均匀而有效地传递应力；增强材料与基体润湿后互相间发生一定程度的溶解；产生适量的界面反应，且界面反应物质均匀、无脆性等。因此可通过改善增强材料与基体的润湿性以及控制界面反应的速度与反应产物的数量，来保证金属基复合材料具有最佳的界面结合状态。目前主要的方法是增强材料的表面改性（涂覆）和基体合金化（改性）。

14.3.3.1 增强材料的表面涂覆

增强材料可分为表面性质不同的两类：第一类增强体以碳与氧化铝为代表，增强体的表面能很低，不易被基体熔体所润湿，但又能与某些金属基体发生强烈的界面反应；第二类增强体以碳化硅和碳化硼类为代表，增强体较易于被基体所润湿，也能与某些金属基体反应，但比第一类稳定。目前尚未发现既能满足润湿要求，又不与金属基体发生界面反应的惰性增强材料。一般认为增强材料与基体之间在润湿后又能适当发生界面反应，达到化学结合，有利于增强界面结合力，提高复合材料的性能。

通过增强体的表面处理，可以改善增强体与基体的润湿性和黏着性，可起到防止增强体与基体之间的扩散、渗透和反应的阻挡层的作用；可以减轻增强材料与基体之间的热应力集中，防止增强材料在运输和制备时造成损伤。

针对不同基体应用合适的材料来进行表面涂覆。目前比较成功的表面涂覆主要有：B_f/Al 中硼纤维采用化学气相沉积（CVD）涂覆 SiC、B_f/Ti 中硼纤维用 CVD 法涂覆 B_4C、C_f/Al 中碳纤维用 CVD 法涂覆 Ti-B 等。图 14.6 为 B_f/Ti 复合材料采用涂覆碳化硅和碳化硼与未涂覆的硼纤维的界面反应物厚度与反应时间之间的关系。可以看出，有涂覆层的复合材料，界面反应明显减少，尤其是涂覆 B_4C 后硼纤维界面反应被有效控制，反应层最薄且稳定。硼纤维涂覆碳化硅后不仅减少与 Ti 界面反应，还增加润湿性。

一般情况下，C 与石墨纤维的表面能很低，不能被 Al 所润湿。图 14.7 为不同温度下 Al 液、C 接触角与温度的关系曲线。可以看出，甚至 Al 液温度接近 1000℃时，与 C 的润湿接触角仍大于 90°（不润湿）。只有在 1000℃以上，它们之间的接触角才小于 90°。但是 C 与 Al 基体约在 500℃时就可以在界面发生强烈反应，生成脆性化合物 Al_4C_3。这就出现了在制备温度上润湿与界面反应之间难以协调的矛盾。为了提高 C 与 Al 的润湿性并控制界面反应，一般采用 CVD 法在碳纤维上涂覆 Ti-B 涂层，取得了令人满意的润湿效果。

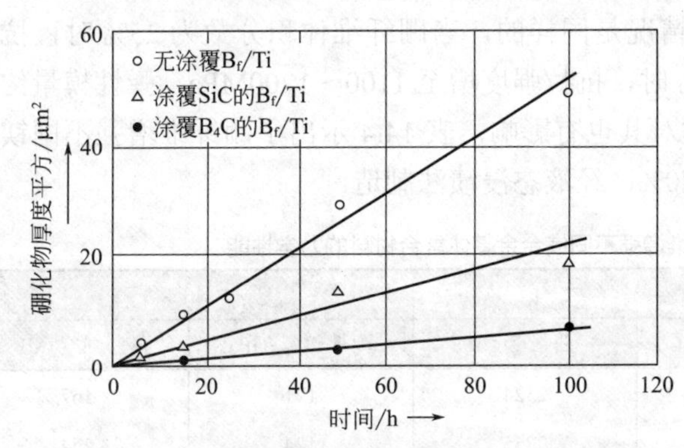

图 14.6 不同类型硼纤维 /Ti 的界面反应层厚度与反应时间的关系

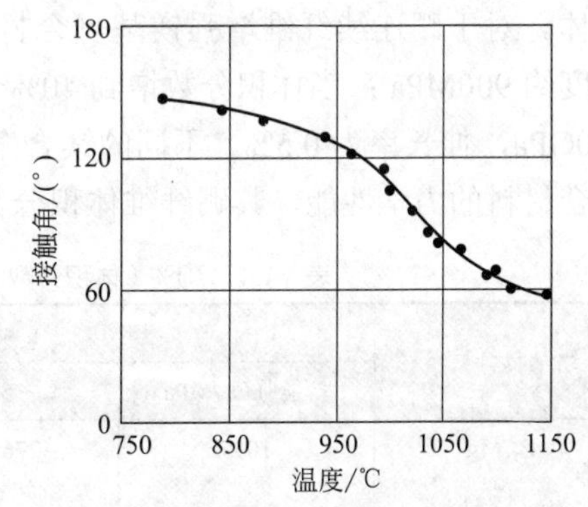

图 14.7 不同温度下铝液、碳接触角与温度的关系曲线

14.3.3.2 金属基体改性

在基体合金中添加某些合金元素用于改善增强体与基体之间的浸润性或控制界面反应，对某

些金属基复合材料体系是有效的。控制界面反应主要是使界面发生反应时的反应速度尽可能小，以保持第Ⅲ类界面的稳定性。

基体改性的合金化元素一般应考虑加入与增强体组成元素化学位相近的元素。化学位相近的物质亲和力大，容易发生润湿，而且化学位能差小，发生反应的可能性亦小。因此，在基体中添加的合金元素应是尽可能不与增强体发生界面反应，但可降低基体液相的表面能。相反，也可以添加与增强体表面进行一定程度界面反应的元素，形成一层很薄的反应层，增加增强体表面能，以增加其与基体的润湿性。

在 B_f/Ti 复合材料中，硼纤维与 Ti 的界面反应强烈，形成脆性 TiB_2，在达到一定临界厚度后，在远低于硼纤维断裂应变条件下，硼化物界面层破裂，引起硼纤维的断裂。为了控制界面硼化物的厚度，在 Ti 中添加过各种合金元素，如 Si、Sn、Cu、Ge、Al、Mo、V 和 Zr 等。根据对界面反应的控制作用，这些元素可分为三类：第一类合金元素，如 Si 和 Sn，对反应速度常数没有影响；第二类元素，如 Cu 和 Ge，可使反应速度稍有下降，下降量与元素添加量成正比；第三类元素使反应速度常数明显降低，Al、Mo、V、Zr 属这类合金元素。

Al_2O_{3f}/Al 中 Al_2O_{3f} 纤维与 Al 的浸润性很差。当 Al 熔点在 660℃时，两相接触角为 180°，完全不浸润，当温度提高到 980℃时，接触角才降为 60°。Mg 作为活性元素，添加到 Al 中后可使液态 Al 的表面能下降，增加浸润性和提高界面结合的效果。

14.4 金属基复合材料的性能

14.4.1 纤维增强金属基复合材料

纤维增强金属基复合材料具有高比强度、比模量和高温性能等特点，特别适于航空航天工业中应用，如航天飞机主舱骨架支柱、飞机发动机风扇叶片、尾翼、空间站结构材料等。此外，在汽车结构、保险杠、活塞连杆、自行车车架以及体育运动其他器械上也得到了应用。从 20 世纪 60 年代中期硼纤维增强铝基复合材料首次研制成功开始，相继开发了碳化硅纤维（包括 CVD 法制备碳化硅纤维和纺丝碳化硅纤维）、氧化铝纤维以及各种高强度金属丝等多种增强纤维，金属基体分别采用了铝及铝合金、镁合金、钛合金和镍基合金等基体。

图 14.8 是 B_f/Al 复合材料纵向抗拉强度和弹性模量与直径为 95μm 硼纤维的体积分数的关系。可见，随着纤维体积分数的增加，复合材料的抗拉强度和弹性模量增高，且明显高于铝合金基体。对于硼连续纤维增强镁基复合材料的情况是同样的，当硼纤维体积分数为 25% 时，抗拉强度约 900MPa；当体积分数增到 40%～45% 时，抗拉强度增至 1100～1200MPa，弹性模量约为 220GPa，伸长率为 0.5%。不同的镁合金基体对其也有影响，表 14.4 示出了硼纤维增强不同镁基复合材料的力学性能，其硼纤维体积分数为 70%，经液态浸渍法制造。

表 14.4　70%（体积分数）硼纤维增强不同镁合金基体复合材料的力学性能

镁基复合材料	纵向			横向	
	抗拉强度 /MPa	弹性模量 /GPa	弯曲强度 /MPa	弹性模量 /GPa	弯曲强度 /MPa
B_f/Mg	1055	276～296	2324	121	167
B_f/AZ318	—	285	2255	124	254
B_f/ZK	1048	275～296	1758	—	—
B_f/HZK	1089	269～300	1784	143	283

纤维增强金属基复合材料通常作为高温下应用的工程动力构件。从图 14.9 可看出，当温度升

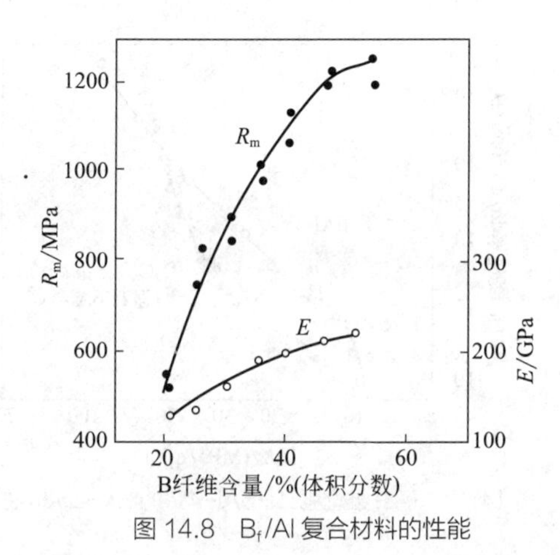

图 14.8　B_f/Al 复合材料的性能

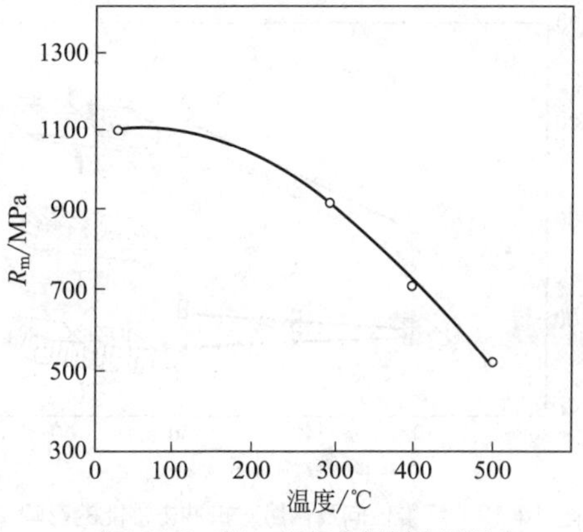

图 14.9　铝－硼复合材料高温强度

高，铝-硼复合材料强度降低，但仍保持很高的抗拉强度，弹性模量在 20℃为 250GPa，升温到 500℃仍保持在 220GPa。一般来说，FRMMC 在高温下强度降低的程度与金属基体及增强纤维类型有关。如硼纤维增强铝纵向强度 R_L 和模量 E_L 在 371℃时和室温相比约下降 30%，但横向性能（R_T 和 E_T）却有显著的降低，如图 14.10 所示。在 CVD 法制备碳化硅纤维增强钛基复合材料中，由于碳化硅纤维和钛合金具有优良的耐高温性能，即使是在 500℃温度下，复合材料的强度、模量和室温相比仅有少许的降低，甚至在 650℃的温度下其强度和模量仍只下降了 10%～15%。图 14.11 示出了 SiC_f/Ti 的比强度和高温强度与温度的关系。可见，SiC_f/Ti 比钛合金具有高的比强度和高温强度。当 SiC_f 体积分数为 65%，以 Ti-6Al-4V 为基的复合材料室温抗拉强度为 1690MPa，弹性模量为 186GPa。

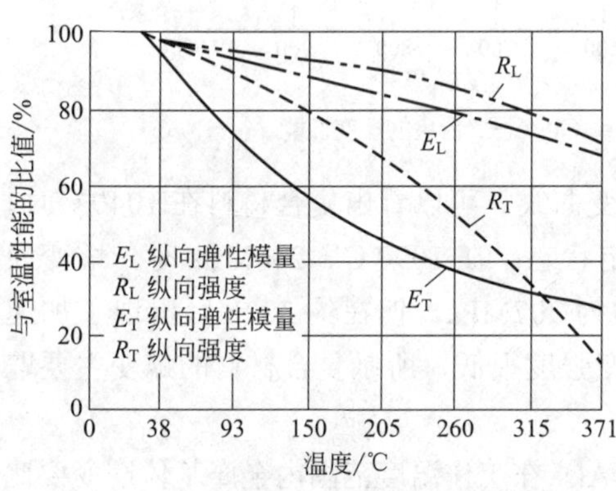

图 14.10　硼纤维增强铝强度和模量与温度的关系

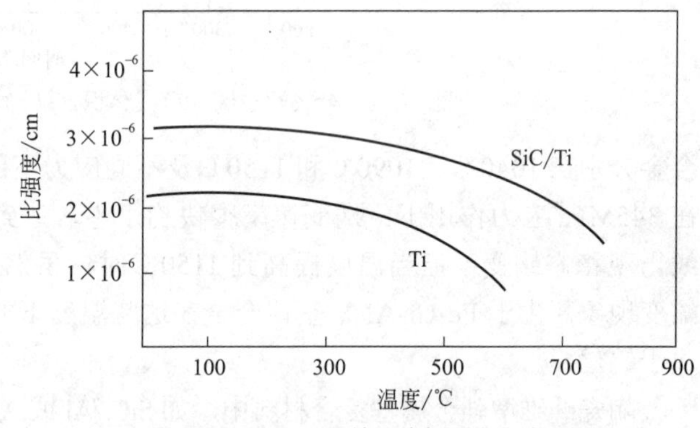

图 14.11　SiC_f/Ti 比强度与温度的关系

一般来说，纤维的含量及分布对金属基复合材料的抗冲击性能有明显影响。图 14.12 为直径 100μm 的硼纤维增强 6061 铝在制造状态下 V 型缺口冲击性能与纤维取向、纤维体积分数的关系，图中 LT 为缺口垂直于纤维方向，TT 为缺口平行于横向增强纤维，TL 为缺口平行于纵向增强纤维方向。可以看出 LT 类缺口取向所吸收的冲击能量最大，并且随纤维含量的增加而增大。对 TT 和 TL 缺口取向，冲击能量下降较多，而且几乎与纤维的含量无关。

一般纤维增强金属基复合材料的疲劳性能由于加入了高强度的纤维而得到了改善和提高。图 14.13 给出了涂覆 B_4C 的硼纤维增强 Ti-6A1-4V 复合材料与其基体合金的疲劳裂纹扩展特性。可见，当应力强度应子幅值 $\Delta K<30\text{MPa}\cdot\text{m}^{1/2}$ 时，复合材料具有较高 ΔK_{th} 和低得多的裂纹扩展速率。因而其疲劳寿命比其基体合金要高。

对于金属基体和增强体熔点相差不大的纤维增强复合材料，如钨丝增强高温合金、定向凝固高温共晶复合材料，其纤维和基体都会发生高温蠕变。图 14.14 为体积分数 45W-1ThO$_2$ 增强 Fe-Cr-Al-Y

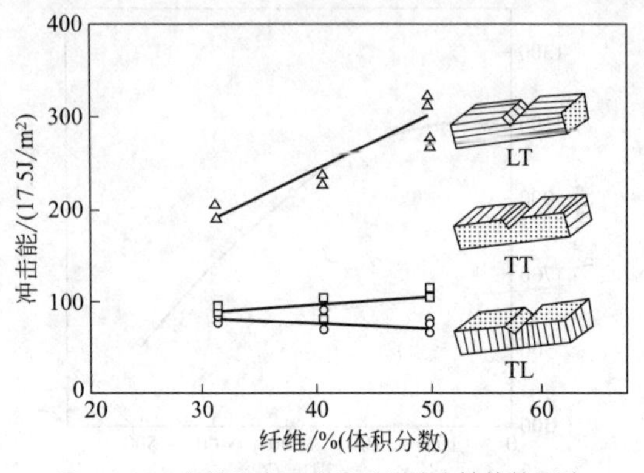

图 14.12 纤维位向及含量对抗冲击性能的影响

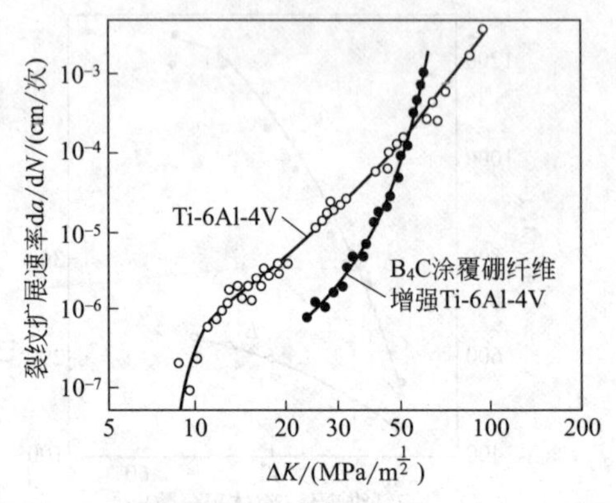

图 14.13 硼纤维增强 Ti-6Al-4V 的 ΔK-da/dN 曲线

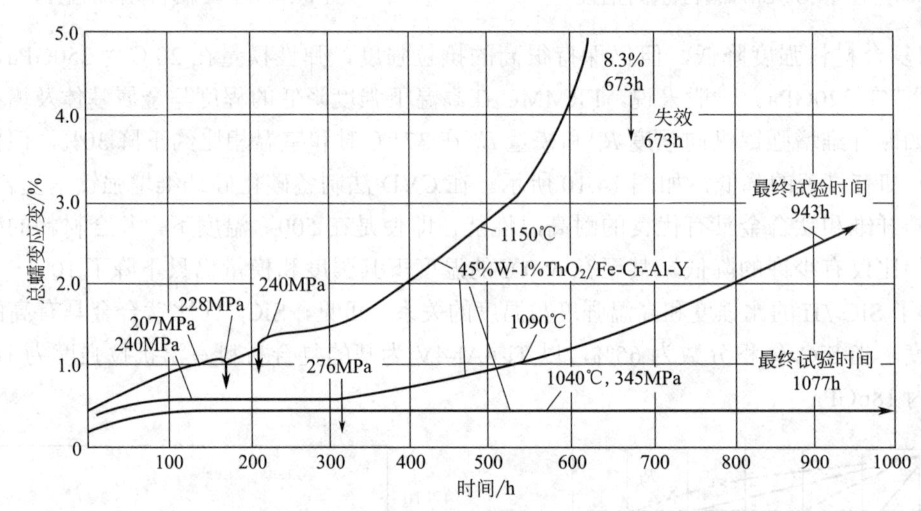

图 14.14 45%W-1%ThO_2（体积分数）增强 Fe-Cr-Al-Y 合金的蠕变性能

合金分别在 1040℃、1090℃和 1150℃及不同应力下的蠕变曲线。可以看出复合材料在 1040℃时、在 345MPa 应力作用下，蠕变速率很快趋于零，达到稳定状态；在 1090℃、240MPa 时，蠕变曲线出现稳态蠕变；但当温度提高到 1150℃时，虽然应力为 207MPa，但在约 300h 后出现了加速蠕变现象。由于 Fe-Cr-Al-Y 基体合金在这些温度下的蠕变强度很低，所以复合材料的蠕变主要取决于钨丝。

陶瓷纤维增强金属基复合材料中，如 SiC_f/Al 或 Al_2O_{3f}/Al，在工作温度范围内金属基体蠕变要比纤维高几个数量级。这时纤维呈弹性变形，因此在蠕变曲线上蠕变速率将会逐渐下降，在蠕变应变趋于一个平衡值后而趋于零。由于硼纤维和其他陶瓷纤维的抗蠕变性能优异，决定了陶瓷纤维增强金属基复合材料的抗蠕变性能高于基体合金。

14.4.2 短纤维及颗粒增强金属基复合材料

晶须和颗粒增强金属基复合材料克服了长纤维增强金属基复合材料的各向异性、生产工艺复杂及成本高等缺点，具有性能优异、生产制造方法简单等特点。近年来其应用领域越来越广，应用规模越来越大，如航空、航天、机械、体育器材，特别是在以汽车为代表的各种运输工具等领域。目前应用的晶须和颗粒增强体主要是碳化硅、氧化铝、碳化钛，基体金属有 Al、Mg 等。特别是颗粒增强铝合金基复合材料已被应用于汽车发动机的活塞、制动片（提高耐磨及耐热性）、运动用快艇的推进螺旋桨（提高使用强度及耐磨性）、摩托车、自行车的减振筒（提高耐磨性及减轻重量）、框架（提高使用强度及减轻重量）等。

对于铝基复合材料，增强体的存在影响基体铝合金的形变、再结晶过程及时效析出行为。如粉末法制备的 SiC_p/Al 复合材料经 60% 变形后再结晶温度随 SiC 体积分数增加明显降低（见图 14.15）。随 SiC 直径减小强化效应增大，因而使再结晶温度降低。随着增强体颗粒含量增加，Al-Cu 系中的 θ 相和 2124 合金中的 S′ 相的析出温度逐渐降低，加速时效硬化过程。

碳化硅晶须（20%，体积分数）增强镁基（ZK60A-T5）复合材料，可使镁合金基体（ZK60-T5）的抗拉强度从 365MPa 增加到复合材料的 613MPa，屈服强度由 303MPa 增加到 517MPa，弹性模量由 44.8GPa 增加到 96.5GPa。碳化硅晶须增强镁基复合材料可以制造齿轮等。碳化硅和氧化铝颗粒增强镁基复合材料，在颗粒体积分数不超过 25% 时，对复合材料的力学性能改善不多，但可以明显提高其耐磨性。因为碳化硅和氧化铝颗粒增强镁基复合材料耐磨性优良，且耐油，用于制造油泵的泵壳体、止推板和安全阀等零件。用 SiC 和 TiC 颗粒增强的钛基复合材料的性能与基体钛合金相近，没有显示出强化效果。

晶须与颗粒增强金属基复合材料往往应用于高温部件，这类复合材料在高温下的强度及模量一般要比其基体合金的高。例如：SiC 晶须增强 2124 铝合金复合材料随着 SiC 晶须体积分数的增加，抗拉强度和弹性模量都增加。图 14.16 示出了不同温度下的强度变化。经固溶处理及自然时效，基体铝合金的强度高，SiC 晶须增强后复合材料的强度更高。

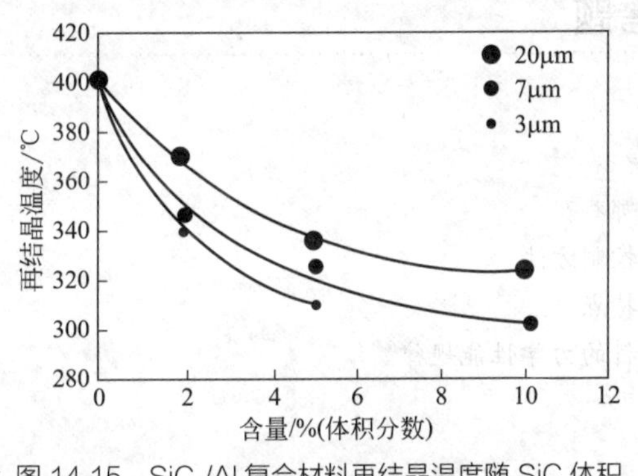

图 14.15 SiC_p/Al 复合材料再结晶温度随 SiC 体积分数和直径的变化

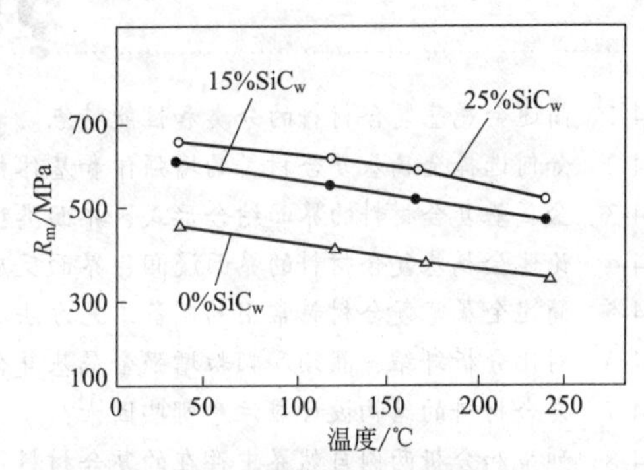

图 14.16 不同体积分数 SiC 晶须增强 2124-T4 铝合金复合材料的强度与温度的关系

颗粒与晶须增强金属基复合材料在提高其强度与模量的同时，也降低了其塑性与韧性。研究结果表明，影响颗粒或晶须增强金属基复合材料的断裂韧性的因素主要有：颗粒的大小，颗粒及晶须的取向，复合材料的加工状态以及热处理等。例如：含 15%（体积分数）SiC_p/6061Al 的断裂韧性 K_{1C} 测试结果表明，当 SiC 直径分别为 2.5μm 和 10μm 时，K_{1C} 值分别为 20.5MPa·$m^{1/2}$ 和 27.2MPa·$m^{1/2}$。可见，大颗粒增强铝基复合材料相对具有较高的断裂韧度。由于同样体积分数的颗粒直径大，粒子间距大，因此裂纹在韧性基体中扩展的概率高。同样，颗粒体积分数增加时，复合材料的断裂韧度降低。

一般情况，颗粒与晶须增强金属基复合材料的疲劳强度和疲劳寿命比基体金属要高，在相同的疲劳应力作用下复合材料的疲劳寿命比基体高一个数量级。晶须增强与颗粒增强的复合材料疲劳性能基本接近。复合材料疲劳性能的提高可能与其强度及刚度的提高有关。

本章小结

金属基复合材料是一种新型工程材料，除具有金属的一些共同性能外，由于与高强度、高模量、耐热性好的纤维或颗粒、晶须等复合，可以获得比基体金属或合金更高的比强度、比模量、高温性能等性能。作为结构材料或特殊性能要求的材料，在航空、航天、军事工业和民用工业中具有无可替代的作用，并已得到广泛的应用。

增强体强化的作用主要受增强体的性质、形态及其与金属基体的界面状态的影响。在金属基复合材料中，界面的作用是关键的。界面结合、界面结构、界面反应产物及其控制和界面优化对复合材料的性能发挥是极其重要的。增强材料的表面改性（涂覆）和基体合金化（改性）可在一定程度上改善增强材料与基体之间浸润性及界面反应。原位自生复合法可有效地解决金属基复合材料界面结合问题。根据国内外的研究与需求趋势，今后发展的重点是轻质、高强、多功能一体化的金属基复合材料，以及低成本、高效率、高可靠性、多元化的制备和加工技术。

本章重要词汇

复合材料	金属基复合材料	颗粒增强复合材料	晶须增强复合材料
纤维增强复合材料	外加增强	原位内生增强	基体
增强体	碳纤维	碳化钛	碳化硼
氧化铝	碳化硅	界面反应	机械结合
浸润与溶解结合	化学反应结合	混合结合	

思考题

14-1 简述金属基复合材料的分类和性能特点。

14-2 如何选择金属基复合材料的增强体和基体材料?

14-3 金属基复合材料的界面结合形式、界面类型有哪些?

14-4 论述金属基复合材料的界面浸润、界面反应及控制方法。

14-5 简述金属基复合材料常用的制备工艺方法及其特点。

14-6 对比分析纤维、晶须和颗粒增强金属基复合材料的力学性能规律。

14-7 复合材料的结构设计应注意哪些因素?

14-8 列举和分析两例自然界中存在的复合材料。

15 金属间化合物结构材料

金属间化合物（intermetallic compounds，IMC），是指金属与金属、金属与类金属间形成的化合物。一般金属材料都是以相图中端固溶体为基体，而金属间化合物材料则以相图中间部分的有序金属间化合物为基体。金属间化合物可以具有特定的组成成分，也可在一定范围内变化，从而形成以化合物为基体的固溶体。因此，与传统的金属材料相比，这是一种完全不同的新材料。金属间化合物是长程有序的，具有特殊的晶体结构、电子结构与能带结构。因此，它具有许多新的特点和规律。

在元素周期表中有金属元素 82 种、类金属元素 9 种、非金属元素 12 种。82 种金属元素与 9 种类金属元素之间就可形成数以万计的金属间化合物，这些物质中多数为尚未研究或开发的新物质。金属间化合物材料是当前正在发展的一种新型金属材料，不仅可作结构材料使用，而且在电学、磁学和光学等领域内也具有出色的功能特性。它们有的已是或将是重要的新型功能材料和新型结构材料。这里仅简单介绍其性能特点与应用。

15.1 概述

15.1.1 金属间化合物材料的性能特点

（1）力学性能 金属间化合物是一种高比强、低塑性、低韧度合金。与传统金属材料相比，其性能介于金属和陶瓷之间，所以也被誉为半陶瓷材料。通常金属间化合物原子间的结合力较强，晶体结构复杂，塑性低，脆性高。金属间化合物材料的室温伸长率一般在 0～4%，压缩率可以达到 20% 以上，断裂韧度＜20～50MPa・$m^{1/2}$，往往有缺口敏感性。因此它具有金属固溶体材料所没有的性质。一般固溶体材料的强度随温度的升高而降低；然而许多金属间化合物的强度却具有随温度的升高而升高的反常现象。这就使得金属间化合物具有作为高温高强度结构材料的基础。在这类金属间化合物中，例如 $MoSi_2$，可经受一般金属或合金根本达不到的高温强度，甚至可以在 1400℃左右时还能保持其充分的强度。而对于具有面心立方（fcc）、体心立方（bcc）或密排六方（hcp）等结构比较简单的金属间化合物，与普通金属合金一样是可以形变的。此外，金属间化合物具有高的疲劳寿命。这是由于其长程有序结构抑制了交滑移过程，减少了滑移系统，从而降低了循环加载过程中裂纹萌生的可能性。正是以上这些突出特性，使金属间化合物材料成为一类极具潜力的高温结构材料。

（2）抗氧化、耐腐蚀性能 发展能够适合在更高温度、更苛刻的环境条件下的耐热合金是开发新能源和更有效的利用现有能源的关键。为了提高各种化学反应炉和燃气轮机的效率就需要进一步提高工作温度，耐超高温条件下的材料是实现高温大功率、高燃烧效率的保证。因此，开发在高温强烈氧化和腐蚀环境中能够长期使用的高温结构材料势在必行。获得高温下抗氧化、耐腐蚀性能的基本办法是使用含有大量Cr、Al、Si、Ti等元素的材料，以便它们与氧化合形成稳定致密的氧化膜。为了获得最佳高温力学性能，特别是蠕变性能，目前使用的铁基、镍基和钴基高温合金中的Cr、Al、Ti等元素含量要限定在适当范围内。但从抗氧化角度来看，Cr和Al含量往往还不够。金属间化合物含有大量的Cr、Al、Si、Ti等元素。例如，Ni和Al以1∶1的比例结合形成的NiAl化合物，其抗氧化性能特别好。这是因为Ni和Al结合强，使大量Al在高温下稳定下来。这样的金属间化合物恰似加入大量的Al使之高温稳定，在氧化气氛中能生成致密的氧化膜，因而具有良好的抗氧化性。金属间化合物不仅有金属键，还具有共价键，使得原子间的结合力增强，化学键趋于稳定，具有高熔点、高硬度的特性。此外，由于结构中原子间结合力强，蠕变激活能高，扩散慢，从而具有高的抗蠕变性能。金属间化合物材料具有耐高温、抗腐蚀、抗氧化、耐磨损等特点，使其可以成为航空、航天、交通运输、化工、机械等许多工业部门的重要结构材料。

（3）**特殊物理性能** 金属间化合物作为新型材料因其具有特殊的晶体结构、电子结构和能带结构及键合类型呈多样化，使其具有声、光、电、磁等特殊物理性能，而成为极具潜力的功能材料。目前金属间化合物种类非常多，金属间化合物已广泛用作能量与信息转化用的磁性材料、储氢材料、能量与信息输送材料、超导材料、原子能工程材料、电子发射材料、荧光材料、非线性光学材料、电极材料、太阳能电池材料、敏感功能材料等。

15.1.2 金属间化合物结构材料发展历史

最早在20世纪50年代，人们发现金属间化合物的强度随温度升高而提高，这种完全不同于传统金属材料的关系称为反常温度强度特性，并开始探索强度随温度升高而提高的物理本质。但由于金属间化合物存在严重的脆性，工作没有取得进展。1979年发现B可以大大提高Ni_3Al金属间化合物的塑性，这为金属间化合物脆性问题的解决及其应用提供了可能性。随后这一具有密度小、熔点高、一定塑性的Ni_3Al结构材料倍受瞩目。这一发现大大推动了研究工作，希望能发展出一种能耐更高温度、比强度更高的新型高温结构材料。

1980年后主要目标是发展比镍基高温合金具有更高高温比强度的轻金属材料。特别注重开发一种介于镍基高温合金和高温陶瓷材料之间的结构材料（如图15.1），即比镍基高温合金具有更高的比强度，又比先进高温陶瓷材料具有更高的塑性和韧性，并可利用与金属材料更接近的生产工艺和装备。

在结构材料领域，人们研究较多的是Ti-Al系、Ni-Al系和Fe-Al系金属间化合物。Ti-Al系金属间化合物是潜在的航空航天材料，在国外已开始应用于军事领域。Ni-Al系金属间化合物是研究较早的一类材料，研究比较深入，取得了许多成果，也有一些实际应用。Fe-Al系金属间化合物与以上两类相比，除具有高强度、耐腐蚀等优点外，还具有低成本和低密度等优点，因此应用前景也较广泛。但是，这类材料的共同缺点是室温塑性低和高温强度差（指超过800℃或1000℃），一直没有得到很好的解决，也制约了它们在生产实践中的应用。

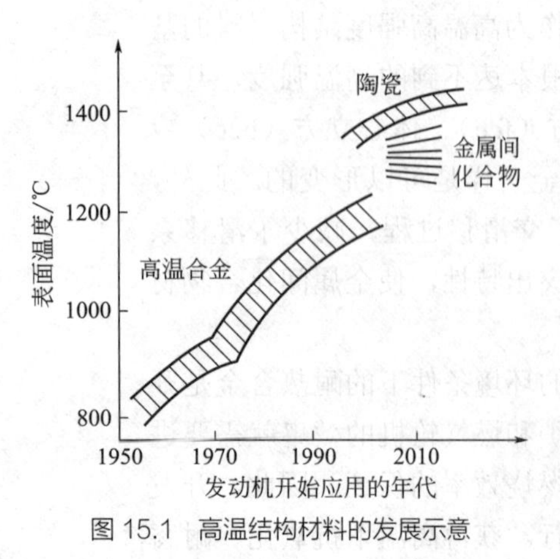

图15.1 高温结构材料的发展示意

目前已发展出许多有希望工业化的金属间化合物合金，确实具有比镍基高温合金更高的比强度，其中有的已经做成许多模型零件，经受实际使用的考验。有的已经进入生产阶段，在航空科技领域、汽车工业及其他民用工业上得到了应用。但在使用温度上，目前还达不到充填镍基高温合金和先进高温陶瓷之间空隙的目标。

15.2 常用金属间化合物材料及应用

15.2.1 Ni-Al 系金属间化合物合金

15.2.1.1 Ni_3Al 基合金

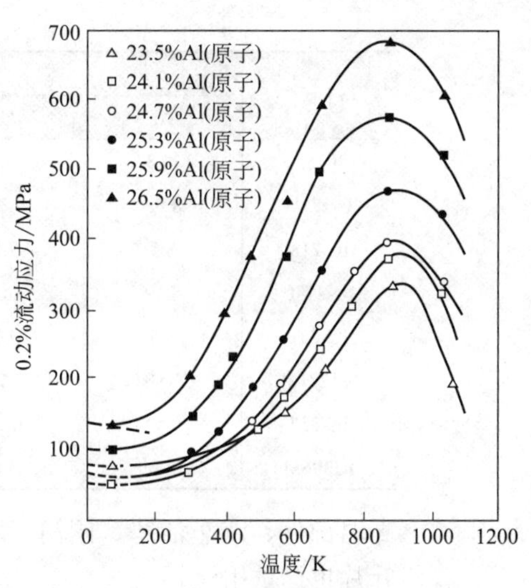

图 15.2 Ni_3Al 屈服强度随着温度的变化

Ni_3Al 的屈服强度与温度之间存在正比关系，强度随着温度升高而急剧增大。这种异常增大现象与 Ni_3Al 中的位错特征有关。图 15.2 为 Ni_3Al 多晶体强度随实验温度的变化情况。除温度外，化学计量成分、合金元素以及晶体取向等因素也明显影响 Ni_3Al 的屈服强度。

Ni_3Al 的固溶强化效果依赖于合金元素的固溶形式、置换类型和原子尺寸的错配度。B 和 C 在 Ni_3Al 中为间隙固溶元素，其强化效果比置换型元素高得多，但是固溶量太小。在置换型合金元素中，优先置换 Ni 的合金元素 Co、Cu、Pt、Sc 和同时置换 Ni、Al 的合金元素 Fe、Cr、Mn 的固溶强化效果小，而优先置换 Al 的 Si、Ge、Ga、Ti、V、Ta、Hf、Nb、Zn、Mo、Zr 等合金元素的固溶强化效果大。特别是 Hf 和 Zr 的添加可以引起较大的晶格变化，具有最大的固溶强化效果。添加微量 B 可有效地提高 Ni_3Al 晶体材料的塑性，添加质量分数 0.1% 的 B 使本来几乎没有塑性的 Ni_3Al（Al 摩尔分数 24%）多晶体的伸长率提高到 50% 以上。但 B 只对化学计量成分 Al 少的一侧有效，对 Al 多的一侧无效。随着 Al 含量的增大，断裂方式从韧窝断裂转变成沿晶脆断。B 倾向于在晶界上偏析，B 合金化原理被认为是增加晶界结合强度或者是抑制了氢的环境脆化。但是，B 对由氧而引起的高温环境脆化并不起作用。改善塑性比较明显的置换型元素有 Fe、Mn、Zr、Be 和 Pd，具体效果见表 15.1。塑性提高的原因与晶界结合力的提高有关。此外，采用定向凝固方法可减少晶界的影响。在即使不添加 B 的条件下，化学计量成分或铝过剩的 Ni_3Al 也很容易塑性变形。例如 Ni 为 26.5%（原子分数）的合金在室温下也可以得到 20% 的拉伸塑性。

表 15.1 合金元素对 Ni_3Al 多晶体材料塑性的影响

合金元素	合金 /%（摩尔分数）	断后伸长率 A/%	断裂方式
—	Ni_3Al	1～3	沿晶
B	Ni-24Al-0.5B	35～54	穿晶
B，Fe	Ni-20Al-10Fe-0.2B	50	穿晶
Mn	Ni-16Al-9Mn	16	穿晶
Fe	Ni-10Al-15Fe	8	混合
Be	Ni-24Al-5.5Be	6	混合
Pd	Ni-23Al-2Pd	11	混合
Zr	Ni-22.65Al-0.26Zr	13	沿晶

自从发现 B 等元素可以大大提高 Ni_3Al 的室温塑性以来，Ni_3Al 作为一个典型金属间化合物材料被广泛的研究。Ni_3Al 合金的主要成分（摩尔分数）范围为 Ni-14/18Al-6/0Cr-1/4Mo-0.1/1.5Zr 或 Hf-0.01/0.02B。其中合金化元素除了固溶强化和提高塑性的作用外，铬可提高抗氧化性及降低氧的损伤，Mo 能有效提高高温强度。目前已在工程中应用的 Ni_3Al 合金成分见表 15.2。这些合金都是双相合金，含有 85%～95%Ni_3Al（γ'）和 5%～15%（体积分数）的 γ 相（无序 fcc 相），其室温塑性达 14%～40%。图 15.3 是 Ni_3A1 合金 100h 的持久强度曲线。

目前铸态和锻态 Ni_3Al 基合金已在各种工业领域中得到应用，主要用作高温模具、热处理炉

表 15.2　工程应用的 Ni_3Al 合金的成分

合金代号	合金元素 /%						
	Al	Cr	Fe	Zr	Mo	B	Ni
IC-50	11.3	—	—	0.6	—	0.02	余
IC-221W	8.00	7.70	—	3.00	1.50	0.02	余
IC-218	8.5	7.8	—	0.8	—	0.02	余
IC-218L	8.69	8.08	—	0.2	—	0.02	余
IC-221	8.5	7.8	—	1.7	1.43	0.008	余
IC-221M	7.98	7.74	—	1.7	1.43	0.008	余
IC-357	9.54	6.95	11.20	0.35	1.28	0.02	余
IC396M	8.0	8.0	—	0.8	3.0	0.005	余

高温部件、汽车活塞、阀门、增压器涡轮等。采用定向凝固或单晶法制造的 Ni_3Al 喷气式发动机叶片也已试用运行。

15.2.1.2　NiAl 合金

NiAl 合金熔点高、抗氧化性好、热导率极高，具有作为高温结构材料的条件，但其室温脆性大和高温强度较低。NiAl 电子结构的特点之一是由于 Ni-Al 原子间交互作用的短程性造成（110）面解理强度低；同时 B2 结构是体心立方的衍生结构，也使高温强度不足。

图 15.4 为 NiAl 多晶合金和单晶合金的强度随温度的变化关系，并且与镍基高温合金 Rene′80 进行比较。可见，NiAl 二元合金的强度特别是高温强度很低，但 NiAl 单晶的强度可相当于或超过镍基高温合金。加上 NiAl 的密度小、热导率高（为镍基高温合金的 3～8 倍）等特点，NiAl 是非常有希望成为取代镍基高温合金的候选材料之一。NiAl 虽在使用温度下有足够的韧度，但在冲击载荷条件下的脆断则是另一个需要解决的问题。NiAl 在室温的滑移系为 <100>{110}。单晶材料的强度有非常强的位向依赖性，<110> 方向强度小，<100> 方向强度大。但当超过 800℃时，由于 <100> 方向强度急剧下降，两者都处在很低的水平。NiAl 多晶体合金的屈服强度不到 200MPa。室温下，具有化学计量成分的 NiAl 强度最低，而偏离化学计量成分的 NiAl 强度大幅度增加。这种增加持续到 700℃左右，然后随温度的升高，由成分偏离量所引起的增强效果逐渐消失，在 1200℃时几乎相同。

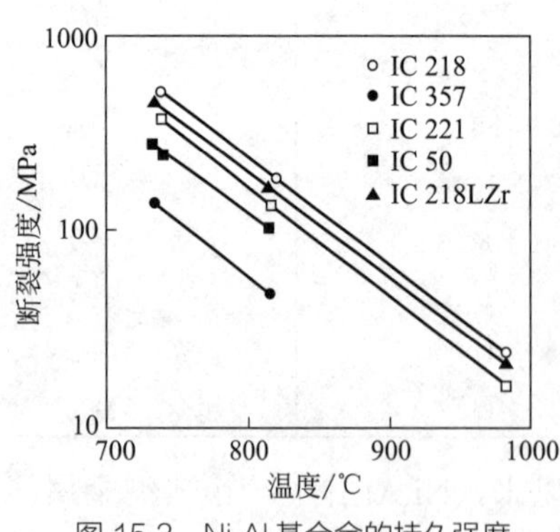

图 15.3　Ni_3Al 基合金的持久强度

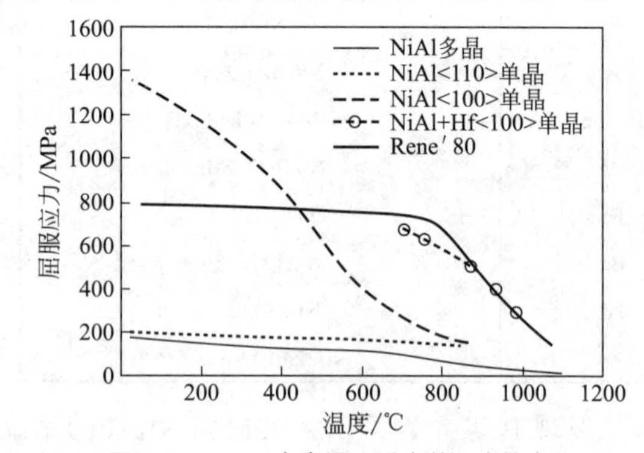

图 15.4　NiAl 合金屈服强度随温度的变化

NiAl 二元多晶合金的室温塑性一般不超过 2%，与成分、织构、晶粒尺寸及杂质含量等因素有关。因 NiAl 滑移系 <100>{110} 仅有三个独立滑移系，故多晶体的塑性变形有限。多晶体的韧-脆转变温度约 400℃，高于 400℃拉伸变形其伸长率可达 40%，其原因可能是与位错从该温度开始容易发生攀移有关。这一特点一直持续到 800℃，高于 800℃扩散过程将是 NiAl 多晶材料的主导因素。和强度一样，NiAl 的塑性也有强烈的位向依赖性。室温下硬位向 <100> 合金一超过弹性范围就断裂；软位向 <110> 和 <111> 可有 2% 的塑性变形。硬位向的韧-脆转变温度（DBTT）为 400℃左右；软位向的 DBTT 为 200℃。添加铪可有效地提高 NiAl 的强度，但同时也提高它的 DBTT。添加 Fe、Ga 和 Mo 等元素能改善 <110> 方向的室温延性，添加 Cr 和 Y 可提高高温抗腐蚀性。添加质量分数为 0.25% 的 Fe 使 <110>NiAl 的室温拉伸塑性变形从 1% 提高到 6%，但这些元素的影响机制目前还不清楚。

提高 NiAl 强度的有效方法是固溶强化、析出强化、复合强化和单晶化。ⅣB 和ⅤB 族元素如 Ti、Hf、Zr、V、Ta 有较好的固溶强化效果。添加质量分数为 0.2% 的 Hf 可使 <110> 单晶 NiAl 的室温拉伸强度从 200MPa 提高至 600MPa 的水平。Cr、Mo 和 RE 等高熔点元素在 NiAl 中的固溶度很小，以体心立方相析出，起析出强化作用。这些元素与 NiAl 多为共晶反应，定向凝固制备的 NiAl+9%Mo 合金蠕变性能超过 Rene′80 镍基高温合金。此外，在ⅣB 和ⅤB 族元素中，当添加量超过固溶度时，形成与 NiAl 共格的有序相，如 Heusler 相 Ni_2AlTi（$L1_2$ 结构），形成类似于镍基超合金的 γ/γ' 和 β/β' 结构，可得到大幅度的强化。NiAl 还利用 Al_2O_3、TiB_2、HfC 等陶瓷相来强化，但强化效果远不如 $L1_2$-Ni_2AlTi 的作用。对单晶 NiAl 合金的研究结果证明，通过合金化得到 Ni_2AlTi 相，与 NiAl 基体共格结合，可获得高的蠕变强度，达到 Ni 基高温合金水平，但是其室温脆性仍是一个较大的问题。

15.2.2 Fe-Al 系金属间化合物合金

15.2.2.1 FeAl 基合金

FeAl 基合金是指含 36%～45%Al（摩尔分数，下同）的 Fe-Al 金属间化合物，常加入其他元素合金化。根据合金元素在 FeAl 中的溶解情况分为三类。经均匀化热处理后，第一类，如 Cr、Mn、Co、Ti 等元素的加入使 FeAl 获得单相组织；Nb、Ta、RE、Zr 等第二类元素不能完全溶解，不形成单相组织；第三类元素，如 W 和 Mo 与基体无明显的相互扩散。第一类元素的作用为固溶强化，第二、三类产生第二相强化。其他元素，如 Y、Hf、Ce、La 等亲氧元素可抑制孔洞形成，改善材料的致密性。微量硼可改善 FeAl 合金的塑性。这主要是由于 B 强烈地偏聚于晶界附近，改变了第二相形状，使之细化，提高其低温塑性，但明显降低高温塑性。在化学腐蚀性环境中，Al 含量 35%～40%（摩尔分数）的 FeAl 基合金具有优良的抗氧化性、抗硫化、耐腐蚀性能。但在空气中，塑性相对较低，同时高温强度也较低。Al 含量 36.5%（摩尔分数）的 FeAl 基合金通过加入 Cr、Nb、Mo、Zr 等元素可改善其综合力学性能和焊接性。加入微量 B，使晶粒细化，降低由水汽中的氢引起的脆化。加入 C 可有效抑制热裂纹的形成，这种裂纹使 FeAl 基的焊接难以进行。B2 结构的 FeAl 在低温下可以沿 <111> 滑移发生塑性流变。研究结果表明，在 600℃以上引入碳化物、氮化物、硼化物等强化相形成沉淀强化是显著提高强度的唯一方法。B2 结构 FeAl 合金允许的 Al 含量范围很宽（摩尔分数 36.5%～50%）。但当大于 40%Al 时，越接近当量成分其强度越高，脆性越大，室温环境脆性也越显著。一般倾向以 Fe-40Al 为基本成分，其室温拉伸塑性可达 3%。

15.2.2.2 Fe_3Al 基合金

Fe_3Al 基合金是指 Al 含量 23%～32%（摩尔分数）的 Fe-Al 金属间化合物，具有极好的抗氧化及抗硫腐蚀性能。为解决 Fe_3Al 金属间化合物的脆性，常用的合金元素主要有 Cr、Mo、Ti、Ni、Mn 等。Cr 使合金表面形成氧化膜，Cr 是唯一固溶软化的元素，因此 Cr 是改善 Fe_3Al 室温塑性最有效的元素。B 能使 Fe_3Al 的晶粒细化，当 B 含量在 0.038%～0.22%（摩尔分数）时对改善合金的强度和塑性有益处，B 还可以有效抑制环境脆性。合金元素 W、Zr、Mo、Ha、C 以及弥散相质点如 Y_2O_3、TiB_2、TiC 均有一定的强化作用，但大多会降低塑性。

Fe_3Al 基合金一般以 Fe-28A1-5Cr-B 为基础合金，再加入若干强化元素组成。含 28Al 的

Fe_3Al 较其他含铝合金有更好的塑性。表 15.3 列出了典型 Fe_3Al 基合金成分和性能。热处理制度对性能有很大影响。通过适当的热处理可显著提高强韧性及抑制水汽环境脆性。表 15.4 是典型合金的持久强度。

表 15.3　典型的 Fe_3Al 基合金成分和性能

合金 /%（摩尔分数）	A 处理			B 处理		
	$R_{P0.2}$/MPa	R_m/MPa	A/%	$R_{P0.2}$/MPa	R_m/MPa	A/%
Fe-28Al-5Cr-0.1Zr-0.05B（FA1）	312	546	7.2	480	973	16.4
Fe-28Al-5Cr-0.5Nb-0.2C（FA129）	320	679	7.8	384	930	16.9
Fe-28Al-5Cr-0.5Nb-0.5Mo-0.1Zr	379	630	5.0	589	—	—

注：A 处理，850℃ /1h+500℃ /5～7 天空冷；B 处理，750℃ /1h 油冷。

表 15.4　典型的 Fe_3Al 基合金在不同温度下 1000h 的持久强度　　单位：MPa

合金 /%（摩尔分数）	823K	873K	923K
Fe-28.1Al-2Cr-0.04B	98	55	31
Fe-28Al-5Cr-0.08Zr-0.04B	117	65	36
Fe-28.1Al-5Cr-0.5Nb-0.2C	149	77	40

15.2.3　Ti-Al 系金属间化合物合金

图 15.5 给出了 Ti-Al 二元合金相图。可见，在 Ti-Al 基合金的金属间化合物中室温时为稳定相的是 Ti_3Al（α_2）、TiAl（γ）、Al_2Ti 和 Al_3Ti。从高温到低温，Ti-Al 基合金通常是先析出固相 β 相，再经过 α 单相区，然后发生 $\alpha \longrightarrow \alpha+\gamma$ 和 $\alpha+\gamma \longrightarrow \alpha_2+\gamma$ 反应，最后形成一种 $\alpha_2+\gamma$ 两相结构。因此，可以通过控制这些相变来获得不同的组织，从而获得所需工件的力学性能，这是 Ti-Al 基合金的一大优点。

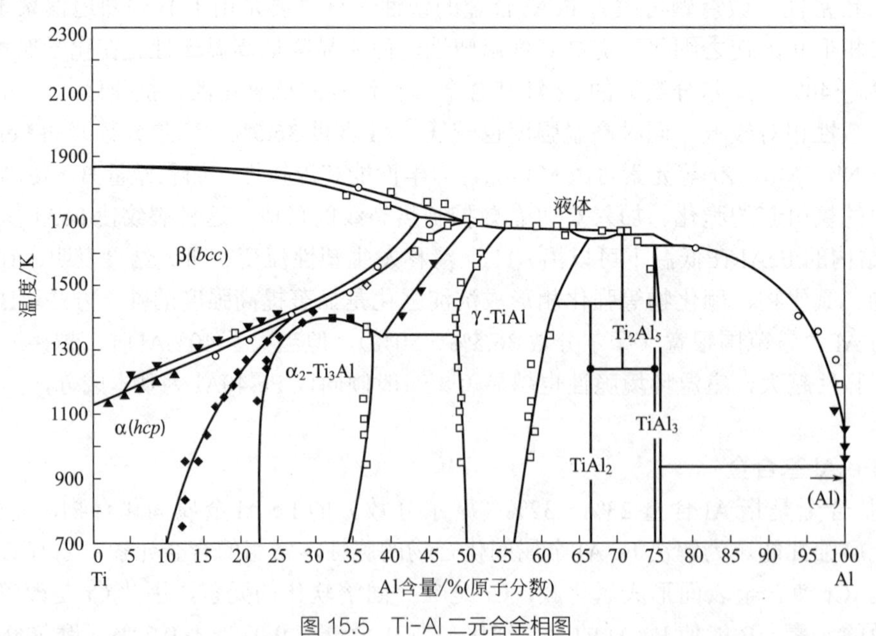

图 15.5　Ti-Al 二元合金相图

15.2.3.1　Ti_3Al 基合金

Ti_3Al 基合金一般以 Ti-24/25Al-Nb（摩尔分数）为基本成分，其组织为 $\alpha_2+\beta$ 双相组织。表 15.5 是部分 Ti_3Al 基合金的成分与性能。随 Nb 含量增加，Ti_3Al 合金的强度和塑性不断提高；加入 V、

表 15.5 部分 Ti_3Al 基合金的成分与性能

合金 /%（摩尔分数）	R_{eL}/MPa	R_m/MPa	A/%	K_{1C}/MPa·$m^{1/2}$	蠕变寿命①
Ti-25Al	538	538	0.3		
Ti-24Al-11Nb	787	824	0.7		44.7
	761	967	4.8		
Ti-24Al-14Nb	831	977	2.1		59.5
Ti-24Al-14Nb-3V-0.5Mo	797	1034	9.4		
Ti-25Al-10Nb-3V-1Mo	825	1042	2.2	13.5	360
Ti-24.5Al-17Nb	952	1010	5.8	28.3	62
	705	940	10.0		
Ti-25Al-17Nb-1Mo	989	1133	3.4	20.09	476
Ti-15Al-22.5Nb	860	963	6.7	42.3	0.9
Ti-22Al-23Nb	863	1077	5.6		
Ti-22Al-27Nb	1000		5.0	30.0	
Ti-22Al-20Nb-5V	900	1161	18.8		
	1092	1308	8.8		

① 为 650℃、380MPa 下的断裂时间。

Mo、Sn、Zr 等合金，使高温强度进一步提高。Ti-25Al-10Nb-3V-1Mo 具有很高的蠕变强度，被称为超级 α_2 合金。当 Nb 含量达到 17% 时，合金中可出现 O 相 Ti_2AlNb。Ti-25Al-17Nb-1Mo 是 α_2+O 相合金，其蠕变强度和塑性均优于超 α_2 合金。当 Nb 含量进一步增加，可得到以 O 相为主的 O+α_2 双相合金，从而进一步提高了强度与塑性。Ti_3Al 基合金的组织，包括 β 晶粒、一次及二次 α_2 相的形态、尺寸及数量等，对性能都有很大影响。

15.2.3.2 TiAl 基合金

TiAl 本身具有 $L1_0$ 结构，属面心正方结构，轴比 c/a 仅为 1.02。塑性变形机制类似于面心立方晶体，滑移系为＜110＞{111}。除滑移变形外，TiAl 还可以孪生变形。为改善 TiAl 单相的塑性，改变 Al 含量使单相组织变为 TiAl/Ti_3Al 两相组织。该两相组织比构成相任何一个都显示更高的塑性。图 15.6 为 TiAl 基合金组织和室温塑性随 Al 含量的变化关系。Al 含量的变化会出现三种重要的组织特征。51%（摩尔分数）Al 以上为单相组织，中等晶粒度；45%（摩尔分数）Al 以下为全层状组织，晶粒粗大；45%～51%（摩尔分数）Al 之间为等轴 TiAl 晶粒和等轴 TiAl/Ti_3Al 层状晶粒的双相组织，晶粒小。双相组织塑性最好，但全层状组织的韧度最高，高温强度比其他两种组织好。TiAl 基合金以 Ti-45/48Al 为基础，可获得 γ+α_2 两相组织，成分范围大致是：Ti-45/48A1-0/2M-0/5X-0/2Z（M 为 Cr、Mn、V；X 为 Nb、Ta、W；Z 为 Si、B、C、N）。M 类元素有利于塑性和再结晶，Nb、Ta 是主要固溶强化元素。Si、N、C 可析出 Ti_5Si_3、Ti_3AlC 或 Ti_2AlC 等第二相起强化作用。

目前比较有前途的变形 TiAl 合金有：Alloy7（Ti-46Al-4Nb-lW），挤压加热处理后室温屈服强度为 648MPa，伸长率为 1.6%；Alloy K5（Ti-46.5Al-2Cr-3Nb-0.2W），经锻造及热处理后室温屈服强度约为 470MPa、伸长率为 2% 左右。新一代高温高性能的高铌 TiAl 合金，其基础成分为 Ti-45Al-8/10Nb，可以进一步用 Ha、C、Si、W 强化，目的是使 TiAl 合金的使用温度提高到 900℃水平。图 15.7 是 Ti-45Al-10Nb 合金不同组织状态的屈服强度随温度的变化关系。目前已进入工程应用的铸态 TiAl 合金见表 15.6。

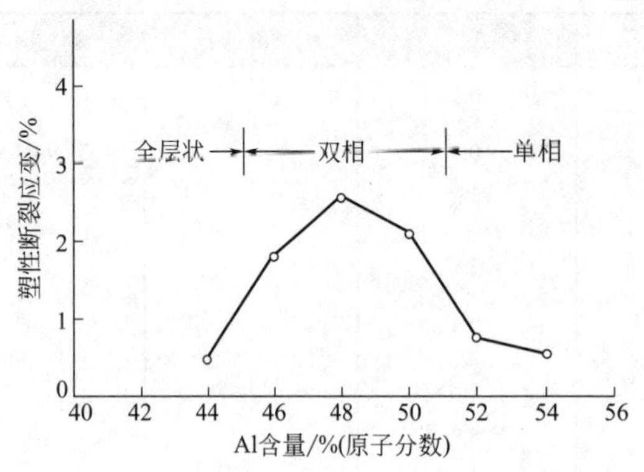

图 15.6　Al 对 TiAl 基合金组织和室温塑性的影响

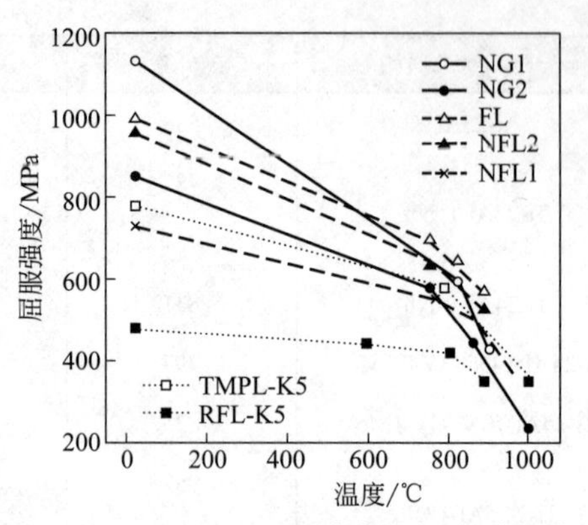

图 15.7　Ti-45A1-10Nb 合金强度和温度的关系

表 15.6　工程用的铸态 TiAl 合金

合金 /%（摩尔分数）	760℃，140MPa 断裂时间 /h	合金 /%（摩尔分数）	760℃，140MPa 断裂时间 /h
Ti-47Al-2Nb-2Cr	100	Ti-47Al-2Nb-2Mn+0.8Vol%TiB2	63.5
Ti-47Al-2W-0.5Si	650	Ti-45Al-2Nb-2Mn+0.8Vol%TiB2	16.5

15.2.3.3　Al_3Ti 基合金

Al 是 Al_3Ti 的主要构成元素，具有密度小和抗氧化性好的优点。AlTi 具有复杂的晶体结构（DO_{22} 型），室温下其变形能力几乎为零。因此，Al_3Ti 能否成为实用的结构材料，主要取决于它的塑性变形能力。

采用微合金化法来提高位错滑移能力和孪生变形能力，并没有取得明显的效果。但发现通过添加第三元素将 AlTi 晶体结构转变为对称性高的 $L1_2$ 结构可能是一种好办法。添加约 10%（摩尔分数）的 Cr、Mn、Fe、Co、Ni、Cu、Pd、Ag、Ti 等置换型元素能够成功地将晶体结构改变为 $L1_2$ 结构。在 1000℃的高温下也有超过 100MPa 的高温强度。但是，大多数 $L1_2(Al, X)_3Ti$ 合金在室温下都很脆，即使是性能最好的添加 Cr 和 Mn 的合金也只有 0.2% 左右的拉伸塑性变形，直到 700℃以上才开始显示较大的塑性变形。断裂特征为穿晶解理断裂，大多数解理面为 {110} 和 {111}。克服室温脆性仍然是 $L1_2(Al, X)_3Ti$ 作为结构材料所面临的最大挑战。但是，以（Al, Cr）$_3$Ti 为代表的材料具有良好的抗氧化性能，在 1200℃以下时的抗氧化性能达到甚至超过了 NiAl。

目前金属间化合物结构材料的研究主要集中在以下几个方面：

① 成熟合金实用化研究，一方面要继续努力提高金属间化合物的性能，完善制造技术，降低制造成本；另一方面还需寻找适合于金属间化合物特性的用途；

② 集中研究发展最有前途的合金系，发展高温高性能金属间化合物合金，其中最有前途的合金系是新一代 TiAl 合金；

③ 探索某些新合金系，主要是硅化物和 Laves 相结构材料，另外还有少量昂贵的高熔点金属间化合物系研究；

④ 金属间化合物基复合材料是另一个重要的发展方向。

金属间化合物结构材料研究的重点除了发展可以在超高温下高温高性能材料外，还要发展金属间化合物结构材料用于取代一部分正在使用的比强度较差的结构材料，降低各种运载工具用引擎和运载工具本身的重量，提高比推力和效率。还可利用金属间化合物的一些特殊性能开发在一般高温条件下应用的材料，例如在发电、汽车、航空宇宙、废弃物处理、石油精炼和军工等方面作为耐热耐腐蚀材料。过去金属间化合物的应用目标主要在航空航天领域，近年来在民用工业领域也得到广泛的应用。除了 Ni-Al 系、Fe-Al 系等合金早已走向民用外，TiAl 基合金在汽车上的应用也受到重视，如用作汽车发动机的排气阀门和增压器转子，这是因为TiAl合金重量轻、反应快，明显地增加了发动机的动力。国际上TiAl基合金再次成为最热门的研究对象，研究重点是合金的综合力学性能（尤其是蠕变、疲劳性能）和加工成型技术。

本章小结

金属间化合物结构材料是当前正在发展的一种新型金属材料。金属间化合物具有高比强、低塑性和反常温度强度的特性，此外还具有耐高温、抗腐蚀、抗氧化、耐磨损等优点。这是一类极具发展潜力的高温结构材料，在航空、航天、汽车、化工、机械等许多工业领域有着广阔的应用前景。

金属间化合物结构主要有金属密排晶体结构（面心立方、体心立方、密排六方）的衍生结构和更为复杂的密排结构（Laves相等拓扑密排相和各类硅化物）。金属间化合物各种特殊性能主要取决于合金化元素、晶体结构、电子结构等因素。

Ti-Al系、Ni-Al系和Fe-Al系是目前研究较多的金属间化合物结构材料。通过合金化、热处理可以改善金属间化合物的本质脆性，提高其力学性能。目前这些金属间化合物结构材料的脆性问题还没有得到彻底的解决，而且成本偏高，性能及其可靠性还有待进一步提高。具有更高高温强度（超过800℃或1000℃）的金属间化合物也正在研究开发中，往往具有较复杂的晶体结构，如$MoSi_2$等，解决室温脆性是其应用的关键。

本章重要词汇

Ni-Al系金属间化合物	Fe-Al系金属间化合物	Ti-Al系金属间化合物
高温结构材料	特殊相结构	拉弗斯相

思考题

15-1 何谓金属间化合物，金属间化合物材料的性能特点有哪些？

15-2 简述常见金属间化合物结构材料的晶体结构。

15-3 简述Ni-Al系金属间化合物合金的种类、合金化及其性能。

15-4 简述Fe-Al系金属间化合物合金的种类、合金化及其性能。

15-5 简述Ti-Al系金属间化合物合金的种类、合金化及其性能。

15-6 简述金属间化合物结构材料存在的问题和发展趋势。

附 录

附录 A 课程总结提要

材料学是研究材料成分、结构、制备 / 加工、性能（材料科学四要素）之间相互关系的学科，为材料设计、制造、工艺优化和合理使用提供理论依据。在这四要素的关系中，最重要的是理解材料“结构-性能”的中心问题、“过程-能量”的演化原理和“材料-环境”的系统工程概念。

A.1 课程主线、核心和“思想”

金属材料学是学科专业基础理论和实践应用知识充分融合的综合性课程。在课程教学中，抓住课程内容的主线，纲举目张；围绕合金化基本理论，举一反三；凸现材料发展中的“思想”，辩证分析，以材料科学与工程四面体为核心方法。教学目的主要是培养学生综合分析问题的能力和创新思维的能力。

课程主线：零件应用→服役条件→性能要求，继而进入四面体的研究，开展性能、成分、制备 / 加工、结构的联合研发，如图 3.14 所示。明晰思路，寻求最佳方案，充分发掘材料潜力。

自然界物质系统的结构与功能的关系是辩证的。存在多种情况：组成要素不同，系统的功能也不同；组成系统结构的要素相同，但结构不同，系统整体功能也不相同；组成系统的要素与结构都不同，但却具有相似甚至相同的功能。或组成系统的要素与结构都相似或相同，却具有不同的功能；同一结构系统，不仅只有一种功能，可能有多种功能，即同一结构系统的多功能效应。这些自然科学原理在金属材料中也得到了充分的体现。同一零件可用不同材料及相应工艺；同一材料可采用不同的强化工艺；强化工艺不同，组织有所不同，但都有可能满足零件的性能要求。

课程核心：核心是合金化基本原理，这是材料强韧化矛盾的主要因素。掌握了合金元素的作用和过程演化原理（如图 1.23），才能更好地理解各类钢的设计与发展，才能更好地采用热处理等强化工艺。当材料成分一定时，如何优化组织，充分发挥材料性能，关键就在于热处理等处理工艺。企业中的许多零部件质量问题往往都和材料加工和热处理工艺过程有关。

总结一下常用合金元素的作用和影响是很有必要的。特别要强调的是钢铁材料中碳化物的形成规律很重要，许多问题都与此有关。

课程“思想”：材料学是自然科学中一门很有“思想”的课程（毛泽东，《矛盾论》：矛盾即是运动，即是事物，即是过程，也即是思想。因此给一名称为“思想”）。主要的“思想”：合金元素作用的辩证与性能矛盾的转化。如，对结构钢是强度-韧度的匹配，对工模具钢主要是韧度-耐磨性的协调等。材料中的这些矛盾涉及合金化设计、处理工艺等。

要掌握理解固溶强化、位错强化、细晶强化和弥散强化等强化机理，这是理解强韧化矛盾及其互相长消规律的基础。在钢的各种处理过程中，合金元素存在的形式和分布是怎样变化的，其组织结构是怎样演变的，固溶强化、位错强化、细晶强化和弥散强化等强化机制是如何相互关联与转化的。这些问题实际上涉及了所有的专业知识。

从方法论上，课程的学习还是要以材料科学与工程四面体为主要方法论，这样才能正确、快捷地开展材料学的研究以及解答各种问题。

总体上说，课程内容涉及专业基础理论-专业知识-工程应用知识，具有较强的综合分析思维性。以自然科学辩证法理论提炼课程内涵，以材料科学与工程四面体为方法论，采用融会贯通的授课模式，以理解和思路为关键，授之以渔。

A.2 以辩证法原理提炼课程内涵

“素质教育是要把知识内化为素质。教数学知识能不能除了数的公式之外同时给学生以数感？教语言文学知识能不能同时给学生以语感？”（张楚廷，中国高等教育，2006）。因此，教材料知识的是否可同时给学生以材料的辩证分析与创新思维的能力，培养学生从哲学角度来理解科学技术知识的思辨能力。以自然科学辩证法理论提炼课程内涵并实施教学，主要体现在材料性能演化过程的矛盾规律、合金元素作用的辩证观、材料组织结构演化的量变与质变规律、结构与性能和系统与环境间的辩证对应关系等方面。

1. 材料性能演化过程的矛盾规律

反映物质系统特征及规律的基本范畴是：系统、要素、结构、功能、环境。零件对材料性能的要求可能不止一种，但一般都有1～2种主要性能要求，各性能间存在相互联系或相互制约、此消彼长的关系。“在复杂的事物的发展过程中，有许多的矛盾存在，其中必有一种是主要的矛盾，起着领导的、决定的作用，由于它的存在和发展规定或影响着其他矛盾的存在和发展，这种矛盾就称为主要矛盾。在事物发展的不同过程中，主要矛盾也是可以改变的”（毛泽东选集·矛盾论）。材料的发展，如在结构钢、工模具钢、不锈钢、热强钢、构件钢等钢类中，都充满了矛盾对立统一和转化的辩证关系。材料中的这些矛盾涉及合金化设计、处理工艺等因素。

例如结构钢的主要矛盾是强度和塑韧性之间的配合。一般情况下，钢的强化和韧化是一对矛盾。在结构钢中，随着碳含量的增加，强度不断地提高，而塑性和韧度是不断地下降的。不同的机械结构零件有不同的服役条件，因而也就要求有不同程度的强度、塑性、韧度等综合力学性能的配合。在结构钢中，许多问题都是由强度-韧度匹配所反映出来的矛盾。强度有余时，矛盾的主要方面是如何提高韧度；而韧度有余时，提高强度是矛盾的主要方面，并且矛盾的主要、次要方面在一定条件下可以转化。在材料发展的过程中，人们不断地在这些矛盾中进行研究，并不断地取得突破性进展。如微合金化钢、超高强度钢、双相钢等，都是在深入理解强韧化机理的基础上，从传统的强-韧矛盾中得到解脱，有所创新。再如石墨的形状、大小、数量、分布影响了铸铁基体性能的发挥程度，从而也基本上决定了铸铁的宏观力学性能。从片状石墨到球状石墨，使铸铁中石墨和基体组织的配合发生了质的变化。

强-韧矛盾的演化就像是一个螺旋形，相互转化、轮回，关键是分析问题、解决问题的思路与方法，最典型的是4130到300M超高强度钢的研究开发过程（见7.1节）。材料的发展充满了活的辩证关系，充满了矛盾的演变。当然，对问题的认识有一个逐步理解的过程。首先要有宏观的认识和思路，从高处看问题有豁然开朗的意境。

2. 合金元素作用的辩证规律

合金元素能对某些方面起积极的作用，但许多情况下还有不希望的副作用，因此材料的合金化设计都存在着不可避免的矛盾。矛盾双方必有主要的和非主要的，矛盾的主要方面决定着事物的性质。矛盾的主次方面的地位不是一成不变的，在一定条件下，矛盾的主次方面是可以转化的。合金化基本原则是多元适量，复合加入。不同元素有不同的个性，元素之间的交互作用是复杂的，不同元素的复合，其作用是不同的。

多元复合的作用大，效果好，又经济。合金元素的作用并不是简单的代数和。多元复合加入的作用或情况主要有以下几种：①提高某些性能，提高淬透性等性能，复合的作用不是线性相加的，如40Cr → 40CrNi → 40CrNiMo；②扬长避短，合金元素能对某些方面起积极的作用，但许多情况下还有不希望的副作用，某些元素的复合加入，可达到扬长避短的效果，如Si-Mn配合、Mn-V配合等；③改善碳化物的类型与分布，某些元素的加入会改变钢中所形成的碳化物的类型与分布，或改变其他元素的存在形式和位置，从而可提高性能，如耐热钢中Cr-Mo-V等。

元素加入需适量。合金元素的某种作用在含量达到一定量时往往会起不良的影响，而且还有经济性的问题。正像人们要预防感冒，也不必论公斤地服用感冒药；为了增加营养，把人参当胡萝卜一样地炒菜吃，那也是荒唐的。适量的原因主要有以下几种情况：①有的元素增多后，会降低材料的塑性、韧度等性能，如在低碳构件钢中，一般 Si、Mn 含量为：w(Si)＜1.1%，w（Mn）＜1.8%；②有些合金元素增多，会恶化碳化物的分布，如高速钢中的 Cr，CrWMn 钢中的 W 等；③有的元素含量过多，会改变碳化物类型，增加热处理过程难度。例如，在结构钢中，一般 w（V）在 0.1%～0.2% 以下，w（Mo）＜0.5%；④合金元素的作用往往不是随量的增加而线性地增加的。选择合适的加入量，既能达到目的，又经济。

因此，课程教学应使学生理解合金化原则，掌握合金元素的作用及其交互作用。合金元素的这些复杂的作用在回火脆性、相变形核与长大、元素偏聚等方面都有很好的表现。材料的发展充满了活的辩证关系，充满了矛盾的演变。在教学过程中以自然辩证法原理切入课程内容，讲清分析问题、解决问题的关键和思路，可取得很好的教学效果。

3. 材料组织演化的量变与质变规律

物质系统的结构是物质系统整体性的内在依据，物质系统的功能则是物质系统整体性的外在表现。材料成分和工艺过程决定了组织结构，而材料的微观组织结构又决定了宏观性能。因此，材料技术人员是致力于“塑造心灵美”的研究者或工程师。组织结构的变化是多因素的，组织参数的变化在一定条件下也是相互制约、相互转化的，而且组织结构演化过程遵循了量变与质变的自然规律。自然界运动形式的转化，是一个由量变引起质变的过程，这个过程是通过渐变和突变实现的，是连续与间断的统一。渐变往往是突变的前提，在一定条件下，两者可以转化。渐变和突变是自然界物质系统演化的两种基本形式。

例如理论上相变临界点就是量变到质变的拐点。钢的过冷奥氏体在相变过程中一般都有一个孕育期。孕育期的物理本质是在进行能量起伏、结构起伏和成分起伏的形核准备，一旦时机成熟就发生相变，产生突变；形核准备所需的时间愈长，孕育期愈长。再如合金元素在钢中的存在形式主要是形成化合物（主要是碳化物）和进入固溶体。大部分合金元素在固溶体中往往都有一定的溶解度，元素的量超过了这个度，就可能以碳化物等形式存在。同样，合金元素溶解于其他类型碳化物中也有类似的规律，这是一个量变引起质变的过程。在许多处理过程中，合金元素在碳化物和固溶体中是相互转化的，严格遵循碳化物形成规律和固溶规律，这是合金化和热处理工艺设计所必须掌握的知识。

在新、旧物质演化过程中，系统之间往往存在过渡状态或中介类型。其特点首先反映了新旧系统的相互包含，即原有系统结构已经破坏，但未完全改变，新的系统结构还处在萌芽状态，又尚未产生。这样，它既包含旧系统的内容，又包含新系统的内容。钢的回火过程和铝合金时效过程中的组织结构变化是最典型的例子，在这些过程中也都体现了量变到质变的演化。就其本质来说，最佳的处理工艺是充分发挥了合金元素的作用，在已定材料成分的基础上合理地安排了合金元素的存在形式与分布，从而充分发掘了材料的潜力。许多合金元素的作用，主要不在于本身的强化作用，而在于对合金相变等过程的影响，而良好的作用只有在合适的处理条件下才能得到体现。这需要从强韧化机理和相变等过程方面来理解。

A.3 各类金属材料的要点

要掌握各类金属材料的特点和有关的知识要点：如弹簧、热锻模的服役条件及技术要求；轴承钢的冶金质量；高速钢的热处理工艺；高碳钢的第二相；齿轮、轴类零件的选材；不同表面强化工艺的特点和应用；铝合金的时效强化；热强钢的组织稳定性；铸铁的石墨形态与性能特点，不锈钢的晶界腐蚀，微合金化钢、非调质钢的强化特点等。

各类钢的成分和使用要求不同，其工艺特点也不同，主要归纳如下。

① 合金元素多，往往工艺的可变性也较大。因此，工艺相对就比较复杂。如高速钢、Cr12MoV、

18Cr2Ni4W、3Cr2W8V 等。

② 过共析钢，希望 K 比较稳定，常加入较强 K 形成元素，量可较多些。过共析钢常采用不完全淬火，残余 K 可细化晶粒，又可提高耐磨性。

③ 亚共析钢，采用完全淬火，一般希望钢中的 K 不很稳定，在加热时能全部溶解。强 K 形成元素用得比较少，即使有，含量也较少。

④ 工具钢淬火时，变形开裂的倾向比较大，所以在工艺措施上，经常采用预热、预冷，淬火常用等温、分级、双液淬火等方法，并且需要及时回火。

⑤ 高合金钢的导热性较差，或工件尺寸大，则整个热处理过程需要围绕尽量降低变形开裂而采取一系列措施，如高速钢，热锻模等。

⑥ 许多弹簧、轴承、工具等最终热处理前一般已经是成品或接近成品，要注意脱碳倾向，一般措施为采用保护气氛、盐浴炉等。

⑦ 精密零件处理过程中要注意组织与尺寸稳定性。

⑧ 工模具钢，特别是高碳高合金钢的锻造工艺环节很重要，这是保证最终热处理性能质量的基本前提。许多零件过早失效或最终热处理出现问题往往是由于锻造工艺的原因。

⑨ 对于有色金属及特种金属材料，其关注的重心不再是力学性能，而是电学、磁学、形状记忆等特殊性能，其热处理工艺相对变得比较简单。

在 2006 年金属材料科学学科发展战略研究报告中，对材料科学与工程内涵进行了描述：“材料科学与工程是一门关于材料成分、制备与加工、组织结构与性能以及使用性能诸要素和它们之间相互关系的有关知识的开发与应用的科学。金属材料学科的定位从科学意义上与上述定义是一致的，只是研究对象限于金属材料。”材料科学是自然科学中很有“思想”的一门学科，科学研究的主要特征是辩证与创新。MSE（Materials Science & Engineering）素质教育主要有 MSE 知识的基本素质、MSE 创新的内涵素质和 MSE 实践的能力素质。实施 MSE 素质教育应在材料类各专业的教学理念、课程体系和教学方法上有机地融合，致力于培养材料类创新型人才。

人的培养不是知识的简单堆积，而应是一种思维能力的开发过程，因此教育的核心是培养学生的创新精神、创新意识和创新能力。就金属材料学课程而言，以上课程总结提要是对课程内容及内涵的粗浅理解和认识，仅供同行教师交流和学生学习参考所用。

附录 B　课堂讨论题

B.1　课堂讨论要求与方法

1. 课题讨论目的

课题讨论是教学中的一个重要环节。通过对讲课中的一些重点、难点的讨论，使学生进一步掌握课程的重点、基本概念、基本原理。

通过课堂讨论，消化和巩固课程的理论知识，使学生得到进一步的总结和提高；同时对以前学过的专业基本知识也进一步得到复习和巩固，使学生对专业知识的融会贯通建立一个宏观而系统的概念，为专业课程设计做准备。

通过课堂讨论过程，培养和锻炼学生综合分析问题和解决问题的能力；训练学生陈述与答辩的能力；提高学生科技报告（论文）的书面表达能力。

当然，选材和制定工艺是一项比较复杂的技术工作。在实际工作中要做到合理正确地选材料和制定工艺，除了应掌握必要的专业理论知识外，还需要具有丰富的实践经验，并且要善于全面综合地考虑各方面有关的问题做出正确的分析判断。显然，课堂讨论题和实际情况是有差别的，特别是有些题目的技术要求不是很全面的。因此，课题讨论题及其涉及的选材和制定工艺的问题是属于模拟性的，只是使学生进行初步练习，重要的是培养学生掌握分析问题和解决问题的思路和方法。

2. 课题讨论要求和方法

将学生分成若干个小组，每个小组负责一题。

讨论前，学生应根据题意，复习有关课程的内容；查阅和消化有关资料；小组进行充分的分析讨论；课堂讨论时，每组选派一名代表作发言（最好是用 PPT 讲解），讲述后，由其他学生提出问题，进行答辩。最后，由教师进行总结。

课堂讨论结束后，学生对自己原来所写的内容进行修改和补充，每个学生各自全面而详细地以小论文的形式写出论证分析，作为一次大作业交给教师批阅评分，记入平时成绩。

写作小论文基本要求：内容正确，层次清楚；图表规范，语言通顺；论证合理，思路清楚；参考文献在正文中引出，在文后规范著录。

B.2 课题讨论题

（1）对比分析各类机器零件用钢的成分、工艺特点、组织、性能和用途，试以 40Cr、20CrMnTi、60Si2Mn、GCr15 为典型代表分别阐述。

（2）对比分析工具钢的成分、工艺特点、组织、性能和用途，试以 T10、5CrNiMo、CrWMn、Cr12MoV、W6Mo5Cr4V2 为典型代表分别阐述。

（3）汽车变速箱齿轮是汽车中的重要零件。通过它来改变发动机曲轴和传动轴的速度比，它们经常在较高的载荷下（包括冲击载荷和交变弯曲载荷）工作，磨损比较大；在运动中，由于齿根受到突然变载的冲击力及周期性的变动弯曲载荷，会造成轮齿的断裂或疲劳破坏；由于齿轮工作面承受比较大的压应力和摩擦力，会使齿面产生接触疲劳破坏及深层剥落。因此，齿轮在耐磨性、疲劳强度、心部强度和冲击韧度等方面要求比较高。现有一汽车变速箱齿轮，齿面硬度要求为 58～63HRC；齿心部硬度要求为 33～45HRC，其余力学性能要求为：R_{eL}≥830MPa，A_5≥10%，KV_2≥55J。试从下列材料中选择制造该齿轮的钢号，写出工艺流程，制定有关的热处理工艺，并分析各热处理工艺的目的及相应的金相组织：38CrMoAlA，20CrMnTi，20，40Cr。

（4）汽车钢板弹簧在汽车行驶过程中承受各种应力的作用，其中以反复弯曲应力为主，绝大多数是疲劳破坏。而且，同样材料处理是否正确，其寿命相差也很大。某汽车钢板弹簧的主要性能要求为：$R_{P0.2}$≥1150MPa，R_m≥1280MPa，A_{10}≥5%，Z≥20%。

① 在下列材料中选择合适的钢号：20Cr、40CrNiMo、60Si2Mn、65Mn；

② 对所选材料进行成分、组织、性能分析；

③ 制定合理的热处理工艺，并作分析；

④ 分析影响板弹簧寿命的主要因素。

（5）某型号柴油机凸轮轴，要求凸轮硬度≥50HRC，心部具有良好的韧度，KV_2≥40J。原采用 45 钢调质，再在凸轮表面高频淬火，最后低温回火。

① 说明 45 钢各热处理工艺及其作用；

② 能否用 20 钢代替 45 钢？若能，仍用原工艺是否满足性能要求？为什么？

③ 为满足凸轮轴性能要求，改用 20 钢制造后应采用什么工艺？并分析。

（6）汽车、拖拉机发动机中的连杆螺栓是发动机中承受载荷较重的零件。装配时，按规定要拧紧，因而受到均匀拉伸应力；工作时受到反复的交变应力；在活塞换向时还受冲击力。如选材和处理不当，连杆螺栓易断裂，使汽缸破坏，或过量变形而失效。某 M12 的连杆螺栓，其技术要求为：最终处理后硬度 28～33HRC，R_m≥950MPa，R_{eL}≥800MPa，A_5≥8%，Z≥40%，KV_2≥60J。

① 查阅有关资料，分析连杆螺栓的服役条件及性能要求，选择合适的材料；

② 确定工艺流程，制定热处理工艺，并分析；

③ 能否用 15MnVB 钢制造，说明理由。

（7）有一直径为 ϕ25mm 的精密机床主轴。该主轴是在滑动轴承中工作，为保证精度，要求轴颈表面有较高硬度（50～55HRC）；该主轴在工作时受力较复杂，所以轴的各部分沿横断面的性能应均匀一致，以保证有一定的耐疲劳性，硬度为220～255HBW。该主轴经最终热处理后的力学性能应为：R_m≥900MPa，KV_2≥40J。

① 在45、40Cr、42CrMo、20Cr等钢中选择何种钢为好？为什么？

② 制定热处理工艺，并分析讨论。

（8）汽车半轴是传递扭矩驱动车轮转动的直接驱动件。汽车在上坡或启动时，扭矩比较大，特别是急刹车或行驶在不平坦的道路上，工作条件更为繁重。因此，半轴主要承受冲击、弯曲疲劳和扭转应力的作用。某中型载重汽车，半轴的技术要求为淬火后离表面0.3R（半径）处保证能获得90%（体积分数）的马氏体组织。杆部硬度为37～44HRC，盘部外圆硬度为24～34HRC。

① 根据服役条件分析性要求；

② 选择合适的材料，并分析；

③ 制定热处理工艺。

（9）有一中型热锤锻模，形状比较复杂，锻坯生产批量大；在工作时承受强大的冲击力；工作时由于金属的流动，有很大的摩擦；整个工作过程是在较高温度下进行，整个模具温度一般能达到350～400℃；为使模具温度不至太高，要经常用介质冷却。常见的失效形式有型腔磨损、模腔塌陷、表面龟裂，严重时，整个模具开裂。该模面硬度要求38～41HRC，模尾硬度要求34～39HRC。

① 选择合适的材料，并分析说明理由；

② 制定热处理工艺，并讨论；

③ 对常见的失效形式进行分析讨论。

（10）在45、5CrMnMo、W18Cr4V、T12等材料中选择制造手工丝锥（≤M12）的钢种；分析手工丝锥的服役条件及性能要求；写出其工艺流程；制定热处理工艺并分析说明。

（11）冷冲压模具是目前冷作模具中使用最广泛的一种。冷冲压模在工作时要承受强大的剪切力、压力、冲击力和摩擦力。因此，模具表面应有很高的强度、耐磨性、疲劳强度及足够的韧度。另外，为使产品形状尺寸准确、质量稳定，又要求整个工作表面性能均匀。一般是因磨损而使产品形状尺寸不合格，也可能因热处理不当而失效：如模具强度不足而被镦粗，模具脆性大导致刃口剥落，甚至开裂而过早失效。

现有硅钢片凹模，其尺寸为160mm×110mm×60mm，它是用来冲制0.3mm厚的硅钢片。其技术要求：硬度58～62HRC，高耐磨性，热处理变形要特别小。在生产上一般选用Cr12MoV钢制造。

① 对Cr12MoV钢进行材料分析，以此说明选用该钢的理由；

② 确定合适的工艺流程，并对其中的热处理工艺进行分析说明；

③ 如以Cr12、Cr6WV钢制造，试分别与Cr12MoV钢比较各自的优缺点。

（12）某工厂生产精密丝杠（6级），尺寸为ϕ45mm×800mm。要求热处理后变形小，尺寸稳定，表面硬度54～58HRC。用CrWMn钢制造，其工序为：热轧钢下料→球化退火→粗加工→淬火→低温回火→精加工→时效→精磨。

① 试分析用CrWMn钢制造的原因；

② 从服役条件、性能要求、显微组织要求等方面来分析上述工艺安排能否达到要求，如有问题，应该如何改进；

③ 能否用9Mn2V钢制造，说明理由。

（13）有一标准块规，尺寸为40mm×10mm×8mm。块规用来测量和标定线性尺寸，精度要求较高。硬度要求：≥62HRC。某厂选用GCr15钢制造。

① 根据服役条件、性能要求分析选材的理由；

② 试写出块规的加工工艺路线；

③ 制定热处理工艺，并分析说明。

（14）搓丝板是滚压外螺纹的工具。工作时，齿部受较强的冲击力和挤压力，通常因磨损或崩齿而失效。以前，工厂常用 Cr12 或 Cr12MoV 钢制造，成本高，并且工艺复杂。后来成功地改用 9SiCr 钢制造，寿命大为提高，成本也下降了。

① 综合分析说明改用 9SiCr 钢制造的原因；

② 现用 9SiCr 钢制造 $M>6$ 的搓丝板，请制定工艺路线和热处理工艺。

（15）圆板牙是用来加工外螺纹的，其特点是刃部比较薄且在内部，切削工作温度不高，并不要求高的热硬性，但是其螺距及内孔要求变形小，刃部不得脱碳。此外，工作时受扭矩较大。某圆板牙的技术要求为 60～63HRC。螺孔中径尺寸要控制在规定的范围内。

① 根据圆板牙服役条件，分析其性能要求；

② 试在下列材料中选用合适的钢号：T12、CrWMn、W18Cr4V、9SiCr、GCr15；

③ 制定热处理工艺规程，并分析。

（16）试总结合金钢中常用元素 Si、Mn、Cr、Mo、Ni、V 的各种作用，对每种作用简要阐明其原理。

（17）查阅有关文献资料，简要介绍新型金属基复合材料的类型、特性和应用。

（18）查阅有关文献资料，简要介绍金属功能材料的类型、特性和应用。

（19）请根据材料科学与工程 50 大进展，按时间顺序，列出与金属材料相关的重大事件。请参阅参考文献 [68]。

附录 C　关于金属材料部分力学性能符号的说明

根据国家标准《金属力学性能试验 出版标准中的符号及定义》（GB/T 24182—2009），金属材料力学性能符号有了新规定。本教材尽量采用新标准规定的符号和术语，因特殊原因少数地方仍用原符号或术语。为方便对照学习和阅读以前的文献，表 C.1 列出了金属材料室温拉伸性能和冲击性能的符号及意义。

表 C.1　金属材料室温拉伸性能和冲击性能的符号及意义（根据 GB/T 24182—2009）

术语名称	符号	单位	说明
抗拉强度	R_m	MPa	相应最大力（F_m）的应力，等同于原 σ_b
屈服强度	—	—	当金属材料呈现屈服现象时，在试验期间达到塑性变形发生而力不增加的应力点，应区分上屈服强度和下屈服强度
上屈服强度	R_{eH}	MPa	试验发生屈服而力首次下降前的最大应力
下屈服强度	R_{eL}	MPa	在屈服期间，不计初始瞬时效应时的最小应力，等同于原 σ_s
规定塑性延伸强度	R_p		塑性延伸率等于规定的引伸计标距百分率时对应的应力。使用的符号应附以下脚标说明所规定的塑性延伸率。如：$R_{p0.2}$ 表示规定的塑性延伸率为 0.2% 时的应力，等同于原 $\sigma_{0.2}$
断面收缩率	Z	%	断裂后试样横截面积的最大缩减量（S_0-S_u）与原始横截面积之比的百分率，即：$Z\%=[(S_0-S_u)/S_0]\times100\%$ S_0：原始横截面积；S_u：断后最小横截面积；Z：等同于原 φ
断后伸长率	A	%	断后标距的残余伸长（L_u-L_0）与原始标距 L_0 之比的百分率，即：$A\%=[(L_u-L_0)/L_0]\times100\%$ L_0：原始标距；L_u：断后标距；A 等同于原 δ。对于比例试样，应附以下脚注说明所使用的比例系数。如：$A_{11.3}$ 表示原始标距为 $11.3/\sqrt{S_0}$ 的断后伸长率，与原 $\delta_{10}\%$ 相近
冲击吸收能量	K	J	使用摆锤冲击试验机冲断试样时所需的能量，该能量已对摩擦能量损失做了修正。（无缺口试样冲击吸收能量 K）等同于原冲击吸收功 A_K
	KV KU	J	用字母 V 或 U 表示缺口几何形状，用下标数字 2 或 8 表示冲击刀刃半径。KV 等同于原 A_{KV}，KU 等同于原 A_{KU}。KV_2、KV_8：V 形缺口试样分别在 2mm、8mm 摆锤刀刃下的冲击吸收能量；KU_2、KU_8：U 形缺口试样分别在 2mm、8mm 摆锤刀刃下的冲击吸收能量

参考文献

[1] Cahn R W．物理金属学［M］．北京钢铁学院金属物理教研室，译．北京：科学出版社，1984．
[2] 左铁镛．构筑循环型材料产业促进循环经济发展［J］．新材料产业，2004，10：73-78．
[3] 翁宇庆．中国钢铁材料发展现状及迈入新世纪的对策［M］// 李义春．中国新材料发展年鉴 2001—2002．北京：中国科学技术出版社，2003．
[4] 李恒德，师昌绪．中国材料发展现状及迈入新世纪对策［M］．济南：山东科学技术出版社，2003．
[5] 王笑天．金属材料学［M］．北京：机械工业出版社，1987．
[6] 崔崑．钢铁材料及有色金属材料［M］．北京：机械工业出版社，1981．
[7] 吴承建，陈国良，强文江，等．金属材料学［M］．2 版．北京：冶金工业出版社，2009．
[8] 陆世英，张廷凯，康喜范，等．不锈钢［M］．北京：原子能出版社，1998．
[9] 戴起勋，赵玉涛．材料科学研究方法［M］．2 版．北京：国防工业出版社，2008．
[10] 王天民．生态环境材料［M］．天津：天津大学出版社，2000．
[11] 罗新民．环境材料学对金属热处理发展的影响［J］．金属热处理，2003，28（4）：1-6．
[12] 林慧国，火树鹏，马绍弥．模具材料应用手册［M］．第 2 版．北京：机械工业出版社，2004．
[13] 吴人杰．复合材料［M］．天津：天津大学出版社，2000．
[14] 贡长生，张克立．新型功能材料［M］．北京：化学工业出版社，2001．
[15] 机械工程手册、电机工程手册编辑委员会．机械工程手册［M］．2 版．北京：机械工业出版社，1996．
[16] 蔡兰．机械零件工艺性手册［M］．北京：机械工业出版社，1995．
[17]《钢铁材料手册》总编辑委员会．钢铁材料手册：第 5 卷 不锈钢［M］．北京：中国标准出版社，2001．
[18] 林慧国，林钢，吴静雯．袖珍世界钢号手册［M］．3 版．北京：机械工业出版社，2003．
[19] 程晓农，戴起勋．奥氏体钢设计与控制［M］．北京：国防工业出版社，2005．
[20] 赵振业．合金钢设计［M］．北京：国防工业出版社，1999．
[21] 戴起勋，林慧国，火树鹏．微合金非调钢的强韧化及优化设计［J］．钢铁研究学报，1993，5（2）：89-95．
[22] 戴起勋．抓住主线围绕核心讲清“思想”培养学生综合分析能力［J］．高教研究，1999，1：41-45．
[23] 中国机械工程学会热处理学会《热处理手册》编委会编．热处理手册：第 2 卷 典型零件热处理［M］．3 版．北京：机械工业出版社，2003．
[24] 陆文华，等．铸造合金及其熔炼［M］．北京：机械工业出版社，2004．
[25] 黄积荣．铸造合金金相图谱［M］．北京：机械工业出版社，1980．
[26] 师昌绪，李德恒，周廉主．材料科学与工程手册［M］．北京：化学工业出版社，2004．
[27] 许祖泽．新型微合金钢的焊接［M］．北京：机械工业出版社，2004．
[28] 小指军夫．控制轧制•控制冷却 - 改善材质的轧制技术发展［M］．李伏桃，陈岿，译．北京：冶金工业出版社，2002．
[29] 陈全明．金属材料及强化技术［M］．上海：同济大学出版社，1992．
[30] 李春生．钢铁材料手册［M］．南昌：江西科学技术出版社，2004．
[31] 虞莲莲．实用有色金属材料手册［M］．北京：机械工业出版社，2002．
[32] 陈振华，等．镁合金［M］．北京：化学工业出版社，2004．
[33] 张津，章宗和，等．镁合金及应用［M］．北京：化学工业出版社，2004．
[34] 刘正，张奎，等．镁基轻质合金理论基础及其应用［M］．北京：机械工业出版社，2002．
[35] 林肇琦．有色金属材料学［M］．沈阳：东北工学院出版社，1986．
[36] 谢成木．钛及钛合金铸造［M］．北京：机械工业出版社，2005．
[37] 布鲁克斯 C R．有色金属的热处理组织与性能［M］．北京：冶金工业出版社，1988．
[38] 草道英武，等．金属钛及其应用［M］．北京：冶金工业出版社，1989．
[39] 刘淑云．铜及铜合金热处理［M］．北京：机械工业出版社，1990．
[40] 北方交通大学材料系．金属材料学［M］．北京：中国铁道出版社，1982．

[41] 朱敏．功能材料［M］．北京：机械工业出版社，2002.
[42] 谭毅，李敬锋．新材料概论［M］．北京：冶金工业出版社，2004.
[43] 傅敏士，肖亚航．新型材料技术［M］．西安：西北大学出版社，2001.
[44] 孙康宁，尹衍升，李爱民．金属间化合物 / 陶瓷基复合材料［M］．北京：机械工业出版社，2003.
[45] 山口正治，马越佑吉．金属间化合物［M］．丁树深，译．北京：科学出版社，1991.
[46] 陈华辉，邓海金，李明，等．现代复合材料［M］．北京：中国物资出版社，1998.
[47] 王荣国，武卫莉，谷万里．复合材料概论［M］．哈尔滨：哈尔滨工业大学出版社，1999.
[48] 范长刚，董瀚，雍歧龙，等．低合金超高强度钢的研究进展［J］．机械工程材料，2006，38(8)：1-4.
[49] 肖纪美．不锈钢的金属学问题［M］．2 版．北京：冶金工业出版社，2006.
[50] 李维钺．铸铁牌号表示方法新标准简介［J］．金属热处理，2009，34（9）：118-119.
[51] 栾玉广．自然辩证法原理［M］．合肥：中国科学技术大学出版社，2002.
[52] 毛泽东．毛泽东选集：第 1 卷 矛盾论［M］．北京：人民出版社，2003.
[53] 朱中平．中外钢号手册［M］．北京：化学工业出版社，2010.
[54] 国家自然科学基金委员会工程与材料科学部．金属材料科学—学科发展战略研究报告［M］．北京：科学出版社，2006.
[55] 赵钦新，朱丽慧．超临界锅炉耐热钢研究［M］．北京：机械工业出版社，2010.
[56] Cahn R W. 走进材料科学［M］．杨柯，等译．北京：化学工业出版社，2008.
[57] 马伯龙．热处理质量控制应用技术［M］．北京：机械工业出版社，2009.
[58]《袖珍世界钢号手册》编写组．不锈钢耐热钢和特殊合金［M］．北京：机械工业出版社，2011.
[59] 梁冬梅，朱远志，刘光辉．马氏体时效钢的研究进展［J］．金属热处理，2010，35（12）：34-39.
[60] 中国机械工程学会热处理学会．热处理手册：第 1 卷 工艺基础［M］.4 版．北京：机械工业出版社，2008.
[61] 田中和明．金属全接触［M］．北京：科学出版社，2011.
[62] 技能士の友编辑部．金属材料常识［M］．北京：机械工程出版社，2014.
[63] 文九巴．金属材料学［M］．北京：机械工程出版社，2013.
[64] Smith W F，Hashemi J．材料科学与工程基础［M］.4 版．北京：机械工程出版社，2006.
[65] Callister W D．材料科学与工程基础［M］．5 版．北京：化学工业出版社，2002.
[66] Neely J E，Bertone T J．冶金学与工业材料概论［M］.6 版．北京：化学工业出版社，2008.
[67] Ashby M F．产品设计中的材料选择［M］．4 版．北京：机械工程出版社，2018.
[68] The Top 50 Moments in Materials Science and Engineering［EB/OL］.http://www.materialmoments.org/vote.html.
[69] Leyens C. 钛及钛合金［M］．北京：化学工业出版社，2005.